“全球变化与海气相互作用”专项丛书

海洋生物多样性著作系列

西太平洋浮游植物物种多样性

Species Diversity of Phytoplankton in the Western Pacific

林更铭　杨清良　主编

科学出版社

北京

内 容 简 介

本书收集整理了西太平洋浮游植物共计 380 属 3127 种，并根据国际上最新的研究成果归类，其主要分属于原核生物域和真核生物域的 4 界 9 门。全书主要包括物种编目和图版两部分。各个物种含中文名、学名、定名人、定名时间，对其主要的种名沿革和近年来报道的分布状况作简要说明，并附主要种类的显微照片 900 余张。为方便读者阅读，书中附有目录、索引和参考文献。

本书可供海洋生态研究人员及高等院校相关专业师生参考。

图书在版编目（CIP）数据

西太平洋浮游植物物种多样性 / 林更铭，杨清良主编. —北京：科学出版社，2021.11

ISBN 978-7-03-063591-4

Ⅰ. ①西…　Ⅱ. ①林…　②杨…　Ⅲ. ①西太平洋－海洋浮游植物－生物多样性　Ⅳ. ① Q948.8

中国版本图书馆 CIP 数据核字（2019）第 273162 号

责任编辑：朱　瑾　岳漫宇　习慧丽 / 责任校对：郑金红

责任印制：吴兆东 / 封面设计：无极书装

科 学 出 版 社 出版

北京东黄城根北街 16 号

邮政编码：100717

http://www.sciencep.com

北京九州迅驰传媒文化有限公司印刷

科学出版社发行　各地新华书店经销

*

2021 年 11 月第　一　版　开本：889×1194　1/16

2025 年　1 月第三次印刷　印张：35　3/4

字数：1 154 000

定价：428.00 元

（如有印装质量问题，我社负责调换）

《西太平洋浮游植物物种多样性》编写委员会

主持编写单位　自然资源部第三海洋研究所

主　　　编　林更铭　杨清良

副　主　编　陈杨航　叶又茵　王春光

编　　　委　王　雨　王春光　叶又茵　陈杨航

　　　　　　林更铭　杨清良　周茜茜　项　鹏

前言
Preface

面对自然变化和人类活动引起的生物多样性丧失，全人类都有前所未有的紧迫感，目前，保护生物多样性、可持续利用生物资源已成为全球的共同呼声。物种是生物多样性的度量，是生物多样性最直观的体现，是基因多样性的载体和生态系统多样性的基础。随着对生物多样性研究的深入，人们充分认识到生物多样性的研究和保护首先需要的是内容全面、引证可信的种类基础资料，这很大程度上依赖于通过调查和收集文献资料，进行生物物种系统分类、排序、地理分布研究。因此，《生物多样性公约》《二十一世纪议程》倡议缔约国对其生物多样性进行编目和调查监测，物种 2000 对物种编目提出详细要求，在生物多样性研究领域内最有影响的国际生物多样性计划（DIVERSITAS）将物种编目与分类、物种多样性的调查监测作为核心内容之一。进入 21 世纪以来，海洋生物资源开发已成为全球关注的焦点，成立于 2000 年的国际海洋生物普查（CoML）组织，计划通过 10 年的努力，构建全球海洋生物物种编目数据库，以逐步实现全球海洋生物资源可持续利用的目标。

西太平洋区是全球海洋生物种源中心，许多类群的最高物种多样性都出现于该区域。浮游植物作为食物链的初级生产者，影响着气候变化、鱼类资源，以及整个生态系统。因此，开展西太平洋浮游植物物种多样性研究，不仅可以促进我国对西太平洋生物多样性的基础研究，还可为我国与周边国家开展海洋生物多样性保护的合作交流奠定基础。有关西太平洋浮游植物的相关调查研究成果历史积淀丰富，涉及区域除了中国、日本、韩国、柬埔寨、老挝、越南、缅甸、菲律宾、马来西亚、新加坡、文莱、澳大利亚、新西兰等国家及南太平洋岛屿国家的近海水域和河口港湾（Wood，1954；小久保清治，1960；山路勇，1979；Fukuyo et al.，1990；千原光雄和村野正昭，1997；金德祥等，1965，1982，1992；郭玉洁，2003；刘瑞玉，2008；黄宗国和林茂，2012；程兆第和高亚辉，2012，2013），还包括有关远海的开阔洋区，特别是有关的太平洋热带水域（Rampi，1952；Hasle，1959，1960；Беляева，1976；杨清良和陈兴群，1984；杨清良等，2000；林金美，1984），为本编目工作奠定了坚实的基础、提供了重要依据。

书中的物种分类采用 Cavalier-Smith（1983，1986，1998，2004）的生物六界分类系统。在门类划分上，主要参考国际上主流的分类系统（Round et al.，1990；Hoek et al.，1995；Tomas，1997；井上勲，2007；Lee，2008）。对于各门类的纲以下分类阶元安排以及物种的分类沿革等主要信息，本书主要依据藻类学数据库 AlgaeBase 的最新研究成果（Guiry and Guiry，2021），包括一些目前分类地位尚不明确的物种。需要特别说明的是，随着电子显微镜技术和分子生物学技术的不断应用，更符合自然规律的分类系统正日趋完善。金藻、硅鞭藻、针胞藻和黄藻等类别被归入棕鞭藻门（Ochrophyta），与国内传统的分类安排有所不同。此外，近年来，Medlin 和 Kaczmarska（2004）根据 109 种硅藻的 18S rRNA 和 16S rRNA 基因序列的研究，对硅藻大的分枝系统和分类进行了修订，并对硅藻系统的演化进行了重建，把硅藻门分为 2 个新的进化分枝：圆筛藻亚门（Coscinodiscophytina）和硅藻亚门（Bacillariophytina），分别包括 1 纲［圆筛藻纲（Coscinodiscophyceae）］和 2 纲［中型硅藻纲（Mediophyceae）和硅藻纲（Bacillariophyceae）］。

本编目的浮游植物类别依次按门、纲、目、科、属和种分类阶元顺序编排，共收录浮游植物 3127 种（含亚种和变种），其中蓝细菌门 10 种、隐藻门 19 种、定鞭藻门 107 种、棕鞭藻门 26 种、硅藻门 2014 种、甲藻门 925 种、绿藻门 13 种、尾虫藻门 1 种、裸藻门 12 种。书末附有主要物种（包括常见种和优势种等）的显微照片 900 余张。除极个别（附注）外，其余均来自作者的第一手原始资料，即水装置标本片下的光学显微镜实拍照片，主要观察器材包括明视野显微镜（BFM）和微分干涉显微镜（DICM）。

作为“全球变化与海气相互作用”专项的成果，本书的编写出版得到自然资源部“海洋生物样品库升级与扩建”（项目号：GASI-01-02-04）、“生物系统分类研究”、“西太平洋海山区浮游生物多样性、微塑料与海洋酸化”（项目号：DY135-E2-2-04）的资助。中国科学院城市环境研究所刘昱和江阴海关国家压载水检测重点实验室徐志祥、田雯、刘冰莉、韩阳春参与了编写工作，谨此致谢！

编　者

2021 年 2 月

目录
Contents

西太平洋浮游植物物种编目 The inventory of phytoplankton species in the Western Pacific

西太平洋浮游植物物种编目

The inventory of phytoplankton species in the Western Pacific

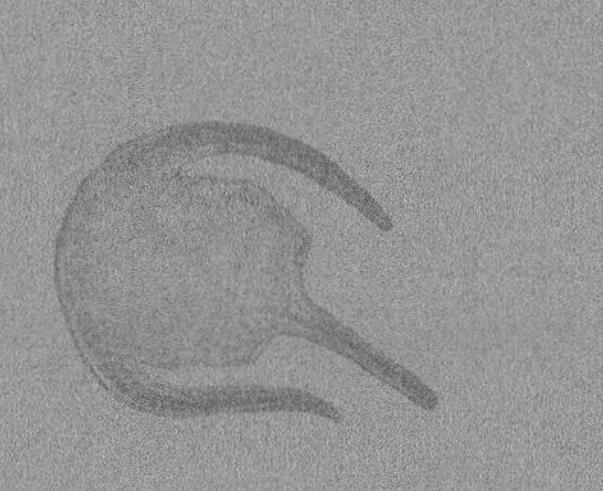

原核生物域

Empire Prokaryota Allsopp, 1969

真细菌界 Kingdom Eubacteria Cavalier-Smith

革兰氏阴性菌亚界 Subkingdom Negibacteria Cavalier-Smith ex Cavalier-Smith, 2002

蓝细菌门 Phylum Cyanobacteria Stanier ex Cavalier-Smith, 2002

蓝藻纲 Class Cyanophyceae Schaffner, 1909

颤藻目 Order Oscillatoriales Schaffner, 1922

微孔藻科 Family Microcoleaceae Strunecky, Johansen & Komárek, 2013

束毛藻属 Genus *Trichodesmium* Ehrenberg ex Gomont, 1892

克氏束毛藻 *Trichodesmium clevei* (Schmidt) Anagnostidis & Komárek, 1988

同种异名：*Pelagothrix clevei* Schmidt, 1901
分布：中国台湾沿海；马来西亚沿海。
参考文献：邵广昭，2003-2014；Silva et al.，1996。

红海束毛藻 *Trichodesmium erythraeum* Ehrenberg ex Gomont, 1892

同种异名：*Oscillaria erythraea* (Ehrenberg) Kützing, 1843; *Oscillatoria erythraea* (Ehrenberg) Geitler, 1932; *Skujaella erythraea* (Ehrenberg ex Gomont) De Toni, 1938
分布（赤潮生物）：太平洋热带洋区，西太平洋副热带环流区；渤海，黄海，东海，南海；日本、澳大利亚（昆士兰）和新西兰沿海。
参考文献：孙晓霞等，2017；杨清良等，2000；刘瑞玉，2008；黄宗国和林茂，2012；山路勇，1979；Fukuyo et al.，1990；Day et al.，1995。

汉氏束毛藻 *Trichodesmium hildebrandtii* Gomont, 1892

同种异名：*Oscillatoria hildenbrandtii* (Gomont) Geitler, 1932; *Skujaella hildebrandtii* (Gomont) De Toni, 1939
分布（赤潮生物）：太平洋热带洋区，西太平洋副热带环流区；东海，南海；日本和澳大利亚（昆士兰）沿海。
参考文献：孙晓霞等，2017；杨清良等，2000；刘瑞玉，2008；黄宗国和林茂，2012；山路勇，1979；Bostock and Holland，2010。

透镜束毛藻 *Trichodesmium lenticulare* (Lemmermann) Anagnostidis & Komárek, 1988

同种异名：*Haliarachne lenticularis* Lemmermann, 1899
分布：澳大利亚昆士兰沿海。
参考文献：Phillips，2002。

侧凸束毛藻 *Trichodesmium scoboideum* Lucas, 1919

同种异名：*Skujaella scoboidea* (Lucas) De Toni, 1938
分布：澳大利亚昆士兰沿海。
参考文献：Phillips，2002；Bostock and Holland，2010。

铁氏束毛藻 *Trichodesmium thiebautii* Gomont ex Gomont, 1890

同种异名：*Oscillatoria thiebautii* (Gomont ex Gomont) Geitler, 1932; *Skujaella thiebautii* (Gomont ex Gomont) De Toni, 1939
分布（赤潮生物）：太平洋热带洋区，西太平洋副热带环流区；东海，南海；日本沿海。
参考文献：杨清良等，2000；孙晓霞等，2017；刘瑞玉，2008；黄宗国和林茂，2012；山路勇，1979；Fukuyo et al.，1990。

念珠藻目 Order Nostocales Borzì, 1914

束丝藻科 Family Aphanizomenonaceae Elenkin

项圈藻属 Genus *Anabaenopsis* Miller, 1923

阿氏项圈藻 *Anabaenopsis arnoldii* Aptekar, 1926

分布（淡水种，赤潮生物）：中国沿海；日本沿海。
参考文献：胡鸿钧和魏印心，2006；Fukuyo et al.，1990。

长种藻属 Genus *Dolichospermum* (Ralfs ex Bornet & Flahault) Wacklin, Hoffmann & Komárek, 2009

水华长种藻 *Dolichospermum flosaquae* (Brébisson ex Bornet & Flahault) Wacklin, Hoffmann & Komárek, 2009

同种异名：*Anabaena flosaquae* Brébisson ex Bornet & Flauhault, 1886
分布（淡水种，赤潮生物）：中国沿海；日本沿海。
参考文献：胡鸿钧和魏印心，2006；Fukuyo et al.，1990。

孤生长种藻 *Dolichospermum solitarium* (Klebahn) Wacklin, Hoffmann & Komárek, 2009

同种异名：*Anabaena solitaria* Klebahn, 1895; *Anabaena catenula* var. *solitaria* (Klebahn) Geitler, 1932
分布（淡水种，赤潮生物）：中国沿海；日本沿海。
参考文献：胡鸿钧和魏印心，2006；Fukuyo et al.，1990。

色球藻目 Order Chroococcales Schaffner, 1922

微囊藻科 Family Microcystaceae Elenkin, 1933

微囊藻属 Genus *Microcystis* Lemmermann, 1907

绿色微囊藻 *Microcystis viridis* (Braun) Lemmermann, 1903

同种异名：*Polycystis viridis* Braun, 1865; *Microcystis aeruginosa* f. *viridis* (Braun) Elenkin, 1938; *Diplocystis viridis* (Braun) Komárek, 1958

分布（淡水种，赤潮生物）：中国沿海；日本沿海。

参考文献：胡鸿钧和魏印心，2006；Fukuyo et al.，1990。

真核生物域

Empire Eukaryota Chatton, 1925

色素界 Kingdom Chromista Cavalier-Smith, 1981

隐藻门 Phylum Cryptophyta Cavalier-Smith, 1986

隐藻纲 Class Cryptophyceae Fritsch, 1927

隐藻目 Order Cryptomonadales Pringsheim, 1944

隐藻科 Family Cryptomonadaceae Ehrenberg, 1831

隐藻属 Genus *Cryptomonas* Ehrenberg, 1831

壶状隐藻 *Cryptomonas ampulla* Playfair

分布：澳大利亚新南威尔士沿海。
参考文献：Day et al.，1995。

波罗的海隐藻 *Cryptomonas baltica* (Karsten) Butcher, 1967

同种异名：*Rhodomonas baltica* Karsten, 1898
分布：中国大连湾；新西兰和澳大利亚（维多利亚）沿海。
参考文献：刘瑞玉，2008；Chang and Broady，2012；Hill and Wetherbee，1989。

鞋状隐藻 *Cryptomonas calceiformis* Lucas, 1968

分布（赤潮生物）：日本濑户内海。
参考文献：Fukuyo et al.，1990。

芽状隐藻 *Cryptomonas gemma* Playfair

分布：澳大利亚新南威尔士沿海。
参考文献：Day et al.，1995。

大隐藻 *Cryptomonas maxima* Playfair

分布：澳大利亚新南威尔士沿海。
参考文献：Day et al.，1995。

米氏隐藻 *Cryptomonas mikrokuamosa* Norris, 1964

分布：新西兰沿海。
参考文献：Chang and Broady，2012。

草履虫隐藻 *Cryptomonas paramaecium* (Ehrenberg) Hoef-Emden & Melkonian, 2003

同种异名：*Chilomonas paramaecium* Ehrenberg, 1831
分布：中国台湾沿海；日本和澳大利亚（新南威尔士、昆士兰）沿海。
参考文献：邵广昭，2003-2014；Hirose et al.，1977；Day et al.，1995。

深隐藻 *Cryptomonas profunda* Butcher, 1967

分布（赤潮生物）：中国东南沿海；日本濑户内海。
参考文献：胡鸿钧和魏印心，2006；Fukuyo et al.，1990；Chang and Broady，2012。

伪波罗的海隐藻 *Cryptomonas pseudobaltica* Butcher, 1967

分布：中国东南沿海。
参考文献：胡鸿钧和魏印心，2006。

隐鞭藻科 Family Hilleaceae Butcher, 1967

隐鞭藻属 Genus *Hillea* Schiller, 1925

海洋隐鞭藻 *Hillea marina* Butcher, 1952

分布：新西兰沿海。
参考文献：Chang and Broady，2012。

单核胞藻目 Order Pyrenomonadales Novarino & Lucas

隐芽藻科 Family Geminigeraceae Clay, Kugrens & Lee, 1999

斜片藻属 Genus *Plagioselmis* Butcher ex Novarino, Lucas & Morrall, 1994

伸长斜片藻 *Plagioselmis prolonga* Butcher ex Novarino, Lucas & Morrall, 1994

分布：东海，南海；新西兰沿海。
参考文献：刘瑞玉，2008；Chang and Broady，2012。

诺尔伸长斜片藻 *Plagioselmis nordica* (Novarino, Lucas & Morrall) Novarino, 2005

同种异名：*Plagioselmis prolonga* var. *nordica* Novarino, Lucas & Morrall, 1994
分布：东海，南海。
参考文献：刘瑞玉，2008。

全沟藻属 Genus *Teleaulax* Hill, 1991

尖尾全沟藻 *Teleaulax acuta* (Butcher) Hill, 1991

同种异名：*Cryptomonas acuta* Butcher, 1952; *Rhodomonas acuta* (Butcher) Erata & Chihara, 1989
分布：东海，南海；新西兰和澳大利亚（维多利亚）沿海。
参考文献：刘瑞玉，2008；Chang and Broady，2012；Hill，1991。

双尖全沟藻 *Teleaulax amphioxeia* (Conrad) Hill, 1992

同种异名：*Rhodomonas amphioxeia* Conrad, 1939; *Chroomonas amphioxeia* (Conrad) Butcher, 1967
分布：日本、韩国沿海。
参考文献：Lee et al.，2019a；Nagai et al.，2008。

梅林全沟藻 *Teleaulax merimbula* Hill, 1991

分布：澳大利亚新南威尔士沿海。
参考文献：Hill，1991。

单核胞藻科 Family Pyrenomonadaceae Novarino & Lucas

红胞藻属 Genus *Rhodomonas* Karsten, 1898

金黄红胞藻 *Rhodomonas chrysoidea* Butcher ex Hill & Wetherbee, 1989

同种异名：*Cryptomonas chrysoidea* Butcher, 1967
分布：中国东南沿海。
参考文献：胡鸿钧和魏印心，2006。

斑点红胞藻 *Rhodomonas maculata* Butcher ex Hill & Wetherbee, 1989

分布：澳大利亚维多利亚沿海。
参考文献：Hill and Wetherbee，1989。

盐沼红胞藻 *Rhodomonas salina* (Wislouch) Hill & Wetherbee, 1989

同种异名：*Cryptomonas salina* Wislouch, 1924; *Chroomonas salina* (Wislough) Butcher, 1967; *Pyrenomonas salina* (Wislouch) Santore, 1984
分布（赤潮生物）：中国台湾沿海；日本濑户内海，澳大利亚沿海。
参考文献：邵广昭，2003-2014；Fukuyo et al.，1990；Hill and Wetherbee，1989。

有孔红胞藻 *Rhodomonas stigmatica* (Wislouch) Hill, 1991

同种异名：*Cryptomonas stigmatica* Wislouch, 1924
分布：澳大利亚维多利亚沿海。
参考文献：Hill，1991。

定鞭藻门 Phylum Haptophyta Hibberd ex Edvardsen & Eikrem, 2000

球石藻纲 Class Coccolithophyceae Rothmaler, 1951

普林藻亚纲 Subclass Prymnesiophycidae Cavalier-Smith, 1986

棕囊藻目 Order Phaeocystales Medlin, 2000

棕囊藻科 Family Phaeocystaceae Lagerheim, 1896

棕囊藻属 Genus *Phaeocystis* Lagerheim, 1893

南极棕囊藻 *Phaeocystis antarctica* Karsten, 1905

分布：新西兰沿海。
参考文献：Rhodes et al.，2012。

球形棕囊藻 *Phaeocystis globosa* Scherffel, 1899

分布（赤潮生物）：中国福建、广东、香港等沿海，台湾海峡；日本、泰国、新西兰和澳大利亚沿海。
参考文献：刘瑞玉，2008；黄宗国和林茂，2012；Fukuyo et al.，1990；Lange et al.，2002；Rhodes et al.，2012；LeRoi and Hallegraeff，2006。

扬棕囊藻 *Phaeocystis jahnii* Zingone, 2000

分布（有害种）：新西兰沿海。
参考文献：Rhodes et al.，2012。

胞奇棕囊藻 *Phaeocystis pouchetii* (Hariot) Lagerheim, 1896

同种异名：*Tetraspora pouchetii* Hariot, 1892
分布（有害种，赤潮生物）：中国舟山群岛海域；日本和新西兰沿海。
参考文献：黄宗国和林茂，2012；Fukuyo et al.，1990；Rhodes et al.，2012。

蜂窝状棕囊藻 *Phaeocystis scrobiculata* Moestrup, 1979

分布（有害种）：新西兰和澳大利亚沿海。
参考文献：Rhodes et al.，2012；LeRoi and Hallegraeff，2006。

等鞭藻目 Order Isochrysidales Pascher, 1910

诺尔柄球藻科 Family Noelaerhabdaceae Jerkovic, 1970

艾密里藻属 Genus *Emiliania* Hay & Mohler, 1967

赫氏艾密里藻 *Emiliania huxleyi* (Lohmann) Hay & Mohler, 1967

同种异名：*Pontosphaera huxleyi* Lohmann, 1902; *Hymenomonas huxleyi* (Lohmann) Kamptner, 1930; *Coccolithus*

huxleyi (Lohmann) Kamptner, 1943; *Gephyrocapsa huxleyi* (Lohmann) Reinhardt, 1972
分布：南海；日本、澳大利亚和新西兰沿海。
参考文献：刘瑞玉，2008；Fukuyo et al.，1990；Anon，2012；Iglesias-Rodriguez et al.，2006；Rhodes et al.，2012；Cook et al.，2013；Stojkovic et al.，2013。

桥石藻属 Genus *Gephyrocapsa* Kamptner, 1943

加勒比桥石藻 *Gephyrocapsa caribbeanica* Boudreaux & Hay, 1967

分布：新西兰沿海。
参考文献：Rhodes et al.，2012。

埃氏桥石藻 *Gephyrocapsa ericsonii* McIntyre & Bé, 1967

分布：南海；新西兰沿海。
参考文献：刘瑞玉，2008；Anon，2012；Rhodes et al.，2012。

大洋桥石藻 *Gephyrocapsa oceanica* Kamptner, 1943

同种异名：*Coccolithus oceanicus* (Kamptner) Kamptner, 1955
分布（赤潮生物）：南海；日本近海，新西兰沿海。
参考文献：刘瑞玉，2008；Fukuyo et al.，1990；Rhodes et al.，2012。

等鞭藻科 Family Isochrysidaceae Bourrelly, 1957

等鞭金藻属 Genus *Isochrysis* Parke, 1949

绿光等鞭金藻 *Isochrysis galbana* Parke, 1949

分布：中国山东沿海。
参考文献：胡晓燕，2003。

湛江等鞭金藻 *Isochrysis zhanjiangensis* Hu & Liu, 2007

分布：中国广东沿海。
参考文献：刘瑞玉，2008。

条结藻目 Order Syracosphaerales Hay, 1977

条结藻科 Family Syracosphaeraceae (Lohmann) Lemmermann, 1903

毛舟藻属 Genus *Calciopappus* Gaarder & Ramsfjell, 1954

坚实毛舟藻 *Calciopappus rigidus* Heimdal, 1981

分布：中国台湾沿海。
参考文献：邵广昭，2003-2014。

条结藻属 Genus *Syracosphaera* Lohmann, 1902

突钉条结藻 *Syracosphaera epigrosa* Okada & McIntyre, 1977

分布：南海。
参考文献：刘瑞玉，2008。

冠状条结藻 *Syracosphaera corolla* Lecal, 1966

同种异名：*Umbellosphaera corolla* (Lecal) Gaarder, 1981; *Gaarderia corolla* (Lecal) Kleijne, 1993
分布：南海；新西兰沿海。
参考文献：刘瑞玉，2008；Rhodes et al.，2012。

皇冠条结藻 *Syracosphaera coronata* Schiller, 1913

分布：新西兰沿海。
参考文献：Rhodes et al.，2012。

优美条结藻 *Syracosphaera delicata* Cros et al., 2000

分布：中国台湾沿海。
参考文献：邵广昭，2003-2014。

微小条结藻 *Syracosphaera exigua* Okada & McIntyre, 1977

分布：中国台湾沿海。
参考文献：邵广昭，2003-2014。

哈氏条结藻 *Syracosphaera halldalii* Gaarder ex Jordan & Green, 1994

同种异名：*Caneosphaera halldalii* (Gaarder) Gaarder, 1977
分布：南海。
参考文献：刘瑞玉，2008。

薄片条结藻 *Syracosphaera lamina* Lecal-Schlauder, 1951

分布：中国台湾沿海；新西兰沿海。
参考文献：邵广昭，2003-2014；Rhodes et al.，2012。

莫斯条结藻 *Syracosphaera molischii* Schiller, 1925

同种异名：*Syracorhabdus molischii* (Schiller) Lecal & Bernheim, 1960; *Caneosphaera molischii* (Schiller) Gaarder, 1977
分布：中国台湾沿海；新西兰沿海。
参考文献：邵广昭，2003-2014；Rhodes et al.，2012。

奈氏条结藻 *Syracosphaera nana* (Kamptner) Okada & McIntyre, 1977

同种异名：*Pontosphaera nana* Kamptner, 1941
分布：中国台湾沿海。
参考文献：邵广昭，2003-2014。

瘤状条结藻 *Syracosphaera nodosa* Kamptner, 1941

分布：南海；新西兰沿海。
参考文献：刘瑞玉，2008；Rhodes et al.，2012。

欧莎条结藻 *Syracosphaera ossa* Loeblich & Tappan, 1968

分布：南海。
参考文献：刘瑞玉，2008。

皮鲁条结藻 *Syracosphaera pirus* Halldal & Markali, 1955

分布：中国台湾沿海；新西兰沿海。
参考文献：邵广昭，2003-2014；Rhodes et al.，2012。

延长条结藻 *Syracosphaera prolongata* Gran ex Lohmann, 1913

分布：中国台湾沿海；新西兰沿海。
参考文献：邵广昭，2003-2014；Rhodes et al.，2012。

美丽条结藻 *Syracosphaera pulchra* Lohmann, 1902

同种异名：*Syracorhabdus pulchrus* (Lohmann) Lecal & Bernheim, 1960
分布：南海；新西兰沿海。
参考文献：刘瑞玉，2008；Rhodes et al.，2012。

圆条结藻 *Syracosphaera rotula* Okada & McIntyre, 1977

分布：南海。
参考文献：刘瑞玉，2008。

吸管状条结藻 *Syracosphaera tumularis* Sánchez- Suárez, 1990

分布：中国台湾沿海。
参考文献：邵广昭，2003-2014。

花冠球藻属 Genus *Coronosphaera* Gaarder, 1977

传记花冠球藻 *Coronosphaera binodata* (Kamptner) Gaarder, 1977

同种异名：*Syracosphaera mediterranea* var. *binodata* Kamptner, 1927; *Syracosphaera binodata* (Kamptner) Kamptner, 1937
分布：新西兰沿海。
参考文献：Rhodes et al.，2012。

地中海花冠球藻 *Coronosphaera mediterranea* (Lohmann) Gaarder, 1977

同种异名：*Syracosphaera mediterranea* Lohmann, 1902
分布：南海；新西兰沿海。
参考文献：刘瑞玉，2008；Rhodes et al.，2012。

麦氏藻属 Genus *Michaelsarsia* Gran, 1912

亚德里亚海麦氏藻 *Michaelsarsia adriatica* (Schiller) Manton, Bremer & Oates, 1984

同种异名：*Halopappus adriaticus* Schiller, 1914
分布：南海。
参考文献：刘瑞玉，2008。

优美麦氏藻 *Michaelsarsia elegans* Gran, 1912

分布：中国台湾沿海；新西兰沿海。
参考文献：邵广昭，2003-2014；Rhodes et al.，2012。

华美麦氏藻 *Michaelsarsia splendens* Lohmann

分布：新西兰沿海。
参考文献：Rhodes et al.，2012。

棒球藻科 Family Rhabdosphaeraceae Lemmermann, 1903

环翼球藻属 Genus *Algirosphaera* Schlauder, 1945

粗壮环翼球藻 *Algirosphaera robusta* (Lohmann) Norris, 1984

分布：南海。
参考文献：刘瑞玉，2008。

无刺藻属 Genus *Anacanthoica* Deflandre, 1952

波斯王冠无刺藻 *Anacanthoica cidaris* (Schlauder) Kleijne, 1992

分布：南海。
参考文献：刘瑞玉，2008

盘球藻属 Genus *Discosphaera* Haeckel, 1894

筒状盘球藻 *Discosphaera tubifera* (Murray & Blackman) Ostenfeld, 1900

同种异名：*Rhabdosphaera tubifera* Murray & Blackman, 1898
分布：南海；新西兰沿海。
参考文献：刘瑞玉，2008；Rhodes et al.，2012。

胄甲球藻属 Genus *Palusphaera* Lecal, 1966

梵氏胄甲球藻 *Palusphaera vandelii* Lecal, 1967

分布：南海。
参考文献：刘瑞玉，2008。

棒球藻属 Genus *Rhabdosphaera* Haeckel, 1894

棒状棒球藻 *Rhabdosphaera clavigera* Murray & Blackman, 1898

分布：南海；新西兰沿海。
参考文献：刘瑞玉，2008；Rhodes et al.，2012。

柱形棒球藻 *Rhabdosphaera stylifera* Lohmann, 1902

分布：中国台湾沿海。
参考文献：邵广昭，2003-2014。

西佛棒球藻 *Rhabdosphaera xiphos* (Deflandre & Fert) Norris, 1984

同种异名：*Rhabdolithus xiphos* Deflandre & Fert, 1954
分布：中国台湾沿海。
参考文献：邵广昭，2003-2014。

钙管藻科 Family Calciosoleniaceae Kamptner, 1937

钙管藻属 Genus *Calciosolenia* Gran,1912

巴西钙管藻 *Calciosolenia brasiliensis* (Lohmann) Young, 2003

同种异名：*Cylindrotheca brasiliensis* Lohmann, 1919; *Anoplosolenia brasiliensis* (Lohmann) Deflandre, 1952
分布：南海；新西兰沿海。
参考文献：刘瑞玉，2008；Rhodes et al.，2012。

穆氏钙管藻 *Calciosolenia murrayi* Gran, 1912

分布：南海；新西兰沿海。
参考文献：刘瑞玉，2008；Rhodes et al.，2012。

具覆石藻科 Family Calyptrosphaeraceae Boudreaux & Hay, 1969

杯球藻属 Genus *Calicasphaera* Kleijne, 1991

双束杯球藻 *Calicasphaera diconstricta* Kleijne, 1991

分布：南海。
参考文献：刘瑞玉，2008。

同合球藻属 Genus *Homozygosphaera* Deflandre, 1952

具刺同合球藻 *Homozygosphaera spinosa* (Kamptner) Deflandre, 1952

同种异名：*Corisphaera spinosa* Kamptner, 1941
分布：中国台湾沿海。
参考文献：邵广昭，2003-2014。

蜂窝同合球藻 *Homozygosphaera tholifera* (Kamptner) Halldal & Markali, 1955

同种异名：*Calyptrosphaera tholifera* Halldal & Markali, 1941
分布：中国台湾沿海。
参考文献：邵广昭，2003-2014。

三原型同合球藻 *Homozygosphaera triarcha* Halldal & Markali, 1955

分布：南海。
参考文献：刘瑞玉，2008。

贺拉德球藻属 Genus *Helladosphaera* Kamptner, 1937

有角贺拉德球藻 *Helladosphaera cornifera* (Schiller) Kamptner, 1937

同种异名：*Syracosphaera cornifera* Schiller, 1913
分布：南海。
参考文献：刘瑞玉，2008。

接合藻目 Order Zygodiscales Young & Bown, 1997

螺旋球藻科 Family Helicosphaeraceae Young & Bown, 1997

螺旋球藻属 Genus *Helicosphaera* Kamptner, 1954

典型螺旋球藻 *Helicosphaera carteri* (Wallich) Kamptner, 1954

同种异名：*Coccosphaera carterii* Wallich, 1877
分布：南海；新西兰沿海。
参考文献：刘瑞玉，2008；Rhodes et al.，2012。

透明螺旋球藻 *Helicosphaera hyalina* Gaarder, 1970

同种异名：*Helicosphaera carteri* var. *hyalina* (Gaarder) Jordan & Young, 1990
分布：中国台湾沿海。
参考文献：邵广昭，2003-2014。

球石藻目 Order Coccolithales Schwarz, 1932

钙板藻科 Family Calcidiscaceae Young & Bown, 1997

卵石藻属 Genus *Oolithotus* Reinhardt, 1968

反仔卵石藻 *Oolithotus antillarum* (Cohen) Cohen & Reinhardt, 1968

同种异名：*Discolithus antillarum* Cohen, 1964
分布：南海；新西兰沿海。
参考文献：刘瑞玉，2008；Rhodes et al.，2012。

脆卵石藻 *Oolithotus fragilis* (Lohmann) Martini & Müller, 1972

同种异名：*Coccolithophora fragilis* Lohmann, 1912; *Coccolithus fragilis* (Lohmann) Schiller, 1930; *Cyclococcolithus fragilis* (Lohmann) Deflandre, 1954
分布：中国台湾沿海。
参考文献：邵广昭，2003-2014。

脐球藻属 Genus *Umbilicosphaera* Lohmann, 1902

环形脐球藻 *Umbilicosphaera annulus* (Lecal) Young & Geisen, 2003

同种异名：*Cyclolithus annulus* Lecal, 1967
分布：中国台湾沿海。
参考文献：邵广昭，2003-2014。

叶状脐球藻 *Umbilicosphaera foliosa* (Kamptner ex Kleijne) Geisen, 2003

同种异名：*Cycloplacolithus foliosus* Kamptner, 1963; *Cycloplacolithella foliosa* (Kamptner) Haq, 1968; *Umbilicosphaera sibogae* var. *foliosa* (Kamptner) Okada & McIntyre, 1977
分布：南海；中国台湾沿海。
参考文献：刘瑞玉，2008；邵广昭，2003-2014。

赫伯脐球藻 *Umbilicosphaera hulburtiana* Gaardner, 1970

分布：中国台湾沿海；新西兰沿海。
参考文献：邵广昭，2003-2014；Rhodes et al.，2012。

玫瑰脐球藻 *Umbilicosphaera rosacea* Lecal

分布：中国台湾沿海。
参考文献：邵广昭，2003-2014。

希布格脐球藻 *Umbilicosphaera sibogae* (Bosse) Gaarder, 1970

同种异名：*Coccosphaera sibogae* Bosse, 1901; *Coccolithus sibogae* (Bosse) Lemmermann, 1903; *Cyclococcolithus sibogae* (Bosse) Gaarder, 1959
分布：中国台湾沿海；新西兰沿海。
参考文献：邵广昭，2003-2014；Rhodes et al.，2012。

普林藻目 Order Prymnesiales Papenfuss, 1955

金色藻科 Family Chrysochromulinaceae Edvardsen, Eikrem & Medlin, 2011

金色藻属 Genus *Chrysochromulina* Lackey, 1939

脊状金色藻 *Chrysochromulina acantha* Leadbeater & Manton, 1971

分布（有害种）：新西兰和澳大利亚沿海。
参考文献：Rhodes et al.，2012；LeRoi and Hallegraeff，2004。

亚得里亚金色藻 ***Chrysochromulina adriatica*** **Leadbeater, 1974**

分布：澳大利亚沿海。
参考文献：LeRoi and Hallegraeff，2004。

阿氏金色藻 ***Chrysochromulina ahrengotii*** **Jensen & Moestrup, 1999**

分布：中国山东沿海。
参考文献：胡晓燕，2003。

具翅金色藻 ***Chrysochromulina alifera*** **Parke & Manton, 1956**

分布：中国山东沿海；新西兰和澳大利亚沿海。
参考文献：胡晓燕，2003；Rhodes et al.，2012；LeRoi and Hallegraeff，2004。

安德森金色藻 ***Chrysochromulina andersonii*** **Yuasa, Kawachi, Horiguchi & Takahashi, 2019**

分布：东海。
参考文献：Yuasa et al.，2019。

无饰金色藻 ***Chrysochromulina apheles*** **Moestrup & Thomsen, 1986**

分布：中国山东沿海；新西兰和澳大利亚沿海。
参考文献：胡晓燕，2003；Rhodes et al.，2012；LeRoi and Hallegraeff，2004。

短柱金色藻 ***Chrysochromulina brachycylindra*** **Hällfors & Thomson, 1986**

分布：澳大利亚沿海。
参考文献：LeRoi and Hallegraeff，2004。

卡梅拉金色藻 ***Chrysochromulina camella*** **Leadbeater & Manton, 1969**

分布：新西兰和澳大利亚沿海。
参考文献：Rhodes et al.，2012；LeRoi and Hallegraeff，2004。

钟形金色藻 ***Chrysochromulina campanulifera*** **Manton & Leadbeater, 1974**

分布：新西兰沿海。
参考文献：Rhodes et al.，2012。

猩猩金色藻 ***Chrysochromulina cyathophora*** **Thomsen, 1979**

分布：澳大利亚沿海。
参考文献：LeRoi and Hallegraeff，2004。

盅鳞金色藻 ***Chrysochromulina cymbium*** **Leadbeater & Manton, 1969**

分布：中国山东沿海；新西兰沿海。
参考文献：胡晓燕，2003；刘瑞玉，2008；Rhodes et al.，2012。

卵鞍金色藻 ***Chrysochromulina ephippium*** **Parke & Manton, 1956**

分布：新西兰和澳大利亚沿海。
参考文献：Rhodes et al.，2012；LeRoi and Hallegraeff，2004。

脆金色藻 *Chrysochromulina fragilis* Leadbeater, 1972

分布：新西兰沿海。
参考文献：Rhodes et al.，2012。

宽鳞金色藻 *Chrysochromulina latilepis* Manton, 1982

分布：新西兰沿海。
参考文献：Rhodes et al.，2012。

里氏金色藻 *Chrysochromulina leadbeateri* Estep, Davis, Hargreaves & Sieburth, 1984

分布：中国山东沿海；新西兰和澳大利亚沿海。
参考文献：胡晓燕，2003；Rhodes et al.，2012；LeRoi and Hallegraeff，2004。

蛤蜊金色藻 *Chrysochromulina mactra* Manton, 1972

分布：新西兰沿海。
参考文献：Rhodes et al.，2012。

曼顿金色藻 *Chrysochromulina mantoniae* Leadbeater, 1972

分布：新西兰和澳大利亚沿海。
参考文献：Rhodes et al.，2012；LeRoi and Hallegraeff，2004。

粗柱金色藻 *Chrysochromulina megacylindra* Leadbeater, 1972

分布：中国山东沿海。
参考文献：胡晓燕，2003。

新西兰金色藻 *Chrysochromulina novae-zelandiae* Moestrup, 1979

分布：新西兰和澳大利亚沿海。
参考文献：Rhodes et al.，2012；LeRoi and Hallegraeff，2004。

厚柱金色藻 *Chrysochromulina pachycylindra* Manton & Oates, 1981

分布：新西兰和澳大利亚沿海。
参考文献：Rhodes et al.，2012；LeRoi and Hallegraeff，2004。

帕克金色藻 *Chrysochromulina parkeae* Green & Leadbeater, 1972

分布：新西兰和澳大利亚沿海。
参考文献：Rhodes et al.，2012；LeRoi and Hallegraeff，2004。

平鳞金色藻 *Chrysochromulina planisquama* Hu, Yin & Tseng, 2005

分布：中国山东沿海。
参考文献：Yan et al.，2005。

普氏金色藻 *Chrysochromulina pringsheimii* Parke & Manton, 1962

分布：中国山东沿海；新西兰和澳大利亚沿海。
参考文献：胡晓燕，2003；Rhodes et al.，2012；LeRoi and Hallegraeff，2004。

锥状金色藻 *Chrysochromulina pyramidosa* Thomsen, 1977

分布：新西兰和澳大利亚沿海。
参考文献：Rhodes et al.，2012；LeRoi and Hallegraeff，2004。

四方金色藻 *Chrysochromulina quadrikonta* Kawachi & Inouye, 1993

分布：日本和新西兰沿海。
参考文献：Kawachi and Inouye，1993；Rhodes et al.，2012。

轮鳞金色藻 *Chrysochromulina rotalis* Eikrem & Throndsen, 1999

分布：中国山东沿海。
参考文献：胡晓燕，2003。

简单金色藻 *Chrysochromulina simplex* Estep, Davis, Hargraves & Sieburth, 1985

分布：中国山东沿海；新西兰和澳大利亚沿海。
参考文献：胡晓燕，2003；Rhodes et al.，2012；LeRoi and Hallegraeff，2004。

具刺金色藻 *Chrysochromulina spinifera* (Fournier) Pienaar & Norris, 1979

分布：新西兰和澳大利亚沿海。
参考文献：Rhodes et al.，2012；LeRoi and Hallegraeff，2004。

旋转金色藻 *Chrysochromulina strobilus* Parke & Manton, 1959

分布：中国山东沿海。
参考文献：胡晓燕，2003。

棘状金色藻 *Chrysochromulina throndsenii* Eikrem, 1996

分布：新西兰沿海。
参考文献：Rhodes et al.，2012。

变形金色藻 *Chrysochromulina vexillifera* Manton & Oates, 1983

分布：新西兰和澳大利亚沿海。
参考文献：Rhodes et al.，2012；LeRoi and Hallegraeff，2004。

普林藻科 Family Prymnesiaceae Conrad ex Schmidt, 1931

定鞭藻属 Genus *Haptolina* Edvardsen & Eikrem, 2011

短定鞭藻 *Haptolina brevifila* (Parke & Manton) Edvardsen & Eikrem, 2011

同种异名：*Chrysochromulina brevifilum* Parke & Manton, 1955
分布：新西兰和澳大利亚沿海。
参考文献：Rhodes et al.，2012；LeRoi and Hallegraeff，2004。

刺球定鞭藻 *Haptolina ericina* (Parke & Manton) Edvardsen & Eikrem, 2011

同种异名：*Chrysochromulina ericina* Parke & Manton, 1956

分布：中国山东沿海；新西兰和澳大利亚沿海。
参考文献：胡晓燕，2003；Rhodes et al.，2012；LeRoi and Hallegraeff，2004。

草莓定鞭藻 *Haptolina fragaria* (Eikrem & Edvardsen) Eikrem & Edvardsen, 2011

同种异名：*Chrysochromulina fragaria* Eikrem & Edvardsen, 1999
分布：澳大利亚沿海。
参考文献：LeRoi and Hallegraeff，2004。

毛刺定鞭藻 *Haptolina hirta* (Manton) Edvardsen & Eikrem, 2011

同种异名：*Chrysochromulina hirta* Manton, 1978
分布：中国山东沿海；新西兰和澳大利亚沿海。
参考文献：胡晓燕，2003；Rhodes et al.，2012；LeRoi and Hallegraeff，2004。

普林藻属 Genus *Prymnesium* Massart, 1920

杯状普林藻 *Prymnesium calathiferum* Chang & Ryan, 1985

分布（有害种）：新西兰沿海。
参考文献：Chang and Ryan，1985；Rhodes et al.，2012。

希顿普林藻 *Prymnesium chiton* (Parke & Manton) Edvardsen, Eikrem & Probert, 2011

同种异名：*Chrysochromulina chiton* Parke & Manton, 1958
分布：新西兰和澳大利亚沿海。
参考文献：Rhodes et al.，2012；LeRoi and Hallegraeff，2004。

卡帕普林藻 *Prymnesium kappa* (Parke & Manton) Edvardsen, Eikrem & Probert, 2011

同种异名：*Chrysochromulina kappa* Parke & Manton, 1955
分布：中国山东沿海；新西兰沿海。
参考文献：胡晓燕，2003；Rhodes et al.，2012。

微小普林藻 *Prymnesium minus* (Parke & Manton) Edvardsen, Eikrem & Probert, 2011

同种异名：*Chrysochromulina minor* Parke & Manton, 1955
分布：中国山东沿海；新西兰和澳大利亚沿海。
参考文献：胡晓燕，2003；Rhodes et al.，2012；LeRoi and Hallegraeff，2004。

鞘鞭普林藻 *Prymnesium nemamethecum* Pienaar & Birkhead, 1994

分布（有害种）：中国山东沿海。
参考文献：胡晓燕，2003。

新鳞普林藻 *Prymnesium neolepis* (Yoshida, Noël, Nakayama, Naganuma & Inouye) Edvardsen, Eikrem & Probert, 2011

同种异名：*Hyalolithus neolepis* Yoshida, Noël, Nakayamaa, Naganuma & Inouye, 2006
分布：太平洋。
参考文献：Yoshida et al.，2006；Edvardsen et al.，2011。

眼睑普林藻 *Prymnesium palpebrale* (Seoane, Eikrem, Edvardsen & Pienaar) Edvardsen, Eikrem & Probert, 2011

同种异名：*Chrysochromulina palpebralis* Seoane, Eikrem, Edvardsen & Pienaar, 2009

分布：新西兰沿海。
参考文献：Rhodes et al.，2012。

小普林藻 *Prymnesium parvum* Carter, 1937

分布（有害种）：中国山东沿海；日本、新西兰沿海。
参考文献：胡晓燕，2003；Fukuyo et al.，1990；Rhodes et al.，2012。

皮纳尔普林藻 *Prymnesium pienaarii* (Gayral & Fresnel) Edvardsen, Eikrem & Probert, 2011

同种异名：*Platychrysis pienaarii* Gayral & Fresnel, 1983
分布：日本沿海。
参考文献：Gayral and Fresnel，1983。

多鳞普林藻 *Prymnesium polylepis* (Manton & Parke) Edvardsen, Eikrem & Probert, 2011

同种异名：*Chrysochromulina polylepis* Manton & Parke, 1962
分布：澳大利亚沿海。
参考文献：LeRoi and Hallegraeff，2004。

舞姿普林藻 *Prymnesium saltans* Massart, 1920

分布：新西兰沿海。
参考文献：Rhodes et al.，2012。

简单普林藻 *Prymnesium simplex* (Gayral & Fresnel) Edvardsen, Eikrem & Probert, 2011

同种异名：*Platychrysis simplex* Gayral & Fresnel, 1983
分布：泰国沿海。
参考文献：Edvardsen et al.，2011。

簇游藻属 Genus *Corymbellus* Green, 1976

金黄簇游藻 *Corymbellus aureus* Green, 1976

分布：中国山东沿海；新西兰和澳大利亚沿海。
参考文献：胡晓燕，2003；Rhodes et al.，2012；LeRoi and Hallegraeff，2006。

未定纲 Class Haptophyta incertae sedis

未定目 Order Haptophyta incertae sedis

伞球藻科 Family Umbellosphaeraceae Young & Kleinje, 2003

伞球藻属 Genus *Umbellosphaera* Paasche, 1955

冠状伞球藻 *Umbellosphaera corolla* (Lecal) Gaarder, 1981

分布：南海。
参考文献：刘瑞玉，2008。

不规则伞球藻 *Umbellosphaera irregularis* Paasche, 1955

分布：南海。
参考文献：刘瑞玉，2008。

纤细伞球藻 *Umbellosphaera tenuis* (Kamptner) Paasche, 1955

同种异名：*Coccolithus tenuis* Kamptner, 1937
分布：南海。
参考文献：刘瑞玉，2008。

棕鞭藻门 Phylum Ochrophyta Cavalier-Smith, 1996

金藻纲 Class Chrysophyceae Pascher, 1914

色金藻目 Order Chromulinales Pascher, 1910

锥囊藻科 Family Dinobryaceae Ehrenberg, 1834

锥囊藻属 Genus *Dinobryon* Ehrenberg, 1834

波罗的海锥囊藻 *Dinobryon balticum* (Schütt) Lemmermann, 1901

同种异名：*Dinodendron balticum* Schütt, 1892
分布：新西兰沿海。
参考文献：Harper et al.，2012。

黄群藻目 Order Synurales Andersen, 1987

鱼鳞藻科 Family Mallomonadaceae Diesing, 1866

鱼鳞藻属 Genus *Mallomonas* Perty, 1852

环纹鱼鳞藻 *Mallomonas annulata* (Bradley) Harris, 1967

同种异名：*Mallomonas papillosa* var. *annulata* Bradley, 1966
分布：台湾海峡；日本和澳大利亚沿海。
参考文献：黄宗国和林茂，2012；Hirose et al.，1977；Day et al.，1995。

模糊鱼鳞藻 *Mallomonas liturata* Nicholls, 1988

分布：台湾海峡。
参考文献：黄宗国和林茂，2012。

黄群藻属 Genus *Synura* Ehrenberg, 1834

皮氏黄群藻 *Synura petersenii* Korshikov, 1929

分布：台湾海峡；日本和澳大利亚沿海。
参考文献：黄宗国和林茂，2012；Hirose et al.，1977；Day et al.，1995。

硅鞭藻纲（网藻纲）Class Dictyochophyceae Silva, 1980

柄钟藻目 Order Pedinellales Zimmermann, Moestrup & Hällfors, 1984

柄钟藻科 Family Pedinellaceae Pascher, 1910

无柄钟藻属 Genus *Apedinella* Throndsen, 1971

辐射无柄钟藻 *Apedinella radians* (Lohmann) Campbell, 1973

同种异名：*Meringosphaera radians* Lohmann, 1908; *Apedinella spinifera* (Throndsen) Throndsen, 1971
分布（赤潮生物）：日本、新西兰和澳大利亚沿海。
参考文献：Fukuyo et al.，1990；LeRoi and Hallegraeff，2006；Harper et al.，2012。

伪柄钟藻属 Genus *Pseudopedinella* Carter, 1937

梨形伪柄钟藻 *Pseudopedinella pyriformis* Carter, 1937

分布（赤潮生物）：日本、新西兰沿海。
参考文献：Fukuyo et al.，1990；Harper et al.，2012。

帕拉佩藻属 Genus *Parapedinella* Pedersen, Beech & Thomsen, 1986

网状帕拉佩藻 *Parapedinella reticulata* Pedersen & Thomsen, 1986

分布：新西兰沿海。
参考文献：Harper et al.，2012。

硅鞭藻目 Order Dictyochales Haeckel, 1894

硅鞭藻科 Family Dictyochaceae Lemmermann, 1901

硅鞭藻属 Genus *Dictyocha* Ehrenberg, 1837

小等刺硅鞭藻 *Dictyocha fibula* Ehrenberg, 1839

分布（化石种）：西太平洋热带海域，西太平洋副热带环流区；渤海，黄海，东海，南海；日本、朝鲜、菲律宾和新西兰沿海。
参考文献：孙晓霞等，2017；杨清良等，2000；刘瑞玉，2008；山路勇，1979；Fukuyo et al.，1990；Sekiguchi et al.，2003；Jeong et al.，2017；Harper et al.，2012。

八骨针藻属 Genus *Octactis* Schiller, 1925

八骨针藻 *Octactis octonaria* (Ehrenberg) Hovasse, 1946

同种异名：*Dictyocha octonaria* Ehrenberg, 1844; *Distephanus speculum* var. *octonarius* (Ehrenberg) Jørgensen,

1899; *Stephanocha octonaria* (Ehrenberg) McCartney & Jordan, 2015; *Stephanocha speculum* var. *octonaria* (Ehrenberg) McCartney & Jordan, 2015

分布：朝鲜、新西兰沿海。

参考文献：Jeong et al.，2017；Harper et al.，2012。

六等八骨针藻 *Octactis speculum* (Ehrenberg) Chang, Grieve & Sutherland, 2017

同种异名: *Dictyocha speculum* Ehrenberg, 1839; *Distephanus speculum* (Ehrenberg) Haeckel, 1887; *Stephanocha speculum* (Ehrenberg) McCartney & Jordan, 2015

分布：东海，南海；日本、新西兰沿海。

参考文献：黄宗国和林茂，2012；Fukuyo et al.，1990；Harper et al.，2012；Chang et al.，2017。

刺硅鞭藻属 Genus *Distephanus* Stöhr, 1880

八刺硅鞭藻 *Distephanus octonarius* (Ehrenberg) Haeckel

分布（赤潮生物）：中国台湾北部沿海；日本沿海。

参考文献：刘瑞玉，2008；山路勇，1979；Fukuyo et al.，1990。

威氏藻属 Genus *Vicicitus* Chang, 2012

球状威氏藻 *Vicicitus globosus* (Hara & Chihara) Chang, 2012

同种异名：*Chattonella globosa* Hara & Chihara, 1994

分布（赤潮生物）：日本濑户内海，东南亚沿岸，新西兰沿海。

参考文献：山路勇，1979；Fukuyo et al.，1990；Harper et al.，2012。

佛罗伦藻目 Order Florenciellales Eikrem, Edvardsen & Throndsen, 2007

未定科 Family Florenciellales incertae sedis

假卡盾藻属 Genus *Pseudochattonella* (Hara & Chihara) Hosoi-Tanabe, Honda, Fukaya, Inagaki & Sako, 2007

棒状假卡盾藻 *Pseudochattonella farcimen* (Eikrem, Edvardsen & Throndsen) Eikrem, 2009

同种异名：*Verrucophora farcimen* Eikrem, Edvardsen & Throndsen, 2007

分布：日本沿海。

参考文献：Dittami and Edvardsen，2012。

瘤纹假卡盾藻 *Pseudochattonella verruculosa* (Hara & Chihara) Tanabe-Hosoi, Honda, Fukaya, Inagaki & Sako, 2007

同种异名：*Chattonella verruculosa* Hara & Chihara, 1994; *Verrucophora verruculosa* (Hara & Chihara) Eikrem, 2007

分布（赤潮生物）：日本濑户内海，东南亚沿岸，新西兰沿海。

参考文献：Fukuyo et al.，1990；Bowers et al.，2006；Edvardsen et al.，2007。

针胞藻纲 Class Raphidophyceae Chadefaud ex Silva, 1980

卡盾藻目 Order Chattonellales Throndsen, 1993

卡盾藻科 Family Chattonellaceae Throndsen, 1993

异弯藻属 Genus *Heterosigma* Hada ex Hara & Chihara, 1987

赤潮异弯藻 *Heterosigma akashiwo* (Hada) Hada ex Hara & Chihara, 1987

同种异名：*Entomosigma akashiwo* Hada, 1967; *Chattonella akashiwo* (Hada) Loeblich III, 1979
分布（赤潮种）：中国沿海；日本、朝鲜、新加坡、泰国、新西兰和澳大利亚沿海。
参考文献：刘瑞玉，2008；黄宗国和林茂，2012；Fukuyo et al.，1990；Bowers et al.，2006；Demura et al.，2009；Kim et al.，2015a；Jeong et al.，2017；Engesmo et al.，2016；Harper et al.，2012。

卡盾藻属 Genus *Chattonella* Biecheler, 1936

古老卡盾藻 *Chattonella antiqua* (Hada) Ono, 1980

同种异名：*Hemieutreptia antiqua* Hada, 1974; *Chattonella marina* var. *antiqua* (Hada) Demura & Kawachi, 2009
分布（赤潮生物）：中国广东沿海；日本濑户内海，东南亚沿海，新西兰沿海。
参考文献：刘瑞玉，2008；黄宗国和林茂，2012；Fukuyo et al.，1990；Demura et al.，2009；Portune et al.，2010。

海洋卡盾藻 *Chattonella marina* (Subrahmanyan) Hara & Chihara, 1982

同种异名：*Hornellia marina* Subrahmanyan, 1954
分布（赤潮生物）：中国广东沿海；东南亚沿海，日本、新西兰、澳大利亚南部沿海。
参考文献：刘瑞玉，2008；Fukuyo et al.，1990；Hara and Chihara，1982；Bowers et al.，2006；Cho et al.，2017；Harper et al.，2012；Dorantes-Aranda et al.，2013。

极小卡盾藻 *Chattonella minima* Hara & Chihara, 1994

分布（赤潮生物）：日本濑户内海，东南亚沿海。
参考文献：Fukuyo et al.，1990；Hara et al.，1994；Demura et al.，2009。

卵形卡盾藻 *Chattonella ovata* Hara & Chihara, 1994

同种异名：*Chattonella marina* var. *ovata* (Hara & Chihara) Demura & Kawachi, 2009
分布（赤潮生物）：日本濑户内海，东南亚沿海。
参考文献：Fukuyo et al.，1990；Bowers et al.，2006；Demura et al.，2009。

亚盐卡盾藻 *Chattonella subsalsa* Biecheler, 1936

分布：中国广东沿海；日本、新加坡沿海。
参考文献：刘瑞玉，2008；Bowers et al.，2006；Pham et al.，2011。

菲布藻科 Family Fibrocapsaceae Cavalier-Smith, 2013

菲布藻属 Genus *Fibrocapsa* Toriumi & Takano, 1973

日本菲布藻 *Fibrocapsa japonica* Toriumi & Takano, 1973

同种异名：*Chattonella japonica* (Toriumi & Takano) Loeblich III & Fine, 1977
分布（赤潮生物）：日本濑户内海，东南亚沿海，新西兰和澳大利亚（维多利亚）沿海。
参考文献：Fukuyo et al.，1990；Harper et al.，2012；Bowers et al.，2006。

未定目 Order Raphidophyceae incertae sedis

未定科 Family Raphidophyceae incertae sedis

滑盘藻属 Genus *Olisthodiscus* Carter, 1937

金黄滑盘藻 *Olisthodiscus luteus* Carter, 1937

分布（半咸淡种，赤潮生物）：日本濑户内海，东南亚沿海。
参考文献：Fukuyo et al.，1990；Carter，1937。

黄藻纲 Class Xanthophyceae Allorge ex Fritsch, 1935

柄球藻目 Order Mischococcales Fritsch, 1927

宽绿藻科 Family Pleurochloridaceae Pascher, 1937

棘球藻属 Genus *Meringosphaera* Lohmann, 1903

地中海棘球藻 *Meringosphaera mediterranea* Lohmann, 1902

分布：新西兰和澳大利亚沿海。
参考文献：Harper et al.，2012；LeRoi and Hallegraeff，2006。

黄丝藻目 Order Tribonematales Pascher, 1939

黄丝藻科 Family Tribonemataceae West, 1904

黄丝藻属 Genus *Tribonema* Derbès & Solier, 1851

近缘黄丝藻 *Tribonema affine* (Kützing) West, 1904

同种异名：*Conferva affinis* Kützing, 1845
分布：中国福建沿海；日本、澳大利亚和新西兰沿海。
参考文献：黄宗国和林茂，2012；Hirose et al.，1977；Day et al.，1995；Harper et al.，2012。

小型黄丝藻 *Tribonema minus* (Wille) Hazen, 1902

分布：中国长江口；日本、澳大利亚沿海。
参考文献：黄宗国和林茂，2012；Hirose et al.，1977；Day et al.，1995。

海金藻纲 Class Pelagophyceae Andersen & Saunders, 1993

海胞藻目 Order Pelagomonadales Andersen & Saunders, 1993

海胞藻科 Family Pelagomonadaceae Andersen & Saunders, 1993

金球藻属 Genus *Aureococcus* Hargraves & Sieburth, 1988

抑食金球藻 *Aureococcus anophagefferens* Hargraves & Sieburth, 1988

分布：中国河北沿海。
参考文献：颜天等，2014。

硅藻门 Phylum Bacillariophyta Karsten, 1928

圆筛藻亚门 Subphylum Coscinodiscophytina Medlin & Kaczmarska, 2004

圆筛藻纲 Class Coscinodiscophyceae Round & Crawford, 1990

直链藻目 Order Melosirales Crawford, 1990

直链藻科 Family Melosiraceae Kützing, 1844

直链藻属 Genus *Melosira* Agardh, 1824

北冰洋直链藻 *Melosira arctica* Dickie, 1852

分布（淡水种）：台湾海峡；朝鲜沿海。
参考文献：金德祥等，1965；刘瑞玉，2008；Lee et al.，1995。

坚硬直链藻 *Melosira dura* Mann, 1925

分布：菲律宾群岛海域。
参考文献：Mann，1925。

高氏直链藻 *Melosira gowenii* Schmidt

分布：菲律宾群岛海域。
参考文献：Mann，1925。

寒冷直链藻 *Melosira hyperborea* Grunow, 1882

分布（化石种）：日本北海道近海。
参考文献：小久保清治，1960；山路勇，1979。

松散直链藻 *Melosira incompta* Mann, 1925

分布：中国海南岛沿海。
参考文献：黄宗国和林茂，2012。

朱吉直链藻 *Melosira juergensii* Agardh, 1824

分布（海水/淡水）：台湾海峡，南海；日本、澳大利亚沿海。
参考文献：齐雨藻，1995；黄宗国和林茂，2012；小久保清治，1960；McCarthy，2013a。

琴状直链藻 *Melosira lyrata* Ehrenberg

分布：新西兰和澳大利亚（维多利亚）沿海。
参考文献：Chapman et al.，1957；Day et al.，1995。

念珠直链藻 *Melosira moniliformi* (Link) Agardh, 1824

分布（海水/淡水）：渤海，黄海，东海，南海；日本、朝鲜、澳大利亚沿海。
参考文献：刘瑞玉，2008；Kobayashi et al.，2006；Lee et al.，1995；McCarthy，2013a；Day et al.，1995。

拟货币直链藻 *Melosira nummuloides* Agardh, 1824

分布（赤潮生物）：东海，南海；日本、朝鲜、澳大利亚和新西兰沿海。
参考文献：黄宗国和林茂，2012；Fukuyo et al.，1990；Kesorn and Sunan，2007；Kobayashi et al.，2006；Lee et al.，1995；McCarthy，2013a；Day et al.，1995。

八角直链藻 *Melosira octogona* Schmidt, 1893

分布：日本、朝鲜和澳大利亚沿海。
参考文献：山路勇，1979；Lee et al.，1995；McCarthy，2013a。

变异直链藻 *Melosira varians* Agardh, 1827

同种异名：*Lysigonium varians* (Agardh) De Toni, 1892
分布（赤潮生物）：中国香港沿海；日本、朝鲜、澳大利亚和新西兰沿海。
参考文献：Lam and Lei，1999；Lee et al.，1995；McCarthy，2013a；Harper et al.，2012。

明盘藻科 Family Hyalodiscaceae Crawford, 1990

柄链藻属 Genus *Podosira* Ehrenberg, 1840

有光柄链藻 *Podosira argus* Grunow, 1878

同种异名：*Lysigonium argus* (Grunow) Kuntze, 1898; *Hyalodiscus argus* (Grunow) Mann, 1925
分布：东海。
参考文献：刘瑞玉，2008；黄宗国和林茂，2012。

秃顶柄链藻 *Podosira baldjickiana* Grunow, 1888

同种异名：*Lysigonium baldjikianum* (Grunow) Kuntze, 1898
分布：关岛海域。
参考文献：Lobban et al.，2012。

颗粒柄链藻 *Podosira granulata* Liu, 1984

分布：东海。
参考文献：金德祥等，1965；刘瑞玉，2008；黄宗国和林茂，2012。

同型柄链藻 *Podosira hormoides* (Montagne) Kützing, 1844

同种异名：*Melosira hormoides* Montagne, 1839; *Hyalodiscus hormoides* (Montagne) Petit, 1877; *Lysigonium hormoides* (Montagne) Kuntze, 1898
分布：东海，南海；关岛海域。
参考文献：刘瑞玉，2008；Lobban et al.，2012。

大柄链藻 *Podosira maxima* (Kützing) Grunow, 1879

同种异名：*Cyclotella maxima* Kützing, 1844; *Cycloplea maxima* (Kützing) Trevisan, 1848; *Lysigonium maximum* (Kützing) Kuntze, 1898; *Melosira hormoides* var. *maxima* (Kützing) Cleve, 1951
分布：南海；新西兰沿海。
参考文献：刘瑞玉，2008；黄宗国和林茂，2012；Harper et al.，2012。

斑点柄链藻 *Podosira maculata* Smith, 1856

同种异名：*Hyalodiscus maculatus* (Smith) Cleve, 1873; *Lysigonium maculatum* (Smith) Kuntze, 1891
分布：中国台湾沿海。
参考文献：邵广昭，2003-2014。

蒙塔柄链藻 *Podosira montagnei* Kützing, 1844

同种异名：*Melosira montagnei* (Kützing) Lagerstedt, 1876
分布：关岛海域。
参考文献：Lobban et al.，2012。

星形柄链藻 *Podosira stelligera* (Bailey) Mann, 1907

同种异名：*Hyalodiscus stelliger* Bailey, 1854
分布：渤海，黄海，东海，南海；朝鲜、新加坡、马来西亚、澳大利亚和新西兰沿海。
参考文献：刘瑞玉，2008；Kesorn and Sunan，2007；Pham et al.，2011；Jeong et al.，2017；Zong and Hassan，2004；McCarthy，2013a；Harper et al.，2012。

明盘藻属 Genus *Hyalodiscus* Ehrenberg, 1845

可疑明盘藻 *Hyalodiscus ambiguus* (Grunow) Tempère & Peragallo, 1889

同种异名：*Podosira ambigua* Grunow, 1879; *Lysigonium ambiguum* (Grunow) Kuntze, 1898
分布：台湾海峡，南海。
参考文献：刘瑞玉，2008；黄宗国和林茂，2012。

环形明盘藻 *Hyalodiscus annulus* Mann, 1925

分布：菲律宾群岛海域。
参考文献：Mann，1925。

散生明盘藻 *Hyalodiscus aspersus* Mann, 1925

分布：菲律宾群岛海域。
参考文献：Mann，1925。

具毛明盘藻 *Hyalodiscus hirtus* Mann, 1925

分布：菲律宾群岛海域。
参考文献：Mann，1925。

近平明盘藻 *Hyalodiscus propeplanus* Mann, 1925

分布：菲律宾群岛海域。
参考文献：Mann，1925。

辐射明盘藻 *Hyalodiscus radiatus* (O'Meara) Grunow, 1879

分布（淡水种）：东海，南海；朝鲜沿海。
参考文献：刘瑞玉，2008；黄宗国和林茂，2012；Lee et al.，1995。

细弱明盘藻 *Hyalodiscus subtilis* Bailey, 1854

分布（化石种）：渤海，黄海，东海，南海；澳大利亚和新西兰沿海。
参考文献：刘瑞玉，2008；McCarthy，2013a；Harper et al.，2012。

帕拉藻目 Order Paraliales Crawford, 1990

帕拉藻科 Family Paraliaceae Crawford, 1990

帕拉藻属 Genus *Paralia* Heiberg, 1863

头状帕拉藻 *Paralia capitata* Sawai & Nagumo, 2005

分布：日本沿海。
参考文献：Sawai et al.，2005。

福丝塔帕拉藻 *Paralia fausta* (Schmidt) Sims & Crawford, 2002

同种异名：*Melosira fausta* Schmidt, 1892; *Lysigonium faustum* (Schmidt) Kuntze, 1898
分布：日本沿海。
参考文献：Sims and Crawford，2002。

具孔帕拉藻 *Paralia fenestrata* Sawai & Nagumo, 2005

分布：日本、朝鲜沿海。
参考文献：Sawai et al.，2005；Yun et al.，2016。

小提琴帕拉藻 *Paralia gongylodes* Sims & Crawford, 2017

分布（化石种）：太平洋。
参考文献：Sims and Crawford，2017。

圭亚那帕拉藻 *Paralia guyana* MacGillivary, 2015

分布：朝鲜沿海。
参考文献：Yun et al.，2016。

长棘帕拉藻 *Paralia longispina* Konno & Jordan, 2008

分布：关岛海域。
参考文献：Lobban et al.，2012。

海洋帕拉藻 *Paralia marina* (Smith) Heiberg, 1863

同种异名：*Orthoseira marina* Smith, 1856; *Melosira marina* (Smith) Janisch, 1862
分布：中国台湾沿海；朝鲜沿海。
参考文献：邵广昭，2003-2014；Yun et al.，2016。

暗色帕拉藻 *Paralia obscura* Macgillivary, 2013

分布（化石种）：朝鲜沿海。
参考文献：Yun et al.，2016。

蒂贝里帕拉藻 *Paralia thybergii* Stabell, 1996

分布（化石种）：日本沿海。
参考文献：Sims and Crawford，2002。

具槽帕拉藻 *Paralia sulcata* (Ehrenberg) Cleve, 1873

同种异名：*Gaillonella sulcata* Ehrenberg, 1838; *Melosira sulcata* (Ehrenberg) Kützing, 1844; *Lysigonium sulcatum* (Ehrenberg) Trevisan, 1848; *Orthoseira sulcata* (Ehrenberg) O'Meara, 1875
分布：渤海，黄海，东海，南海；菲律宾以西海域。
参考文献：黄宗国和林茂，2012；Hasle，1960。

迪氏藻属 Genus *Distephanosira* Glezer, 1992

结构迪氏藻 *Distephanosira architecturalis* (Brun) Glezer, 1992

同种异名：*Melosira architecturalis* Brun, 1892; *Lysigonium architecturale* (Brun) Kuntze, 1898
分布（化石种）：渤海，黄海，台湾海峡；新西兰沿海。
参考文献：刘瑞玉，2008；黄宗国和林茂，2012；邵广昭，2003-2014；Novitski and Kociolek，2005。

放射褶藻科 Family Radialiplicataceae Gleser & Moiseeva, 1992

埃勒贝藻属 Genus *Ellerbeckia* Crawford, 1988

沙生埃勒贝藻 *Ellerbeckia arenaria* (Moore ex Ralfs) Dorofeyuk & Kulikovskiy, 2012

同种异名：*Melosira arenaria* Moore ex Ralfs, 1843; *Lysigonium arenarium* (Moore) Trevisan, 1848; *Orthoseira*

arenaria (Moore ex Ralfs) Smith, 1856; *Gaillonella arenaria* (Moore) Pelletan, 1889; *Paralia arenaria* (Moore) Moiseyva, 1986
分布（淡水种）：黄海，浙江、福建沿海。
参考文献：黄宗国和林茂，2012。

辐射埃勒贝藻 *Ellerbeckia radialis* Crawford & Sims, 2017

分布（化石种）：太平洋。
参考文献：Sims and Crawford，2017。

太阳埃勒贝藻 *Ellerbeckia sol* (Ehrenberg) Crawford & Sims, 2006

同种异名：*Gaillonella sol* Ehrenberg, 1844; *Melosira sol* (Ehrenberg) Kützing, 1849; *Lysigonium sol* (Ehrenberg) Kuntze, 1891; *Paralia sol* (Ehrenberg) Crawford, 1979; *Radialiplicata sol* (Ehrenberg) Glezer, 1992
分布：朝鲜、孟加拉国沿海。
参考文献：Lee et al.，1995；Ahmed et al.，2009。

冠盖藻目 Order Stephanopyxales Nikolaev

内网藻科 Family Endictyaceae Crawford, 1990

内网藻属 Genus *Endictya* Ehrenberg, 1845

大洋内网藻 *Endictya oceanica* Ehrenberg, 1854

分布：东海，南海；朝鲜沿海。
参考文献：刘瑞玉，2008；Lee et al.，1995。

珍珠内网藻 *Endictya margaritifera* Mann, 1925

分布：菲律宾群岛海域。
参考文献：Mann，1925。

冠盖藻科 Family Stephanopyxidaceae Nikolaev, 1988

冠盖藻属 Genus *Stephanopyxis* (Ehrenberg) Ehrenberg, 1845

有棘冠盖藻 *Stephanopyxis aculeata* (Ehrenberg) Ehrenberg, 1876

同种异名：*Pyxidicula aculeata* Ehrenberg, 1844
分布：南海。
参考文献：黄宗国和林茂，2012。

十字冠盖藻 *Stephanopyxis cruciata* (Ehrenberg) Tempère & Peragallo, 1889

同种异名：*Pyxidicula cruciata* Ehrenberg, 1838
分布：澳大利亚和新西兰沿海。
参考文献：Harper et al.，2012。

双形冠盖藻 *Stephanopyxis dimorpha* Schrader

分布：朝鲜沿海。
参考文献：Lee et al.，1995。

格鲁冠盖藻 *Stephanopyxis grunowii* Grove & Sturt, 1888

同种异名：*Pyxidicula grunowii* (Grove & Sturt) Strelnikova & Nikolaev, 1986
分布：朝鲜沿海。
参考文献：Lee et al.，1995。

棘冠盖藻 *Stephanopyxis horridus* Koizumi

分布：朝鲜沿海。
参考文献：Lee et al.，1995。

日本冠盖藻 *Stephanopyxis nipponica* Gran & Yendo, 1914

同种异名：*Pyxidicula nipponica* (Gran & Yendo) Strelnikova & Nikolajev, 1986
分布：东海，南海；韩国沿海，日本近海。
参考文献：刘瑞玉，2008；小久保清治，1960；Lee et al.，1995。

圆形冠盖藻 *Stephanopyxis orbicularis* Wood, Crosby & Cassie, 1959

分布：新西兰沿海。
参考文献：Harper et al.，2012。

掌状冠盖藻 *Stephanopyxis palmeriana* (Greville) Grunow, 1884

同种异名：*Creswellia palmeriana* Greville, 1865; *Pyxidicula palmeriana* (Greville) Strelnikova & Nikolajev, 1986; *Eupyxidicula palmeriana* (Greville) Blanco & Wetzel, 2016
分布（赤潮生物）：赤道太平洋开阔洋区，西太平洋副热带环流区；渤海，黄海，东海，南海；日本、朝鲜和澳大利亚沿海。
参考文献：Беляева，1976；孙晓霞等，2017；杨清良等，2000；黄宗国和林茂，2012；小久保清治，1960；Fukuyo et al.，1990；Lee et al.，1995；Jeong et al.，2017；McCarthy，2013a。

申克冠盖藻 *Stephanopyxis schenckii* Kanaya, 1959

同种异名：*Pyxidicula schenckii* (Kanaya) Strelnikova & Nikolajev, 1986
分布：朝鲜沿海。
参考文献：Lee et al.，1995。

多刺冠盖藻 *Stephanopyxis spinossima* Grunow, 1884

同种异名：*Pyxidicula spinosissima* (Grunow) Strelnikova & Nikolajev, 1986
分布：朝鲜沿海。
参考文献：Lee et al.，1995。

塔形冠盖藻 *Stephanopyxis turris* (Greville) Ralfs, 1861

分布：渤海，黄海；朝鲜、澳大利亚和新西兰沿海。
参考文献：金德祥等，1965；黄宗国和林茂，2012；Lee et al.，1995；Jeong et al.，2017；McCarthy，2013a; Novitski and Kociolek，2005；Harper et al.，2012。

水生藻科 Family Hydroseraceae Nikolaev & Harwood, 2002

水生藻属 Genus *Hydrosera* Wallich, 1858

三棱水生藻 *Hydrosera triquetra* Wallich, 1858

分布：中国台湾大陆架海域；日本、澳大利亚沿海。
参考文献：邵广昭，2003-2014；Idei et al.，2015；Day et al.，1995；John，2018；Sherwood，2004。

黄埔水生藻 *Hydrosera whampoensis* (Schwarz) Deby, 1891

同种异名：*Triceratium whampoense* Schwarz, 1874
分布：东海，南海；朝鲜、澳大利亚沿海。
参考文献：黄宗国和林茂，2012；齐雨藻，1995；Joh，2010a；Day et al.，1995；Sherwood，2004。

沟链藻目 Order Aulacoseirales Crawford, 1990

沟链藻科 Family Aulacoseiraceae Crawford, 1990

沟链藻属 Genus *Aulacoseira* Thwaites, 1848

冰岛沟链藻 *Aulacoseira islandica* (Müller) Simonsen, 1979

同种异名：*Melosira islandica* Müller, 1906; *Melosira polymorpha* subsp. [*granulata*] var. *islandica* (Müller) Bethge, 1925; *Melosira granulata* var. *islandica* (Müller) Okuno, 1958
分布（淡水种）：东海，南海；朝鲜、新西兰沿海。
参考文献：黄宗国和林茂，2012；Lee et al.，1995；Harper et al.，2012。

远距沟链藻 *Aulacoseira distans* (Ehrenberg) Simonsen, 1979

同种异名：*Gaillonella distans* Ehrenberg, 1836; *Melosira distans* (Ehrenberg) Kützing, 1844
分布（淡水种）：日本沿海。
参考文献：Kobayashi et al.，2006。

颗粒沟链藻 *Aulacoseira granulata* (Ehrenberg) Simonsen, 1979

同种异名：*Gaillonella granulata* Ehrenberg, 1843; *Melosira granulata* (Ehrenberg) Ralfs, 1861; *Melosira punctata* var. *granulata* (Ehrenberg) Cleve & Möller, 1879; *Lysigonium granulatum* (Ehrenberg) Kuntze, 1891; *Orthoseira granulata* (Ehrenberg) Schonfeldt, 1907; *Melosira polymorpha* subsp. *granulata* (Ehrenberg) Bethge, 1925
分布：东海，南海；日本、朝鲜和澳大利亚沿海。
参考文献：黄宗国和林茂，2012；Tanimura et al.，2006；Kobayashi et al.，2006；Lee et al.，1995，2019b；Joh，2010a；Jeong et al.，2017；McCarthy，2013a；Bostock and Holland，2010；John，2016，2018。

意大利沟链藻 *Aulacoseira italica* (Ehrenberg) Simonsen, 1979

同种异名：*Melosira italica* (Ehrenberg) Kützing, 1844; *Gaillonella italica* Ehrenberg, 1838; *Aulacoseira italic* f. *italica* (Ehrenberg) Davydova, 1992
分布：南海；马来西亚、澳大利亚沿海。
参考文献：黄宗国和林茂，2012；Day et al.，1995；Bostock and Holland，2010。

棘冠藻目 Order Corethrales Round & Crawford, 1990

棘冠藻科 Family Corethraceae Lebour, 1930

棘冠藻属 Genus *Corethron* Castracane, 1886

羽状棘冠藻 *Corethron pennatum* (Grunow) Ostenfeld, 1909

同种异名：*Actiniscus pennatus* Grunow, 1882; *Corethron criophilum* Castracane, 1886
分布：渤海，黄海，东海，南海；朝鲜、新西兰沿海。
参考文献：刘瑞玉，2008；Lee et al.，1995；邵广昭，2003-2014；Harper et al.，2012。

中型棘冠藻 *Corethron inerme* Karsten, 1905

同种异名：*Corethron criophilum* f. *inerme* (Karsten) Hasle, 1969
分布：中国台湾沿海；朝鲜沿海。
参考文献：邵广昭，2003-2014；Lee et al.，1995。

斯特拉藻目 Order Stellarimales Nikolaev & Harwood

戈斯藻科 Family Gossleriellaceae Round

戈斯藻属 Genus *Gossleriella* Schütt, 1892

热带戈斯藻 *Gossleriella tropica* Schütt, 1893

分布：太平洋西部热带开阔洋区，西太平洋副热带环流区；黄海，东海，南海；日本沿海。
参考文献：杨清良和陈兴群，1984；杨清良等，2000；小久保清治，1960；刘瑞玉，2008；黄宗国和林茂，2012。

具点戈斯藻 *Gossleriella punctata* Wood, Crosby & Cassie, 214

分布：澳大利亚和新西兰沿海。
参考文献：McCarthy，2013a；Harper et al.，2012。

三棱藻科 Family Trigoniaceae Gleser, 1986

三棱藻属 Genus *Trigonium* Cleve, 1867

北冰洋三棱藻 *Trigonium arcticum* (Brightwell) Cleve, 1868

同种异名：*Triceratium arcticum* Brightwell, 1853; *Biddulphia arctica* (Brightwell) Boyer, 1901
分布：中国海南岛沿海；日本北海道沿岸。
参考文献：刘瑞玉，2008；黄宗国和林茂，2012。

透明三棱藻 *Trigonium diaphanum* Mann, 1925

分布：关岛海域。
参考文献：Lobban et al.，2012。

美丽三棱藻 *Trigonium formosum* (Brightwell) Cleve, 1867

同种异名：*Triceratium formosum* Brightwell, 1856; *Biddulphia formosa* (Brightwell) Jørgensen, 1905
分布：太平洋热带海域；渤海，黄海，东海，南海；朝鲜、泰国沿海。
参考文献：Hasle，1960；黄宗国和林茂，2012；邵广昭，2003-2014；Lee et al.，1995；Kesorn and Sunan，2007。

带状三棱藻 *Trigonium zonulatum* (Greville) Mann, 1907

同种异名：*Triceratium zonatulatum* Greville, 1865
分布：南海。
参考文献：黄宗国和林茂，2012。

筛盘藻目 Order Ethmodiscales Round, 1990

筛盘藻科 Family Ethmodiscaceae Round, 1990

筛盘藻属 Genus *Ethmodiscus* Castracane, 1886

伽氏筛盘藻 *Ethmodiscus gazellae* (Janisch ex Grunow) Hustedt, 1928

同种异名：*Coscinodiscus gazellae* Janisch ex Grunow, 1879
分布：太平洋西部热带开阔洋区；台湾海峡，南海；澳大利亚沿海。
参考文献：Беляева，1976；杨清良和陈兴群，1984；黄宗国和林茂，2012；McCarthy，2013a。

大筛盘藻 *Ethmodiscus rex* (Wallich) Hendey, 1953

分布：太平洋西部等热带开阔洋区；澳大利亚沿海。
参考文献：Беляева，1976；杨清良和陈兴群，1984；McCarthy，2013a。

圆筛藻目 Order Coscinodiscales Round & Crawford, 1990

圆筛藻科 Family Coscinodiscaceae Kützing, 1844

小筒藻属 Genus *Microsolenia* Takano, 1988

单一小筒藻 *Microsolenia simplex* Takano, 1988

分布（赤潮生物）：台湾海峡；日本沿岸。
参考文献：刘瑞玉，2008；邵广昭，2003-2014；Fukuyo et al.，1990。

拟圆筛藻属 Genus *Coscinodiscopsis* Sar & Sunesen, 2008

变异拟圆筛藻 *Coscinodiscopsis commutata* (Grunow) Sar & Sunesen, 2008

同种异名：*Coscinodiscus commutatus* Grunow, 1884; *Coscinodiscus jonesianus* var. *commutatus* (Grunow) Hustedt, 1928
分布：中国台湾沿海；朝鲜沿海。
参考文献：邵广昭，2003-2014；Lee et al.，1995。

琼氏拟圆筛藻 *Coscinodiscopsis jonesiana* (Greville) Sar & Sunesen, 2008

同种异名：*Eupodiscus jonesianus* Greville, 1862; *Coscinodiscus jonesianus* (Greville) Ostenfeld, 1915
分布（赤潮生物）：渤海，黄海，东海，南海；日本、朝鲜沿海。
参考文献：刘瑞玉，2008；黄宗国和林茂，2012；Fukuyo et al.，1990；Lee et al.，1995。

圆筛藻属 Genus *Coscinodiscus* Ehrenberg, 1839

非洲圆筛藻 *Coscinodiscus africanus* Janisch ex Schmidt, 1878

分布：太平洋西部热带开阔洋区。
参考文献：Беляева，1976；杨清良和陈兴群，1984；黄宗国和林茂，2012。

善美圆筛藻 *Coscinodiscus agapetos* Rattray, 1890

分布：东海。
参考文献：刘瑞玉，2008；黄宗国和林茂，2012。

安氏圆筛藻 *Coscinodiscus angstii* Gran, 1931

分布：南海。
参考文献：黄宗国和林茂，2012。

具尖圆筛藻 *Coscinodiscus apiculatus* Ehrenberg, 1844

分布：南海；朝鲜沿海。
参考文献：黄宗国和林茂，2012；Lee et al.，1995。

具尖圆筛藻平顶变种 *Coscinodiscus apiculatus* var. *ambiguus* Grunow, 1884

分布：南海。
参考文献：黄宗国和林茂，2012。

阿拉圆筛藻 *Coscinodiscus arafuraensis* Janisch

分布：澳大利亚沿海。
参考文献：McCarthy，2013a。

蛇目圆筛藻 *Coscinodiscus argus* Ehrenberg, 1838

分布：太平洋西部热带开阔洋区，西太平洋副热带环流区；渤海，黄海，东海，南海。
参考文献：杨清良和陈兴群，1984；孙晓霞等，2017；杨清良等，2000；刘瑞玉，2008；黄宗国和林茂，2012。

星脐圆筛藻 *Coscinodiscus asteromphalus* Ehrenberg, 1844

分布：太平洋西部热带开阔洋区，西太平洋副热带环流区；渤海，黄海，台湾海峡，南海；朝鲜、澳大利亚和新西兰沿海。
参考文献：Беляева，1976；杨清良和陈兴群，1984；孙晓霞等，2017；杨清良等，2000；刘瑞玉，2008；黄宗国和林茂，2012；Lee et al.，1995；McCarthy，2013a；Harper et al.，2012。

星脐圆筛藻美丽变种 *Coscinodiscus asteromphalus* var. *pulchra* Grunow, 1884

分布：南海。
参考文献：黄宗国和林茂，2012。

仿玟纹圆筛藻 *Coscinodiscus subbulliens* Jørgensen, 1905

同种异名：*Coscinodiscus asteromphalus* var. *subbulliens* (Jørgensen) Cleve, 1942
分布：渤海，黄海，东海，南海；朝鲜沿海。
参考文献：刘瑞玉，2008；Lee et al.，1995。

深脐圆筛藻 *Coscinodiscus bathyomphalus* Cleve, 1883

分布：中国福建沿海。
参考文献：黄宗国和林茂，2012。

深脐圆筛藻具刺变种 *Coscinodiscus bathyomphalus* var. *hispidus* Cheng & Chin, 1980

分布：台湾海峡。
参考文献：黄宗国和林茂，2012。

有翼圆筛藻 *Coscinodiscus bipartitus* Rattray, 1890

分布：渤海，黄海，东海，南海。
参考文献：金德祥等，1965；黄宗国和林茂，2012。

泡状圆筛藻 *Coscinodiscus bullatus* Janisch

分布：赤道太平洋开阔洋区。
参考文献：Беляева，1976。

中心圆筛藻 *Coscinodiscus centralis* Ehrenberg, 1839

分布：太平洋西部热带海域，西太平洋副热带环流区；渤海，黄海，东海，南海；朝鲜、澳大利亚和新西兰沿海。
参考文献：Беляева，1976；杨清良和陈兴群，1984；孙晓霞等，2017；杨清良等，2000；黄宗国和林茂，2012；Lee et al.，1995；McCarthy，2013a；Harper et al.，2012。

具缘毛圆筛藻 *Coscinodiscus ciliatus* Mann, 1925

分布：菲律宾群岛海域。
参考文献：Mann，1925。

系带圆筛藻 *Coscinodiscus cinctus* Kützing, 1844

分布：南海。
参考文献：刘瑞玉，2008；黄宗国和林茂，2012。

整齐型圆筛藻 *Coscinodiscus concinniformis* Simonsen, 1974

分布：泰国昌岛海域，澳大利亚沿海。
参考文献：Kesorn and Sunan，2007；McCarthy，2013a。

整齐圆筛藻 *Coscinodiscus concinnus* Smith, 1856

分布：西太平洋热带洋区；渤海，黄海，东海，南海；朝鲜、澳大利亚和新西兰沿海。

参考文献：Беляева，1976；杨清良和陈兴群，1984；孙晓霞等，2017；黄宗国和林茂，2012；Lee et al.，1995；McCarthy，2013a；Harper et al.，2012。

优美圆筛藻 *Coscinodiscus concinnoides* Simonsen, 1974

分布：中太平洋西部热带开阔洋区。

参考文献：杨清良和陈兴群，1984。

混杂圆筛藻 *Coscinodiscus confusus* Rattray, 1890

分布：冲绳海槽。

参考文献：黄宗国和林茂，2012。

细圆齿圆筛藻 *Coscinodiscus crenulatus* Grunow, 1884

分布：太平洋西部热带开阔洋区；东海。

参考文献：Hasle，1960；Беляева，1976；杨清良和陈兴群，1984；孙晓霞等，2017；刘瑞玉，2008；黄宗国和林茂，2012。

弓束圆筛藻 *Coscinodiscus curvatulus* Grunow, 1878

分布：太平洋西部热带洋区；渤海，黄海，东海，南海；朝鲜、新西兰沿海。

参考文献：杨清良和陈兴群，1984；孙晓霞等，2017；黄宗国和林茂，2012；Lee et al.，1995；Harper et al.，2012。

弓束圆筛藻小型变种 *Coscinodiscus curvatulus* var. *minor* (Ehrenberg) Grunow, 1884

同种异名：*Coscinodiscus minor* Ehrenberg, 1839

分布：渤海，黄海，东海。

参考文献：刘瑞玉，2008；黄宗国和林茂，2012。

明壁圆筛藻 *Coscinodiscus debilis* Grove, 1890

分布：渤海，黄海，南海。

参考文献：黄宗国和林茂，2012。

减小圆筛藻 *Coscinodiscus decrescens* Grunow, 1878

分布：渤海，黄海，东海，南海；朝鲜沿海。

参考文献：刘瑞玉，2008；Lee et al.，1995。

减小圆筛藻强大变种 *Coscinodiscus decrescens* var. *valida* Grunow, 1884

分布：东海，南海。

参考文献：黄宗国和林茂，2012；山路勇，1979。

畸形圆筛藻 *Coscinodiscus deformatus* Mann, 1907

分布：东海，南海。

参考文献：黄宗国和林茂，2012；邵广昭，2003-2014。

银币圆筛藻 *Coscinodiscus denarius* Schmidt, 1878

分布：赤道太平洋区；渤海，黄海，东海，南海。
参考文献：Беляева，1976；刘瑞玉，2008。

银币圆筛藻中华变种 *Coscinodiscus denarius* var. *sinensis* Meister

分布：南海。
参考文献：黄宗国和林茂，2012。

相异圆筛藻 *Coscinodiscus diversus* Grunow, 1884

分布：东海。
参考文献：刘瑞玉，2008；黄宗国和林茂，2012。

多束圆筛藻 *Coscinodiscus divisus* Grunow, 1884

同种异名：*Actinocyclus divisus* (Grunow) Hustedt, 1958
分布：渤海，黄海，东海，南海；朝鲜沿海。
参考文献：金德祥等，1965；黄宗国和林茂，2012；Lee et al.，1995。

优雅圆筛藻 *Coscinodiscus elegans* Greville, 1866

分布（化石种）：朝鲜沿海。
参考文献：Lee et al.，1995。

纤维圆筛藻 *Coscinodiscus fimbriatus* Ehrenberg, 1844

分布：东海，南海；朝鲜、新西兰沿海。
参考文献：黄宗国和林茂，2012；Lee et al.，1995；Harper et al.，2012。

巨圆筛藻 *Coscinodiscus gigas* Ehrenberg, 1841

分布（赤潮生物）：太平洋热带洋区，西太平洋副热带环流区；黄海，东海，南海；日本沿岸。
参考文献：Беляева，1976；杨清良等，2000；黄宗国和林茂，2012；Fukuyo et al.，1990。

交织圆筛藻 *Coscinodiscus praetextus* Janisch, 1888

同种异名：*Coscinodiscus gigas* var. *praetexta* Janisch ex Hustedt, 1928
分布：西太平洋副热带环流区；东海，南海。
参考文献：杨清良等，2000；黄宗国和林茂，2012。

海南圆筛藻 *Coscinodiscus hainanensis* Kuo [Guo], 1976

分布：南海。
参考文献：黄宗国和林茂，2012。

格氏圆筛藻 *Coscinodiscus granii* Gough, 1905

分布（赤潮生物）：西太平洋热带洋区；渤海，黄海，东海，南海；日本、朝鲜、澳大利亚和新西兰沿海。
参考文献：Беляева，1976；孙晓霞等，2017；刘瑞玉，2008；Fukuyo et al.，1990；Lee et al.，1995；McCarthy，2013a；Harper et al.，2012。

六块圆筛藻 *Coscinodiscus hexagonus* Cheng & Chin, 1980

分布：台湾海峡，南海。
参考文献：黄宗国和林茂，2012。

关闭圆筛藻 *Coscinodiscus inclusus* Rattray, 1890

分布：东海。
参考文献：刘瑞玉，2008；黄宗国和林茂，2012。

强氏圆筛藻 *Coscinodiscus janischii* Schmidt, 1878

分布：赤道太平洋热带洋区；渤海，黄海，东海，南海；朝鲜、澳大利亚和新西兰沿海。
参考文献：Беляева，1976；刘瑞玉，2008；Lee et al.，1995；McCarthy，2013a；Harper et al.，2012。

湖生圆筛藻 *Coscinodiscus lacustris* Grunow, 1880

分布：日本沿岸，澳大利亚（新南威尔士）和新西兰沿海。
参考文献：山路勇，1979；Day et al.，1995；Chapman et al.，1957。

宽缘翼圆筛藻 *Coscinodiscus latimarginatus* Guo, 1981

分布：南海。
参考文献：黄宗国和林茂，2012。

斑孔圆筛藻 *Coscinodiscus lentiginosus* Janisch, 1874

分布：赤道太平洋热带洋区；渤海，黄海。
参考文献：Беляева，1976；黄宗国和林茂，2012。

具边线形圆筛藻 *Coscinodiscus marginatolineatus* Schmidt, 1878

分布：东海，南海；朝鲜沿海。
参考文献：黄宗国和林茂，2012；Lee et al.，1995。

具边圆筛藻 *Coscinodiscus marginatus* Ehrenberg, 1843

分布：赤道太平洋热带洋区；渤海，黄海，东海，南海；朝鲜、新加坡、澳大利亚和新西兰沿海。
参考文献：Беляева，1976；黄宗国和林茂，2012；Lee et al.，1995；Pham et al.，2011；McCarthy，2013a；Harper et al.，2012。

大网眼圆筛藻 *Coscinodiscus megalomma* Schmidt, 1891

分布：日本（北海道）、朝鲜沿海。
参考文献：Lee et al.，1995。

细束纹圆筛藻 *Coscinodiscus minutifasciculatus* Kuo, 1976

分布：南海。
参考文献：刘瑞玉，2008。

小线形圆筛藻 *Coscinodiscus nanolineatus* Mann, 1925

分布：菲律宾群岛海域。
参考文献：Mann，1925。

光亮圆筛藻 *Coscinodiscus nitidus* Gregory, 1857

分布：渤海，黄海，台湾海峡，南海。
参考文献：刘瑞玉，2008；Kesorn and Sunan，2007。

壮丽圆筛藻 *Coscinodiscus nobilis* Grunow, 1879

分布：渤海，台湾海峡，南海。
参考文献：黄宗国和林茂，2012。

暗氏圆筛藻 *Coscinodiscus obscurus* Schmidt, 1878

同种异名：*Cestodiscus obscurus* (Schmidt) Grunow, 1883
分布：渤海，黄海，东海，南海；朝鲜、马来西亚沿海。
参考文献：刘瑞玉，2008；Lee et al.，1995；Zong and Hassan，2004。

虹彩圆筛藻 *Coscinodiscus oculus-iridis* (Ehrenberg) Ehrenberg, 1840

分布：西太平洋副热带环流区；渤海，黄海，东海，南海；朝鲜、澳大利亚和新西兰沿海。
参考文献：杨清良等，2000；刘瑞玉，2008；Lee et al.，1995；McCarthy，2013a；Harper et al.，2012。

虹彩圆筛藻北方变种 *Coscinodiscus oculus-iridis* var. *borealis* (Bailey) Cleve, 1883

分布：渤海，黄海；朝鲜沿海。
参考文献：黄宗国和林茂，2012；Lee et al.，1995。

奇异圆筛藻 *Coscinodiscus paradoxus* Cheng & Chin, 1980

分布：台湾海峡。
参考文献：黄宗国和林茂，2012。

孔圆筛藻 *Coscinodiscus perforatus* Ehrenberg, 1844

分布（赤潮生物）：赤道太平洋热带洋区；渤海，黄海，东海；日本沿岸。
参考文献：Беляева，1976；黄宗国和林茂，2012；Fukuyo et al.，1990。

孔圆筛藻疏室变种 *Coscinodiscus perforatus* var. *cellulosa* Grunow, 1884

分布：渤海，黄海，东海，南海。
参考文献：黄宗国和林茂，2012。

孔圆筛藻窄隙变种 *Coscinodiscus perforatus* var. *pavillardii* (Forti) Hustedt, 1928

分布：渤海，黄海，东海，南海。
参考文献：黄宗国和林茂，2012。

平壳圆筛藻 *Coscinodiscus planithecus* Kuo [Gao], 1976

分布：南海。
参考文献：刘瑞玉，2008。

拟具沟圆筛藻 *Coscinodiscus plicatoides* Schrader

分布：赤道太平洋热带洋区。
参考文献：Беляева，1976。

假具齿圆筛藻 *Coscinodiscus pseudodenticulatus* Hustedt, 1958

分布：赤道太平洋热带洋区。
参考文献：Беляева，1976。

斑点圆筛藻 *Coscinodiscus punctulatus* Gregory, 1857

分布：台湾海峡。
参考文献：刘瑞玉，2008。

辐射圆筛藻 *Coscinodiscus radiatus* Ehrenberg, 1840

分布：太平洋西部热带洋区；渤海，黄海，东海，南海；菲律宾以西海域。
参考文献：Hasle，1960；Беляева，1976；杨清良和陈兴群，1984；孙晓霞等，2017；郭玉洁，2003；刘瑞玉，2008。

肾形圆筛藻 *Coscinodiscus reniformis* Castracane, 1886

分布：中太平洋西部开阔洋区；台湾海峡；澳大利亚沿海。
参考文献：杨清良和陈兴群，1984；刘瑞玉，2008；McCarthy，2013a。

洛氏圆筛藻 *Coscinodiscus rothii* (Ehrenberg) Grunow, 1878

分布：渤海，黄海，东海，南海。
参考文献：金德祥等，1965；黄宗国和林茂，2012。

洛氏圆筛藻大突变种 *Coscinodiscus rothii* var. *grandiuscula* Rattray, 1890

分布：台湾海峡。
参考文献：黄宗国和林茂，2012。

洛氏圆筛藻诺氏变种 *Coscinodiscus rothii* var. *normanii* (Gregory ex Greville) Van Heurck, 1885

分布：中国台湾沿海。
参考文献：黄宗国和林茂，2012。

秀丽圆筛藻 *Coscinodiscus scitulus* Mann, 1925

分布：南海。
参考文献：刘瑞玉，2008。

汕头圆筛藻 *Coscinodiscus shantouensis* Kuo [Guo], 1976

分布：南海。
参考文献：黄宗国和林茂，2012。

有棘圆筛藻 *Coscinodiscus spinosus* Chin, 1965

分布：渤海，黄海，东海，南海。
参考文献：金德祥等，1965；刘瑞玉，2008。

星突圆筛藻 *Coscinodiscus stellaris* Roper, 1858

分布：赤道太平洋区；台湾海峡，南海。
参考文献：Беляева，1976；黄宗国和林茂，2012。

星突圆筛藻大宝变种 *Coscinodiscus stellaris* var. *symbolophora* (Grunow) Jørgensen, 1905

分布：台湾海峡。
参考文献：黄宗国和林茂，2012。

亚沟圆筛藻 *Coscinodiscus subaulacodiscoidalis* Rattray, 1890

分布：东海，台湾海峡。
参考文献：刘瑞玉，2008。

亚水泡圆筛藻 *Coscinodiscus subbulliens* Jørgensen, 1905

同种异名：*Coscinodiscus asteromphalus* var. *subbulliens* (Jørgensen) Cleve, 1942
分布：东海，台湾海峡；朝鲜沿海。
参考文献：黄宗国和林茂，2012；Lee et al.，1995。

微凹圆筛藻 *Coscinodiscus subconcavus* Grunow, 1878

分布：东海，南海；朝鲜沿海。
参考文献：刘瑞玉，2008；Lee et al.，1995。

微凹圆筛藻薄弱变种 *Coscinodiscus subconcavus* var. *tenuior* Rattray

分布：东海。
参考文献：黄宗国和林茂，2012。

细弱圆筛藻 *Coscinodiscus subtilis* Ehrenberg, 1843

分布：赤道太平洋区；渤海，黄海，东海，南海。
参考文献：Беляева，1976；杨清良和陈兴群，1984；黄宗国和林茂，2012。

细弱圆筛藻小型变种 *Coscinodiscus subtilis* var. *minorus* Kuo [Guo], 1981

分布：南海。
参考文献：黄宗国和林茂，2012。

可疑圆筛藻 *Coscinodiscus suspectus* Janisch, 1878

分布：南海。
参考文献：刘瑞玉，2008。

温和圆筛藻 *Coscinodiscus temperei* Brun, 1889

分布：东海，台湾海峡。
参考文献：刘瑞玉，2008；黄宗国和林茂，2012；Lee et al.，1995。

薄壁圆筛藻 *Coscinodiscus tenuithecus* Kuo [Guo], 1976

分布：南海。
参考文献：刘瑞玉，2008。

苏氏圆筛藻 *Coscinodiscus thorii* Pavillard, 1925

分布：渤海，黄海，东海，南海。
参考文献：金德祥等，1965；黄宗国和林茂，2012。

膨大圆筛藻 *Coscinodiscus turgidus* Rattray, 1890

分布：渤海，黄海，东海，南海。
参考文献：刘瑞玉，2008。

粒状圆筛藻 *Coscinodiscus variolatus* Castracane

分布：菲律宾群岛海域。
参考文献：Mann，1925。

威氏圆筛藻 *Coscinodiscus wailesii* Gran & Angst, 1931

分布（赤潮生物）：渤海，黄海，东海，南海；日本、新加坡、朝鲜、澳大利亚和新西兰沿海。
参考文献：黄宗国和林茂，2012；Fukuyo et al.，1990；Pham et al.，2011；Lee et al.，1995；McCarthy，2013a；Harper et al.，2012。

维延圆筛藻 *Coscinodiscus wittianus* Pantocsek, 1889

分布：东海，南海。
参考文献：郭玉洁，2003；刘瑞玉，2008；邵广昭，2003-2014。

波盘藻属 Genus *Cymatodiscus* Hendey, 1958

星球波盘藻 *Cymatodiscus planetophorus* (Meister) Hendey, 1932

同种异名：*Coscinodiscus planetophorus* Meister, 1932
分布：东海，南海；澳大利亚沿海。
参考文献：刘瑞玉，2008；McCarthy，2013a

掌状藻属 Genus *Palmerina* Hasle, 1996

哈德掌状藻 *Palmerina hardmaniana* (Greville) Hasle, 1996

同种异名：*Palmeria hardmaniana* Greville, 1865; *Hemidiscus hardmanianus* (Greville) Kuntze, 1898
分布：中国台湾沿海；澳大利亚沿海。
参考文献：刘瑞玉，2008；McCarthy，2013a。

奥斯掌状藻 *Palmerina ostenfeldii* Hasle, 1996

同种异名：*Palmeria ostenfeldii* Stosch, 1987
分布：澳大利亚沿海。
参考文献：McCarthy，2013a。

沟盘藻科 Family Aulacodiscaceae (Schütt) Lemmermann, 1903

沟盘藻属 Genus *Aulacodiscus* Ehrenberg, 1844

近似沟盘藻 *Aulacodiscus affinis* Grunow, 1876

同种异名：*Tripodiscus affinis* (Grunow) Kuntze, 1898
分布：南海。
参考文献：金德祥等，1982；刘瑞玉，2008。

蛇目沟盘藻 *Aulacodiscus argus* (Ehrenberg) Schmidt, 1886

同种异名：*Tripodiscus argus* Ehrenberg, 1839; *Eupodiscus argus* (Ehrenberg) Smith, 1853
分布：南海；朝鲜、新西兰沿海。
参考文献：黄宗国和林茂，2012；Lee et al.，1995；Harper et al.，2012。

珠纹沟盘藻 *Aulacodiscus margaritaceus* Ralfs, 1861

分布：台湾海峡，南海。
参考文献：金德祥等，1982；黄宗国和林茂，2012。

皮特沟盘藻 *Aulacodiscus pretiosus* Mann, 1925

分布：菲律宾群岛海域。
参考文献：Mann，1925。

后缩沟盘藻 *Aulacodiscus recedens* Mann, 1925

分布：菲律宾群岛海域。
参考文献：Mann，1925。

网状沟盘藻 *Aulacodiscus reticulats* Pantocsek, 1886

分布：中国台湾大陆架海域。
参考文献：邵广昭，2003-2014。

伏氏沟盘藻 *Aulacodiscus voluta-coeli* Brun, 1892

分布：日本（北海道）、朝鲜沿海。
参考文献：小久保清治，1960；Lee et al.，1995。

半盘藻科 Family Hemidiscaceae Hendey ex Hasle, 1996

辐环藻属 Genus *Actinocyclus* Ehrenberg, 1837

奇妙辐环藻 *Actinocyclus alienus* Grunow, 1883

分布：渤海，黄海，东海。
参考文献：金德祥等，1982；刘瑞玉，2008。

具附属物辐环藻 *Actinocyclus appendiculatus* Rattray, 1890

分布：台湾海峡，南海。
参考文献：刘瑞玉，2008；邵广昭，2003-2014。

澳洲辐环藻 *Actinocyclus australis* Grunow, 1883

分布：台湾海峡，南海。
参考文献：刘瑞玉，2008；邵广昭，2003-2014。

有翼辐环藻 *Actinocyclus bipartitus* Mann, 1925

分布：菲律宾群岛海域。
参考文献：Mann，1925。

汇合辐环藻 *Actinocyclus confluens* Grunow, 1890

分布：中国福建沿海。
参考文献：金德祥等，1982；黄宗国和林茂，2012。

弯曲辐环藻 *Actinocyclus curvatulus* Janisch, 1878

分布：太平洋热带洋区；东海。
参考文献：Hasle，1960；Беляева，1976；金德祥等，1982；黄宗国和林茂，2012；Huang，1979。

叉纹辐环藻 *Actinocyclus decussatus* Mann, 1925

分布：菲律宾群岛海域。
参考文献：Mann，1925。

椭圆辐环藻 *Actinocyclus ellipticus* Grunow, 1883

分布：东海，台湾海峡；朝鲜沿海。
参考文献：金德祥等，1982；黄宗国和林茂，2012；Lee et al.，1995。

椭圆辐环藻披针变型 *Actinocyclus ellipticus* f. *lanceolata* Kolbe, 1954

分布：渤海，黄海，东海，台湾海峡。
参考文献：金德祥等，1982；黄宗国和林茂，2012。

椭圆辐环藻墨兰变种 *Actinocyclus ellipticus* var. *moronensis* (Deby) Kolbe

分布：赤道太平洋热带洋区。
参考文献：Беляева，1976。

长辐环藻 *Actinocyclus elongatus* Grunow, 1883

分布：南海。
参考文献：刘瑞玉，2008；黄宗国和林茂，2012。

束状辐环藻 *Actinocyclus fasciculatus* Castracane, 1886

分布：南海。
参考文献：金德祥等，1982；刘瑞玉，2008。

巨大辐环藻 *Actinocyclus ingens* Rattray, 1890

分布：南海；朝鲜、新西兰沿海。
参考文献：刘瑞玉，2008；Lee et al.，1995。

库氏辐环藻 *Actinocyclus kuetzingii* (Schmidt) Simonsen, 1975

同种异名：*Coscinodiscus kuetzingii* Schmidt, 1878
分布：渤海，黄海，东海，南海；朝鲜、澳大利亚和新西兰沿海。

参考文献：刘瑞玉，2008；Lee et al.，1995；McCarthy，2013a；Harper et al.，2012。

线形辐环藻 *Actinocyclus lineatus* Liu, Cheng & Lan, 1995

分布：南海。
参考文献：黄宗国和林茂，2012。

诺氏辐环藻 *Actinocyclus normanii* (Gregory ex Greville) Hustedt, 1957

同种异名：*Coscinodiscus normanii* Gregory ex Greville, 1859; *Coscinodiscus normannicus* (Gregory ex Greville) Gregory, 1883; *Coscinodiscus curvatulus* var. *normanni* (Gregory ex Greville) Cleve, 1883; *Coscinodiscus rothii* var. *normanii* (Gregory ex Greville) Van Heurck, 1885; *Coscinodiscus subtilis* var. *normannii* (Gregory ex Greville) Van Heurck, 1885
分布：南海；朝鲜、新西兰和澳大利亚（昆士兰）沿海。
参考文献：金德祥等，1982；黄宗国和林茂，2012；Lee et al.，1995；Harper et al.，2012。

八刺辐环藻 *Actinocyclus octonarius* Ehrenberg, 1837

同种异名：*Actinoptychus octonarius* (Ehrenberg) Kützing, 1844; *Actinocyclus ehrenbergii* Ralfs, 1861
分布（化石种）：太平洋热带洋区；渤海，黄海，东海，南海；泰国、朝鲜、澳大利亚和新西兰沿海。
参考文献：Hasle，1960；Беляева，1976；杨清良和陈兴群，1984；黄宗国和林茂，2012；Lee et al.，1995；McCarthy，2013a；John，2018。

八刺辐环藻厚缘变种 *Actinocyclus octonarius* var. *crassus* (Smith) Hendey, 1954

同种异名：*Eupodiscus crassus* Smith, 1853; *Actinocyclus crassus* (Smith) Ralfs ex Pritchard, 1861; *Actinocyclus ehrenbergii* var. *crassus* (Smith) Hustedt, 1929
分布：渤海，黄海，东海，南海。
参考文献：金德祥等，1982；黄宗国和林茂，2012。

八刺辐环藻辣氏变种 *Actinocyclus octonarius* var. *ralfsii* (Smith) Hendey, 1954

同种异名：*Eupodiscus ralfsii* Smith, 1856; *Actinocyclus ralfsii* (Smith) Ralfs, 1861; *Actinocyclus ehrenbergii* var. *ralfsii* (Smith) Hustedt, 1929
分布：渤海，黄海，东海，南海。
参考文献：金德祥等，1982；黄宗国和林茂，2012。

八刺辐环藻优美变种 *Actinocyclus octonarius* var. *tenellus* (Brébisson) Hendey, 1954

同种异名：*Eupodiscus tenellus* Brébisson 1854; *Actinocyclus tenellus* (Brébisson) Grunow 1867; *Actinocyclus ehrenbergii* var. *tenellus* (Brébisson) Hustedt, 1929
分布：渤海，黄海，东海，南海。
参考文献：金德祥等，1982；黄宗国和林茂，2012。

小型辐环藻 *Actinocyclus parvus* Hasle

分布：太平洋热带洋区。
参考文献：Hasle，1960；Werner，1977。

洛氏辐环藻 *Actinocyclus roperi* (Brébisson) Grunow ex Van Heurck, 1881

同种异名：*Eupodiscus roperi* Brébisson, 1870
分布：东海，南海。
参考文献：黄宗国和林茂，2012。

细弱辐环藻 *Actinocyclus subtilis* (Gregory) Ralfs, 1861

同种异名：*Eupodiscus subtilis* Gregory, 1857
分布：南海；澳大利亚和新西兰沿海。
参考文献：金德祥等，1982；刘瑞玉，2008；McCarthy，2013a；Harper et al.，2012。

纤细辐环藻 *Actinocyclus tenuissimus* Cleve, 1878

分布（赤潮生物）：关岛海域。
参考文献：Lobban et al.，2012。

罗氏藻属 Genus *Roperia* Grunow ex Pelletan, 1889

离心列罗氏藻 *Roperia excentrica* Cheng & Chin, 1980

分布：中国辽宁沿海，东海，西沙群岛海域。
参考文献：黄宗国和林茂，2012。

广卵罗氏藻 *Roperia latiovala* Chen & Qian, 1984

分布：东海。
参考文献：刘瑞玉，2008；黄宗国和林茂，2012。

方格罗氏藻 *Roperia tesselata* (Roper) Grunow ex Pelletan, 1889

同种异名：*Eupodiscus tesselatus* Roper, 1858; *Actinocyclus tessellatus* (Roper) Ralfs, 1861; *Roperia tesselata* var. *ovata* Heiden, 1928; *Roperia tesselata* var. *ovata* Mann, 1925; *Roperia tesselata* var. *detata* Voigt, 1949; *Roperia tesselata* var. *detata* f. *ovata* Voigt, 1949; *Roperia tesselata* var. *elliptica* Kolbe, 1954; *Actinocyclus coscinodiscoides* Mann, 1937; *Roperia tesselata* var. *coscinodiscoides* (Mann) Kolbe, 1955
讨论：该种壳面外部形态、边缘结构及孔纹排列方式都可有较大的变化，因而曾被作为原种下的多种分类单元对待。实际上，无论是在印度洋还是在太平洋往往都能同时发现各种典型差异间的过渡类型。因此，Simonsen（1974）认为根据这些差异再分的不同分类单元在分类学和生态学上都没有意义，应予合并。据此，上述的离心列罗氏藻（*Roperia excentrica*）和广卵罗氏藻（*R. latiovala*）可能也应作为该种的别名，值得再进一步研究澄清。
分布：太平洋热带洋区，西太平洋副热带环流区；渤海，黄海，东海，南海；朝鲜、澳大利亚和新西兰沿海。
参考文献：Беляева，1976；杨清良和陈兴群，1984；杨清良等，2000；黄宗国和林茂，2012；McCarthy，2013a；Harper et al.，2012。

阿奇佩藻属 Genus *Azpeitia* Peragallo, 1912

结节阿奇佩藻 *Azpeitia nodulifera* (Schmidt) Fryxell & Sims, 1986

同种异名：*Coscinodiscus nodulifer* Schmidt, 1878
分布（赤潮生物）：赤道太平洋热带洋区；渤海，黄海，东海，南海；日本沿岸。
参考文献：Беляева，1976；杨清良和陈兴群，1984；刘瑞玉，2008；Fukuyo et al.，1990。

半盘藻属 Genus *Hemidiscus* Wallich, 1860

楔形半盘藻 *Hemidiscus cuneiformis* Wallich, 1858

分布：赤道太平洋热带洋区，西太平洋副热带环流区；黄海，东海，南海。
参考文献：Hasle，1960；Беляева，1976；杨清良和陈兴群，1984；孙晓霞等，2017；杨清良等，2000；小久保清治，1960；黄宗国和林茂，2012。

楔形半盘藻圆形变种 *Hemidiscus cuneiformis* var. *orbicularis* (Castracane) Hustedt, 1930

分布：东海。
参考文献：金德祥等，1982；黄宗国和林茂，2012。

楔形半盘藻劲直变种 *Hemidiscus cuneiformis* var. *rectus* (Castracane) Hustedt, 1930

分布：冲绳海槽。
参考文献：金德祥等，1982；黄宗国和林茂，2012。

楔形半盘藻单膨变种 *Hemidiscus cuneiformis* var. *ventricosus* (Castracane) Hustedt, 1930

分布：太平洋热带洋区；台湾海峡。
参考文献：杨清良和陈兴群，1984；郭玉洁，2003；黄宗国和林茂，2012。

椭圆半盘藻 *Hemidiscus ovalis* Lohman, 1938

分布：台湾海峡，南海。
参考文献：金德祥等，1982；刘瑞玉，2008。

赫利奥藻科 Family Heliopeltaceae Smith, 1872

辐裥藻属 Genus *Actinoptychus* Ehrenberg, 1843

环状辐裥藻 *Actinoptychus annulatus* (Wallich) Grunow, 1883

分布：渤海，黄海，东海，南海。
参考文献：金德祥等，1982；黄宗国和林茂，2012。

环状辐裥藻小型变种 *Actinoptychus annulatus* var. *minor* Grunow

分布：东海，台湾海峡。
参考文献：金德祥等，1982；黄宗国和林茂，2012。

澳洲辐裥藻 *Actinoptychus australis* (Grunow) Andrews, 1979

分布：渤海，黄海，台湾海峡。
参考文献：金德祥等，1982；黄宗国和林茂，2012。

六角辐裥藻 *Actinoptychus hexagonus* Grunow, 1874

分布：南海。
参考文献：金德祥等，1982；黄宗国和林茂，2012。

马里兰辐裥藻 *Actinoptychus marylandicus* Andrews, 1974

分布：东海，南海。
参考文献：金德祥等，1982；黄宗国和林茂，2012。

小型辐裥藻 *Actinoptychus parvus* Mann, 1925

分布：菲律宾群岛海域。
参考文献：Mann，1925。

围穴辐裥藻 *Actinoptychus pericavatus* Brun, 1889

分布：东海。
参考文献：金德祥等，1982；黄宗国和林茂，2012。

斑点辐裥藻 *Actinoptychus punctulatus* Pantocsek

分布：澎湖列岛海域。
参考文献：Li，1978。

华美辐裥藻 *Actinoptychus splendens* (Shadbolt) Ralfs, 1861

分布：渤海，黄海，东海，南海。
参考文献：黄宗国和林茂，2012。

星形辐裥藻 *Actinoptychus stella* Schmidt, 1886

分布：南海。
参考文献：黄宗国和林茂，2012。

星形辐裥藻色氏变种 *Actinoptychus stella* var. *thumii* Schmidt, 1886

分布：台湾海峡，南海。
参考文献：黄宗国和林茂，2012。

亚角辐裥藻 *Actinoptychus subangulatus* Schmidt, 1888

分布：东海。
参考文献：金德祥等，1982；刘瑞玉，2008。

三叉状辐裥藻 *Actinoptychus trinacriformis* Cheng & Chin, 1980

分布：东海，台湾海峡。
参考文献：金德祥等，1982；刘瑞玉，2008。

三舌辐裥藻 *Actinoptychus trilingulatus* (Brightwell) Ralfs, 1861

同种异名：*Actinocyclus trilingulatus* Brightwell, 1860
分布：渤海，黄海，东海，南海。
参考文献：黄宗国和林茂，2012；McCarthy，2013a。

六数辐裥藻 *Actinoptychus senarius* (Ehrenberg) Ehrenberg, 1843

同种异名：*Actinocyclus senarius* Ehrenberg, 1838

分布（赤潮生物）：日本、朝鲜、马来西亚、新加坡、澳大利亚和新西兰沿海。
参考文献：Takano，1990；Lee et al.，1995；Zong and Hassan，2004；Pham et al.，2011；McCarthy，2013a；Harper et al.，2012；John，2018。

中等辐裥藻 *Actinoptychus vulgaris* Schumann, 1867

分布：台湾海峡；澳大利亚和新西兰沿海。
参考文献：金德祥等，1982；刘瑞玉，2008；McCarthy，2013a；Harper et al.，2012。

三角藻目 Order Triceratiales Round & Crawford, 1990

三角藻科 Family Triceratiaceae (Schütt) Lemmermann, 1899

三角藻属 Genus *Triceratium* Ehrenberg, 1839

细纹三角藻 *Triceratium affine* Grunow, 1883

分布：渤海，黄海，东海，南海。
参考文献：黄宗国和林茂，2012。

改变三角藻 *Triceratium alternans* Bailey, 1851

分布：南海；马来西亚沿海。
参考文献：黄宗国和林茂，2012；Zong and Hassan，2004。

美洲三角藻 *Triceratium americana* Ralfs, 1859

分布：南海。
参考文献：黄宗国和林茂，2012

太古三角藻 *Triceratium antediluvianum* (Ehrenberg) Grunow, 1868

分布：东海，南海。
参考文献：黄宗国和林茂，2012。

巴里三角藻 *Triceratium balearicum* Cleve & Grunow, 1881

分布：中国沿海。
参考文献：刘瑞玉，2008。

方面三角藻 *Triceratium biquadratum* Janisch, 1886

同种异名：*Triceratium balearicum* var. *biquadratum* (Janisch) Hustedt, 1930
分布：台湾海峡；澳大利亚和新西兰沿海。
参考文献：黄宗国和林茂，2012；McCarthy，2013a；Harper et al.，2012

热带三角藻 *Triceratium broeckii* Leuduger-Fortmorel, 1879

分布：台湾海峡；新加坡、澳大利亚和新西兰沿海。
参考文献：金德祥等，1992；黄宗国和林茂，2012；Pham et al.，2011；McCarthy，2013a；Harper et al.，2012。

坎佩切三角藻 *Triceratium campechianum* Grunow, 1874

同种异名：*Biddulphia campeachiana* (Grunow) Boyer, 1900
分布：东海。
参考文献：金德祥等，1982；黄宗国和林茂，2012。

肉色三角藻 *Triceratium cinnamomeum* Greville, 1863

分布：赤道太平洋热带洋区；南海。
参考文献：Беляева，1976；黄宗国和林茂，2012。

培养三角藻 *Triceratium cultum* Schmidt, 1891

分布：东海。
参考文献：金德祥等，1992；黄宗国和林茂，2012。

凸尖三角藻 *Triceratium cuspidatum* Janisch, 1885

分布：东海，南海。
参考文献：Huang，1979；金德祥等，1992；黄宗国和林茂，2012。

不规则三角藻 *Triceratium dubium* Brightwell, 1859

分布：台湾海峡，南海。
参考文献：Li，1978；金德祥等，1992；黄宗国和林茂，2012；Kesorn and Sunan，2007。

蜂窝三角藻 *Triceratium favus* Ehrenberg, 1839

同种异名：*Biddulphia favus* (Ehrenberg) Van Heurck, 1885; *Odontella favus* (Ehrenberg) Cleve, 1901; *Odontella favus* (Ehrenberg) Peragallo, 1903
分布：渤海，黄海，东海，南海；朝鲜、马来西亚、澳大利亚和新西兰沿海。
参考文献：黄宗国和林茂，2012；Lee et al.，1995；Zong and Hassan，2004；McCarthy，2013a；Harper et al.，2012。

虫面三角藻 *Triceratium gallapagense* Cleve, 1881

分布：东海。
参考文献：金德祥等，1992；刘瑞玉，2008。

囊凸三角藻 *Triceratium gibbosum* Harvey & Bailey, 1853

同种异名：*Lampriscus gibbosus* (Harvey & Bailey) De Toni, 1894; *Biddulphia gibbosa* (Harvey & Bailey) Van Heurck ex Mann, 1925; *Triceratium shadboltianum* var. *gibbosum* (Harvey & Bailey) Mills, 1934
分布：南海；朝鲜沿海。
参考文献：刘瑞玉，2008；Lee et al.，1995。

不均衡三角藻 *Triceratium impar* Schmidt, 1890

分布：日本北海道沿海。
参考文献：山路勇，1979。

日本三角藻 *Triceratium japonicum* Schmidt, 1885

分布：台湾海峡。
参考文献：金德祥等，1992；刘瑞玉，2008。

漂流三角藻 *Triceratium pelagicum* (Schröder) Sournia, 1968

分布：南海。
参考文献：黄宗国和林茂，2012。

透明三角藻 *Triceratium pellucidum* (Castracane) Guo, Ye & Zhou, 1978

分布：南海。
参考文献：黄宗国和林茂，2012。

五角星三角藻 *Triceratium pentacrinus* (Ehrenberg) Wallich, 1858

分布：渤海，黄海，东海，南海；朝鲜、澳大利亚和新西兰沿海。
参考文献：黄宗国和林茂，2012；Lee et al.，2012；McCarthy，2013a；Harper et al.，2012。

五角星三角藻方形变型 *Triceratium pentacrinus* f. *quadratum* Forti, 1909

分布：台湾海峡。
参考文献：黄宗国和林茂，2012。

垂纹三角藻 *Triceratium perpendiculare* Lin & Chin, 1980

分布：东海，台湾海峡。
参考文献：黄宗国和林茂，2012。

四方三角藻 *Triceratium quadratum* Greville, 1865

同种异名：*Triceratium formosum* f. *quadrangulare* (Greville) Hustedt, 1930
分布：南海。
参考文献：黄宗国和林茂，2012。

网纹三角藻 *Triceratium reticulum* Ehrenberg, 1844

分布：东海，南海。
参考文献：黄宗国和林茂，2012；Kesorn and Sunan，2007。

喙状三角藻 *Triceratium rostratum* Petit

分布：东海。
参考文献：黄宗国和林茂，2012。

精美三角藻 *Triceratium scitulum* Brightwell, 1853

分布：台湾海峡，南海。
参考文献：黄宗国和林茂，2012；邵广昭，2003-2014。

三极三角藻 *Triceratium tripolare* Tempère & Brun, 1889

分布：中国台湾沿海。
参考文献：黄宗国和林茂，2012；邵广昭，2003-2014。

小齿藻属 Genus *Denticella* Ehrenberg, 1838

刚毛小齿藻 *Denticella seticulosa* (Grunow) Grunow, 1884

同种异名：*Biddulphia seticulosa* Grunow, 1882
分布：中国台湾沿海。
参考文献：邵广昭，2003-2014。

斑盘藻目 Order Stictodiscales Round & Crawford, 1990

金盘藻科 Family Chrysanthemodiscaceae Round, 1978

金盘藻属 Genus *Chrysanthemodiscus* Mann, 1925

金色金盘藻 *Chrysanthemodiscus floriatus* Mann, 1925

分布：黄海至南海；关岛海域，朝鲜、菲律宾沿海。
参考文献：Lobban et al.，2012；黄宗国和林茂，2012；Lee et al.，1995；Mann，1925。

斑盘藻科 Family Stictodiscaceae (Schütt) Simonsen, 1972

蛛网藻属 Genus *Arachnoidiscus* Deane ex Shadbolt, 1852

爱氏蛛网藻 *Arachnoidiscus ehrenbergii* Bailey, 1849

同种异名：*Hemiptychus ehrenbergii* (Bailey) Kuntze, 1898
分布：渤海，黄海，东海，南海；朝鲜沿海。
参考文献：黄宗国和林茂，2012；Lee et al.，1995。

爱氏蛛网藻圆孔变种 *Arachnoidiscus ehrenbergii* var. *montereyanus* Schmidt, 1881

分布：台湾海峡。
参考文献：黄宗国和林茂，2012。

纹筛蛛网藻 *Arachnoidiscus ornarus* Ehrenberg, 1849

分布：东海，南海。
参考文献：黄宗国和林茂，2012。

斑盘藻属 Genus *Stictodiscus* Greville, 1861

有光斑盘藻 *Stictodiscus argus* Schmidt, 1882

分布：东海，台湾海峡；澳大利亚沿海。
参考文献：刘瑞玉，2008；McCarthy，2013a。

布里安斑盘藻 *Stictodiscus buryanus* Greville, 1861

同种异名：*Cladogramma buryanum* (Greville) Kuntze, 1898
分布：东海。
参考文献：刘瑞玉，2008。

布里安斑盘藻略三角变型 *Stictodiscus buryanus* f. *subtriangularis* Truan & Witt, 1888

分布：东海。
参考文献：刘瑞玉，2008；黄宗国和林茂，2012。

加利福尼亚斑盘藻 *Stictodiscus californicus* Greville, 1861

分布：东海，南海；朝鲜沿海。
参考文献：黄宗国和林茂，2012；Lee et al.，2012。

加利福尼亚斑盘藻光亮变种 *Stictodiscus californicus* var. *nitida* Grove & Sturt, 1887

同种异名：*Stictodiscus nitidus* (Grove & Sturt) Schmidt, 1888
分布：中国台湾大陆架海域；菲律宾群岛海域。
参考文献：黄宗国和林茂，2012；邵广昭，2003-2014；Mann，1925。

约翰逊斑盘藻 *Stictodiscus johnsonianus* Greville, 1861

分布：东海。
参考文献：刘瑞玉，2008。

变异斑盘藻 *Stictodiscus varians* Castracane, 1886

分布：南海。
参考文献：黄宗国和林茂，2012。

星纹藻目 Order Asterolamprales Round & Crawford, 1990

星纹藻科 Family Asterolampraceae Smith, 1872

星纹藻属 Genus *Asterolampra* Ehrenberg, 1844

格氏星纹藻 *Asterolampra grevillei* (Wallich) Greville, 1860

同种异名：*Asteromphalus grevillei* Wallich, 1860
分布：南海；日本海，朝鲜沿海。
参考文献：黄宗国和林茂，2012；Lee et al.，1995。

南方星纹藻 *Asterolampra marylandica* Ehrenberg, 1844

分布：太平洋热带洋区，西太平洋副热带环流区；黄海，东海，南海；日本近海，泰国昌岛海域和菲律宾以西海域。
参考文献：Hasle，1960；Зернова，1964；Беляева，1976；杨清良和陈兴群，1984；孙晓霞等，2017；杨清良等，2000；郭玉洁，2003；黄宗国和林茂，2012；小久保清治，1960；Kesorn and Sunan，2007；Huang et al.，1988。

范氏星纹藻 *Asterolampra vanheurckii* Brun, 1891

分布：太平洋热带洋区，西太平洋副热带环流区；黄海，东海，南海。
参考文献：Беляева，1976；杨清良和陈兴群，1984；孙晓霞等，2017；杨清良等，2000；黄宗国和林茂，2012。

星脐藻属 Genus *Asteromphalus* Ehrenberg, 1844

蛛网星脐藻 *Asteromphalus arachne* (Brébisson) Ralfs, 1861

同种异名：*Spatangidium arachne* Brébisson, 1857
分布：赤道太平洋热带洋区；东海，南海；澳大利亚沿海。
参考文献：Беляева，1976；黄宗国和林茂，2012；McCarthy，2013a。

布鲁氏星脐藻 *Asteromphalus brookei* Bailey, 1856

分布：东海；朝鲜沿海。
参考文献：刘瑞玉，2008；Lee et al.，1995。

长卵面星脐藻 *Asteromphalus cleveanus* Grunow, 1876

分布：西太平洋副热带环流区；渤海，黄海，东海，南海；日本沿海。
参考文献：杨清良等，2000；黄宗国和林茂，2012；小久保清治，1960。

小型星脐藻 *Asteromphalus diminutus* Mann

分布：太平洋热带洋区，西太平洋副热带环流区。
参考文献：杨清良和陈兴群，1984；杨清良等，2000。

美丽星脐藻 *Asteromphalus elegans* Greville, 1859

分布：赤道太平洋热带洋区；东海，南海。
参考文献：Беляева，1976；杨清良和陈兴群，1984；刘瑞玉，2008；黄宗国和林茂，2012。

扇形星脐藻 *Asteromphalus flabellatus* (Brébisson) Greville, 1859

同种异名：*Spatangidium flabellatum* Brébisson, 1857
分布：赤道太平洋热带洋区；渤海，黄海，东海，南海；朝鲜、日本、泰国、澳大利亚和新西兰沿海。
参考文献：Hasle，1960；Беляева，1976；杨清良和陈兴群，1984；孙晓霞等，2017；黄宗国和林茂，2012；小久保清治，1960；Kesorn and Sunan，2007；Lee et al.，1995；McCarthy，2013a；Harper et al.，2012。

椭圆星脐藻 *Asteromphalus heptactis* (Brébisson) Ralfs, 1861

同种异名：*Asteromphalus areolatus* Mann, 1925; *Spatangidium heptactis* Brébisson, 1857
分布（赤潮生物）：太平洋热带洋区；台湾海峡，南海；日本沿岸，菲律宾群岛海域。
参考文献：Hasle，1960；Беляева，1976；杨清良和陈兴群，1984；郭玉洁，2003；黄宗国和林茂，2012；小久保清治，1960；Fukuyo et al.，1990；Mann，1925。

透明星脐藻 *Asteromphalus hyalinus* Karsten, 1905

分布：西太平洋热带海域。
参考文献：Hasle，1960；孙晓霞等，2017。

覆瓦星脐藻 *Asteromphalus imbricatus* Wallich

分布：赤道太平洋热带洋区；南海。
参考文献：Беляева，1976；黄宗国和林茂，2012。

南方星脐藻 *Asteromphalus marylandica* (Ehrenberg) Leuduger-Fortmorel, 1879

分布：西太平洋副热带环流区，太平洋热带洋区；黄海，东海，南海；泰国昌岛海域，菲律宾以西海域。
参考文献：杨清良等，2000；黄宗国和林茂，2012；Hasle，1960；Werner，1977。

佩氏星脐藻 *Asteromphalus pettersonii* (Kolbe) Thorrington-Smith, 1970

分布：赤道太平洋热带洋区。
参考文献：Беляева，1976。

网纹星脐藻 *Asteromphalus reticulatus* Cleve, 1873

分布：西太平洋副热带环流区，太平洋热带洋区。
参考文献：杨清良等，2000；杨清良和陈兴群，1984。

粗星脐藻 *Asteromphalus robustus* Castracane, 1875

分布：东海，台湾海峡；泰国昌岛海域，朝鲜沿海。
参考文献：黄宗国和林茂，2012；Kesorn and Sunan，2007；Lee et al.，1995。

罗氏星脐藻 *Asteromphalus roperianus* (Greville) Ralfs, 1861

同种异名：*Asterolampra roperiana* Greville, 1860
分布：太平洋热带洋区；台湾海峡。
参考文献：Беляева，1976；杨清良和陈兴群，1984；黄宗国和林茂，2012。

石棺星脐藻 *Asteromphalus sarcophagus* Wallich, 1860

分布：赤道太平洋热带洋区；日本海，澳大利亚沿海。
参考文献：Беляева，1976；Takano，1983；McCarthy，2013a。

根管藻目 Order Rhizosoleniales Silva, 1962

鼻状藻科 Family Probosciaceae Nikolaev & Harwood, 2001

鼻状藻属 Genus *Proboscia* Sundström, 1986

翼鼻状藻 *Proboscia alata* (Brightwell) Sundström, 1986

同种异名：*Rhizosolenia alata* Brightwell, 1858
分布：太平洋热带洋区，西太平洋副热带环流区；渤海，黄海，东海，南海；关岛海域，日本、朝鲜、菲律宾、澳大利亚和新西兰沿海。
参考文献：Hasle，1960；Беляева，1976；杨清良和陈兴群，1984；杨清良等，2000；黄宗国和林茂，2012；Lobban et al.，2012；刘瑞玉，2008；Huang et al.，1988；山路勇，1979；Nagumo and Mayama，2000；Lee et al.，1995；Jeong et al.，2017。

印度鼻状藻 *Proboscia indica* (Peragallo) Hernández-Becerril, 1995

同种异名：*Rhizosolenia indica* Peragallo, 1892; *Rhizosolenia alata* var. *indica* (Peragallo) Ostenfeld, 1901; *Rhizosolenia alata* f. *indica* (Peragallo) Gran, 1905; *Proboscia alata* f. *indica* (Peragallo) Licea & Moreno, 1996

分布(赤潮生物)：西太平洋热带开阔洋区；渤海，黄海，东海，南海；日本、朝鲜、澳大利亚和新西兰沿海。
参考文献：杨清良和陈兴群，1984；刘瑞玉，2008；小久保清治，1960；山路勇，1979；Fukuyo et al.，1990；Lee et al.，1995；McCarthy，2013a；Harper et al.，2012。

无刺鼻状藻 *Proboscia inermis* (Castracane) Jordan & Ligowski, 1991

同种异名：*Rhizosolenia inermis* Castracane, 1886
分布：东海；日本近海（北海道高岛海域），朝鲜沿海。
参考文献：黄宗国和林茂，2012；小久保清治，1960；山路勇，1979；Lee et al.，1995。

长钩鼻状藻 *Proboscia praebarboi* (Schrader) Jordan & Priddle

同种异名：*Rhizosolenia praebarboi* Schrader; *Simonseniella praebarboi* (Schrader) Fenner
分布：朝鲜沿海。
参考文献：Lee et al.，1995。

平截鼻状藻 *Proboscia truncata* (Karsten) Nöthig & Ligowski, 1991

同种异名：*Rhizosolenia truncata* Karsten, 1905; *Rhizosolenia alata* f. *truncata* (Karsten) Hasle, 1969
分布：孟加拉湾，新西兰沿海。
参考文献：Ahmed et al.，2009；Harper et al.，2012。

根管藻科 Family Rhizosoleniaceae De Toni, 1890

根管藻属 Genus *Rhizosolenia* Brightwell, 1858

尖根管藻 *Rhizosolenia acuminata* (Peragallo) Peragallo, 1907

分布：太平洋热带洋区，西太平洋副热带环流区；黄海，东海，南海；菲律宾以西海域。
参考文献：Hasle，1960；Беляева，1976；杨清良等，2000；黄宗国和林茂，2012；小久保清治，1960；山路勇，1979。

阿玛根管藻 *Rhizosolenia amaralis* Hallegraeff & Hill, 2010

分布：澳大利亚沿海。
参考文献：McCarthy，2013a。

亚佛拉根管藻 *Rhizosolenia arafurensis* Castracane, 1886

分布：日本和朝鲜沿海。
参考文献：小久保清治，1960；山路勇，1979；Lee et al.，1995。

伯氏根管藻 *Rhizosolenia bergonii* Peragallo, 1892

分布：西太平洋副热带环流区，太平洋热带洋区；黄海，东海，南海。
参考文献：Hasle，1960；Беляева，1976；杨清良等，2000；黄宗国和林茂，2012；小久保清治，1960；山路勇，1979。

北方根管藻 *Rhizosolenia borealis* Sundström, 1986

分布：朝鲜沿海。
参考文献：Lee，2012。

卡氏根管藻 *Rhizosolenia castracanei* Peragallo, 1888

分布：太平洋热带洋区，西太平洋副热带环流区；黄海，东海，南海；日本沿海，菲律宾以西海域。
参考文献：Зернова，1964；Беляева，1976；杨清良和陈兴群，1984；杨清良等，2000；刘瑞玉，2008；Hasle，1960；小久保清治，1960；山路勇，1979；Huang et al.，1988；Werner，1977。

陈氏根管藻 *Rhizosolenia chunii* Karsten, 1905

分布（有害藻类）：新西兰沿海。
参考文献：Harper et al.，2012。

克氏根管藻 *Rhizosolenia clevei* Ostenfeld, 1902

分布：西太平洋副热带环流区；黄海，东海，南海；日本沿海。
参考文献：杨清良等，2000；刘瑞玉，2008；黄宗国和林茂，2012；小久保清治，1960；山路勇，1979。

螺端根管藻 *Rhizosolenia cochlea* Brun, 1891

同种异名：*Rhizosolenia calcar-avis* var. *cochlea* (Brun) Ostenfeld, 1902
分布：南海。
参考文献：刘瑞玉，2008；黄宗国和林茂，2012。

粗根管藻 *Rhizosolenia crassa* Schimper, 1905

分布：东海，南海。
参考文献：刘瑞玉，2008。

粗刺根管藻 *Rhizosolenia crassispina* Schröder, 1906

分布：西太平洋副热带环流区；黄海，东海，南海。
参考文献：杨清良等，2000；黄宗国和林茂，2012。

弯根管藻 *Rhizosolenia curvata* Zacharias, 1905

分布：朝鲜、新西兰沿海。
参考文献：Lee et al.，1995；Harper et al.，2012。

假根管藻 *Rhizosolenia fallax* Sundström, 1986

分布：朝鲜沿海。
参考文献：Lee，2012。

美丽根管藻 *Rhizosolenia formosa* Peragallo, 1888

分布：渤海，黄海，东海，南海；朝鲜沿海。
参考文献：黄宗国和林茂，2012；Lee et al.，1995。

钝棘根管藻 *Rhizosolenia hebetata* Bailey, 1856

同种异名：*Rhizosolenia hebetata* f. *hiemalis* Gran, 1904; *Rhizosolenia hebetata* f. *decorata* Takano, 1972
分布（赤潮生物）：日本、朝鲜和新西兰沿海。
参考文献：小久保清治，1960；山路勇，1979；Fukuyo et al.，1990；Lin et al.，2020；Lee et al.，1995；Harper et al.，2012。

钝棘根管藻半刺变型 *Rhizosolenia hebetata* f. *semispina* (Hensen) Gran, 1908

同种异名：*Rhizosolenia semispina* Hensen, 1887; *Rhizosolenia styliformis* var. *Semispina* (Hensen) Karsten, 1905
分布：太平洋热带洋区，西太平洋副热带环流区；渤海，黄海，台湾海峡，南海；朝鲜、日本、澳大利亚和新西兰沿海。
参考文献：Зернова，1964；杨清良和陈兴群，1984；杨清良等，2000；孙晓霞等，2017；刘瑞玉，2008；Mann，1925；Werner，1977；Lee，2012；McCarthy，2013a；Harper et al.，2012。

透明根管藻 *Rhizosolenia hyalina* Ostenfeld, 1901

分布：太平洋热带洋区，西太平洋副热带环流区；东海，南海。
参考文献：孙晓霞等，2017；杨清良等，2000；黄宗国和林茂，2012。

覆瓦根管藻 *Rhizosolenia imbricata* Brightwell, 1858

同种异名：*Rhizosolenia shrubsolei* Cleve, 1881; *Rhizosolenia imbricata* var. *shrubsolei* (Cleve) Schröder, 1906
分布：太平洋热带洋区；渤海，黄海，东海，南海；日本、朝鲜、澳大利亚和新西兰沿海。
参考文献：Беляева，1976；杨世民和董树刚，2006；黄宗国和林茂，2012；小久保清治，1960；山路勇，1979；Lee et al.，1995；McCarthy，2013a；Harper et al.，2012。

中新根管藻 *Rhizosolenia miocenica* Schrader

分布：朝鲜沿海。
参考文献：Lee et al.，1995。

前培氏根管藻 *Rhizosolenia praebergonii* Muchina, 1965

分布：朝鲜沿海。
参考文献：Lee et al.，1995。

刚毛根管藻 *Rhizosolenia setigera* Brightwell, 1858

同种异名：*Rhizosolenia japonica* Castracane, 1886; *Rhizosolenia hensenii* Schütt, 1900
分布（赤潮生物）：西太平洋热带洋区；渤海，黄海，东海，南海；日本、朝鲜、菲律宾、澳大利亚和新西兰沿海。
参考文献：Беляева，1976；杨清良和陈兴群，1984；孙晓霞等，2017；刘瑞玉，2008；小久保清治，1960；山路勇，1979；Fukuyo et al.，1990；Lee et al.，1995；Huang et al.，1988；McCarthy，2013a，Harper et al.，2012。

简单根管藻 *Rhizosolenia simplex* Karsten, 1905

分布：新西兰沿海。
参考文献：Harper et al.，2012。

中华根管藻 *Rhizosolenia sinensis* Qian, 1981

分布：黄海，东海。
参考文献：郭玉洁，2003；刘瑞玉，2008。

笔尖形根管藻 *Rhizosolenia styliformis* Brightwell, 1858

同种异名：*Rhizosolenia styliformis* var. *longispina* Hustedt, 1914
分布：西太平洋热带洋区；渤海，黄海，东海，南海；菲律宾以西海域。
参考文献：Hasle，1960；Беляева，1976；杨清良和陈兴群，1984；孙晓霞等，2017；郭玉洁，2003；黄

宗国和林茂，2012；小久保清治，1960；山路勇，1979；Huang et al.，1988。

谭氏根管藻 *Rhizosolenia temperrei* Peragallo, 1888

分布：太平洋热带洋区；南海。
参考文献：Беляева，1976；黄宗国和林茂，2012。

假管藻属 Genus *Pseudosolenia* Sundström, 1986

距端假管藻 *Pseudosolenia calcar-avis* (Schultze) Sundström, 1986

同种异名：*Rhizosolenia calcar-avis* Schultze, 1858
分布：太平洋热带洋区，西太平洋副热带环流区；渤海，黄海，东海，南海；菲律宾以西海域。
参考文献：Беляева，1976；杨清良等，2000；Hasle，1960；郭玉洁，2003；黄宗国和林茂，2012；小久保清治，1960；山路勇，1979；Huang et al.，1988；Werner，1977。

新根冠藻属 Genus *Neocalyptrella* Hernández-Becerril & Meave del Castillo, 1997

粗壮新根冠藻 *Neocalyptrella robusta* (Norman ex Ralfs) Hernández-Becerril & Castillo, 1997

同种异名：*Rhizosolenia robusta* Norman ex Ralfs, 1861; *Calyptrella robusta* (Norman ex Ralfs) Hernández-Becerril & Meave del Castillo, 1996
分布：太平洋热带洋区，西太平洋副热带环流区；渤海，黄海，东海，南海；日本、朝鲜沿海。
参考文献：Беляева，1976；杨清良和陈兴群，1984；郭玉洁，2003；黄宗国和林茂，2012；小久保清治，1960；山路勇，1979；Lee et al.，1995；Jeong et al.，2017。

几内亚藻属 Genus *Guinardia* Peragallo, 1892

薄壁几内亚藻 *Guinardia flaccida* (Castracane) Peragallo, 1892

同种异名：*Rhizosolenia flaccida* Castracane, 1886
分布（赤潮生物）：西太平洋副热带环流区；渤海，黄海，东海，南海；日本沿海。
参考文献：杨清良等，2000；郭玉洁，2003；黄宗国和林茂，2012；小久保清治，1960；山路勇，1979；Fukuyo et al.，1990。

圆柱几内亚藻 *Guinardia cylindrus* (Cleve) Hasle, 1996

同种异名：*Rhizosolenia cylindrus* Cleve, 1897
分布：太平洋热带洋区，西太平洋副热带环流区；黄海，东海，南海；日本近海。
参考文献：Hasle，1960；Беляева，1976；杨清良和陈兴群，1984；杨清良等，2000；孙晓霞等，2017；郭玉洁，2003；黄宗国和林茂，2012；小久保清治，1960。

柔弱几内亚藻 *Guinardia delicatula* (Cleve) Hasle, 1997

同种异名：*Rhizosolenia delicatula* Cleve, 1900
分布：太平洋热带洋区；渤海，黄海，东海，南海；日本近海。
参考文献：Беляева，1976；杨清良等，2000；郭玉洁，2003；黄宗国和林茂，2012；小久保清治，1960。

条纹几内亚藻 *Guinardia striata* (Stolterfoth) Hasle, 1996

同种异名：*Rhizosolenia stolterfothii* Peragallo, 1888; *Eucampia striata* Stolterfoth, 1879; *Pyxilla stephanos* Hensen, 1887; *Henseniella stephanos* (Hensen) Schütt De Toni, 1894; *Guinardia stephanos* (Hensen) Hensen, 1895

分布：西太平洋副热带环流区，太平洋热带洋区；渤海，黄海，东海，南海；日本近海。
参考文献：Беляева，1976；杨清良和陈兴群，1984；孙晓霞等，2017；杨清良等，2000；郭玉洁，2003；黄宗国和林茂，2012；小久保清治，1960。

指管藻属 Genus *Dactyliosolen* Castracane, 1886

南极指管藻 *Dactyliosolen antarcticus* Castracane, 1886

分布：朝鲜、新西兰沿海。
参考文献：Lee et al.，1995；Harper et al.，2012。

锯齿指管藻 *Dactyliosolen blavyanus* (Peragallo) Hasle, 1975

同种异名：*Guinardia blavyana* Peragallo, 1892
分布：南海；日本、朝鲜、澳大利亚和新西兰沿海。
参考文献：郭玉洁，2003；刘瑞玉，2008；Lee et al.，1995；McCarthy，2013a；Harper et al.，2012。

脆指管藻 *Dactyliosolen fragilissimus* (Bergon) Hasle, 1996

同种异名：*Rhizosolenia fragilissima* Bergon, 1903
分布（赤潮生物）：渤海，黄海，东海，南海；日本、朝鲜和澳大利亚沿海。
参考文献：郭玉洁，2003；刘瑞玉，2008；黄宗国和林茂，2012；小久保清治，1960；山路勇，1979；Fukuyo et al.，1990；Lee，2012；Jeong et al.，2017；McCarthy，2013a。

地中海指管藻 *Dactyliosolen mediterraneus* (Peragallo) Peragallo, 1892

同种异名：*Leptocylindrus mediterraneus* (Peragallo) Hasle, 1975
分布：西太平洋副热带环流区，太平洋热带开阔洋区；渤海至南海；日本、朝鲜、澳大利亚和新西兰沿海。
参考文献：Hasle，1960；Беляева，1976；杨清良等，2000；郭玉洁，2003；刘瑞玉，2008；黄宗国和林茂，2012；小久保清治，1960；山路勇，1979；Jeong et al.，2017；McCarthy，2013a；Harper et al.，2012。

普吉指管藻 *Dactyliosolen phuketensis* (Sundström) Hasle, 1996

同种异名：*Rhizosolenia phuketensis* Sundström, 1980
分布：朝鲜、澳大利亚沿海。
参考文献：Lee，2012；McCarthy，2013a。

硅藻亚门 Subphylum Bacillariophytina Medlin & Kaczmarska, 2004

中型硅藻纲 Class Mediophyceae Medlin & Kaczmarska, 2004

海链藻目 Order Thalassiosirales Glezer & Makarova, 1986

海链藻科 Family Thalassiosiraceae Lebour, 1930

海链藻属 Genus *Thalassiosira* Cleve, 1873

夏季海链藻 *Thalassiosira aestivalis* Gran, 1931

同种异名：*Thalassiosira concaviuscula* Makarova, 1978

分布：中国胶州湾，台湾沿海；朝鲜沿海。
参考文献：刘瑞玉，2008；Anon，2012；Lee et al.，1995；Lee，2012；McCarthy，2013a。

安氏海链藻 *Thalassiosira angstii* (Gran) Makarova, 1971

分布：中国台湾沿海；朝鲜、日本沿海。
参考文献：邵广昭，2003-2014；Lee et al.，1995；Fukuyo et al.，1990。

狭线形海链藻 *Thalassiosira angustelineata* (Schmidt) Fryxell & Hasle, 1977

同种异名：*Coscinodiscus angustelineatus* Schmidt, 1878
分布：渤海，黄海，东海，南海；日本、朝鲜和新西兰沿海。
参考文献：黄宗国和林茂，2012；Fukuyo et al.，1990；Lee et al.，1995；Harper et al.，2012。

艾伦海链藻 *Thalassiosira allenii* Takano, 1965

分布（赤潮生物）：南海；日本、朝鲜、澳大利亚沿海。
参考文献：黄宗国和林茂，2012；Fukuyo et al.，1990；Kobayashi et al.，2006；Lee et al.，1995；McCarthy，2013a。

安达曼海链藻 *Thalassiosira andamanica* Gedde, 1999

分布：东海，南海；朝鲜、泰国沿海。
参考文献：刘瑞玉，2008；Li et al.，2013；Park et al.，2016b；Gedde，1999。

古代海链藻 *Thalassiosira antiqua* (Grunow) Proshkina-Lavrenko, 1955

同种异名：*Coscinodiscus antiquus* Grunow, 1884
分布：南海；朝鲜沿海。
参考文献：黄宗国和林茂，2012；Lee et al.，1995。

模糊海链藻 *Thalassiosira ambigua* Kozlova, 1962

分布：中国福建沿海。
参考文献：刘瑞玉，2008；黄宗国和林茂，2012。

波罗的海海链藻 *Thalassiosira baltica* (Grunow) Ostenfeld, 1901

同种异名：*Coscinodiscus polyacanthus* var. *balticus* Grunow, 1880; *Coscinodiscus balticus* (Grunow) Grunow ex Cleve, 1891
分布：渤海，黄海，台湾海峡。
参考文献：黄宗国和林茂，2012；Mann，1925。

成对海链藻 *Thalassiosira binata* Fryxell, 1977

分布（赤潮生物）：东海，南海；日本、朝鲜沿海。
参考文献：刘瑞玉，2008；Li et al.，2013；Fukuyo et al.，1990；Lee et al.，1995。

成对海链藻双对变种 *Thalassiosira binata* var. *bibinata* Gao & Cheng, 1982

分布：台湾海峡。
参考文献：黄宗国和林茂，2012。

成对海链藻小型变种 *Thalassiosira binata* var. *minor* Gao & Cheng, 1992

分布：台湾海峡。
参考文献：黄宗国和林茂，2012。

布拉马海链藻 *Thalassiosira bramaputrae* (Ehrenberg) Håkansson & Locker, 1981

同种异名：*Stephanodiscus bramaputrae* Ehrenberg, 1854
分布（淡水种）：中国台湾沿海；日本、朝鲜、澳大利亚和新西兰沿海。
参考文献：邵广昭，2003-2014；Fukuyo et al.，1990；Kihara et al.，2015；Park et al.，2016b；McCarthy，2013a；Harper et al.，2012；John，2018。

密联海链藻 *Thalassiosira condensata* Cleve, 1900

分布：渤海，黄海，东海，南海；菲律宾以西海域。
参考文献：黄宗国和林茂，2012；Hasle，1960；Huang et al.，1988。

密纹海链藻 *Thalassiosira conferta* Hasle, 1977

分布（赤潮生物）：日本、朝鲜沿海。
参考文献：Fukuyo et al.，1990；Lee，2012。

曲列海链藻 *Thalassiosira curviseriata* Takano, 1983

分布（赤潮生物）：中国台湾沿海；日本、朝鲜、澳大利亚沿海。
参考文献：Li et al.，2013；Fukuyo et al.，1990；Lee，2012；Park et al.，2016b；Hallegraeff，1984；McCarthy，2013a。

并基海链藻 *Thalassiosira decipiens* (Grunow ex Van Heurck) Jørgensen, 1905

同种异名：*Coscinodiscus decipiens* Grunow ex Van Heurck, 1882
分布：赤道太平洋热带洋区；渤海至东海；菲律宾以西海域，朝鲜、澳大利亚（昆士兰）沿海。
参考文献：Hasle，1960；Беляева，1976；黄宗国和林茂，2012；Huang et al.，1988；Lee et al.，1995；John，2016。

精致海链藻 *Thalassiosira delicatula* Ostenfeld, 1908

分布（赤潮生物）：中国福建沿海；日本、朝鲜和澳大利亚沿海。
参考文献：黄宗国和林茂，2012；Fukuyo et al.，1990；Park et al.，2016b；McCarthy，2013a。

双环海链藻 *Thalassiosira diporocyclus* Hasle, 1972

分布（赤潮生物）：中国东南（南澳岛）沿海；朝鲜、日本和澳大利亚沿海。
参考文献：黄宗国和林茂，2012；Li et al.，2013，2018b；Lee et al.，2012；Fukuyo et al.，1990；McCarthy，2013a。

双线海链藻 *Thalassiosira duostra* Pienaar, 1990

分布：东海，南海；朝鲜沿海。
参考文献：黄宗国和林茂，2012；Li et al.，2013；Park et al.，2016b。

离心列海链藻 *Thalassiosira excentrica* (Ehrenberg) Cleve, 1904

同种异名：*Coscinodiscus excentricus* Ehrenberg, 1840
分布（赤潮生物）：西太平洋热带水域；台湾海峡，南海；日本、朝鲜、澳大利亚和新西兰沿海。
参考文献：孙晓霞等，2017；刘瑞玉，2008；Nagumo and Mayama，2000；Fukuyo et al.，1990；Lee et al.，1995；McCarthy，2013a；Harper et al.，2012。

微小海链藻 *Thalassiosira exigua* Fryxell & Hasle, 1977

分布：中国福建沿海。
参考文献：黄宗国和林茂，2012；Li et al.，2013。

吉思纳海链藻 *Thalassiosira gessneri* Hustedt, 1956

分布：中国福建沿海；澳大利亚沿海。
参考文献：刘瑞玉，2008；McCarthy，2013a。

鼓胀海链藻 *Thalassiosira gravida* Cleve, 1896

分布：黄海，东海，南海；日本、朝鲜和澳大利亚沿海。
参考文献：郭玉洁，2003；黄宗国和林茂，2012；Li et al.，2013；小久保清治，1960；山路勇，1979；Lee et al.，1995；Hallegraeff，1984；McCarthy，2013a。

格维拉迪海链藻 *Thalassiosira guillardii* Hasle, 1978

分布（赤潮生物）：日本、朝鲜沿海。
参考文献：Lee，2012；Fukuyo et al.，1990；Kobayashi et al.，2006。

海氏海链藻 *Thalassiosira hasleae* Cassie & Dempsey, 1980

分布：新西兰沿海。
参考文献：Harper et al.，2012。

具毛海链藻 *Thalassiosira hispida* Syvertsen, 1986

分布：东海。
参考文献：刘瑞玉，2008；黄宗国和林茂，2012。

透明海链藻 *Thalassiosira hyalina* (Grunow) Gran, 1897

分布（赤潮生物）：渤海，黄海；日本沿海。
参考文献：黄宗国和林茂，2012；Fukuyo et al.，1990。

水生海链藻 *Thalassiosira hydra* Gombos, 1983

分布：台湾海峡；日本海。
参考文献：邵广昭，2003-2014；Takano，1981。

可疑海链藻 *Thalassiosira incerta* Makarova, 1961

分布：中国福建沿海。
参考文献：刘瑞玉，2008；黄宗国和林茂，2012。

克立海链藻 *Thalassiosira kryophila* (Grunow) Jørgensen, 1905

分布：朝鲜沿海。
参考文献：Lee et al.，1995。

库希海链藻 *Thalassiosira kushirensis* Takano, 1985

分布（赤潮生物）：东海，南海；日本沿海。
参考文献：刘瑞玉，2008；Li et al.，2013；Fukuyo et al.，1990。

平滑海链藻 *Thalassiosira laevis* Gao & Cheng, 1992

分布：东海，南海；朝鲜沿海。
参考文献：黄宗国和林茂，2012；Park et al.，2016b；Li et al.，2013。

细长列海链藻 *Thalassiosira leptopus* (Grunow) Hasle & Fryxell, 1977

同种异名：*Coscinodiscus lineatus* Ehrenberg, 1839
分布：太平洋西部开阔洋区；渤海，黄海，东海，南海；新西兰沿海。
参考文献：杨清良和陈兴群，1984；孙晓霞等，2017；郭玉洁，2003；黄宗国和林茂，2012；Day et al.，1995。

线形海链藻 *Thalassiosira lineata* Jousé, 1968

分布（赤潮生物）：太平洋热带洋区；日本、朝鲜、澳大利亚和新西兰沿海。
参考文献：杨清良和陈兴群，1984；黄宗国和林茂，2012；Fukuyo et al.，1990；Lee et al.，1995；Park et al.，2016b；McCarthy，2013a；Harper et al.，2012。

伦德海链藻 *Thalassiosira lundiana* Fryxell, 1975

分布（赤潮生物）：东海；日本沿海。
参考文献：黄宗国和林茂，2012；山路勇，1979；Fukuyo et al.，1990。

萎软海链藻 *Thalassiosira mala* Takano, 1965

分布（赤潮生物）：东海，南海；日本、朝鲜和澳大利亚沿海。
参考文献：刘瑞玉，2008；山路勇，1979；Fukuyo et al.，1990；Lee，2012；Park et al.，2016b；McCarthy，2013a。

地中海海链藻 *Thalassiosira mediterranea* (Schröder) Hasle, 1972

同种异名：*Coscinosira mediterranea* Schröder, 1911; *Thalassiosira stellaris* Hasle & Guillard, 1977
分布（赤潮生物）：南海；日本、朝鲜和澳大利亚沿海。
参考文献：Li et al.，2013；Fukuyo et al.，1990；Park et al.，2016b；McCarthy，2013a；Hallegraeff，1984。

极小海链藻 *Thalassiosira minima* Gaarder, 1951

分布（赤潮生物）：东海，南海；日本和朝鲜沿海。
参考文献：郭玉洁，2003；Fukuyo et al.，1990；Lee et al.，1995；Park et al.，2016b。

小字海链藻 *Thalassiosira minuscula* Krasske, 1941

分布（有害种）：东海，南海；朝鲜和澳大利亚沿海。

参考文献：郭玉洁，2003；刘瑞玉，2008；Li et al.，2013；Lee，2012；Park et al.，2016b；McCarthy，2013a。

单环突海链藻 *Thalassiosira monoporocyclus* Hasle, 1972

分布：东海。
参考文献：郭玉洁，2003；黄宗国和林茂，2012。

诺登海链藻 *Thalassiosira nordenskioeldii* Cleve, 1873

分布（赤潮生物）：赤道太平洋热带洋区；渤海至台湾海峡；鄂霍次克海，日本沿海。
参考文献：Беляева，1976；Werner，1977；山路勇，1979；Fukuyo et al.，1990；郭玉洁，2003；黄宗国和林茂，2012。

大洋海链藻 *Thalassiosira oceanica* Hasle, 1983

分布：东海；朝鲜和澳大利亚沿海。
参考文献：郭玉洁，2003；黄宗国和林茂，2012；Lee，2012；Park et al.，2016b；McCarthy，2013a。

太平洋海链藻 *Thalassiosira pacifica* Gran & Angst, 1931

分布（赤潮生物）：渤海至台湾海峡，南海；日本、朝鲜、新西兰沿海。
参考文献：黄宗国和林茂，2012；Li et al.，2013；Fukuyo et al.，1990；Hasle，1978；Park et al.，2016b；Harper et al.，2012。

帕尔海链藻 *Thalassiosira partheneia* Schrader, 1972

分布（有害种）：中国福建沿海；朝鲜和澳大利亚沿海。
参考文献：郭玉洁，2003；黄宗国和林茂，2012；Lee，2012；Park et al.，2016b；Hallegraeff，1984；McCarthy，2013a。

深奥海链藻 *Thalassiosira profunda* (Hendey) Hasle, 1973

同种异名：*Cylindropyxis profunda* Hendey, 1964
分布：东海，南海；朝鲜和澳大利亚沿海。
参考文献：郭玉洁，2003；黄宗国和林茂，2012；Li et al.，2013；Park et al.，2016b；McCarthy，2013a。

假微型海链藻 *Thalassiosira pseudonana* Hasle & Heimdal, 1970

分布（赤潮生物）：东海，南海；日本、朝鲜和澳大利亚沿海。
参考文献：郭玉洁，2003；黄宗国和林茂，2012；Fukuyo et al.，1990；Li et al.，2013；Kobayashi et al.，2006；Lee，2012；McCarthy，2013a。

具斑点海链藻 *Thalassiosira punctifera* (Grunow) Fryxell, Simonsen & Hasle, 1974

同种异名：*Coscinodiscus excentricus* var. *punctifera* Grunow, 1884
分布：中太平洋西部热带洋区；朝鲜和澳大利亚沿海。
参考文献：杨清良和陈兴群，1984；Park et al.，2016b；McCarthy，2013a。

斑点海链藻 *Thalassiosira punctigera* (Castracane) Hasle, 1983

同种异名：*Ethmodiscus punctiger* Castracane, 1886; *Coscinodiscus punctiger* (Castracane) Peragallo, 1889

分布（赤潮生物）：台湾海峡，南海；日本、朝鲜和澳大利亚沿海。
参考文献：黄宗国和林茂，2012；Li et al.，2013；Fukuyo et al.，1990；Lee，2012；Park et al.，2016b；Hallegraeff，1984。

玫瑰海链藻 *Thalassiosira rosulata* Takano, 1985

分布：中国香港海域；日本和朝鲜沿海。
参考文献：郭玉洁，2003；黄宗国和林茂，2012；Park et al.，2016b。

圆海链藻 *Thalassiosira rotula* Meunier, 1910

分布（赤潮生物）：渤海至南海；日本、朝鲜、澳大利亚和新西兰沿海。
参考文献：黄宗国和林茂，2012；Fukuyo et al.，1990；Lee et al.，1995；Jeong et al.，2017；McCarthy，2013a；Harper et al.，2012。

席氏海链藻 *Thalassiosira simonsenii* Hasle & Fryxell, 1977

分布：台湾海峡；朝鲜、澳大利亚沿海。
参考文献：黄宗国和林茂，2012；邵广昭，2003-2014；Lee，2012；Park et al.，2016b。

中华海链藻 *Thalassiosira sinica* Li & Guo, 2018

分布：南海。
参考文献：Li et al.，2018b。

细弱海链藻 *Thalassiosira subtilis* (Ostenfeld) Gran, 1900

同种异名：*Podosira subtilis* Ostenfeld, 1900
分布：赤道太平洋开阔洋区，西太平洋副热带环流区；渤海，黄海，东海，南海；日本、朝鲜、澳大利亚和新西兰沿海。
参考文献：Беляева，1976；杨清良和陈兴群，1984；孙晓霞等，2017；杨清良等，2000；郭玉洁，2003；黄宗国和林茂，2012；小久保清治，1960；山路勇，1979；Lee et al.，1995；Jeong et al.，2017；McCarthy，2013a；Harper et al.，2012。

对称海链藻 *Thalassiosira symmetrica* Fryxell & Hasle, 1973

分布：台湾海峡，南海。
参考文献：黄宗国和林茂，2012。

囊状海链藻 *Thalassiosira scrotiformis* Chen & Qian, 1984

分布：黄海。
参考文献：刘瑞玉，2008。

特阿拉海链藻 *Thalassiosira tealata* Takano, 1980

分布（赤潮生物）：南海；朝鲜、日本沿海。
参考文献：刘瑞玉，2008；Lee et al.，1995；Park et al.，2016b；Fukuyo et al.，1990。

特内拉海链藻 *Thalassiosira tenera* Proshkina-Lavrenko, 1961

分布（赤潮生物）：东海，南海；朝鲜、日本、澳大利亚（维多利亚等）沿海。
参考文献：Li et al.，2013；Kobayashi et al.，2006；Lee，2012；Fukuyo et al.，1990；Park et al.，2016b。

肿胀海链藻 *Thalassiosira tumida* (Janisch) Hasle, 1971

同种异名：*Coscinodiscus tumidus* Janisch, 1878
分布：中国胶州湾；新西兰沿海。
参考文献：刘瑞玉，2008；Harper et al.，2012。

威氏海链藻 *Thalassiosira weissflogii* (Grunow) Fryxell & Hasle, 1977

分布（半咸淡种，赤潮生物）：渤海，黄海，台湾海峡；朝鲜、日本和新西兰沿海。
参考文献：刘瑞玉，2008；Fukuyo et al.，1990；Li et al.，2013；Kobayashi et al.，2006；Harper et al.，2012。

扎比黎纳海链藻 *Thalassiosira zabelinae* Jousé, 1961

分布：朝鲜沿海。
参考文献：Lee et al.，1995。

塔卡诺藻属 Genus *Takanoa* Makarova, 1994

橙红塔卡诺藻 *Takanoa bingensis* (Takano) Makarova, 1994

分布（赤潮生物）：日本沿海。
参考文献：Fukuyo et al.，1990。

波形藻属 Genus *Cymatotheca* Hendey, 1958

微小波形藻 *Cymatotheca minima* Voigt, 1960

分布：台湾海峡。
参考文献：刘瑞玉，2008；黄宗国和林茂，2012。

威氏波形藻 *Cymatotheca weissflogii* (Grunow) Hendey, 1958

同种异名：*Euodia weissflogii* Grunow, 1883; *Hemidiscus weissflogii* (Grunow) Kuntze, 1898
分布：台湾海峡。
参考文献：金德祥等，1982；黄宗国和林茂，2012。

威氏波形藻密条变种 *Cymatotheca weissflogii* var. *densestriata* Voigt, 1960

分布：渤海，黄海，东海，南海。
参考文献：金德祥等，1982；黄宗国和林茂，2012。

多孔藻属 Genus *Porosira* Jørgensen, 1905

冰河多孔藻 *Porosira glacialis* (Grunow) Jørgensen, 1905

同种异名：*Podosira hormoides* var. *glacialis* Grunow, 1884; *Podosira glacialis* (Grunow) Cleve, 1896; *Lauderia glacialis* (Grunow) Gran, 1900; *Melosira glacialis* (Grunow) Cleve, 1951
分布（赤潮生物）：日本（北海道）、朝鲜和新西兰沿海。
参考文献：小久保清治，1960；Fukuyo et al.，1990；Lee et al.，1995；Harper et al.，2012。

古代多孔藻 *Porosira antiqua* Jousé, 1961

分布：朝鲜沿海。
参考文献：Lee et al.，1995。

杆链藻属 Genus *Bacterosira* Gran, 1900

深脐杆链藻 *Bacterosira bathyomphala* (Cleve) Syvertsen & Hasle, 1993

同种异名：*Coscinodiscus bathyomphalus* Cleve, 1883; *Bacterosira fragilis* (Gran) Gran, 1900; *Lauderia fragilis* Gran, 1897

分布：中国福建沿海；朝鲜沿海。

参考文献：刘瑞玉，2008；Lee et al.，1995。

史昂藻属 Genus *Shionodiscus* Alverson, Kang & Theriot, 2006

弗伦史昂藻 *Shionodiscus frenguellii* (Kozlova) Alverson, Kang & Theriot, 2006

同种异名：*Thalassiosira frenguellii* Kozlova, 1964

分布：赤道太平洋热带洋区。

参考文献：Беляева，1976。

厄氏史昂藻 *Shionodiscus oestrupii* (Ostenfeld) Alverson, Kang & Theriot, 2006

同种异名：*Coscinosira oestrupii* Ostenfeld, 1900; *Thalassiosira oestrupii* (Ostenfeld) Proshkina-Lavrenko ex Hasle, 1960

分布：赤道太平洋热带洋区；中国福建沿海；日本、爪哇、朝鲜、新加坡、澳大利亚和新西兰沿海。

参考文献：Hasle，1960；Беляева，1976；郭玉洁，2003；小久保清治，1960；刘瑞玉，2008；Fukuyo et al.，1990；Lee et al.，1995；Jeong et al.，2017；Pham et al.，2011；McCarthy，2013a；Harper et al.，2012。

厄氏史昂藻温里变种 *Shionodiscus oestrupii* var. *venrickiae* (Fryxell & Hasle) Alverson, Kang & Theriot, 2006

同种异名：*Thalassiosira oestrupii* var. *venrickiae* Fryxell & Hasle, 1980

分布（赤潮生物）：日本沿岸。

参考文献：Fukuyo et al.，1990。

筛链藻属 Genus *Coscinosira* Gran, 1900

多索筛链藻 *Coscinosira polychorda* (Gran) Gran, 1900

分布：北黄海；日本东京湾。

参考文献：郭玉洁，2003；黄宗国和林茂，2012；山路勇，1979。

小盘藻属 Genus *Minidiscus* Hasle, 1973

智利小盘藻 *Minidiscus chilensis* Rivera, 1984

分布：台湾海峡。

参考文献：黄宗国和林茂，2012。

奇异小盘藻 *Minidiscus conicus* Takano, 1981

分布（赤潮生物）：台湾海峡；日本海。

参考文献：黄宗国和林茂，2012；Fukuyo et al.，1990。

单眼小盘藻 *Minidiscus ocellatus* Gao, Cheng & Chin, 1992

分布：台湾海峡。
参考文献：黄宗国和林茂，2012。

普罗小盘藻 *Minidiscus proschkinae* (Makarova) Park & Lee, 2017

同种异名：*Thalassiosira proschkinae* Makarova, 1979
分布：东海，南海；日本、朝鲜沿海。
参考文献：黄宗国和林茂，2012；Li et al.，2013；Park et al.，2016b。

具小刺小盘藻 *Minidiscus spinulosus* Gao, Cheng & Chin, 1992

分布：台湾海峡。
参考文献：刘瑞玉，2008；黄宗国和林茂，2012。

具刺小盘藻 *Minidiscus spinulatus* (Takano) Park & Lee, 2017

同种异名：*Thalassiosira spinulata* Takano, 1981; *Thalassiosira proschkinae* var. *spinulata* (Takano) Makarova, 1988
分布（赤潮生物）：日本、朝鲜沿海。
参考文献：Takano，1983；Fukuyo et al.，1990；Park et al.，2016b。

细弱小盘藻 *Minidiscus subtilis* Gao, Cheng & Chin, 1992

分布：台湾海峡。
参考文献：黄宗国和林茂，2012。

三眼小盘藻 *Minidiscus trioculatus* (Taylor) Hasle, 1973

同种异名：*Coscinodiscus trioculatus* Taylor, 1966
分布（赤潮生物）：台湾海峡；日本、朝鲜沿海。
参考文献：黄宗国和林茂，2012；Fukuyo et al.，1990；Lee et al.，2012；McCarthy，2013a。

短棘藻属 Genus *Detonula* Schütt ex De Toni, 1894

丝状短棘藻 *Detonula confervacea* (Cleve) Gran, 1900

同种异名：*Lauderia confervacea* Cleve, 1896
分布：中国台湾沿海；朝鲜、澳大利亚和新西兰沿海。
参考文献：邵广昭，2003-2014；Lee et al.，1995；McCarthy，2013a；Harper et al.，2012。

矮小短棘藻 *Detonula pumila* (Castracane) Gran, 1900

同种异名：*Lauderia pumila* Castracane, 1886; *Schroederella delicatula* (Peragallo) Pavillard, 1913; *Detonula delicatula* (Peragallo) Gran, 1900
分布（赤潮生物）：西太平洋副热带环流区；黄海至南海；泰国、日本、朝鲜、澳大利亚和新西兰沿海。
参考文献：杨清良等，2000；黄宗国和林茂，2012；Anon，2012；Fukuyo et al.，1990；Jeong et al.，2017；McCarthy，2013a；Harper et al.，2012。

漂流藻属 Genus *Planktoniella* Schütt, 1892

具翼漂流藻 *Planktoniella blanda* (Schmidt) Syvertsen & Hasle, 1993

同种异名：*Coscinodiscus blandus* Schmidt, 1878; *Thalassiosira blanda* (Schmidt) Desikachary & Gowthaman, 1989

分布：渤海，黄海，东海，南海；阿拉弗拉海，马来西亚、新加坡、泰国和澳大利亚沿海。

参考文献：黄宗国和林茂，2012；Li et al.，2013；Zong and Hassan，2004；Jeong et al.，2017；McCarthy，2013a。

太阳漂流藻 *Planktoniella sol* (Wallich) Schütt, 1892

分布：西太平洋热带洋区；渤海，黄海，东海，南海；日本沿海。

参考文献：Hasle，1960；Зернова，1964；Беляева，1976；杨清良和陈兴群，1984；孙晓霞等，2017；金德祥等，1965；黄宗国和林茂，2012；山路勇，1979。

美丽漂流藻 *Planktoniella formosa* (Karsten) Karsten, 1928

同种异名：*Valdiviella formosa* Schimper, 1907

分布：西太平洋热带洋区；东海，南海。

参考文献：孙晓霞等，2017；郭玉洁，2003；黄宗国和林茂，2012；Lin et al.，2020。

劳德藻科 Family Lauderiaceae (Schütt) Lemmermann, 1899

劳德藻属 Genus *Lauderia* Cleve, 1873

环纹劳德藻 *Lauderia annulata* Cleve, 1873

同种异名：*Lauderia borealis* Gran, 1900

分布（赤潮生物）：渤海，黄海，东海，南海；日本、澳大利亚和新西兰沿海。

参考文献：黄宗国和林茂，2012；Fukuyo et al.，1990；McCarthy，2013a；Harper et al.，2012。

骨条藻科 Family Skeletonemataceae Lebour, 1930

骨条藻属 Genus *Skeletonema* Greville, 1865

中肋骨条藻 *Skeletonema costatum* (Greville) Cleve, 1873

分布（赤潮生物）：太平洋热带开阔洋区，西太平洋副热带环流区；渤海，黄海，东海，南海；朝鲜、日本、马来西亚、新加坡、澳大利亚和新西兰沿海。

参考文献：Беляева，1976；杨清良和陈兴群，1984；杨清良等，2000；刘瑞玉，2008；Fukuyo et al.，1990；Zong and Hassan，2004；Pham et al.，2011；Lee et al.，1995；McCarthy，2013a；Harper et al.，2012。

曼氏骨条藻 *Skeletonema menzelii* Guillard, Carpenter & Reimann, 1974

分布：台湾海峡；日本和澳大利亚沿海。

参考文献：刘瑞玉，2008；Kaeriyama et al.，2011；McCarthy，2013a。

河流骨条藻 *Skeletonema potamos* (Weber) Hasle, 1967

分布：台湾海峡；朝鲜和澳大利亚（维多利亚）沿海。
参考文献：刘瑞玉，2008；Joh，2010a；Day et al.，1995。

热带骨条藻 *Skeletonema tropicum* Cleve, 1900

分布：台湾海峡；日本沿海。
参考文献：刘瑞玉，2008；Kaeriyama et al.，2011。

轮链藻科 Family Trochosiraceae Gleser, 1992

轮链藻属 Genus *Trochosira* Kitton, 1871

多毛轮链藻 *Trochosira polychaeta* (Strel'nikova) Sims, 1988

同种异名：*Skeletonema polychaeta* Strel'nikova, 1971
分布（化石种）：太平洋。
参考文献：Sims，1988。

冠盘藻目 Order Stephanodiscales Nikolaev & Harwood

冠盘藻科 Family Stephanodiscaceae Makarova, 1986

小环藻属 Genus *Cyclotella* (Kützing) Brébisson, 1838

微小小环藻 *Cyclotella caspia* Grunow, 1878

分布：西太平洋热带海域；南海，台湾海峡；新西兰沿海。
参考文献：孙晓霞等，2017；齐雨藻，1995；刘瑞玉，2008；Harper et al.，2012。

极微小环藻 *Cyclotella atomus* Hustedt, 1937

分布：中国福建沿海；日本、朝鲜、澳大利亚和新西兰沿海。
参考文献：黄宗国和林茂，2012；Kobayashi et al.，2006；McCarthy，2013a；Day et al.，1995；Harper et al.，2012；John，2018。

扭曲小环藻疏辐变种 *Cyclotella comta* var. *oligactis* (Ehrenberg) Grunow, 1882

分布：东海。
参考文献：黄宗国和林茂，2012。

隐秘小环藻 *Cyclotella cryptica* Reimann, Lewin & Guillard, 1963

分布（赤潮生物）：中国福建沿海；日本沿海。
参考文献：黄宗国和林茂，2012；Fukuyo et al.，1990；Kobayashi et al.，2006。

隐秘小环藻模糊变种 *Cyclotella cryptica* var. *ambigua* Cheng, Gao & Chin, 1992

分布：中国福建沿海。
参考文献：黄宗国和林茂，2012。

虹彩小环藻卵形变种 *Cyclotella iris* var. *cocconeiformis* Brun & Héribaud, 1893

分布：中国福建沿海。
参考文献：黄宗国和林茂，2012。

低温小环藻 *Cyclotella frigida* Cleve, 1951

分布：渤海，黄海。
参考文献：黄宗国和林茂，2012。

来都小环藻 *Cyclotella ladogensis* Cleve, 1951

分布：渤海，黄海。
参考文献：黄宗国和林茂，2012。

梅里小环藻 *Cyclotella meneghiniana* Kützing, 1844

同种异名：*Cyclotella kutzingiana* var. *meneghiniana* (Kützing) Brun, 1880; *Stephanocyclus meneghinianus* (Kützing) Skabichevskij, 1975
分布（赤潮生物）：渤海，黄海，台湾海峡，南海；朝鲜、日本、澳大利亚和新西兰沿海。
参考文献：刘瑞玉，2008；Huang，1979；Fukuyo et al.，1990；Kobayashi et al.，2006；Lee et al.，1995；McCarthy，2013a；Harper et al.，2012。

星条小环藻 *Cyclotella stelligera* (Cleve & Grunow) Van Heurck, 1882

分布：南海。
参考文献：黄宗国和林茂，2012。

条纹小环藻 *Cyclotella striata* (Kützing) Grunow, 1880

分布（赤潮生物）：渤海至南海；朝鲜、日本、澳大利亚和新西兰沿海。
参考文献：刘瑞玉，2008；Huang，1979；Fukuyo et al.，1990；Kobayashi et al.，2006；Lee et al.，1995；McCarthy，2013a；Harper et al.，2012。

条纹小环藻波罗的海变种 *Cyclotella striata* var. *baltica* Grunow, 1882

分布：渤海至台湾海峡。
参考文献：黄宗国和林茂，2012。

条纹小环藻双斑点变种 *Cyclotella striata* var. *bipunctata* Fricke, 1900

分布：中国福建沿海。
参考文献：黄宗国和林茂，2012。

柱状小环藻 *Cyclotella stylorum* Brightwell, 1860

分布：渤海，黄海，东海，南海；朝鲜、澳大利亚（新南威尔士和昆士兰）沿海。
参考文献：黄宗国和林茂，2012；Lee et al.，1995；Day et al.，1995；Harper et al.，2012。

冠盘藻属 Genus *Stephanodiscus* Ehrenberg, 1845

星冠盘藻 *Stephanodiscus astraea* (Kützing) Grunow, 1880

同种异名：*Cyclotella astraea* Kützing, 1849

分布（淡水种）：中国福建沿海；澳大利亚新南威尔士沿海。
参考文献：刘瑞玉，2008；Day et al.，1995。

小型星冠盘藻 *Stephanodiscus minutulus* (Kützing) Cleve & Möller, 1882

同种异名：*Stephanodiscus astraea* var. *minutulus* (Kützing) Grunow, 1882
分布：台湾海峡；日本、新西兰沿海。
参考文献：黄宗国和林茂，2012；Kobayashi et al.，2006；Harper et al.，2012。

可疑冠盘藻 *Stephanodiscus dubius* Hustedt, 1928

分布（赤潮生物）：朝鲜、日本、澳大利亚和新西兰沿海。
参考文献：Lee et al.，1995；Fukuyo et al.，1990；Kobayashi et al.，2006；John，2018；Harper et al.，2012。

范氏冠盘藻 *Stephanodiscus hantzschii* Grunow, 1880

分布（海水/淡水）：中国福建沿海；朝鲜、澳大利亚和新西兰沿海。
参考文献：黄宗国和林茂，2012；Lee et al.，1995；Day et al.，1995；Harper et al.，2012；John，2018。

角盘藻藻目 Order Eupodiscales Nikolaev & Harwood, 2000

角盘藻科 Family Eupodiscaceae Ralfs, 1861

角状藻属 Genus *Cerataulus* Ehrenberg, 1844

颗粒角状藻 *Cerataulus granulatus* Sims & Williams, 2018

分布：渤海，黄海，东海；朝鲜沿海。
参考文献：黄宗国和林茂，2012；Lee et al.，1995。

异角角状藻 *Cerataulus heteroceros* (Grunow) Sims & Witkowski, 2012

同种异名：*Biddulphia heteroceros* Grunow, 1882
分布：渤海，黄海，东海，南海。
参考文献：刘瑞玉，2008；邵广昭，2003-2014。

史密斯角状藻 *Cerataulus smithii* Ralfs, 1861

分布：东海。
参考文献：黄宗国和林茂，2012。

角盘藻属 Genus *Eupodiscus* Bailey, 1851

辐射角盘藻 *Eupodiscus radiatus* Bailey, 1851

分布：南海。
参考文献：刘瑞玉，2008。

眼纹藻属 Genus *Auliscus* Ehrenberg, 1843

侧窝眼纹藻 *Auliscus caelatus* Bailey, 1854

分布：东海，南海。
参考文献：金德祥等，1992；黄宗国和林茂，2012。

长眼纹藻 *Auliscus elegans* Greville, 1863

分布：南海。
参考文献：黄宗国和林茂，2012。

多变眼纹藻 *Auliscus incertus* Schmidt, 1886

分布：东海，台湾海峡；朝鲜沿海。
参考文献：刘瑞玉，2008；Lee et al.，1995。

菲律宾眼纹藻 *Auliscus philippinarum* Mann, 1925

分布：菲律宾群岛海域。
参考文献：Mann，1925。

斑点眼纹藻 *Auliscus punctatus* Bailey, 1854

分布：台湾海峡，南海。
参考文献：金德祥等，1992；黄宗国和林茂，2012。

方形眼纹藻 *Auliscus quadratus* Mann, 1925

分布：菲律宾群岛海域。
参考文献：Mann，1925。

同突眼纹藻 *Auliscus sculptus* (Smith) Brightwell, 1860

同种异名：*Eupodiscus sculptus* Smith, 1853; *Auliscus caelatus* Bailey, 1854; *Aulacodiscus sculptus* (Smith) Brightwell, 1860; *Auliscus sculptus* var. *caelata* (Bailey) Van Heurck, 1896
分布：渤海，东海，南海。
参考文献：郭玉洁，2003；金德祥等，1992；黄宗国和林茂，2012；Li，1978。

双伍藻属 Genus *Amphipentas* Ehrenberg, 1841

结合双伍藻 *Amphipentas juncta* (Schmidt) De Toni, 1894

同种异名：*Biddulphia juncta* (Schmidt) Mann, 1925
分布：台湾海峡。
参考文献：刘瑞玉，2008。

五角星双伍藻 *Amphipentas pentacrinus* Ehrenberg, 1841

同种异名：*Triceratium pentacrinus* (Ehrenberg) Wallich, 1858; *Biddulphia pentacrinus* (Ehrenberg) Boyer, 1901
分布：菲律宾群岛海域。
参考文献：Mann，1925。

侧链藻属 Genus *Pleurosira* (Meneghini) Trevisan, 1848

平角侧链藻 *Pleurosira laevis* (Ehrenberg) Compère, 1982

同种异名：*Biddulphia laevis* Ehrenberg, 1843; *Cerataulus laevis* (Ehrenberg) Ralfs, 1861
分布（半咸淡种）：渤海，黄海，台湾海峡，南海。
参考文献：黄宗国和林茂，2012。

接合藻属 Genus *Zygoceros* Ehrenberg, 1839

爱氏接合藻 *Zygoceros ehrenbergii* Sar, 2016

分布（化石）：朝鲜沿海。
参考文献：Lee et al.，1995。

菱形接合藻 *Zygoceros rhombus* Ehrenberg, 1839

同种异名：*Biddulphia rhombus* (Ehrenberg) Smith, 1854
分布：渤海，黄海，东海，南海。
参考文献：郭玉洁，2003；黄宗国和林茂，2012；邵广昭，2003-2014。

齿状藻科 Family Odontellaceae Sims, Williams & Ashworth, 2018

齿状藻属 Genus *Odontella* Agardh, 1832

长耳齿状藻 *Odontella aurita* (Lyngbye) Agardh, 1832

同种异名：*Biddulphia aurita* (Lyngbye) Brébisson, 1838; *Diatoma aurita* Lyngbye, 1819; *Candollella aurita* (Lyngbye) Gaillon, 1833; *Denticella aurita* (Lyngbye) Ehrenberg, 1838
分布（赤潮生物）：渤海，黄海，东海，南海；日本近海，朝鲜、澳大利亚沿海，关岛海域。
参考文献：黄宗国和林茂，2012；Fukuyo et al.，1990；Sawai et al.，2005；Lee et al.，1995；McCarthy，2013a；John，2018；Lobban et al.，2012。

长角齿状藻 *Odontella longicruris* (Greville) Hoban, 1983

同种异名：*Denticella longicruris* (Greville) De Toni 1894; *Biddulphia longicruris* Greville, 1859
分布（赤潮生物）：黄海，东海，南海；日本、朝鲜沿海。
参考文献：黄宗国和林茂，2012；Fukuyo et al.，1990；Lee et al.，1995。

钝头齿状藻 *Odontella obtusa* Kützing, 1844

同种异名：*Biddulphia obtusa* (Kützing) Ralfs, 1861; *Biddulphia aurita* var. *obtusa* (Kützing) Hustedt, 1930; *Odontella aurita* var. *obtusa* (Kützing) Denys, 1982; *Biddulphia roperiana* Greville, 1859
分布：渤海，黄海，东海，南海；新加坡、朝鲜和新西兰沿海。
参考文献：黄宗国和林茂，2012；Pham et al.，2011；Lee et al.，1995；Harper et al.，2012。

膨胀齿状藻 *Odontella turgida* (Ehrenberg) Kützing, 1844

同种异名：*Denticella turgida* Ehrenberg, 1840; *Cerataulus turgidus* (Ehrenberg) Ehrenberg, 1844; *Biddulphia turgida* (Ehrenberg) Smith, 1856
分布：东海，南海；朝鲜、新西兰沿海。
参考文献：黄宗国和林茂，2012；Lee et al.，1995；Harper et al.，2012。

拟网地藻属 Genus *Pseudictyota* Sims & Williams, 2018

可疑拟网地藻 *Pseudictyota dubia* (Brightwell) Sims & Williams, 2018

同种异名：*Triceratium dubium* Brightwell, 1859; *Biddulphia dubia* (Brightwell) Cleve, 1883; *Biddulphia reticulata*

var. *dubia* (Brightwell) Cleve, 1883; *Odontella dubia* (Brightwell) Cleve, 1901
分布：太平洋热带洋区；渤海，黄海，东海，南海。
参考文献：Беляева，1976；黄宗国和林茂，2012。

明显拟网地藻 *Pseudictyota plana* (Schmidt) Sims & Williams, 2018

同种异名：*Odontella plana* (Schmidt) De Toni, 1864; *Biddulphia plana* Schmidt, 1888
分布：中国台湾大陆架海域。
参考文献：邵广昭，2003-2014。

网纹拟网地藻 *Pseudictyota reticulata* (Roper) Sims & Williams, 2018

同种异名：*Biddulphia reticulata* Roper, 1859
分布：渤海，黄海，东海，南海。
参考文献：黄宗国和林茂，2012；Kesorn and Sunan，2007。

环方藻属 Genus *Amphitetras* Ehrenberg, 1840

雅致环方藻 *Amphitetras elegans* Greville, 1866

同种异名：*Triceratium elegans* (Greville) Grunow, 1883; *Odontella elegans* (Greville) De Toni, 1894; *Biddulphia elegans* (Greville) Boyer, 1900
分布：菲律宾群岛海域。
参考文献：Mann，1925。

帕罗藻科 Family Parodontellaceae Komura

三桨舰藻属 Genus *Trieres* Ashworth & Theriot, 2013

中国三桨舰藻 *Trieres chinensis* (Greville) Ashworth & Theriot, 2013

同种异名：*Biddulphia chinensis* Greville, 1866; *Odontella chinensis* (Greville) Grunow, 1884; *Denticella chinensis* (Greville) De Toni, 1894; *Zygoceros chinensis* (Greville) Cleve, 1901
分布：太平洋热带洋区，西太平洋副热带环流区；黄海，东海；日本、朝鲜、澳大利亚和新西兰沿海。
参考文献：孙晓霞等，2017；杨清良等，2000；郭玉洁，2003；刘瑞玉，2008；山路勇，1979；Ahmed et al.，2009；Anon，2012；Jeong et al.，2017；Lee et al.，1995；McCarthy，2013a；Harper et al.，2012；John，2018。

活动三桨舰藻 *Trieres mobiliensis* (Bailey) Ashworth & Theriot, 2013

同种异名：*Zygoceros mobiliensis* Bailey, 1851; *Denticella mobiliensis* (Bailey) Ehrenberg, 1853; *Biddulphia mobiliensis* (Bailey) Grunow, 1882; *Odontella mobiliensis* (Bailey) Grunow, 1884
分布：太平洋热带洋区，西太平洋副热带环流区；渤海，黄海，东海，南海；日本、澳大利亚沿海。
参考文献：Беляева，1976；杨清良等，2000；孙晓霞等，2017；郭玉洁，2003；黄宗国和林茂，2012；邵广昭，2003-2014；小久保清治，1960；山路勇，1979；McCarthy，2013a。

高三桨舰藻 *Trieres regia* (Schultze) Ashworth & Theriot, 2013

同种异名：*Denticella regia* Schultze, 1858; *Biddulphia regia* (Schultze) Ostenfeld, 1908; *Odontella regia* (Schultze) Simonsen, 1974

分布：太平洋热带洋区；渤海，黄海，东海，南海；日本、朝鲜和澳大利亚沿海。
参考文献：孙晓霞等，2017；郭玉洁，2003；黄宗国和林茂，2012；Lee et al.，1995；McCarthy，2013a。

帕罗藻属 Genus *Parodontella* Komura, 1999

鲁特帕罗藻 *Parodontella ruthenica* (Witt) Williams & Sims, 2018

同种异名：*Biddulphia ruthenica* Witt, 1886; *Denticella ruthenica* (Witt) De Toni, 1894
分布：中国台湾沿海。
参考文献：邵广昭，2003-2014。

背沟藻目 Order Anaulales Round & Crawford, 1990

背沟藻科 Family Anaulaceae (Schütt) Lemmermann, 1899

井字藻属 Genus *Eunotogramma* Weisse, 1855

柔弱井字藻 *Eunotogramma debile* Grunow, 1883

分布：台湾海峡，南海。
参考文献：刘瑞玉，2008；黄宗国和林茂，2012；邵广昭，2003-2014。

佛氏井字藻 *Eunotogramma frauenfeldii* (Grunow) Grunow, 1883

同种异名：*Euodia frauenfeldii* Grunow, 1863
分布：台湾海峡，南海。
参考文献：刘瑞玉，2008；黄宗国和林茂，2012；邵广昭，2003-2014。

平滑井字藻 *Eunotogramma laeve* Grunow, 1879

分布：台湾海峡，南海。
参考文献：刘瑞玉，2008；黄宗国和林茂，2012。

海生井字藻 *Eunotogramma marinum* (Smith) H. Peragallo & M. Peragallo, 1908

同种异名：*Himantidium marinum* Smith, 1857
分布：澳大利亚（新南威尔士、昆士兰和维多利亚）和新西兰沿海。
参考文献：McCarthy，2013a；Day et al.，1995；Harper et al.，2012。

直形井字藻 *Eunotogramma rectum* Salah, 1955

分布：新西兰沿海。
参考文献：Harper et al.，2012。

嘴端井字藻 *Eunotogramma rostratum* Hustedt, 1955

分布：台湾海峡，南海。
参考文献：刘瑞玉，2008；邵广昭，2003-2014。

哑铃藻属 Genus *Terpsinoë* Ehrenberg, 1843

美洲哑铃藻 *Terpsinoë americana* (Bailey) Ralfs, 1861

同种异名：*Tetragramma americana* Bailey, 1854
分布：澳大利亚和新西兰沿海。
参考文献：McCarthy，2013a；Harper et al.，2012；John，2016，2018。

穆西哑铃藻 *Terpsinoë musica* Ehrenberg, 1843

分布：中国台湾沿海；关岛海域。
参考文献：Navarro and Lobban，2009；邵广昭，2003-2014。

毕氏哑铃藻 *Terpsinoë petitiana* (Leuduger-Formorel) Hendey, 1972

同种异名：*Triceratium petitianum* Leuduger-Fortmorel, 1898; *Biddulphia petitiana* (Leuduger-Fortmorel) Mann, 1925; *Hydrosera petitiana* (Leuduger-Fortmorel) Mills, 1934
分布：菲律宾群岛海域。
参考文献：Mann，1925。

石丝藻目 Order Lithodesmiales Round & Crawford, 1990

石丝藻科 Family Lithodesmiaceae Round, 1990

双尾藻属 Genus *Ditylum* Bailey, 1861

布氏双尾藻 *Ditylum brightwellii* (West) Grunow, 1885

同种异名：*Triceratium brightwellii* West, 1860
分布（赤潮生物）：赤道太平洋热带洋区；渤海，黄海，东海，南海；日本、朝鲜、新加坡、澳大利亚和新西兰沿海。
参考文献：Беляева，1976；黄宗国和林茂，2012；山路勇，1979；Fukuyo et al.，1990；Lee et al.，1995；Pham et al.，2011；McCarthy，2013a；Harper et al.，2012。

佩氏双尾藻 *Ditylum pernodii* Schröder, 1906

分布：澳大利亚沿海。
参考文献：McCarthy，2013a。

太阳双尾藻 *Ditylum sol* Grunow, 1883

分布：太平洋热带洋区，西太平洋副热带环流区；渤海，黄海，东海，南海；朝鲜、日本沿海。
参考文献：孙晓霞等，2017；杨清良等，2000；黄宗国和林茂，2012；Lee et al.，1995；山路勇，1979。

石丝藻属 Genus *Lithodesmium* Ehrenberg, 1839

杜克石丝藻 *Lithodesmium duckerae* Von Stosch, 1987

分布：澳大利亚沿海。
参考文献：McCarthy，2013a。

波状石丝藻 *Lithodesmium undulatum* Ehrenberg, 1839

分布：西太平洋热带海域；东海，南海；日本沿海。
参考文献：Беляева，1976；杨清良等，2000；孙晓霞等，2017；黄宗国和林茂，2012；小久保清治，1960。

易变石丝藻 *Lithodesmium variabile* Tanako, 1979

分布（赤潮生物）：台湾海峡；日本沿海。
参考文献：金德祥等，1992；刘瑞玉，2008；小久保清治，1960；Fukuyo et al.，1990。

龙骨藻属 Genus *Tropidoneis* Cleve, 1891

缢缩龙骨藻 *Tropidoneis constricta* Li, Cheng & Chin, 1991

分布：台湾海峡。
参考文献：刘瑞玉，2008；黄宗国和林茂，2012；程兆第和高亚辉，2013。

长龙骨藻 *Tropidoneis longa* (Cleve) Cleve, 1894

同种异名：*Amphiprora longa* Cleve, 1873; *Plagiotropis longa* (Cleve) Kuntze, 1898
分布：台湾海峡；朝鲜沿海。
参考文献：刘瑞玉，2008；黄宗国和林茂，2012；程兆第和高亚辉，2013；Lee et al.，1995。

大龙骨藻 *Tropidoneis maxima* (Gregory) Cleve, 1894

同种异名：*Amphiprora maxima* Gregory, 1857; *Orthotropis maxima* (Gregory) Van Heurck, 1896; *Plagiotropis maxima* (Gregory) Kuntze, 1898
分布：东海，南海。
参考文献：刘瑞玉，2008；黄宗国和林茂，2012；程兆第和高亚辉，2013。

大龙骨藻中华变种 *Tropidoneis maxima* var. *sinensis* Skvortsov, 1932

分布：渤海，黄海。
参考文献：刘瑞玉，2008；黄宗国和林茂，2012；程兆第和高亚辉，2013。

幻影龙骨藻 *Tropidoneis phantasma* Mann, 1925

分布：菲律宾群岛海域。
参考文献：Mann，1925。

分散龙骨藻 *Tropidoneis vaga* Mann, 1925

分布：菲律宾群岛海域。
参考文献：Mann，1925。

波纹藻目 Order Cymatosirales Round & Crawford, 1990

舟辐藻科 Family Rutilariaceae De Toni, 1894

舟辐藻属 Genus *Rutilaria* Greville, 1863

变形舟辐藻 *Rutilaria epsilon* Greville, 1863

同种异名：*Nitzschia epsilon* Kitton, 1863

分布：朝鲜沿海。
参考文献：Lee et al.，1995。

波纹藻科 Family Cymatosiraceae Hasle, Stosch & Syvertsen, 1983

鞍链藻属 Genus *Campylosira* Grunow ex Van Heurck, 1885

舟形鞍链藻 *Campylosira cymbelliformis* (Schmidt) Grunow ex Van Heurck, 1885

分布：东海；日本、朝鲜沿海。
参考文献：刘瑞玉，2008；程兆第和高亚辉，2013；Lee et al.，1995。

波纹藻属 Genus *Cymatosira* Grunow, 1862

比利时波纹藻 *Cymatosira belgica* Grunow, 1881

分布（半咸淡）：朝鲜、新西兰沿海。
参考文献：Lee et al.，1995；Harper et al.，2012。

椭圆波纹藻 *Cymatosira elliptica* Salah, 1955

分布：新西兰沿海。
参考文献：Harper et al.，2012。

驼峰波纹藻 *Cymatosira gibberula* Cheng & Gao, 1993

分布：台湾海峡。
参考文献：刘瑞玉，2008；程兆第和高亚辉，2012。

洛氏波纹藻 *Cymatosira lorenziana* Grunow, 1862

分布：东海，台湾海峡；澳大利亚沿海。
参考文献：刘瑞玉，2008；黄宗国和林茂，2012；McCarthy，2013a。

弧眼藻属 Genus *Arcocellulus* Hasle, Stosch & Syvertsen, 1983

角突弧眼藻 *Arcocellulus cornucervis* Hasle, Stosch & Syvertsen, 1983

分布：台湾海峡；新西兰沿海。
参考文献：刘瑞玉，2008；程兆第和高亚辉，2012；黄宗国和林茂，2012；Percopo et al.，2011。

乳头弧眼藻 *Arcocellulus mammifer* Hasle, Stosch & Syvertsen, 1983

分布：台湾海峡。
参考文献：刘瑞玉，2008；程兆第和高亚辉，2012；黄宗国和林茂，2012。

微眼藻属 Genus *Minutocellus* Hasle, Stosch & Syvertsen, 1983

多形微眼藻 *Minutocellus polymorphus* (Hargraves & Guillard) Hasle, Stosch & Syvertsen, 1983

同种异名：*Bellerochea polymorpha* Hargraves & Guillard, 1974
分布（赤潮生物）：台湾海峡；日本、澳大利亚沿海。
参考文献：刘瑞玉，2008；程兆第和高亚辉，2013；Fukuyo et al.，1990；McCarthy，2013a。

蝶眼藻属 Genus *Papiliocellulus* Hasle, Stosch & Syvertsen, 1983

美丽蝶眼藻 *Papiliocellulus elegans* Hasle, Stosch & Syvertsen, 1983

分布：中国福建沿海。
参考文献：刘瑞玉，2008；程兆第和高亚辉，2013。

伪莱恩藻属 Genus *Pseudoleyanella* Takano, 1985

新月伪莱恩藻 *Pseudoleyanella lunulata* Takano, 1985

分布（赤潮生物）：日本沿海。
参考文献：Fukuyo et al.，1990。

半管藻目 Order Hemiaulales Round & Crawford, 1990

半管藻科 Family Hemiaulaceae Heiberg, 1863

弯角藻属 Genus *Eucampia* Ehrenberg, 1839

双凹弯角藻 *Eucampia biconcava* (Cleve) Ostenfeld, 1903

同种异名：*Climacodium biconcavum* Cleve, 1897
分布：西太平洋热带海域；渤海，黄海，东海，南海；菲律宾以西海域。
参考文献：孙晓霞等，2017；黄宗国和林茂，2012；Huang et al.，1988。

长角弯角藻 *Eucampia cornuta* (Cleve) Grunow, 1883

分布：西太平洋副热带环流区；黄海，东海，南海；朝鲜、日本、澳大利亚沿海。
参考文献：杨清良等，2000；刘瑞玉，2008；Lee et al.，1995；山路勇，1979；McCarthy，2013a。

格鲁弯角藻 *Eucampia groenlandica* Cleve, 1896

分布：中国台湾沿海；朝鲜沿海。
参考文献：邵广昭，2003-2014；Lee et al.，1995。

短角弯角藻 *Eucampia zodiacus* Ehrenberg, 1839

分布（赤潮生物）：西太平洋副热带环流区；渤海，黄海，东海，南海；朝鲜、日本、澳大利亚和新西兰沿海。
参考文献：杨清良等，2000；刘瑞玉，2008；山路勇，1979；Fukuyo et al.，1990；McCarthy，2013a；Harper et al.，2012。

角管藻属 Genus *Cerataulina* Peragallo ex Schütt, 1896

双角角管藻 *Cerataulina bicornis* (Ehrenberg) Hasle, 1985

同种异名：*Syringidium bicorne* Ehrenberg, 1845
分布：中国台湾沿海；泰国沿海。
参考文献：Anon，2012；Kesorn and Sunan，2007。

紧密角管藻 *Cerataulina compacta* Ostenfeld, 1901

分布：黄海，东海，南海；日本近海。
参考文献：黄宗国和林茂，2012；小久保清治，1960；山路勇，1979。

大角管藻 *Cerataulina daemon* (Greville) Hasle, 1980

同种异名：*Syringidium daemon* Greville, 1866
分布：西太平洋热带海域；东海，南海；朝鲜、澳大利亚沿海。
参考文献：孙晓霞等，2017；刘瑞玉，2008；Lee et al.，1995；McCarthy，2013a。

齿状角管藻 *Cerataulina dentata* Hasle, 1980

分布（赤潮生物）：日本、朝鲜沿海。
参考文献：Fukuyo et al.，1990；Lee et al.，2012。

海洋角管藻 *Cerataulina pelagica* (Cleve) Hendey, 1937

同种异名：*Zygoceros pelagicum* Cleve, 1889; *Cerataulina bergonii* (Peragallo) Schütt, 1896
分布（赤潮生物）：西太平洋热带开阔海域；渤海，黄海，东海，南海；日本、朝鲜、澳大利亚和新西兰沿海。
参考文献：Беляева，1976；孙晓霞等，2017；杨清良等，2000；刘瑞玉，2008；小久保清治，1960；山路勇，1979；Fukuyo et al.，1990；Lee et al.，1995；McCarthy，2013a；Harper et al.，2012。

中沙角管藻 *Cerataulina zhongshaensis* Guo, Ye & Zhou, 1982

分布：南海。
参考文献：黄宗国和林茂，2012。

三叉藻属 Genus *Trinacria* Heiberg, 1863

里氏三叉藻 *Trinacria regina* Heiberg, 1863

同种异名：*Triceratium regina* (Heiberg) Wolle, 1890; *Hemiaulus regina* (Heiberg) Schütt, 1896
分布（化石种）：中国沿海。
参考文献：刘瑞玉，2008；黄宗国和林茂，2012。

膨胀三叉藻 *Trinacria ventricosa* Grove & Sturt, 1887

分布（化石种）：新西兰沿海。
参考文献：Novitski and Kociolek，2005。

透明三叉藻 *Trinacria limpida* Mann, 1925

分布：菲律宾群岛海域。
参考文献：Mann，1925。

三足三叉藻 *Trinacria tripedalis* Mann, 1925

分布：菲律宾群岛海域。
参考文献：Mann，1925。

半管藻属 Genus *Hemiaulus* Heiberg, 1863

中国半管藻 *Hemiaulus chinensis* Greville, 1865

同种异名：*Hemiaulus sinensis* Grunow, 1865
分布：渤海，黄海，东海，南海；朝鲜、日本、澳大利亚和新西兰沿海。
参考文献：刘瑞玉，2008；Lee et al.，1995；小久保清治，1960；山路勇，1979；McCarthy，2013a；Harper et al.，2012。

霍氏半管藻 *Hemiaulus hauckii* Grunow ex Van Heurck, 1886

分布：西太平洋热带海域；渤海，黄海，东海，南海；日本沿海，菲律宾以西海域。
参考文献：Беляева，1976；孙晓霞等，2017；杨清良和陈兴群，1984；刘瑞玉，2008；小久保清治，1960；山路勇，1979；Huang et al.，1988；Werner，1977。

印度半管藻 *Hemiaulus indicus* Karsten, 1907

分布：渤海，黄海，东海，南海；朝鲜、日本和澳大利亚沿海。
参考文献：刘瑞玉，2008；Lee et al.，1995；小久保清治，1960；山路勇，1979；McCarthy，2013a。

薄壁半管藻 *Hemiaulus membranaceus* Cleve, 1873

分布：西太平洋热带海域；渤海，黄海，东海，南海；朝鲜、日本和澳大利亚沿海。
参考文献：孙晓霞等，2017；刘瑞玉，2008；Lee et al.，1995；McCarthy，2013a。

扁梯藻科 Family Isthmiaceae Schütt

扁梯藻属 Genus *Isthmia* Agardh, 1832

无脉扁梯藻 *Isthmia enervis* Ehrenberg, 1838

分布：朝鲜、新加坡和澳大利亚沿海。
参考文献：Lee et al.，1995；Pham et al.，2011；McCarthy，2013a。

日本扁梯藻 *Isthmia japonica* (Castracane) Sournia, 1968

同种异名：*Isthmia enervis* var. *japonica* Castracane, 1886
分布：南海。
参考文献：刘瑞玉，2008。

小扁梯藻 *Isthmia minima* Harvey & Bailey, 1862

分布：南海；关岛海域。
参考文献：刘瑞玉，2008；Lobban et al.，2012。

纹扁梯藻 *Isthmia nervosa* Kützing, 1844

分布：东海，南海；日本近海，朝鲜、澳大利亚沿海。
参考文献：黄宗国和林茂，2012；小久保清治，1960；山路勇，1979；Lee et al.，1995；McCarthy，2013a。

盒形藻目 Order Biddulphiales Krieger, 1954

四棘藻科 Family Attheyaceae Crawford & Round, 1990

四棘藻属 Genus *Attheya* West, 1860

有甲四棘藻 *Attheya armata* (West) Crawford, 1994

同种异名：*Chaetoceros armatus* West, 1860; *Gonioceros armatus* (West) H. Peragallo & M. Peragallo, 1901
分布：新西兰沿海。
参考文献：Harper et al.，2012。

美丽四棘藻 *Attheya decora* West, 1860

分布：日本沿海。
参考文献：小久保清治，1960。

北方四棘藻 *Attheya septentrionalis* (Østrup) Crawford, 1994

同种异名：*Chaetoceros septentrionalis* Østrup, 1895; *Chaetoceros gracilis* f. *septentrionalis* (Østrup) Paulsen, 1905; *Gonioceros septentrionalis* (Østrup) Round, Crawford & Mann, 1990
分布：朝鲜、澳大利亚沿海。
参考文献：Jeong et al.，2017；McCarthy，2013a。

扎卡四棘藻 *Attheya zachariasii* Brun, 1894

分布（淡水种）：东海；日本沿海。
参考文献：齐雨藻，1995；胡鸿钧和魏印心，2006；小久保清治，1960。

中鼓藻科 Family Bellerocheaceae Crawford, 1990

中鼓藻属 Genus *Bellerochea* Van Heurck, 1885

钟形中鼓藻 *Bellerochea horologicalis* Stosch, 1977

分布（赤潮生物）：西太平洋热带海域；日本沿海。
参考文献：孙晓霞等，2017；Fukuyo et al.，1990。

锤状中鼓藻 *Bellerochea malleus* (Brightwell) Van Heurck, 1885

分布：渤海，黄海，东海，南海；日本近海。
参考文献：郭玉洁，2003；刘瑞玉，2008；黄宗国和林茂，2012；小久保清治，1960；山路勇，1979。

梯形藻属 Genus *Climacodium* Grunow, 1868

佛朗梯形藻 *Climacodium frauenfeldianum* Grunow, 1868

分布：太平洋热带海域，西太平洋副热带环流区；黄海，东海，南海；菲律宾以西海域。
参考文献：Беляева，1976；杨清良和陈兴群，1984；孙晓霞等，2017；郭玉洁，2003；黄宗国和林茂，2012；Huang et al.，1988；山路勇，1979。

盒形藻科 Family Biddulphiaceae Kützing, 1844

勒达藻属 Genus *Leudugeria* Tempère ex Van Heurck, 1896

强氏勒达藻 *Leudugeria janischii* Tempère ex Van Heurck, 1896

同种异名：*Euodia janischii* Grunow, 1883; *Hemidiscus janischii* (Grunow) Kuntze, 1898
分布：台湾海峡，南海；新西兰沿海。
参考文献：黄宗国和林茂，2012；Harper et al.，2012。

盒形藻属 Genus *Biddulphia* Gray, 1821

卑下盒形藻 *Biddulphia abjecta* Mann, 1925

分布：菲律宾群岛海域。
参考文献：Mann，1925。

安蒂拉盒形藻 *Biddulphia antillarum* (Cleve) Boyer, 1900

分布：菲律宾群岛海域。
参考文献：Mann，1925。

正盒形藻 *Biddulphia biddulphiana* Smith, 1807

同种异名：*Conferva biddulphiana* Smith, 1807; *Biddulphia pulchella* Gray, 1821
分布：渤海，黄海，东海，南海；关岛海域，朝鲜、澳大利亚和新西兰沿海。
参考文献：黄宗国和林茂，2012；Kesorn and Sunan，2007；Lee et al.，1995；Lobban et al.，2012；McCarthy，2013a；Harper et al.，2012。

环带盒形藻 *Biddulphia cingulata* Mann, 1925

分布：菲律宾群岛海域。
参考文献：Mann，1925。

牛角盒形藻 *Biddulphia cornigera* Mann, 1925

分布：菲律宾群岛海域。
参考文献：Mann，1925。

圆形盒形藻 *Biddulphia cycloides* Mann, 1925

分布：菲律宾群岛海域。
参考文献：Mann，1925。

散布盒形藻 *Biddulphia discursa* Mann, 1925

分布：菲律宾群岛海域。
参考文献：Mann，1925。

精确盒形藻 *Biddulphia exacta* Mann, 1925

分布：菲律宾群岛海域。
参考文献：Mann，1925。

多折盒形藻 *Biddulphia fractosa* Mann, 1925

分布：菲律宾群岛海域。
参考文献：Mann，1925。

格氏盒形藻 *Biddulphia gruendleri* Schmidt, 1888

分布：渤海，黄海，东海，南海；朝鲜沿海。
参考文献：黄宗国和林茂，2012；Lee et al.，1995。

畸形盒形藻 *Biddulphia informis* Mann, 1925

分布：菲律宾群岛海域。
参考文献：Mann，1925。

倒置盒形藻 *Biddulphia inverta* Mann, 1925

分布：菲律宾群岛海域。
参考文献：Mann，1925。

交接盒形藻 *Biddulphia jucatensis* (Grunow) Mann, 1925

分布：菲律宾群岛海域。
参考文献：Mann，1925。

佩氏盒形藻 *Biddulphia petitii* (Leuduger-Fortmorel) Mann, 1925

分布：菲律宾群岛海域。
参考文献：Mann，1925。

网状盒形藻 *Biddulphia retiformis* Mann, 1925

分布：台湾海峡。
参考文献：邵广昭，2003-2014。

斑盒形藻 *Biddulphia rudis* Mann, 1925

分布：菲律宾群岛。
参考文献：Mann，1925。

圆角盒形藻 *Biddulphia sanpedroanus* Mereschkowsky, 1901

分布：中沙群岛海域。
参考文献：刘瑞玉，2008；黄宗国和林茂，2012。

施氏盒形藻 *Biddulphia schroederiana* Schüssnig, 1915

分布：南海。
参考文献：黄宗国和林茂，2012。

三齿盒形藻 *Biddulphia tridens* (Ehrenberg) Ehrenberg, 1840

分布：渤海，黄海，东海，南海；朝鲜、新西兰沿海。
参考文献：黄宗国和林茂，2012；Lee et al.，1995；Harper et al.，2012。

特里希盒形藻 *Biddulphia trisinua* Mann, 1925

分布：菲律宾群岛海域。
参考文献：Mann，1925。

三凹盒形藻 *Biddulphia turrigera* Mann, 1925

分布：菲律宾群岛海域。
参考文献：Mann，1925。

托氏盒形藻 *Biddulphia tuomeyi* (Bailey) Roper, 1859

分布：中国福建沿海；澳大利亚沿海。
参考文献：黄宗国和林茂，2012；McCarthy，2013a。

安达盒形藻 *Biddulphia undulosa* Mann, 1925

分布：菲律宾群岛海域。
参考文献：Mann，1925。

兰普藻属 Genus *Lampriscus* Schmidt, 1882

克罗兰普藻 *Lampriscus kittonii* Schmidt, 1882

分布：朝鲜沿海。
参考文献：Park et al.，2017。

圆形兰普藻 *Lampriscus orbiculatus* (Shadbolt) H. Peragallo & M. Peragallo, 1902

同种异名：*Triceratium orbiculatum* Shadbolt, 1854
分布：南海，关岛海域。
参考文献：金德祥等，1992；刘瑞玉，2008；Lobban et al.，2012。

谢德兰普藻 *Lampriscus shadboltianum* (Greville) H. Peragallo & M. Peragallo, 1902

同种异名：*Triceratium shadboltianum* Greville, 1862
分布：东海，南海；朝鲜沿海。
参考文献：刘瑞玉，2008；邵广昭，2003-2014；Lee et al.，1995。

布里吉藻目 Order Briggerales Nikolaev & Harwood

扭鞘藻科 Family Streptothecaceae Crawford

扭鞘藻属 Genus *Streptotheca* Shrubsole, 1890

印度扭鞘藻 *Streptotheca indica* Karsten, 1907

分布：黄海，东海，南海；菲律宾以西海域。
参考文献：刘瑞玉，2008；Huang et al.，1988。

旋鞘藻属 Genus *Helicotheca* Ricard, 1987

泰晤士旋鞘藻 *Helicotheca tamesis* (Shrubsole) Ricard, 1987

同种异名：*Streptotheca tamesis* Shrubsole, 1891
分布：西太平洋副热带环流区；渤海，黄海，东海，南海；朝鲜沿海。
参考文献：杨清良等，2000；郭玉洁，2003；刘瑞玉，2008；Lee et al.，1995；Jeong et al.，2017。

角毛藻目 Order Chaetocerotales Round & Crawford, 1990

角毛藻科 Family Chaetocerotaceae Ralfs, 1861

角毛藻属 Genus *Chaetoceros* Ehrenberg, 1844

异常角毛藻 *Chaetoceros abnormis* Proshkina-Lavrenko, 1953

分布：渤海，黄海，东海，南海；朝鲜沿海。
参考文献：黄宗国和林茂，2012；Lee，2011。

赤道角毛藻 *Chaetoceros aequatorialis* Cleve, 1901

分布（有害种）：太平洋热带海域。
参考文献：Hasle，1960。

金色角毛藻 *Chaetoceros aurivillii* Cleve, 1901

分布：中国台湾沿海，南沙群岛海域。
参考文献：刘瑞玉，2008；邵广昭，2003-2014。

均等角毛藻 *Chaetoceros aequatorialis* Cleve, 1901

分布：西太平洋副热带环流区；黄海，东海，南海。
参考文献：杨清良等，2000；刘瑞玉，2008；邵广昭，2003-2014。

窄隙角毛藻 *Chaetoceros affinis* Lauder, 1864

分布：赤道太平洋热带洋区，西太平洋副热带环流区；渤海，黄海，东海，南海；朝鲜、日本、澳大利亚和新西兰沿海。
参考文献：Беляева，1976；杨清良和陈兴群，1984；杨清良等，2000；刘瑞玉，2008；小久保清治，1960；Lee et al.，1995；McCarthy，2013a；Harper et al.，2012。

窄隙角毛藻绕链变种 *Chaetoceros affinis* var. *circinalis* (Meunier) Hustedt, 1930

分布：渤海，黄海，东海，南海。
参考文献：黄宗国和林茂，2012。

窄隙角毛藻等角毛变种 *Chaetoceros affinis* var. *willei* (Gran) Hustedt, 1930

分布：渤海，黄海，东海，南海。
参考文献：黄宗国和林茂，2012。

桥联角毛藻 *Chaetoceros anastomosans* Grunow, 1882

分布：渤海，黄海，东海，南海；朝鲜、澳大利亚沿海。
参考文献：黄宗国和林茂，2012；Lee et al.，1995；McCarthy，2013a。

大西洋角毛藻 *Chaetoceros atlanticus* Cleve, 1873

分布（赤潮生物）：太平洋热带洋区，西太平洋副热带环流区，堪察加半岛和千岛群岛以西海域；黄海，东海，南海；日本、朝鲜、澳大利亚沿海。
参考文献：杨清良和陈兴群，1984；Werner，1977；刘瑞玉，2008；黄宗国和林茂，2012；小久保清治，1960；Fukuyo et al.，1990；Lee et al.，1995；McCarthy，2013a。

大西洋角毛藻那不勒斯变种 *Chaetoceros atlanticus* var. *neapolitanus* (Schröder) Hustedt, 1930

分布：太平洋热带洋区，西太平洋副热带环流区；黄海，东海，南海；日本近海。
参考文献：Hasle，1960；Беляева，1976；杨清良和陈兴群，1984；孙晓霞等，2017；杨清良等，2000；黄宗国和林茂，2012；山路勇，1979。

大西洋角毛藻骨条变种 *Chaetoceros atlanticus* var. *skeleton* (Schütt) Hustedt, 1930

分布：太平洋热带洋区，西太平洋副热带环流区；黄海，东海，南海；日本沿海。
参考文献：杨清良和陈兴群，1984；孙晓霞等，2017；杨清良等，2000；黄宗国和林茂，2012；小久保清治，1960；山路勇，1979。

奥氏角毛藻 *Chaetoceros aurivillii* Cleve, 1901

分布：太平洋热带洋区，西太平洋副热带环流区；黄海，东海，南海。
参考文献：杨清良和陈兴群，1984；杨清良等，2000；刘瑞玉，2008；黄宗国和林茂，2012。

瘤面角毛藻 *Chaetoceros bacteriastroides* Karsten, 1907

分布：太平洋热带洋区，西太平洋副热带环流区；东海，南海。
参考文献：孙晓霞等，2017；杨清良等，2000；刘瑞玉，2008。

北方角毛藻 *Chaetoceros borealis* Bailey, 1854

分布：堪察加半岛和千岛群岛以西海域；黄海，东海，南海；日本、朝鲜、新西兰沿海。
参考文献：Werner，1977；黄宗国和林茂，2012；小久保清治，1960；山路勇，1979；Lee et al.，1995；Harper et al.，2012。

短孢角毛藻 *Chaetoceros brevis* Schütt, 1895

分布：渤海，黄海，东海，南海；日本近海，朝鲜、新西兰沿海。
参考文献：刘瑞玉，2008；小久保清治，1960；Lee et al.，1995；Harper et al.，2012。

包氏角毛藻 *Chaetoceros borgei* Lemmermann, 1904

分布：黄河口。
参考文献：刘瑞玉，2008；黄宗国和林茂，2012。

牛角状角毛藻 *Chaetoceros buceros* Karsten, 1907

分布：台湾海峡，南海。
参考文献：黄宗国和林茂，2012。

卡氏角毛藻 *Chaetoceros castracanei* Karsten, 1905

分布：渤海，黄海，东海，南海；朝鲜沿海。
参考文献：黄宗国和林茂，2012；Lee et al.，1995。

智利角毛藻 *Chaetoceros chilensis* Krasske, 1941

分布：赤道太平洋热带洋区；中国台湾沿海。
参考文献：Беляева，1976；邵广昭，2003-2014。

绕孢角毛藻 *Chaetoceros cinctus* Gran, 1897

分布：赤道太平洋热带洋区；渤海，黄海，东海，南海。
参考文献：Беляева，1976；黄宗国和林茂，2012。

密聚角毛藻 *Chaetoceros coarctatus* Lauder, 1864

分布：太平洋热带洋区，西太平洋副热带环流区；渤海，黄海，东海，南海。
参考文献：Беляева，1976；杨清良和陈兴群，1984；孙晓霞等，2017；杨清良等，2000；郭玉洁，2003；黄宗国和林茂，2012。

扁面角毛藻 *Chaetoceros compressus* Lauder, 1864

分布：西太平洋副热带环流区；渤海，黄海，东海，南海；日本近海。
参考文献：杨清良等，2000；黄宗国和林茂，2012；Werner，1977；小久保清治，1960。

缢缩角毛藻 *Chaetoceros constrictus* Gran, 1897

分布：渤海，黄海，东海；鄂霍次克海，日本近海，朝鲜、新西兰沿海。
参考文献：黄宗国和林茂，2012；Werner，1977；小久保清治，1960；Lee et al.，1995；Harper et al.，2012。

曲刺毛角毛藻 *Chaetoceros concavicornis* Mangin, 1917

同种异名：*Chaetoceros borealis* f. *concavicornis* (Mangin) Braaud, 1935
分布：堪察加半岛和千岛群岛以西海域，日本（北海道）、朝鲜沿海。
参考文献：Werner，1977；小久保清治，1960；Lee et al.，1995。

扭角毛藻 *Chaetoceros convolutus* Castracane, 1886

分布：渤海，黄海，东海，南海；堪察加半岛和千岛群岛以西海域，日本近海。
参考文献：黄宗国和林茂，2012；Werner，1977；小久保清治，1960。

冠孢角毛藻 *Chaetoceros coronatus* Gran, 1897

分布：渤海；日本、朝鲜、澳大利亚沿海。
参考文献：郭玉洁，2003；刘瑞玉，2008；Ishii et al.，2011；Lee et al.，1995；McCarthy，2013a。

中肋角毛藻 *Chaetoceros costatus* Pavillard, 1911

分布：渤海，黄海，东海，南海；日本、朝鲜、澳大利亚和新西兰沿海。
参考文献：黄宗国和林茂，2012；Ishii et al.，2011；Lee et al.，1995；McCarthy，2013a。

须状角毛藻 *Chaetoceros crinitus* Schütt, 1895

分布：渤海，黄海，东海，南海；日本（北海道）、朝鲜沿海。
参考文献：黄宗国和林茂，2012；小久保清治，1960；Jeong et al.，2017。

旋链角毛藻 *Chaetoceros curvisetus* Cleve, 1889

分布：太平洋热带洋区，西太平洋副热带环流区；渤海，黄海，东海，南海；日本、朝鲜、澳大利亚和新西兰沿海。
参考文献：Беляева，1976；杨清良和陈兴群，1984；杨清良等，2000；黄宗国和林茂，2012；Ishii et al.，2011；Lee et al.，1995；McCarthy，2013a。

达氏角毛藻 *Chaetoceros dadayi* Pavillard, 1913

分布：太平洋热带洋区，西太平洋副热带环流区；黄海，东海，南海。
参考文献：孙晓霞等，2017；杨清良等，2000；黄宗国和林茂，2012。

丹麦角毛藻 *Chaetoceros danicus* Cleve, 1889

分布（赤潮生物）：渤海，黄海，东海，南海；日本沿海。
参考文献：黄宗国和林茂，2012；小久保清治，1960；Fukuyo et al.，1990。

柔弱角毛藻 *Chaetoceros debilis* Cleve, 1894

分布（赤潮生物）：赤道太平洋热带洋区，堪察加半岛和千岛群岛以西海域；渤海，黄海，东海，南海；日本近海。
参考文献：Беляева，1976；Werner，1977；黄宗国和林茂，2012；小久保清治，1960；Fukuyo et al.，1990。

并基角毛藻 *Chaetoceros decipiens* Cleve, 1873

分布：赤道太平洋热带洋区；渤海，黄海，东海，南海；日本近海。
参考文献：Беляева，1976；杨清良和陈兴群，1984；黄宗国和林茂，2012；小久保清治，1960。

并基角毛藻单胞变型 *Chaetoceros decipiens* f. *singularis* Gran, 1904

分布：黄海，东海，南海；日本近海。
参考文献：黄宗国和林茂，2012；Mann，1925；小久保清治，1960。

密连角毛藻 *Chaetoceros densus* (Cleve) Cleve, 1899

分布：太平洋热带开阔洋区，西太平洋副热带环流区；渤海，黄海，东海，南海；日本近海。
参考文献：杨清良和陈兴群，1984；杨清良等，2000；黄宗国和林茂，2012；Mann，1925；小久保清治，1960。

齿角毛藻 *Chaetoceros denticulatus* Lauder, 1864

分布：西太平洋副热带环流区；渤海，黄海，东海，南海。
参考文献：杨清良等，2000；黄宗国和林茂，2012。

齿角毛藻狭面变型 *Chaetoceros denticulatus* f. *angusta* Hustedt ex Simonsen, 1987

分布：东海，南海。
参考文献：黄宗国和林茂，2012。

双突角毛藻 *Chaetoceros didymus* Ehrenberg, 1845

分布（赤潮生物）：西太平洋副热带环流区；渤海，黄海，东海，南海；日本近海。
参考文献：杨清良等，2000；黄宗国和林茂，2012；Mann，1925；小久保清治，1960；Fukuyo et al.，1990。

双突角毛藻英国变种 *Chaetoceros didymus* var. *anglicus* (Grunow) Gran, 1908

分布：西太平洋副热带环流区；渤海，黄海，东海，南海；日本近海。
参考文献：杨清良等，2000；黄宗国和林茂，2012；小久保清治，1960。

双突角毛藻隆起变种 *Chaetoceros didymus* var. *protuberans* (Lauder) Gran & Yendo, 1914

分布：黄海，东海，南海；日本近海。
参考文献：黄宗国和林茂，2012；小久保清治，1960。

双叉角毛藻 *Chaetoceros dichaeta* Ehrenberg, 1844

同种异名：*Chaetoceros janischianus* Castracane, 1886
分布：南海；日本、朝鲜沿海。
参考文献：刘瑞玉，2008；小久保清治，1960；Ishii et al.，2011；Jeong et al.，2017。

二核样体角毛藻 *Chaetoceros dipyrenops* Meunier, 1913

分布：渤海，黄海，东海。
参考文献：黄宗国和林茂，2012。

远距角毛藻 *Chaetoceros distans* Cleve, 1873

分布：西太平洋副热带环流区；渤海，黄海，东海，南海；日本近海。
参考文献：杨清良等，2000；黄宗国和林茂，2012；小久保清治，1960。

异角角毛藻 *Chaetoceros diversus* Cleve, 1873

分布：西太平洋副热带环流区；渤海，黄海，东海，南海。
参考文献：杨清良等，2000；黄宗国和林茂，2012。

爱氏角毛藻 *Chaetoceros eibenii* Grunow, 1882

同种异名：*Chaetoceros paradoxus* var. *eibenii* (Grunow) Grunow, 1896
分布：渤海，黄海，东海，南海；朝鲜、澳大利亚和新西兰沿海。
参考文献：黄宗国和林茂，2012；Lee et al.，1995；Jeong et al.，2017；McCarthy，2013a；Harper et al.，2012。

粗股角毛藻 *Chaetoceros femur* Schütt, 1895

分布：西沙群岛、中沙群岛海域。
参考文献：刘瑞玉，2008；黄宗国和林茂，2012。

粗股角毛藻平伸变种 *Chaetoceros femur* var. *parallelus* Thorrington-Smith, 1970

分布：西沙群岛、中沙群岛海域。
参考文献：黄宗国和林茂，2012。

细角毛藻 *Chaetoceros filiformis* Meunier, 1910

分布：东海，南海；日本沿海。
参考文献：刘瑞玉，2008；黄宗国和林茂，2012；小久保清治，1960。

弗氏角毛藻 *Chaetoceros frickei* Hustedt, 1921

分布：朝鲜、日本（北海道）沿海。
参考文献：Lee et al.，1995；Jeong et al.，2017；小久保清治，1960。

叉尖角毛藻 *Chaetoceros furcellatus* Yendo, 1911

分布：堪察加半岛和千岛群岛以西海域；日本（北海道）、朝鲜沿海。
参考文献：Werner，1977；小久保清治，1960；Lee et al.，1995。

钝角毛藻 *Chaetoceros hebes* Mann, 1925

分布：菲律宾群岛海域。
参考文献：Mann，1925。

细刺毛角毛藻 *Chaetoceros hispidus* (Ehrenberg) Brightwell, 1856

分布：日本、朝鲜沿海。
参考文献：小久保清治，1960；Lee et al.，1995。

飞燕角毛藻 *Chaetoceros hirundinellus* Qian, 1979

分布：黄海，东海，南海。
参考文献：郭玉洁，2003；刘瑞玉，2008。

无沟角毛藻 *Chaetoceros holsaticus* Schütt, 1895

分布：渤海，黄海，东海；朝鲜、新西兰沿海。
参考文献：黄宗国和林茂，2012；Lee et al.，1995；Harper et al.，2012。

棘角毛藻 *Chaetoceros imbricatus* Mangin, 1912

分布：西沙群岛海域。
参考文献：刘瑞玉，2008；黄宗国和林茂，2012。

印度角毛藻 *Chaetoceros indicus* Karsten, 1907

分布：西太平洋副热带环流区；东海，南海。
参考文献：杨清良等，2000；黄宗国和林茂，2012。

里海角毛藻 *Chaetoceros knipowitschii* Henckel, 1909

分布：渤海，黄海。
参考文献：刘瑞玉，2008；黄宗国和林茂，2012。

垂缘角毛藻 *Chaetoceros laciniosus* Schütt, 1895

分布：渤海，黄海，东海，南海；日本、朝鲜、澳大利亚和新西兰沿海。
参考文献：黄宗国和林茂，2012；小久保清治，1960；山路勇，1979；Lee et al.，1995；Lin et al.，2020。

平滑角毛藻 *Chaetoceros laevis* Leuduger-Fortmorel, 1892

分布：黄海，东海，南海。
参考文献：刘瑞玉，2008；黄宗国和林茂，2012。

罗氏角毛藻 *Chaetoceros lauderi* Ralfs ex Lauder, 1864

分布：渤海，黄海，东海，南海。
参考文献：刘瑞玉，2008；黄宗国和林茂，2012。

洛氏角毛藻 *Chaetoceros lorenzianus* Grunow, 1863

分布：太平洋热带洋区，西太平洋副热带环流区；渤海，黄海，东海，南海；日本近海。
参考文献：Hasle，1960；Беляева，1976；杨清良和陈兴群，1984；杨清良等，2000；郭玉洁，2003；黄宗国和林茂，2012；小久保清治，1960。

洛氏角毛藻低盐变型 *Chaetoceros lorenzianus* f. *subsalinus* Proshkina-Lavrenko

分布：渤海，黄海。
参考文献：黄宗国和林茂，2012。

梅杜萨角毛藻 *Chaetoceros medusa* Mann, 1925

分布：菲律宾群岛海域。
参考文献：Mann，1925。

短刺角毛藻 *Chaetoceros messanensis* Castracane, 1875

分布：太平洋热带洋区，西太平洋副热带环流区；黄海，东海，南海；菲律宾以西海域。
参考文献：Беляева，1976；杨清良和陈兴群，1984；孙晓霞等，2017；杨清良等，2000；黄宗国和林茂，2012；Huang et al.，1988。

小角毛藻 *Chaetoceros minutissimus* Makarova & Proshkina-Lavrenko, 1964

分布：中国沿海。
参考文献：郭玉洁，2003；刘瑞玉，2008。

高孢角毛藻 *Chaetoceros mitra* (Bailey) Cleve, 1896

分布：渤海，黄海；朝鲜、日本、澳大利亚沿海。
参考文献：黄宗国和林茂，2012；Lee et al.，1995；Lee，2011；小久保清治，1960；McCarthy，2013a。

牟勒氏角毛藻 *Chaetoceros muelleri* Lemmermann, 1898

分布：渤海，黄海，东海，南海；日本沿海。
参考文献：黄宗国和林茂，2012；小久保清治，1960。

牟勒氏角毛藻亚盐变种 *Chaetoceros muelleri* var. *subsalsus* (Lemmermann) Johansen & Rushforth, 1985

同种异名：*Chaetoceros subsalsus* Lemmermann, 1904
分布：南海。
参考文献：黄宗国和林茂，2012。

新紧密角毛藻 *Chaetoceros neocompactus* Van Landingham, 1968

分布：南海；朝鲜沿海。
参考文献：黄宗国和林茂，2012；Lee et al.，1995。

日本角毛藻 *Chaetoceros nipponicus* Ikari, 1928

分布：渤海，黄海，东海，南海。
参考文献：黄宗国和林茂，2012。

冈村角毛藻 *Chaetoceros okamurae* Ikari, 1928

分布：日本沿海。
参考文献：小久保清治，1960；山路勇，1979。

奇异角毛藻 *Chaetoceros paradoxus* Cleve, 1873

分布：渤海，黄海，东海，南海；日本近海。
参考文献：刘瑞玉，2008；黄宗国和林茂，2012；小久保清治，1960；山路勇，1979。

海洋角毛藻 *Chaetoceros pelagicus* Cleve, 1873

分布：西太平洋热带海域；渤海，黄海，东海，南海；日本近海。
参考文献：孙晓霞等，2017；刘瑞玉，2008；黄宗国和林茂，2012；小久保清治，1960；山路勇，1979。

悬垂角毛藻 *Chaetoceros pendulus* Karsten, 1905

分布：东海，南海；日本、朝鲜、澳大利亚沿海。
参考文献：黄宗国和林茂，2012；小久保清治，1960；Lee et al.，1995；McCarthy，2013a。

微小角毛藻 *Chaetoceros perpusillus* Cleve, 1897

分布：南海；朝鲜沿海。
参考文献：Lee et al.，1995；Lee，2011。

秘鲁角毛藻 *Chaetoceros peruvianus* Brightwell, 1856

分布：太平洋热带开阔洋区，西太平洋副热带环流区；渤海，黄海，南海；关岛海域，朝鲜、日本、澳大利亚和新西兰沿海。
参考文献：Hasle，1960；Зернова，1964；Беляева，1976；杨清良和陈兴群，1984；孙晓霞等，2017；杨清良等，2000；Lobban et al.，2012；黄宗国和林茂，2012；Lee et al.，1995；Werner，1977；小久保清治，1960；McCarthy，2013a；Harper et al.，2012。

秘鲁角毛藻粗大变型 *Chaetoceros peruvianus* f. *robustus* (Cleve) Hustedt, 1902

分布：黄海，东海，南海。
参考文献：黄宗国和林茂，2012

巨角毛藻 *Chaetoceros princeps* (Castracane) Mann, 1925

分布：菲律宾群岛海域。
参考文献：Mann，1925。

拟奥氏角毛藻 *Chaetoceros pseudoaurivillii* Ikari, 1926

分布：黄海，东海。
参考文献：刘瑞玉，2008。

拟弯角毛藻 *Chaetoceros pseudocurvisetus* Mangin, 1910

分布（赤潮生物）：太平洋热带开阔洋区，西太平洋副热带环流区；渤海，黄海，东海，南海；日本、朝鲜、澳大利亚和新西兰沿海。
参考文献：Hasle，1960；杨清良和陈兴群，1984；杨清良等，2000；黄宗国和林茂，2012；Fukuyo et al.，1990；Ishii et al.，2011；Lee et al.，1995；McCarthy，2013a；Harper et al.，2012。

拟双叉角毛藻 *Chaetoceros pseudodichaeta* Ikari, 1926

分布：台湾海峡；朝鲜沿海。
参考文献：刘瑞玉，2008；Lee，2011；Lee et al.，2014。

拟发状角毛藻 *Chaetoceros pseudocrinitus* Ostenfeld, 1901

分布：渤海；日本、朝鲜、澳大利亚沿海。
参考文献：刘瑞玉，2008；黄宗国和林茂，2012；小久保清治，1960；Lee et al.，1995；McCarthy，2013a。

放射角毛藻 *Chaetoceros radians* Schütt, 1895

分布：渤海，黄海，东海，南海；朝鲜、马来西亚沿海。
参考文献：刘瑞玉，2012；Lee et al.，1995；Zong and Hassan，2004。

根状角毛藻 *Chaetoceros radicans* Schütt, 1895

分布：西太平洋副热带环流区；渤海，黄海，东海，南海；日本近海。
参考文献：杨清良等，2000；黄宗国和林茂，2012；小久保清治，1960。

嘴状角毛藻 *Chaetoceros rostratus* Ralfs, 1864

分布：渤海，黄海，东海，南海；日本近海。
参考文献：黄宗国和林茂，2012；小久保清治，1960。

嘴状角毛藻格氏变种 *Chaetoceros rostratus* var. *glandazii* (Mangin) Taylor, 1967

分布：黄海，东海。
参考文献：黄宗国和林茂，2012。

链刺角毛藻 *Chaetoceros seiracanthus* Gran, 1897

分布：渤海，黄海，东海，南海；日本、朝鲜沿海。
参考文献：黄宗国和林茂，2012；小久保清治，1960；Ishii et al.，2011；Lee et al.，1995。

刚毛角毛藻 *Chaetoceros setoensis* Ikari, 1926

分布：黄海，东海；日本近海。
参考文献：黄宗国和林茂，2012；小久保清治，1960。

塞舌耳角毛藻 *Chaetoceros seychellarum* Karsten, 1907

分布：朝鲜沿海。
参考文献：Lee et al.，1995；Lee，2011。

暹罗角毛藻 *Chaetoceros siamensis* Ostenfeld, 1902

分布：渤海，黄海，东海，南海；日本、朝鲜沿海。
参考文献：刘瑞玉，2008；小久保清治，1960；Ishii et al.，2011；Lee et al.，1995；Jeong et al.，2017。

舞姿角毛藻 *Chaetoceros saltans* Cleve, 1897

分布：西沙群岛海域；朝鲜沿海。
参考文献：黄宗国和林茂，2012；Lee et al.，1995。

相似角毛藻 *Chaetoceros similis* Cleve, 1896

分布：渤海，黄海；日本、朝鲜、澳大利亚和新西兰沿海。
参考文献：刘瑞玉，2008；小久保清治，1960；Ishii et al.，2011；Lee et al.，1995；Jeong et al.，2017；McCarthy，2013a；Harper et al.，2012。

聚生角毛藻 *Chaetoceros socialis* Lauder, 1864

分布（赤潮生物）：渤海，黄海，东海，南海；日本近海。
参考文献：刘瑞玉，2008；小久保清治，1960；山路勇，1979；Fukuyo et al.，1990。

冕孢角毛藻 *Chaetoceros subsecundus* Grunow ex Van Heurck, 1930

分布：渤海，黄海，东海；日本近海。
参考文献：刘瑞玉，2008；黄宗国和林茂，2012；小久保清治，1960；山路勇，1979。

细弱角毛藻 *Chaetoceros subtilis* Cleve, 1896

分布：渤海，黄海，东海，南海。
参考文献：刘瑞玉，2008；黄宗国和林茂，2012。

圆柱角毛藻 *Chaetoceros teres* Cleve, 1896

分布：渤海，黄海，东海；日本近海。
参考文献：刘瑞玉，2008；黄宗国和林茂，2012；小久保清治，1960。

四楞角毛藻 *Chaetoceros tetrastichon* Cleve, 1897

分布：太平洋热带开阔洋区；黄海，东海，南海；日本近海。
参考文献：Hasle，1960；孙晓霞等，2017；刘瑞玉，2008；黄宗国和林茂，2012；小久保清治，1960。

扭链角毛藻 *Chaetoceros tortissimus* Gran, 1900

分布：渤海，黄海，东海，南海；日本近海。
参考文献：刘瑞玉，2008；黄宗国和林茂，2012；小久保清治，1960。

范氏角毛藻 *Chaetoceros vanheurckii* Gran, 1897

分布：渤海，黄海，东海，南海；日本近海。
参考文献：刘瑞玉，2008；黄宗国和林茂，2012；小久保清治，1960。

威氏角毛藻 *Chaetoceros weissflogii* Schütt, 1895

分布：东海，南海；日本近海。
参考文献：黄宗国和林茂，2012；小久保清治，1960。

威格海母角毛藻 *Chaetoceros wighamii* Brightwell, 1856

分布（淡水种）：黄海；朝鲜沿海。
参考文献：刘瑞玉，2008；Lee et al.，1995。

西沙角毛藻 *Chaetoceros xishaensis* Kuo, Ye & Zhou, 1982

分布：台湾海峡，南海。
参考文献：刘瑞玉，2008。

辐杆藻属 Genus *Bacteriastrum* Shadbolt, 1854

菱形辐杆藻 *Bacteriastrum biconicum* Pavillard, 1916

分布：太平洋热带洋区；朝鲜沿海。
参考文献：Беляева，1976；Lee et al.，1995。

从毛辐杆藻 *Bacteriastrum comosum* Pavillard, 1916

分布：太平洋热带洋区，西太平洋副热带环流区；渤海，黄海，东海，南海；日本近海，朝鲜、澳大利亚沿海。
参考文献：Беляева，1976；杨清良和陈兴群，1984；孙晓霞等，2017；杨清良等，2000；刘瑞玉，2008；Lee et al.，1995；小久保清治，1960；McCarthy，2013a。

从毛辐杆藻刚棘变种 *Bacteriastrum comosum* var. *hispidum* (Castracane) Ikari, 1972

分布：西太平洋副热带环流区；黄海，东海，南海；日本近海。
参考文献：杨清良等，2000；黄宗国和林茂，2012；小久保清治，1960。

优美辐杆藻 *Bacteriastrum delicatulum* Cleve, 1897

分布：太平洋热带洋区；渤海，黄海，东海，南海；日本近海。
参考文献：Беляева，1976；黄宗国和林茂，2012；小久保清治，1960。

长辐杆藻 *Bacteriastrum elongatum* Cleve, 1897

分布：太平洋热带洋区；黄海至南海。
参考文献：Беляева，1976；黄宗国和林茂，2012；Huang，1993。

长辐杆藻异端变种 *Bacteriastrum elongatum* var. *diversum* Ikari, 1927

分布：东海，台湾海峡。
参考文献：黄宗国和林茂，2012。

叉状辐杆藻 *Bacteriastrum furcatum* Shadbolt, 1854

分布：朝鲜、泰国、澳大利亚和新西兰沿海。
参考文献：Lee et al.，1995；Kesorn and Sunan，2007；McCarthy，2013a；Harper et al.，2012。

透明辐杆藻 *Bacteriastrum hyalinum* Lauder, 1867

分布：太平洋热带洋区；渤海，黄海，东海，南海；日本近海。
参考文献：Беляева，1976；黄宗国和林茂，2012；Huang，1990；小久保清治，1960。

透明辐杆藻异毛变种 *Bacteriastrum hyalinum* var. *princeps* (Castracane) Ikari, 1927

分布：黄海，东海，南海；日本近海。
参考文献：黄宗国和林茂，2012；小久保清治，1960。

地中海辐杆藻 *Bacteriastrum mediterraneum* Pavillard, 1916

分布：西太平洋副热带环流区；东海，南海；日本、朝鲜沿海。
参考文献：杨清良等，2000；黄宗国和林茂，2012；Ikari，1927；小久保清治，1960；Lee et al.，1995。

小辐杆藻 *Bacteriastrum minus* Karsten, 1906

分布：台湾海峡；日本近海，泰国昌岛海域。
参考文献：黄宗国和林茂，2012；邵广昭，2003-2014；小久保清治，1960；Kesorn and Sunan，2007。

变异辐杆藻 *Bacteriastrum varians* Lauder, 1864

分布：西太平洋副热带环流区；渤海，黄海，东海，南海；菲律宾以西海域，日本近海。
参考文献：杨清良等，2000；黄宗国和林茂，2012；Huang et al.，1988；小久保清治，1960。

戈尼藻属 Genus *Goniothecium* Ehrenberg, 1843

冠形戈尼藻 *Goniothecium coronatum* Fenner

分布：朝鲜沿海。
参考文献：Lee et al.，1995。

优美戈尼藻 *Goniothecium decoratum* Brun, 1891

分布（化石种）：新西兰沿海。
参考文献：Novitski and Kociolek，2005。

罗氏戈尼藻 *Goniothecium rogersii* Ehrenberg, 1843

分布（化石种）：朝鲜沿海。
参考文献：Lee et al.，1995。

细柱藻科 Family Leptocylindraceae Lebour, 1930

细柱藻属 Genus *Leptocylindrus* Cleve, 1889

无孔细柱藻 *Leptocylindrus aporus* (French & Hargraves) Nanjappa & Zingone, 2013

同种异名：*Leptocylindrus danicus* var. *aporus* French & Hargraves, 1986
分布：澳大利亚新南威尔士沿海。
参考文献：Ajani et al.，2016。

凸细柱藻 *Leptocylindrus convexus* Nanjappa & Zingone, 2013

分布：澳大利亚新南威尔士沿海。
参考文献：Ajani et al.，2016。

弓束细柱藻 *Leptocylindrus curvatulus* Skvortsov, 1931

分布：朝鲜沿海。
参考文献：Lee et al.，1995。

丹麦细柱藻 *Leptocylindrus danicus* Cleve, 1889

分布（赤潮生物）：西太平洋热带海域，西太平洋副热带环流区；渤海，黄海，东海，南海；日本、朝鲜、澳大利亚（新南威尔士）和新西兰沿海。
参考文献：孙晓霞等，2017；杨清良等，2000；黄宗国和林茂，2012；小久保清治，1960；Fukuyo et al.，1990；Lee et al.，1995；McCarthy，2013a；Harper et al.，2012。

丹麦细柱藻亚德里亚变种 *Leptocylindrus danicus* var. *adriaticus* (Schröder) Schiller, 1929

同种异名：*Leptocylindrus adriaticus* Schröder, 1908
分布：渤海，黄海；朝鲜、日本沿海。
参考文献：黄宗国和林茂，2012；Lee et al.，1995；小久保清治，1960。

极小细柱藻 *Leptocylindrus minimus* Gran, 1915

分布（有害藻）：中国台湾沿海；日本、朝鲜、新西兰沿海。
参考文献：邵广昭，2003-2014；小久保清治，1960；Lee e al.，1995；Harper et al.，2012。

托氏藻目 Order Toxariales Round

梯楔藻科 Family Climacospheniaceae Round

楔针藻属 Genus *Synedrosphenia* (Peragallo) Azpeitia Moros, 1911

异极楔针藻 *Synedrosphenia gomphonema* (Janisch & Rabenhorst) Hustedt, 1932

同种异名：*Synedra gomphonema* Janisch & Rabenhorst, 1863
分布：南海。
参考文献：刘瑞玉，2008；程兆第和高亚辉，2012。

梯楔藻属 Genus *Climacosphenia* Ehrenberg, 1841

椭圆梯楔藻 *Climacosphenia elongata* Bailey, 1854

分布：南海；关岛海域。
参考文献：Huang，1979；刘瑞玉，2008；程兆第和高亚辉，2012；Lobban et al.，2012。

串珠梯楔藻 *Climacosphenia moniligera* Ehrenberg, 1843

分布：东海，南海；日本沿海，泰国昌岛海域。
参考文献：黄宗国和林茂，2012；小久保清治，1960；Kesorn and Sunan，2007。

弯刀梯楔藻 *Climacosphenia scimiter* Mann, 1925

分布：菲律宾群岛海域。
参考文献：Mann，1925。

托氏藻科 Family Toxariaceae Round

托氏藻属 Genus *Toxarium* Bailey, 1854

亨尼托氏藻 *Toxarium hennedyanum* (Gregory) Pelletan, 1889

同种异名：*Synedra hennedyana* Gregory, 1857
分布：台湾海峡，南海；泰国、新加坡、澳大利亚沿海，关岛海域。
参考文献：刘瑞玉，2008；程兆第和高亚辉，2012；Kesorn and Sunan，2007；Pham et al.，2011；Lobban et al.，2012；McCarthy，2013a。

波边托氏藻 *Toxarium undulatum* Bailey, 1854

同种异名：*Synedra undulata* Bailey, 1854
分布：台湾海峡，南海；泰国、新西兰、澳大利亚沿海，关岛海域。
参考文献：刘瑞玉，2008；程兆第和高亚辉，2012；Kesorn and Sunan，2007；Lobban et al.，2012；Harper et al.，2012；John，2018。

硅藻纲 Class Bacillariophyceae Haeckel, 1878

舟形藻目 Order Naviculales Bessey, 1907

双肋藻科 Family Amphipleuraceae Grunow, 1862

茧形藻属 Genus *Amphiprora* Ehrenberg, 1843

狭窄茧形藻 *Amphiprora angustata* Hendey, 1964

分布：韩国、澳大利亚和新西兰沿海。
参考文献：Lee et al.，1995；McCarthy，2013a；Harper et al.，2012。

短管茧形藻 *Amphiprora brebissoniana* Greville, 1863

分布：澳大利亚昆士兰沿海。
参考文献：Day et al.，1995。

计时茧形藻 *Amphiprora clepsydra* Greville, 1863

分布：澳大利亚昆士兰沿海。
参考文献：Day et al.，1995。

波缘茧形藻 *Amphiprora crenulata* Tempère, 1891

分布：澳大利亚新南威尔士、昆士兰和维多利亚沿海。
参考文献：Day et al.，1995。

若利茧形藻 *Amphiprora jolisiana* Greville, 1863

分布：澳大利亚昆士兰沿海。
参考文献：Day et al.，1995。

库氏茧形藻 *Amphiprora kuetzingiana* Greville, 1863

分布：澳大利亚昆士兰沿海。
参考文献：Day et al.，1995。

梅里茧形藻 *Amphiprora meneghiniana* Greville, 1863

分布：澳大利亚昆士兰沿海。
参考文献：Day et al.，1995。

光亮茧形藻 *Amphiprora nitida* Greville, 1863

分布：澳大利亚昆士兰沿海。
参考文献：Day et al.，1995。

奇异茧形藻 *Amphiprora paradoxa* Greville

分布：澳大利亚昆士兰沿海。
参考文献：Day et al.，1995。

拉氏茧形藻 *Amphiprora rabenhorstsiana* Greville, 1863

分布：澳大利亚昆士兰沿海。
参考文献：Day et al.，1995。

小叶茧形藻 *Amphiprora thwaitesiana* Greville, 1863

分布：澳大利亚昆士兰沿海。
参考文献：Day et al.，1995。

透明茧形藻 *Amphiprora hyalina* Eulenstein ex Van Heurck, 1880

同种异名：*Amphiprora paludosa* var. *hyalina* (Eulenstein ex Van Heurck) Cleve, 1894
分布：渤海，黄海，南海；朝鲜沿海。
参考文献：程兆第和高亚辉，2013；Lee et al.，1995。

北方茧形藻 *Amphiprora hyperborea* (Grunow) Grunow, 1884

分布：日本沿海。
参考文献：小久保清治，1960。

清澈茧形藻 *Amphiprora limpida* Mann, 1925

分布：菲律宾群岛海域。
参考文献：Mann，1925。

美丽茧形藻 *Amphiprora venusta* Greville, 1865

分布：南海。

参考文献：刘瑞玉，2008；程兆第和高亚辉，2013。

箱形藻属 Genus *Cistula* Cleve, 1894

洛氏箱形藻 *Cistula lorenziana* (Grunow) Cleve, 1894

同种异名：*Navicula lorenziana* Grunow, 1860
分布：东海，台湾海峡；朝鲜、澳大利亚沿海。
参考文献：刘瑞玉，2008；程兆第和高亚辉，2013；Lee et al.，1995；John，2018。

双肋藻属 Genus *Amphipleura* Kützing, 1844

凌氏双肋藻 *Amphipleura lindheimeri* Grunow, 1862

同种异名：*Amphipleura pellucida* var. *lindheimeri* (Grunow) O'Hara, 1889; *Berkeleya lindheimeri* (Grunow) Giffen, 1970; *Amphiprora lindheimeri* (Grunow) Wolle, 1890; *Amphipleura pellucida* var. *lindheimeri* (Grunow) Cleve, 1894
分布（淡水种）：中国广东沿海。
参考文献：刘瑞玉，2008；李家英和齐雨藻，2010；程兆第和高亚辉，2013。

肋缝藻属 Genus *Frustulia* Rabenhorst, 1853

奥特肋缝藻 *Frustulia aotearoa* Lange-Bertalot & Beier, 2007

分布：新西兰沿海。
参考文献：Harper et al.，2012。

细尖肋缝藻 *Frustulia apicola* Amosse

分布：新西兰沿海。
参考文献：Harper et al.，2012。

凯西肋缝藻 *Frustulia cassieae* Lange-Bertalot & Beier

分布：新西兰沿海。
参考文献：Harper et al.，2012。

冈瓦纳肋缝藻 *Frustulia gondwana* Lange-Bertalot & Beier, 2007

分布：新西兰沿海。
参考文献：Harper et al.，2012。

中间肋缝藻 *Frustulia interposita* (Lewis) De Toni, 1891

分布：台湾海峡，南海；澳大利亚沿海。
参考文献：李家英和齐雨藻，2010；程兆第和高亚辉，2013；John，2018。

中间肋缝藻中国变种 *Frustulia interposita* var. *chinensis* Skvortsov, 1931

分布：台湾海峡。
参考文献：程兆第和高亚辉，2013。

中间肋缝藻异端变种 *Frustulia interposita* var. *dispar* Liu & Chin, 1980

分布：台湾海峡。
参考文献：程兆第和高亚辉，2013。

连氏肋缝藻 *Frustulia linkei* Hustedt, 1952

分布（半咸淡种）：马来西亚沿海。
参考文献：Zong and Hassan，2004。

奈氏肋缝藻 *Frustulia nana* Gerd Moser

分布：新西兰沿海。
参考文献：Harper et al.，2012。

深海肋缝藻 *Frustulia submarina* Hustedt

分布：澳大利亚新南威尔士沿海。
参考文献：Day et al.，1995。

弗克藻属 Genus *Frickea* Heiden, 1906

长端弗克藻 *Frickea lewisiana* (Greville) Heiden, 1906

同种异名: *Frustulia lewisiana* (Greville) De Toni, 1891; *Navicula lewisiana* Greville, 1863; *Navicula rhomboides* var. *lewisiana* (Greville) Dippel, 1880; *Brebissonia lewisiana* (Greville) Kuntze, 1898; *Vanheurckia lewisiana* (Greville) Brébisson, 1869
分布：东海，南海；朝鲜沿海。
参考文献：黄宗国和林茂，2012；Lee et al.，1995。

贝克藻科 Family Berkeleyaceae Mann, 1990

贝克藻属 Genus *Berkeleya* Greville, 1827

闪光贝克藻 *Berkeleya micans* (Lyngbye) Grunow, 1868

同种异名：*Amphipleura micans* (Lyngbye) Cleve, 1894; *Carrodoria micans* (Lyngbye) Kuntze, 1898
分布：南海；澳大利亚和新西兰沿海。
参考文献：刘瑞玉，2008；程兆第和高亚辉，2013；McCarthy，2013a；Harper et al.，2012。

脆贝克藻 *Berkeleya fragilis* Greville, 1827

同种异名：*Navicula fragilis* (Greville) Heiberg, 1863; *Amphipleura micans* var. *fragilis* (Greville) Grunow, 1894; *Berkeleya micans* var. *fragilis* (Greville) Grunow ex H. Peragallo & M. Peragallo, 1897
分布：新西兰沿海。
参考文献：Harper et al.，2012。

橙红贝克藻 *Berkeleya rutilans* (Trentepohl ex Roth) Grunow, 1880

同种异名：*Amphipleura rutilans* (Trentepohl ex Roth) Cleve, 1894; *Bangia rutilans* (Roth) Lyngbye, 1819; *Berkeleya dillwynii* var. *rutilans* (Trentepohl ex Roth) Eiben, 1871

分布：南海，台湾海峡；关岛海域，朝鲜、澳大利亚和新西兰沿海。
参考文献：刘瑞玉，2008；Lee et al.，1995；Lobban et al.，2012；McCarthy，2013a；Harper et al.，2012；John，2016。

岩石贝克藻 *Berkeleya scopulorum* (Brébisson ex Kützing) Cox, 1979

同种异名：*Navicula scopulorum* Brébisson ex Kützin, 1849
分布：台湾海峡，南海；朝鲜、澳大利亚沿海。
参考文献：黄宗国和林茂，2012；Lee et al.，1995；McCarthy，2013a；John，2018。

梯舟藻属 Genus *Climaconeis* Grunow, 1862

科氏梯舟藻 *Climaconeis coxiae* Reid & Williams, 2002

分布：关岛海域。
参考文献：Lobban et al.，2012。

驱逐梯舟藻 *Climaconeis desportesiae* Lobban, 2018

分布：关岛海域。
参考文献：Lobban et al.，2012。

关岛梯舟藻 *Climaconeis guamensis* Lobban, Ashworth & Theriot, 2010

分布：关岛海域。
参考文献：Lobban et al.，2012。

弯曲梯舟藻 *Climaconeis inflexa* (Brébisson ex Kützing) Cox, 1982

同种异名：*Amphipleura inflexa* Brébisson ex Kützing, 1849; *Okedenia inflexa* (Brébisson ex Kützing) Eulenstein ex De Toni, 1891
分布：关岛海域，新西兰沿海。
参考文献：Harper et al.，2012；Lobban et al.，2010，2012。

利氏梯舟藻 *Climaconeis leandrei* Lobban, 2018

分布：关岛海域。
参考文献：Lobban，2018。

洛氏梯舟藻 *Climaconeis lorenzii* Grunow, 1862

分布：关岛海域。
参考文献：Lobban et al.，2010。

彼特梯舟藻 *Climaconeis petersonii* Lobban, Ashworth & Theriot, 2010

分布：关岛海域。
参考文献：Lobban et al.，2010；Lobban et al.，2012。

里德梯舟藻 *Climaconeis riddleae* Prasad, 2003

分布：关岛海域。

参考文献：Lobban et al.，2010；Lobban et al.，2012。

梯纹梯舟藻 *Climaconeis scalaris* (Brébisson) Cox, 1982

同种异名：*Frustulia scalaris* Brébisson, 1838; *Berkeleya scalaris* (Brébisson) Grunow, 1867
分布：关岛海域。
参考文献：Lobban，2018。

银色梯舟藻 *Climaconeis silvae* Prasad, 2003

分布：关岛海域。
参考文献：Lobban et al.，2010，2012。

叠层梯舟藻 *Climaconeis stromatolitis* John, 1991

分布：澳大利亚沿海。
参考文献：McCarthy，2013a。

波状梯舟藻 *Climaconeis undulata* (Meister) Lobban, Ashworth & Theriot, 2010

同种异名：*Gomphocaloneis undulata* Meister, 1932
分布：关岛海域。
参考文献：Lobban et al.，2010，2012。

书形藻属 Genus *Parlibellus* Cox, 1988

拟十字书形藻 *Parlibellus cruciculoides* (Brockmann) Witkowski, Lange-Bertalot & Metzeltin, 2000

同种异名：*Navicula cruciculoides* Brockmann, 1950; *Navicula crucicula* var. *cruciculoides* (Brockmann) Lange-Bertalot, 1985; *Prestauroneis cruciculoides* (Witkowski, Lange-Bertalot & Metzeltin) Al-Handal & Al-Shaheen, 2019
分布：东海。
参考文献：金德祥等，1982；刘瑞玉，2008。

小钩书形藻 *Parlibellus hamulifer* (Grunow) Cox, 1988

同种异名：*Navicula hamulifera* Grunow, 1880; *Libellus hamuliferus* (Grunow) De Toni, 1890; *Brachysira hamulifera* (Grunow) Kuntze, 1891; *Schizonema hamuliferum* (Grunow) Kuntze, 1898
分布：南海。
参考文献：刘瑞玉，2008。

鞍型藻科 Family Sellaphoraceae Mereschkowsky, 1902

罗西藻属 Genus *Rossia* Voigt, 1960

椭圆罗西藻 *Rossia elliptica* Voigt, 1960

分布：南海。
参考文献：程兆第和高亚辉，2013。

幻觉藻属 Genus *Fallacia* Stickle & Mann, 1990

钳状幻觉藻 *Fallacia forcipata* (Greville) Stickle & Mann, 1990

同种异名：*Navicula forcipata* Greville, 1859; *Navicula lyra* var. *forcipata* (Greville) O'Meara, 1875; *Schizonema forcipatum* (Greville) Kuntze, 1898

分布：渤海，黄海，台湾海峡，南海；朝鲜沿海。

参考文献：黄宗国和林茂，2012；Lee et al.，1995。

折断幻觉藻 *Fallacia fracta* (Hustedt ex Simonsen) Mann, 1990

同种异名：*Navicula fracta* Hustedt ex Simonsen, 1987

分布：中国福建沿海。

参考文献：刘瑞玉，2008；程兆第和高亚辉，2012。

货币幻觉藻 *Fallacia nummularia* (Greville) Mann, 1990

同种异名：*Navicula nummularia* Greville, 1859; *Navicula forcipata* var. *nummularia* (Greville) Cleve, 1895; *Cocconeis nummularia* (Greville) H. Peragallo & M. Peragallo, 1897

分布：台湾海峡，南海。

参考文献：刘瑞玉，2008；Kesorn and Sunan，2007。

侏儒幻觉藻 *Fallacia pygmaea* (Kützing) Stickle & Mann, 1990

同种异名：*Navicula pygmaea* Kützing, 1849; *Schizonema pygmaeum* (Kützing) Kuntze, 1898; *Lyrella pygmaea* (Kützing) Makarova & Karayeva, 1987

分布：东海，南海；朝鲜、泰国和澳大利亚（新南威尔士州、昆士兰和维多利亚）沿海。

参考文献：黄宗国和林茂，2012；Lee et al.，1995；Day et al.，1995。

鞍型藻属 Genus *Sellaphora* Mereschowsky, 1902

兰达鞍型藻 *Sellaphora lambda* (Cleve) Metzeltin & Lange-Bertalot, 1998

同种异名：*Navicula lambda* Cleve, 1894; *Schizonema lambda* (Cleve) Kuntze, 1898

分布（淡水种）：中国福建沿海。

参考文献：刘瑞玉，2008。

善氏鞍型藻 *Sellaphora thienemannii* (Hustedt) Wetzel, Ector, Van de Vijver, Compère & Mann, 2015

同种异名：*Navicula thienemannii* Hustedt, 1937

分布：中国福建沿海；泰国和澳大利亚（昆士兰）沿海。

参考文献：黄宗国和林茂，2012；Foged，1972；Day et al.，1995。

尤氏鞍型藻 *Sellaphora utermoehlii* (Hustedt) Wetzel & Mann, 2015

同种异名：*Navicula utermoehlii* Hustedt, 1942; *Eolimna utermoehlii* (Hustedt) Lange-Bertalot, Kulikovskiy & Witkowski, 2010

分布：中国福建沿海；日本沿海。

参考文献：刘瑞玉，2008；Kihara et al.，2015。

斜纹藻科 Family Pleurosigmataceae Mereschowsky, 1903

唐氏藻属 Genus *Donkinia* Ralfs, 1861

网状唐氏藻 *Donkinia reticulata* Norman, 1861

同种异名：*Pleurosigma reticulatum* (Norman) Hustedt, 1955
分布：澳大利亚沿海。
参考文献：McCarthy，2013a。

船骨藻属 Genus *Carinasigma* Reid, 2012

微小船骨藻 *Carinasigma minutum* (Donkin) Reid, 2012

同种异名：*Pleurosigma minutum* Donkin, 1858; *Donkinia minuta* (Donkin) Ralfs, 1861; *Donkinia recta* var. *minuta* (Donkin) H. Peragallo & M. Peragallo, 1898
分布：渤海，黄海，台湾海峡；关岛海域。
参考文献：黄宗国和林茂，2012；Lobban et al.，2012。

直形船骨藻 *Carinasigma rectum* (Donkin) Reid, 2012

同种异名：*Pleurosigma rectum* Donkin, 1858; *Donkinia recta* (Donkin) Carruthers, 1864; *Gyrosigma rectum* (Donkin) Cleve, 1894
分布：中国福建沿海，西沙群岛；朝鲜、新加坡、澳大利亚和新西兰沿海。
参考文献：程兆第和高亚辉，2013；邵广昭，2003-2014；Lee et al.，1995；Pham et al.，2011；McCarthy，2013a；Harper et al.，2012。

斜纹藻属 Genus *Pleurosigma* Smith, 1852

端尖斜纹藻 *Pleurosigma acutum* Norman ex Ralfs, 1861

分布：渤海，东海，南海；朝鲜沿海。
参考文献：刘瑞玉，2008；杨世民和董树刚，2006；程兆第和高亚辉，2013；Lee et al.，1995。

针突斜纹藻 *Pleurosigma acus* Mann, 1925

分布：菲律宾群岛海域。
参考文献：Mann，1925。

艾希斜纹藻 *Pleurosigma aestuarii* (Brébisson ex Kützing) Smith, 1853

同种异名：*Navicula aestuarii* Brébisson ex Kützing, 1849; *Gyrosigma aestuarii* (Brébisson ex Kützing) Griffith & Henfrey, 1856; *Pleurosigma angulatum* var. *aestuarii* (Brébisson) van Heurck, 1885
分布：东海，南海；朝鲜、澳大利亚和新西兰沿海。
参考文献：刘瑞玉，2008；程兆第和高亚辉，2013；Lee et al.，1995；McCarthy，2013a；Harper et al.，2012。

细纹斜纹藻 *Pleurosigma affine* Grunow, 1880

分布：台湾海峡；日本沿海。
参考文献：刘瑞玉，2008；黄宗国和林茂，2012；邵广昭，2003-2014；小久保清治，1960。

宽角斜纹藻 *Pleurosigma angulatum* (Quekett) Smith, 1853

分布：渤海，黄海，东海，台湾海峡；朝鲜、澳大利亚（新南威尔士）、新西兰沿海。
参考文献：刘瑞玉，2008；黄宗国和林茂，2012；Lee et al.，1995；Day et al.，1995；Harper et al.，2012；John，2018。

宽角斜纹藻方形变种 *Pleurosigma angulatum* var. *quadratum* (Smith) Van Heurck, 1885

同种异名：*Pleurosigma quadratum* Smith, 1853
分布：渤海，黄海，东海，南海。
参考文献：刘瑞玉，2008；黄宗国和林茂，2012。

澳洲斜纹藻 *Pleurosigma australe* Grunow, 1868

同种异名：*Scalptrum australe* (Grunow) Kuntze, 1891
分布：新西兰沿海。
参考文献：Harper et al.，2012。

海岛斜纹藻 *Pleurosigma barbadense* Grunow, 1880

分布：澳大利亚沿海。
参考文献：McCarthy，2013a。

克氏斜纹藻 *Pleurosigma clevei* Grunow, 1880

分布：朝鲜沿海。
参考文献：Lee et al.，1995。

弯曲斜纹藻 *Pleurosigma crookii* Inglis, 1881

分布：新西兰沿海。
参考文献：Harper et al.，2012。

优美斜纹藻 *Pleurosigma decorum* Smith, 1853

分布：东海，南海；澳大利亚和新西兰沿海。
参考文献：刘瑞玉，2008；McCarthy，2013a；Harper et al.，2012。

直斜纹藻 *Pleurosigma directum* Grunow, 1880

分布：中国台湾沿海；新西兰沿海。
参考文献：邵广昭，2003-2014；McCarthy，2013a；Harper et al.，2012。

柔弱斜纹藻 *Pleurosigma delicatulum* Smith, 1852

分布：渤海，黄海，台湾海峡。
参考文献：刘瑞玉，2008；Kesorn and Sunan，2007。

异纹斜纹藻 *Pleurosigma diversestriatum* Meister, 1934

分布：渤海，黄海，台湾海峡。
参考文献：刘瑞玉，2008；黄宗国和林茂，2012。

疑惑斜纹藻 *Pleurosigma dolosum* Mann, 1925

分布：菲律宾群岛海域。
参考文献：Mann，1925。

长斜纹藻 *Pleurosigma elongatum* Smith, 1852

同种异名：*Gyrosigma elongatum* (Smith) Griffith & Henfrey, 1855; *Pleurosigma angulatum* var. *elongatum* (Smith) van Heurck, 1885
分布：渤海，黄海，东海，南海；朝鲜、澳大利亚和新西兰沿海。
参考文献：刘瑞玉，2008；黄宗国和林茂，2012；Lee et al.，1995；McCarthy，2013a；Harper et al.，2012。

免除斜纹藻 *Pleurosigma exemptum* Mann, 1925

同种异名：*Pleurosigma obesum* Mann, 1925
分布：菲律宾群岛海域。
参考文献：Mann，1925。

镰刀斜纹藻 *Pleurosigma falx* Mann, 1925

分布：渤海，黄海，东海，南海。
参考文献：刘瑞玉，2008；黄宗国和林茂，2012；程兆第和高亚辉，2013。

飞马斜纹藻 *Pleurosigma finmarchicum* Grunow, 1883

分布：台湾海峡，南海。
参考文献：刘瑞玉，2008；黄宗国和林茂，2012；程兆第和高亚辉，2013。

美丽斜纹藻 *Pleurosigma formosum* Smith, 1852

分布：渤海，黄海，东海，南海；朝鲜、新加坡、新西兰和澳大利亚（新南威尔士）沿海。
参考文献：刘瑞玉，2008；黄宗国和林茂，2012；Lee et al.，1995；Pham et al.，2011；Day et al.，1995；Harper et al.，2012。

流畅斜纹藻 *Pleurosigma fluviicygnorum* John, 1983

分布：澳大利亚沿海。
参考文献：McCarthy，2013a。

膨斜纹藻 *Pleurosigma inflatum* Shadbolt, 1853

同种异名：*Pleurosigma naviculaceum* Brébisson, 1854
分布：东海，南海；朝鲜、澳大利亚（昆士兰）和新西兰沿海。
参考文献：刘瑞玉，2008；黄宗国和林茂，2012；程兆第和高亚辉，2013；Lee et al.，1995；McCarthy，2013a；Harper et al.，2012；Day et al.，1995。

刻纹斜纹藻 *Pleurosigma inscriptura* Harper, 2009

分布：新西兰沿海。
参考文献：Harper et al.，2012。

中型斜纹藻 *Pleurosigma intermedium* Smith, 1853

同种异名：*Pleurosigma nubecula* var. *intermedium* (Smith) Cleve, 1894; *Pleurosigma nubecula* Smith, 1853; *Pleurosigma intermedium* var. *nubecula* (Smith) Grunow ex Van Heurck, 1896
分布：渤海，黄海，台湾海峡，南海；关岛海域，澳大利亚和新西兰沿海。
参考文献：刘瑞玉，2008；黄宗国和林茂，2012；Lobban et al.，2012；McCarthy，2013a；Harper et al.，2012。

宽形斜纹藻 *Pleurosigma latum* Cleve, 1880

分布：东海，台湾海峡。
参考文献：刘瑞玉，2008；黄宗国和林茂，2012。

长形斜纹藻 *Pleurosigma longum* Cleve, 1873

分布：朝鲜沿海。
参考文献：Lee et al.，1995。

大斜纹藻 *Pleurosigma majus* (Grunow) Cleve, 1894

分布：东海，南海；新加坡沿海。
参考文献：刘瑞玉，2008；Pham et al.，2011。

海生斜纹藻 *Pleurosigma marinum* Donkin, 1858

分布：台湾海峡；新加坡、澳大利亚和新西兰沿海。
参考文献：刘瑞玉，2008；黄宗国和林茂，2012；Pham et al.，2011；McCarthy，2013a；Harper et al.，2012。

金口斜纹藻 *Pleurosigma nicobaricum* Grunow, 1880

分布：朝鲜沿海。
参考文献：Lee et al.，1995。

诺马斜纹藻 *Pleurosigma normanii* Ralfs, 1861

同种异名：*Scalptrum normanii* (Ralfs) Kuntze, 1891; *Gyrosigma normanii* (Ralfs) Mann, 1907
分布：渤海，黄海，东海，南海；朝鲜沿海。
参考文献：刘瑞玉，2008；黄宗国和林茂，2012；程兆第和高亚辉，2013；Lee et al.，1995。

钝头斜纹藻 *Pleurosigma obtusum* Mann, 1890

分布：南海。
参考文献：刘瑞玉，2008；程兆第和高亚辉，2013。

海洋斜纹藻 *Pleurosigma pelagicum* Cleve, 1894

分布：渤海，黄海，东海，南海。
参考文献：刘瑞玉，2008；黄宗国和林茂，2012。

佩氏斜纹藻 *Pleurosigma perthense* John, 1983

分布：澳大利亚沿海。

参考文献：McCarthy，2013a。

棱柱斜纹藻 *Pleurosigma prisma* Mann, 1925

分布：菲律宾群岛海域。
参考文献：Mann，1925。

菱形斜纹藻 *Pleurosigma rhombeum* (Grunow) Peragallo, 1880

同种异名：*Pleurosigma quadratum* var. *rhombeum* Grunow, 1880
分布：台湾海峡，南海；新西兰沿海。
参考文献：刘瑞玉，2008；黄宗国和林茂，2012；Harper et al.，2012。

坚挺斜纹藻 *Pleurosigma rigens* Mann, 1925

分布：菲律宾群岛海域。
参考文献：Mann，1925。

坚实斜纹藻 *Pleurosigma rigidum* Smith, 1853

分布：东海，南海；朝鲜、澳大利亚沿海。
参考文献：刘瑞玉，2008；黄宗国和林茂，2012；Lee et al.，1995；McCarthy，2013a。

端嘴斜纹藻 *Pleurosigma rostratum* Hustedt, 1955

分布：台湾海峡。
参考文献：刘瑞玉，2008；黄宗国和林茂，2012；程兆第和高亚辉，2013。

罗氏斜纹藻 *Pleurosigma rushdyense* Reid, 2002

分布：朝鲜沿海。
参考文献：Park et al.，2017。

盐生斜纹藻 *Pleurosigma salinarum* Grunow, 1880

分布：渤海，黄海；朝鲜、新加坡、澳大利亚和新西兰沿海。
参考文献：刘瑞玉，2008；黄宗国和林茂，2012；Lee et al.，1995；Pham et al.，2011；McCarthy，2013a；Harper et al.，2012。

灿烂斜纹藻 *Pleurosigma speciosum* Smith, 1852

分布：渤海，黄海，台湾海峡，南海；澳大利亚新南威尔士沿海。
参考文献：刘瑞玉，2008；黄宗国和林茂，2012；McCarthy，2013a；Day et al.，1995。

斯特斜纹藻 *Pleurosigma sterrenburgii* Stidolph, 1994

分布：新西兰沿海。
参考文献：Harper et al.，2012。

斯弗斜纹藻 *Pleurosigma stidolphii* Sterrenburg

分布：新西兰沿海。
参考文献：Harper et al.，2012。

粗毛斜纹藻 *Pleurosigma strigosum* Smith, 1852

同种异名: *Gyrosigma strigosum* (Smith) Griffith & Henfrey, 1856; *Pleurosigma angulatum* var. *strigosum* (Smith) Van Heurck, 1885
分布：台湾海峡，南海；日本沿海。
参考文献：刘瑞玉，2008；黄宗国和林茂，2012；Kesorn and Sunan，2007；山路勇，1979。

悬念斜纹藻 *Pleurosigma suluense* Mann, 1925

分布：菲律宾群岛海域。
参考文献：Mann，1925。

塔希提斜纹藻 *Pleurosigma tahitianum* Ricard, 1975

分布：东海，南海。
参考文献：金德祥等，1982；刘瑞玉，2008；程兆第和高亚辉，2013。

匙形藻属 Genus *Cochlearisigma* Reid, 2012

镰刀匙形藻 *Cochlearisigma falcatum* (Donkin) Reid, 2012

同种异名: *Pleurosigma falcatum* Donkin, 1861; *Toxonidea falcata* (Donkin) Rabenhorst, 1864; *Rhoicosigma falcatum* (Donkin) Grunow, 1867
分布：东海，台湾海峡；新西兰沿海。
参考文献：金德祥等，1982；黄宗国和林茂，2012；Harper et al.，2012。

可疑匙形藻 *Cochlearisigma incertum* (Peragallo) Reid, 2012

同种异名：*Rhoicosigma incertum* Peragallo, 1891; *Pleurosigma incertum* (Peragallo) Cleve, 1894
分布：日本沿海。
参考文献：小久保清治，1960。

罗科藻属 Genus *Rhoicosigma* Grunow, 1867

紧密罗科藻 *Rhoicosigma compactum* (Greville) Grunow, 1868

同种异名：*Pleurosigma compactum* Greville, 1857; *Donkinia compacta* (Greville) Ralfs, 1861; *Gyrosigma compactum* (Greville) Cleve, 1894
分布：南海；朝鲜沿海。
参考文献：刘瑞玉，2008；程兆第和高亚辉，2013；Lee et al.，1995。

海洋罗科藻 *Rhoicosigma oceanicum* Peragallo, 1891

分布：澳大利亚沿海。
参考文献：McCarthy，2013a。

小罗科藻 *Rhoicosigma parvum* Hein & Lobban, 2015

分布：关岛海域。
参考文献：Hein and Lobban，2015。

舟形藻科 Family Naviculaceae Kützing, 1844

布纹藻属 Genus *Gyrosigma* Hassall, 1845

尖布纹藻 *Gyrosigma acuminatum* (Kützing) Rabenhorst, 1853

分布：渤海，黄海，东海，南海；朝鲜、泰国、新西兰、澳大利亚沿海。
参考文献：金德祥等，1982；Foged，1972；Lee et al.，1995；Harper et al.，2012；John，2018。

渐尖布纹藻 *Gyrosigma attenuatum* (Kützing) Rabenhorst, 1853

同种异名：*Frustulia attenuata* Kützing, 1834; *Sigmatella attenuata* (Kützing) Brébisson & Godey, 1835; *Navicula attenuata* (Kützing) Kützing, 1844; *Pleurosigma attenuatum* (Kützing) Smith, 1852; *Scalptrum attenuatum* (Kützing) Kuntze, 1891
分布：中国台湾沿海；朝鲜、新西兰沿海。
参考文献：邵广昭，2003-2014；Lee et al.，1995；Harper et al.，2012。

波罗的海布纹藻 *Gyrosigma balticum* (Ehrenberg) Rabenhorst, 1853

分布：渤海，黄海，东海，南海；新西兰沿海。
参考文献：金德祥等，1982；Chapman et al.，1957。

波罗的海布纹藻小型变种 *Gyrosigma balticum* var. *diminutum* (Grunow) Cardinal, Poulin & Bérard-Therriault, 1986

同种异名：*Pleurosigma diminutum* Grunow, 1880
分布：渤海，黄海。
参考文献：金德祥等，1982；黄宗国和林茂，2012。

波罗的海布纹藻短型变种 *Gyrosigma balticum* var. *brevius* Chin & Liu, 1979

分布：台湾海峡，南海。
参考文献：刘瑞玉，2008；程兆第和高亚辉，2013；黄宗国和林茂，2012。

波弗布纹藻 *Gyrosigma beaufortianum* Hustedt, 1955

分布：澳大利亚和新西兰沿海。
参考文献：McCarthy，2013a；Harper et al.，2012。

腔胞布纹藻 *Gyrosigma coelophilum* Okamoto & Nagumo, 2003

分布：日本沿海。
参考文献：Okamoto et al.，2003。

扭布纹藻 *Gyrosigma distortum* (Smith) Griffith & Henfrey, 1856

同种异名：*Pleurosigma distortum* Smith, 1852; *Scalptrum distortum* (Smith) Kuntze, 1891
分布：台湾海峡；新加坡、澳大利亚沿海。
参考文献：金德祥等，1982；Pham et al.，2011；McCarthy，2013a。

卓越布纹藻 *Gyrosigma eximium* (Thwaites) Boyer, 1927

同种异名：*Pleurosigma eximium* (Thwaites) Grunow, 1880; *Scalptrum eximium* (Thwaites) Kuntze, 1891; *Gyrosigma*

scalproides var. *eximium* (Thwaites) Cleve, 1894
分布：中国沿海；日本、朝鲜、澳大利亚和新西兰沿海。
参考文献：李家英和齐雨藻，2010；Sawai et al.，2005；Lee et al.，1995；McCarthy，2013a；Day et al.，1995；Harper et al.，2012；John，2018。

外来布纹藻 *Gyrosigma exoticum* Cholnoky, 1960

同种异名：*Gyrosigma balticum* var. *sinense* (Ehrenberg) Cleve, 1894；*Gyrosigma balticum* var. *sinicum* Chin & Liu, 1979；*Gyrosigma exoticum* var. *sinensis* (Ehrenberg) Yang & Chen, 1984；*Gyrosigma exoticum* var. *sinicum* (Chin & Liu) Yang & Chen, 1984；*Gyrosigma sinense* (Ehrenberg) Desikachary, 1988
分布：太平洋西部开阔海区；中国福建、广东、山东沿海；南非的纳塔尔和尼日利亚的瓦里沿海。
讨论：这是一类壳面形状独特（波浪状壳缘，壳面中部和端部明显较宽等），明显有别于该属其他种类的物种。研究认为，该类物种也不同程度地存在各种其他的形态差异，与其亲缘关系较近的显然是外来布纹藻（*Gyrosigma exoticum*）而非先前认定的波罗的海布纹藻（*Gyrosigma balticum*）。至于如何看待其中的个体差异，目前尚存在分歧，值得今后进一步探讨。
参考文献：杨清良和陈兴群，1984；Desikachary，1988；刘瑞玉，2008；程兆第和高亚辉，2013。

簇生布纹藻 *Gyrosigma fasciola* (Ehrenberg) Griffith & Henfrey, 1856

同种异名：*Ceratoneis fasciola* Ehrenberg, 1839; *Pleurosigma fasciola* (Ehrenberg) Smith, 1852; *Scalptrum fasciolum* (Ehrenberg) Kuntze, 1891
分布：渤海，黄海，东海，台湾海峡；朝鲜、澳大利亚和新西兰沿海。
参考文献：金德祥等，1982；Lee et al.，1995；McCarthy，2013a；Harper et al.，2012。

弗格布纹藻 *Gyrosigma fogedii* Stidolph

分布：新西兰沿海。
参考文献：Harper et al.，2012。

泉水布纹藻 *Gyrosigma fonticola* Hustedt

分布：澳大利亚新南威尔士、昆士兰和维多利亚沿海。
参考文献：Day et al.，1995。

弗氏布纹藻 *Gyrosigma foxtonia* Stidolph

分布：新西兰沿海。
参考文献：Harper et al.，2012。

驼背布纹藻 *Gyrosigma gibbyae* Reid, 2003

分布：新西兰沿海。
参考文献：Reid and Williams，2003。

格氏布纹藻 *Gyrosigma grovei* (Cleve ex Peragallo) Cleve, 1894

同种异名：*Pleurosigma grovesii* Cleve ex Peragallo, 1891
分布：台湾海峡。
参考文献：程兆第和高亚辉，2013。

长尾布纹藻 *Gyrosigma macrum* (Smith) Griffith & Henfrey, 1856

分布：台湾海峡；新西兰沿海。
参考文献：程兆第和高亚辉，2013；Harper et al.，2012。

地中海布纹藻 *Gyrosigma mediterraneum* Cleve, 1894

分布：新西兰沿海。
参考文献：Harper et al.，2012。

斜布纹藻 *Gyrosigma obliquum* (Grunow) Boyer, 1937

分布：台湾海峡。
参考文献：李家英和齐雨藻，2010；黄宗国和林茂，2012。

小型布纹藻 *Gyrosigma parvulum* Hustedt, 1955

分布：澳大利亚沿海。
参考文献：McCarthy，2013a。

佩桑布纹藻 *Gyrosigma peisone* (Grunow) Hustedt, 1930

分布：中国台湾沿海。
参考文献：Kesorn and Sunan，2007。

纤维布纹藻 *Gyrosigma procerum* Hustedt, 1952

分布：越南、朝鲜沿海。
参考文献：Weide，2015；Lee et al.，2019b。

刀形布纹藻 *Gyrosigma scalproides* (Rabenhorst) Cleve, 1894

分布：中国福建沿海；日本、朝鲜、新西兰沿海。
参考文献：黄宗国和林茂，2012；Sawai et al.，2005；Lee et al.，1995；Harper et al.，2012。

影伸布纹藻 *Gyrosigma sciotoense* (Sullivant) Cleve, 1895

同种异名：*Pleurosigma sciotoense* Sullivant, 1859
分布：台湾海峡，南海；澳大利亚新南威尔士沿海。
参考文献：黄宗国和林茂，2012；Day et al.，1995。

斯莫布纹藻 *Gyrosigma simile* (Grunow) Boyer, 1916

同种异名：*Pleurosigma simile* Grunow, 1880; *Scalptrum simile* (Grunow) Kuntze, 1891; *Gyrosigma balticum* var. *simile* (Grunow) Cleve, 1894
分布：新加坡沿海。
参考文献：Pham et al.，2011。

斯特布纹藻 *Gyrosigma sterrenburgii* Stidolph, 1992

分布：新西兰沿海。
参考文献：Harper et al.，2012。

斯弗布纹藻 *Gyrosigma stidolphii* Sterrenburg, 1992

分布：新西兰沿海。
参考文献：Harper et al.，2012。

斯氏布纹藻 *Gyrosigma spenceri* (Smith) Griffith & Henfrey, 1856

分布：渤海，黄海，东海，南海；朝鲜、新西兰和澳大利亚（昆士兰）沿海。
参考文献：黄宗国和林茂，2012；Lee et al.，1995；Harper et al.，2012。

粗毛布纹藻 *Gyrosigma strigilis* (Smith) Griffin & Henfrey, 1856

同种异名：*Pleurosigma strigilis* Smith, 1852; *Scalptrum strigilis* (Smith) Kuntze, 1891
分布（半减淡种）：渤海，黄海，台湾海峡；朝鲜、澳大利亚（新南威尔士）和新西兰沿海。
参考文献：程兆第和高亚辉，2013；Lee et al.，1995；Day et al.，1995；Harper et al.，2012。

广盐布纹藻 *Gyrosigma subsalsum* (Wislouch & Kolbe) Cardinal, Poulin & Bérard-Therriault, 2002

同种异名：*Pleurosigma subsalsum* Wislouch & Kolbe, 1917
分布：澳大利亚新南威尔士和昆士兰沿海。
参考文献：Day et al.，1995。

柔弱布纹藻 *Gyrosigma tenuissimum* (Smith) Griffith & Henfrey, 1856

分布：台湾海峡；朝鲜、新西兰沿海。
参考文献：黄宗国和林茂，2012；Lee et al.，1995；Harper et al.，2012。

特里布纹藻 *Gyrosigma terryanum* (Peragallo) Cleve, 1894

分布：台湾海峡。
参考文献：程兆第和高亚辉，2013。

圆锥布纹藻 *Gyrosigma turgidum* (Stidolph) Stidolph, 1988

同种异名：*Gyrosigma balticum* var. *turgidum* Stidolph, 1981
分布：澳大利亚和新西兰沿海。
参考文献：McCarthy，2013a；Reid and Williams，2003；Harper et al.，2012。

旋转布纹藻 *Gyrosigma waitangianum* Stidolph, 1993

分布：新西兰沿海。
参考文献：Harper et al.，2012。

万斯布纹藻 *Gyrosigma wansbeckii* (Donkin) Cleve, 1894

分布：台湾海峡，南海；朝鲜、新西兰沿海。
参考文献：黄宗国和林茂，2012；Lee et al.，1995；Harper et al.，2012。

沃立布纹藻 *Gyrosigma wormleyi* (Sullivant) Boyer, 1922

分布：东海，台湾海峡；澳大利亚新南威尔士、昆士兰和维多利亚沿海。
参考文献：黄宗国和林茂，2012；Day et al.，1995。

粗纹藻属 Genus *Trachyneis* Cleve, 1894

安蒂粗纹藻 *Trachyneis antillarum* (Cleve & Grunow) Cleve, 1894

分布：渤海，黄海，东海，南海。
参考文献：黄宗国和林茂，2012。

粗纹藻 *Trachyneis aspera* (Ehrenberg) Cleve, 1894

同种异名：*Navicula aspera* Ehrenberg, 1840; *Stauroneis aspera* (Ehrenberg) Kützing, 1844; *Stauroneis achnanthes* (Ehrenberg) Kützing, 1844; *Pinnularia aspera* (Ehrenberg) Ehrenberg, 1854; *Schizonema asperum* (Ehrenberg) Kuntze, 1898
分布：渤海，黄海，东海，南海；泰国昌岛海域。
参考文献：黄宗国和林茂，2012；Kesorn and Sunan，2007。

粗纹藻有角变种 *Trachyneis aspera* var. *angusta* Cleve, 1894

分布：中国辽宁、河北、天津、山东、江苏、福建、广东、广西和海南沿海。
参考文献：刘瑞玉，2008；程兆第和高亚辉，2013。

粗纹藻相似变种 *Trachyneis aspera* var. *contermina* (Schmidt) Cleve, 1894

同种异名：*Navicula contermina* Schmidt, 1876
分布：渤海，黄海，东海；新西兰沿海。
参考文献：刘瑞玉，2008；程兆第和高亚辉，2013；Harper et al.，2012。

粗纹藻东方变种 *Trachyneis aspera* var. *orientalis* Skvortsov, 1929

分布：黄海，东海，南海。
参考文献：刘瑞玉，2008；程兆第和高亚辉，2013。

粗纹藻长椭圆变种 *Trachyneis aspera* var. *oblonga* (Bailey) Cleve, 1894

同种异名：*Stauroptera oblonga* Bailey, 1854; *Stauroneis oblonga* (Bailey) Ralfs, 1861; *Trachyneis oblonga* (Bailey) H. Peragallo & M. Peragallo, 1898
分布：渤海，黄海，东海，南海；澳大利亚沿海。
参考文献：刘瑞玉，2008；程兆第和高亚辉，2013；Harper et al.，2012。

粗纹藻长椭圆变种 *Trachyneis aspera* var. *pulchella* (Smith) Cleve 1894

分布：中国河北、山东、江苏、福建、广东、海南和香港沿海；澳大利亚新南威尔士沿海。
参考文献：刘瑞玉，2008；程兆第和高亚辉，2013；McCarthy，2013a；Day et al.，1995。

粗纹藻不活动变种 *Trachyneis aspera* var. *residua* (Schmidt) Cleve, 1894

同种异名：*Navicula residua* Schmidt, 1876
分布：中国天津、江苏、福建、广东和海南沿海；日本沿海。
参考文献：刘瑞玉，2008；程兆第和高亚辉，2013

布氏粗纹藻 *Trachyneis brunii* Cleve, 1894

分布：东海，台湾海峡。

参考文献：程兆第和高亚辉，2013。

计时粗纹藻 *Trachyneis clepsydra* (Donkin) Cleve, 1894

同种异名：*Navicula clepsydra* Donkin, 1861; *Stauroneis pulchella* var. *clepsydra* (Donkin) Carruthers, 1864; *Schizonema clepsydra* (Donkin) Kuntze, 1898
分布：东海，南海。
参考文献：程兆第和高亚辉，2013。

德氏粗纹藻 *Trachyneis debyi* (Leuduger-Fortmorel) Cleve, 1894

同种异名：*Alloioneis debyi* Leuduger-Fortmorel, 1892
分布：东海，南海。
参考文献：程兆第和高亚辉，2013。

美丽粗纹藻 *Trachyneis formosa* Meister, 1932

分布：东海，南海。
参考文献：程兆第和高亚辉，2013。

约翰逊粗纹藻 *Trachyneis johnsoniana* (Greville) Cleve, 1894

同种异名：*Navicula johnsoniana* Greville, 1863; *Schizonema johnsonianum* (Greville) Kuntze, 1898
分布：东海，南海；朝鲜、新西兰沿海。
参考文献：程兆第和高亚辉，2013；Lee et al.，1995；Harper et al.，2012。

小型粗纹藻 *Trachyneis minor* Chin & Cheng, 1979

分布：台湾海峡。
参考文献：程兆第和高亚辉，2013。

橄榄粗纹藻 *Trachyneis olivaeformis* Chin & Cheng, 1979

分布：渤海，黄海，东海，南海。
参考文献：刘瑞玉，2008；程兆第和高亚辉，2013。

帆状粗纹藻 *Trachyneis velata* (Schmidt) Cleve, 1894

分布：渤海，黄海，东海，南海。
参考文献：黄宗国和林茂，2012；Li，1978。

帆状粗纹藻长椭圆变种 *Trachyneis velata* var. *oblonga* Chin & Cheng, 1979

分布：渤海，黄海，台湾海峡，南海。
参考文献：程兆第和高亚辉，2013。

普通粗纹藻 *Trachyneis vulgaris* (Cleve) Bailey, 1924

同种异名：*Trachyneis aspera* var. *vulgaris* Cleve, 1894; *Navicula aspera* var. *vulgaris* (Cleve) Fricke, 1902
分布：渤海，黄海，东海，南海；朝鲜、日本沿海。
参考文献：刘瑞玉，2008；程兆第和高亚辉，2013；Nagumo and Mayama，2000；Lee et al.，1995。

似帆粗纹藻 *Trachyneis velatoides* Ricard, 1975

分布：台湾海峡，南海。
参考文献：程兆第和高亚辉，2013。

波状藻属 Genus *Cymatoneis* Cleve, 1894

轮状波状藻 *Cymatoneis circumvallata* Cleve

分布：新西兰沿海。
参考文献：Harper et al.，2012。

具槽波状藻 *Cymatoneis sulcata* (Greville) Cleve, 1894

同种异名：*Navicula sulcata* Greville, 1865
分布：南海；朝鲜沿海，关岛海域。
参考文献：金德祥等，1982；Park et al.，2017；Lobban et al.，2012。

鲜明波状藻 *Cymatoneis definita* Mann, 1925

分布：菲律宾群岛海域。
参考文献：Mann，1925。

腔隙波状藻 *Cymatoneis lacunata* Mann, 1925

分布：菲律宾群岛海域。
参考文献：Mann，1925。

膨胀波状藻 *Cymatoneis sufflata* Mann, 1925

分布：菲律宾群岛海域。
参考文献：Mann，1925。

舟形藻属 Genus *Navicula* Bory, 1822

截形舟形藻 *Navicula abrupta* (Gregory) Donkin, 1870

分布：台湾海峡，南海；澳大利亚昆士兰沿海。
参考文献：金德祥等，1982；McCarthy，2013a；Day et al.，1995。

最初舟形藻 *Navicula alpha* Cleve, 1893

分布：台湾海峡，南海。
参考文献：金德祥等，1982。

喜沙舟形藻法兰变种 *Navicula ammophila* var. *flanatica* (Grunow) Cleve, 1895

分布：中国海南、台湾海域。
参考文献：黄宗国和林茂，2012。

相似舟形藻 *Navicula approximata* Greville, 1859

分布：中国台湾沿海，南海。

参考文献：黄宗国和林茂，2012。

相似舟形藻奈斯变种 *Navicula approximata* var. *niceaensis* (Peragallo) Hendey, 1958

分布：东海。
参考文献：黄宗国和林茂，2012。

阿拉伯舟形藻 *Navicula arabica* Grunow, 1875

分布：南海。
参考文献：刘瑞玉，2008。

不对称舟形藻 *Navicula asymmetrica* Cleve, 1893

分布：台湾海峡。
参考文献：刘瑞玉，2008。

微小舟形藻 *Navicula atomus* (Kützing) Grunow, 1860

分布：中国台湾沿海；朝鲜、澳大利亚（新南威尔士和维多利亚）沿海。
参考文献：刘瑞玉，2008；Lee et al.，1995；Day et al.，1995。

澳洲舟形藻 *Navicula australica* (Schmidt) Cleve, 1895

分布：东海，南海。
参考文献：黄宗国和林茂，2012。

双形舟形藻 *Navicula biformis* (Grunow) Mann, 1925

分布：南海。
参考文献：黄宗国和林茂，2012。

双芽形舟形藻 *Navicula bigemmata* Mann, 1925

分布：菲律宾群岛海域。
参考文献：Mann，1925。

博利舟形藻 *Navicula bolleana* (Grunow) Cleve, 1883

分布：南海。
参考文献：黄宗国和林茂，2012。

分叉舟形藻 *Navicula branchiata* Mann, 1925

分布：菲律宾群岛海域。
参考文献：Mann，1925。

布氏舟形藻 *Navicula bruchii* Grunow, 1983

分布：南海。
参考文献：刘瑞玉，2008。

盲肠舟形藻 *Navicula caeca* Mann, 1925

分布：南海。
参考文献：刘瑞玉，2008。

加利福尼亚舟形藻坎佩切变种 *Navicula californica* var. *campechiana* Grunow

分布：菲律宾群岛海域。
参考文献：Mann，1925。

方格舟形藻 *Navicula cancellata* Donkin, 1872

同种异名：*Navicula retusa* var. *cancellata* (Donkin) Ross, 1986
分布：渤海，黄海，东海，南海；日本（北海道）、朝鲜、澳大利亚和新西兰沿海，关岛海域。
参考文献：刘瑞玉，2008；小久保清治，1960；Lee et al.，1995；Lobban et al.，2012；McCarthy，2013a；Harper et al.，2012。

方格舟形藻短头变种 *Navicula cancellata* var. *apiculata* (Gregory) H. Peragallo & M. Peragallo, 1897

分布：东海。
参考文献：黄宗国和林茂，2012。

方格舟形藻微凹变种 *Navicula cancellata* var. *retusa* (Brébisson) Cleve, 1895

分布：南海。
参考文献：黄宗国和林茂，2012。

龙骨舟形藻 *Navicula carinifera* Grunow, 1874

同种异名：*Schizonema cariniferum* (Grunow) Kuntze, 1898
分布：渤海，黄海，台湾海峡，南海。
参考文献：金德祥等，1982；刘瑞玉，2008。

系带舟形藻 *Navicula cincta* (Ehrenberg) Ralfs, 1895

同种异名：*Pinnularia cincta* Ehrenberg, 1854; *Schizonema cinctum* (Ehrenberg) Kuntze, 1898
分布：渤海，黄海，东海；朝鲜、日本、新加坡、澳大利亚和新西兰沿海。
参考文献：黄宗国和林茂，2012；Lee et al.，1995；Sawai et al.，2005；Pham et al.，2011；McCarthy，2013a；Day et al.，1995。

棍棒舟形藻印度变型 *Navicula clavata* f. *indica* (Greville) Hustedt, 1964

同种异名：*Navicula indica* Greville, 1862; *Navicula clavata* var. *indica* (Greville) Cleve, 1896; *Lyrella clavata* var. *indica* Moreno, 1997
分布：东海。
参考文献：黄宗国和林茂，2012。

梯楔舟形藻 *Navicula climacospheniae* Booth, 1986

分布：南海；新西兰沿海。
参考文献：刘瑞玉，2008；Harper et al.，2012。

克拉舟形藻 *Navicula cluthensis* Gregory, 1857

分布：南海。
参考文献：刘瑞玉，2008；黄宗国和林茂，2012。

伴船舟形藻 *Navicula consors* Schmidt, 1876

分布：南海；关岛海域。
参考文献：刘瑞玉，2008；Lobban et al.，2012。

胖舟形藻 *Navicula corpulenta* Mann, 1925

分布：菲律宾群岛海域。
参考文献：Mann，1925。

盔状舟形藻 *Navicula corymbosa* (Agardh) Cleve, 1895

同种异名：*Schizonema corymbosum* Agardh, 1824; *Micromega corymbosum* (Agardh) Kützing, 1844
分布：东海，南海。
参考文献：黄宗国和林茂，2012。

中肋舟形藻 *Navicula costulata* Grunow & Cleve, 1880

分布：中国福建沿海。
参考文献：黄宗国和林茂，2012。

中肋舟形藻日本变种 *Navicula costulata* var. *nipponica* Skvortzow, 1936

分布：中国福建沿海。
参考文献：黄宗国和林茂，2012。

十字舟形藻东方变种 *Navicula crucicula* var. *orientalis* Skvortzow, 1880

分布：渤海，黄海。
参考文献：黄宗国和林茂，2012。

圆眼舟形藻 *Navicula cyclops* Mann, 1925

分布：菲律宾群岛海域。
参考文献：Mann，1925。

似隐头舟形藻 *Navicula cryptocephaloides* Hustedt, 1936

分布：南海；澳大利亚新南威尔士沿海。
参考文献：刘瑞玉，2008；Day et al.，1995。

隐柔舟形藻 *Navicula cryptotenella* Lange-Bertalot, 1985

分布（淡水种）：南海；日本、朝鲜、新西兰和澳大利亚（昆士兰）沿海。
参考文献：黄宗国和林茂，2012；Sawai et al.，2005；Lee et al.，1995；Lee，2012；Harper et al.，2012。

选择舟形藻 *Navicula delecta* Mann, 1925

分布：菲律宾群岛海域。

参考文献：Mann，1925。

三角舟形藻 *Navicula delta* Cleve, 1893

分布：南海。
参考文献：黄宗国和林茂，2012。

扩展舟形藻 *Navicula diffusa* Schmidt, 1874

分布：菲律宾群岛海域。
参考文献：Mann，1925。

掌状放射舟形藻 *Navicula digitoradiata* (Gregory) Ralfs, 1859

分布：台湾海峡，南海。
参考文献：黄宗国和林茂，2012。

直舟形藻 *Navicula directa* (Smith) Ralfs, 1859

分布：渤海，黄海，东海，南海。
参考文献：黄宗国和林茂，2012。

直舟形藻爪哇变种 *Navicula directa* var. *javanica* Cleve, 1895

分布：台湾海峡，南海。
参考文献：黄宗国和林茂，2012。

直舟形藻疏远变种 *Navicula directa* var. *remota* Grunow, 1879

分布：东海，南海。
参考文献：黄宗国和林茂，2012；Kesorn and Sunan，2007。

远距舟形藻 *Navicula distans* (Smith) Brébisson, 1854

同种异名：*Pinnularia distans* Smith, 1853
分布：台湾海峡，南海；朝鲜、新西兰沿海。
参考文献：黄宗国和林茂，2012；Jeong et al.，2017；Harper et al.，2012。

无裸舟形藻 *Navicula epsilon* Cleve, 1893

同种异名：*Schizonema epsilon* (Cleve) Kuntze, 1898
分布：东海，南海。
参考文献：刘瑞玉，2008。

艾氏舟形藻 *Navicula eymei* Coste & Ricard, 1983

分布：南海。
参考文献：黄宗国和林茂，2012。

钳状舟形藻密条变种 *Navicula forcipata* var. *densestriata* Schmidt, 1881

分布：台湾海峡，南海。

参考文献：黄宗国和林茂，2012。

蚂蚁舟形藻 *Navicula formicina* Grunow

分布：菲律宾群岛海域。
参考文献：Mann，1925。

福得舟形藻 *Navicula fortis* (Gregory) Ralfs, 1859

分布：台湾海峡；朝鲜、新西兰沿海。
参考文献：黄宗国和林茂，2012；Lee et al.，1995；Harper et al.，2012。

福建舟形藻 *Navicula fujianensis* Chin & Cheng, 1979

分布：台湾海峡。
参考文献：黄宗国和林茂，2012。

绳索舟形藻 *Navicula funiculata* Mann, 1925

分布：菲律宾群岛海域。
参考文献：Mann，1925。

格拉舟形藻 *Navicula glabrissima* Mann, 1925

分布：菲律宾群岛海域。
参考文献：Mann，1925。

细尖舟形藻忽视变种 *Navicula gracilis* var. *neglecta* (Thwaites) Grunow, 1880

分布：东海。
参考文献：黄宗国和林茂，2012。

格兰舟形藻 *Navicula granii* (Jørgensen) Gran, 1908

同种异名：*Stauroneis granii* Jørgensen, 1905
分布：日本、朝鲜沿海。
参考文献：小久保清治，1960；Lee et al.，1995。

群生舟形藻 *Navicula gregaria* Donkin, 1859

分布：中国台湾沿海；日本、朝鲜、新西兰和澳大利亚（维多利亚）沿海。
参考文献：刘瑞玉，2008；Kihara et al.，2015；Lee et al.，1995；Day et al.，1995；Harper et al.，2012。

格氏舟形藻 *Navicula grimmii* Krasske, 1925

分布：东海，南海。
参考文献：刘瑞玉，2008。

海氏舟形藻加州变型 *Navicula hennedyi* f. *california* (Greville) Hustedt, 1977

分布：东海。
参考文献：黄宗国和林茂，2012。

海氏舟形藻云状变种 *Navicula hennedyi* var. *nebulosa* (Gregory) Cleve, 1895

分布：渤海，黄海，东海。
参考文献：黄宗国和林茂，2012。

异点舟形藻 *Navicula heteropunctata* Chin & Cheng, 1979

分布：台湾海峡。
参考文献：李家英和齐雨藻，2018。

霍氏舟形藻 *Navicula hochstetteri* Grunow, 1863

同种异名：*Schizonema hochstetteri* (Grunow) Kuntze, 1898
分布：南海；澳大利亚和新西兰沿海。
参考文献：黄宗国和林茂，2012；McCarthy，2013a；Harper et al.，2012。

肩部舟形藻缢缩变种 *Navicula humerosa* var. *constricta* Cleve, 1895

同种异名：*Petroneis humerosa* var. *constricta* (Cleve) Haworth & Kelly, 2002
分布：台湾海峡，南海。
参考文献：黄宗国和林茂，2012。

肩部舟形藻小型变种 *Navicula humerosa* var. *minor* Heiden, 1903

分布：台湾海峡，南海。
参考文献：黄宗国和林茂，2012。

扁平舟形藻 *Navicula impressa* Grunow, 1875

同种异名：*Schizonema impressum* (Grunow) Kuntze, 1898
分布：台湾海峡，南海。
参考文献：刘瑞玉，2008；黄宗国和林茂，2012。

本土舟形藻 *Navicula indigens* Mann, 1925

分布：菲律宾群岛海域。
参考文献：Mann，1925。

不精确舟形藻 *Navicula inexacta* Mann, 1925

分布：菲律宾群岛海域。
参考文献：Mann，1925。

内实舟形藻 *Navicula infirma* Grunow, 1882

同种异名：*Schizonema infirmum* (Grunow) Kuntze, 1898
分布（化石种）：中国福建沿海。
参考文献：刘瑞玉，2008。

巨大舟形藻 *Navicula ingens* Mann, 1925

分布：菲律宾群岛海域。
参考文献：Mann，1925。

波缘舟形藻具点变种 *Navicula integra* var. *maculata* Chin & Cheng, 1979

分布：台湾海峡。
参考文献：刘瑞玉，2008；黄宗国和林茂，2012。

珠状舟形藻 *Navicula margarita* Schmidt, 1892

分布：菲律宾群岛海域。
参考文献：Mann，1925。

空虚舟形藻 *Navicula jejuna* Schmidt, 1876

分布：台湾海峡，南海；朝鲜沿海。
参考文献：刘瑞玉，2008；Lee et al.，1995。

泪珠舟形藻 *Navicula lacrimans* Schmidt, 1875

分布：菲律宾群岛海域。
参考文献：Mann，1925。

辽东舟形藻 *Navicula liaotungiensis* Skvortzow, 1928

分布：渤海，黄海。
参考文献：刘瑞玉，2008。

长舟形藻 *Navicula longa* (Gregory) Ralfs, 1859

分布：渤海，黄海，东海，南海。
参考文献：刘瑞玉，2008。

洛氏舟形藻 *Navicula lorenzii* (Grunow) Hustedt, 1959

分布：台湾海峡。
参考文献：刘瑞玉，2008。

琴状舟形藻膨胀变种 *Navicula lyra* var. *dilatata* Schmidt, 1874

分布：渤海，黄海，东海，南海。
参考文献：黄宗国和林茂，2012。

琴状舟形藻椭圆变种 *Navicula lyra* var. *elliptica* Schmidt, 1874

分布：东海，南海。
参考文献：黄宗国和林茂，2012。

琴状舟形藻特异变种 *Navicula lyra* var. *insignis* Schmidt, 1874

分布：东海，南海。
参考文献：黄宗国和林茂，2012。

琴状舟形藻劲直变种 *Navicula lyra* var. *recta* Greville, 1859

分布：渤海，黄海，东海，南海。
参考文献：黄宗国和林茂，2012。

琴状舟形藻符号变种 *Navicula lyra* var. *signata* Schmidt, 1874

分布：台湾海峡。
参考文献：黄宗国和林茂，2012。

琴状舟形藻近模式变种 *Navicula lyra* var. *subtypica* Schmidt, 1874

分布：东海，南海。
参考文献：黄宗国和林茂，2012。

玛格丽塔舟形藻 *Navicula margarita* Schmidt

分布：菲律宾群岛海域。
参考文献：Mann，1925。

斑舟形藻 *Navicula mendica* Mann, 1925

分布：菲律宾群岛海域。
参考文献：Mann，1925。

米木拉舟形藻 *Navicula mimula* Mann, 1925

分布：菲律宾群岛海域。
参考文献：Mann，1925。

粉乱舟形藻 *Navicula molesta* Mann, 1925

分布：菲律宾群岛海域。
参考文献：Mann，1925。

柔软舟形藻 *Navicula mollis* (Smith) Cleve, 1895

分布：东海，南海。
参考文献：刘瑞玉，2008。

多肋舟形藻 *Navicula multicostata* Grunow, 1860

分布：菲律宾群岛海域。
参考文献：Mann，1925。

麦舟形藻 *Navicula my* Cleve, 1895

同种异名：*Schizonema my* (Cleve) Kuntze, 1898
分布：南海。
参考文献：刘瑞玉，2008。

诺森舟形藻 *Navicula northumbrica* Donkin, 1859

同种异名：*Schizonema northumbricum* (Donkin) Kuntze, 1898
分布：东海，南海。
参考文献：刘瑞玉，2008。

肥胖舟形藻 *Navicula obesa* (Greville) Mann, 1925

分布：菲律宾群岛海域。
参考文献：Mann，1925。

眼点舟形藻 *Navicula ocellata* Mann, 1925

分布：菲律宾群岛海域。
参考文献：Mann，1925。

潘士舟形藻 *Navicula pantocsekiana* De Toni, 1891

同种异名：*Schizonema pantocsekianum* (De Toni) Kuntze, 1898
分布：渤海，黄海，东海，南海。
参考文献：刘瑞玉，2008。

深裂舟形藻 *Navicula partita* Mann, 1925

分布：菲律宾群岛海域。
参考文献：Mann，1925。

帕特丽夏舟形藻 *Navicula patricia* Mann, 1925

分布：菲律宾群岛海域。
参考文献：Mann，1925。

小型舟形藻 *Navicula parva* (Ehrenberg) Ralfs, 1891

分布：台湾海峡。
参考文献：黄宗国和林茂，2012。

帕维舟形藻 *Navicula pavillardii* Hustedt, 1939

分布：东海，南海。
参考文献：黄宗国和林茂，2012；Kesorn and Sunan，2007。

矩室舟形藻 *Navicula pennata* Schmidt, 1876

分布：南海；新加坡、新西兰沿海。
参考文献：黄宗国和林茂，2012；Pham et al.，2011；Harper et al.，2012。

似菱舟形藻 *Navicula perrhombus* Hustedt ex Simonsen, 1936

分布：台湾海峡。
参考文献：黄宗国和林茂，2012；Kesorn and Sunan，2007。

菲律宾舟形藻 *Navicula philippinarum* Mann, 1925

分布：菲律宾群岛海域。
参考文献：Mann，1925。

佩舟形藻 *Navicula pi* Cleve, 1893

分布：南海；新加坡沿海。
参考文献：刘瑞玉，2008；Pham et al.，2011。

羽状舟形藻 *Navicula pinna* Chin & Cheng, 1979

分布：台湾海峡，南海。
参考文献：黄宗国和林茂，2012。

侧偏舟形藻 *Navicula platyventris* Meister, 1935

分布：中国广东沿海；新加坡沿海。
参考文献：刘瑞玉，2008；黄宗国和林茂，2012；Pham et al.，2011。

折叠舟形藻 *Navicula plicatula* Grunow, 1878

同种异名：*Schizonema plicatulum* (Donkin) Kuntze, 1898
分布：南海。
参考文献：刘瑞玉，2008。

极地舟形藻 *Navicula polae* Heiden, 1903

分布：中国台湾沿海。
参考文献：刘瑞玉，2008。

拟棍棒舟形藻 *Navicula pseudo-clavata* Mann, 1925

分布：菲律宾群岛海域。
参考文献：Mann，1925。

布田舟形藻 *Navicula pudens* Mann, 1925

分布：菲律宾群岛海域。
参考文献：Mann，1925。

匕首舟形藻 *Navicula pugio* Mann, 1925

分布：菲律宾群岛海域。
参考文献：Mann，1925。

普尔舟形藻 *Navicula pulvulenta* Mann, 1925

分布：菲律宾群岛海域。
参考文献：Mann，1925。

瞳孔舟形藻椭圆变种 *Navicula pupula* var. *elliptica* Hustedt, 1911

分布：东海，南海。
参考文献：刘瑞玉，2008；黄宗国和林茂，2012。

金坎舟形藻 *Navicula quincunx* Cleve, 1891

同种异名：*Schizonema quincunx* (Cleve) Kuntze, 1898
分布：南海。
参考文献：刘瑞玉，2008。

来那舟形藻 *Navicula raeana* (Castracane) De Toni, 1891

分布：台湾海峡，南海。

参考文献：刘瑞玉，2008。

多枝舟形藻 *Navicula ramosissima* (Agardh) Cleve, 1895

分布：渤海，黄海，台湾海峡，南海；朝鲜、新加坡、澳大利亚和新西兰沿海。
参考文献：刘瑞玉，2008；Lee et al.，1995；Pham et al.，2011；McCarthy，2013a；Harper et al.，2012。

多枝舟形藻柔弱变种 *Navicula ramosissima* var. *mollis* (Smith) Hendey, 1964

分布：中国澎湖列岛海域。
参考文献：Kesorn and Sunan，2007；黄宗国和林茂，2012。

复原舟形藻 *Navicula restituta* Schmidt ex Cleve & Moller, 1878

分布：南海。
参考文献：刘瑞玉，2008。

后十字舟形藻 *Navicula retrostauros* Mann, 1925

分布：菲律宾群岛海域。
参考文献：Mann，1925。

缝舟形舟形藻 *Navicula rhaphoneis* (Ehrenberg) Ralfs, 1861

分布：南海；新加坡沿海。
参考文献：刘瑞玉，2008；Pham et al.，2011。

罗舟形藻 *Navicula rho* Cleve, 1894

分布：南海。
参考文献：刘瑞玉，2008。

喙头舟形藻 *Navicula rhynchocephala* Kützing, 1844

分布：东海，南海。
参考文献：黄宗国和林茂，2012。

盐生舟形藻 *Navicula salinarum* Grunow, 1880

同种异名：*Platessa salinarum* (Grunow) Lange-Bertalot; *Schizonema salinarum* (Grunow) Kuntze, 1898
分布（半咸淡种）：中国沿海；日本、朝鲜、澳大利亚（新南威尔士、昆士兰和维多利亚）沿海。
参考文献：李家英和齐雨藻，2018；小久保清治，1960；Lee et al.，1995；McCarthy，2013a；Day et al.，1995；John，2018。

盐地舟形藻 *Navicula salinicola* Hustedt, 1939

分布：中国福建沿海；新西兰沿海。
参考文献：刘瑞玉，2008；Harper et al.，2012。

饱满舟形藻 *Navicula satura* Schmidt, 1876

同种异名：*Schizonema saturum* (Schmidt) Kuntze, 1898
分布：台湾海峡。

参考文献：黄宗国和林茂，2012；李家英和齐雨藻，2018。

闪光舟形藻 *Navicula scintillans* Schmidt, 1881

分布：东海。
参考文献：刘瑞玉，2008；Kesorn and Sunan，2007。

半十字舟形藻 *Navicula semistauros* Mann, 1925

分布：南海。
参考文献：刘瑞玉，2008。

可分舟形藻 *Navicula separabilis* Schmidt

分布：菲律宾群岛海域。
参考文献：Mann，1925。

北方舟形藻 *Navicula septentrionalis* (Grunow) Gran, 1908

同种异名：*Navicula glacialis* var. *septentrionalis* (Cleve) Cleve, 1895; *Navicula vanhoeffenii* Gran, 1897
分布：日本、朝鲜沿海。
参考文献：小久保清治，1960；Lee et al.，1995。

细锯齿舟形藻 *Navicula serratula* Grunow

分布：菲律宾群岛海域。
参考文献：Mann，1925。

美丽舟形藻发掘变种 *Navicula spectabilis* var. *excavata* (Greville) Cleve, 1895

分布：冲绳海槽。
参考文献：黄宗国和林茂，2012。

针脊舟形藻 *Navicula spiculifera* Mann, 1925

分布：菲律宾群岛海域。
参考文献：Mann，1925。

肥肌舟形藻 *Navicula stercus-muscarum* Cleve, 1895

同种异名：*Schizonema stercus-muscarum* (Cleve) Kuntze, 1898
分布：南海。
参考文献：刘瑞玉，2008。

妨碍舟形藻 *Navicula suffocata* Mann, 1925

分布：菲律宾群岛海域。
参考文献：Mann，1925。

重叠舟形藻 *Navicula superimposita* Schmidt, 1874

同种异名：*Schizonema superimpositum* (Schmidt) Kuntze, 1898

分布：南海。
参考文献：刘瑞玉，2008。

塔科舟形藻 *Navicula takoradiensis* Hendey, 1958

分布：台湾海峡。
参考文献：刘瑞玉，2008。

滔拉舟形藻 *Navicula toulaae* Pantocsek, 1892

分布：渤海，黄海，东海。
参考文献：刘瑞玉，2008。

透明舟形藻 *Navicula translucens* Mann, 1925

分布：菲律宾群岛海域。
参考文献：Mann，1925。

三点舟形藻 *Navicula tripunctata* (Müller) Bory, 1822

分布：中国台湾沿海；日本、朝鲜、新加坡、澳大利亚和新西兰沿海。
参考文献：刘瑞玉，2008；Kihara et al.，2015；Lee et al.，1995；Pham et al.，2011；McCarthy，2013a；Harper et al.，2012。

吐丝舟形藻楔形变种 *Navicula tuscula* var. *cuneata* Cleve-Euler, 1953

分布：渤海，黄海，东海。
参考文献：黄宗国和林茂，2012。

不定舟形藻 *Navicula vara* Hustedt, 1934

分布：中国福建沿海。
参考文献：刘瑞玉，2008。

韦斯舟形藻 *Navicula vesparella* Mann, 1925

分布：菲律宾群岛海域。
参考文献：Mann，1925。

微绿舟形藻斯来变种 *Navicula viridula* var. *slesvicensis* (Grunow) Grunow, 1844

分布：东海。
参考文献：黄宗国和林茂，2012。

带状舟形藻 *Navicula zostereti* Grunow, 1858

分布：渤海，黄海，台湾海峡，南海；新加坡、澳大利亚（新南威尔士和昆士兰）沿海。
参考文献：刘瑞玉，2008；Pham et al.，2011；Day et al.，1995；Harper et al.，2012。

半舟藻属 Genus *Seminavis* Mann, 1990

弯半舟藻 *Seminavis cymbelloides* (Grunow) Mann, 1990

同种异名：*Amphora cymbelloides* Grunow, 1867

分布：东海，南海。
参考文献：刘瑞玉，2008。

优美半舟藻 *Seminavis delicatula* Wachnicka & Gaiser, 2007

分布：新西兰沿海。
参考文献：Harper et al.，2012。

尤氏半舟藻 *Seminavis eulensteinii* (Grunow) Danielidis, Ford & Kennett, 2003

同种异名：*Amphora eulensteinii* Grunow, 1875; *Amphora angusta* var. *eulensteinii* (Grunow) Cleve, 1895
分布：台湾海峡，南海；日本、澳大利亚（新南威尔士、昆士兰和维多利亚）沿海。
参考文献：刘瑞玉，2008；Sawai et al.，2005；Day et al.，1995。

微小半舟藻 *Seminavis exigua* Chen, Zhuo & Gao, 2019

分布：中国福建沿海。
参考文献：Chen et al.，2019。

瘦半舟藻 *Seminavis macilenta* (Gregory) Danielidis & Mann, 2002

同种异名：*Amphora macilenta* Gregory, 1857
分布：东海，南海；澳大利亚和新西兰沿海。
参考文献：刘瑞玉，2008；McCarthy，2013a；Harper et al.，2012。

粗壮半舟藻 *Seminavis robusta* Danielidis & Mann, 2002

分布：澳大利亚沿海。
参考文献：John，2018。

独角半舟藻 *Seminavis strigosa* (Hustedt) Danieledis & Economou-Amilli, 2003

同种异名：*Amphora strigosa* Hustedt, 1949
分布：新西兰和澳大利亚沿海。
参考文献：Harper et al.，2012；John，2018。

侧膨半舟藻 *Seminavis ventricosa* (Gregory) Garcia-Baptista, 1993

分布：澳大利亚和新西兰沿海。
参考文献：McCarthy，2013a；Harper et al.，2012。

维特半舟藻 *Seminavis witkowskii* Wachnicka & Gaiser, 2007

分布：新西兰沿海。
参考文献：Harper et al.，2012。

海氏藻属 Genus *Haslea* Simonsen, 1974

英国海氏藻 *Haslea britannica* (Hustedt & Aleem) Witkowski, Lange-Bertalot & Metzeltin, 2000

同种异名：*Navicula britannica* Hustedt & Aleem, 1951
分布（赤潮生物）：黄海；日本和澳大利亚沿海。
参考文献：刘瑞玉，2008；Fukuyo et al.，1990；Harper et al.，2012。

十字海氏藻 *Haslea crucigera* (Smith) Simonsen, 1974

同种异名：*Schizonema crucigerum* Smith, 1856; *Stauroneis crucigera* (Smith) Heiberg, 1863; *Dickieia crucigera* (Smith) De Toni, 1891; *Navicula crucigera* (Smith) Cleve, 1894

分布：新加坡、新西兰沿海。

参考文献：Pham et al.，2011；Harper et al.，2012。

巨大海氏藻 *Haslea gigantea* (Hustedt) Simonsen, 1974

同种异名：*Navicula gigantea* Hustedt, 1961

分布：澳大利亚沿海。

参考文献：McCarthy，2013a。

豪纳海氏藻 *Haslea howeana* (Hagelstein) Giffen, 1980

同种异名：*Navicula howeana* Hagelstein, 1939

分布：南海；关岛海域，澳大利亚沿海。

参考文献：黄宗国和林茂，2012；Lobban et al.，2012；McCarthy，2013a。

牡蛎海氏藻 *Haslea ostrearia* (Gaillon) Simonsen, 1974

同种异名：*Vibrio ostrearius* Gaillon, 1820; *Navicula ostrearia* (Gaillon) Bory, 1827

分布：澳大利亚沿海。

参考文献：McCarthy，2013a；John，2016，2018。

短尖海氏藻 *Haslea spicula* (Hickie) Bukhtiyarova, 1995

同种异名：*Stauroneis spicula* Hickie, 1874; *Navicula spicula* (Hickie) Cleve, 1894; *Schizonema spicula* (Hickie) Kuntze, 1898; *Pleurostaurum spicula* (Hickie) Schönfeldt, 1907

分布（海水 / 淡水）：中国台湾沿海；澳大利亚沿海。

参考文献：邵广昭，2003-2014；McCarthy，2013a。

沃里海氏藻 *Haslea wawrikae* (Husedt) Simonsen, 1974

同种异名：*Navicula wawrikae* Hustedt, 1961

分布：澳大利亚沿海。

参考文献：McCarthy，2013a。

美壁藻属 Genus *Caloneis* Cleve, 1894

相似美壁藻 *Caloneis aemula* (Grunow) Cleve, 1894

分布：台湾海峡，南海。

参考文献：刘瑞玉，2008；程兆第和高亚辉，2013。

蛇形美壁藻淡褐变种 *Caloneis amphisbaena* var. *fuscata* (Schumann) Cleve, 1894

分布：台湾海峡。

参考文献：刘瑞玉，2008；程兆第和高亚辉，2013。

棍形美壁藻 *Caloneis bacillaris* (Gregory) Cleve, 1894

分布：台湾海峡；朝鲜、新西兰和澳大利亚（昆士兰）沿海。
参考文献：李家英和齐雨藻，2010；Lee et al.，1995；Harper et al.，2012；John，2016。

短形美壁藻 *Caloneis brevis* (Gregory) Cleve, 1894

同种异名：*Navicula brevis* Gregory, 1857
分布：东海，南海。
参考文献：程兆第和高亚辉，2013。

短形美壁藻双口变种 *Caloneis brevis* var. *distoma* (Grunow) Cleve, 1894

分布：台湾海峡。
参考文献：程兆第和高亚辉，2013。

短形美壁藻厌烦变种 *Caloneis brevis* var. *vexans* (Grunow) Cleve, 1894

分布：台湾海峡，南海。
参考文献：程兆第和高亚辉，2013。

卡氏美壁藻 *Caloneis castracanei* (Grunow) Cleve, 1894

分布：台湾海峡，南海。
参考文献：刘瑞玉，2008；程兆第和高亚辉，2013。

卡氏美壁藻原变种 *Caloneis castracanei* var. *castracanei* (Grunow) Cleve, 1894

分布：中国海南沿海。
参考文献：程兆第和高亚辉，2013。

卡氏美壁藻毕氏变种 *Caloneis castracanei* var. *petitiana* (Grunow) Cleve, 1894

分布：南海。
参考文献：程兆第和高亚辉，2013。

极似美壁藻 *Caloneis consimilis* (Schmidt) Cleve, 1894

分布：台湾海峡，南海。
参考文献：程兆第和高亚辉，2013。

偏心美壁藻 *Caloneis excentrica* (Grunow) Boyer, 1927

分布：南海。
参考文献：程兆第和高亚辉，2013。

长形美壁藻 *Caloneis elongata* (Grunow) Boyer, 1927

分布：渤海，黄海，东海，南海。
参考文献：刘瑞玉，2008；程兆第和高亚辉，2013。

长形美壁藻缢缩变种 *Caloneis elongata* var. *constricta* Cheng & Chin, 1980

分布：台湾海峡。

参考文献：刘瑞玉，2008；程兆第和高亚辉，2013。

美丽美壁藻 *Caloneis formosa* (Gregory) Cleve, 1894

分布：渤海，黄海，东海，南海。
参考文献：刘瑞玉，2008；程兆第和高亚辉，2013。

弗拉美壁藻 *Caloneis frater* Cleve, 1894

分布：南海。
参考文献：刘瑞玉，2008；程兆第和高亚辉，2013。

加拉帕戈斯美壁藻 *Caloneis galapagensis* (Cleve) Cleve, 1894

分布：南海。
参考文献：刘瑞玉，2008；程兆第和高亚辉，2013。

加拉帕戈斯美壁藻日本变种 *Caloneis galapagensis* var. *japonica* Cleve, 1894

分布：南海。
参考文献：刘瑞玉，2008；程兆第和高亚辉，2013。

贾泥美壁藻 *Caloneis janischiana* (Rabenhorst) Boyer, 1927

分布：南海。
参考文献：刘瑞玉，2008；程兆第和高亚辉，2013。

披针美壁藻 *Caloneis lanceolata* Øestrup, 1910

分布：中国福建沿海。
参考文献：刘瑞玉，2008；程兆第和高亚辉，2013。

离生美壁藻 *Caloneis liber* (Smith) Cleve, 1894

分布：渤海，黄海，东海，南海。
参考文献：刘瑞玉，2008；程兆第和高亚辉，2013。

线形美壁藻 *Caloneis linearis* (Grunow) Boyer, 1927

分布：渤海，黄海，东海，南海；朝鲜、澳大利亚和新西兰沿海。
参考文献：刘瑞玉，2008；程兆第和高亚辉，2013；Lee et al.，1995；McCarthy，2013a；Harper et al.，2012。

蛇头美壁藻 *Caloneis ophiocephala* (Cleve & Grove) Cleve, 1894

分布：东海。
参考文献：刘瑞玉，2008；程兆第和高亚辉，2013。

俄勒冈美壁藻 *Caloneis oregonica* (Ehrenberg) Patrick, 1966

分布：台湾海峡。
参考文献：刘瑞玉，2008；程兆第和高亚辉，2013。

大美壁藻 *Caloneis permagna* (Bailey) Cleve, 1894

分布：渤海，黄海，东海，台湾海峡；澳大利亚昆士兰沿海。
参考文献：刘瑞玉，2008；程兆第和高亚辉，2013；Day et al.，1995。

扁头美壁藻 *Caloneis platycephala* Cheng & Chin, 1980

分布：台湾海峡。
参考文献：刘瑞玉，2008；程兆第和高亚辉，2013。

盖然美壁藻 *Caloneis probabilis* (Schmidt) Cleve, 1894

同种异名：*Navicula probabilis* Schmidt, 1877; *Schizonema probabile* (Schmidt) Kuntze, 1898
分布：菲律宾群岛海域。
参考文献：Mann，1925。

粗壮美壁藻 *Caloneis robusta* (Grunow) Cleve, 1894

同种异名：*Schizonema robustum* (Cleve) Kuntze, 1898
分布：台湾海峡。
参考文献：刘瑞玉，2008；程兆第和高亚辉，2013。

萨摩亚美壁藻 *Caloneis samonensis* (Grunow) Cleve, 1894

分布：中国福建沿海；澳大利亚沿海。
参考文献：刘瑞玉，2008；程兆第和高亚辉，2013；McCarthy，2013a。

短角美壁藻 *Caloneis silicula* (Ehrenberg) Cleve, 1894

分布：中国福建沿海；澳大利亚新南威尔士、昆士兰和维多利亚沿海。
参考文献：刘瑞玉，2008；Day et al.，1995。

偏肿美壁藻 *Caloneis ventricosa* Meister, 1912

分布：中国台湾沿海；朝鲜沿海。
参考文献：刘瑞玉，2008；胡鸿钧和魏印心，2006；程兆第和高亚辉，2013；Lee et al.，1995。

偏肿美壁藻截形变种 *Caloneis ventricosa* var. *truncatula* (Grunow) Meister, 1912

分布：中国台湾沿海。
参考文献：刘瑞玉，2008；程兆第和高亚辉，2013。

威氏美壁藻 *Caloneis wittii* (Grunow) Cleve, 1894

分布：南海。
参考文献：刘瑞玉，2008；程兆第和高亚辉，2013。

叉缝藻属 Genus *Raphidivergens* Chin & Cheng, 1992

棍形叉缝藻 *Raphidivergens bacilliformis* Chin & Cheng, 1992

分布：台湾海峡。
参考文献：金德祥等，1992；程兆第和高亚辉，2013。

拟奥星藻属 Genus *Austariella* Witkowski, Lange-Bertalot & Metzeltin, 2000

贾马拟奥星藻 *Austariella jamalinensis* (Cleve) Witkowski, Lange-Bertalot & Metzeltin, 2000

同种异名：*Navicula jamalinensis* Cleve, 1880; *Schizonema jamalinense* (Cleve) Kuntze, 1898
分布：南海。
参考文献：刘瑞玉，2008。

库尔塞藻属 Genus *Khursevichia* Kulikovskiy, Lange-Bertalot & Metzeltin, 2012

詹氏库尔塞藻 *Khursevichia jentzschii* (Grunow) Kulikovskiy, Metzeltin & Lange-Bertalot, 2012

同种异名：*Navicula jentzschii* Grunow, 1882; *Schizonema jentzschii* (Grunow) Kuntze, 1898; *Achnanthes jentzschi* (Grunow) Schulz, 1926
分布（淡水种）：中国福建沿海。
参考文献：刘瑞玉，2008。

蹄形藻属 Genus *Hippodonta* Lange-Bertalot, Witkowski & Metzeltin, 1996

假头蹄形藻 *Hippodonta pseudacceptata* (Kobayasi) Lange-Bertalot, Metzeltin & Witkowski, 1996

同种异名：*Navicula pseudacceptata* Kobayasi, 1986
分布：中国福建沿海。
参考文献：刘瑞玉，2008；程兆第和高亚辉，2013。

反折蹄形藻 *Hippodonta lesmonensis* (Hustedt) Lange-Bertalot, Metzeltin & Witkowski, 1996

同种异名：*Navicula lesmonensis* Hustedt, 1957; *Navicula retrocurvata* Carter ex Ross & Sims, 1978
分布：中国福建沿海。
参考文献：刘瑞玉，2008；程兆第和高亚辉，2013。

斜脊藻科 Family Plagiotropidaceae Mann, 1990

斜脊藻属 Genus *Plagiotropis* Pfitzer, 1871

中国斜脊藻 *Plagiotropis chinensis* (Cleve) Kuntze, 1898

同种异名：*Tropidoneis chinensis* Cleve, 1894
分布：南海。
参考文献：刘瑞玉，2008；黄宗国和林茂，2012。

膨大斜脊藻 *Plagiotropis gibberula* Grunow, 1880

同种异名：*Tropidoneis gibberula* (Grunow) Cleve, 1894
分布：南海。
参考文献：刘瑞玉，2008；黄宗国和林茂，2012；程兆第和高亚辉，2013。

鳞翅斜脊藻 *Plagiotropis lepidoptera* (Gregory) Kuntze, 1898

同种异名：*Tropidoneis lepidoptera* (Gregory) Cleve, 1894

分布：渤海，黄海，台湾海峡；朝鲜沿海。
参考文献：刘瑞玉，2008；黄宗国和林茂，2012；程兆第和高亚辉，2013；Lee et al.，1995。

细斜脊藻 *Plagiotropis pusilla* (Gregory) Kuntze, 1898

同种异名：*Tropidoneis pusilla* (Gregory) Cleve, 1894
分布：台湾海峡，南海。
参考文献：刘瑞玉，2008；黄宗国和林茂，2012；程兆第和高亚辉，2013；Kesorn and Sunan，2007。

缪氏藻属 Genus *Meuniera* Silva, 1996

膜状缪氏藻 *Meuniera membranacea* (Cleve) Silva, 1996

同种异名：*Navicula membranacea* Cleve, 1897; *Stauropsis membranacea* (Cleve) Meunier, 1910; *Stauroneis membranacea* (Cleve) Hustedt, 1959
分布：渤海，黄海，东海，南海；菲律宾以西海域，泰国昌岛海域。
参考文献：黄宗国和林茂，2012；Huang et al.，1988；Kesorn and Sunan，2007。

脊凸藻科 Family Metascolioneidaceae Blanco & Wetzel, 2016

脊凸藻属 Genus *Metascolioneis* Blanco & Wetzel, 2016

膨胀脊凸藻 *Metascolioneis tumida* (Brébisson ex Kützing) Blanco & Wetzel, 2016

同种异名：*Navicula tumida* Brébisson ex Kützing, 1849; *Scoliopleura tumida* (Brébisson ex Kützing) Rabenhorst, 1864; *Microstigma tumida* (Brébisson) Meister, 1919; *Scoliotropis tumida* (Brébisson ex Kützing) Patrick & Freese, 1961; *Scolioneis tumida* (Brébisson ex Kützing) Mann, 1990
分布：台湾海峡；澳大利亚沿海。
参考文献：程兆第和高亚辉，2013；Harper et al.，2012。

双壁藻科 Family Diploneidaceae Mann

双壁藻属 Genus *Diploneis* Ehrenberg ex Cleve, 1894

外来双壁藻 *Diploneis advena* (Schmidt) Cleve, 1894

分布：南海；朝鲜、澳大利亚沿海。
参考文献：金德祥等，1982；Lee et al.，1995；McCarthy，2013a。

艾多双壁藻 *Diploneis adonis* (Brun) Cleve, 1894

同种异名：*Navicula adonis* Brun, 1889
分布：东海。
参考文献：程兆第和高亚辉，2013。

夏季双壁藻 *Diploneis aestiva* (Donkin) Cleve, 1894

分布：渤海，黄海；澳大利亚沿海。
参考文献：程兆第和高亚辉，2013；McCarthy，2013a。

拜里双壁藻 *Diploneis beyrichiana* (Schmidt) Amossé, 1924

分布：台湾海峡，南海；澳大利亚沿海。
参考文献：程兆第和高亚辉，2013；McCarthy，2013a。

蜂腰双壁藻 *Diploneis bombus* Ehrenberg, 1844

分布：渤海，黄海，东海，南海。
参考文献：黄宗国和林茂，2012；Kesorn and Sunan，2007。

蜂腰双壁藻蜂腰形变种 *Diploneis bombus* var. *bombiformis* (Cleve) Hustedt, 1937

分布：南海。
参考文献：程兆第和高亚辉，2013。

北方双壁藻 *Diploneis borealis* (Grunow) Cleve, 1894

分布：台湾海峡。
参考文献：刘瑞玉，2008；程兆第和高亚辉，2013。

卡弗双壁藻 *Diploneis caffra* (Giffen) Witkowski, Lange-Bertalot & Metzeltin, 2000

同种异名：*Diploneis interrupta* var. *caffra* Giffen, 1970
分布：东海。
参考文献：刘瑞玉，2008；程兆第和高亚辉，2013。

马鞍双壁藻 *Diploneis campylodiscus* Grunow, 1894

同种异名：*Navicula campylodiscus* Grunow, 1875
分布：东海；菲律宾群岛海域，澳大利亚和新西兰沿海。
参考文献：金德祥等，1982；Mann，1925；McCarthy，2013a。

查尔双壁藻 *Diploneis chersonensis* (Grunow) Cleve, 1894

同种异名：*Navicula chersonensis* Grunow, 1875; *Schizonema chersonense* (Grunow) Kuntze, 1898
分布：渤海，黄海，东海，南海；菲律宾群岛海域。
参考文献：金德祥等，1982；Kesorn and Sunan，2007；Mann，1925。

中国双壁藻 *Diploneis chinensis* Cleve, 1894

分布：南海。
参考文献：刘瑞玉，2008；程兆第和高亚辉，2013。

咖啡形双壁藻 *Diploneis coffeiformis* (Schmidt) Cleve, 1894

分布：东海，台湾海峡；朝鲜、澳大利亚和新西兰沿海。
参考文献：金德祥等，1982；Lee et al.，1995；McCarthy，2013a；Harper et al.，2012。

缢缩双壁藻 *Diploneis constricta* Cleve, 1894

同种异名：*Navicula constricta* Grunow, 1860
分布：东海；澳大利亚和新西兰沿海。
参考文献：刘瑞玉，2008；McCarthy，2013a；Harper et al.，2012。

黄蜂双壁藻 *Diploneis crabro* (Ehrenberg) Ehrenberg, 1854

同种异名：*Pinnularia crabro* Ehrenberg, 1844; *Navicula crabro* (Ehrenberg) Kützing, 1849; *Schizonema crabro* (Ehrenberg) Kuntze, 1898
分布：渤海，黄海，东海，南海。
参考文献：金德祥等，1982；Kesorn and Sunan，2007。

月亮双壁藻 *Diploneis cynthica* Cleve, 1894

分布：中国海南沿海。
参考文献：刘瑞玉，2008；程兆第和高亚辉，2013。

短肋双壁藻 *Diploneis dalmatica* (Grunow) Cleve, 1894

分布：东海。
参考文献：刘瑞玉，2008；程兆第和高亚辉，2013。

德氏双壁藻 *Diploneis debyi* (Pantocsek) Cleve, 1894

分布：台湾海峡；澳大利亚沿海。
参考文献：程兆第和高亚辉，2013；McCarthy，2013a。

迷惑双壁藻 *Diploneis decipiens* Cleve-Euler, 1915

分布：南海；朝鲜沿海。
参考文献：程兆第和高亚辉，2013；Lee et al.，1995。

膨胀双壁藻 *Diploneis dilatata* (Peragallo) Lange-Bertalot & Fuhrmann, 2016

同种异名：*Navicula smithii* var. *dilatata* Peragallo, 1908; *Diploneis smithii* var. *dilatata* (Peragallo) Boyer, 1927
分布：渤海，黄海，东海，南海。
参考文献：刘瑞玉，2008；程兆第和高亚辉，2013。

双点双壁藻 *Diploneis diplosticta* (Grunow) Hustedt, 1937

分布：中国台湾大陆架海域；朝鲜沿海。
参考文献：程兆第和高亚辉，2013；Lee et al.，1995。

分歧双壁藻 *Diploneis divergens* Cleve, 1894

分布：中国台湾沿海。
参考文献：刘瑞玉，2008；程兆第和高亚辉，2013。

尤多双壁藻 *Diploneis eudoxia* (Schmidt) Jørgensen, 1905

分布：东海；新西兰沿海。
参考文献：程兆第和高亚辉，2013；Harper et al.，2012。

椭圆双壁藻 *Diploneis elliptica* (Kützing) Cleve, 1894

分布：中国天津、福建沿海；澳大利亚（昆士兰）、新西兰沿海。
参考文献：程兆第和高亚辉，2013；McCarthy，2013a；Harper et al.，2012。

优生双壁藻 *Diploneis eugenia* (Schmidt) Boyer, 1927

分布：东海。
参考文献：刘瑞玉，2008；程兆第和高亚辉，2013。

淡褐双壁藻 *Diploneis fusca* (Gregory) Cleve, 1894

同种异名：*Navicula smithii* var. *fusca* Gregory, 1857; *Navicula fusca* (Gregory) Ralfs, 1861; *Schizonema fuscum* (Gregory) Kuntze, 1898; *Diploneis aestiva* var. *fusca* (Gregory) Ross, 1986
分布：渤海，黄海，东海，南海；朝鲜、澳大利亚和新西兰沿海。
参考文献：刘瑞玉，2008；Lee et al.，1995；McCarthy，2013a；Harper et al.，2012。

淡褐双壁藻海洋变种 *Diploneis fusca* var. *pelagi* (Schmidt) Cleve, 1894

同种异名：*Navicula pelagi* Schmidt, 1875; *Diploneis pelagi* (Schmidt) Boyer, 1927
分布：菲律宾群岛海域。
参考文献：Mann，1925。

芽形双壁藻 *Diploneis gemmata* (Greville) Cleve, 1894

同种异名：*Navicula gemmata* Greville, 1859; *Schizonema gemmatum* (Greville) Kuntze, 1898
分布：东海，南海；新西兰沿海。
参考文献：刘瑞玉，2008；Harper et al.，2012。

戈氏双壁藻 *Diploneis gorjanovicii* (Pantocsek) Hustedt, 1937

同种异名：*Navicula gorjanovicii* Pantocsek, 1886
分布（化石种）：中国沿海。
参考文献：刘瑞玉，2008；程兆第和高亚辉，2013。

戈氏双壁藻大型变种 *Diploneis gorjanovicii* var. *major* Chin & Lin, 1979

分布：台湾海峡。
参考文献：刘瑞玉，2008；程兆第和高亚辉，2013。

格列氏双壁藻 *Diploneis graeffii* (Grunow) Cleve, 1894

同种异名：*Navicula graeffei* Grunow, 1875; *Schizonema graeffii* (Grunow) Kuntze, 1898
分布：东海，南海；菲律宾群岛海域，新西兰沿海。
参考文献：程兆第和高亚辉，2013；Mann，1925。

格雷氏双壁藻 *Diploneis gruendleri* (Schmidt) Cleve, 1894

分布：渤海，黄海，东海，南海。
参考文献：程兆第和高亚辉，2013。

吉纳双壁藻 *Diploneis guinardiana* (Brun) Cleve, 1894

分布：东海。
参考文献：刘瑞玉，2008；程兆第和高亚辉，2013。

宾客双壁藻 *Diploneis hospes* Schmidt, 1885

分布：台湾海峡。

参考文献：程兆第和高亚辉，2013。

内弯双壁藻 *Diploneis incurvata* (Gregory) Cleve, 1894

分布：东海，南海；新西兰沿海。
参考文献：李家英和齐雨藻，2010；Harper et al.，2012。

雕刻双壁藻 *Diploneis inscripta* Cleve, 1894

分布：南海。
参考文献：刘瑞玉，2008；程兆第和高亚辉，2013。

断纹双壁藻 *Diploneis interrupta* (Kützing) Cleve, 1894

分布：东海，南海；印度尼西亚、马来西亚、新加坡、澳大利亚和新西兰沿海，关岛海域。
参考文献：刘瑞玉，2008；Pennesi et al.，2017；Zong and Hassan，2004；Pham et al.，2011；Harper et al.，2012。

线条双壁藻 *Diploneis lineata* (Donkin) Cleve, 1894

分布：渤海，黄海，南海；朝鲜沿海。
参考文献：程兆第和高亚辉，2013；Lee et al.，1995。

海滨双壁藻 *Diploneis littoralis* (Donkin) Cleve, 1894

分布：台湾海峡，南海；朝鲜、新加坡、澳大利亚和新西兰沿海，关岛海域。
参考文献：刘瑞玉，2008；Pham et al.，2011；Lee et al.，1995；Pennesi et al.，2017；Day et al.，1995；Harper et al.，2012。

边条双壁藻 *Diploneis marginestriata* Hustedt, 1922

分布：中国广西沿海；新西兰、澳大利亚沿海。
参考文献：李家英和齐雨藻，2010；Day et al.，1995；Harper et al.，2012；John，2018。

地中海双壁藻 *Diploneis mediterranea* (Grunow) Cleve, 1894

分布：新西兰沿海。
参考文献：刘瑞玉，2008；程兆第和高亚辉，2013；Harper et al.，2012。

光亮双壁藻 *Diploneis nitescens* (Gregory) Cleve, 1894

同种异名：*Navicula smithii* var. *nitescens* Gregory, 1857; *Navicula nitescens* (Gregory) Ralfs, 1861; *Schizonema nitescens* (Gregory) Kuntze, 1898
分布：渤海，黄海，东海，南海；朝鲜、澳大利亚和新西兰沿海。
参考文献：刘瑞玉，2008；Park et al.，2017。

特殊双壁藻 *Diploneis notabilis* (Greville) Cleve, 1894

分布：台湾海峡，南海。
参考文献：刘瑞玉，2008；Kesorn and Sunan，2007。

新西兰双壁藻 *Diploneis novaeseelandiae* (Schmidt) Hustedt, 1937

分布：东海，南海；新西兰沿海。

参考文献：程兆第和高亚辉，2013；Harper et al.，2012。

眼形双壁藻 *Diploneis oculata* (Brébisson) Cleve, 1894

分布：中国福建沿海；新加坡、新西兰沿海。
参考文献：李家英和齐雨藻，2010；Pham et al.，2011；Harper et al.，2012。

浓泡双壁藻 *Diploneis papula* (Schmidt) Cleve, 1894

分布：台湾海峡，南海；关岛海域，澳大利亚和新西兰沿海。
参考文献：刘瑞玉，2008；Pennesi et al.，2017；McCarthy，2013a；Harper et al.，2012。

稀疏双壁藻 *Diploneis parca* (Schmidt) Boyer, 1927

分布：东海。
参考文献：程兆第和高亚辉，2013。

幼小双壁藻 *Diploneis puella* (Schumam) Cleve, 1894

同种异名：*Navicula puella* Schumann, 1867; *Schizonema puella* (Schumann) Kuntze, 1898; *Navicula elliptica* var. *puella* (Schumann) Peragallo, 1903; *Navicula puella* Schmidt, 1875
分布：南海；菲律宾、朝鲜、新西兰沿海。
参考文献：程兆第和高亚辉，2013；Mann，1925；Lee et al.，1995。

菱形双壁藻 *Diploneis rhombica* Skabichevsky, 1936

分布：东海，南海。
参考文献：刘瑞玉，2008；程兆第和高亚辉，2013。

施氏双壁藻 *Diploneis schmidtii* Cleve, 1894

分布：渤海，黄海，东海，南海；新西兰沿海。
参考文献：程兆第和高亚辉，2013；Harper et al.，2012。

西珠双壁藻 *Diploneis sejuncta* (Schmidt) Jørgensen, 1905

分布：东海。
参考文献：程兆第和高亚辉，2013。

细齿双壁藻 *Diploneis serratula* (Grunow) Hustedt, 1937

分布：渤海，黄海，东海。
参考文献：程兆第和高亚辉，2013。

史氏双壁藻 *Diploneis smithii* (Brébisson) Cleve, 1894

同种异名：*Navicula smithii* Brébisson, 1854
分布：渤海，黄海，东海，南海。
参考文献：刘瑞玉，2008；Kesorn and Sunan，2007。

模仿双壁藻 *Diploneis simulator* (Mann) Mills, 1934

同种异名：*Navicula simulator* Mann, 1925

分布：菲律宾群岛海域。
参考文献：Mann，1925。

华丽双壁藻 *Diploneis splendida* Cleve, 1894

同种异名：*Diploneis bomboides* (Schmidt) Cleve, 1894; *Navicula splendida* Gregory, 1856
分布：渤海，黄海，南海。
参考文献：黄宗国和林茂，2012。

近系带双壁藻 *Diploneis subcincta* (Schmidt) Cleve, 1894

分布：冲绳海槽。
参考文献：刘瑞玉，2008；程兆第和高亚辉，2013。

近圆双壁藻 *Diploneis suborbicularis* (Gregory) Cleve, 1894

分布：渤海，黄海，东海，南海。
参考文献：刘瑞玉，2008；Kesorn and Sunan，2007。

可疑双壁藻 *Diploneis suspecta* (Schmidt) Hustedt, 1937

分布：渤海，黄海，东海，南海。
参考文献：刘瑞玉，2008；程兆第和高亚辉，2013。

摆动双壁藻 *Diploneis vacillans* (Schmidt) Cleve, 1894

分布：东海，南海；澳大利亚沿海。
参考文献：刘瑞玉，2008；McCarthy，2013a；John，2016。

维塔双壁藻 *Diploneis vetula* (Schmidt) Cleve, 1894

分布：南海；新加坡沿海。
参考文献：程兆第和高亚辉，2013；Pham et al.，2011。

威氏双壁藻 *Diploneis weissflogii* (Schmidt) Cleve, 1894

同种异名：*Navicula weissflogii* Schmidt, 1873; *Schizonema weissflogii* (Schmidt) Kuntze, 1898
分布：渤海，黄海，东海，南海；菲律宾群岛海域。
参考文献：程兆第和高亚辉，2013；Mann，1925。

桑给巴尔双壁藻 *Diploneis zanzibarica* (Grunow) Hustedt, 1937

分布：南海。
参考文献：刘瑞玉，2008；程兆第和高亚辉，2013。

长篦藻科 Family Neidiaceae Mereschkowsky, 1903

长篦藻属 Genus *Neidium* Pfitzer, 1871

双喙长篦藻 *Neidium amphirhynchus* (Ehrenberg) Pfitzer, 1872

分布：台湾海峡。

参考文献：刘瑞玉，2008；程兆第和高亚辉，2013。

彩虹长篦藻 *Neidium iridis* (Ehrenberg) Cleve, 1894

分布：台湾海峡；日本、朝鲜、马来西亚、菲律宾、泰国、新西兰和澳大利亚沿海。
参考文献：程兆第和高亚辉，2013；Kihara et al.，2015；Lee et al.，1995；Foged，1972；Harper et al.，2012；Day et al.，1995。

彩虹长篦藻双棒变种 *Neidium iridis* var. *amphigomphus* (Ehrenberg) Van Heurck, 1912

分布：台湾海峡。
参考文献：刘瑞玉，2008；程兆第和高亚辉，2013。

纤细长篦藻 *Neidium gracile* Hustedt, 1938

分布：中国福建沿海；印度尼西亚、菲律宾、泰国、新西兰和澳大利亚沿海。
参考文献：刘瑞玉，2008；Glushchenko et al.，2019；Day et al.，1995；Harper et al.，2012。

纤细长篦藻原变种 *Neidium gracile* var. *gracile* Hustedt, 1938

分布：中国福建沿海。
参考文献：刘瑞玉，2008；程兆第和高亚辉，2013。

纤细长篦藻对称变型 *Neidium gracile* f. *aequale* Hustedt, 1938

分布：中国福建沿海。
参考文献：刘瑞玉，2008；程兆第和高亚辉，2013。

旋舟藻属 Genus *Scoliopleura* Grunow, 1860

杂纹旋舟藻 *Scoliopleura partistriata* Mann, 1925

分布：菲律宾群岛海域。
参考文献：Mann，1925。

佩桑旋舟藻 *Scoliopleura peisonis* Grunow, 1860

同种异名：*Scoliotropis peisonis* (Grunow) Hustedt, 1935
分布：中国沿海。
参考文献：李家英和齐雨藻，2010。

辐节藻科 Family Stauroneidaceae Mann

辐节藻属 Genus *Stauroneis* Ehrenberg, 1843

双尖辐节藻 *Stauroneis amphioxys* Gregory, 1856

分布：南海。
参考文献：李家英和齐雨藻，2010；程兆第和高亚辉，2013。

双尖辐节藻钝形变种 *Stauroneis amphioxys* var. *obtum* Hendey, 1964

分布：南海。

参考文献：李家英和齐雨藻，2010；程兆第和高亚辉，2013。

端尖辐节藻 *Stauroneis acuta* Smith, 1853

同种异名：*Pleurostaurum acutum* (Smith) Rabenhorst, 1859; *Schizonema acutum* (Smith) Kuntze, 1898; *Navicula acuta* (Smith) Hustedt, 1909
分布：中国沿海；日本、韩国、澳大利亚和新西兰沿海。
参考文献：李家英和齐雨藻，2010；Kihara et al.，2015；Lee et al.，1995；McCarthy，2013a；Day et al.，1995；Chapman et al.，1957。

缢缩辐节藻 *Stauroneis constricta* Ehrenberg, 1894

分布：渤海，黄海，台湾海峡，南海。
参考文献：程兆第和高亚辉，2013。

紫心辐节藻 *Stauroneis phoenicenteron* (Nitzsch) Ehrenberg, 1843

分布：东海，南海；朝鲜、澳大利亚和新西兰沿海。
参考文献：程兆第和高亚辉，2013；Lee et al.，1995；McCarthy，2013a；Day et al.，1995。

格形藻属 Genus *Craticula* Grunow, 1868

佩氏格形藻 *Craticula perrotettii* Grunow, 1868

同种异名：*Navicula perrotettii* (Grunow) Cleve, 1894; *Schizonema perrotettii* (Grunow) Kuntze, 1898
分布（淡水种）：中国福建沿海；澳大利亚（新南威尔士、维多利亚和昆士兰）沿海。
参考文献：黄宗国和林茂，2012；Day et al.，1995。

前辐节藻属 Genus *Prestauroneis* Bruder & Medlin, 2008

十字前辐节藻 *Prestauroneis crucicula* (Smith) Genkal & Yarushina, 2017

同种异名：*Stauroneis crucicula* Smith, 1853; *Navicula crucicula* (Smith) Donkin, 1871; *Schizonema crucicula* (Smith) Kuntze, 1898; *Parlibellus crucicula* (Smith) Witkowski, Lange-Bertalot & Metzeltin, 2000
分布：东海；澳大利亚昆士兰沿海。
参考文献：黄宗国和林茂，2012；John，2016。

波缘前辐节藻 *Prestauroneis integra* (Smith) Bruder, 2008

同种异名：*Pinnularia integra* Smith, 1856; *Navicula integra* (Smith) Ralfs, 1861; *Cymbella integra* (Smith) Schmidt, 1881; *Schizonema integrum* (Smith) Kuntze, 1898; *Placoneis integra* (Smith) Mereschkowsky, 1903
分布（淡水种）：台湾海峡。
参考文献：李家英和齐雨藻，2010；黄宗国和林茂，2012。

羽纹藻科 Family Pinnulariaceae Mann

奥斯藻属 Genus *Oestrupia* Heiden ex Hustedt, 1935

对齿奥斯藻 *Oestrupia ergadensis* (Gregory) Witkowski, Lange-Bertalot & Metzeltin, 2000

同种异名：*Pinnularia ergadensis* Gregory, 1856; *Navicula ergadensis* (Gregory) Ralfs, 1861

分布：澳大利亚沿海。
参考文献：McCarthy，2013a。

苔藓奥斯藻 *Oestrupia musca* (Gregory) Hustedt, 1935

分布：台湾海峡，南海。
参考文献：金德祥等，1992；Kesorn and Sunan，2007。

马达加斯加奥斯藻 *Oestrupia madagascarensis* (Cleve) Schrader, 1974

同种异名：*Navicula madagascarensis* Cleve, 1890; *Caloneis madagascarensis* (Cleve) Cleve, 1894; *Schizonema madagascarensis* (Cleve) Kuntze, 1898
分布（淡水种）：菲律宾群岛海域。
参考文献：Mann，1925。

羽纹藻属 Genus *Pinnularia* Ehrenberg, 1843

双线羽纹藻 *Pinnularia bistriata* (Leuduger-Fortmorel) Cleve, 1895

分布：南海。
参考文献：刘瑞玉，2008；程兆第和高亚辉，2013。

大羽纹藻 *Pinnularia major* (Kützing) Cleve, 1895

分布：台湾海峡；朝鲜、澳大利亚沿海。
参考文献：金德祥等，1982；Lee et al.，1995；McCarthy，2013a；Day et al.，1995。

特里羽纹藻 *Pinnularia trevelyana* (Donkin) Rabenhorst, 1864

分布：南海；朝鲜、澳大利亚和新西兰沿海。
参考文献：金德祥等，1982；Lee et al.，1995；McCarthy，2013a；Day et al.，1995。

羽舟藻属 Genus *Pinnunavis* Okuno, 1975

盔甲羽舟藻 *Pinnunavis armoricana* (Amossé) Witkowski, Lange-Bertalot & Metzeltin, 2000

同种异名：*Navicula armoricana* Amossé, 1932
分布：澳大利亚沿海。
参考文献：John，2018。

优美羽舟藻 *Pinnunavis elegans* (Smith) Okuno, 1975

同种异名：*Navicula elegans* Smith, 1853; *Schizonema elegans* (Smith) Kuntze, 1898; *Pinnularia elegans* (Smith) Krammer, 1992
分布（海水/淡水）：中国沿海；日本、朝鲜、澳大利亚和新西兰沿海。
参考文献：李家英和齐雨藻，2018；Lee et al.，1995；McCarthy，2013a；Harper et al.，2012。

拟优美羽舟藻 *Pinnunavis elegantoides* (Hustedt) Cocquyt & Olodo, 2018

同种异名：*Navicula elegantoides* Hustedt, 1942
分布（淡水种）：中国福建沿海；澳大利亚沿海。

参考文献：刘瑞玉，2008；McCarthy，2013a。

亚伦羽舟藻 *Pinnunavis yarrensis* (Grunow) Okuno, 1975

同种异名：*Navicula yarrensis* Grunow, 1876; *Schizonema yarrense* (Grunow) Kuntze, 1898; *Pinnularia yarrensis* (Grunow) Jurilj, 1957
分布：南海；朝鲜、新加坡和澳大利亚沿海。
参考文献：刘瑞玉，2008；李家英和齐雨藻，2018；Lee et al.，1995；Pham et al.，2011；Day et al.，1995；John，2016。

曲缝藻科 Family Scoliotropidaceae Mereschkowsky, 1903

普罗戈藻属 Genus *Progonoia* Schrader, 1969

苔藓普罗戈藻 *Progonoia musca* (Gregory) Schrader, 1974

同种异名：*Navicula musca* Gregory, 1857; *Caloneis musca* (Gregory) Cleve, 1894; *Schizonema musca* (Gregory) Kuntze, 1898; *Oestrupia musca* (Gregory) Hustedt, 1935
分布：中国台湾沿海。
参考文献：程兆第和高亚辉，2013；邵广昭，2003-2014。

居间普罗戈藻 *Progonoia intercedens* (Schmidt) Lobban, 2015

同种异名：*Navicula intercedens* Schmidt, 1890
分布：菲律宾群岛海域。
参考文献：Mann，1925。

戴冠藻属 Genus *Diademoides* Kemp & Paddock, 1990

壮丽戴冠藻 *Diademoides luxuriosa* (Greville) Kemp & Paddock, 1990

同种异名：*Navicula luxuriosa* Greville, 1863; *Diadema luxuriosa* (Greville) Kemp & Paddock, 1989
分布：东海，南海。
参考文献：刘瑞玉，2008。

科斯麦藻科 Family Cosmioneidaceae Mann

科斯麦藻属 Genus *Cosmioneis* Mann & Stickle, 1990

巴西科斯麦藻 *Cosmioneis brasiliana* (Cleve) Wetzel & Ector, 2017

同种异名：*Cymbella brasiliana* Cleve, 1881; *Navicula brasiliana* (Cleve) Cleve, 1894; *Schizonema brasilianum* (Cleve) Kuntze, 1898; *Navicula brasiliensis* Grunow, 1863
分布：台湾海峡，南海；新加坡和澳大利亚沿海。
参考文献：刘瑞玉，2008；Pham et al.，2011；McCarthy，2013a。

依塔科斯麦藻 *Cosmioneis eta* (Cleve) Witkowski, Lange-Bertalot & Metzeltin, 2000

同种异名：*Navicula eta* Cleve, 1893; *Schizonema eta* (Cleve) Kuntze, 1898
分布：台湾海峡。
参考文献：刘瑞玉，2008。

洞穴形藻科 Family Cavinulaceae Mann

洞穴形藻属 Genus *Cavinula* Mann & Stickle, 1990

布伦氏洞穴形藻 *Cavinula breenii* (Archibald) De Ridder & Taylor, 2020

同种异名：*Navicula breenii* Archibald, 1967
分布（淡水种）：中国福建沿海。
参考文献：程兆第和高亚辉，2013。

点状洞穴形藻 *Cavinula maculata* (Bailey) Li & Qi, 2018

同种异名：*Stauroneis maculata* Bailey, 1851; *Navicula maculata* (Bailey) Edwards, 1859; *Schizonema maculatum* (Bailey) Kuntze, 1898
分布（淡水种）：渤海，黄海，台湾海峡，南海。
参考文献：黄宗国和林茂，2012；李家英和齐雨藻，2018。

盾片洞穴形藻 *Cavinula scutelloides* (Smith) Lange-Bertalot, 1996

同种异名：*Navicula scutelloides* Smith, 1856
分布（淡水 / 陆源种）：南海。
参考文献：刘瑞玉，2008。

盾形洞穴形藻 *Cavinula scutiformis* (Grunow) Mann & Stickle, 1990

同种异名：*Navicula scutiformis* Grunow, 1881; *Schizonema scutiforme* (Grunow) Kuntze, 1898
分布（淡水 / 陆源种）：台湾海峡。
参考文献：刘瑞玉，2008。

普氏藻科 Family Proschkiniaceae Mann

普氏藻属 Genus *Proschkinia* Karayeva, 1978

扁形普氏藻 *Proschkinia complanata* (Grunow) Mann, 1990

同种异名：*Amphora complanata* Grunow, 1867; *Navicula complanata* (Grunow) Grunow, 1880; *Libellus complanatus* (Grunow) De Toni, 1890; *Brachysira complanata* (Grunow) Kuntze, 1891; *Schizonema complanatum* (Grunow) Kuntze, 1898
分布：南海；朝鲜沿海。
参考文献：黄宗国和林茂，2012；Lee et al.，1995。

全链藻科 Family Diadesmidaceae Mann

湿生藻属 Genus *Humidophila* (Lange-Bertalot & Werum) Lowe, Kociolek, Johansen, Van de Vijver, Lange-Bertalot & Kopalová, 2014

双鳞湿生藻 *Humidophila biscutella* (Gerd Moser, Lange-Bertalot & Metzeltin) Lowe, Kociolek, Johansen, Van de Vijver, Lange-Bertalot & Kopalová, 2014

同种异名：*Diadesmis biscutella* Gerd Moser, Lange-Bertalot & Metzeltin, 1998
分布（淡水/陆源种）：南海（珠江口）。
参考文献：李扬等，2014。

目录湿生藻 *Humidophila contenta* (Grunow) Lowe, Kociolek, Johansen, Van de Vijver, Lange-Bertalot & Kopalová, 2014

同种异名：*Navicula contenta* Grunow, 1885; *Schizonema contentum* (Grunow) Kuntze, 1898; *Diadesmis contenta* (Grunow) Mann, 1990
分布（淡水/陆源种）：南海（珠江口）；朝鲜、日本、新加坡、马来西亚、澳大利亚和新西兰沿海。
参考文献：李扬等，2014；李家英和齐雨藻，2018；Lee et al.，1995；Kihara et al.，2015；Pham et al.，2011；Zong and Hassan，2004；Day et al.，1995；Harper et al.，2012。

虫瘿湿生藻 *Humidophila gallica* (Smith) Lowe, Kociolek, You, Wang & Stepanek, 2017

同种异名：*Diadesmis gallica* Smith, 1857; *Navicula gallica* (Smith) Lagerstedt, 1873; *Mastogloia gallica* (Smith) Cleve, 1895
分布：中国福建沿海。
参考文献：刘瑞玉，2008；李家英和齐雨藻，2010。

泥栖藻属 Genus *Luticola* Mann, 1990

可疑泥栖藻 *Luticola inserata* (Hustedt) Mann, 1990

同种异名：*Navicula inserata* Hustedt, 1955
分布：台湾海峡；澳大利亚昆士兰沿海。
参考文献：黄宗国和林茂，2012；Day et al.，1995。

强壮泥栖藻 *Luticola lacertosa* (Hustedt) Mann, 1990

同种异名：*Navicula lacertosa* Hustedt, 1955
分布（淡水/陆源种）：中国福建沿海。
参考文献：刘瑞玉，2008；程兆第和高亚辉，2012。

钝端泥栖藻 *Luticola mutica* (Kützing) Mann, 1990

同种异名：*Navicula mutica* Kützing, 1844; *Schizonema muticum* (Kützing) Kuntze, 1898; *Placoneis mutica* (Kützing) Mereschkowsky, 1903; *Navicula mutica* (Kützing) Frenguelli, 1924
分布：台湾海峡；朝鲜、新西兰和澳大利亚（新南威尔士）沿海。
参考文献：刘瑞玉，2008；Lee et al.，1995；Day et al.，1995。

沃氏泥栖藻 *Luticola voigtii* (Meister) Mann, 1990

同种异名：*Navicula voigtii* Meister, 1932

分布（淡水/陆源种）：中国福建沿海。
参考文献：刘瑞玉，2008。

号角藻属 Genus *Olifantiella* Riaux-Gobin & Compère, 2009

穆氏号角藻 *Olifantiella muscatinei* (Reimer & Lee) Van de Vijver, Ector & Wetzel, 2018

同种异名：*Navicula muscatinei* Reimer & Lee, 1986
分布：中国福建沿海。
参考文献：刘瑞玉，2008。

未定科 Family Naviculales incertae sedis

拟幻觉藻属 Genus *Pseudofallacia* Liu, Kociolek & Wang, 2012

单眼拟幻觉藻 *Pseudofallacia monoculata* (Hustedt) Liu, Kociolek & Wang, 2012

同种异名：*Navicula monoculata* Hustedt, 1945; *Fallacia monoculata* (Hustedt) Mann, 1990
分布（淡水种）：中国福建沿海。
参考文献：刘瑞玉，2008；李家英和齐雨藻，2018。

锡巴拟幻觉藻 *Pseudofallacia sibayiensis* (Archibald) De Ridder & Taylor, 2020

同种异名：*Navicula sibayiensis* Archibald, 1967
分布（淡水种）：南海。
参考文献：刘瑞玉，2008。

柔弱拟幻觉藻 *Pseudofallacia tenera* (Hustedt) Liu, Kociolek & Wang, 2012

同种异名：*Navicula tenera* Hustedt, 1936; *Fallacia tenera* (Hustedt) Mann, 1990
分布：中国广东沿海；朝鲜和澳大利亚沿海。
参考文献：刘瑞玉，2008；Lee et al.，1995；Day et al.，1995。

矮羽纹藻属 Genus *Chamaepinnularia* Lange-Bertalot & Krammer, 1996

文托矮羽纹藻 *Chamaepinnularia ventosa* (Hustedt) Wetzel & Ector, 2013

同种异名：*Navicula ventosa* Hustedt, 1957
分布（淡水种）：中国福建沿海。
参考文献：刘瑞玉，2008。

琴状藻目 Order Lyrellales Mann

琴状藻科 Family Lyrellaceae Mann

琴状藻属 Genus *Lyrella* Karayeva, 1978

圆口琴状藻 *Lyrella circumsecta* (Grunow ex Schmidt) Mann, 1990

同种异名：*Navicula polysticta* var. *circumsecta* Grunow ex Schmidt, 1874; *Navicula circumsecta* (Grunow) Grunow,

1880; *Navicula hennedyi* var. *circumsecta* (Grunow) Cleve, 1895
分布：东海。
参考文献：黄宗国和林茂，2012。

棍棒琴状藻 *Lyrella clavata* (Gregory) Mann, 1990

同种异名：*Navicula clavata* Gregory, 1856
分布：东海，南海。
参考文献：黄宗国和林茂，2012。

杜兰琴状藻 *Lyrella durrandii* (Kitton) Mann, 1990

同种异名：*Navicula durrandii* Kitton
分布：菲律宾群岛海域。
参考文献：Mann，1925。

凹入琴状藻 *Lyrella excavata* (Greville) Mann, 1990

同种异名：*Navicula excavata* Greville, 1866
分布：菲律宾群岛海域。
参考文献：Mann，1925。

海氏琴状藻 *Lyrella hennedyi* (Smith) Stickle & Mann, 1990

同种异名：*Navicula hennedyi* Smith, 1856; *Schizonema hennedyi* (Smith) Kuntze, 1898; *Clevia hennedyi* (Smith) Mereschkowsky, 1903
分布：东海，南海。
参考文献：黄宗国和林茂，2012。

点质琴状藻 *Lyrella imitans* (Mann) Mann, 1990

同种异名：*Navicula imitans* Mann, 1925
分布：菲律宾群岛海域。
参考文献：Mann，1925。

吸入琴状藻 *Lyrella inhalata* (Schmidt) Mann, 1990

同种异名：*Navicula inhalata* Schmidt, 1874; *Schizonema inhalatum* (Schmidt) Kuntze, 1898
分布：东海。
参考文献：黄宗国和林茂，2012。

天琴琴状藻 *Lyrella lyra* (Ehrenberg) Karayeva, 1978

同种异名：*Navicula lyra* Ehrenberg, 1841; *Schizonema lyra* (Ehrenberg) Kuntze, 1898; *Clevia lyra* (Ehrenberg) Mereschkowsky, 1902
分布：渤海，黄海，东海，南海。
参考文献：刘瑞玉，2008；Kesorn and Sunan，2007。

天琴琴状藻似船变种 *Lyrella lyra* var. *subcarinata* (Grunow ex Schmidt) Moreno, 1996

同种异名：*Navicula lyra* var. *subcarinata* Grunow ex Schmidt, 1874; *Navicula lyra* f. *subcarinata* (Grunow) Cleve, 1901; *Navicula subcarinata* (Grunow ex Schmidt) Hendey, 1951
分布：东海，南海。
参考文献：黄宗国和林茂，2012。

类天琴琴状藻 *Lyrella lyroides* (Hendey) Mann, 1990

同种异名：*Navicula lyroides* Hendey, 1958
分布：渤海，黄海，东海，南海。
参考文献：黄宗国和林茂，2012；Kesorn and Sunan，2007。

混乱琴状藻 *Lyrella perplexoides* (Hustedt) Mann, 1990

同种异名：*Navicula perplexoides* Hustedt, 1964
分布：中国台湾大陆架海域。
参考文献：黄宗国和林茂，2012。

交织琴状藻 *Lyrella praetexta* (Ehrenberg) Mann, 1990

同种异名：*Navicula praetexta* Ehrenberg, 1841; *Pinnularia praetexta* (Ehrenberg) Ehrenberg, 1854; *Schizonema praetextum* (Ehrenberg) Kuntze, 1898
分布：渤海，黄海，东海，南海。
参考文献：刘瑞玉，2008。

罗伯琴状藻 *Lyrella robertsiana* (Greville) Mann, 1990

同种异名：*Navicula robertsiana* Greville, 1865
分布：中国台湾大陆架海域。
参考文献：黄宗国和林茂，2012。

沙氏琴状藻 *Lyrella schaarschmidtii* (Pantocsek) Mann, 1990

同种异名：*Navicula schaarschmidtii* Pantocsek, 1886; *Schizonema schaarschmidtii* (Pantocsek) Kuntze, 1898
分布：南海。
参考文献：刘瑞玉，2008。

美丽琴状藻 *Lyrella Spectabilis* (Gregory) Mann, 1990

同种异名：*Navicula spectabilis* Gregory, 1857; *Schizonema spectabile* (Gregory) Kuntze, 1898
分布：渤海，黄海，东海，南海。
参考文献：刘瑞玉，2008；Kesorn and Sunan，2007。

雅致琴状藻 *Lyrella venusta* (Janisch ex Cleve) Mann, 1990

同种异名：*Navicula venusta* Janisch ex Cleve, 1895
分布：菲律宾群岛海域。
参考文献：Mann，1925。

岩生藻属 Genus *Petroneis* Stickle & Mann, 1990

冰河岩生藻 *Petroneis glacialis* (Cleve) Witkowski, Lange-Bertalot & Metzeltin, 2000

同种异名：*Cocconeis glacialis* Cleve, 1873; *Navicula glacialis* (Cleve) Cleve, 1883; *Schizonema glaciale* (Cleve) Kuntze, 1898

分布：台湾海峡。

参考文献：黄宗国和林茂，2012。

颗粒岩生藻 *Petroneis granulata* Mann, 1990

同种异名：*Navicula granulata* Bailey, 1854; *Navicula polysticta* Greville, 1859; *Navicula baileyana* Grunow ex Schmidt, 1874; *Navicula javanensis* Leuduger-Fortmorel, 1892; *Schizonema granulatum* Kuntze, 1898; *Clevia granulata* (Bailey) Mereschkowsky, 1903; *Navicula baileyi* Cholnoky, 1968

分布：渤海，黄海，东海，南海。

参考文献：黄宗国和林茂，2012；Kesorn and Sunan，2007。

肩部岩生藻 *Petroneis humerosa* (Brébisson ex Smith) Stickle & Mann, 1990

同种异名：*Navicula humerosa* Brébisson ex Smith, 1856; *Navicula granulata* var. *humerosa* (Brébisson) Carruthers, 1864; *Schizonema humerosum* (Brébisson ex Smith) Kuntze, 1898; *Clevia humerosa* (Brébisson ex Smith) Mereschkowsky, 1902

分布：台湾海峡，南海。

参考文献：刘瑞玉，2008。

宽阔岩生藻 *Petroneis latissima* (Gregory) Stickle & Mann, 1990

同种异名：*Navicula latissima* Gregory, 1856; *Navicula granulata* var. *latissima* (Gregory) Carruthers, 1864; *Schizonema latissimum* (Gregory) Kuntze, 1898

分布：南海。

参考文献：刘瑞玉，2008。

海洋岩生藻 *Petroneis marina* (Ralfs) Mann, 1990

同种异名：*Navicula marina* Ralfs, 1861; *Navicula punctulata* Smith, 1853; *Schizonema punctulatum* (Ehrenberg) Kuntze, 1898

分布：渤海，黄海，东海，南海；朝鲜沿海。

参考文献：刘瑞玉，2008；Lee et al.，1995。

串珠岩生藻 *Petroneis monilifera* (Cleve) Stickle & Mann, 1990

同种异名：*Navicula monilifera* Cleve, 1895; *Schizonema moniliferum* (Cleve) Kuntze, 1898

分布：东海，南海。

参考文献：刘瑞玉，2008；黄宗国和林茂，2012。

横开岩生藻 *Petroneis transfuga* (Grunow ex Cleve) Mann, 1990

同种异名：*Navicula transfuga* Grunow ex Cleve, 1883

分布：南海；朝鲜沿海。

参考文献：刘瑞玉，2008；Lee et al.，1995。

胸隔藻目 Order Mastogloiales Mann, 1990

曲壳藻科 Family Achnanthaceae Kützing, 1844

曲壳藻属 Genus *Achnanthes* Bory, 1822

美丽曲壳藻 *Achnanthes amoena* Hustedt, 1952

分布：东海。
参考文献：程兆第和高亚辉，2013；邵广昭，2003-2014。

拱形曲壳藻 *Achnanthes archibaldiana* Lange-Bertalot, 1989

分布：东海。
参考文献：程兆第和高亚辉，2013；邵广昭，2003-2014。

孟加拉曲壳藻 *Achnanthes bengalensis* Grunow, 1880

分布：台湾海峡。
参考文献：程兆第和高亚辉，2013。

双面曲壳藻 *Achnanthes biasolettiana* (Kützing) Grunow, 1880

分布：中国福建沿海；朝鲜、澳大利亚（维多利亚）沿海。
参考文献：程兆第和高亚辉，2013；Lee et al.，1995；Day et al.，1995。

短柄曲壳藻 *Achnanthes brevipes* Agardh, 1824

分布：渤海，黄海，东海，南海。
参考文献：程兆第和高亚辉，2013。

短柄曲壳藻变狭变种 *Achnanthes brevipes* var. *angustata* (Greville) Cleve, 1895

同种异名：*Achnanthes angustata* Greville, 1859
分布：渤海，黄海，东海，南海。
参考文献：黄宗国和林茂，2012；Kesorn and Sunan，2007。

短柄曲壳藻中间变种 *Achnanthes brevipes* var. *intermedia* (Kützing) Cleve, 1895

分布：渤海，黄海，东海，南海。
参考文献：黄宗国和林茂，2012；Kesorn and Sunan，2007。

短柄曲壳藻刘氏变种 *Achnanthes brevipes* var. *leudugeri* (Tempère & Brun) Cleve, 1895

分布：渤海，黄海，南海。
参考文献：黄宗国和林茂，2012。

短柄曲壳藻小型变种 *Achnanthes brevipes* var. *parvula* (Kützing) Cleve, 1895

分布：渤海，黄海，东海。

参考文献：黄宗国和林茂，2012。

柠檬曲壳藻 *Achnanthes citronella* (Mann) Hustedt, 1937

同种异名：*Cocconeis citronella* Mann, 1925
分布：台湾海峡，南海；菲律宾群岛海域。
参考文献：黄宗国和林茂，2012；Kesorn and Sunan，2007；Mann，1925。

克氏曲壳藻 *Achnanthes clevei* Grunow, 1880

分布：南海；朝鲜、澳大利亚（新南威尔士和维多利亚）沿海。
参考文献：黄宗国和林茂，2012；Lee et al.，1995；Day et al.，1995。

波缘曲壳藻 *Achnanthes crenulata* Grunow, 1880

分布：东海；日本、朝鲜、澳大利亚（新南威尔士和昆士兰）沿海。
参考文献：刘瑞玉，2008；Kobayashi et al.，2006；Lee et al.，1995；Day et al.，1995。

弯嘴曲壳藻 *Achnanthes curvirostrum* Brun, 1895

分布：南海；朝鲜、新西兰沿海。
参考文献：刘瑞玉，2008；Lee et al.，1995；Harper et al.，2012。

丹麦曲壳藻 *Achnanthes danica* (Flögel) Grunow, 1880

同种异名：*Cocconeis danica* Flögel, 1873
分布：南海。
参考文献：刘瑞玉，2008。

优美曲壳藻 *Achnanthes delicatula* (Kützing) Grunow, 1880

分布：台湾海峡。
参考文献：刘瑞玉，2008；Kesorn and Sunan，2007。

不同曲壳藻有角变种 *Achnanthes dispar* var. *angulata* Hustedt, 1930

分布：东海。
参考文献：刘瑞玉，2008。

微小曲壳藻 *Achnanthes exigua* Grunow, 1880

分布：中国福建沿海；朝鲜、澳大利亚（新南威尔士和维多利亚）沿海。
参考文献：刘瑞玉，2008；程兆第和高亚辉，2013；Lee et al.，1995；Day et al.，1995。

豪克曲壳藻 *Achnanthes hauckiana* Grunow, 1880

分布：台湾海峡，南海。
参考文献：黄宗国和林茂，2012。

膨胀曲壳藻 *Achnanthes inflata* (Kützing) Grunow, 1880

分布：中国福建沿海；日本、朝鲜、澳大利亚（维多利亚）和新西兰沿海。
参考文献：刘瑞玉，2008；Kobayashi et al.，2006；Lee et al.，1995；Day et al.，1995。

爪哇曲壳藻 *Achnanthes javanica* Grunow, 1880

分布：渤海，黄海，东海，南海。
参考文献：黄宗国和林茂，2012。

爪哇曲壳藻亚缩变种 *Achnanthes javanica* var. *subconstricta* Meister, 1932

分布：渤海，黄海，东海，南海。
参考文献：刘瑞玉，2008；程兆第和高亚辉，2013。

爪哇曲壳藻十字节变种 *Achnanthes javanica* var. *tenuistauros* (Mann) Meister, 1932

分布：渤海，黄海，台湾海峡，南海。
参考文献：刘瑞玉，2008；Li，1978。

长柄曲壳藻 *Achnanthes longipes* Agardh, 1824

分布：渤海，黄海，东海，南海；朝鲜、新加坡和澳大利亚（维多利亚）沿海，关岛海域。
参考文献：刘瑞玉，2008；Lee et al.，1995；Pham et al.，2011；Lobban et al.，2012；Day et al.，1995。

微形曲壳藻 *Achnanthes microcephala* (Kützing) Grunow, 1880

分布：台湾海峡；新西兰沿海。
参考文献：刘瑞玉，2008；Chapman et al.，1957。

极小曲壳藻 *Achnanthes minutissima* Kützing, 1883

分布：南海；朝鲜、澳大利亚（新南威尔士和维多利亚）沿海。
参考文献：刘瑞玉，2008；Lee et al.，1995；Day et al.，1995。

东方曲壳藻 *Achnanthes orientalis* Petit, 1933

分布：渤海，黄海，台湾海峡，南海。
参考文献：刘瑞玉，2008；程兆第和高亚辉，2013。

普洛曲壳藻 *Achnanthes ploenensis* Hustedt, 1930

分布：东海；澳大利亚新南威尔士和维多利亚沿海。
参考文献：刘瑞玉，2008；Day et al.，1995。

具斑点曲壳藻 *Achnanthes punctifera* Hustedt, 1955

分布：中国福建沿海；日本沿海。
参考文献：程兆第和高亚辉，2013；山路勇，1979。

放射曲壳藻 *Achnanthes radiata* Du & Cheng, 1984

分布：台湾海峡。
参考文献：刘瑞玉，2008；邵广昭，2003-2014。

无柄曲壳藻 *Achnanthes subsessilis* Kützing, 1833

分布：中国澎湖列岛海域。
参考文献：Li，1978。

雨水曲壳藻 *Achnanthes wellsiae* Reimer, 1966

分布：中国福建沿海；澳大利亚维多利亚沿海。
参考文献：刘瑞玉，2008；Day et al.，1995。

胸隔藻科 Family Mastogloiaceae Mereschkowsky, 1903

胸隔藻属 Genus *Mastogloia* Thwaites ex Smith, 1856

曲壳胸隔藻 *Mastogloia achnanthioides* Mann, 1925

分布：南海；关岛海域。
参考文献：金德祥等，1982；Lobban et al.，2012。

曲壳胸隔藻椭圆变种 *Mastogloia achnanthioides* var. *elliptica* Hustedt, 1933

分布：南海。
参考文献：程兆第和高亚辉，2013。

微尖胸隔藻 *Mastogloia acutiuscula* Grunow, 1883

分布：南海；澳大利亚沿海。
参考文献：金德祥等，1982；McCarthy，2013a；John，2018。

微尖胸隔藻椭圆变种 *Mastogloia acutiuscula* var. *elliptica* Hustedt, 1959

分布：台湾海峡。
参考文献：金德祥等，1982。

微尖胸隔藻维拉变种 *Mastogloia acutiuscula* var. *vairaensis* Ricard, 1975

分布：南海。
参考文献：程兆第和高亚辉，2013。

亚得里亚胸隔藻线形变种 *Mastogloia adriatica* var. *linearis* Voigt, 1959

分布：南海。
参考文献：程兆第和高亚辉，2013。

肯定胸隔藻 *Mastogloia affirmata* (Leudiger-Fortmorel) Cleve, 1892

分布：南海；澳大利亚沿海。
参考文献：程兆第和高亚辉，2013；McCarthy，2013a。

厦门胸隔藻 *Mastogloia amoyensis* Voigt, 1942

分布：台湾海峡，南海。
参考文献：程兆第和高亚辉，2013。

宽角胸隔藻 *Mastogloia angulata* Lewis, 1859

分布：南海；关岛海域，澳大利亚和新西兰沿海。
参考文献：Lobban et al.，2012；程兆第和高亚辉，2013；McCarthy，2013a；Harper et al.，2012。

渐窄胸隔藻 *Mastogloia angusta* Hustedt, 1933

分布：西沙群岛海域。
参考文献：程兆第和高亚辉，2013；黄宗国和林茂，2012。

细尖胸隔藻 *Mastogloia apiculata* Smith, 1865

分布：渤海，黄海，东海，南海；澳大利亚昆士兰沿海。
参考文献：黄宗国和林茂，2012；McCarthy，2013a；John，2016。

粗胸隔藻 *Mastogloia aspera* Voigt, 1942

分布：南海。
参考文献：刘瑞玉，2008；黄宗国和林茂，2012。

粗胸隔藻披针变型 *Mastogloia aspera* f. *lanceolata* Ricard, 1975

分布：南海。
参考文献：刘瑞玉，2008；黄宗国和林茂，2012。

粗糙胸隔藻 *Mastogloia asperula* Grunow ex Cleve, 1892

分布：南海；澳大利亚沿海。
参考文献：黄宗国和林茂，2012；McCarthy，2013a。

拟粗胸隔藻 *Mastogloia asperuloides* Hustedt, 1959

分布：东海，南海；澳大利亚沿海。
参考文献：黄宗国和林茂，2012；McCarthy，2013a。

巴哈马胸隔藻 *Mastogloia bahamensis* Cleve, 1895

分布：南海。
参考文献：黄宗国和林茂，2012。

巴尔胸隔藻 *Mastogloia baldjikiana* Grunow, 1893

分布：南海；澳大利亚（昆士兰）、新西兰沿海。
参考文献：黄宗国和林茂，2012；McCarthy，2013a；Harper et al.，2012；John，2016。

柏列胸隔藻 *Mastogloia bellatula* Voigt, 1959

分布：南海。
参考文献：刘瑞玉，2008。

双细尖胸隔藻 *Mastogloia biapiculata* Hustedt, 1927

分布：南海。
参考文献：刘瑞玉，2008。

双标胸隔藻 *Mastogloia binotata* (Grunow) Cleve, 1895

分布：渤海，黄海，台湾海峡，南海；关岛海域，澳大利亚和新西兰沿海。
参考文献：Lobban et al.，2012；刘瑞玉，2008；McCarthy，2013a；Harper et al.，2012。

双标胸隔藻散点变型 *Mastogloia binotata* f. *sparsipunctata* Voigt, 1952

分布：南海。
参考文献：黄宗国和林茂，2012。

佰里胸隔藻 *Mastogloia bourrellyana* Ricard, 1975

分布：南海。
参考文献：刘瑞玉，2008。

布氏胸隔藻 *Mastogloia brauni* Grunow, 1863

分布：渤海，台湾海峡，南海；澳大利亚和新西兰沿海。
参考文献：刘瑞玉，2008；McCarthy，2013a；Harper et al.，2012。

布氏胸隔藻缢缩变种 *Mastogloia brauni* var. *constricta* Liu & Chin

分布：台湾海峡。
参考文献：刘瑞玉，2008；黄宗国和林茂，2012。

布氏胸隔藻延长变型 *Mastogloia brauni* f. *elongata* Voigt, 1955

分布：台湾海峡，南海。
参考文献：黄宗国和林茂，2012。

包含胸隔藻 *Mastogloia capax* Mann, 1925

分布：菲律宾群岛海域。
参考文献：Mann，1925。

塞布胸隔藻 *Mastogloia cebuensis* Mann, 1925

分布：菲律宾群岛海域。
参考文献：Mann，1925。

枸橼胸隔藻 *Mastogloia citroides* Ricard, 1975

分布：南海。
参考文献：刘瑞玉，2008。

柑桔胸隔藻 *Mastogloia citrus* (Cleve) De Toni, 1893

分布：渤海，黄海，东海，南海；关岛海域。
参考文献：Lobban et al.，2012；刘瑞玉，2008。

卵形胸隔藻 *Mastogloia cocconeiformis* Grunow, 1858

分布：南海；关岛海域，澳大利亚沿海。
参考文献：刘瑞玉，2008；Lobban et al.，2012；McCarthy，2013a。

复合胸隔藻 *Mastogloia composita* Voigt, 1952

分布：南海。
参考文献：刘瑞玉，2008。

珊瑚胸隔藻 *Mastogloia corallum* Paddock & Kemp, 1988

分布：南海。
参考文献：刘瑞玉，2008；黄宗国和林茂，2012。

考锡胸隔藻 *Mastogloia corsicana* Grunow, 1878

同种异名：*Mastogloia bisulcata* var. *corsicana* Grunow, 1880
分布：台湾海峡，南海。
参考文献：刘瑞玉，2008；黄宗国和林茂，2012。

筛胸隔藻 *Mastogloia cribrosa* Grunow, 1858

分布：黄海，东海，南海。
参考文献：刘瑞玉，2008。

十字形胸隔藻 *Mastogloia cruciata* (Leuduger-Fortmorel) Cleve, 1891

分布：台湾海峡，南海。
参考文献：黄宗国和林茂，2012。

十字形胸隔藻椭圆变种 *Mastogloia cruciata* var. *elliptica* Voigt, 1942

分布：南海。
参考文献：刘瑞玉，2008；黄宗国和林茂，2012。

异极胸隔藻 *Mastogloia cucurbita* Voigt, 1952

分布：南海。
参考文献：刘瑞玉，2008；黄宗国和林茂，2012。

楔形胸隔藻 *Mastogloia cuneata* (Meister) Simonsen

同种异名：*Mastogloia gomphonemoides* var. *cuneata* Meister, 1937
分布：西沙群岛海域；关岛海域。
参考文献：刘瑞玉，2008；黄宗国和林茂，2012；Lobban et al.，2012。

圆圈胸隔藻 *Mastogloia cyclops* Voigt, 1942

分布：南海。
参考文献：刘瑞玉，2008；黄宗国和林茂，2012。

迷惑胸隔藻 *Mastogloia decipiens* Hustedt, 1933

分布：南海。
参考文献：刘瑞玉，2008；黄宗国和林茂，2012。

叉纹胸隔藻 *Mastogloia decussata* Grunow, 1892

分布：台湾海峡，南海。
参考文献：刘瑞玉，2008。

齿纹胸隔藻 *Mastogloia densestriata* Hustedt, 1933

分布：南海。
参考文献：刘瑞玉，2008；Lobban et al.，2012。

凹陷胸隔藻 *Mastogloia depressa* Hustedt, 1933

分布：南海。
参考文献：刘瑞玉，2008；黄宗国和林茂，2012。

双头胸隔藻 *Mastogloia dicephala* Voigt, 1942

分布：南海；关岛海域。
参考文献：刘瑞玉，2008；黄宗国和林茂，2012。

异胸隔藻 *Mastogloia dissimilis* Hustedt, 1933

分布：渤海，黄海。
参考文献：刘瑞玉，2008；黄宗国和林茂，2012。

可疑胸隔藻 *Mastogloia dubitabilis* Meister

分布：渤海，黄海，东海，南海。
参考文献：黄宗国和林茂，2012。

优美胸隔藻 *Mastogloia elegantula* Hustedt, 1933

分布：南海。
参考文献：刘瑞玉，2008；黄宗国和林茂，2012。

椭圆胸隔藻丹氏变种 *Mastogloia elliptica* var. *danseyi* (Thwaites) Cleve, 1895

分布：渤海，黄海，台湾海峡。
参考文献：刘瑞玉，2008；黄宗国和林茂，2012。

微缺胸隔藻 *Mastogloia emarginata* Hustedt, 1925

分布：东海，南海。
参考文献：刘瑞玉，2008；黄宗国和林茂，2012。

红胸隔藻 *Mastogloia erythraea* Grunow, 1858

分布：南海；关岛海域，澳大利亚沿海。
参考文献：刘瑞玉，2008；Lobban et al.，2012；McCarthy，2013a；John，2018。

红胸隔藻双眼变种 *Mastogloia erythraea* var. *biocellata* Grunow, 1877

分布：南海。
参考文献：刘瑞玉，2008；黄宗国和林茂，2012。

红胸隔藻椭圆变种 *Mastogloia erythraea* var. *elliptica* Voigt, 1967

分布：中国海南沿海。
参考文献：刘瑞玉，2008；黄宗国和林茂，2012。

红胸隔藻格鲁变种 *Mastogloia erythraea* var. *grunowii* Foged, 1984

分布：西沙群岛海域。
参考文献：刘瑞玉，2008；黄宗国和林茂，2012。

瘦小胸隔藻 *Mastogloia exilis* Hustedt, 1933

分布：南海；关岛海域，澳大利亚沿海。
参考文献：刘瑞玉，2008；Lobban et al.，2012；McCarthy，2013a。

假胸隔藻 *Mastogloia fallax* Cleve, 1895

分布：台湾海峡，南海；澳大利亚新南威尔士沿海。
参考文献：刘瑞玉，2008；Day et al.，1995。

束纹胸隔藻 *Mastogloia fascistriata* Liu & Chin, 1980

分布：台湾海峡。
参考文献：刘瑞玉，2008；黄宗国和林茂，2012。

睫毛胸隔藻 *Mastogloia fimbriata* (Brightwell) Grunow, 1863

分布：渤海，黄海，台湾海峡，南海。
参考文献：刘瑞玉，2008。

纺锤胸隔藻 *Mastogloia fusiformis* Mann, 1925

分布：菲律宾群岛海域。
参考文献：Mann，1925。

纤细胸隔藻 *Mastogloia gracilis* Hustedt, 1933

分布：西沙群岛海域；澳大利亚沿海。
参考文献：刘瑞玉，2008；McCarthy，2013a。

纤弱胸隔藻 *Mastogloia graciloides* Hustedt, 1933

分布：关岛海域。
参考文献：Lobban et al.，2012。

颗粒胸隔藻 *Mastogloia grana* Ricard, 1975

分布：南海。
参考文献：刘瑞玉，2008；黄宗国和林茂，2012。

格氏胸隔藻 *Mastogloia grevillei* Smith, 1856

分布：东海；新西兰和澳大利亚沿海。
参考文献：刘瑞玉，2008；黄宗国和林茂，2012；Harper et al.，2012；Day et al.，1995。

格鲁胸隔藻 *Mastogloia grunowii* Schmidt, 1893

分布：东海；澳大利亚昆士兰沿海。
参考文献：刘瑞玉，2008；黄宗国和林茂，2012；John，2016。

格鲁莱胸隔藻 *Mastogloia gruendleri* Schmidt, 1893

分布：菲律宾群岛海域。
参考文献：Mann，1925。

海南胸隔藻 *Mastogloia hainanensis* Voigt, 1935

分布：南海。
参考文献：刘瑞玉，2008；黄宗国和林茂，2012。

霍氏胸隔藻 *Mastogloia horvathiana* Grunow, 1858

分布：南海；关岛海域，澳大利亚沿海。
参考文献：刘瑞玉，2008；黄宗国和林茂，2012；Lobban et al.，2012；McCarthy，2013a。

赫氏胸隔藻 *Mastogloia hustedtii* Meister, 1935

分布：东海，南海；印度尼西亚沿海，关岛海域。
参考文献：刘瑞玉，2008；黄宗国和林茂，2012；Pennesi et al.，2011；Lobban et al.，2012。

模仿胸隔藻 *Mastogloia imitatrix* Mann, 1925

分布：渤海，黄海，台湾海峡。
参考文献：刘瑞玉，2008；黄宗国和林茂，2012。

不等胸隔藻 *Mastogloia inaequalis* Cleve, 1895

分布：台湾海峡，南海。
参考文献：刘瑞玉，2008；黄宗国和林茂，2012；Kesorn and Sunan，2007。

印尼胸隔藻 *Mastogloia indonesiana* Voigt, 1952

分布：南海。
参考文献：刘瑞玉，2008；黄宗国和林茂，2012。

非旧胸隔藻 *Mastogloia intrita* Voigt, 1952

分布：南海。
参考文献：刘瑞玉，2008；黄宗国和林茂，2012。

焦氏胸隔藻 *Mastogloia jaoi* Voigt, 1952

分布：南海。
参考文献：刘瑞玉，2008；黄宗国和林茂，2012。

杰氏胸隔藻 *Mastogloia jelinekii* (Grunow) Grunow, 1877

分布：南海；印度尼西亚沿海，关岛海域。
参考文献：刘瑞玉，2008；黄宗国和林茂，2012；Pennesi et al.，2012；Lobban et al.，2012。

杰氏胸隔藻延长变种 *Mastogloia jelinekii* var. *extensa* Voigt, 1959

分布：南海。
参考文献：刘瑞玉，2008；程兆第和高亚辉，2013。

杰利胸隔藻 *Mastogloia jelinekiana* Grunow, 1867

分布：中国台湾大陆架海域。
参考文献：黄宗国和林茂，2012。

拉布胸隔藻 *Mastogloia labuensis* Cleve, 1893

分布：南海；澳大利亚沿海。
参考文献：黄宗国和林茂，2012；McCarthy，2013a。

裂开胸隔藻 *Mastogloia lacrimata* Voigt, 1959

分布：东海；关岛海域。
参考文献：黄宗国和林茂，2012；Lobban et al.，2012。

披针胸隔藻 *Mastogloia lanceolata* Thwaites, 1856

分布：南海；澳大利亚和新西兰沿海。
参考文献：黄宗国和林茂，2012；McCarthy，2013a；Harper et al.，2012。

宽胸隔藻 *Mastogloia lata* Hustedt, 1933

分布：南海；澳大利亚沿海。
参考文献：黄宗国和林茂，2012；McCarthy，2013a。

宽纹胸隔藻 *Mastogloia latecostata* Hustedt, 1933

分布：南海。
参考文献：刘瑞玉，2008；黄宗国和林茂，2012。

线咀胸隔藻 *Mastogloia laterostrata* Hustedt, 1933

分布：中国海南沿海；关岛海域。
参考文献：刘瑞玉，2008；Lobban et al.，2012。

砖胸隔藻 *Mastogloia latericia* (Schmidt) Cleve, 1895

同种异名：*Orthoneis latericia* Schmidt, 1893
分布：中国台湾沿海。
参考文献：刘瑞玉，2008；黄宗国和林茂，2012。

勒蒙斯胸隔藻 *Mastogloia lemniscata* Leuduger-Fortmorel, 1879

分布：台湾海峡，南海。
参考文献：刘瑞玉，2008；黄宗国和林茂，2012。

透镜胸隔藻 *Mastogloia lentiformis* Voigt, 1942

分布：南海。
参考文献：刘瑞玉，2008；黄宗国和林茂，2012。

平滑胸隔藻 *Mastogloia levis* Voigt, 1959

分布：南海。

参考文献：刘瑞玉，2008；黄宗国和林茂，2012。

辽东胸隔藻 *Mastogloia liaotungiensis* Voigt, 1952

分布：渤海，黄海；澳大利亚沿海。
参考文献：刘瑞玉，2008；McCarthy，2013a。

直列胸隔藻 *Mastogloia lineata* Cleve & Grove, 1891

分布：南海；关岛海域，澳大利亚沿海。
参考文献：刘瑞玉，2008；Lobban et al.，2012；McCarthy，2013a。

新月胸隔藻 *Mastogloia lunula* Voigt, 1942

分布：南海。
参考文献：刘瑞玉，2008；黄宗国和林茂，2012。

麦氏胸隔藻 *Mastogloia macdonaldi* Greville, 1865

分布：南海；关岛海域，澳大利亚沿海。
参考文献：刘瑞玉，2008；Lobban et al.，2012；McCarthy，2013a。

乳头胸隔藻 *Mastogloia mammosa* Voigt, 1942

分布：南海。
参考文献：刘瑞玉，2008；黄宗国和林茂，2012。

马诺胸隔藻 *Mastogloia manokwariensis* Cholnoky, 1959

分布：台湾海峡，南海；关岛海域。
参考文献：刘瑞玉，2008；Lobban et al.，2012。

毛里胸隔藻 *Mastogloia mauritiana* Brun, 1893

分布：东海，南海；关岛海域，澳大利亚沿海。
参考文献：刘瑞玉，2008；Lobban et al.，2012；McCarthy，2013a。

毛里胸隔藻头状变种 *Mastogloia mauritiana* var. *capitata* Voigt, 1942

分布：南海。
参考文献：刘瑞玉，2008；黄宗国和林茂，2012。

地中海胸隔藻 *Mastogloia mediterranea* Hustedt, 1933

分布：南海；关岛海域，澳大利亚和新西兰沿海。
参考文献：刘瑞玉，2008；Lobban et al.，2012；McCarthy，2013a；Harper et al.，2012。

地中海胸隔藻椭圆变种 *Mastogloia mediterranea* var. *elliptica* Voigt, 1952

分布：渤海，黄海。
参考文献：刘瑞玉，2008；黄宗国和林茂，2012。

极小胸隔藻 *Mastogloia minutissima* Voigt, 1942

分布：西太平洋热带海域；南海。
参考文献：孙晓霞等，2017；刘瑞玉，2008；黄宗国和林茂，2012。

细小胸隔藻 *Mastogloia minuta* Greville, 1857

分布：爪哇海，日本近海。
参考文献：刘瑞玉，2008；山路勇，1979。

壁生胸隔藻 *Mastogloia muralis* Voigt, 1959

分布：南海。
参考文献：刘瑞玉，2008；黄宗国和林茂，2012。

多云胸隔藻 *Mastogloia nebulosa* Voigt, 1952

分布：南海。
参考文献：刘瑞玉，2008；黄宗国和林茂，2012。

新皱胸隔藻 *Mastogloia neorugosa* Voigt, 1942

分布：台湾海峡，南海。
参考文献：刘瑞玉，2008；黄宗国和林茂，2012。

努思胸隔藻 *Mastogloia nuiensis* Ricard, 1975

分布：南海。
参考文献：刘瑞玉，2008；黄宗国和林茂，2012。

肥宽胸隔藻 *Mastogloia obesa* Cleve, 1893

分布：南海。
参考文献：刘瑞玉，2008；黄宗国和林茂，2012。

玄妙胸隔藻 *Mastogloia occulta* Voigt, 1952

分布：南海。
参考文献：刘瑞玉，2008；黄宗国和林茂，2012。

略胸隔藻 *Mastogloia omissa* Voigt, 1952

分布：南海。
参考文献：刘瑞玉，2008；黄宗国和林茂，2012。

卵圆胸隔藻 *Mastogloia ovalis* Schmidt, 1893

分布：南海；关岛海域。
参考文献：刘瑞玉，2008；Lobban et al.，2012。

卵胸隔藻 *Mastogloia ovata* Grunow, 1858

分布：南海；关岛海域。
参考文献：刘瑞玉，2008；Lobban et al.，2012。

胚珠胸隔藻 *Mastogloia ovulum* Hustedt, 1933

分布：南海。
参考文献：刘瑞玉，2008；Lobban et al.，2012。

卵菱胸隔藻 *Mastogloia ovum-paschale* (Schmidt) Mann, 1925

分布：台湾海峡，南海；菲律宾群岛海域。
参考文献：刘瑞玉，2008；Mann，1925。

西沙胸隔藻 *Mastogloia paracelsiana* Voigt, 1952

分布：南海。
参考文献：刘瑞玉，2008；黄宗国和林茂，2012。

奇异胸隔藻 *Mastogloia paradoxa* Grunow, 1878

分布：南海；关岛海域，澳大利亚和新西兰沿海。
参考文献：刘瑞玉，2008；Lobban et al.，2012；McCarthy，2013a；Harper et al.，2012。

尖胸隔藻 *Mastogloia peracuta* Janisch, 1893

分布：东海。
参考文献：刘瑞玉，2008；黄宗国和林茂，2012。

佩氏胸隔藻 *Mastogloia peragalli* Cleve, 1892

分布：南海。
参考文献：刘瑞玉，2008；黄宗国和林茂，2012。

鱼形胸隔藻 *Mastogloia pisciculus* Cleve, 1893

分布：渤海，黄海，台湾海峡，南海；印度尼西亚沿海。
参考文献：刘瑞玉，2008；Pennesi et al.，2012。

拟瘦胸隔藻 *Mastogloia pseudexilis* Voigt, 1959

分布：南海。
参考文献：刘瑞玉，2008；黄宗国和林茂，2012。

拟边胸隔藻 *Mastogloia pseudolatericia* Voigt, 1952

分布：南海。
参考文献：刘瑞玉，2008；黄宗国和林茂，2012。

拟毛里胸隔藻 *Mastogloia pseudomauritiana* Voigt, 1952

分布：南海。
参考文献：刘瑞玉，2008；黄宗国和林茂，2012。

美丽胸隔藻 *Mastogloia pulchella* Cleve, 1895

分布：南海；菲律宾群岛海域。
参考文献：刘瑞玉，2008；Mann，1925。

矮小胸隔藻 *Mastogloia pumila* (Grunow) Cleve, 1895

分布：渤海，黄海，台湾海峡；澳大利亚和新西兰沿海。
参考文献：刘瑞玉，2008；McCarthy，2013a；Harper et al.，2012。

矮小胸隔藻脓疱变种 *Mastogloia pumila* var. *papuarum* Cholnoky, 1963

分布：南海。
参考文献：刘瑞玉，2008；黄宗国和林茂，2012。

矮小胸隔藻伦内变种 *Mastogloia pumila* var. *rennellensis* Foged, 1957

分布：南海。
参考文献：刘瑞玉，2008；黄宗国和林茂，2012。

点胸隔藻 *Mastogloia punctatissima* (Greville) Ricard, 1895

分布：南海；关岛海域。
参考文献：刘瑞玉，2008；Lobban et al.，2012。

细点胸隔藻 *Mastogloia punctifera* Brun, 1895

分布：南海；澳大利亚沿海。
参考文献：刘瑞玉，2008；McCarthy，2013a。

琼州胸隔藻 *Mastogloia qionzhouensis* Liu, 1993

分布：南海。
参考文献：刘瑞玉，2008；黄宗国和林茂，2012。

五肋胸隔藻 *Mastogloia quinquecostata* Grunow, 1858

分布：东海，南海；澳大利亚和新西兰沿海。
参考文献：刘瑞玉，2008；McCarthy，2013a；Harper et al.，2012。

菱形胸隔藻 *Mastogloia rhombus* (Petit) Cleve & Grove, 1891

分布：中国海南沿海；关岛海域。
参考文献：刘瑞玉，2008；Lobban et al.，2012。

裂缝胸隔藻 *Mastogloia rimosa* Cleve, 1893

分布：南海；关岛海域。
参考文献：刘瑞玉，2008；Lobban et al.，2012。

粗壮胸隔藻 *Mastogloia robusta* Hustedt, 1959

分布：台湾海峡，南海；关岛海域。
参考文献：刘瑞玉，2008；Lobban et al.，2012。

长喙胸隔藻 *Mastogloia rostrata* (Wallich) Hustedt, 1933

同种异名：*Stigmaphora rostrata* Wallich, 1860
分布：太平洋热带开阔洋区，西太平洋副热带环流区；台湾海峡，南海。

参考文献：Беляева，1976；杨清良和陈兴群，1984；孙晓霞等，2017；杨清良等，2000；黄宗国和林茂，2012。

萨韦胸隔藻 *Mastogloia savensis* Jurily, 1972

分布：台湾海峡，南海。
参考文献：刘瑞玉，2008；黄宗国和林茂，2012。

施氏胸隔藻 *Mastogloia schmidtii* Heidenet, 1928

分布：南海；澳大利亚沿海。
参考文献：刘瑞玉，2008；McCarthy，2013a。

连续胸隔藻 *Mastogloia serians* Voigt, 1959

分布：南海。
参考文献：刘瑞玉，2008；黄宗国和林茂，2012。

锯齿胸隔藻 *Mastogloia serrata* Voigt, 1942

分布：东海。
参考文献：刘瑞玉，2008；黄宗国和林茂，2012。

塞舌尔胸隔藻 *Mastogloia seychellensis* Grunow, 1879

分布：南海。
参考文献：刘瑞玉，2008；黄宗国和林茂，2012。

相似胸隔藻 *Mastogloia similis* Hustedt, 1933

分布：南海。
参考文献：刘瑞玉，2008；黄宗国和林茂，2012。

单纯胸隔藻 *Mastogloia simplex* König, 1959

分布：南海。
参考文献：刘瑞玉，2008；黄宗国和林茂，2012。

新加坡胸隔藻 *Mastogloia singaporensis* Voigt, 1942

分布：南海；澳大利亚沿海。
参考文献：刘瑞玉，2008；McCarthy，2013a。

史氏胸隔藻 *Mastogloia smithii* Thwaites ex Smith, 1856

分布：渤海，黄海，东海，南海；朝鲜、澳大利亚和新西兰沿海。
参考文献：刘瑞玉，2008；Lee et al.，1995；McCarthy，2013a；Harper et al.，2012。

史氏胸隔藻偏心变种 *Mastogloia smithii* var. *excentrica* Liu & Chin, 1980

分布：南海。
参考文献：刘瑞玉，2008；黄宗国和林茂，2012。

光亮胸隔藻 *Mastogloia splendida* (Gregory) Pergallo, 1888

分布：南海；朝鲜沿海。
参考文献：刘瑞玉，2008；Lee et al.，1995。

拟定胸隔藻 *Mastogloia subaffirmata* Hustedt, 1927

分布：西沙群岛海域。
参考文献：刘瑞玉，2008；黄宗国和林茂，2012。

拟定胸隔藻窄形变种 *Mastogloia subaffirmata* var. *angusta* Hustedt, 1933

分布：西沙群岛海域。
参考文献：刘瑞玉，2008；黄宗国和林茂，2012。

亚粗胸隔藻 *Mastogloia subaspera* Hustedt, 1933

分布：南海。
参考文献：刘瑞玉，2008；黄宗国和林茂，2012。

亚砖胸隔藻 *Mastogloia sublatericia* Hustedt, 1933

分布：南海。
参考文献：刘瑞玉，2008；黄宗国和林茂，2012。

具槽胸隔藻 *Mastogloia sulcata* Cleve, 1892

分布：南海。
参考文献：刘瑞玉，2008；黄宗国和林茂，2012。

细弱胸隔藻 *Mastogloia tenuis* Hustedt, 1933

分布：南海；关岛海域，澳大利亚沿海。
参考文献：刘瑞玉，2008；Lobban et al.，2012；McCarthy，2013a。

细枝胸隔藻 *Mastogloia tenuissima* Hustedt, 1933

分布：南海。
参考文献：刘瑞玉，2008；黄宗国和林茂，2012。

龟形胸隔藻 *Mastogloia testudinea* Voigt, 1942

分布：东海，南海。
参考文献：刘瑞玉，2008；黄宗国和林茂，2012。

三波胸隔藻 *Mastogloia triundulata* Liu, 1997

分布：西沙群岛海域。
参考文献：刘瑞玉，2008；黄宗国和林茂，2012。

脐胸隔藻 *Mastogloia umbilicata* Voigt, 1959

分布：南海。
参考文献：刘瑞玉，2008；黄宗国和林茂，2012。

波状胸隔藻 *Mastogloia undulata* Grunow, 1858

分布：南海。
参考文献：刘瑞玉，2008；黄宗国和林茂，2012。

变异胸隔藻 *Mastogloia varians* Hustedt, 1933

分布：南海。
参考文献：刘瑞玉，2008；黄宗国和林茂，2012。

毒蛇胸隔藻 *Mastogloia viperina* Voigt, 1942

分布：南海。
参考文献：刘瑞玉，2008；黄宗国和林茂，2012。

异形胸隔藻 *Mastogloia vulnerata* Voigt, 1952

分布：南海。
参考文献：刘瑞玉，2008；黄宗国和林茂，2012。

伍氏胸隔藻 *Mastogloia woodiana* Taylor, 1967

分布：赤道太平洋热带洋区；南海。
参考文献：Беляева，1976；黄宗国和林茂，2012。

西沙胸隔藻 *Mastogloia xishaensis* Liu & Chin, 1993

分布：南海。
参考文献：刘瑞玉，2008；黄宗国和林茂，2012。

网形藻目 Order Dictyoneidales Mann

网形藻科 Family Dictyoneidaceae Mann

网形藻属 Genus *Dictyoneis* Cleve, 1890

具边网形藻 *Dictyoneis marginata* (Lewis) Cleve, 1890

同种异名：*Navicula marginata* Lewis, 1861; *Schizonema marginatum* (Lewis) Kuntze, 1898
分布：台湾海峡，南海；菲律宾群岛海域，澳大利亚沿海。
参考文献：黄宗国和林茂，2012；Mann，1925；McCarthy，2013a。

具边网形藻强氏变种 *Dictyoneis marginata* var. *janischii* (Castracane) Cleve

同种异名：*Navicula janischii* Castracane
分布：菲律宾群岛海域。
参考文献：Mann，1925。

苏氏网形藻 *Dictyoneis thumii* Cleve, 1890

分布：南海。
参考文献：刘瑞玉，2008。

海锥藻目 Order Thalassiophysales Mann, 1990

串珠藻科 Family Catenulaceae Mereschkowsky, 1902

双眉藻属 Genus *Amphora* Ehrenberg ex Kützing, 1844

尖锐双眉藻 *Amphora acuta* Gregory, 1857

分布：南海；澳大利亚和新西兰沿海。
参考文献：刘瑞玉，2008；McCarthy，2013a；Harper et al.，2012。

翼双眉藻 *Amphora alata* Peragallo, 1888

分布：菲律宾群岛海域。
参考文献：Mann，1925。

互交双眉藻 *Amphora alternata* Mann, 1925

分布：菲律宾群岛海域。
参考文献：Mann，1925。

锋利双眉藻 *Amphora anceps* Mann, 1925

分布：菲律宾群岛海域。
参考文献：Mann，1925。

狭窄双眉藻 *Amphora angusta* Gregory, 1857

分布：渤海，黄海，东海，南海。
参考文献：刘瑞玉，2008；黄宗国和林茂，2012。

狭窄双眉藻中国变种 *Amphora angusta* var. *chinensis* Skvortzow, 1932

分布：渤海，黄海，台湾海峡。
参考文献：刘瑞玉，2008；黄宗国和林茂，2012。

狭窄双眉藻分离变种 *Amphora angusta* var. *diducta* (Schmidt) Cleve, 1895

分布：渤海，黄海，东海，南海。
参考文献：刘瑞玉，2008；黄宗国和林茂，2012。

沙生双眉藻 *Amphora arenaria* Donkin, 1859

分布：台湾海峡，南海；关岛海域，澳大利亚和新西兰沿海。
参考文献：刘瑞玉，2008；Lobban et al.，2012；McCarthy，2013a；Harper et al.，2012。

沙地双眉藻 *Amphora arenicola* Grunow ex Cleve, 1895

分布：东海，南海。
参考文献：刘瑞玉，2008；黄宗国和林茂，2012。

沙地双眉藻大型变种 *Amphora arenicola* var. *major* Cleve, 1895

分布：南海。
参考文献：刘瑞玉，2008；黄宗国和林茂，2012。

沙地双眉藻近相等变种 *Amphora arenicola* var. *subaequalis* Cleve, 1895

分布：南海。
参考文献：刘瑞玉，2008；黄宗国和林茂，2012。

双凸双眉藻 *Amphora bigibba* Grunow, 1875

分布：渤海，黄海，东海，南海；关岛海域，澳大利亚沿海。
参考文献：刘瑞玉，2008；Lobban et al.，2012；McCarthy，2013a。

城形双眉藻 *Amphora castellata* Giffen, 1959

分布：中国广西沿海；澳大利亚昆士兰沿海。
参考文献：刘瑞玉，2008；John，2016。

具孔双眉藻 *Amphora clathrala* Mann, 1925

分布：菲律宾群岛海域。
参考文献：Mann，1925。

咖啡形双眉藻 *Amphora coffeiformis* (Agardh) Kützing, 1844

分布：渤海，黄海，东海，南海；朝鲜、澳大利亚沿海。
参考文献：刘瑞玉，2008；Lee et al.，1995；Day et al.，1995。

咖啡形双眉藻微尖变种 *Amphora coffeiformis* var. *acutiuscula* (Kützing) Rabenhorst, 1864

分布：东海，台湾海峡。
参考文献：刘瑞玉，2008；黄宗国和林茂，2012。

变异双眉藻 *Amphora commutata* Grunow, 1880

分布：渤海，黄海，台湾海峡；新西兰和澳大利亚（昆士兰）沿海。
参考文献：刘瑞玉，2008；黄宗国和林茂，2012；Harper et al.，2012；John，2016。

紧密双眉藻 *Amphora compacta* Mann, 1925

分布：菲律宾群岛海域。
参考文献：Mann，1925。

联合双眉藻 *Amphora copulata* (Kützing) Schoeman & Archibald, 1986

同种异名：*Frustulia copulata* Kützing, 1833
分布（淡水种）：中国广东沿海；日本、朝鲜、澳大利亚沿海。
参考文献：刘瑞玉，2008；Kihara et al.，2015；Lee et al.，1995；John，2016，2018。

中肋双眉藻 *Amphora costata* Smith, 1853

分布：渤海，黄海，东海，南海。

参考文献：刘瑞玉，2008；黄宗国和林茂，2012。

中肋双眉藻膨大变种 *Amphora costata* var. *inflata* (Grunow) H. Peragallo & M. Peragallo, 1899

分布：台湾海峡，南海。
参考文献：刘瑞玉，2008；黄宗国和林茂，2012。

厚双眉藻 *Amphora crassa* Gregory, 1857

分布：东海，南海；澳大利亚和新西兰沿海。
参考文献：刘瑞玉，2008；McCarthy，2013a；Harper et al.，2012。

厚双眉藻坎佩切变种 *Amphora crassa* var. *campechiana* Grunow, 1875

分布：中国台湾大陆架海域；菲律宾群岛海域。
参考文献：刘瑞玉，2008；黄宗国和林茂，2012；Mann，1925。

厚双眉藻间纹变种 *Amphora crassa* var. *interrupta* Lin & Chin, 1980

分布：台湾海峡。
参考文献：刘瑞玉，2008；黄宗国和林茂，2012。

厚双眉藻斑点变种 *Amphora crassa* var. *punctata* Grunow, 1857

分布：中国台湾大陆架海域。
参考文献：刘瑞玉，2008；黄宗国和林茂，2012。

舟形双眉藻 *Amphora cymbifera* Gregory, 1857

分布：中国台湾大陆架海域。
参考文献：刘瑞玉，2008；黄宗国和林茂，2012。

黄瓜双眉藻 *Amphora cucumeris* Mann, 1925

分布：菲律宾群岛海域。
参考文献：Mann，1925。

叉纹双眉藻 *Amphora decussata* Grunow, 1867

分布：渤海，黄海，东海，南海；关岛海域，朝鲜、澳大利亚和新西兰沿海。
参考文献：刘瑞玉，2008；Lobban et al.，2012；McCarthy，2013a；Harper et al.，2012。

优美双眉藻 *Amphora delicatissima* Krasske, 1930

分布：中国福建沿海；朝鲜、新西兰沿海。
参考文献：刘瑞玉，2008；Lee et al.，1995；Harper et al.，2012。

两叉双眉藻 *Amphora dichotoma* Mann, 1925

分布：菲律宾群岛海域。
参考文献：Mann，1925。

坚硬双眉藻 *Amphora dura* Mann, 1925

分布：菲律宾群岛海域。

参考文献：Mann，1925。

优势双眉藻 ***Amphora egregia*** **Ehrenberg, 1859**

分布：南海；新西兰沿海。
参考文献：刘瑞玉，2008；McCarthy，2013a。

对齿双眉藻 ***Amphora ergadensis*** **Gregory, 1857**

分布：东海。
参考文献：程兆第和高亚辉，2012。

短缝双眉藻 ***Amphora eunotia*** **Cleve, 1873**

分布：南海；新西兰沿海。
参考文献：刘瑞玉，2008；Harper et al.，2012。

短缝双眉藻巨大变种 ***Amphora eunotia*** **var.** ***gigantea*** **Grunow, 1895**

分布：南海。
参考文献：程兆第和高亚辉，2012。

简单双眉藻 ***Amphora exigua*** **Gregory, 1857**

分布：渤海，黄海，台湾海峡，南海；朝鲜、新西兰沿海。
参考文献：刘瑞玉，2008；Lee et al.，1995；Harper et al.，2012。

旧扇双眉藻 ***Amphora exsecta*** **Grunow, 1875**

分布：南海。
参考文献：刘瑞玉，2008。

巨大双眉藻淡褐变种 ***Amphora gigantea*** **var.** ***fusca*** **(Schmidt) Cleve, 1895**

分布：南海。
参考文献：刘瑞玉，2008。

格雷双眉藻 ***Amphora grevilleana*** **Gregory, 1857**

分布：南海；澳大利亚沿海。
参考文献：刘瑞玉，2008；McCarthy，2013a。

格罗氏双眉藻 ***Amphora grovei*** **Cleve, 1892**

分布：南海。
参考文献：刘瑞玉，2008。

弯曲双眉藻 ***Amphora flexa*** **Mann, 1925**

分布：菲律宾群岛海域。
参考文献：Mann，1925。

流水双眉藻 ***Amphora fluminensis*** **Grunow, 1863**

分布：中国福建沿海。

参考文献：刘瑞玉，2008；程兆第和高亚辉，2013。

台湾双眉藻 *Amphora formosa* Cleve, 1875

分布：菲律宾群岛海域。
参考文献：Mann，1925。

弗科双眉藻 *Amphora furcata* Leuduger-Fortmorel, 1879

分布：菲律宾群岛海域。
参考文献：Mann，1925。

暗棕双眉藻 *Amphora fusca* Schmidt, 1875

分布：菲律宾群岛海域。
参考文献：Mann，1925。

驼背双眉藻 *Amphora gibba* Schmidt, 1876

分布：菲律宾群岛海域。
参考文献：Mann，1925。

格鲁双眉藻 *Amphora gruendleri* Grunow, 1875

分布：菲律宾群岛海域。
参考文献：Mann，1925。

海伦双眉藻 *Amphora helenensis* Giffen, 1973

分布：南海；新西兰沿海。
参考文献：刘瑞玉，2008；黄宗国和林茂，2012；Harper et al.，2012。

亨氏双眉藻 *Amphora henshawii* Mann, 1925

分布：菲律宾群岛海域。
参考文献：Mann，1925。

透明双眉藻 *Amphora hyalina* Kützing, 1844

分布：东海；朝鲜、澳大利亚和新西兰沿海。
参考文献：刘瑞玉，2008；Lee et al.，1995；McCarthy，2013a；Day et al.，1995。

膨大双眉藻 *Amphora inflata* Grunow, 1875

分布：菲律宾群岛海域。
参考文献：Mann，1925。

间裂双眉藻 *Amphora intersecta* Schmidt, 1875

分布：菲律宾群岛海域。
参考文献：Mann，1925。

爪哇双眉藻 *Amphora javanica* Schmidt, 1875

分布：台湾海峡，南海；澳大利亚沿海。

参考文献：刘瑞玉，2008；McCarthy，2013a。

平滑双眉藻 *Amphora laevis* Gregory, 1857

分布：南海；朝鲜、澳大利亚沿海。
参考文献：刘瑞玉，2008；Lee et al.，1995；McCarthy，2013a。

利比双眉藻 *Amphora libyca* Ehrenberg, 1840

分布：中国台湾沿海。
参考文献：刘瑞玉，2008；黄宗国和林茂，2012。

细线状双眉藻 *Amphora lineolata* Ehrenberg, 1838

分布（半咸淡种）：南海；日本（北海道）、朝鲜、澳大利亚（维多利亚）沿海。
参考文献：刘瑞玉，2008；Lee et al.，1995；McCarthy，2013a；John，2018。

细线状双眉藻中国变种 *Amphora lineolata* var. *chinensis* (Schmidt) Cleve, 1875

分布：南海。
参考文献：程兆第和高亚辉，2013。

新月形双眉藻 *Amphora lunula* Cleve, 1895

分布：南海。
参考文献：程兆第和高亚辉，2013。

新月双眉藻 *Amphora lunaris* Mann, 1925

分布：菲律宾群岛海域。
参考文献：Mann，1925。

琴状双眉藻 *Amphora lyrata* Gregory, 1857

分布：南海。
参考文献：刘瑞玉，2008；程兆第和高亚辉，2013。

加厚双眉藻 *Amphora incrassata* Giffen, 1984

分布：中国福建沿海。
参考文献：刘瑞玉，2008；程兆第和高亚辉，2013。

壮丽双眉藻 *Amphora magnifica* Mann, 1925

分布：菲律宾群岛海域。
参考文献：Mann，1925。

玛利亚双眉藻 *Amphora maria* Hanna & Grant

分布：中国台湾大陆架海域。
参考文献：刘瑞玉，2008；黄宗国和林茂，2012。

珠状双眉藻 *Amphora margaritifera* Cleve, 1895

分布：中国海南沿海。

参考文献：刘瑞玉，2008；程兆第和高亚辉，2013。

海洋双眉藻 *Amphora marina* Smith, 1857

分布：渤海，黄海，南海；朝鲜、新西兰沿海。
参考文献：刘瑞玉，2008；Lee et al.，1995；Harper et al.，2012。

墨西哥双眉藻 *Amphora mexicana* Schmidt, 1875

分布：南海；澳大利亚和新西兰沿海。
参考文献：刘瑞玉，2008；McCarthy，2013a；Harper et al.，2012。

微小双眉藻 *Amphora micrometra* Giffen, 1966

分布：南海；澳大利亚维多利亚沿海。
参考文献：刘瑞玉，2008；Harper et al.，2012。

极小双眉藻 *Amphora minima* Hustedt, 1955

分布：中国海南沿海。
参考文献：刘瑞玉，2008；程兆第和高亚辉，2013。

牟氏双眉藻 *Amphora muelleri* Schmidt, 1874

分布：中国海南沿海。
参考文献：刘瑞玉，2008；程兆第和高亚辉，2013。

具节双眉藻 *Amphora nodosa* Brun

分布：菲律宾群岛海域。
参考文献：Mann，1925。

钝头双眉藻 *Amphora obtusa* Gregory, 1857

分布：南海；关岛海域，澳大利亚（昆士兰）和新西兰沿海。
参考文献：刘瑞玉，2008；Lobban et al.，2012；McCarthy，2013a；Harper et al.，2012；Day et al.，1995。

钝头双眉藻海洋变种 *Amphora obtusa* var. *oceanica* (Castracane) Cleve, 1895

分布：南海。
参考文献：刘瑞玉，2008；程兆第和高亚辉，2013。

眼点双眉藻 *Amphora ocellata* Donkin, 1859

分布：南海；新西兰沿海。
参考文献：刘瑞玉，2008；Harper et al.，2012。

眼纹双眉藻 *Amphora oculus* Schmidt, 1875

分布：南海。
参考文献：刘瑞玉，2008；黄宗国和林茂，2012。

牡蛎双眉藻 *Amphora ostrearia* Brébisson ex Kützing, 1849

分布：台湾海峡，南海；关岛海域，澳大利亚沿海。

参考文献：刘瑞玉，2008；Lobban et al.，2012；McCarthy，2013a。

牡蛎双眉藻透明变种 *Amphora ostrearia* var. *vitrea* Cleve, 1895

分布：台湾海峡。
参考文献：刘瑞玉，2008；程兆第和高亚辉，2013。

卵形双眉藻 *Amphora ovalis* (Kützing) Kützing, 1844

分布：东海，南海；朝鲜、澳大利亚（昆士兰）沿海。
参考文献：刘瑞玉，2008；Lee et al.，1995；McCarthy，2013a；Day et al.，1995。

卵形双眉藻利比加变种 *Amphora ovalis* var. *libyca* (Ehrenberg) Cleve, 1895

分布：中国台湾沿海。
参考文献：刘瑞玉，2008；程兆第和高亚辉，2013。

卵形双眉藻有柄变种 *Amphora ovalis* var. *pediculus* (Kützing) Van Heurck, 1885

分布：东海，南海。
参考文献：刘瑞玉，2008；程兆第和高亚辉，2013。

少数双眉藻 *Amphora pauca* Mann, 1925

分布：菲律宾群岛海域。
参考文献：Mann，1925。

花柄双眉藻 *Amphora pediculus* (Kützing) Grunow, 1875

同种异名：*Cymbella pediculus* Kützing, 1844; *Cymbella cespitosa* var. *pediculus* (Kützing) Brun, 1880; *Amphora ovalis* var. *pediculus* (Kützing) Van Heurck, 1885; *Encyonema pediculus* (Kützing) Peragallo, 1889; *Clevamphora ovalis* var. *pediculus* (Kützing) Mereschkowsky, 1906
分布（淡水种）：黑龙江，东海，南海；日本、朝鲜、澳大利亚和新西兰沿海。
参考文献：刘瑞玉，2008；Kihara et al.，2015；Lee et al.，1995；McCarthy，2013a；Harper et al.，2012；Bostock and Holland，2010；John，2018；Day et al.，1995。

易变双眉藻 *Amphora proteus* Gregory, 1857

分布：渤海，黄海，东海，南海。
参考文献：刘瑞玉，2008；黄宗国和林茂，2012。

易变双眉藻胀状变种 *Amphora proteus* var. *oculata* H. Peragallo & M. Peragallo, 1898

分布：东海，南海。
参考文献：刘瑞玉，2008；程兆第和高亚辉，2013。

佳丽双眉藻 *Amphora pulchra* Greville, 1863

分布：菲律宾群岛海域。
参考文献：Mann，1925。

分开双眉藻 *Amphora recessa* Mann, 1925

分布：菲律宾群岛海域。

参考文献：Mann，1925。

赖夏双眉藻 *Amphora reichardtiana* Grunow, 1867

分布：中国海南沿海。
参考文献：刘瑞玉，2008；程兆第和高亚辉，2013。

菱面双眉藻 *Amphora rhombica* Kitton, 1876

分布：渤海，黄海，东海，南海；朝鲜、澳大利亚和新西兰沿海。
参考文献：刘瑞玉，2008；Lee et al.，1995；McCarthy，2013a；Harper et al.，2012。

菱面双眉藻中华变种 *Amphora rhombica* var. *sinica* Skvortzow, 1929

分布：渤海，黄海，台湾海峡。
参考文献：刘瑞玉，2008；程兆第和高亚辉，2013。

强壮双眉藻 *Amphora robusta* Gregory, 1875

分布：南海；澳大利亚和新西兰沿海。
参考文献：刘瑞玉，2008；McCarthy，2013a；Harper et al.，2012。

施氏双眉藻 *Amphora schmidtii* Grunow, 1875

分布：南海。
参考文献：刘瑞玉，2008；程兆第和高亚辉，2013。

斯玛双眉藻 *Amphora sima* Mann, 1925

分布：菲律宾群岛海域。
参考文献：Mann，1925。

波弯双眉藻 *Amphora sinuata* Greville, 1859

分布：中国台湾沿海；新西兰和澳大利亚（昆士兰）沿海。
参考文献：程兆第和高亚辉，2013；Harper et al.，2012；Day et al.，1995。

美丽双眉藻 *Amphora spectabilis* Gregory, 1857

分布：南海。
参考文献：刘瑞玉，2008；黄宗国和林茂，2012。

略尖双眉藻 *Amphora subacutiuscula* Schoeman, 1972

分布：东海，南海。
参考文献：刘瑞玉，2008；程兆第和高亚辉，2013。

十字形双眉藻 *Amphora staurophora* (Castracane) Cleve, 1895

分布：南海。
参考文献：刘瑞玉，2008；程兆第和高亚辉，2013。

特内双眉藻 *Amphora tenerrima* Aleem & Hustedt, 1951

分布：中国福建沿海。

参考文献：刘瑞玉，2008；程兆第和高亚辉，2013。

截端双眉藻 *Amphora terroris* Ehrenberg, 1853

分布：渤海，黄海，东海，南海；朝鲜、新西兰沿海。
参考文献：刘瑞玉，2008；Lee et al.，1995；Harper et al.，2012。

图马双眉藻 *Amphora tumulifer* Mann, 1925

分布：菲律宾群岛海域。
参考文献：Mann，1925。

膨胀双眉藻 *Amphora turgida* Gregory, 1857

分布：南海；朝鲜、新西兰和澳大利亚（昆士兰）沿海。
参考文献：刘瑞玉，2008；Lee et al.，1995；Harper et al.，2012；Day et al.，1995。

桥弯藻目 Order Cymbellales Mann, 1990

异菱藻科 Family Anomoeoneidaceae Mann

波利藻属 Genus *Pauliella* Round & Basson, 1997

带状波利藻 *Pauliella taeniata* (Grunow) Round & Basson, 1997

同种异名：*Achnanthes taeniata* Grunow, 1880
分布：澳大利亚沿海。
参考文献：McCarthy，2013a。

异菱藻属 Genus *Anomoeoneis* Pfitzer, 1871

中肋异菱藻 *Anomoeoneis costata* (Kützing) Hustedt, 1959

分布：东海，台湾海峡。
参考文献：刘瑞玉，2008；胡鸿钧和魏印心，2006。

球形异菱藻 *Amphora sphaerophora* Pfitzer, 1871

同种异名：*Schizonema sphaerophorum* (Pfitzer) Kuntze, 1898
分布（海水/淡水）：中国沿海；日本、朝鲜、澳大利亚（昆士兰）沿海。
参考文献：胡鸿钧和魏印心，2006；Kihara et al.，2015；Lee et al.，1995；McCarthy，2013a；Bostock and Holland，2010。

桥弯藻科 Family Cymbellaceae Kützing, 1844

桥弯藻属 Genus *Cymbella* Agardh, 1830

瓜形桥弯藻 *Cymbella cucumis* Schmidt, 1885

分布（淡水种）：中国福建沿海。

参考文献：刘瑞玉，2008；黄宗国和林茂，2012。

日本桥弯藻 *Cymbella japonica* Reichelt, 1898

分布（淡水种）：中国台湾沿海；日本、朝鲜沿海。
参考文献：黄宗国和林茂，2012；Jüttner et al.，2010；Lee et al.，1995。

膨胀桥弯藻 *Cymbella tumida* (Brébisson) Van Heurck, 1880

同种异名：*Cocconema tumidum* Brébisson, 1849
分布：中国沿海；澳大利亚新南威尔士沿海。
参考文献：黄宗国和林茂，2012；Day et al.，1995。

异极藻科 Family Gomphonemataceae Kützing, 1844

异极藻属 Genus *Gomphonema* Ehrenberg, 1832

头状异极藻 *Gomphonema capitatum* Ehrenberg, 1838

同种异名：*Gomphonema constrictum* var. *capitatum* (Ehrenberg) Grunow, 1880; *Gomphonema truncatum* var. *capitatum* (Ehrenberg) Woodhead & Tweed, 1954; *Gomphonema constrictum* f. *capitata* (Ehrenberg) Hustedt, 1957
分布：中国福建沿海；朝鲜和澳大利亚沿海。
参考文献：黄宗国和林茂，2012；Lee et al.，1995；Day et al.，1995。

弱小异极藻 *Gomphonema exiguum* Kützing, 1844

分布：中国福建沿海；澳大利亚新南威尔士沿海。
参考文献：刘瑞玉，2008；程兆第和高亚辉，2013；Day et al.，1995。

中间异极藻 *Gomphonema intricatum* Kützing, 1844

同种异名：*Gomphonema vibrio* var. *intricatum* (Kützing) Ross, 1986
分布：中国福建沿海；朝鲜沿海。
参考文献：黄宗国和林茂，2012；Lee et al.，1995。

卡氏异极藻 *Gomphonema kaznakowii* Mereschkowsky, 1906

分布：中国福建沿海。
参考文献：黄宗国和林茂，2012。

披针异极藻 *Gomphonema lanceolatum* Agardh, 1831

分布：中国福建和香港沿海；朝鲜沿海。
参考文献：黄宗国和林茂，2012；Lee et al.，1995。

橄榄异极藻 *Gomphonema olivaceum* (Hornemann) Ehrenberg, 1838

分布：中国福建、香港沿海；朝鲜和澳大利亚沿海。
参考文献：黄宗国和林茂，2012；Lee et al.，1995；Day et al.，1995。

橄榄异极藻侧结变种 *Gomphonema olivaceum* var. *stauroneiformis* Grunow, 1880

分布：中国福建沿海。
参考文献：黄宗国和林茂，2012。

拟弱小异极藻 *Gomphonema pseudexiguum* Simonsen, 1959

分布：东海。
参考文献：刘瑞玉，2008；程兆第和高亚辉，2013。

盐水异极藻 *Gomphonema salinarum* (Pantosek) Cleve, 1894

分布：南海。
参考文献：刘瑞玉，2008；程兆第和高亚辉，2013。

近棒异极藻 *Gomphonema subclavatum* (Grunow) Grunow, 1884

同种异名：*Gomphonema montanum* var. *subclavatum* Grunow, 1880; *Gomphonema longiceps* var. *subclavatum* (Grunow) Hustedt, 1930
分布：中国福建沿海；日本和澳大利亚沿海。
参考文献：黄宗国和林茂，2012；Kihara et al.，2015；Day et al.，1995。

细弱异极藻 *Gomphonema subtile* Ehrenberg, 1843

同种异名：*Gomphoneis subtilis* (Ehrenberg) Tempère & Peragallo, 1915
分布：中国福建沿海；朝鲜、泰国和澳大利亚沿海。
参考文献：黄宗国和林茂，2012；Lee et al.，1995；Foged，1972；Day et al.，1995。

热带异极藻 *Gomphonema tropicale* Brun, 1899

分布：中国福建沿海。
参考文献：黄宗国和林茂，2012。

圆端异极藻 *Gomphonema sphaerophorum* Ehrenberg, 1845

同种异名：*Gomphonema augur* var. *sphaerophorum* (Ehrenberg) Grunow, 1878；*Gomphoneis sphaerophorum* (Ehrenberg) Tempère & Peragallo, 1915
分布：中国福建沿海；朝鲜、新加坡、泰国和澳大利亚沿海。
参考文献：刘瑞玉，2008；程兆第和高亚辉，2013；Lee et al.，1995；Pham et al.，2011；Foged，1972；Day et al.，1995。

塔形异极藻 *Gomphonema turris* Ehrenberg, 1843

同种异名：*Gomphonema acuminatum* var. *turris* (Ehrenberg) Wolle 1890; *Gomphonema augur* var. *turris* (Ehrenberg) Lange-Bertalot, 1985
分布：中国福建沿海；日本、朝鲜和澳大利亚沿海。
参考文献：黄宗国和林茂，2012；Reichardt，2015；Day et al.，1995。

阿德拉藻属 Genus *Adlafia* Gerd Moser, Lange-Bertalot & Metzeltin, 1998

马氏阿德拉藻 *Adlafia bryophila* (Petersen) Lange-Bertalot, 1998

同种异名：*Navicula bryophila* Petersen, 1928; *Navicula subtilissima* var. *bryophila* (Petersen) Cleve, 1934; *Navicula maillardii* Germain, 1982

分布（淡水/陆源种）：中国福建沿海；泰国和澳大利亚沿海。
参考文献：李家英和齐雨藻，2018；Foged，1972；John，2018。

弯楔藻科 Family Rhoicospheniaceae Chen & Zhu, 1983

西蒙斯藻属 Genus *Simonseniella* Fenner, 1991

弯曲西蒙斯藻 *Simonseniella curvirostris* (Jousé) Fenner, 1991

同种异名：*Rhizosolenia curvirostris* Jousé, 1968
分布：朝鲜沿海。
参考文献：Lee et al.，1995。

弯楔藻属 Genus *Rhoicosphenia* Grunow, 1860

短弯楔藻 *Rhoicosphenia abbreviata* (Agardh) Lange-Bertalot, 1980

同种异名：*Rhoicosphenia curvata* (Kützing) Grunow, 1860
分布：东海，台湾海峡。
参考文献：黄宗国和林茂，2012。

阿道夫弯楔藻 *Rhoicosphenia adolfii* Schmidt, 1899

分布：新西兰沿海。
参考文献：Harper et al.，2012。

曲膝弯楔藻 *Rhoicosphenia genuflexa* (Kützing) Medlin, 1984

同种异名：*Navicula genuflexa* Kützing, 1844; *Rhoikoneis genuflexa* (Kützing) Grunow, 1863; *Schizonema genuflexum* (Kützing) Kuntze, 1898
分布：东海，南海；新西兰沿海。
参考文献：刘瑞玉，2008；邵广昭，2003-2014；Harper et al.，2012。

海洋弯楔藻 *Rhoicosphenia marina* (Kützing) Schmidt, 1899

同种异名：*Gomphonema curvatum* var. *marinum* Kützing, 1844; *Gomphonema marinum* (Kützing) Smith, 1853; *Rhoicosphenia curvata* var. *marina* (Kützing) Rabenhorst, 1861
分布：新西兰沿海。
参考文献：Harper et al.，2012。

杆线藻目 Order Rhabdonematales Round & Crawford, 1990

平板藻科 Family Tabellariaceae Kützing, 1844

星杆藻属 Genus *Asterionella* Hassall, 1850

勃氏星杆藻 *Asterionella bleakeleyi* Smith, 1856

分布（淡水种）：日本、澳大利亚沿海。

参考文献：山路勇，1979；McCarthy，2013a。

日本星杆藻 *Amphora japonica* Cleve, 1882

分布（赤潮生物）：黄海，东海，南海；日本沿海，泰国昌岛海域。
参考文献：黄宗国和林茂，2012；小久保清治，1960；Kesorn and Sunan，2007。

标志星杆藻 *Amphora notata* Grunow ex Van Heurck, 1881

分布（淡水种）：黄海，东海，南海；朝鲜沿海。
参考文献：黄宗国和林茂，2012；Lee et al.，1995。

四环藻属 Genus *Tetracyclus* Ralfs, 1843

爪哇四环藻 *Tetracyclus javanicus* Hustedt, 1914

分布（淡水/海水）：南海。
参考文献：刘瑞玉，2008；程兆第和高亚辉，2013。

平板藻属 Genus *Tabellaria* Ehrenberg ex Kützing, 1844

绒毛平板藻 *Tabellaria flocculosa* (Roth) Kützing, 1844

同种异名：*Conferva flocculosa* Roth, 1797; *Bacillaria flocculosa* (Roth) Leiblein, 1827; *Candollella flocculosa* (Roth) Gaillon, 1833; *Striatella flocculosa* (Roth) Kuntze, 1898
分布（淡水种）：中国沿海；日本、朝鲜、澳大利亚沿海。
参考文献：刘瑞玉，2008；Kobayashi et al.，2006；Lee et al.，1995；Joh，2010b；McCarthy，2013a；Day et al.，1995；Harper et al.，2012。

绒毛平板藻拟星杆变种 *Tabellaria flocculosa* var. *asterionelloides* (Grunow) Knudson, 1952

分布：南海。
参考文献：黄宗国和林茂，2012。

有节平板藻 *Tabellaria nodosa* Ehrenberg

分布：南海。
参考文献：黄宗国和林茂，2012。

斑条藻科 Family Grammatophoraceae Lobban & Ashworth, 2014

斑条藻属 Genus *Grammatophora* Ehrenberg, 1840

有角斑条藻 *Grammatophora angulosa* Ehrenberg, 1840

分布：台湾海峡；日本、朝鲜和澳大利亚（新南威尔士）沿海，关岛海域。
参考文献：刘瑞玉，2008；程兆第和高亚辉，2012；Sato et al.，2010；Lee et al.，1995；Lobban et al.，2012；McCarthy，2013a；Day et al.，1995。

牢固斑条藻 *Grammatophora fundata* Mann, 1925

分布：东海。
参考文献：刘瑞玉，2008；程兆第和高亚辉，2012。

牢固斑条藻具刺变种 *Grammatophora fundata* var. *spinosa* Chin & Cheng, 1984

分布：冲绳海槽。
参考文献：刘瑞玉，2008；程兆第和高亚辉，2012。

小钩斑条藻 *Grammatophora hamulifera* Kützing, 1844

分布：东海，南海；日本、朝鲜、澳大利亚和新西兰沿海。
参考文献：刘瑞玉，2008；程兆第和高亚辉，2012；Sato et al.，2010；Lee et al.，1995；Lobban et al.，2012；McCarthy，2013a；Day et al.，1995。

海生斑条藻 *Grammatophora marina* (Lyngbye) Kützing, 1844

分布：渤海，黄海，东海，南海。
参考文献：刘瑞玉，2008；程兆第和高亚辉，2012。

海洋斑条藻 *Grammatophora oceania* Ehrenberg, 1840

分布：东海，南海；日本、朝鲜、新加坡、澳大利亚和新西兰沿海。
参考文献：刘瑞玉，2008；程兆第和高亚辉，2012；Sato et al.，2010；Lee et al.，1995；Lobban et al.，2012；McCarthy，2013a；Day et al.，1995。

海洋斑条藻瘦弱变种 *Grammatophora oceania* var. *macilenta* (Smith) Grunow, 1862

分布：台湾海峡，南海。
参考文献：刘瑞玉，2008；程兆第和高亚辉，2012。

检验斑条藻 *Grammatophora probata* Mann, 1925

分布：菲律宾群岛海域。
参考文献：Mann，1925。

弯斑条藻 *Grammatophora serpentina* Ehrenberg, 1884

分布：东海，南海；朝鲜沿海。
参考文献：刘瑞玉，2008；程兆第和高亚辉，2012；Lee et al.，1995。

波状斑条藻 *Grammatophora undulata* Ehrenberg, 1840

分布：渤海，黄海，东海，南海。
参考文献：刘瑞玉，2008；程兆第和高亚辉，2012。

波状斑条藻日本变种 *Grammatophora undulata* var. *japonica* Grunow, 1880

分布：渤海，黄海。
参考文献：刘瑞玉，2008；程兆第和高亚辉，2012。

杆线藻科 Family Rhabdonemataceae Round & Crawford, 1990

杆线藻属 Genus *Rhabdonema* Kützing, 1844

亚得里亚海杆线藻 *Rhabdonema adriaticum* Kützing, 1844

分布：渤海，黄海，东海，南海；朝鲜和澳大利亚（维多利亚）沿海，关岛海域。

参考文献：刘瑞玉，2008；程兆第和高亚辉，2012；Lee et al.，1995；Lobban et al.，2012；Harper et al.，2012；Day et al.，1995。

弯杆线藻 *Rhabdonema arcuatum* (Lyngbye) Kützing, 1844

分布：台湾海峡，南海；朝鲜、新西兰沿海。
参考文献：刘瑞玉，2008；程兆第和高亚辉，2012；Lee et al.，1995；Harper et al.，2012。

点状杆线藻 *Rhabdonema mirificum* Smith, 1859

分布：南海。
参考文献：刘瑞玉，2008；程兆第和高亚辉，2012。

斑点杆线藻 *Rhabdonema punctatum* (Harvey & Bailey) Stodder, 1880

分布：南海；朝鲜沿海。
参考文献：刘瑞玉，2008；程兆第和高亚辉，2012；Lee et al.，1995。

缝杆线藻 *Rhabdonema sutum* Mann, 1925

分布：东海，南海。
参考文献：刘瑞玉，2008；程兆第和高亚辉，2012。

缝舟藻目 Order Rhaphoneidales Round, 1990

缝舟藻科 Family Rhaphoneidaceae Forti, 1912

缝舟藻属 Genus *Rhaphoneis* Ehrenberg, 1844

双角缝舟藻 *Rhaphoneis amphiceros* (Ehrenberg) Ehrenberg, 1844

同种异名：*Cocconeis amphiceros* Ehrenberg, 1841; *Doryphora amphiceros* (Ehrenberg) Kützing, 1844
分布：渤海，黄海，东海，南海；日本、朝鲜、新加坡、澳大利亚和新西兰沿海，关岛海域。
参考文献：刘瑞玉，2008；程兆第和高亚辉，2012；Lee et al.，1995；Lobban et al.，2012；Pham et al.，2011；McCarthy，2013a；Harper et al.，2012。

大西洋缝舟藻 *Rhabdonema atlantica* Andrews

分布：南海。
参考文献：黄宗国和林茂，2012。

比利时缝舟藻 *Rhabdonema belgica* Grunow, 1885

分布：渤海，黄海，东海，南海；新西兰沿海。
参考文献：黄宗国和林茂，2012；Harper et al.，2012。

比利时缝舟藻密条变种 *Rhabdonema belgica* var. *densestriata* Chen, Cheng & Chin, 1989

分布：南海。
参考文献：黄宗国和林茂，2012。

卡氏缝舟藻 *Rhabdonema castracanei* Grunow, 1881

分布：南海；关岛海域。

参考文献：黄宗国和林茂，2012；Lobban et al.，2012。

发状缝舟藻 *Rhabdonema crinigera* Takano, 1983

分布（赤潮生物）：中国福建沿海；日本沿岸。
参考文献：刘瑞玉，2008；程兆第和高亚辉，2012；Fukuyo et al.，1990。

椭圆缝舟藻 *Rhabdonema elliptica* Jousé, 1951

分布：台湾海峡。
参考文献：金德祥等，1982；邵广昭，2003-2014。

矛状缝舟藻 *Rhabdonema lancettula* Grunow, 1886

分布：南海。
参考文献：刘瑞玉，2008；程兆第和高亚辉，2012。

拟菱缝舟藻 *Rhabdonema rhomboides* Hendey, 1958

分布：中国台湾兰屿海域，台湾大陆架海域。
参考文献：程兆第和高亚辉，2012。

双菱缝舟藻澳洲变种 *Rhabdonema surirella* var. *australis* (Petit) Grunow, 1881

分布：渤海，黄海，东海，台湾海峡。
参考文献：程兆第和高亚辉，2012。

新具槽藻属 Genus *Neodelphineis* Takano, 1982

印度新具槽藻 *Neodelphineis indica* (Taylor) Tanimura, 1992

同种异名：*Synedra indica* Taylor, 1967
分布：黄海，东海。
参考文献：刘瑞玉，2008；黄宗国和林茂，2012。

斯兰新具槽藻 *Neodelphineis silenda* (Hohn & Hellerman) Desianti & Potapova, 2015

同种异名：*Fragilaria silenda* Hohn & Hellerman, 1966
分布：日本沿海。
参考文献：Kihara et al.，2015。

大洋新具槽藻 *Neodelphineis pelagica* Takano, 1983

分布（赤潮生物）：台湾海峡；日本沿海。
参考文献：刘瑞玉，2008；Fukuyo et al.，1990；Kihara et al.，2015。

奇异藻属 Genus *Perissonoë* Andrews & Stoelzel, 1984

十字奇异藻 *Perissonoë cruciata* (Janisch & Rabenhorst) Andrews & Stoelzel, 1984

同种异名：*Amphitetras cruciata* Janisch & Rabenhorst, 1863; *Triceratium cruciatum* (Janisch & Rabenhorst) Cleve, 1878; *Rhaphoneis amphiceros* var. *cruciata* (Janisch & Rabenhorst) Mereschkowsky, 1902
分布：东海，南海；关岛海域。

参考文献：程兆第和高亚辉，2013；Lobban et al.，2012。

具槽藻属 Genus *Delphineis* Andrews, 1977

狭窄具槽藻 *Delphineis angustata* (Pantocsek) Andrews, 1977

分布：南海。
参考文献：程兆第和高亚辉，2013。

卡氏具槽藻 *Delphineis karstenii* (Boden) Fryxell, 1978

同种异名：*Fragilaria karstenii* Boden, 1950
分布：新西兰沿海。
参考文献：Harper et al.，2012。

极小具槽藻 *Delphineis minutissima* (Hustedt) Simonsen, 1987

同种异名：*Rhaphoneis minutissima* Hustedt, 1939
分布：新西兰沿海。
参考文献：Harper et al.，2012。

双菱具槽藻 *Delphineis surirella* (Ehrenberg) Andrews, 1981

同种异名：*Zygoceros surirella* Ehrenberg, 1840; *Rhaphoneis surirella* (Ehrenberg) Grunow, 1881
分布：中国台湾沿海；日本、朝鲜、马来西亚、新加坡和澳大利亚沿海。
参考文献：刘瑞玉，2008；Lee et al.，1995；McCarthy，2013a；Zong and Hassan，2004；Pham et al.，2011。

双菱具槽藻澳洲变种 *Delphineis surirella* var. *australis* (Petit) Ksarenko, 2009

分布：黄海，东海。
参考文献：黄宗国和林茂，2012；程兆第和高亚辉，2013。

拟双菱具槽藻 *Delphineis surirelloides* (Simonsen) Andrews, 1981

同种异名：*Rhaphoneis surirelloides* Simonsen, 1974
分布（化石种）：新西兰沿海。
参考文献：Harper et al.，2012。

拟星杆藻科 Family Asterionellopsidaceae Medlin, 2016

拟星杆藻属 Genus *Asterionellopsis* Round, 1990

冰河拟星杆藻 *Asterionellopsis glacialis* (Castracane) Round, 1990

同种异名：*Asterionella glacialis* Castracane, 1886
分布（赤潮生物）：东海；日本沿岸，澳大利亚和新西兰沿海。
参考文献：刘瑞玉，2008；黄宗国和林茂，2012；小久保清治，1960；Fukuyo et al.，1990；McCarthy，2013a。

海线藻目 Order Thalassionematales Round, 1990

海线藻科 Family Thalassionemataceae Round, 1990

海毛藻属 Genus *Thalassiothrix* Cleve & Grunow, 1880

中鼓海毛藻 *Thalassiothrix gibberula* Hasle, 1958

分布：太平洋热带开阔洋区；南海。
参考文献：Hasle，1959，1960；Беляева，1976；程兆第和高亚辉，2012。

长海毛藻 *Thalassiothrix longissima* Cleve & Grunow, 1880

分布：西太平洋副热带环流区；渤海，黄海，东海，南海；朝鲜、日本、澳大利亚和新西兰沿海。
参考文献：杨清良等，2000；刘瑞玉，2008；Lee et al.，1995；小久保清治，1960；McCarthy，2013a；Harper et al.，2012。

地中海海毛藻 *Thalassiothrix mediterranea* Pavillard, 1916

分布：太平洋热带开阔洋区，西太平洋副热带环流区；东海，南海。
参考文献：Беляева，1976；杨清良和陈兴群，1984；杨清良等，2000；黄宗国和林茂，2012。

中华海毛藻 *Thalassiothrix sinensis* Meister, 1932

分布：南海。
参考文献：黄宗国和林茂，2012。

范氏海毛藻 *Thalassiothrix vanhoeffenii* Heiden, 1928

分布：太平洋热带开阔洋区，西太平洋副热带环流区；东海，南海。
参考文献：Hasle，1960；Беляева，1976；杨清良和陈兴群，1984；杨清良等，2000；黄宗国和林茂，2012。

莱奥藻属 Genus *Lioloma* Hasle, 1996

优美莱奥藻 *Lioloma delicatulum* (Cupp) Hasle, 1996

同种异名：*Thalassiothrix delicatula* Cupp, 1943
分布：太平洋开阔洋区；东海，南海；澳大利亚沿海。
参考文献：Hasle，1960；Беляева，1976；黄宗国和林茂，2012；McCarthy，2013a。

长莱奥藻 *Lioloma elongatum* (Grunow) Hasle, 1997

同种异名：*Thalassiothrix elongata* Grunow, 1881
分布：中国台湾沿海；泰国、菲律宾、新西兰沿海。
参考文献：刘瑞玉，2008；程兆第和高亚辉，2012；Hasle，2001。

太平洋莱奥藻 *Lioloma pacificum* (Cupp) Hasle, 1996

同种异名：*Asterionella mediterranea* subsp. *pacifica* (Cupp) Margalef; *Thalassiothrix mediterranea* var. *pacifica* Cupp, 1943
分布：中国台湾沿海；朝鲜沿海。
参考文献：邵广昭，2003-2014；Lee et al.，1995；黄宗国和林茂，2012。

海线藻属 Genus *Thalassionema* Grunow ex Mereschkowsky, 1902

杆状海线藻 *Thalassionema bacillaris* (Heiden) Kolbe, 1955

同种异名：*Spinigera bacillaris* Heiden, 1928; *Thalassionema elegans* Hustedt, 1958
分布：太平洋热带开阔洋区；南海；朝鲜、澳大利亚沿海。
参考文献：Hasle，1960；Беляева, 1976；杨清良和陈兴群，1984；黄宗国和林茂，2012；Jeong et al.，2017；McCarthy，2013a。

伏氏海线藻 *Thalassionema frauenfeldii* (Grunow) Tempère & Peragallo, 1910

同种异名：*Asterionella frauenfeldii* Grunow, 1863; *Thalassiothrix frauenfeldii* (Grunow) Grunow, 1880
分布：太平洋热带开阔洋区；渤海，黄海，东海，南海；日本沿海，菲律宾以西海域。
参考文献：Hasle，1960；杨清良和陈兴群，1984；孙晓霞等，2017；黄宗国和林茂，2012；Huang et al.，1988；小久保清治，1960。

柯氏海线藻 *Thalassionema kuroshioense* Sugie & Suzuki, 2015

分布：日本沿海。
参考文献：Sugie and Suzuki，2015。

菱形海线藻 *Thalassionema nitzschioides* (Grunow) Mereschkowsky, 1902

分布（赤潮生物）：太平洋热带开阔洋区，西太平洋副热带环流区；渤海，黄海，东海，南海；朝鲜、日本、菲律宾和澳大利亚沿海。
参考文献：Hasle，1959，1960；Беляева，1976；杨清良和陈兴群，1984；孙晓霞等，2017；杨清良等，2000；黄宗国和林茂，2012；Lee et al.，1995；Fukuyo et al.，1990；Mann，1925；McCarthy，2013a。

菱形海线藻变种 *Thalassionema nitzschioides* var. *capitulatum* (Schrader) Moreno-Ruíz, 1995

同种异名：*Synedra capitulata* Castracane, 1886; *Thalassionema capitulatum* (Castracane) Hustedt, 1958
分布：太平洋热带海域。
参考文献：Hasle，1960。

菱形海线藻小型变种 *Thalassionema nitzschioides* var. *parvum* Heiden & Kolbe, 1928

分布：太平洋热带开阔洋区；台湾海峡，南海。
参考文献：Беляева，1976；杨清良和陈兴群，1984；黄宗国和林茂，2012。

脆杆藻目 Order Fragilariales Silva, 1962

脆杆藻科 Family Fragilariaceae Kützing, 1844

足囊藻属 Genus *Podocystis* Bailey, 1854

亚得里亚足囊藻 *Podocystis adriatica* (Kützing) Ralfs, 1861

同种异名：*Surirella adriatica Kützing, 1844*
分布：南海；关岛海域，澳大利亚沿海。
参考文献：黄宗国和林茂，2012；McCarthy，2013a；Harper et al.，2012；Lobban et al.，2012。

佛焰足囊藻 *Podocystis spathulata* (Shadbolt) Van Heurck, 1896

同种异名：*Euphyllodium spathulatum* Shadbolt, 1854
分布：渤海，黄海，南海；朝鲜、澳大利亚（昆士兰）和新西兰沿海，关岛海域。
参考文献：黄宗国和林茂，2012；Lee et al.，1995；McCarthy，2013a；Harper et al.，2012；Day et al.，1995；Lobban et al.，2012。

星平藻属 Genus *Asteroplanus* Gardner & Crawford, 1997

加拉星平藻 *Asteroplanus karianus* (Grunow) Gardner & Crawford, 1997

同种异名：*Asterionella kariana* Grunow, 1880; *Asterionellopsis kariana* (Grunow) Round, 1990
分布（赤潮生物）：渤海，黄海，东海；日本沿海。
参考文献：黄宗国和林茂，2012；千原光雄和村野正昭，1997。

脆杆藻属 Genus *Fragilaria* Lyngbye, 1819

微小脆杆藻 *Fragilaria atomus* Hustedt, 1931

分布：中国台湾沿海；朝鲜沿海。
参考文献：黄宗国和林茂，2012；Lee et al.，1995。

澳氏脆杆藻 *Fragilaria aurivillii* Cleve, 1901

分布：南海。
参考文献：刘瑞玉，2008；程兆第和高亚辉，2013。

短纹脆杆藻 *Fragilaria brevistriata* Grunow, 1880

分布：台湾海峡，南海；朝鲜、新西兰和澳大利亚（昆士兰）沿海。
参考文献：黄宗国和林茂，2012；Lee et al.，1995；Day et al.，1995。

连结脆杆藻 *Fragilaria construens* (Ehrenberg) Grunow, 1862

分布：东海，南海；澳大利亚新南威尔士和昆士兰沿海。
参考文献：黄宗国和林茂，2012；Day et al.，1995。

克罗脆杆藻 *Fragilaria crotonensis* Kitton, 1869

同种异名：*Synedra crotonensis* (Kitton) Cleve & Möller, 1878; *Nematoplata crotonensis* (Kitton) Kuntze, 1898
分布（赤潮生物）：台湾海峡；朝鲜、日本、泰国、澳大利亚和新西兰沿海。
参考文献：刘瑞玉，2008；程兆第和高亚辉，2012；Lee et al.，1995；Kobayashi et al.，2006；Foged，1972；Day et al.，1995；Harper et al.，2012。

霍氏脆杆藻 *Fragilaria heidenii* Øestrup, 1910

分布：台湾海峡；新西兰沿海。
参考文献：黄宗国和林茂，2012；Harper et al.，2012。

透明脆杆藻 *Fragilaria crystallina* Kützing, 1844

分布：太平洋热带海域；渤海，黄海，台湾海峡，南海；朝鲜、新加坡、澳大利亚沿海。
参考文献：Hasle，1960；刘瑞玉，2008；程兆第和高亚辉，2012；Lee et al.，1995；Pham et al.，2011；McCarthy，2013a。

岛脆杆藻 *Fragilaria islandica* Grunow ex Van Heurck, 1881

分布：日本沿海（北海道沿岸），朝鲜沿海。
参考文献：山路勇，1979；Lee et al.，1995。

长脆杆藻原变种 *Fragilaria longissima* var. *longissima* Hustedt, 1913

分布：中国福建沿海。
参考文献：黄宗国和林茂，2012。

长脆杆藻伸长变种 *Fragilaria longissima* var. *protenta* Li, Cheng & Chin, 1991

分布：台湾海峡。
参考文献：程兆第和高亚辉，2013；黄宗国和林茂，2012。

似槌棒脆杆藻 *Fragilaria opephoroides* Takano, 1988

分布：中国台湾沿海。
参考文献：刘瑞玉，2008；程兆第和高亚辉，2013。

羽状脆杆藻 *Fragilaria pinnata* Ehrenberg, 1841

分布：中国广东沿海；朝鲜、新西兰和澳大利亚（昆士兰）沿海。
参考文献：程兆第和高亚辉，2013；Day et al.，1995。

条纹脆杆藻 *Fragilaria striatula* Lyngbye, 1819

同种异名：*Grammonema striatulum* (Lyngbye) Agardh, 1832
分布：渤海，黄海，东海，南海；朝鲜、新西兰沿海。
参考文献：黄宗国和林茂，2012；Lee et al.，1995；Harper et al.，2012。

池边藻属 Genus *Ikebea* Komura, 1975

纤细池边藻 *Ikebea tenuis* (Brun) Akiba, 1985

同种异名：*Goniothecium tenue* Brun, 1894
分布（化石种）：朝鲜沿海。
参考文献：Lee et al.，1995。

针杆藻属 Genus *Synedra* Ehrenberg, 1830

尖针杆藻 *Synedra acus* Kützing, 1844

分布：中国福建沿海；朝鲜、新西兰和澳大利亚（昆士兰）沿海。
参考文献：黄宗国和林茂，2012；Lee et al.，1995；Harper et al.，2012。

尖针杆藻辐射变种 *Synedra acus* var. *radians* (Kützing) Hustedt, 1930

分布：中国福建沿海。
参考文献：程兆第和高亚辉，2012。

髯毛针杆藻 *Synedra barbatula* Kützing, 1844

分布：南海。
参考文献：刘瑞玉，2008；程兆第和高亚辉，2012。

似新月针杆藻 *Synedra closterioides* Grunow, 1881

分布：中国福建沿海。
参考文献：刘瑞玉，2008；程兆第和高亚辉，2012。

透明针杆藻 *Synedra crystallina* Kützing, 1844

分布：渤海，黄海，台湾海峡，南海；朝鲜、新加坡和澳大利亚沿海。
参考文献：刘瑞玉，2008；程兆第和高亚辉，2012；Lee et al.，1995；Pham et al.，2011；McCarthy，2013a。

背腹针杆藻 *Synedra dorsiventralis* Müller, 1910

分布：中国福建沿海；泰国沿海。
参考文献：程兆第和高亚辉，2012；Foged，1972。

簇生针杆藻 *Synedra fasciculata* (Agardh) Kützing, 1844

分布：中国台湾沿海，黄海；朝鲜沿海。
参考文献：刘瑞玉，2008；程兆第和高亚辉，2012；Lee et al.，1995。

似脆杆针杆藻 *Synedra fragilarioides* Hargraves & Guillard, 1974

分布：中国福建、台湾沿海。
参考文献：刘瑞玉，2008；程兆第和高亚辉，2012。

华丽针杆藻 *Synedra formosa* Hantzsch, 1863

分布：台湾海峡，南海；朝鲜和澳大利亚沿海。
参考文献：刘瑞玉，2008；程兆第和高亚辉，2012；Lee et al.，1995；McCarthy，2013a。

光辉针杆藻 *Synedra fulgens* (Greville) Smith, 1859

分布：渤海，黄海，台湾海峡，南海；日本沿海。
参考文献：刘瑞玉，2008；程兆第和高亚辉，2012；小久保清治，1960。

伽氏针杆藻 *Synedra gaillonii* (Bory) Ehrenberg, 1830

分布：渤海，黄海，台湾海峡，南海；日本沿海。
参考文献：刘瑞玉，2008；程兆第和高亚辉，2012；小久保清治，1960。

覆盖针杆藻 *Synedra investiens* Smith, 1856

分布：南海。
参考文献：刘瑞玉，2008；程兆第和高亚辉，2012。

寄生针杆藻 *Synedra parasitica* Hustedt, 1930

分布：中国福建沿海；朝鲜、澳大利亚（新南威尔士和维多利亚）沿海。
参考文献：刘瑞玉，2008；程兆第和高亚辉，2012；Lee et al.，1995；Day et al.，1995。

美丽针杆藻 *Synedra pulcherrima* Hantzsch, 1863

分布：南海。
参考文献：刘瑞玉，2008；程兆第和高亚辉，2012。

粗针杆藻 *Synedra robusta* Ralfs, 1859

分布：台湾海峡，南海。
参考文献：刘瑞玉，2008；程兆第和高亚辉，2012。

粗针杆藻中国变种 *Synedra robusta* var. *sinica* Skvortzow, 1932

分布：台湾海峡。
参考文献：刘瑞玉，2008；程兆第和高亚辉，2012。

长喙针杆藻 *Synedra rostrata* (Hantzsch) Hustedt, 1874

分布：南海。
参考文献：刘瑞玉，2008；程兆第和高亚辉，2012。

平片针杆藻 *Synedra tabulata* (Agardh) Kützing, 1844

分布：渤海，黄海，东海，南海；澳大利亚新南威尔士和维多利亚沿海。
参考文献：刘瑞玉，2008；程兆第和高亚辉，2012；Day et al.，1995。

平片针杆藻渐尖变种 *Synedra tabulata* var. *acuminata* (Grunow) Hustedt, 1932

分布：南海。
参考文献：刘瑞玉，2008；程兆第和高亚辉，2012。

平片针杆藻簇生变种 *Synedra tabulata* var. *fasciculata* (Agardh) Grunow ex Hustedt, 1932

分布：南海。
参考文献：刘瑞玉，2008；程兆第和高亚辉，2012。

平片针杆藻小型变种 *Synedra tabulata* var. *parva* (Kützing) Grunow ex Hustedt, 1932

分布：渤海，黄海，台湾海峡，南海。
参考文献：刘瑞玉，2008；程兆第和高亚辉，2012。

波边针杆藻弯曲变种 *Synedra undulata* var. *curvata* Heiden, 1928

分布：南海。
参考文献：刘瑞玉，2008；程兆第和高亚辉，2012。

十字脆杆藻科 Family Staurosiraceae Medlin, 2016

槌棒藻属 Genus *Opephora* Petit, 1889

芽形槌棒藻 *Opephora gemmata* (Grunow) Hustedt, 1931

分布：冲绳海槽。
参考文献：程兆第和高亚辉，2012。

马氏槌棒藻 *Opephora martyi* Héribaud, 1902

分布：台湾海峡，南海；朝鲜和澳大利亚沿海。
参考文献：程兆第和高亚辉，2012；Lee et al.，1995；Day et al.，1995。

太平洋槌棒藻 *Opephora pacifica* (Grunow) Petit, 1888

同种异名：*Fragilaria pacifica* Grunow, 1862
分布：台湾海峡；马来西亚、新加坡和新西兰沿海。
参考文献：程兆第和高亚辉，2012；Zong and Hassan，2004；Pham et al.，2011；Harper et al.，2012。

楔形藻目 Order Licmophorales Round, 1990

肘形藻科 Family Ulnariaceae Cox, 2015

明针藻属 Genus *Hyalosynedra* Williams & Round, 1986

透明明针藻 *Hyalosynedra hyalina* (Grunow) Álvarez-Blanco & Blanco, 2014

同种异名：*Synedra laevigata* var. *hyalina* Grunow, 1877
分布：澳大利亚沿海。
参考文献：McCarthy，2013a。

平滑明针藻 *Hyalosynedra laevigata* (Grunow) Williams & Round, 1986

同种异名：*Synedra laevigata* Grunow, 1877
分布：中国台湾兰屿海域；澳大利亚昆士兰和维多利亚沿海。
参考文献：Huang，1993；Day et al.，1995。

粗楔藻属 Genus *Trachysphenia* Petit, 1877

渐尖粗楔藻 *Trachysphenia acuminata* Peragallo, 1910

分布：中国福建沿海。
参考文献：刘瑞玉，2008；程兆第和高亚辉，2012。

澳洲粗楔藻 *Trachysphenia australis* Petit, 1877

分布：中国福建沿海；朝鲜、澳大利亚（新南威尔士）和新西兰沿海。
参考文献：刘瑞玉，2008；Lee et al.，1995；McCarthy，2013a；Day et al.，1995。

楔形藻科 Family Licmophoraceae Kützing, 1844

楔形藻属 Genus *Licmophora* Agardh, 1827

短纹楔形藻 *Licmophora abbreviata* Agardh, 1831

分布：西太平洋副热带环流区；渤海，黄海，东海，南海；日本、朝鲜沿海，关岛海域。
参考文献：杨清良等，2000；刘瑞玉，2008；程兆第和高亚辉，2012；小久保清治，1960；Titlyanov et al.，2006；Lee et al.，1995；Lobban et al.，2012。

加利福尼亚楔形藻 *Licmophora californica* Grunow, 1885

分布：渤海，黄海，东海，南海。
参考文献：刘瑞玉，2008；程兆第和高亚辉，2012。

德氏楔形藻 *Licmophora debyi* Mann, 1925

分布：中国台湾沿海。
参考文献：刘瑞玉，2008；程兆第和高亚辉，2012。

爱氏楔形藻 *Licmophora ehrenbergii* (Kützing) Grunow, 1867

分布：澎湖列岛海域，南海。
参考文献：刘瑞玉，2008；程兆第和高亚辉，2012；Kesorn and Sunan，2007。

爱氏楔形藻卵形变种 *Licmophora ehrenbergii* var. *ovata* (Smith) Grunow, 1881

分布：台湾海峡，南海。
参考文献：刘瑞玉，2008；程兆第和高亚辉，2012。

扇形楔形藻 *Licmophora flabellata* (Greville) Agardh, 1831

分布：台湾海峡，南海；朝鲜、澳大利亚和新西兰沿海。
参考文献：刘瑞玉，2008；程兆第和高亚辉，2012；Lee et al.，1995；McCarthy，2013a；Day et al.，1995。

纤细楔形藻 *Licmophora gracilis* (Ehrenberg) Grunow, 1867

分布：南海；朝鲜沿海。
参考文献：刘瑞玉，2008；程兆第和高亚辉，2012；Lee et al.，1995。

纤细楔形藻长形变种 *Licmophora gracilis* var. *elongata* (Kützing) De Toni, 1892

分布：南海。
参考文献：刘瑞玉，2008；程兆第和高亚辉，2012。

林格楔形藻 *Licmophora lyngbyei* (Kützing) Grunow, 1867

分布：黄海；日本附近海域，新加坡、澳大利亚和新西兰沿海。
参考文献：刘瑞玉，2008；小久保清治，1960；Pham et al.，2011；McCarthy，2013a；Harper et al.，2012。

奇异楔形藻 *Licmophora paradoxa* (Lyngbye) Agardh, 1836

分布：台湾海峡，南海；朝鲜、澳大利亚和新西兰沿海。
参考文献：刘瑞玉，2008；Lee et al.，1995；McCarthy，2013a；Harper et al.，2012。

细弱楔形藻 *Licmophora tenuis* (Kützing) Grunow, 1867

同种异名：*Podosphenia tenuis* Kützing, 1844
分布：渤海，黄海，台湾海峡，南海。
参考文献：刘瑞玉，2008；程兆第和高亚辉，2012。

环球藻目 Order Cyclophorales Round & Crawford

恩托藻科 Family Entopylaceae Grunow, 1862

弓桥藻属 Genus *Gephyria* Arnott, 1858

中间弓桥藻 *Gephyria media* Walker-Arnott, 1860

分布：东海；朝鲜、澳大利亚沿海。

参考文献：刘瑞玉，2008；程兆第和高亚辉，2012；Lee et al.，1995；McCarthy，2013a。

条纹藻目 Order Striatellales Round

条纹藻科 Family Striatellaceae Kützing, 1844

条纹藻属 Genus *Striatella* Agardh, 1832

优美条纹藻 *Striatella delicatula* (Kützing) Grunow ex Van Heurck, 1881

分布：台湾海峡。
参考文献：刘瑞玉，2008；程兆第和高亚辉，2012。

中断条纹藻 *Striatella interrupta* (Ehrenberg) Heiberg, 1859

分布：南海。
参考文献：刘瑞玉，2008；程兆第和高亚辉，2012。

南海条纹藻 *Striatella nanhainica* Guo, Zhou & Ye, 1978

分布：南海。
参考文献：刘瑞玉，2008；程兆第和高亚辉，2012。

单点条纹藻 *Striatella unipunctata* (Lyngbye) Agardh, 1832

分布：黄海，东海，南海；朝鲜、澳大利亚和新西兰沿海。
参考文献：刘瑞玉，2008；程兆第和高亚辉，2012；Lee et al.，1995；McCarthy，2013a；Harper et al.，2012。

斜斑藻目 Order Plagiogrammales Cox, 2015

斜斑藻科 Family Plagiogrammaceae De Toni, 1890

斜斑藻属 Genus *Plagiogramma* Greville, 1859

安蒂斜斑藻 *Plagiogramma antillarum* Cleve, 1978

分布：南海；朝鲜沿海。
参考文献：刘瑞玉，2008；程兆第和高亚辉，2012；Lee et al.，1995。

渐尖斜斑藻 *Plagiogramma attenuatum* Cleve, 1878

分布：菲律宾群岛海域。
参考文献：Mann，1925。

细粒斜斑藻 *Plagiogramma atomus* Greville, 1859

分布：南海；澳大利亚沿海。
参考文献：刘瑞玉，2008；程兆第和高亚辉，2012；McCarthy，2013a。

分离斜斑藻 *Plagiogramma distinctum* Mann, 1925

分布：菲律宾群岛海域。
参考文献：Mann，1925。

小型斜斑藻 *Plagiogramma minimum* Salah, 1955

分布：中国台湾沿海。
参考文献：刘瑞玉，2008；程兆第和高亚辉，2012。

美丽斜斑藻 *Plagiogramma pulchellum* Greville, 1859

分布：渤海，黄海，台湾海峡，南海。
参考文献：刘瑞玉，2008；程兆第和高亚辉，2012。

具横区斜斑藻 *Plagiogramma staurophorum* (Gregory) Heiberg, 1859

分布：中国福建沿海；关岛海域，新加坡、澳大利亚和新西兰沿海。
参考文献：刘瑞玉，2008；程兆第和高亚辉，2012；Lobban et al.，2012；Pham et al.，2011；McCarthy，2013a；Harper et al.，2012。

范氏斜斑藻 *Plagiogramma vanheurckii* Grunow, 1880

分布：中国浙江、海南沿海；朝鲜沿海。
参考文献：刘瑞玉，2008；程兆第和高亚辉，2012；Lee et al.，1995。

格利福藻属 Genus *Glyphodesmis* Greville, 1862

针突格利福藻 *Glyphodesmis acus* Mann,1925

分布（赤潮生物）：日本沿海。
参考文献：山路勇，1979。

稀纹格利福藻 *Glyphodesmis distans* (Gregory) Grunow, 1881

同种异名：*Denticula distans* Gregory, 1857; *Dimeregramma distans* (Gregory) Ralfs, 1861
分布：澳大利亚沿海。
参考文献：McCarthy，2013a。

菱形格利福藻 *Glyphodesmis rhombica* (Cleve) Simonsen, 1975

同种异名：*Fragilaria rhombica* Cleve
分布：澳大利亚沿海。
参考文献：McCarthy，2013a。

中断藻属 Genus *Dimeregramma* Ralfs, 1861

澳洲中断藻 *Dimeregramma australe* (Petit) Boyer, 1927

同种异名：*Rhaphoneis fasciolata* var. *australis* Petit, 1877; *Rhaphoneis surirella* var. *australis* (Petit) Grunow, 1881; *Rhaphoneis surirella* f. *australis* (Petit) Hustedt, 1957; *Delphineis surirella* var. *australis* (Petit) Tsarenko, 2009

分布：黄海，东海；澳大利亚和新西兰沿海。
参考文献：刘瑞玉，2008；程兆第和高亚辉，2012；黄宗国和林茂，2012；McCarthy，2013a；Harper et al.，2012。

双线中断藻 *Dimeregramma bilineatum* (Cleve & Grunow) Mann, 1925

分布：菲律宾群岛海域。
参考文献：Mann，1925。

波状中断藻 *Dimeregramma fluens* Mann, 1925

分布：菲律宾群岛海域。
参考文献：Mann，1925。

黄褐色中断藻 *Dimeregramma fulvum* (Gregory) Ralfs, 1861

分布：东海，南海。
参考文献：刘瑞玉，2008；黄宗国和林茂，2012。

纺锤中断藻 *Dimeregramma fusiformis* Huang, Cheng & Chin, 1989

分布：台湾海峡，南海。
参考文献：刘瑞玉，2008；程兆第和高亚辉，2012。

丰富中断藻 *Dimeregramma opulens* Mann, 1925

分布：东海。
参考文献：刘瑞玉，2008；程兆第和高亚辉，2012。

棱形中断藻 *Dimeregramma prismaticum* Mann, 1925

分布：菲律宾群岛海域。
参考文献：Mann，1925。

原针晶藻目 Order Protoraphidales Round

原针晶藻科 Family Protoraphidaceae Simonsen, 1970

拟希曼提迪藻属 Genus *Pseudohimantidium* Hustedt & Krasske, 1941

亚得里亚海拟希曼提迪藻 *Pseudohimantidium adriaticum* Voigt, 1942

分布：赤道太平洋热带洋区。
参考文献：杨清良和陈兴群，1984。

太平洋拟希曼提迪藻 *Pseudohimantidium pacificum* Hustedt & Krasske, 1941

分布：赤道太平洋热带洋区；朝鲜和新西兰沿海。
参考文献：Беляева，1976；Lee et al.，1995；Harper et al.，2012。

卵形藻目 Order Cocconeidales Cox, 2015

卵形藻科 Family Cocconeidaceae Kützing, 1844

偏缝藻属 Genus *Anorthoneis* Grunow, 1868

宽口偏缝藻 *Anorthoneis eurystoma* Cleve, 1896

分布：中国台湾沿海。
参考文献：邵广昭，2003-2014。

离心偏缝藻 *Amphora excentrica* (Donkin) Grunow, 1868

同种异名：*Cocconeis excentrica* Donkin, 1858
分布：东海，南海。
参考文献：刘瑞玉，2008；黄宗国和林茂，2012。

透明偏缝藻 *Amphora hyalina* Hustedt, 1955

分布：澳大利亚沿海。
参考文献：McCarthy，2013a。

旋涡偏缝藻 *Amphora vortex* Sterrenburg, 1987

分布：关岛海域，澳大利亚沿海。
参考文献：Lobban et al.，2012；McCarthy，2013a。

卵形藻属 Genus *Cocconeis* Ehrenberg, 1836

英国卵形藻 *Cocconeis britannica* Naegeli ex Kützing, 1849

分布：东海；新西兰沿海。
参考文献：刘瑞玉，2008；程兆第和高亚辉，2012；Harper et al.，2012。

环状卵形藻 *Cocconeis circulifera* Mann, 1925

分布：菲律宾群岛海域。
参考文献：Mann，1925。

中肋卵形藻 *Cocconeis costata* Gregory, 1857

分布：台湾海峡；朝鲜、澳大利亚沿海。
参考文献：刘瑞玉，2008；程兆第和高亚辉，2012；Lee et al.，1995；McCarthy，2013a。

变小卵形藻 *Cocconeis diminuta* Pantocsek, 1902

分布：南海；日本、朝鲜和澳大利亚（昆士兰）沿海。
参考文献：刘瑞玉，2008；程兆第和高亚辉，2012；Kobayashi et al.，2006；Lee et al.，1995；Day ct al.，1995。

盘裂卵形藻 *Cocconeis dirupta* Gregory, 1857

分布：渤海，黄海，东海，南海；朝鲜、新加坡和澳大利亚沿海，关岛海域。

参考文献：刘瑞玉，2008；程兆第和高亚辉，2012；Pham et al.，2011；Lee et al.，1995；Lobban et al.，2012；McCarthy，2013a；John，2018。

盘裂卵形藻非洲变种 *Cocconeis dirupta* var. *africana* Schmidt, 1894

分布：南海。

参考文献：刘瑞玉，2008；程兆第和高亚辉，2012。

盘裂卵形藻易弯变种 *Cocconeis dirupta* var. *flexella* (Janisch & Rabenhorst) Grunow, 1880

分布：南海。

参考文献：刘瑞玉，2008；黄宗国和林茂，2012。

似盘卵形藻 *Cocconeis disculoides* Hustedt, 1955

分布：中国台湾大陆架海域；朝鲜沿海。

参考文献：黄宗国和林茂，2012；Lee et al.，1995。

稀纹卵形藻 *Cocconeis distans* Gregory, 1857

分布：东海，南海；关岛海域，朝鲜、澳大利亚和新西兰沿海。

参考文献：黄宗国和林茂，2012；Lee et al.，1995；Lobban et al.，2012；McCarthy，2013a；John，2018。

稀纹卵形藻巴胡斯变种 *Cocconeis distans* var. *bahusiensis* Cleve, 1953

分布：台湾海峡。

参考文献：黄宗国和林茂，2012。

似盘裂卵形藻 *Cocconeis diruptoides* Hustedt, 1933

分布：台湾海峡；澳大利亚沿海。

参考文献：黄宗国和林茂，2012；McCarthy，2013a。

花盘卵形藻 *Cocconeis disculus* (Schumann) Cleve, 1895

分布：中国福建沿海；朝鲜、澳大利亚和新西兰沿海。

参考文献：刘瑞玉，2008；McCarthy，2013a；Harper et al.，2012。

簇生卵形藻 *Cocconeis fasciolata* (Ehrenberg) Brown, 1920

分布：东海，南海；新西兰沿海。

参考文献：刘瑞玉，2008；Harper et al.，2012。

河口卵形藻 *Cocconeis fluminensis* (Grunow) H. Peragallo & M. Peragallo, 1897

分布：台湾海峡；朝鲜沿海。

参考文献：刘瑞玉，2008；Lee et al.，1995。

台湾卵形藻 *Cocconeis formosa* Brun, 1891

分布：朝鲜沿海。
参考文献：Lee et al.，1995。

异向卵形藻 *Cocconeis heteroidea* Hantzsch, 1859

分布：东海，南海。
参考文献：刘瑞玉，2008；程兆第和高亚辉，2012。

异向卵形藻拱纹变种 *Cocconeis heteroidea* var. *curvirotunda* (Tempère & Brun) Cleve, 1895

分布：东海，南海。
参考文献：刘瑞玉，2008；程兆第和高亚辉，2012。

宽肋卵形藻 *Cocconeis latecostata* Hustedt, 1955

分布：中国福建沿海。
参考文献：刘瑞玉，2008；程兆第和高亚辉，2012。

琴状卵形藻 *Cocconeis lyra* Schmidt, 1874

分布：南海。
参考文献：刘瑞玉，2008；程兆第和高亚辉，2012。

粉乱卵形藻 *Cocconeis molesta* Kützing, 1844

分布：台湾海峡；澳大利亚沿海。
参考文献：刘瑞玉，2008；程兆第和高亚辉，2012；McCarthy，2013a。

标志卵形藻 *Cocconeis notata* Petit, 1877

分布：东海；朝鲜、新西兰沿海。
参考文献：刘瑞玉，2008；程兆第和高亚辉，2012；Lee et al.，1995；Harper et al.，2012。

眼点卵形藻 *Cocconeis ocellata* Mann, 1925

分布：菲律宾群岛海域。
参考文献：Mann，1925。

原口卵形藻 *Cocconeis os-pristis* Mann, 1925

分布：菲律宾群岛海域。
参考文献：Mann，1925。

柄卵形藻 *Cocconeis pediculus* Ehrenberg, 1838

分布：台湾海峡，南海。
参考文献：刘瑞玉，2008；程兆第和高亚辉，2012。

透明卵形藻 *Cocconeis pellucida* Grunow, 1863

分布：东海，台湾海峡。
参考文献：刘瑞玉，2008；程兆第和高亚辉，2012。

透明卵形藻小型变种 *Cocconeis pellucida* var. *minor* Grunow, 1868

分布：台湾海峡，南海。
参考文献：刘瑞玉，2008；程兆第和高亚辉，2012。

半月卵形藻 *Cocconeis pelta* Schmidt, 1874

分布：中国福建沿海；朝鲜、新加坡沿海。
参考文献：刘瑞玉，2008；程兆第和高亚辉，2012；Joh，2012；Pham et al.，2011。

半月卵形藻中华变种 *Cocconeis pelta* var. *sinica* Skvortzow，1932

分布：东海。
参考文献：刘瑞玉，2008；程兆第和高亚辉，2012。

扁圆卵形藻 *Cocconeis placentula* Ehrenberg, 1838

分布：东海，南海；朝鲜、澳大利亚和新西兰沿海。
参考文献：刘瑞玉，2008；程兆第和高亚辉，2012；Lee et al.，1995；McCarthy，2013a；Day et al.，1995。

扁圆卵形藻椭圆变种 *Cocconeis placentula* var. *euglypta* (Ehrenberg) Cleve, 1895

分布：渤海，黄海，东海，南海。
参考文献：刘瑞玉，2008；程兆第和高亚辉，2012。

扁圆卵形藻线条变种 *Cocconeis placentula* var. *lineata* (Ehrenberg) Van Heurck, 1885

分布：东海，台湾海峡。
参考文献：刘瑞玉，2008；程兆第和高亚辉，2012。

疑难卵形藻 *Cocconeis problematica* Van Landingham, 1967

分布：东海。
参考文献：刘瑞玉，2008；程兆第和高亚辉，2012。

假边卵形藻 *Cocconeis pseudomarginata* Gregory, 1857

分布：渤海，黄海，东海，南海。
参考文献：刘瑞玉，2008；程兆第和高亚辉，2012。

假边卵形藻美丽变种 *Cocconeis pseudomarginata* var. *formosa* Skvortzow, 1929

分布：渤海，黄海。
参考文献：刘瑞玉，2008；程兆第和高亚辉，2012。

假边卵形藻中型变种 *Cocconeis pseudomarginata* var. *intermedia* Grunow, 1867

分布：渤海，黄海，台湾海峡，南海。
参考文献：刘瑞玉，2008；程兆第和高亚辉，2012。

近黑卵形藻 *Cocconeis pullus* (Hustedt) Witkowski, Lange-Bertalot & Metzeltin, 2000

同种异名：*Navicula pullus* Hustedt, 1955
分布：中国福建沿海。
参考文献：刘瑞玉，2008；黄宗国和林茂，2012。

盾卵形藻 *Cocconeis scutellum* Ehrenberg, 1878

分布：渤海，黄海，东海，南海；菲律宾以西海域。
参考文献：刘瑞玉，2008；程兆第和高亚辉，2012；Huang et al.，1988。

盾卵形藻日本变种 *Cocconeis scutellum* var. *japonica* (Schmidt) Skvortzow, 1929

分布：渤海，黄海。
参考文献：刘瑞玉，2008；程兆第和高亚辉，2012。

盾卵形藻极小变种 *Cocconeis scutellum* var. *minutissima* Grunow, 1881

分布：东海，台湾海峡。
参考文献：刘瑞玉，2008；黄宗国和林茂，2012。

盾卵形藻小型变种 *Cocconeis scutellum* var. *parva* (Grunow) Cleve, 1881

分布：渤海，黄海，东海，台湾海峡。
参考文献：刘瑞玉，2008；黄宗国和林茂，2012。

盾卵形藻壮丽变种 *Cocconeis scutellum* var. *speciosa* (Gregory) Cleve-Euler, 1953

分布：中国台湾沿海。
参考文献：刘瑞玉，2008；黄宗国和林茂，2012。

盾卵形藻十字形变种 *Cocconeis scutellum* var. *stauroneiformis* Rabenhorst, 1864

分布：东海，台湾海峡。
参考文献：刘瑞玉，2008；黄宗国和林茂，2012。

近岸卵形藻 *Cocconeis sublittoralis* Hendey, 1951

分布：东海，台湾海峡；朝鲜、新加坡、澳大利亚和新西兰沿海。
参考文献：刘瑞玉，2008；Joh，2012；Pham et al.，2011；McCarthy，2013a；Harper et al.，2012。

细弱卵形藻 *Cocconeis subtilis* Schmidt

分布：东海。
参考文献：刘瑞玉，2008；黄宗国和林茂，2012。

细条卵形藻 *Cocconeis tenuistriata* Lin & Chin, 1980

分布：台湾海峡。
参考文献：刘瑞玉，2008；程兆第和高亚辉，2012。

变色卵形藻 *Cocconeis versicolor* Brun, 1891

分布：南海。
参考文献：刘瑞玉，2008；程兆第和高亚辉，2012。

玻璃卵形藻 *Cocconeis vitrea* Brun, 1891

分布：东海；朝鲜沿海。
参考文献：刘瑞玉，2008；程兆第和高亚辉，2012；Lee et al.，1995。

拟卵形藻属 Genus *Cocconeiopsis* Witkowski, Lange-Bertalot & Metzeltin, 2000

直丝拟卵形藻 *Cocconeiopsis orthoneoides* (Hustedt) Witkowski, Lange-Bertalot & Metzeltin, 2000

同种异名：*Navicula orthoneoides* Hustedt, 1955
分布：南海。
参考文献：刘瑞玉，2008。

短缝藻目 Order Eunotiales Silva, 1962

短缝藻科 Family Eunotiaceae Kützing, 1844

短缝藻属 Genus *Eunotia* Ehrenberg, 1837

蝎状短缝藻 *Eunotia eruca* Ehrenberg (Brightwell), 1859

分布：南海；新西兰沿海。
参考文献：黄宗国和林茂，2012；Harper et al.，2012。

克氏短缝藻 *Eunotia clevei* Grunow, 1891

分布：中国福建沿海；日本沿海。
参考文献：刘瑞玉，2008；程兆第和高亚辉，2012。

单齿短缝藻 *Eunotia monodon* Ehrenberg, 1841

分布：渤海，东海；马来西亚、新加坡、泰国、澳大利亚（昆士兰）沿海。
参考文献：刘瑞玉，2008；Zong and Hassan，2004；Pham et al.，2011；Foged，1972。

篦形短缝藻 *Eunotia pectinalis* (Kützing) Rabenhorst, 1864

分布：中国浙江、福建沿海。
参考文献：刘瑞玉，2008；程兆第和高亚辉，2012。

篦形短缝藻腹凸变种 *Eunotia pectinalis* var. *ventralis* (Ehrenberg) Hustedt, 1911

分布：中国黑龙江、福建沿海。
参考文献：刘瑞玉，2008；程兆第和高亚辉，2012。

棒杆藻目 Order Rhopalodiales Mann, 1990

棒杆藻科 Family Rhopalodiaceae (Karsten) Topachevs'kyj & Oksiyuk, 1960

棒杆藻属 Genus *Rhopalodia* Müller, 1895

扭转棒杆藻 *Rhopalodia contorta* Hustedt, 1937

分布：中国福建沿海。
参考文献：刘瑞玉，2008。

驼峰棒杆藻 *Rhopalodia gibberula* (Ehrenberg) Müller, 1895

分布：渤海，黄海，南海；朝鲜、澳大利亚和新西兰沿海。
参考文献：刘瑞玉，2008；Lee et al.，1995；McCarthy，2013a；Day et al.，1995。

驼峰棒杆藻范氏变种 *Rhopalodia gibberula* var. *vanheurckii* Müller, 1900

分布：南海。
参考文献：刘瑞玉，2008；黄宗国和林茂，2012。

肌状棒杆藻 *Rhopalodia musculus* (Kützing) Müller, 1900

分布：台湾海峡，南海。
参考文献：刘瑞玉，2008；黄宗国和林茂，2012。

肌状棒杆藻缢缩变种 *Rhopalodia musculus* var. *constricta* (Brébisson) H. Peragallo & M. Peragallo, 1900

分布：台湾海峡，南海。
参考文献：刘瑞玉，2008；黄宗国和林茂，2012。

具盖棒杆藻 *Rhopalodia operculata* (Agardh) Håkanasson, 1979

分布：中国福建沿海；日本、朝鲜、澳大利亚和新西兰沿海。
参考文献：刘瑞玉，2008；Kihara et al.，2015；Lee et al.，1995；Harper et al.，2012；John，2018。

半圆棒杆藻 *Rhopalodia supresemicirculata* (Legler & Krasske) Krammer, 1988

分布：中国福建沿海。
参考文献：刘瑞玉，2008；黄宗国和林茂，2012。

钩状棒杆藻 *Rhopalodia uncinata* Müller, 1895

分布：东海。
参考文献：刘瑞玉，2008；黄宗国和林茂，2012。

圆箱藻属 Genus *Pyxidicula* Ehrenberg, 1834

非洲圆箱藻 *Pyxidicula africana* Cholnoky, 1960

分布：新加坡沿海。
参考文献：Pham et al.，2011。

地中海圆箱藻 *Pyxidicula mediterranea* Grunow, 1881

分布：冲绳海槽。
参考文献：刘瑞玉，2008。

范氏圆箱藻 *Pyxidicula weyprechtii* Grunow, 1884

分布：东海，台湾海峡。
参考文献：刘瑞玉，2008。

硅藻目 Order Bacillariales Hendey, 1937

硅藻科 Family Bacillariaceae Ehrenberg, 1831

细齿藻属 Genus *Denticula* Kützing, 1844

安蒂细齿藻 *Denticula antillarum* Cleve, 1878

同种异名：*Nitzschia antillarum* (Cleve & Grunow) Meister
分布：中国台湾。
参考文献：邵广昭，2003-2014。

达氏细齿藻 *Denticula dusenii* Cleve, 1894

同种异名：*Fragilariella dusenii* (Cleve) Hendey, 1958
分布：中国台湾沿海。
参考文献：刘瑞玉，2008；程兆第和高亚辉，2012。

优美细齿藻 *Denticula elegans* Kützing, 1844

同种异名：*Rhabdium elegans* (Kützing) Trevisan, 1848; *Odontidium elegans* (Kützing) O'Meara, 1875
分布：东海；新西兰沿海。
参考文献：刘瑞玉，2008；Harper et al., 2012。

优美细齿藻基托变种 *Denticula elegans* var. *kittoniana* (Grunow) De Toni, 1892

同种异名：*Denticula kittoniana* Grunow, 1881
分布：中国福建沿海。
参考文献：黄宗国和林茂，2012。

尼科巴细齿藻 *Denticula nicobarica* Grunow

分布：日本海（中新世和上新世沉积物）。
参考文献：Motoda and Minoda，1974。

小型细齿藻 *Denticula parva* Hustedt

分布：澳大利亚新南威尔士和昆士兰沿海。
参考文献：Day et al.，1995。

细弱细齿藻 *Denticula subtilis* Grunow, 1844

分布：东海，南海；澳大利亚、新西兰沿海。
参考文献：刘瑞玉，2008；程兆第和高亚辉，2012；McCarthy，2013a；Harper et al.，2012；John，2016，2018。

纤细细齿藻 *Denticula tenuis* Kützing 1844

同种异名：*Rhabdium tenue* (Kützing) Trevisan, 1848；*Odontidium tenue* (Kützing) Pfitzer, 1871
分布：中国沿海；朝鲜、澳大利和新西兰沿海。
参考文献：胡鸿均和魏印心，2006；Lee et al.，1995；Day et al.，1995；Harper et al.，2012。

温热细齿藻 *Denticula thermalis* Kützing, 1844

同种异名：*Denticula elegans* var. *thermalis* (Kützing) Grunow, 1881
分布：中国福建、广西沿海；澳大利亚维多利亚沿海。
参考文献：黄宗国和林茂，2012；Day et al.，1995。

新细齿藻属 Genus *Neodenticula* Akiba & Yanagisawa, 1986

塞米新细齿藻 *Neodenticula seminae* (Simonsen & Kanaya) Akiba & Yanagisawa, 1986

同种异名：*Denticula seminae* Simonsen & Kanaya, 1961; *Denticulopsis seminae* (Simonsen & Kanaya) Simonsen, 1979
分布（赤潮生物）：中国福建沿海；日本、朝鲜沿海。
参考文献：刘瑞玉，2008；Fukuyo et al.，1990；Lee et al.，1995。

拟细齿藻属 Genus *Denticulopsis* Simonsen, 1979

赫氏拟细齿藻 *Denticulopsis hustedtii* (Simonsen ex Kanaya) Simonsen

同种异名：*Denticula hustedtii* Simonsen ex Kanaya
分布（化石种）：日本海（中新世和上新世沉积物），朝鲜沿海。
参考文献：Motoda and Minoda，1974；Lee et al.，1995。

劳塔拟细齿藻 *Denticulopsis lauta* (Bailey) Simonsen, 1979

同种异名：*Denticula lauta* Bailey, 1854; *Denticella lauta* (Bailey) Ehrenberg, 1873
分布（化石种）：日本海（中新世和上新世沉积物），朝鲜沿海。
参考文献：Motoda and Minoda，1974；Lee et al.，1995。

筒柱藻属 Genus *Cylindrotheca* Rabenhorst, 1859

新月筒柱藻 *Cylindrotheca closterium* (Ehrenberg) Reimann & Lewin, 1964

同种异名：*Ceratoneis closterium* Ehrenberg, 1839; *Nitzschia closterium* (Ehrenberg) Smith, 1853; *Nitzschia longissima* var. *closterium* (Ehrenberg) Van Heurck, 1885
分布（赤潮生物）：渤海，黄海，东海，台湾海峡；日本、泰国、朝鲜、澳大利亚和新西兰沿海。
参考文献：刘瑞玉，2008；Fukuyo et al.，1990；Kesorn and Sunan，2007；Day et al.，1995；Harper et al.，2012。

纺锤筒柱藻 *Cylindrotheca fusiformis* Reimann & Lewin, 1964

分布：朝鲜沿海。
参考文献：Lee et al.，1995；Jeong et al.，2017。

纤细筒柱藻 *Cylindrotheca gracilis* (Brébisson) Grunow, 1880

同种异名：*Ceratoneis gracilis* Brébisson ex Kützing, 1849; *Nitzschiella gracilis* (Brébisson ex Kützing) Grunow, 1882
分布：台湾海峡；朝鲜和澳大利亚（新南威尔士）沿海。
参考文献：刘瑞玉，2008；Lee et al.，1995；Day et al.，1995。

波菱藻属 Genus *Cymatonitzschia* Simonsen, 1974

海洋波菱藻 *Cymatonitzschia marina* (Lewis) Simonsen, 1974

同种异名：*Cymatopleura marina* Lewis, 1861
分布：中国江苏、福建沿海。
参考文献：刘瑞玉，2008；黄宗国和林茂，2012。

拟脆杆藻属 Genus *Fragilariopsis* Hustedt, 1913

柱状拟脆杆藻 *Fragilariopsis cylindrus* (Grunow ex Cleve) Helmcke & Krieger, 1954

同种异名：*Fragilaria cylindrus* Grunow ex Cleve, 1883; *Nitzschia cylindrus* (Grunow ex Cleve) Hasle, 1972
分布：台湾海峡，南海；朝鲜沿海。
参考文献：刘瑞玉，2008；程兆第和高亚辉，2012；Lee et al.，1995。

科塔拟脆杆藻 *Fragilariopsis curta* (Van Heurck) Hustedt, 1958

同种异名：*Fragilaria curta* Van Heurck, 1909; *Fragilariopsis linearis* var. *curta* (Van Heurck) Frenguelli, 1958; *Nitzschia curta* (Van Heurck) Hasle, 1972
分布：新西兰沿海。
参考文献：Harper et al.，2012。

鼓形拟脆杆藻 *Fragilariopsis doliolus* (Wallich) Medlin & Sims, 1993

同种异名：*Synedra doliolus* Wallich, 1860; *Pseudo-eunotia doliolus* (Wallich) Grunow, 1880
分布：太平洋热带开阔洋区；东海，南海；日本、朝鲜、澳大利亚沿海。
参考文献：Hasle，1960；Беляева，1976；杨清良和陈兴群，1984；刘瑞玉，2008；程兆第和高亚辉，2012；小久保清治，1960；Lee et al.，1995；McCarthy，2013a。

茹氏拟脆杆藻 *Fragilariopsis jouseae* (Burckle) Williams & Kociolek, 2018

同种异名：*Nitzschia jouseae* Burckle, 1972
分布：朝鲜沿海。
参考文献：Lee et al.，1995。

克氏拟脆杆藻 *Fragilariopsis kerguelensis* (O'Meara) Hustedt, 1952

同种异名：*Terebraria kerguelensis* O'Meara, 1876; *Trachysphenia australis* var. *kerguelensis* (O'Meara) De Toni, 1892; *Fragilaria kerguelensis* (O'Meara) Cleve, 1900; *Nitzschia kerguelensis* (O'Meara) Hasle, 1965
分布：东海；澳大利亚和新西兰沿海。
参考文献：黄宗国和林茂，2012；McCarthy，2013a；Harper et al.，2012。

大洋拟脆杆藻 *Fragilariopsis oceanica* (Cleve) Hasle, 1965

同种异名：*Fragilaria oceanica* (Cleve) Hasle, 1965
分布：台湾海峡；日本近海（亲潮流域），朝鲜、新西兰沿海。
参考文献：刘瑞玉，2008；程兆第和高亚辉，2012；Lee et al.，1995；小久保清治，1960；Harper et al.，2012。

太平洋拟脆杆藻 *Fragilariopsis pacifica* Lundholm & Hasle, 2010

分布：日本沿海。
参考文献：Lundholm and Hasle，2010。

菱形拟脆杆藻 *Fragilariopsis rhombica* (O'Meara) Hustedt, 1952

分布：赤道太平洋开阔洋区；东海。
参考文献：Беляева，1976；刘瑞玉，2008；黄宗国和林茂，2012。

楔菱藻属 Genus *Gomphonitzschia* Grunow, 1868

中国楔菱藻 *Gomphonitzschia chinensis* Skvortzow, 1932

分布：台湾海峡。
参考文献：刘瑞玉，2008；黄宗国和林茂，2012。

菱板藻属 Genus *Hantzschia* Grunow, 1877

双尖菱板藻 *Hantzschia amphioxys* (Ehrenberg) Grunow, 1880

分布：中国黑龙江、江苏、河北、福建沿海；日本、朝鲜、澳大利亚和新西兰沿海。
参考文献：刘瑞玉，2008；Kihara et al.，2015；Lee et al.，1995；McCarthy，2013a；Day et al.，1995。

双尖菱板藻头状变种 *Hantzschia amphioxys* var. *capitata* Müeller, 1921

分布：中国台湾沿海。
参考文献：刘瑞玉，2008；黄宗国和林茂，2012。

显点菱板藻 *Hantzschia distinctepunctata* (Hustedt) Hustedt, 1921

分布：中国台湾沿海；澳大利亚维多利亚沿海。
参考文献：刘瑞玉，2008；McCarthy，2013a；Day et al.，1995。

多吉菱板藻 *Hantzschia doigiana* Stidolph, 1994

分布：新西兰沿海。
参考文献：Harper et al.，2012；Stidolph，1993。

柳叶菱板藻 *Hantzschia leptocephala* (Østrup) Lange-Bertalot & Metzeltin, 2005

同种异名：*Hantzschia virgata* var. *leptocephala* Østrup, 1910
分布：朝鲜、新西兰沿海。
参考文献：Lee et al.，1995；Harper et al.，2012。

海洋菱板藻 *Hantzschia marina* (Donkin) Grunow, 1880

同种异名：*Epithemia marina* Donkin, 1858; *Cystopleura marina* (Donkin) Kuntze, 1891; *Homoeocladia marina* (Donkin) Kuntze, 1898
分布：东海，南海；澳大利亚昆士兰沿海。
参考文献：刘瑞玉，2008；McCarthy，2013a；John，2016。

毕氏菱板藻 *Hantzschia petitiana* (Grunow) Grunow, 1880

同种异名：*Homoeocladia petitiana* (Grunow) Kuntze, 1898; *Nitzschia petitiana* Grunow, 1950
分布：台湾海峡，南海。
参考文献：刘瑞玉，2008。

粗壮菱板藻 *Hantzschia robusta* (Østrup) Cleve

同种异名：*Hantzschia amphioxys* var. *robusta* Østrup, 1910
分布：新西兰沿海。
参考文献：Harper et al.，2012。

弯菱板藻 *Hantzschia sigma* Hustedt, 1938

分布：中国台湾沿海。
参考文献：邵广昭，2003-2014。

美丽菱板藻 *Hantzschia spectabilis* (Ehrenberg) Hustedt, 1959

同种异名：*Synedra spectabilis* Ehrenberg, 1841; *Nitzschia spectabilis* (Ehrenberg) Ralfs, 1861; *Bacillaria spectabilis* (Ehrenberg) Elmore, 1895
分布：南海；朝鲜和新西兰沿海。
参考文献：黄宗国和林茂，2012；Lee et al.，1995；Harper et al.，2012。

直条菱板藻 *Hantzschia virgata* (Roper) Grunow, 1880

同种异名：*Nitzschia virgata* Roper, 1858; *Homoeocladia virgata* (Roper) Kuntze, 1898
分布：台湾海峡，南海；朝鲜、澳大利亚（新南威尔士、昆士兰和维多利亚等）沿海。
参考文献：刘瑞玉，2008；Lee et al.，1995；McCarthy，2013a；Day et al.，1995；John，2016。

直条菱板藻狭型变种 *Hantzschia virgata* var. *gracilis* Hustedt, 1922

分布：南海。
参考文献：黄宗国和林茂，2012。

菱形藻属 Genus *Nitzschia* Hassall, 1845

阿杜菱形藻 *Nitzschia adductoides* Archibald, 1983

分布：中国台湾沿海。
参考文献：刘瑞玉，2008。

针状菱形藻 *Nitzschia acicularis* (Kützing) Smith, 1853

分布：中国福建沿海；朝鲜、澳大利亚沿海。
参考文献：刘瑞玉，2008；Lee et al.，1995；Day et al.，1995；John，2018。

赤道菱形藻 *Nitzschia aequatorialis* Heiden, 1928

分布：太平洋热带开阔洋区；中国台湾沿海。
参考文献：Беляева，1976；邵广昭，2003-2014。

趋光菱形藻 *Nitzschia agnita* Hustedt, 1957

分布：中国广东沿海；新西兰和澳大利亚（昆士兰）沿海。
参考文献：刘瑞玉，2008；Day et al.，1995；Harper et al.，2012。

亚历山大菱形藻 *Nitzschia alexandrina* (Cholnoky) Lange-Bertalot & Simonsen, 1978

分布：中国福建沿海；澳大利亚维多利亚沿海。
参考文献：刘瑞玉，2008；Day et al.，1995。

拟双头菱形藻琛航变种 *Nitzschia amphibioides* var. *chenghaensis* Liu, 1992

分布：南海。
参考文献：黄宗国和林茂，2012。

两栖菱形藻 *Nitzschia amphibia* Grunow, 1862

分布：东海；朝鲜、澳大利亚（昆士兰和维多利亚等）沿海。
参考文献：刘瑞玉，2008；Lee et al.，1995；Day et al.，1995；Harper et al.，2012。

有棱菱形藻 *Nitzschia angularis* Smith, 1853

分布：渤海，黄海，台湾海峡，南海；关岛海域，朝鲜、澳大利亚和新西兰沿海。
参考文献：刘瑞玉，2008；Lee et al.，1995；Lobban et al.，2012；Day et al.，1995；Harper et al.，2012。

有棱菱形藻相似变种 *Nitzschia angularis* var. *affinis* (Grunow) Grunow, 1881

分布：东海。
参考文献：刘瑞玉，2008；黄宗国和林茂，2012。

狭孔菱形藻 *Nitzschia angusteforaminata* Lange-Bertalot, 1980

分布：中国福建沿海。
参考文献：刘瑞玉，2008；黄宗国和林茂，2012。

安蒂菱形藻 *Nitzschia antillarum* (Cleve & Grounw) Meister, 1937

分布：东海，台湾海峡。
参考文献：刘瑞玉，2008；邵广昭，2003-2014。

金色菱形藻 *Nitzschia aurariae* Cholnoky, 1966

分布：中国海南沿海；澳大利亚维多利亚沿海。
参考文献：刘瑞玉，2008；黄宗国和林茂，2012；Day et al.，1995。

双头状菱形藻 *Nitzschia bicapitata* Cleve, 1900

分布：太平洋热带开阔洋区；东海。
参考文献：Hasle，1960；Беляева，1976；杨清良和陈兴群，1984；孙晓霞等，2017；刘瑞玉，2008。

缩短菱形藻 *Nitzschia brevissima* Grunow, 1881

分布：东海，台湾海峡；朝鲜、新西兰和澳大利亚（维多利亚）沿海。
参考文献：刘瑞玉，2008；Lee et al.，1995；Harper et al.，2012；Day et al.，1995。

布氏菱形藻 *Nitzschia braarudii* Hasle

分布：太平洋热带开阔洋区，西太平洋副热带环流区。
参考文献：Беляева，1976；杨清良和陈兴群，1984；孙晓霞等，2017；杨清良等，2000。

头状菱形藻 *Nitzschia capitellata* Hustedt, 1922

分布：东海；日本、新西兰、澳大利亚（昆士兰和维多利亚）沿海。
参考文献：刘瑞玉，2008；Kihara et al.，2015；Harper et al.，2012；Day et al.，1995。

卡普拉菱形藻 *Nitzschia capuluspalae* Simonsen, 1965

分布：东海。
参考文献：刘瑞玉，2008；黄宗国和林茂，2012。

卵形菱形藻 *Nitzschia cocconeiformis* Grunow, 1880

分布：渤海，黄海，东海，南海。
参考文献：刘瑞玉，2008；黄宗国和林茂，2012。

普通菱形藻 *Nitzschia communis* Rabenhorst, 1858

分布：中国广西沿海；朝鲜、新西兰和澳大利亚（维多利亚）沿海。
参考文献：刘瑞玉，2008；黄宗国和林茂，2012；Day et al.，1995；Harper et al.，2012。

缢缩菱形藻 *Nitzschia constricta* (Gregory) Grunow, 1862

分布：赤道太平洋开阔洋区；东海，南海。
参考文献：Беляева，1976；刘瑞玉，2008；黄宗国和林茂，2012；Kesorn and Sunan，2007。

胖菱形藻 *Nitzschia corpulenta* Hendey, 1957

分布：东海，台湾海峡。
参考文献：刘瑞玉，2008；黄宗国和林茂，2012。

活动菱形藻 *Nitzschia cursoria* (Donkin) Grunow, 1880

分布：台湾海峡；新西兰沿海。
参考文献：刘瑞玉，2008；黄宗国和林茂，2012；Day et al.，1995。

齿菱形藻 *Nitzschia denticula* Grunow, 1880

分布：东海，台湾海峡；日本、朝鲜、澳大利亚（维多利亚）沿海。
参考文献：刘瑞玉，2008；Kihara et al.，2015；Lee et al.，1995；Day et al.，1995。

细端菱形藻 *Nitzschia dissipata* (Kützing) Grunow, 1862

分布（淡水种）：台湾海峡；朝鲜、澳大利亚沿海。
参考文献：刘瑞玉，2008；Lee et al.，1995；McCarthy，2013a；Day et al.，1995。

稀纹菱形藻 *Nitzschia distans* Gregory, 1857

分布：东海，南海。
参考文献：刘瑞玉，2008；黄宗国和林茂，2012。

稀纹菱形藻肿胀变种 *Nitzschia distans* var. *tumescens* Grunow, 1880

分布：菲律宾群岛海域。
参考文献：Mann，1925。

类远距菱形藻 *Nitzschia distantoides* Hustedt, 1958

分布：南海；澳大利亚维多利亚沿海。
参考文献：刘瑞玉，2008；Day et al.，1995。

雅致菱形藻 *Nitzschia elegantula* Grunow, 1880

分布：中国福建沿海；澳大利亚维多利亚沿海。
参考文献：刘瑞玉，2008；Day et al.，1995。

拟匙形菱形藻 *Nitzschia epithemoides* Grunow, 1880

分布：台湾海峡；朝鲜、澳大利亚沿海。
参考文献：刘瑞玉，2008；Lee et al.，1995；John，2018。

簇生菱形藻 *Nitzschia fasciculata* (Grunow) Grunow, 1878

分布：东海，南海；澳大利亚沿海。
参考文献：刘瑞玉，2008；Harper et al.，2012；Day et al.，1995。

丝状菱形藻 *Nitzschia filiformis* (Smith) Van Heurck, 1896

分布：台湾海峡；朝鲜、新西兰和澳大利亚（维多利亚）沿海。
参考文献：刘瑞玉，2008；Lee et al.，1995；Harper et al.，2012；Day et al.，1995。

流水菱形藻 *Nitzschia fluminensis* Grunow, 1862

分布：渤海，黄海，台湾海峡，南海。
参考文献：刘瑞玉，2008；黄宗国和林茂，2012。

泉水菱形藻 *Nitzschia fonticola* Grunow, 1879

分布：中国福建沿海；朝鲜、新加坡、澳大利亚（新南威尔士）沿海。
参考文献：刘瑞玉，2008；黄宗国和林茂，2012；Lee et al.，1995；Pham et al.，2011；Day et al.，1995。

寒带菱形藻 *Nitzschia frigida* Grunow, 1880

分布：台湾海峡；朝鲜、新西兰沿海。
参考文献：刘瑞玉，2008；黄宗国和林茂，2012；Lee et al.，1995；Harper et al.，2012。

碎片菱形藻 *Nitzschia frustulum* (Kützing) Grunow, 1880

同种异名：*Synedra frustulum* Kützing, 1844; *Homoeocladia frustulum* (Kützing) Kuntze, 1898
分布：东海，南海；朝鲜、新西兰和澳大利亚（维多利亚）沿海。
参考文献：刘瑞玉，2008；黄宗国和林茂，2012；Lee et al.，1995；Harper et al.，2012；Day et al.，1995。

碎片菱形藻共生变种 *Nitzschia frustulum* var. *symbiotica* Lee & Reimer, 1982

分布：中国福建沿海。
参考文献：刘瑞玉，2008；黄宗国和林茂，2012。

盖氏菱形藻 *Nitzschia gaarderi* Hasle

分布：太平洋热带海域。

参考文献：Hasle，1959；Werner，1977。

哈氏菱形藻 *Nitzschia habirshawii* Smith, 1874

分布：渤海，黄海；新西兰沿海。

参考文献：刘瑞玉，2008；Day et al.，1995。

杂菱形藻 *Nitzschia hybrida* Grunow, 1880

分布：台湾海峡，南海；澳大利亚新南威尔士和昆士兰沿海。

参考文献：刘瑞玉，2008；Day et al.，1995；John，2016。

标识菱形藻 *Nitzschia insignis* Gregory, 1857

分布：东海，台湾海峡。

参考文献：刘瑞玉，2008；黄宗国和林茂，2012。

标识菱形藻披针变种 *Nitzschia insignis* var. *lanceolata* Hustedt, 1921

分布：台湾海峡。

参考文献：刘瑞玉，2008；黄宗国和林茂，2012。

间断菱形藻 *Nitzschia interrupta* (Reichelt) Hustedt, 1927

分布：朝鲜沿海。

参考文献：Lee et al.，1995。

詹氏菱形藻 *Nitzschia johnmartinii* Fryxell & Kaczmarska, 1994

分布：中国台湾沿海。

参考文献：刘瑞玉，2008；黄宗国和林茂，2012。

高氏菱形藻 *Nitzschia kolaczeckii* Grunow, 1867

分布：太平洋热带开阔洋区，西太平洋副热带环流区；东海，南海。

参考文献：Hasle，1960；Беляева，1976；杨清良和陈兴群，1984；杨清良等，2000；黄宗国和林茂，2012。

沟坑菱形藻 *Nitzschia lacuum* Lange-Bertalot, 1980

分布：中国广东沿海；新西兰沿海。

参考文献：刘瑞玉，2008；黄宗国和林茂，2012；Harper et al.，2012。

披针菱形藻 *Nitzschia lanceolata* Smith, 1853

分布：东海，南海；朝鲜、新加坡、澳大利亚（昆士兰）沿海。

参考文献：刘瑞玉，2008；黄宗国和林茂，2012；Lee et al.，1995；Pham et al.，2011；Day et al.，1995；John，2016。

拔针菱形藻中国变种 *Nitzschia lanceolata* var. *chinensis* Skvirtzow, 1932

分布：台湾海峡。
参考文献：刘瑞玉，2008；黄宗国和林茂，2012。

拔针菱形藻套条变种 *Nitzschia lanceolata* var. *incrustoms* Grunow, 1880

分布：台湾海峡。
参考文献：刘瑞玉，2008；黄宗国和林茂，2012。

拔针菱形藻微小变种 *Nitzschia lanceolata* var. *minor* Van Heurck, 1880

分布：东海，南海。
参考文献：刘瑞玉，2008；黄宗国和林茂，2012。

列比菱形藻 *Nitzschia lesbia* Cholnoky, 1959

分布：中国福建沿海。
参考文献：刘瑞玉，2008；黄宗国和林茂，2012。

连氏菱形藻 *Nitzschia linkei* Hustedt, 1939

分布：南海。
参考文献：刘瑞玉，2008；黄宗国和林茂，2012。

长颈菱形藻 *Nitzschia longicollum* Hasle

分布：太平洋热带开阔洋区。
参考文献：Allen and Cupp，1935；Hasle，1959，1960；Беляева，1976。

长菱形藻 *Nitzschia longissima* (Brébisson) Ralfs, 1861

分布：太平洋热带开阔洋区，西太平洋副热带环流区；渤海，黄海，东海，南海；关岛海域，朝鲜、日本和新加坡沿海，菲律宾以西海域。
参考文献：杨清良和陈兴群，1984；孙晓霞等，2017；杨清良等，2000；刘瑞玉，2008；黄宗国和林茂，2012；Huang et al.，1988；Lee et al.，1995；Mann，1925；Kesorn and Sunan，2007；Lobban et al.，2012；Pham et al.，2011；McCarthy，2013a；Harper et al.，2012。

长菱形藻中国变种 *Nitzschia longissima* var. *chinensis* Grunow, 1880

分布：南海。
参考文献：刘瑞玉，2008；黄宗国和林茂，2012。

长菱形藻中肋变种 *Nitzschia longissima* var. *costata* (Brébisson) Pritchard, 1861

分布：南海。
参考文献：刘瑞玉，2008；黄宗国和林茂，2012。

长菱形藻弯端变种 *Nitzschia longissima* var. *reversa* Grunow, 1880

分布：渤海，黄海，东海，南海。
参考文献：刘瑞玉，2008；黄宗国和林茂，2012。

洛伦菱形藻 *Nitzschia lorenziana* Grunow, 1880

分布：渤海，黄海，东海，南海；澳大利亚和新西兰沿海。
参考文献：刘瑞玉，2008；黄宗国和林茂，2012；McCarthy，2013a；Day et al.，1995；Harper et al.，2012。

洛伦菱形藻密条变种 *Nitzschia lorenziana* var. *densestriata* (Persoon) Schmidt, 1874

分布：台湾海峡。
参考文献：刘瑞玉，2008；黄宗国和林茂，2012。

瘦菱形藻 *Nitzschia macilenta* Gregory

分布：东海；新西兰沿海。
参考文献：刘瑞玉，2008；黄宗国和林茂，2012；Day et al.，1995。

瘦菱形藻短胞变型 *Nitzschia macilenta* f. *abbreviata* Grunow De Toni, 1892

分布：台湾海峡。
参考文献：刘瑞玉，2008；黄宗国和林茂，2012。

较大菱形藻 *Nitzschia majuscula* Grunow, 1880

分布：东海，海南。
参考文献：刘瑞玉，2008；黄宗国和林茂，2012。

较大菱形藻直列变种 *Nitzschia majuscula* var. *lineata* Liu & Chin, 1980

分布：东海，南海。
参考文献：刘瑞玉，2008；黄宗国和林茂，2012。

海洋菱形藻 *Nitzschia marina* Grunow, 1880

分布：太平洋热带开阔洋区，西太平洋副热带环流区；东海，南海；朝鲜、澳大利亚和新西兰沿海。
参考文献：Hasle，1959，1960；Беляева，1976；杨清良和陈兴群，1984；杨清良等，2000；刘瑞玉，2008；McCarthy，2013a；Harper et al.，2012。

聂氏菱形藻 *Nitzschia nelsonii* Hanna & Grant, 1926

分布：中国台湾大陆架海域。
参考文献：刘瑞玉，2008；邵广昭，2003-2014。

钝头菱形藻 *Nitzschia obtusa* Smith, 1853

分布：渤海，黄海，东海，南海；朝鲜、泰国、澳大利亚（昆士兰和维多利亚）沿海。
参考文献：刘瑞玉，2008；Lee et al.，1995；Foged，1972；Day et al.，1995；Harper et al.，2012。

钝头菱形藻刀形变种 *Nitzschia obtusa* var. *scalpelliformis* (Grunow) Grunow, 1881

分布：渤海，黄海，东海，南海。
参考文献：刘瑞玉，2008；黄宗国和林茂，2012。

大洋菱形藻 *Nitzschia oceanica* Hasle

分布：太平洋热带开阔洋区。
参考文献：Allen and Cupp，1935；Hasle，1959，1960；Беляева，1976。

骨状菱形藻 *Nitzschia ossiformis* (Taylor) Simonsen, 1974

分布：南海。
参考文献：刘瑞玉，2008；黄宗国和林茂，2012。

谷皮菱形藻 *Nitzschia palea* (Kützing) Smith, 1856

分布：东海；朝鲜、澳大利亚沿海。
参考文献：刘瑞玉，2008；Lee et al.，1995；Day et al.，1995；Harper et al.，2012。

谷皮菱形藻极小变种 *Nitzschia palea* var. *minuta* (Bleisch) Grunow, 1881

分布：东海。
参考文献：刘瑞玉，2008；黄宗国和林茂，2012。

太平洋菱形藻 *Nitzschia pacifica* Choudhury & Pal, 2008

分布：太平洋热带开阔洋区；南海；朝鲜沿海。
参考文献：Hasle，1960；Беляева，1976；杨清良和陈兴群，1984；刘瑞玉，2008；Lee et al.，1995。

铲状菱形藻 *Nitzschia paleacea* Grunow, 1881

分布：南海；朝鲜、泰国、新西兰、澳大利亚（昆士兰和维多利亚）沿海。
参考文献：刘瑞玉，2008；Foged，1972；Lee et al.，1995；Day et al.，1995；Harper et al.，2012。

琴式菱形藻 *Nitzschia panduriformis* Gregory, 1857

分布：渤海，黄海，东海，南海；朝鲜、澳大利亚（昆士兰）沿海。
参考文献：刘瑞玉，2008；Kesorn and Sunan，2007；金德祥，1988；Lee et al.，1995；Day et al.，1995。

琴式菱形藻雅致变种 *Nitzschia panduriformis* var. *elegans* (Lagerstedt) Cleve-Euler, 1952

分布：南海。
参考文献：刘瑞玉，2008；黄宗国和林茂，2008。

琴式菱形藻微小变种 *Nitzschia panduriformis* var. *minor* Grunow, 1880

分布：渤海，黄海，东海，南海。
参考文献：刘瑞玉，2008；黄宗国和林茂，2008。

小菱形藻 *Nitzschia parvula* Smith, 1853

分布：台湾海峡；朝鲜、新西兰沿海。
参考文献：刘瑞玉，2008；Lee et al.，1995；McCarthy，2013a。

延长菱形藻 *Nitzschia prolongata* Hustedt, 1937

分布：中国福建沿海。
参考文献：刘瑞玉，2008；黄宗国和林茂，2008。

绒毛菱形藻 *Nitzschia pubens* Cholnoky, 1958

分布：中国广东沿海。
参考文献：刘瑞玉，2008；黄宗国和林茂，2008。

美丽菱形藻 *Nitzschia pulcherrima* (Grunow ex Kitton) Grunow, 1878

分布：东海。
参考文献：刘瑞玉，2008；黄宗国和林茂，2008。

微小菱形藻 *Nitzschia pusilla* (Kützing) Grunow, 1862

分布：中国福建沿海；朝鲜、新西兰、澳大利亚（昆士兰）沿海。
参考文献：刘瑞玉，2008；黄宗国和林茂，2012；Lee et al.，1995；Harper et al.，2012；Day et al.，1995。

四棱菱形藻 *Nitzschia quadrangula* (Kützing) Lange-Bertalot, 1980

分布：中国福建沿海。
参考文献：刘瑞玉，2008；黄宗国和林茂，2012。

弯端菱形藻 *Nitzschia reversa* Smith, 1853

同种异名：*Ceratoneis reversa* (Smith) Ralfs, 1861; *Nitzschiella reversa* (Smith) Rabenhorst, 1864; *Nitzschia closterum* var. *reversa* (Smith) Hauck, 1872; *Nitzschia longissima* var. *reversa* Grunow, 1880
分布（淡水种，赤潮生物）：中国沿海；日本沿岸。
参考文献：胡鸿钧和魏印心，2006；Fukuyo et al.，1990。

鲁码菱形藻 *Nitzschia romanowiana* Pantocsek, 1902

分布：中国台湾沿海。
参考文献：刘瑞玉，2008；黄宗国和林茂，2012。

劳氏菱形藻 *Nitzschia rosenstockii* Lange-Bertalot, 1980

分布：中国福建沿海；新西兰和澳大利亚（昆士兰）沿海。
参考文献：刘瑞玉，2008；黄宗国和林茂，2012；McCarthy，2013a；Day et al.，1995。

短剑菱形藻 *Nitzschia sicula* (Castracane) Hustedt, 1958

同种异名：*Synedra sicula* Castercane, 1875; *Pseudo-nitzschia sicula* (Castracane) Peragallo, 1899; *Nitzschia migrans* Cleve
分布：太平洋热带海域；中国台湾沿海；澳大利亚沿海。
参考文献：Hasle，1960；黄宗国和林茂，2012；邵广昭，2003-2014；McCarthy，2013a。

短剑菱形藻双楔变种 *Nitzschia sicula* var. *bicuneata* (Grunow) Hasle, 1960

同种异名：*Rhaphoneis bicuneata* Grunow; *Pseudo-nitzschia sicula* var. *bicuneata* (Grunow) Peragallo, 1897; *Nematoplata bicuneata* (Grunow) Kuntze, 1898
分布：太平洋热带海域。
参考文献：Hasle，1960。

短剑菱形藻漂白变种 *Nitzschia sicula* var. *migrans* (Cleve) Hasle, 1960

分布：太平洋热带海域。
参考文献：Hasle，1960。

弯菱形藻 *Nitzschia sigma* (Kützing) Smith, 1853

分布：渤海，黄海，东海，南海；朝鲜、澳大利亚（昆士兰和维多利亚）沿海。
参考文献：刘瑞玉，2008；黄宗国和林茂，2012；Lee et al.，1995；McCarthy，2013a；Day et al.，1995。

弯菱形藻中型变种 *Nitzschia sigma* var. *intercedens* Grunow, 1878

分布：渤海，黄海，东海。
参考文献：刘瑞玉，2008；黄宗国和林茂，2012。

弯菱形藻坚硬变种 *Nitzschia sigma* var. *rigida* (Kützing) Grunow, 1878

分布：台湾海峡，南海。
参考文献：刘瑞玉，2008；黄宗国和林茂，2012。

弯菱形藻弯变种 *Nitzschia sigma* var. *sigmatella* Grunow, 1880

分布：东海，南海。
参考文献：刘瑞玉，2008；黄宗国和林茂，2012。

拟螺形菱形藻 *Nitzschia sigmoidea* (Nitzsch) Smith, 1853

分布：东海，南海；朝鲜、新西兰、澳大利亚（昆士兰和维多利亚）沿海。
参考文献：刘瑞玉，2008；黄宗国和林茂，2012；Lee et al.，1995；Harper et al.，2012；Day et al.，1995。

短角菱形藻 *Nitzschia silicula* Hustedt, 1955

分布：中国福建沿海。
参考文献：刘瑞玉，2008；黄宗国和林茂，2012。

中国菱形藻 *Nitzschia sinensis* Liu, 1984

分布：东海，台湾海峡。
参考文献：刘瑞玉，2008；黄宗国和林茂，2012。

交际菱形藻 *Nitzschia sociabilis* Hustedt, 1957

分布：中国台湾沿海；新西兰、澳大利亚（昆士兰和维多利亚）沿海。
参考文献：刘瑞玉，2008；Day et al.，1995；Harper et al.，2012。

匙形菱形藻 *Nitzschia spathulata* Brébisson ex Smith, 1853

分布：渤海，黄海，台湾海峡。
参考文献：刘瑞玉，2008；黄宗国和林茂，2012。

匙形菱形藻透明变种 *Nitzschia spathulata* var. *hyalina* (Gregory) Grunow, 1880

分布：东海，台湾海峡。
参考文献：刘瑞玉，2008；黄宗国和林茂，2012。

亚披针菱形藻 *Nitzschia sublanceolata* Archibald, 1983

分布：中国浙江沿海。
参考文献：刘瑞玉，2008；黄宗国和林茂，2012。

微盐菱形藻 *Nitzschia subsalsa* Cholnoky, 1968

分布：东海。
参考文献：刘瑞玉，2008；黄宗国和林茂，2012。

纤细菱形藻 *Nitzschia subtilis* Grunow, 1880

分布：渤海，黄海，东海，南海；澳大利亚昆士兰和维多利亚沿海。
参考文献：刘瑞玉，2008；黄宗国和林茂，2012；Day et al.，1995。

粗条菱形藻 *Nitzschia valdestriata* Aleem & Hustedt, 1951

分布：中国福建沿海；澳大利亚维多利亚沿海。
参考文献：刘瑞玉，2008；黄宗国和林茂，2012；Day et al.，1995。

强壮菱形藻 *Nitzschia valida* Cleve & Grunow, 1878

分布：菲律宾群岛海域。
参考文献：Mann，1925。

膨胀菱形藻 *Nitzschia ventricosa* Kitton, 1873

分布：台湾海峡，南海；关岛海域。
参考文献：刘瑞玉，2008；黄宗国和林茂，2012；Lobban et al.，2012。

蠕菱形藻 *Nitzschia vermicularis* (Kützing) Hantzsch, 1858

分布：南海；新西兰和澳大利亚（维多利亚）沿海。
参考文献：刘瑞玉，2008；黄宗国和林茂，2012；Day et al.，1995；Harper et al.，2012。

费氏菱形藻 *Nitzschia vidovichii* (Grunow) Grunow, 1881

分布：东海，南海；关岛海域，澳大利亚沿海。
参考文献：刘瑞玉，2008；黄宗国和林茂，2012；Lobban et al.，2012；McCarthy，2013a；John，2018。

透明菱形藻 *Nitzschia vitraea* Norman, 1859

分布：台湾海峡，南海；朝鲜、新西兰沿海。
参考文献：刘瑞玉，2008；黄宗国和林茂，2012；Lee et al.，1995；Harper et al.，2012。

威氏菱形藻 *Nitzschia weissflogii* Grunow, 1878

同种异名：*Homoeocladia weissflogii* (Grunow) Kuntze, 1898
分布：菲律宾群岛海域。
参考文献：Mann，1925。

盘杆藻属 Genus *Tryblionella* Smith, 1853

渐尖盘杆藻 *Tryblionella acuminata* Smith, 1853

同种异名：*Nitzschia acuminata* (Smith) Grunow, 1878; *Tryblionella angustata* var. *acuminata* (Smith) Brun, 1880; *Homoeocladia acuminata* (Smith) Kuntze, 1898
分布：台湾海峡，南海；朝鲜、澳大利亚和新西兰沿海。
参考文献：刘瑞玉，2008；王全喜，2018；Lee et al.，1995；McCarthy，2013a；Harper et al.，2012。

尖盘杆藻 *Tryblionella acuta* (Cleve) Mann, 1990

同种异名：*Nitzschia acuta* Cleve, 1878; *Homoeocladia acuta* (Cleve) Kuntze, 1898
分布：澳大利亚沿海。
参考文献：Day et al.，1995。

旋盘杆藻 *Tryblionella aerophila* (Hustedt) Mann, 1990

同种异名：*Nitzschia aerophila* Hustedt, 1942
分布：新西兰沿海。
参考文献：Harper et al.，2012。

狭窄盘杆藻 *Tryblionella angustata* Smith, 1853

同种异名：*Nitzschia angustata* (Smith) Grunow, 1880; *Homoeocladia angustata* (Smith) Kuntze, 1898
分布：东海，南海；朝鲜、日本、澳大利亚（昆士兰）和新西兰沿海。
参考文献：刘瑞玉，2008；王全喜，2018；Lee et al.，1995；Kihara et al.，2015；John，2018；Bostock and Holland，2010；Harper et al.，2012。

尖细盘杆藻 *Tryblionella apiculata* Gregory, 1857

同种异名：*Nitzschia apiculata* (Gregory) Grunow, 1878; *Homoeocladia apiculata* (Gregory) Kuntze, 1898
分布：中国福建沿海；关岛海域，朝鲜、新加坡、澳大利亚和新西兰沿海。
参考文献：刘瑞玉，2008；王全喜，2018；Lee et al.，1995；Pham et al.，2011；Lobban et al.，2012；Harper et al.，2012。

尖细盘杆藻辽东变种 *Tryblionella apiculata* var. *liaotungiensis* Skvortzow, 1929

分布：渤海，黄海。
参考文献：刘瑞玉，2008；黄宗国和林茂，2012。

布氏盘杆藻 *Tryblionella brightwellii* (Kitton) Mann, 1990

分布（半咸淡种）：澳大利亚沿海。
参考文献：McCarthy，2013a。

温暖盘杆藻 *Tryblionella calida* (Grunow) Mann, 1990

同种异名：*Nitzschia calida* Grunow, 1880; *Nitzschia tryblionella* var. *calida* (Grunow) Van Heurck, 1885; *Homoeocladia calida* (Grunow) Kuntze, 1898
分布：中国沿海；日本、澳大利亚、新西兰沿海。
参考文献：王全喜，2018；Kihara et al.，2015；Bostock and Holland，2010。

坎佩切盘杆藻 *Tryblionella campechiana* (Grunow) Mann, 1990

同种异名：*Nitzschia campechiana* Grunow, 1880; *Homoeocladia campechiana* (Grunow) Kuntze, 1898
分布：菲律宾群岛海域。
参考文献：Mann，1925。

密聚盘杆藻 *Tryblionella coarctata* (Grunow) Mann, 1990

同种异名：*Nitzschia coarctata* Grunow, 1880; *Homoeocladia coarctata* (Grunow) Kuntze, 1898; *Nitzschia punctata*

var. *coarctata* (Grunow) Hustedt, 1921
分布：台湾海峡，南海；朝鲜、新加坡、泰国、澳大利亚、新西兰沿海。
参考文献：刘瑞玉，2008；Lee et al.，2012；Pham et al.，2011；Foged，1972；McCarthy，2013a；Harper et al.，2012。

扁面盘杆藻 *Tryblionella compressa* (Bailey) Poulin, 1990

同种异名：*Pyxidicula compressa* Bailey, 1851; *Dinopyxis compressa* (Bailey) Stein, 1883; *Exuviaella compressa* (Bailey) Ostenfeld, 1899; *Nitzschia compressa* (Bailey) Boyer, 1916; *Prorocentrum compressum* (Bailey) Abé ex Dodge, 1975
分布：太平洋热带海域；黄海，东海，南海；新加坡、澳大利亚、新西兰沿海。
参考文献：Hasle，1960；刘瑞玉，2008；Pham et al.，2011；McCarthy，2013a；Chang et al.，2012；Rhodes et al.，2019。

十字盘杆藻 *Tryblionella cruciata* Playfair

分布：澳大利亚新南威尔士沿海。
参考文献：Day et al.，1995。

柔弱盘杆藻 *Tryblionella debilis* Arnott ex O'Meara, 1873

同种异名：*Nitzschia debilis* (Arnott ex O'Meara) Grunow, 1880; *Homoeocladia debilis* (Arnott ex O'Meara) Kuntze, 1898; *Nitzschia tryblionella* var. *debilis* (Arnott ex O'Meara) Hustedt, 1913
分布：中国沿海；日本、新西兰、澳大利亚（新南威尔士、昆士兰和维多利亚）沿海。
参考文献：范亚文和刘妍，2016；Sawai et al.，2005；Harper et al.，2012；Day et al.，1995。

二裂盘杆藻 *Tryblionella didyma* (Hustedt) Mann, 1990

同种异名：*Nitzschia didyma* Hustedt, 1952
分布：渤海，黄海，东海，南海。
参考文献：刘瑞玉，2008。

格雷盘杆藻 *Tryblionella graeffii* (Grunow ex Cleve) Mann, 1990

同种异名：*Nitzschia graeffii* Grunow ex Cleve, 1878; *Homoeocladia graeffii* (Grunow ex Cleve) Kuntze, 1898
分布：澳大利亚沿海。
参考文献：McCarthy，2013a。

颗粒盘杆藻 *Tryblionella granulata* (Grunow) Mann, 1990

同种异名：*Nitzschia granulata* Grunow, 1880
分布：台湾海峡，南海；关岛海域，朝鲜、日本、澳大利亚（新南威尔士、昆士兰和维多利亚）沿海。
参考文献：Lobban et al.，2012；刘瑞玉，2008；Lee et al.，1995；Sawai et al.，2005；Day et al.，1995。

菱板盘杆藻 *Tryblionella hantzschiana* Grunow, 1862

分布（海水 / 淡水）：中国香港海域；朝鲜、澳大利亚（新南威尔士、昆士兰和维多利亚）沿海。
参考文献：刘瑞玉，2008；Lee et al.，1995；Day et al.，1995。

匈牙利盘杆藻 *Tryblionella hungarica* (Grunow) Frenguelli, 1942

同种异名：*Nitzschia hungarica* Grunow, 1862; *Homoeocladia hungarica* (Grunow) Kuntze, 1898
分布（半咸淡种）：渤海，黄海，东海，南海；朝鲜、澳大利亚、新西兰沿海。
参考文献：刘瑞玉，2008；Lee et al.，1995；John，2018；Harper et al.，2012。

捷氏盘杆藻 *Tryblionella jelineckii* (Grunow) Mann, 1990

同种异名：*Nitzschia jelineckii* Grunow, 1863; *Homoeocladia jelineckii* (Grunow) Kuntze, 1898
分布：南海；朝鲜沿海。
参考文献：刘瑞玉，2008；Lee et al.，1995。

长菱盘杆藻 *Tryblionella lanceola* Grunow, 1878

同种异名（淡水种）：*Nitzschia lanceola* (Grunow) Grunow, 1880
分布：中国福建沿海；关岛海域，泰国、澳大利亚沿海。
参考文献：刘瑞玉，2008；Lobban et al.，2012； Foged，1972；McCarthy，2013a。

莱维迪盘杆藻 *Tryblionella levidensis* Smith, 1856

同种异名：*Nitzschia tryblionella* var. *levidensis* (Smith) Grunow, 1880; *Nitzschia levidensis* (Smith) Grunow, 1881; *Denticula levidensis* (Smith) De Toni, 1892; *Tryblionella tryblionella* var. *levidensis* (Smith) Prochazka, 1923; *Tryblionella hantzschiana* var. *levidensis* (Smith) Frenguelli, 1942
分布：中国沿海；朝鲜、日本、泰国、澳大利亚、新西兰沿海。
参考文献：范亚文和刘妍，2016；王全喜，2018；Lee et al.，1995；Kihara et al.，2015；Foged，1972；McCarthy，2013a；Harper et al.，2012。

海滩盘杆藻 *Tryblionella littoralis* (Grunow) Mann, 1990

同种异名：*Nitzschia littoralis* Grunow, 1880; *Nitzschia tryblionella* var. *littoralis* (Grunow) Grunow, 1881; *Homoeocladia littoralis* (Grunow) Kuntze, 1898; *Tryblionella tryblionella* var. *littoralis* (Grunow) Prochazka, 1923; *Tryblionella hantzschiana* var. *littoralis* (Grunow) Tauson, 1934
分布：渤海，黄海，台湾海峡；朝鲜沿海。
参考文献：刘瑞玉，2008；王全喜，2018；Lee et al.，1995。

边缘盘杆藻 *Tryblionella marginulata* (Grunow) Mann, 1990

同种异名：*Nitzschia marginulata* Grunow, 1880; *Homoeocladia marginulata* (Grunow) Kuntze, 1898
分布：中国台湾沿海；澳大利亚沿海。
参考文献：刘瑞玉，2008；Day et al.，1995。

边缘盘杆藻二裂变种 *Tryblionella marginulata* var. *didyma* (Grunow) Haworth & Kelly, 2002

分布：台湾海峡，南海。
参考文献：刘瑞玉，2008；黄宗国和林茂，2012。

边缘盘杆藻亚缩变种 *Tryblionella marginulata* var. *subconstricta* (Grunow) Poulin, 1880

分布：渤海，黄海，东海，南海。
参考文献：刘瑞玉，2008；黄宗国和林茂，2012。

大盘杆藻 *Tryblionella maxima* Grunow

同种异名：*Nitzschia maxima* Grunow, 1878
分布：中国台湾沿海；澳大利亚沿海。
参考文献：刘瑞玉，2008；Day et al.，1995。

舟形盘杆藻 *Tryblionella navicularis* (Brébisson) Ralfs, 1861

同种异名：*Surirella navicularis* Brébisson, 1849; *Nitzschia navicularis* (Brébisson) Grunow, 1880; *Homoeocladia navicularis* (Brébisson) Kuntze, 1898; *Zotheca navicularis* (Brébisson) Pantocsek, 1902
分布：中国福建沿海；朝鲜、马来西亚、新西兰、澳大利亚沿海。
参考文献：刘瑞玉，2008；Lee et al.，1995；Zong and Hassan，2004；Harper et al.，2012；John，2018。

歪曲盘杆藻 *Tryblionella perverse* (Grunow) Mann, 1990

同种异名：*Nitzschia perversa* Grunow, 1880; *Homoeocladia perversa* (Grunow) Kuntze, 1898
分布：新西兰沿海。
参考文献：Harper et al.，2012。

明显盘杆藻 *Tryblionella plana* (Smith) Pelletan, 1889

同种异名：*Nitzschia plana* Smith, 1853; *Homoeocladia plana* (Smith) Kuntze, 1898
分布：中国台湾沿海；朝鲜、日本、澳大利亚沿海。
参考文献：刘瑞玉，2008；Lee et al.，1995；Kihara et al.，2015；McCarthy，2013a。

拟匈牙利盘杆藻 *Tryblionella pseudohungarica* (Hustedt) Mann, 1990

同种异名：*Nitzschia pseudohungarica* Hustedt, 1939
分布：中国台湾沿海。
参考文献：邵广昭，2003-2014。

具点盘杆藻 *Tryblionella punctata* Smith, 1853

同种异名：*Nitzschia punctata* (Smith) Grunow, 1880; *Homoeocladia punctata* (Smith) Kuntze, 1898; *Zotheca punctata* (Smith) Pantocsek, 1902
分布（海水 / 淡水）：渤海，黄海，东海，南海；马来西亚、泰国、澳大利亚、新西兰沿海。
参考文献：刘瑞玉，2008；Zong and Hassan，2004；Foged，1972；John，2018；Harper et al.，2012。

具点盘杆藻密聚变种 *Tryblionella punctata* var. *coarctata* (Grunow) Dio-Ramos, 1878

分布：渤海，黄海，东海，南海。
参考文献：刘瑞玉，2008；黄宗国和林茂，2012。

具点盘杆藻长型变种 *Tryblionella punctata* var. *elongata* Grunow, 1862

分布：台湾海峡。
参考文献：刘瑞玉，2008；黄宗国和林茂，2012。

梯纹盘杆藻 *Tryblionella scalaris* (Ehrenberg) Siver & Hamilton, 2005

同种异名：*Synedra scalaris* Ehrenberg, 1843; *Nitzschia scalaris* (Ehrenberg) Smith, 1853; *Pritchardia scalaris* (Ehrenberg) Rabenhorst, 1864; *Homoeocladia scalaris* (Ehrenberg) Kuntze, 1898

分布：东海，台湾海峡；朝鲜、澳大利亚、新西兰沿海。
参考文献：刘瑞玉，2008；Lee et al.，1995；Day et al.，1995；Harper et al.，2012。

维多利亚盘杆藻 *Tryblionella victoriae* Grunow, 1862

同种异名：*Nitzschia tryblionella* var. *victoriae* (Grunow) Grunow, 1879; *Nitzschia victoriae* (Grunow) Cleve, 1898; *Tryblionella hantzschiana* var. *victoriae* (Grunow) Playfair, 1914; *Tryblionella tryblionella* var. *victoriae* (Grunow) Radzimowsky, 1928; *Nitzschia spectabilis* var. *victoriae* (Grunow) Lak, 1954; *Nitzschia levidensis* var. *victoriae* (Grunow) Cholnoky, 1956
分布：中国福建沿海；朝鲜、马来西亚、新加坡、泰国、澳大利亚（新南威尔士、昆士兰和维多利亚）沿海。
参考文献：刘瑞玉，2008；王全喜，2018；Lee et al.，1995；Zong and Hassan，2004；Pham et al.，2011；Foged，1972；Day et al.，1995。

棍形藻属 Genus *Bacillaria* Gmelin, 1791

库氏棍形藻 *Bacillaria kuseliae* Schmid & Jahn, 2007

分布：澳大利亚西部海域。
参考文献：Jahn and Schmid，2007。

派格棍形藻 *Bacillaria paxillifera* (Müller) Marsson, 1901

同种异名：*Bacillaria paradoxa* Gmelin, 1791; *Vibrio paxillifer* Müller, 1786; *Oscillaria paxillifera* (Müller) Schrank, 1823; *Diatoma paxillifera* (Müller) Brébisson, 1838; *Nitzschia paxillifera* (Müller) Heiberg, 1863; *Oscillatoria paxillifera* (Müller) Schrank ex Gomont, 1892; *Homoeocladia paxillifera* (Müller) Elmore, 1921
分布（赤潮生物）：渤海，黄海，东海，南海；朝鲜、日本、新加坡、泰国、澳大利亚和新西兰沿海。
参考文献：刘瑞玉，2008；Lee et al.，1995；Fukuyo et al.，1990；Nagumo and Mayama，2000；McCarthy，2013a；John，2018。

聚生棍形藻 *Bacillaria socialis* (Gregory) Ralfs, 1861

同种异名：*Nitzschia socialis* Gregory, 1857
分布：渤海，黄海，台湾海峡；新西兰沿海。
参考文献：刘瑞玉，2008；Lee et al.，1995；Harper et al.，2012。

拟菱形藻属 Genus *Pseudo-nitzschia* Peragallo, 1900

阿巴拟菱形藻 *Pseudo-nitzschia abrensis* Pérez-Aicua & Orive, 2013

分布：马来西亚沿海。
参考文献：Teng et al.，2016。

美洲拟菱形藻 *Pseudo-nitzschia americana* (Hasle) Fryxell, 1993

同种异名：*Nitzschia americana* Hasle, 1974
分布：日本、越南、马来西亚、澳大利亚（新南威尔士）和新西兰沿海。
参考文献：Teng et al.，2013；Lundholm et al.，2002；McCarthy，2013a；Ajani et al.，2013；Harper et al.，2012。

砂生拟菱形藻 *Pseudo-nitzschia arenysensis* Quijano-Scheggia, Garcés, Lundholm, 2009

分布：澳大利亚新南威尔士沿海。
参考文献：Ajani et al.，2013。

南方拟菱形藻 *Pseudo-nitzschia australis* Frenguelli, 1939

分布：澳大利亚和新西兰沿海。
参考文献：McCarthy，2013a；Harper et al.，2012。

贝氏拟菱形藻 *Pseudo-nitzschia batesiana* Lim, Teng, Leaw & Lim, 2013

分布：马来西亚沿海。
参考文献：Lim et al.，2013。

双边拟菱形藻 *Pseudo-nitzschia bipertita* Teng, Lim & Leaw, 2016

分布：马来西亚沿海。
参考文献：Teng et al.，2016。

巴西拟菱形藻 *Pseudo-nitzschia brasiliana* Lundholm, Hasle & Fryxell, 2002

分布：中国沿海；韩国、印度尼西亚、马来西亚、泰国沿海。
参考文献：Wang et al.，2012；Lundholm et al.，2002；Teng et al.，2013。

花形拟菱形藻 *Pseudo-nitzschia caciantha* Lundholm, Moestrup & Hasle, 2003

分布：马来西亚、泰国沿海。
参考文献：Teng et al.，2013；Lundholm et al.，2003。

靓纹拟菱形藻 *Pseudo-nitzschia calliantha* Lundholm, Moestrup & Hasle, 2003

分布：马来西亚、越南、澳大利亚沿海。
参考文献：Teng et al.，2013；Lundholm et al.，2003；Hasle and Lundholm，2005；McCarthy，2013a；Ajani et al.，2013；John，2018。

环孔拟菱形藻 *Pseudo-nitzschia circumpora* Lim, Leaw & Lim, 2012

分布：马来西亚沿海。
参考文献：Lim et al.，2012；Teng et al.，2013。

细弱拟菱形藻 *Pseudo-nitzschia cuspidata* (Hasle) Hasle, 1993

同种异名：*Nitzschia cuspidata* Hasle, 1974
分布：中国广东沿海；马来西亚、泰国、澳大利亚（新南威尔士）沿海。
参考文献：刘瑞玉，2008；Lundholm et al.，2003；Lim et al.，2012；Prisholm et al.，2002；McCarthy，2013a；Ajani et al.，2013。

并基拟菱形藻 *Pseudo-nitzschia decipiens* Lundholm & Moestrup, 2006

分布：马来西亚沿海。
参考文献：Teng et al.，2013。

优美拟菱形藻 *Pseudo-nitzschia delicatissima* (Cleve) Heiden, 1928

同种异名：*Homoeocladia delicatissima* (Cleve) Meunier; *Nitzschia delicatissima* Cleve, 1897
分布：太平洋热带开阔洋区，西太平洋副热带环流区；渤海，黄海，东海，南海；日本、朝鲜、马来西亚、泰国、澳大利亚、新西兰沿海。

参考文献：Hasle，1960；Беляева，1976；杨清良和陈兴群，1984；孙晓霞等，2017；刘瑞玉，2008；黄宗国和林茂，2012；Teng et al.，2013；Prisholm et al.，2002；Quijano-Scheggia et al.，2009；小久保清治，1960；Lee et al.，1995；McCarthy，2013a；Harper et al.，2012；Lundholm et al.，2003。

多罗拟菱形藻 *Pseudo-nitzschia dolorosa* Lundhlom & Moestrup, 2006

分布：马来西亚、澳大利亚沿海。
参考文献：Lim et al.，2012；Teng et al.，2013；McCarthy，2013a。

淡斑拟菱形藻 *Pseudo-nitzschia fraudulenta* (Cleve) Hasle, 1993

同种异名：*Nitzschia fraudulenta* Cleve, 1897; *Pseudo-nitzschia seriata* var. *fraudulenta* (Cleve) Peragallo, 1897
分布（赤潮生物）：日本、澳大利亚（新南威尔士）和新西兰沿海。
参考文献：Fukuyo et al.，1990；McCarthy，2013a；Ajani et al.，2013。

福氏拟菱形藻 *Pseudo-nitzschia fukuyoi* Lim, Teng, Leaw & Lim, 2013

分布：马来西亚沿海。
参考文献：Lim et al.，2013。

加氏拟菱形藻 *Pseudo-nitzschia galaxiae* Lundholm & Moestrup, 2002

分布：澳大利亚新南威尔士沿海。
参考文献：Lundholm et al.，2003。

格兰拟菱形藻 *Pseudo-nitzschia granii* (Hasle) Hasle, 1993

同种异名：*Nitzschia granii* Hasle, 1974
分布：朝鲜沿海。
参考文献：Jeong et al.，2017。

哈氏拟菱形藻 *Pseudo-nitzschia hasleana* Lundholm, 2012

分布：日本、马来西亚、澳大利亚（新南威尔士）沿海。
参考文献：Lundholm et al.，2002；Teng et al.，2013；Ajani et al.，2013。

赫氏拟菱形藻 *Pseudo-nitzschia heimii* Manguin, 1957

同种异名：*Nitzschia heimii* (Manguin) Hasle, 1965
分布：泰国、新西兰沿海。
参考文献：Prisholm et al.，2002；Harper et al.，2012。

细线拟菱形藻 *Pseudo-nitzschia lineola* (Cleve) Hasle, 1993

同种异名：*Nitzschia lineola* Cleve, 1897
分布：马来西亚、澳大利亚和新西兰沿海。
参考文献：Teng et al.，2013；McCarthy，2013a；Harper et al.，2012。

隆氏拟菱形藻 *Pseudo-nitzschia lundholmiae* Lim, Teng, Leaw & Lim, 2013

分布：马来西亚沿海。
参考文献：Lim et al.，2013。

曼氏拟菱形藻 *Pseudo-nitzschia mannii* Amato & Montresor, 2008

分布：马来西亚沿海。
参考文献：Teng et al.，2013。

微孔拟菱形藻 *Pseudo-nitzschia micropora* Priisholm, Moestrup & Lundholm, 2002

分布：马来西亚、泰国、越南、澳大利亚（新南威尔士）沿海。
参考文献：Lim et al.，2012；Teng et al.，2013；Prisholm et al.，2002；Lundholm et al.，2003；Quijano-Scheggia et al.，2009；Ajani et al.，2013。

多列拟菱形藻 *Pseudo-nitzschia multiseries* (Hasle) Hasle, 1995

同种异名：*Nitzschia pungens* f. *multiseries* Hasle, 1974; *Pseudo-nitzschia pungens* f. *multiseries* Hasle, 1993
分布：中国广东沿海；日本、朝鲜、澳大利亚（新南威尔士）和新西兰沿海。
参考文献：刘瑞玉，2008；Hasle and Lundholm，2005；Cho et al.，2001；Jeong et al.，2017；McCarthy，2013a；Ajani et al.，2013；Harper et al.，2012。

多纹拟菱形藻 *Pseudo-nitzschia multistriata* (Takano) Takano, 1995

同种异名：*Nitzschia multistriata* Takano, 1993
分布：中国广东沿海；朝鲜、日本、马来西亚、澳大利亚（新南威尔士）和新西兰沿海。
参考文献：刘瑞玉，2008；Teng et al.，2013；Hasle and Lundholm，2005；Lundholm et al.，2003；McCarthy，2013a；Ajani et al.，2013；Harper et al.，2012。

南澳拟菱形藻 *Pseudo-nitzschia nanaoensis* Li & Dong, 2018

分布：南海。
参考文献：Li et al.，2018a。

尖刺拟菱形藻 *Pseudo-nitzschia pungens* (Grunow ex Cleve) Hasle, 1993

同种异名：*Nitzschia pungens* Grunow ex Cleve, 1897
分布（赤潮生物）：渤海，黄海，东海，南海；日本、朝鲜、越南、马来西亚、菲律宾、新加坡、澳大利亚（新南威尔士和维多利亚）、新西兰沿海。
参考文献：黄宗国和林茂，2012；Fukuyo et al.，1990；Kim et al.，2015a；Lim et al.，2012；Teng et al.，2013；Pham et al.，2011；Hasle and Lundholm，2005；Casteleyn et al.，2008；Lee et al.，1995；Cho et al.，2001；Jeong et al.，2017；McCarthy，2013a；Ajani et al.，2013；Harper et al.，2012。

尖刺拟菱形藻大西洋变种 *Pseudo-nitzschia pungens* var. *atlantica* (Cleve) Moreno & Licea, 1996

同种异名：*Nitzschia pungens* var. *atlantica* Cleve, 1897; *Nitzschia atlantica* (Cleve) Cleve, 1900
分布：太平洋热带海域。
参考文献：Hasle，1960。

拟柔弱拟菱形藻 *Pseudo-nitzschia pseudodelicatissima* (Hasle) Hasle, 2003

同种异名：*Nitzschia pseudodelicatissima* Hasle, 1976
分布：东海；日本、马来西亚、泰国、新西兰沿海。

参考文献：刘瑞玉，2008；Teng et al.，2013；Prisholm et al.，2002；Sugie and Yoshimura，2013；Harper et al.，2012。

萨氏拟菱形藻 *Pseudo-nitzschia sabit* Teng, Lim, Lim & Leaw, 2015

分布：马来西亚沿海。
参考文献：Teng et al.，2016。

中华拟菱形藻 *Pseudo-nitzschia sinica* Qi & Wang, 1996

分布：中国广东沿海；马来西亚、泰国沿海。
参考文献：刘瑞玉，2008；Teng et al.，2013；Prisholm et al.，2002。

成列拟菱形藻 *Pseudo-nitzschia seriata* (Cleve) Peragallo, 1897

同种异名：*Nitzschia seriata* Cleve, 1883; *Homoeocladia seriata* (Cleve) Kuntze, 1898
分布：黄海，东海；日本近海，朝鲜、新西兰沿海。
参考文献：刘瑞玉，2008；Mann，1925；Lee et al.，1995；Jeong et al.，2017；Harper et al.，2012。

相似拟菱形藻 *Pseudo-nitzschia simulans* Li, Huang & Xu, 2017

分布：中国沿海。
参考文献：Li et al.，2017。

亚伪善拟菱形藻 *Pseudo-nitzschia subfraudulenta* (Hasle) Hasle, 1993

同种异名：*Nitzschia subfraudulenta* Hasle, 1974
分布：马来西亚沿海。
参考文献：Teng et al.，2013。

亚太拟菱形藻 *Pseudo-nitzschia subpacifica* (Hasle) Hasle, 1993

同种异名：*Nitzschia subpacifica* Hasle, 1974
分布：澳大利亚沿海。
参考文献：McCarthy，2013a。

膨大拟菱形藻 *Pseudo-nitzschia turgidula* (Hustedt) Hasle, 1993

同种异名：*Nitzschia turgidula* Hustedt, 1958
分布：马来西亚、新西兰沿海。
参考文献：Teng et al.，2013；Harper et al.，2012。

沙网藻属 Genus *Psammodictyon* Mann, 1990

双纹沙网藻 *Psammodictyon bisculptum* (Mann) Mann, 1990

同种异名：*Nitzschia bisculpta* Mann, 1925
分布：菲律宾群岛海域。
参考文献：Mann，1925。

双菱藻目 Order Surirellales Mann, 1990

耳形藻科 Family Auriculaceae Hendey, 1964

耳形藻属 Genus *Auricula* Castracane, 1873

复杂耳形藻 *Amphora complexa* (Gregory) Cleve, 1894

同种异名：*Amphiprora complexa* Gregory, 1857
分布：中国台湾沿海；澳大利亚和新西兰沿海。
参考文献：刘瑞玉，2008；程兆第和高亚辉，2013；John，2018；Harper et al.，2012。

昆虫耳形藻 *Auricula insecta* (Grunow ex Schmidt) Cleve, 1894

分布：南海。
参考文献：刘瑞玉，2008；程兆第和高亚辉，2013。

中间耳形藻 *Amphora intermedia* (Lewis) Cleve, 1894

同种异名：*Amphora intermedia* Lewis, 1865
分布：南海；关岛海域。
参考文献：刘瑞玉，2008；程兆第和高亚辉，2013；Lobban et al.，2012。

微小耳形藻 *Amphora minuta* Cleve, 1894

分布：南海。
参考文献：刘瑞玉，2008；程兆第和高亚辉，2013。

内茧藻科 Family Entomoneidaceae Reimer, 1975

内茧藻属 Genus *Entomoneis* Ehrenberg, 1845

翼内茧藻 *Entomoneis alata* (Ehrenberg) Ehrenberg, 1845

同种异名：*Amphiprora alata* (Ehrenberg) Kützing, 1844
分布：渤海，黄海，东海，南海；朝鲜、澳大利亚（新南威尔士和昆士兰）沿海。
参考文献：刘瑞玉，2008；程兆第和高亚辉，2013；Jeong et al.，2017；Day et al.，1995。

巨大内茧藻 *Entomoneis gigantea* (Grunow) Nizamuddin, 1983

同种异名：*Amphiprora gigantea* Grunow, 1860
分布：中国福建沿海；朝鲜沿海。
参考文献：刘瑞玉，2008；程兆第和高亚辉，2013；Lee et al.，1995。

沼泽内茧藻 *Entomoneis paludosa* (Smith) Reimer, 1975

同种异名：*Amphiprora paludosa* var. *paludosa* Smith, 1853
分布：黄海，南海。
参考文献：刘瑞玉，2008；李家英和齐雨藻，2010；程兆第和高亚辉，2013。

双菱藻科 Family Surirellaceae Kützing, 1844

褶盘藻属 Genus *Tryblioptychus* Hendey, 1958

卵形褶盘藻 *Tryblioptychus cocconeiformis* (Grunow) Hendey, 1958

同种异名：*Campylodiscus cocconeiformis* Grunow, 1883; *Cyclotella cocconeiformis* (Grunow) Amossé, 1969
分布：渤海，黄海，东海，南海；朝鲜、印度尼西亚、马来西亚和新加坡沿海。
参考文献：刘瑞玉，2008；Kesorn and Sunan，2007；Lee et al.，1995；Prasad et al.，2002；Zong and Hassan，2004；Pham et al.，2011。

海南褶盘藻 *Tryblioptychus hainanensis* Voigt, 1960

分布：南海。
参考文献：黄宗国和林茂，2012。

双菱藻属 Genus *Surirella* Turpin, 1828

阿皮双菱藻 *Surirella apiae* Witt

分布：东海。
参考文献：黄宗国和林茂，2012。

阿拉伯双菱藻 *Surirella arabica* Grunow, 1975

分布：渤海，黄海，东海，南海；澳大利亚沿海。
参考文献：黄宗国和林茂，2012；John，2018。

盔甲双菱藻 *Surirella armoricana* H. Peragallo & M. Peragallo, 1899

分布：台湾海峡。
参考文献：黄宗国和林茂，2012；Kesorn and Sunan，2007。

细粒双菱藻 *Surirella atomus* Hustedt, 1955

分布：中国福建沿海；澳大利亚昆士兰和维多利亚沿海。
参考文献：黄宗国和林茂，2012；Day et al.，1995。

伯蒂双菱藻 *Surirella bertillonii* Mann, 1925

分布：菲律宾群岛海域。
参考文献：Mann，1925。

双纹双菱藻 *Surirella biseriata* Brébisson, 1835

分布：南海；朝鲜、澳大利亚（昆士兰）、新西兰沿海。
参考文献：黄宗国和林茂，2012；John，2018；Day et al.，1995。

坎佩切双菱藻 *Surirella campechiana* Hustedt, 1925

分布：东海。
参考文献：刘瑞玉，2008；黄宗国和林茂，2012。

领形双菱藻 *Surirella collare* Schmidt, 1874

分布：南海。
参考文献：刘瑞玉，2008；黄宗国和林茂，2012。

同心双菱藻 *Surirella concentrica* Mann, 1925

分布：菲律宾群岛海域。
参考文献：Mann，1925。

连续双菱藻 *Surirella continuata* Mann, 1925

分布：菲律宾群岛海域。
参考文献：Mann，1925。

近楔形双菱藻 *Surirella cuneatella* Mann, 1925

分布：菲律宾群岛海域。
参考文献：Mann，1925。

卓越双菱藻 *Surirella eximia* Greville, 1857

分布：台湾海峡；朝鲜、澳大利亚和新西兰沿海。
参考文献：刘瑞玉，2008；黄宗国和林茂，2012；Lee et al.，1995；McCarthy，2013a；Harper et al.，2012。

容易双菱藻 *Surirella facilis* Mann, 1925

分布：菲律宾群岛海域。
参考文献：Mann，1925。

福丝塔双菱藻 *Surirella fausta* Schmidt

分布：菲律宾群岛海域。
参考文献：Mann，1925。

华壮双菱藻 *Surirella fastuosa* (Ehrenberg) Ehrenberg, 1843

分布：渤海，黄海，东海，南海；泰国昌岛海域。
参考文献：刘瑞玉，2008；黄宗国和林茂，2012；Kesorn and Sunan，2007。

华壮双菱藻近圆变种 *Surirella fastuosa* var. *suborbicularis* (Grunow) H. Peragallo & M. Peragallo, 1965

分布：渤海，黄海，南海。
参考文献：刘瑞玉，2008；黄宗国和林茂，2012。

华壮双菱藻楔形变种 *Surirella fastuosa* var. *cuneata* Witt, 1897

分布：渤海，黄海，东海，南海。
参考文献：刘瑞玉，2008；黄宗国和林茂，2012。

华壮双菱藻普鲁斯变种 *Surirella fastuosa* var. *plusieura* Petit, 1908

分布：东海。
参考文献：刘瑞玉，2008；黄宗国和林茂，2012。

华壮双菱藻近端变种 *Surirella fastuosa* var. *recedens* Cleve, 1878

分布：渤海，黄海，东海，南海。
参考文献：刘瑞玉，2008；黄宗国和林茂，2012。

华壮双菱藻具刺变种 *Surirella fastuosa* var. *spinulifera* Schmidt, 1875

分布：中国台湾大陆架海域。
参考文献：刘瑞玉，2008；黄宗国和林茂，2012。

流水双菱藻 *Surirella fluminensis* Grunow, 1862

分布：渤海，黄海，东海，南海。
参考文献：刘瑞玉，2008；黄宗国和林茂，2012。

点顶双菱藻 *Surirella imitans* Mann, 1925

分布：菲律宾群岛海域。
参考文献：Mann，1925。

成熟双菱藻 *Surirella gravis* Mann

分布：东海。
参考文献：刘瑞玉，2008；黄宗国和林茂，2012。

日本双菱藻 *Surirella japonica* Ehrenberg, 1872

分布：东海。
参考文献：刘瑞玉，2008；黄宗国和林茂，2012。

库氏双菱藻 *Surirella kurzii* Grunow, 1885

分布：东海，台湾海峡。
参考文献：刘瑞玉，2008；黄宗国和林茂，2012。

宽双菱藻 *Surirella lata* Smith, 1853

分布：东海，台湾海峡；朝鲜沿海。
参考文献：刘瑞玉，2008；黄宗国和林茂，2012；Lee et al.，1995。

宽双菱藻粗壮变种 *Surirella lata* var. *robusta* Witt, 1885

分布：东海。
参考文献：刘瑞玉，2008；黄宗国和林茂，2012。

辽东双菱藻 *Surirella liaotungiensis* Skvortzow, 1928

分布：渤海，黄海。
参考文献：刘瑞玉，2008；黄宗国和林茂，2012。

辽东双菱藻小型变种 *Surirella liaotungiensis* var. *minuta* Skvortzow, 1928

分布：渤海，黄海。
参考文献：刘瑞玉，2008；黄宗国和林茂，2012。

墨西哥双菱藻 *Surirella mexicana* Schmidt, 1885

分布：东海。
参考文献：刘瑞玉，2008；黄宗国和林茂，2012。

攀援双菱藻 *Surirella macraeana* Greville

分布：菲律宾群岛海域。
参考文献：Mann，1925。

叶脉双菱藻 *Surirella nervata* (Grunow) Mereschkowsky

分布：台湾海峡，南海。
参考文献：刘瑞玉，2008；黄宗国和林茂，2012。

东方双菱藻 *Surirella orientalis* Mann, 1925

分布：中国台湾沿海。
参考文献：刘瑞玉，2008；黄宗国和林茂，2012。

微小双菱藻 *Surirella minima* Ross & Abdin, 1949

同种异名：*Surirella ovata* Kützing, 1844; *Surirella ovata* var. *typical* Cleve-Euler, 1952
分布（海水 / 淡水）：中国江苏、浙江沿海；日本、朝鲜沿海。
参考文献：刘瑞玉，2008；Kihara et al.，2015；Lee et al.，1995。

掌状双菱藻 *Surirella palmeriana* Greville, 1865

分布：南海。
参考文献：刘瑞玉，2008；黄宗国和林茂，2012。

施莱双菱藻 *Surirella schleinitzii* Janisch, 1888

分布：东海。
参考文献：刘瑞玉，2008；黄宗国和林茂，2012。

施氏双菱藻 *Surirella schmidtii* Witt, 1885

分布：东海。
参考文献：刘瑞玉，2008；黄宗国和林茂，2012。

塞舌尔双菱藻 *Surirella seychellarum* Hustedt, 1925

分布：南海。
参考文献：刘瑞玉，2008；黄宗国和林茂，2012。

塞舌尔双菱藻双行变种 *Surirella seychellarum* var. *biseriata* Hustedt, 1925

分布：南海。
参考文献：刘瑞玉，2008；黄宗国和林茂，2012。

重要双菱藻 *Surirella significans* Mann, 1925

分布：东海。
参考文献：刘瑞玉，2008；黄宗国和林茂，2012。

螺旋双菱藻 *Surirella spiralis* Kützing, 1844

分布：中国福建沿海；朝鲜、澳大利亚（昆士兰和维多利亚）沿海。
参考文献：刘瑞玉，2008；黄宗国和林茂，2012；Lee et al.，1995；Day et al.，1995。

萨卢双菱藻 *Surirella suluensis* Mann, 1925

分布：菲律宾群岛海域。
参考文献：Mann，1925。

石网藻属 Genus *Petrodictyon* Mann, 1990

相邻石网藻 *Petrodictyon contiguum* (Mann) Mann, 1990

同种异名：*Surirella contigua* Mann, 1925
分布：菲律宾群岛海域。
参考文献：Mann，1925。

叶状石网藻 *Petrodictyon foliatum* (Mann) Mann, 1990

同种异名：*Surirella foliata* Mann, 1925
分布：菲律宾群岛海域。
参考文献：Mann，1925。

芽形石网藻 *Petrodictyon gemma* (Ehrenberg) Mann, 1990

同种异名：*Surirella gemma* (Ehrenberg) Kützing, 1844; *Navicula gemma* Ehrenberg, 1840
分布：渤海，黄海，东海，南海；泰国、朝鲜、澳大利亚沿海。
参考文献：刘瑞玉，2008；黄宗国和林茂，2012；Kesorn and Sunan，2007；Lee et al.，1995；Day et al.，1995。

帕氏石网藻 *Petrodictyon patrimonii* (Sterrenburg) Sterrenburg, 2001

同种异名：*Surirella patrimonii* Sterrenburg, 1987
分布：关岛海域。
参考文献：Lobban et al.，2012。

沃氏石网藻 *Petrodictyon voigtii* (Skvortsov) Jinsoon Park & Koh, 2007

同种异名：*Surirella voigtii* Skvortsov, 1931
分布：渤海，黄海，台湾海峡，南海。
参考文献：刘瑞玉，2008；黄宗国和林茂，2012。

马鞍藻属 Genus *Campylodiscus* Ehrenberg ex Kützing, 1844

装饰马鞍藻 *Campylodiscus adornatus* Schmidt, 1877

分布：南海。
参考文献：刘瑞玉，2008；黄宗国和林茂，2012。

亚得里亚马鞍藻 *Campylodiscus adriaticus* Grunow, 1862

分布：台湾海峡；澳大利亚沿海。
参考文献：刘瑞玉，2008；黄宗国和林茂，2012；Kesorn and Sunan，2007；McCarthy，2013a。

有棱马鞍藻 *Campylodiscus angularis* Gregory, 1857

分布：中国台湾沿海。
参考文献：刘瑞玉，2008；黄宗国和林茂，2012。

澳洲马鞍藻 *Campylodiscus australis* Grunow

分布：中国台湾大陆架海域。
参考文献：邵广昭，2003-2014。

双角马鞍藻 *Campylodiscus biangulatus* Greville, 1862

分布：东海，南海；澳大利亚沿海。
参考文献：刘瑞玉，2008；黄宗国和林茂，2012；McCarthy，2013a。

双面马鞍藻 *Campylodiscus bilateralis* Mann, 1925

分布：菲律宾群岛海域。
参考文献：Mann，1925。

双喙马鞍藻 *Campylodiscus birostratus* Deby, 1891

分布：台湾海峡，南海；新西兰沿海。
参考文献：刘瑞玉，2008；黄宗国和林茂，2012；Harper et al.，2012。

布氏马鞍藻 *Campylodiscus brightwellii* Grunow, 1862

分布：东海，南海。
参考文献：刘瑞玉，2008；黄宗国和林茂，2012；Kesorn and Sunan，2007。

紧密具肋马鞍藻 *Campylodiscus crebrecostatus* Greville, 1859

分布：中国福建沿海；澳大利亚沿海。
参考文献：刘瑞玉，2008；黄宗国和林茂，2012；McCarthy，2013a。

尖顶马鞍藻 *Campylodiscus ecclesianus* Greville, 1857

分布：台湾海峡。
参考文献：刘瑞玉，2008；黄宗国和林茂，2012。

埃克马鞍藻 *Campylodiscus echeneis* Ehrenberg ex Kützing, 1844

同种异名：*Coronia echeneis* (Ehrenberg ex Kützing) Ehrenberg, 1912
分布：东海；澳大利亚和新西兰沿海。
参考文献：刘瑞玉，2008；黄宗国和林茂，2012；McCarthy，2013a；Harper et al.，2012。

圆叶马鞍藻 *Campylodiscus fastuosus* Ehrenebrg, 1845

分布：中国台湾沿海；朝鲜、新加坡、澳大利亚和新西兰沿海。
参考文献：刘瑞玉，2008；黄宗国和林茂，2012；Lee et al.，1995；Pham et al.，2011；McCarthy，2013a；Harper et al.，2012。

休氏马鞍藻 *Campylodiscus heufleri* Grunow, 1862

分布：东海。
参考文献：刘瑞玉，2008；黄宗国和林茂，2012。

霍氏马鞍藻 *Campylodiscus hodgsonii* Smith, 1853

分布：台湾海峡。
参考文献：刘瑞玉，2008；黄宗国和林茂，2012。

时钟座马鞍藻 *Campylodiscus horologium* Williamson, 1848

分布：东海；朝鲜沿海。
参考文献：刘瑞玉，2008；黄宗国和林茂，2012；刘瑞玉，2008；Lee et al.，1995。

不定马鞍藻 *Campylodiscus incertus* Schmidt, 1865

分布：渤海，黄海，台湾海峡，南海；朝鲜、新西兰沿海。
参考文献：刘瑞玉，2008；黄宗国和林茂，2012；Lee et al.，1995；Harper et al.，2012。

中型马鞍藻 *Campylodiscus intermedius* Grunow, 1875

分布：渤海，黄海，南海。
参考文献：刘瑞玉，2008；黄宗国和林茂，2012。

基托马鞍藻 *Campylodiscus kittonianus* Greville, 1862

分布：冲绳海槽。
参考文献：刘瑞玉，2008；黄宗国和林茂，2012。

宽型马鞍藻 *Campylodiscus latus* Shadbolt, 1854

分布：台湾海峡，南海。
参考文献：刘瑞玉，2008；黄宗国和林茂，2012。

利盖马鞍藻 *Campylodiscus ligulosus* Mann, 1925

分布：菲律宾群岛海域。
参考文献：Mann，1925。

米勒马鞍藻 *Campylodiscus muelleri* Schmidt

分布：菲律宾群岛海域。
参考文献：Mann，1925。

透明马鞍藻 *Campylodiscus perspicuus* Mann, 1925

分布：菲律宾群岛海域。
参考文献：Mann，1925。

指骨马鞍藻 *Campylodiscus phalangium* Schmidt

分布：菲律宾群岛海域。
参考文献：Mann，1925。

具点马鞍藻 *Campylodiscus punctulatus* Grunow

分布：菲律宾群岛海域。
参考文献：Mann，1925。

雷本马鞍藻 *Campylodiscus rabenhorstianus* Janisch

分布：菲律宾群岛海域。
参考文献：Mann，1925。

辣氏马鞍藻 *Campylodiscus ralfsii* Smith, 1853

分布：台湾海峡，南海；朝鲜、新西兰沿海。
参考文献：刘瑞玉，2008；黄宗国和林茂，2012；Lee et al.，1995；Harper et al.，2012。

雷特马鞍藻 *Campylodiscus rattrayanus* Deby

分布：菲律宾群岛海域。
参考文献：Mann，1925。

带状马鞍藻 *Campylodiscus taeniatus* Schmidt, 1877

分布：日本（北海道）、朝鲜、新西兰沿海。
参考文献：小久保清治，1960；Lee et al.，1995；Harper et al.，2012。

胜利马鞍藻 *Campylodiscus triumphans* Schmidt, 1875

分布：东海，南海。
参考文献：刘瑞玉，2008；黄宗国和林茂，2012。

威氏马鞍藻 *Campylodiscus wallichianus* Greville, 1863

分布：台湾海峡，南海。
参考文献：刘瑞玉，2008；黄宗国和林茂，2012；Kesorn and Sunan，2007。

威氏马鞍藻诺马变种 *Campylodiscus wallichianus* var. *normanianus* (Greville) De Toni, 1892

分布：台湾海峡。
参考文献：刘瑞玉，2008；黄宗国和林茂，2012。

冠形藻属 Genus *Coronia* (Ehrenberg ex Grunow) Ehrenberg, 1912

可疑冠形藻 *Coronia ambigua* (Greville) Ruck & Guiry, 2016

同种异名：*Campylodiscus ambiguus* Greville, 1860
分布：关岛海域。
参考文献：Lobban et al.，2012。

地美冠形藻 *Coronia daemeliana* (Grunow) Ruck & Guiry, 2016

同种异名：*Campylodiscus daemelianus* Grunow, 1874
分布：东海，台湾海峡；澳大利亚沿海。
参考文献：黄宗国和林茂，2012；McCarthy，2013a。

优美冠形藻 *Coronia decora* (Brébisson) Ruck & Guiry, 2016

同种异名：*Campylodiscus decorus* Brébisson, 1854
分布：东海，南海；关岛海域，澳大利亚和新西兰沿海。
参考文献：黄宗国和林茂，2012；Lobban et al.，2012；McCarthy，2013a；Harper et al.，2012。

优美冠形藻羽状变种 *Coronia decora* var. *pinnata* (Peragallo) Lobban & Park, 2018

同种异名：*Campylodiscus decorus* var. *pinnatus* Peragallo, 1888; *Campylodiscus pinnatus* (Peragallo) Deby, 1891; *Campylodiscus ralfsii* var. *pinnatus* (Peragallo) De Toni, 1892
分布：关岛海域。
参考文献：Lobban et al.，2012。

萨摩冠形藻 *Coronia samoensis* (Grunow) Ruck & Guiry, 2016

同种异名：*Campylodiscus samoensis* Grunow, 1875
分布：澳大利亚和新西兰沿海。
参考文献：McCarthy，2013a；Harper et al.，2012。

波状冠形藻 *Coronia undulata* (Greville) Ruck & Guiry, 2016

同种异名：*Campylodiscus undulatus* Greville, 1863
分布：澳大利亚沿海。
参考文献：McCarthy，2013a。

斜盘藻属 Genus *Plagiodiscus* Grunow & Eulenstein, 1867

褐带斜盘藻 *Plagiodiscus martensianus* Grunow & Eulenstein, 1867

同种异名：*Surirella martensiana* (Grunow & Eulenstein) Peragallo, 1903
分布：关岛海域。
参考文献：Lobban et al.，2012。

脉状斜盘藻 *Plagiodiscus nervatus* Grunow, 1867

分布：中国海南沿海，澎湖列岛海域；新西兰沿海。
参考文献：Kesorn and Sunan，2007；Harper et al.，2012；Lobban et al.，2012。

未定纲 Class Bacillariophyta incertae sedis

未定目 Order Bacillariophyta incertae sedis

褐指藻科 Family Phaeodactylaceae Lewin, 1958

褐指藻属 Genus *Phaeodactylum* Bohlin, 1897

三角褐指藻 *Phaeodactylum tricornutum* Bohlin, 1898

分布：渤海，黄海，台湾海峡；关岛海域，新西兰沿海。
参考文献：刘瑞玉，2008；程兆第和高亚辉，2012；Kräbs and Büchel，2011；Harper et al.，2012。

未定科 Family Bacillariophyta incertae sedis

鲁齐藻属 Genus *Rouxia* Brun, 1893

加利福尼亚鲁齐藻 *Rouxia californica* Peragallo, 1910

分布：朝鲜沿海。
参考文献：Lee et al.，1995。

双宽缝鲁齐藻 *Rouxia diploneides* Schrader

分布：朝鲜沿海。
参考文献：Lee et al.，1995。

乳头藻属 Genus *Mastogonia* Ehrenberg, 1844

十字乳头藻 *Mastogonia crux* Ehrenberg, 1844

分布：台湾海峡。
参考文献：邵广昭，2003-2014；黄宗国和林茂，2012。

七边乳头藻 *Mastogonia heptagonae* Ehrenberg, 1844

分布：渤海，黄海。
参考文献：金德祥等，1965；黄宗国和林茂，2012。

有眼乳头藻 *Mastogonia ocella* Chin & Cheng, 1984

分布：冲绳海槽。
参考文献：金德祥等，1982；刘瑞玉，2008。

脊刺藻属 Genus *Liradiscus* Greville, 1865

肾形脊刺藻 *Liradiscus reniformis* Chin & Cheng, 1982

分布：冲绳海槽。
参考文献：金德祥等，1982；刘瑞玉，2008。

卵形脊刺藻 *Liradiscus ovalis* Greville, 1865

分布（海水/淡水）：南海；朝鲜沿海。
参考文献：刘瑞玉，2008；Lee et al.，1995。

棘箱藻属 Genus *Xanthiopyxis* (Ehrenberg) Ehrenberg, 1845

微刺棘箱藻 *Xanthiopyxis microspinosa* Andrews, 1984

分布：南海。
参考文献：刘瑞玉，2008。

拟派齐拉藻属 Genus *Pseudopyxilla* Forti, 1909

美洲拟派齐拉藻 *Pseudopyxilla americana* (Ehrenberg) Forti

同种异名：*Rhizosolenia americana* Ehrenberg, 1843; *Pyxilla americana* (Ehrenberg) Grunow, 1882
分布：朝鲜沿海。
参考文献：Lee et al.，1995。

直拟派齐拉藻 *Pseudopyxilla directa* (Pantocsek) Forti, 1909

同种异名：*Pyxilla directa* Pantocsek, 1889
分布（化石种）：朝鲜沿海。
参考文献：Lee et al.，1995。

拟湖生藻属 Genus *Lacustriella* Lange-Bertalot, Kulikovskiy & Metzeltin, 2012

湖沼拟湖生藻 *Lacustriella lacustris* (Gregory) Lange-Bertalot & Kulikovskiy, 2012

同种异名：*Navicula lacustris* Gregory, 1856; *Cavinula lacustris* (Gregory) Mann & Stickle, 1990
分布（淡水种）：中国福建沿海。
参考文献：李家英和齐雨藻，2010；程兆第和高亚辉，2012。

甲藻门 Phylum Dinophyta Round, 1973

甲藻纲 Class Dinophyceae Fritsch, 1927

原甲藻目 Order Prorocentrales Lemmermann, 1910

原甲藻科 Family Prorocentraceae Stein, 1883

中孔藻属 Genus *Mesoporos* Lillick, 1937

穿透中孔藻 *Mesoporos perforatus* (Gran) lillick, 1937

同种异名：*Exuviaella perforata* Gran, 1915; *Porella perforata* (Gran) Schiller, 1928; *Porotheca perforata* (Gran) Silva, 1960; *Dinoporella perforata* (Gran) Halim, 1960; *Prorocentrum perforatum* (Gran) Krachmalny, 1993; *Mesoporos adriaticus* (Schiller) Lillick, 1937
分布：太平洋热带海域；东海；日本、澳大利亚和新西兰沿海。
参考文献：Hasle，1960；千原光雄和村野正昭，1997；Gómez，2005；McCarthy，2013b；Taylor，1974；Chang et al.，2012。

原甲藻属 Genus *Prorocentrum* Ehrenberg, 1834

弧形原甲藻 *Prorocentrum arcuatum* Issel, 1928

分布：澳大利亚沿海。
参考文献：McCarthy，2013b。

波罗的海原甲藻 *Prorocentrum balticum* (Lohmann) Loeblich III, 1970

同种异名：*Exuviaella baltica* Lohmann, 1908
分布（赤潮生物）：太平洋热带海域；东海；日本、朝鲜和新西兰沿海。
参考文献：Hasle，1960；黄宗国和林茂，2012；Fukuyo et al.，1990；千原光雄和村野正昭，1997；Gómez，2005；Jeong et al.，2017；Chang et al.，2012。

凯匹林纳原甲藻 *Prorocentrum caipirignum* Fraga, Menezes & Nascimento, 2017

分布：马来西亚沿海。
参考文献：Lim et al.，2019。

克莱普斯原甲藻 *Prorocentrum clipeus* Hoppenrath, 2000

分布（有害种）：琉球群岛海域，马来西亚和澳大利亚沿海。
参考文献：Faust and Gulledge，2002；Lim et al.，2019；McCarthy，2013b；Verma et al.，2019。

扁形原甲藻 *Prorocentrum compressum* (Bailey) Abé ex Dodge, 1975

分布：黄海，东海，南海；澳大利亚和新西兰沿海。
参考文献：杨世民等，2014；McCarthy，2013b；Chang et al.，2012；Rhodes et al.，2019。

心形原甲藻 *Prorocentrum cordatum* (Ostenfeld) Dodge, 1976

同种异名：*Exuviaella cordata* Ostenfeld, 1902
分布（赤潮生物）：南海；日本、朝鲜和澳大利亚沿海。
参考文献：刘瑞玉，2008；邵广昭，2003-2014；山路勇，1979；Fukuyo et al.，1990；Faust and Gulledge，2002；Chomérat et al.，2011；Jeong et al.，2017；McCarthy，2013b。

具齿原甲藻 *Prorocentrum dentatum* Stein, 1883

分布（赤潮生物）：东海；日本、朝鲜、澳大利亚和新西兰沿海。
参考文献：黄宗国和林茂，2012；Fukuyo et al.，1990；McCarthy，2013b；Chang et al.，2012。

微凹型原甲藻 *Prorocentrum emarginatum* Fukuyo, 1981

分布：琉球群岛海域，马来西亚和新西兰沿海。
参考文献：Fukuyo，1981；Lim et al.，2019；Rhodes and Smith，2018。

福斯蒂原甲藻 *Prorocentrum faustiae* Morton, 1998

分布：澳大利亚沿海。
参考文献：McCarthy，2013b。

福氏原甲藻 *Prorocentrum fukuyoi* Murray & Nagahama, 2007

分布：澳大利亚和新西兰沿海。
参考文献：McCarthy，2013b；Murray et al.，2007；Chomérat et al.，2011；Rhodes and Smith，2018。

细长原甲藻 *Prorocentrum gracile* Schütt, 1895

分布：南海；日本、澳大利亚和新西兰沿海。
参考文献：刘瑞玉，2008；千原光雄和村野正昭，1997；McCarthy，2013b；Chang et al.，2012；Rhodes et al.，2019。

霍曼原甲藻 *Prorocentrum hoffmannianum* Faust, 1990

分布：澳大利亚和新西兰沿海。
参考文献：McCarthy，2013b；Rhodes and Smith，2018。

朝鲜原甲藻 *Prorocentrum koreanum* Han, Cho & Wang, 2016

分布：日本沿海。
参考文献：Hana et al.，2016。

扁豆原甲藻 *Prorocentrum lenticulatum* (Matzenauer) Taylor, 1976

同种异名：*Exuviaella lenticulata* Matzenauer, 1933
分布：东海，南海；吕宋海峡。
参考文献：刘瑞玉，2008；杨世民等，2014。

大型原甲藻 *Prorocentrum magnum* (Gaarder) Dodge, 1976

同种异名：*Exuviaella magna* Gaardner, 1954
分布：南沙群岛海域。
参考文献：刘瑞玉，2008。

马来原甲藻 *Prorocentrum malayense* Lim, Leaw & Lim, 2019

分布：马来西亚和澳大利亚沿海。
参考文献：Lim et al.，2019；Verma et al.，2019。

马林原甲藻 *Prorocentrum marinum* (Cienkowski) Steidinger & Williams ex Head, 1996

分布：新西兰沿海。
参考文献：Chang et al.，2012。

极大原甲藻 *Prorocentrum maximum* (Gourret) Schiller, 1931

同种异名：*Postprorocentrum maximum* Gourret, 1883
分布：太平洋热带海域。
参考文献：Hasle，1960。

墨西哥原甲藻 *Prorocentrum mexicanum* Osorio-Tafall, 1942

分布：渤海；日本、马来西亚和澳大利亚沿海。
参考文献：杨世民等，2014；Lim et al.，2019；McCarthy，2013b。

闪光原甲藻 *Prorocentrum micans* Ehrenberg, 1833

分布（赤潮生物）：东海，南海；朝鲜、日本、澳大利亚和新西兰沿海。
参考文献：刘瑞玉，2008；Lee et al.，2017；山路勇，1979；Fukuyo et al.，1990；Jeong et al.，2017；McCarthy，2013b；Taylor，1974；Chang et al.，2012；Rhodes et al.，2019；Harlow et al.，2007。

诺里斯原甲藻 *Prorocentrum norrisianum* Faust & Morton, 1997

分布：黄海。
参考文献：杨世民等，2014。

利玛原甲藻 *Prorocentrum lima* (Ehrenberg) Stein, 1878

同种异名：*Cryptomonas lima* Ehrenberg, 1860; *Exuviaella lima* (Ehrenberg) Bütschli, 1885; *Exuviaella marina* var. *lima* (Ehrenberg) Schiller, 1931; *Prorocentrum marinum* var. *lima* (Ehrenberg) Krachmalny, 1993

分布：东海，南海；日本、印度尼西亚、马来西亚、菲律宾、澳大利亚和新西兰沿海。

参考文献：刘瑞玉，2008；Nagahama et al.，2011；Lim et al.，2019；McCarthy，2013b；Chang et al.，2012；Rhodes and Smith，2018；Rhodes et al.，2019。

椭圆原甲藻 *Prorocentrum oblongum* (Schiller) Taylor, 1976

同种异名：*Exuviaella oblonga* Schiller, 1928

分布：南沙群岛海域；日本沿海。

参考文献：刘瑞玉，2008。

钝形原甲藻 *Prorocentrum obtusidens* Schiller, 1928

分布：太平洋热带海域；日本、朝鲜和澳大利亚沿海。

参考文献：Hasle，1960；Chomérat et al.，2011；Percopo et al.，2011；Lim et al.，2017；McCarthy，2013b。

网状原甲藻 *Prorocentrum reticulatum* Faust, 1997

分布（赤潮生物）：东海，南海；日本沿海。

参考文献：刘瑞玉，2008；Fukuyo et al.，1990。

慢原甲藻 *Prorocentrum rhathymum* Loeblich III, Sherley & Schmidt, 1979

分布（有害种）：澳大利亚和新西兰沿海。

参考文献：McCarthy，2013b；Rhodes and Smith，2018。

尖喙原甲藻 *Prorocentrum rostratum* Stein, 1883

分布：太平洋热带海域；澳大利亚和新西兰沿海。

参考文献：Hasle，1960；McCarthy，2013b；Taylor，1974；Chang et al.，2012。

角质原甲藻 *Prorocentrum scutellum* Schröder, 1900

分布：日本和澳大利亚沿海。

参考文献：山路勇，1979；McCarthy，2013b。

反曲原甲藻 *Prorocentrum sigmoides* Böhm, 1933

分布：南海；日本和新西兰沿海。

参考文献：Gómez，2005；杨世民等，2014；Rhodes et al.，2019。

三鳍原甲藻 *Prorocentrum triestinum* Schiller, 1918

分布（赤潮生物）：东海；日本、朝鲜、澳大利亚和新西兰沿海。

参考文献：刘瑞玉，2008；Fukuyo et al.，1990；Jeong et al.，2017；McCarthy，2013b；Chang et al.，2012；Rhodes and Smith，2018；Rhodes et al.，2019。

基鞘原甲藻 *Prorocentrum vaginula* (Stein) Dodge, 1975

分布：太平洋热带海域。

参考文献：Hasle，1960。

鳍藻目 Order Dinophysales Kofoid, 1926

双管藻科 Family Amphisoleniaceae Lindemann, 1928

双管藻属 Genus *Amphisolenia* Stein, 1883

黄芪双管藻 *Amphisolenia astragalus* Kofoid & Michener, 1911

分布：西太平洋热带海区；南海；澳大利亚沿海。
参考文献：孙晓霞等，2017；杨世民等，2014；McCarthy，2013b。

歪突双管藻 *Amphisolenia asymmetrica* Kofoid, 1907

分布：东海，南海；澳大利亚沿海。
参考文献：黄宗国和林茂，2012；McCarthy，2013b。

二齿双管藻 *Amphisolenia bidentata* Schröder, 1900

分布：西太平洋热带海区；东海，南海；日本和澳大利亚沿海。
参考文献：林金美，1984；孙晓霞等，2017；黄宗国和林茂，2012；山路勇，1979；McCarthy，2013b。

二叉双管藻 *Amphisolenia bifurcata* Murray & Whitting, 1899

分布：澳大利亚沿海。
参考文献：McCarthy，2013b。

二棘双管藻 *Amphisolenia bispinosa* Kofoid, 1907

分布：澳大利亚沿海。
参考文献：McCarthy，2013b。

缩尾双管藻 *Amphisolenia brevicauda* Kofoid, 1907

分布（世界稀有种）：太平洋中部热带海域；南海。
参考文献：杨世民等，2014。

花梗双管藻 *Amphisolenia clavipes* Kofoid, 1907

分布（世界稀有种）：太平洋热带海域；东海。
参考文献：杨世民等，2014。

弯曲双管藻 *Amphisolenia curvata* Kofoid, 1907

分布：澳大利亚沿海。
参考文献：McCarthy，2013b。

细长双管藻 *Amphisolenia extensa* Kofoid, 1907

分布：南海。
参考文献：黄宗国和林茂，2012。

球形双管藻 *Amphisolenia globifera* Stein, 1883

分布：西太平洋热带海区；东海，南海；澳大利亚沿海。
参考文献：孙晓霞等，2017；黄宗国和林茂，2012；McCarthy，2013b。

膨胀双管藻 *Amphisolenia inflata* Murray & Whitting, 1899

分布：西太平洋热带海区；西沙群岛附近海域。
参考文献：杨世民等，2014。

胶乳双管藻 *Amphisolenia laticincta* Kofoid, 1907

分布：澳大利亚沿海。
参考文献：McCarthy，2013b。

勒默曼氏双管藻 *Amphisolenia lemmermannii* Kofoid, 1907

分布：太平洋热带海域；澳大利亚沿海。
参考文献：Hasle，1960；McCarthy，2013b。

古生双管藻 *Amphisolenia palaeotheroides* Kofoid, 1907

分布：南海；澳大利亚沿海。
参考文献：黄宗国和林茂，2012；McCarthy，2013b。

掌叶双管藻 *Amphisolenia palmata* Stein, 1883

分布：澳大利亚沿海。
参考文献：McCarthy，2013b。

矩形双管藻 *Amphisolenia rectangulata* Kofoid, 1907

分布：南海；澳大利亚沿海。
参考文献：黄宗国和林茂，2012；McCarthy，2013b。

四齿双管藻 *Amphisolenia schauinslandii* Lemmermann, 1899

分布：东海，南海；澳大利亚沿海。
参考文献：黄宗国和林茂，2012；McCarthy，2013b。

锥形双管藻 *Amphisolenia schroederi* Kofoid, 1907

分布：西太平洋热带海区；南沙群岛海域；澳大利亚沿海。
参考文献：林金美，1984；孙晓霞等，2017；黄宗国和林茂，2012；McCarthy，2013b。

微刺双管藻 *Amphisolenia spinulosa* Kofoid, 1907

分布：南海。
参考文献：黄宗国和林茂，2012；杨世民等，2014。

三叉双管藻 *Amphisolenia thrinax* Schütt, 1893

分布：东海，南海；日本和澳大利亚沿海。
参考文献：黄宗国和林茂，2012；山路勇，1979；McCarthy，2013b。

三管藻属 Genus *Triposolenia* Kofoid, 1906

双角三管藻 *Triposolenia bicornis* Kofoid, 1906

分布：西太平洋热带海域；南海；澳大利亚沿海。
参考文献：孙晓霞等，2017；黄宗国和林茂，2012；McCarthy，2013b。

中型三管藻 *Triposolenia intermedia* Kofoid & Skogsberg, 1928

分布：南海。
参考文献：黄宗国和林茂，2012。

鳍藻科 Family Dinophysaceae Bütschli, 1885

鳍藻属 Genus *Dinophysis* Ehrenberg, 1839

渐尖鳍藻 *Dinophysis acuminata* Claparède & Lachmann, 1859

分布：渤海，黄海，东海，南海；日本、朝鲜、澳大利亚和新西兰沿海。
参考文献：黄宗国和林茂，2012；山路勇，1979；Nagai et al.，2011；Tong et al.，2015；Jeong et al.，2017；McCarthy，2013b；Taylor，1974；Chang et al.，2012；Rhodes et al.，2019。

尖尾鳍藻 *Dinophysis acuta* Ehrenberg, 1839

同种异名：*Dinophysis dens* Pavillard, 1915
分布：日本、澳大利亚和新西兰沿海。
参考文献：山路勇，1979；McCarthy，2013b；Taylor，1974；Chang et al.，2012；Rhodes et al.，2019。

锋利鳍藻 *Dinophysis acutoides* Balech, 1967

分布：东海，南海；孟加拉湾。
参考文献：杨世民等，2014；Okolodkov and Gárate-Lizárraga，2006。

阿曼达鳍藻 *Dinophysis amandula* (Balech) Sournia, 1973

分布：东海，南海；澳大利亚和新西兰沿海。
参考文献：杨世民等，2014；Taylor，1974。

顶生鳍藻 *Dinophysis apicata* (Kofoid & Skogsberg) Abé, 1967

分布：西太平洋热带海域；东海，南海；日本海和澳大利亚沿海。
参考文献：孙晓霞等，2017；杨世民等，2014；McCarthy，2013b。

北极鳍藻 *Dinophysis arctica* Mereschkowsky, 1879

分布：日本沿海。
参考文献：山路勇，1979。

光亮鳍藻 *Dinophysis argus* (Stein) Abé, 1967

同种异名：*Phalacroma argus* Stein, 1883
分布：东海，南海。
参考文献：刘瑞玉，2008；杨世民等，2014。

短纵沟鳍藻 *Dinophysis brevisulcus* Tai & Skogsberg, 1934

分布：南海北部。
参考文献：杨世民等，2014。

头状鳍藻 *Dinophysis capitulata* Balech, 1967

分布：南海。
参考文献：杨世民等，2014。

卡塔鳍藻 *Dinophysis carpentariae* Wood, 1963

分布：澳大利亚沿海。
参考文献：McCarthy，2013b。

具尾鳍藻 *Dinophysis caudata* Kent, 1881

同种异名：*Dinophysis diegensis* Kofoid, 1907; *Dinophysis homuncula* Stein, 1883
分布：西太平洋热带海域；黄海，东海，南海；朝鲜、日本、澳大利亚和新西兰沿海。
参考文献：孙晓霞等，2017；黄宗国和林茂，2012；Kim et al.，2012；Jeong et al.，2017；山路勇，1979；McCarthy，2013b；Chang et al.，2012。

具尾鳍藻短齿变种 *Dinophysis caudata* var. *abbreviata* Jørgensen, 1920

分布：东海。
参考文献：黄宗国和林茂，2012。

具尾鳍藻迪奇变种 *Dinophysis caudata* var. *diegensis* (Kofoid) Wood, 1954

分布：南海。
参考文献：刘瑞玉，2008；马新等，2013。

收缩鳍藻 *Dinophysis contracta* (Kofoid & Skogsberg) Balech, 1973

同种异名：*Phalacroma contractum* Kofoid & Skogsberg, 1928; *Prodinophysis contracta* (Kofoid & Skogsberg) Balech, 1944
分布：澳大利亚沿海。
参考文献：McCarthy，2013b。

同刺鳍藻 *Dinophysis doryphorides* (Dangeard) Balech, 1967

同种异名：*Phalacroma doryphorides* Dangeard, 1927
分布（世界稀有种）：南海。
参考文献：杨世民等，2014。

椭圆鳍藻 *Dinophysis ellipsoides* Kofoid, 1907

分布：南海。
参考文献：杨世民等，2014。

延长鳍藻 *Dinophysis elongata* (Jørgensen) Abé, 1967

同种异名：*Phalacroma elongatum* Jørgensen, 1923
分布（世界稀有种）：南海；日本相模湾，澳大利亚沿海。
参考文献：杨世民等，2014；McCarthy，2013b。

弱小鳍藻 *Dinophysis exigua* Kofoid & Skogsberg, 1928

分布：南海；孟加拉湾，澳大利亚沿海。
参考文献：杨世民等，2014；McCarthy，2013b。

倒卵形鳍藻 *Dinophysis fortii* Pavillard, 1923

分布：西太平洋热带海域；渤海，东海；日本、澳大利亚和新西兰沿海。
参考文献：孙晓霞等，2017；刘瑞玉，2008；Fukuyo et al.，1990；Xu et al.，2016；Koike et al.，2006；Nagai et al.，2008，2011；McCarthy，2013b；Taylor，1974；Chang et al.，2012。

矛形鳍藻 *Dinophysis hastata* Stein, 1883

分布：东海，台湾海峡；日本和澳大利亚沿海。
参考文献：刘瑞玉，2008；山路勇，1979；McCarthy，2013b。

汉马鳍藻 *Dinophysis hindmarchii* (Murray & Whitting) Balech, 1967

同种异名：*Phalacroma hindmarchii* Murray & Whitting, 1899
分布：澳大利亚沿海。
参考文献：McCarthy，2013b。

中型鳍藻 *Dinophysis intermedia* Cleve, 1900

分布：日本沿海。
参考文献：山路勇，1979。

不规则鳍藻 *Dinophysis irregularis* (Lebour) Balech, 1967

同种异名：*Phalacroma irregulare* Lebour, 1925
分布：澳大利亚沿海。
参考文献：McCarthy，2013b。

平滑鳍藻 *Dinophysis laevis* Claparède & Lachmann, 1859

同种异名：*Dinophysis rotundata* var. *laevis* (Claparède & Lachmann) Jørgensen, 1899; *Phalacroma rotundatum* var. *laeve* (Claparède & Lachmann) Schiller, 1931
分布：南海北部。
参考文献：杨世民等，2014。

微翼状鳍藻 *Dinophysis micropterygia* Dangeard, 1927

分布：澳大利亚沿海。
参考文献：McCarthy，2013b。

勇士鳍藻 *Dinophysis miles* Cleve, 1900

分布（有害种）：东海，南海；澳大利亚沿海。
参考文献：林金美，1984；孙晓霞等，2017；刘瑞玉，2008；McCarthy，2013b。

短尖头鳍藻 *Dinophysis mucronata* (Kofoid & Skogsberg) Balech, 1944

同种异名：*Phalacroma mucronatum* Kofoid & Skogsberg, 1928

分布：太平洋热带海域；澳大利亚沿海。
参考文献：Hasle，1960；McCarthy，2013b。

长鼻鳍藻 *Dinophysis nasutum* (Stein) Parke & Dixon, 1968

同种异名：*Phalacroma nasutum* Stein, 1883; *Pseudophalacroma nasutum* (Stein) Jørgensen, 1923
分布：南海北部；澳大利亚沿海。
参考文献：杨世民等，2014；McCarthy，2013b。

新晶状鳍藻 *Dinophysis neolenticula* Sournia, 1973

分布：澳大利亚沿海。
参考文献：McCarthy，2013b。

诺维鳍藻 *Dinophysis norvegica* Claparède & Lachmann, 1859

分布：日本沿海。
参考文献：山路勇，1979；千原光雄和村野正昭，1997。

冈村鳍藻 *Dinophysis okamurae* Kofoid & Skogsberg, 1928

分布：澳大利亚沿海。
参考文献：McCarthy，2013b。

鳃状鳍藻 *Dinophysis operculata* (Stein) Balech, 1967

同种异名：*Phalacroma operculatum* Stein, 1883
分布：澳大利亚沿海。
参考文献：McCarthy，2013b。

盖状鳍藻 *Dinophysis operculoides* (Schütt) Balech, 1967

同种异名：*Phalacroma operculoides* Schütt, 1895
分布：东海；日本和澳大利亚沿海。
参考文献：山路勇，1979；杨世民等，2014；Gómez，2005。

异侧鳍藻 *Dinophysis opposite* Wood, 1963

分布：澳大利亚沿海。
参考文献：McCarthy，2013b。

卵形鳍藻 *Dinophysis ovum* Schütt, 1895

分布：西太平洋热带海域；东海；日本、朝鲜和澳大利亚沿海。
参考文献：孙晓霞等，2017；刘瑞玉，2008；山路勇，1979；Jeong et al.，2017；McCarthy，2013b；Taylor，1974；Chang et al.，2012。

卵圆鳍藻 *Dinophysis ovata* Claparède & Lachmann, 1859

分布：南海北部。
参考文献：杨世民等，2014。

太平洋鳍藻 *Dinophysis pacifica* Wood, 1963

分布：澳大利亚沿海。
参考文献：McCarthy，2013b。

帕拉鳍藻 *Dinophysis paralata* Sournia, 1973

分布：澳大利亚沿海。
参考文献：McCarthy，2013b。

短翅鳍藻 *Dinophysis parva* Schiller, 1928

分布：太平洋热带海域；南海（中沙群岛海域）；日本沿海。
参考文献：Hasle，1960；杨世民等，2014；Fukuyo et al.，1990。

小型鳍藻 *Dinophysis parvula* (Schütt) Balech, 1967

同种异名：*Prodinophysis parvula* (Schütt) Balech; *Phalacroma porodictyum* var. *parvulum* Schütt, 1895; *Phalacroma parvulum* (Schütt) Jørgensen, 1923
分布：南海；澳大利亚沿海。
参考文献：杨世民等，2014；McCarthy，2013b。

细叶鳍藻 *Dinophysis pulchella* (Lebour) Balech, 1967

同种异名：*Phalacroma pulchellum* Lebour, 1922; *Prodinophysis pulchella* (Lebour) Balech, 1944
分布：澳大利亚和新西兰沿海。
参考文献：McCarthy，2013b；Chang et al.，2012。

极小鳍藻 *Dinophysis pusilla* Jørgensen, 1923

分布：南海。
参考文献：杨世民等，2014。

鲁迪鳍藻 *Dinophysis rudgei* Murray & Whitting, 1899

分布：日本沿海。
参考文献：千原光雄和村野正昭，1997；Gómez，2005。

双弯鳍藻 *Dinophysis recurva* Kofoid & Skogsberg, 1928

同种异名：*Dinophysis lenticula* Pavillard, 1916
分布：澳大利亚和新西兰沿海。
参考文献：McCarthy，2013b；Taylor，1974；Chang et al.，2012。

网状鳍藻 *Dinophysis reticulata* Gaarder, 1954

分布：南海。
参考文献：杨世民等，2014。

球囊鳍藻 *Dinophysis sacculus* Stein, 1883

分布：澳大利亚和新西兰沿海。
参考文献：McCarthy，2013b；Taylor，1974；Chang et al.，2012。

施氏鳍藻 *Dinophysis schroederi* Pavillard, 1909

分布：日本和澳大利亚沿海。
参考文献：山路勇，1979；McCarthy，2013b。

斯氏鳍藻 *Dinophysis schuettii* Murray & Whitting, 1899

分布：西太平洋热带海域；南海；日本和澳大利亚沿海。
参考文献：孙晓霞等，2017；黄宗国和林茂，2012；山路勇，1979；McCarthy，2013b。

相似鳍藻 *Dinophysis similis* Kofoid & Skogsberg, 1928

分布：南海；澳大利亚沿海。
参考文献：杨世民等，2014；McCarthy，2013b。

球形鳍藻 *Dinophysis sphaerica* Stein, 1883

同种异名：*Dinophysis vanhoeffenii* Ostenfeld
分布：澳大利亚沿海。
参考文献：山路勇，1979；McCarthy，2013b。

多刺鳍藻 *Dinophysis spinosa* Rampi, 1950

分布：新西兰沿海。
参考文献：Taylor，1974；Chang et al.，2012。

戴氏鳍藻 *Dinophysis tailisunii* Chen & Ni, 1988

分布（世界罕见种）：南海。
参考文献：杨世民等，2014。

汤氏鳍藻 *Dinophysis thompsonii* (Wood) Balech, 1967

同种异名：*Prodinophysis thompsonii* (Wood) Loeblich III; *Phalacroma thompsonii* Wood, 1954
分布：澳大利亚沿海。
参考文献：McCarthy，2013b。

三角鳍藻 *Dinophysis tripos* Gourret, 1883

分布：日本、澳大利亚和新西兰沿海。
参考文献：千原光雄和村野正昭，1997；Gómez，2005；McCarthy，2013b；Taylor，1974；Chang et al.，2012；Rhodes et al.，2019。

截头鳍藻 *Dinophysis truncata* Cleve, 1901

分布：澳大利亚和新西兰沿海。
参考文献：McCarthy，2013b；Taylor，1974；Chang et al.，2012。

鳞脐鳍藻 *Dinophysis umbosa* Schiller, 1928

分布：太平洋热带海域。
参考文献：Hasle，1960。

尾棘鳍藻 *Dinophysis uracantha* Stein, 1883

分布：南海；澳大利亚沿海。
参考文献：杨世民等，2014；McCarthy，2013b。

帆鳍藻属 Genus *Histioneis* Stein, 1883

赤道帆鳍藻 *Histioneis aequatorialis* Wood, 1963

分布：澳大利亚沿海。
参考文献：McCarthy，2013b。

澳洲帆鳍藻 *Histioneis australiae* Wood, 1963

分布：澳大利亚沿海。
参考文献：McCarthy，2013b。

双叶帆鳍藻 *Histioneis biremis* Stein, 1883

分布：东海，南沙群岛海域。
参考文献：黄宗国和林茂，2012。

龙骨帆鳍藻 *Histioneis carinata* Kofoid, 1907

分布：南海；澳大利亚沿海。
参考文献：杨世民等，2014；McCarthy，2013b。

樱桃帆鳍藻 *Histioneis cerasus* Böhm, 1931

分布：南海；澳大利亚沿海。
参考文献：杨世民等，2014；McCarthy，2013b。

刀形帆鳍藻 *Histioneis cleaveri* Rampi, 1952

分布：南海；日本沿海。
参考文献：杨世民等，2014。

具肋帆鳍藻 *Histioneis costata* Kofoid & Michener, 1911

分布：南海；菲律宾沿海。
参考文献：杨世民等，2014；Gómez，2005。

杯状帆鳍藻 *Histioneis crateriformis* Stein, 1883

同种异名：*Parahistioneis crateriformis* (Stein) Kofoid & Skogsberg, 1928
分布：太平洋热带海域；南海；澳大利亚沿海。
参考文献：杨世民等，2014；McCarthy，2013b。

船形帆鳍藻 *Histioneis cymbalaria* Stein, 1883

同种异名：*Histioneis skogsbergii* Schiller, 1931
分布：太平洋热带海域；南海；澳大利亚沿海。
参考文献：杨世民等，2014；McCarthy，2013b。

扁形帆鳍藻 *Histioneis depressa* Schiller, 1928

分布：南沙群岛海域；澳大利亚沿海。
参考文献：黄宗国和林茂，2012；McCarthy，2013b。

钻石帆鳍藻 *Histioneis diamantinae* Wood, 1963

分布：澳大利亚沿海。
参考文献：McCarthy，2013b。

可疑帆鳍藻 *Histioneis dubia* Böhm, 1931

分布（世界罕见种）：南海。
参考文献：杨世民等，2014。

延长帆鳍藻 *Histioneis elongata* Kofoid & Michener, 1911

分布：南海；日本和澳大利亚沿海。
参考文献：杨世民等，2014；McCarthy，2013b。

加特帆鳍藻 *Histioneis garrettii* Kofoid, 1907

同种异名：*Parahistioneis garrettii* (Kofoid) Kofoid & Skogsberg, 1928
分布：澳大利亚沿海。
参考文献：McCarthy，2013b。

格雷戈里帆鳍藻 *Histioneis gregoryi* Böhm, 1936

分布：太平洋；南海。
参考文献：Gómez，2005；杨世民等，2014。

约根森帆鳍藻 *Histioneis joergensenii* Schiller, 1928

分布：太平洋热带海域；南海。
参考文献：Gómez，2005；杨世民等，2014。

高地帆鳍藻 *Histioneis highleyi* Murray & Whitting, 1899

分布：西太平洋热带海域；南海；日本和澳大利亚沿海。
参考文献：孙晓霞等，2017；杨世民等，2014；山路勇，1979；McCarthy，2013b。

透明帆鳍藻 *Histioneis hyalina* Kofoid & Michener, 1911

分布：南海；澳大利亚沿海。
参考文献：刘瑞玉，2008；McCarthy，2013b。

长颈帆鳍藻 *Histioneis longicollis* Kofoid, 1907

分布：菲律宾和澳大利亚沿海。
参考文献：Gómez，2005；McCarthy，2013b。

侯爵帆鳍藻 *Histioneis marchesonii* Rampi, 1941

分布：南海。
参考文献：杨世民等，2014。

巨型帆鳍藻 *Histioneis megalocopa* Stein, 1883

分布：澳大利亚沿海。
参考文献：McCarthy，2013b。

米尔纳帆鳍藻 *Histioneis milneri* Murray & Whitting, 1899

同种异名：*Histioneis helenae* Murray & Whitting, 1899; *Histioneis hippoperoides* Kofoid & Michener, 1911
分布：太平洋；南海；澳大利亚沿海。
参考文献：杨世民等，2014；McCarthy，2013b。

米切尔帆鳍藻 *Histioneis mitchellana* Murray & Whitting, 1899

分布：中沙群岛海域，东海黑潮区；日本和澳大利亚沿海。
参考文献：杨世民等，2014；McCarthy，2013b。

凤尾帆鳍藻 *Histioneis oxypteris* Schiller, 1928

分布：西太平洋热带海域；中沙群岛海域；澳大利亚沿海。
参考文献：杨世民等，2014；McCarthy，2013b。

帕纳帆鳍藻 *Histioneis panaria* Kofoid & Skogsberg, 1928

分布：澳大利亚沿海。
参考文献：McCarthy，2013b。

熊猫帆鳍藻 *Histioneis panda* Kofoid & Michener, 1911

分布：太平洋热带海域；中沙群岛海域；孟加拉湾，澳大利亚沿海。
参考文献：杨世民等，2014；McCarthy，2013b。

锥形帆鳍藻 *Histioneis para* Murray & Whitting, 1899

同种异名：*Parahistioneis para* (Murray & Whitting) Kofoid & Skogsberg, 1928
分布：太平洋热带海域；西沙群岛海域；吕宋海域，澳大利亚沿海。
参考文献：杨世民等，2014；McCarthy，2013b。

拟锥形帆鳍藻 *Histioneis paraformis* (Kofoid & Skogsberg) Balech, 1971

同种异名：*Parahistioneis paraformis* Kofoid & Skogsberg, 1928
分布：太平洋热带海域；南海北部；日本和澳大利亚沿海。
参考文献：杨世民等，2014；山路勇，1979；McCarthy，2013b。

平行帆鳍藻 *Histioneis parallela* Gaardner, 1954

分布（世界罕见种）：南海北部。
参考文献：Gómez，2005。

保罗森尼帆鳍藻 *Histioneis paulsenii* Kofoid, 1907

分布：新西兰沿海。
参考文献：Chang et al.，2012。

皮坦尼帆鳍藻 *Histioneis pieltainii* (Osorio-Tafall) Okolodkov, 2006

同种异名：*Parahistioneis pieltainii* Osorio-Tafall, 1942
分布：南海北部。
参考文献：杨世民等，2014。

皮氏帆鳍藻 *Histioneis pietschmannii* Böhm, 1933

分布：南海；澳大利亚沿海。
参考文献：刘瑞玉，2008；McCarthy，2013b。

行星帆鳍藻 *Histioneis planeta* Wood, 1963

分布：澳大利亚沿海。
参考文献：McCarthy，2013b。

美丽帆鳍藻 *Histioneis pulchra* Kofoid, 1907

分布：东海，台湾海峡。
参考文献：黄宗国和林茂，2012；邵广昭，2003-2014。

障碍帆鳍藻 *Histioneis remora* Stein, 1883

分布：日本和澳大利亚沿海。
参考文献：山路勇，1979；McCarthy，2013b。

圆形帆鳍藻 *Histioneis rotundata* Kofoid & Michener, 1911

同种异名：*Parahistioneis rotundata* (Kofoid & Michener) Kofoid & Skogsberg, 1928
分布：澳大利亚沿海。
参考文献：McCarthy，2013b。

席勒帆鳍藻 *Histioneis schilleri* Böhm, 1931

分布：西太平洋热带海域；南海；菲律宾和澳大利亚沿海。
参考文献：杨世民等，2014；McCarthy，2013b。

亚龙骨帆鳍藻 *Histioneis subcarinata* Rampi, 1947

分布：南海。
参考文献：杨世民等，2014。

微管帆鳍藻 *Histioneis tubifera* Böhm, 1931

分布：澳大利亚沿海。
参考文献：McCarthy，2013b。

多变帆鳍藻 *Histioneis variabilis* Schiller, 1931

分布：澳大利亚和新西兰沿海。
参考文献：McCarthy，2013b；Taylor，1974；Chang et al.，2012。

沃基帆鳍藻 *Histioneis voukii* Schiller, 1928

分布：澳大利亚沿海。
参考文献：McCarthy，2013b。

鸟尾藻属 Genus *Ornithocercus* Stein, 1883

卡里鸟尾藻 *Ornithocercus carolinae* Kofoid, 1907

分布：日本和澳大利亚沿海。
参考文献：山路勇，1979；McCarthy，2013b。

卡塔鸟尾藻 *Ornithocercus carpentariae* Wood, 1963

分布：澳大利亚沿海。
参考文献：McCarthy，2013b。

福摩鸟尾藻 *Ornithocercus formosus* Kofoid & Michener, 1911

分布：澳大利亚沿海。
参考文献：McCarthy，2013b。

弗斯鸟尾藻 *Ornithocercus francescae* (Murray & Hitting) Balech, 1962

同种异名：*Histioneis francescae* Murray & Whitting, 1899; *Parahistioneis francescae* (Murray & Whitting) Kofoid & Skogsberg, 1928
分布：澳大利亚沿海。
参考文献：McCarthy，2013b。

膝状鸟尾藻 *Ornithocercus geniculatus* Dangeard, 1927

分布：澳大利亚沿海。
参考文献：McCarthy，2013b。

异孔鸟尾藻 *Ornithocercus heteroporus* Kofoid, 1907

分布：南海；日本和澳大利亚沿海。
参考文献：杨世民等，2014；山路勇，1979；McCarthy，2013b。

大鸟尾藻 *Ornithocercus magnificus* Stein, 1883

分布：西太平洋热带海域；东海，南海；日本、澳大利亚和新西兰沿海。
参考文献：林金美，1984；孙晓霞等，2017；刘瑞玉，2008；山路勇，1979；McCarthy，2013b；Rhodes et al.，2019。

方鸟尾藻 *Ornithocercus quadratus* Schütt, 1900

分布：西太平洋热带海域；东海，南海；澳大利亚沿海。
参考文献：林金美，1984；孙晓霞等，2017；刘瑞玉，2008；McCarthy，2013b；Wilke et al.，2018。

方鸟尾藻简单变种 *Ornithocercus quadratus* var. *simplex* Kofoid & Skogsberg, 1928

分布：西太平洋热带海域；南海；孟加拉湾。
参考文献：孙晓霞等，2017；杨世民等，2014。

斯科格鸟尾藻 *Ornithocercus skogsbergii* Abé, 1967

分布：太平洋热带、亚热带海域；东海，南海；澳大利亚沿海。
参考文献：杨世民等，2014；McCarthy，2013b。

美丽鸟尾藻 *Ornithocercus splendidus* Schütt, 1893

分布：西太平洋热带海域；东海，南海；日本和澳大利亚沿海。
参考文献：林金美，1984；孙晓霞等，2017；黄宗国和林茂，2012；山路勇，1979；McCarthy，2013b。

斯氏鸟尾藻 *Ornithocercus steinii* Schütt, 1900

同种异名：*Histioneis steinii* (Schütt) Lemmermann, 1903; *Ornithocercus serratus* Kofoid, 1907
分布：西太平洋热带海域；东海，南海；日本和澳大利亚沿海。
参考文献：林金美，1984；孙晓霞等，2017；黄宗国和林茂，2012；山路勇，1979；McCarthy，2013b。

中距鸟尾藻 *Ornithocercus thumii* (Schmidt) Kofoid & Skogsberg, 1928

同种异名：*Parelion thumii* Schmidt, 1888
分布：西太平洋热带海域；东海，南海；澳大利亚沿海。
参考文献：孙晓霞等，2017；黄宗国和林茂，2012；McCarthy，2013b。

后秃顶藻属 Genus *Metaphalacroma* Tai & Skogsberg, 1934

斯科格后秃顶藻 *Metaphalacroma skogsbergii* Tai, 1934

分布：冲绳海槽西侧海域；日本沿海。
参考文献：千原光雄和村野正昭，1997；Gómez，2005；杨世民等，2014。

音匣藻属 Genus *Citharistes* Stein, 1883

阿斯坦音匣藻 *Citharistes apsteinii* Schütt, 1895

分布（深水大洋性种）：南海；澳大利亚和新西兰沿海。
参考文献：杨世民等，2014；McCarthy，2013b。

王室音匣藻 *Citharistes regius* Stein, 1883

分布：太平洋热带海域；南海；澳大利亚沿海。
参考文献：杨世民等，2014；Srinivasan，1996；McCarthy，2013b。

奥氏藻科 Family Oxyphysaceae Sournia, 1984

秃顶藻属 Genus *Phalacroma* Stein, 1883

尖锐秃顶藻 *Phalacroma acutum* (Schütt) Pavillard, 1916

同种异名：*Phalacroma vastum* var. *acuta* Schütt, 1895
分布：澳大利亚沿海。
参考文献：McCarthy，2013b。

向顶秃顶藻 *Phalacroma apicatum* Kofoid & Skogsberg, 1928

分布：新西兰沿海。
参考文献：Chang et al.，2012。

环状秃顶藻 *Phalacroma circumsutum* Karsten, 1907

分布（广布种）：南海；澳大利亚沿海。
参考文献：杨世民等，2014；McCarthy，2013b。

平面秃顶藻 *Phalacroma complanatum* Gaarder, 1954

分布（世界稀有种）：南海。
参考文献：杨世民等，2014。

楔片秃顶藻 *Phalacroma cuneolus* Kofoid & Skogsberg, 1928

同种异名：*Dinophysis cuneola* (Kofoid & Skogsberg) Balech
分布：澳大利亚沿海。
参考文献：McCarthy，2013b。

楔形秃顶藻 *Phalacroma cuneus* Schütt, 1895

同种异名：*Prodinophysis cuneus* (Schütt) Balech, 1944; *Dinophysis cuneus* (Schütt) Abé, 1967
分布：西太平洋热带海区；东海，南海；日本和澳大利亚沿海。
参考文献：林金美，1984；孙晓霞等，2017；黄宗国和林茂，2012；邵广昭，2003-2014；山路勇，1979；McCarthy，2013b。

矛尾秃顶藻 *Phalacroma doryphorum* Stein, 1883

同种异名：*Prodinophysis doryphora* (Stein) Balech, 1944; *Dinophysis doryphora* (Stein) Abé, 1967
分布：东海，南海；孟加拉湾，日本和澳大利亚东部海域。
参考文献：杨世民等，2014；山路勇，1979；McCarthy，2013b。

驱逐秃顶藻 *Phalacroma expulsum* (Kofoid & Michener) Kofoid & Skogsberg, 1928

同种异名：*Dinophysis expulsa* Kofoid & Michener, 1911; *Prodinophysis expulsa* (Kofoid & Michener) Balech, 1944
分布：南海；吕宋海峡，澳大利亚沿海。
参考文献：杨世民等，2014；McCarthy，2013b。

蜂巢秃顶藻 *Phalacroma favus* Kofoid & Michener, 1911

同种异名：*Prodinophysis favus* (Kofoid & Michener) Balech, 1944; *Dinophysis favus* (Kofoid & Michener) Abé, 1967
分布：东海，南海；澳大利亚沿海。
参考文献：黄宗国和林茂，2012；McCarthy，2013b。

吉本尼秃顶藻 *Phalacroma jibbonense* Wood, 1954

分布：澳大利亚沿海。
参考文献：McCarthy，2013b。

宽阔秃顶藻 *Phalacroma lativelatum* Kofoid & Skogsberg, 1928

分布：太平洋热带海域；南海北部。
参考文献：杨世民等，2014。

长翅秃顶藻 *Phalacroma longialatum* Gaarder, 1954

分布（大洋深水种）：南海。
参考文献：杨世民等，2014。

帽状秃顶藻 *Phalacroma mitra* Schütt, 1895

同种异名：*Dinophysis mitra* (Schütt) Abé, 1967
分布（有害种）：东海，台湾海峡；日本和澳大利亚沿海。
参考文献：黄宗国和林茂，2012；山路勇，1979；McCarthy，2013b。

卵圆秃顶藻 *Phalacroma ovatum* (Claparède & Lachmann) Jørgensen, 1923

分布：南海北部。
参考文献：黄宗国和林茂，2012。

奥克秃顶藻 *Phalacroma oxytoxoides* (Kofoid) Gómez, Lopez-Garcia & Moreira, 2011

同种异名：*Oxyphysis oxytoxoides* Kofoid, 1926
分布：日本和朝鲜沿海。
参考文献：千原光雄和村野正昭，1997；Lim et al.，2017。

孔状秃顶藻 *Phalacroma porodictyum* Stein, 1883

同种异名：*Dinophysis porodictyum* (Stein) Abé, 1967
分布：东海，南海；日本和澳大利亚沿海。
参考文献：杨世民等，2014；山路勇，1979；Gómez，2005；McCarthy，2013b。

美丽秃顶藻 *Phalacroma pulchrum* Kofoid & Michener, 1911

分布：澳大利亚沿海。
参考文献：McCarthy，2013b。

芜青秃顶藻 *Phalacroma rapa* Stein, 1883

同种异名：*Prodinophysis rapa* (Stein) Balech, 1944; *Dinophysis rapa* (Stein) Abé, 1967
分布：东海，南海；澳大利亚沿海。
参考文献：刘瑞玉，2008；McCarthy，2013b。

圆形秃顶藻 *Phalacroma rotundatum* (Claparède & Lachmann) Kofoid & Michener, 1911

同种异名：*Dinophysis rotundata* Claparède & Lachmann, 1859; *Prodinophysis rotundata* (Claparède & Lachmann) Balech, 1944
分布（有害种）：东海，南海；朝鲜、日本、澳大利亚和新西兰沿海。
参考文献：刘瑞玉，2008；Jeong et al.，2017；山路勇，1979；McCarthy，2013b；Chang et al.，2012；Rhodes et al.，2019。

鲁氏秃顶藻 *Phalacroma ruudii* Braarud, 1935

同种异名：*Prodinophysis ruudii* (Braarud) Loeblich III, 1965; *Dinophysis ruudii* (Braarud) Balech, 1967
分布：太平洋热带海域。
参考文献：Hasle，1960。

纹状秃顶藻 *Phalacroma striatum* Kofoid, 1907

分布：澳大利亚沿海。
参考文献：McCarthy，2013b。

白腿秃顶藻 *Phalacroma whiteleggei* Wood, 1954

同种异名：*Dinophysis whiteleggei* (Wood) Balech, 1967
分布：澳大利亚沿海。
参考文献：McCarthy，2013b。

未定科 Family Dinophysales incertae sedis

华鲔藻属 Genus *Sinophysis* Nie & Wang, 1944

小管华鲔藻 *Sinophysis canaliculata* Quod, Ten-Hage, Turquet, Mascarell & Couté, 1999

分布：日本沿海。
参考文献：García-Portela et al.，2017。

小头华鲔藻 *Sinophysis microcephala* Nie & Wang, 1944

分布：中国海南沿海。
参考文献：黄宗国和林茂，2012。

裸甲藻目 Order Gymnodiniales Apstein, 1909

裸甲藻科 Family Gymnodiniaceae Lankester, 1885

赤潮藻属 Genus *Akashiwo* Hansen & Moestrup, 2000

红色赤潮藻 *Akashiwo sanguinea* (Hirasaka) Hansen & Moestrup, 2000

同种异名：*Gymnodinium sanguineum* Hirasaka, 1922
分布（赤潮生物）：东海，南海；日本、朝鲜、澳大利亚和新西兰沿海。
参考文献：黄宗国和林茂，2012；山路勇，1979；Fukuyo et al.，1990；de Salas et al.，2005；Jeong et al.，2017；McCarthy，2013b；Chang et al.，2012；Rhodes et al.，2019。

旋沟藻属 Genus *Cochlodinium* Schütt, 1896

阿迪旋沟藻 *Cochlodinium archimedis* (Pouchet) Lemmermann, 1899

同种异名：*Gymnodinium archimedis* Pouchet, 1883
分布：日本和澳大利亚沿海。
参考文献：山路勇，1979；McCarthy，2013b。

布氏旋沟藻 *Cochlodinium brandtii* Wulff, 1916

分布：澳大利亚和新西兰沿海。
参考文献：McCarthy，2013b；Chang et al.，2012。

腔旋沟藻 *Cochlodinium cavatum* Kofoid & Swezy, 1921

分布：澳大利亚沿海。
参考文献：McCarthy，2013b。

透明旋沟藻 *Cochlodinium pellucidum* Lohmann, 1908

分布：日本沿海。
参考文献：山路勇，1979。

辐射旋沟藻 *Cochlodinium radiatum* Kofoid & Swezy, 1921

分布：日本沿海。
参考文献：山路勇，1979。

蔷薇旋沟藻 *Cochlodinium rosaceum* Kofoid & Swezy, 1921

分布：澳大利亚沿海。
参考文献：McCarthy，2013b。

维森旋沟藻 *Cochlodinium virescens* Kofoid & Swezy, 1921

分布：澳大利亚沿海。
参考文献：McCarthy，2013b。

马格里夫藻属 Genus *Margalefidinium* Gómez, Richlen & Anderson, 2017

链状马格里夫藻 *Margalefidinium catenatum* (Okamura) Gómez, Richlen & Anderson, 2017

同种异名：*Cochlodinium catenatum* Okamura, 1916
分布：日本沿海。
参考文献：山路勇，1979。

黄色马格里夫藻 *Margalefidinium flavum* (Kofoid) Gómez, Richlen & Anderson, 2017

同种异名：*Cochlodinium flavum* Kofoid, 1931
分布：澳大利亚沿海。
参考文献：McCarthy，2013b。

褐色马格里夫藻 *Margalefidinium fulvescens* (Iwataki, Kawami & Matsuoka) Gómez, Richlen & Anderson, 2017

同种异名：*Cochlodinium fulvescens* Iwataki, Kawami & Matsuoka, 2007
分布：南黄海；日本长崎沿海。
参考文献：千原光雄和村野正昭，1997；Gómez，2012。

多环马格里夫藻 *Margalefidinium polykrikoides* (Margalef) Gómez, Richlen & Anderson, 2017

同种异名：*Cochlodinium polykrikoides* Margalef, 1961
分布（赤潮生物）：太平洋；东海，南海；日本、朝鲜、马来西亚、菲律宾和新西兰沿海。
参考文献：刘瑞玉，2008；Fukuyo et al.，1990；Li et al.，2015；Faust and Gulledge，2002；Jeong et al.，2017；Lee et al.，2017；Lim et al.，2017；Chang et al.，2012；Rhodes et al.，2019。

裸甲藻属 Genus *Gymnodinium* Stein, 1878

无色裸甲藻 *Gymnodinium achromaticum* Lebour, 1917

分布：澳大利亚沿海。
参考文献：McCarthy，2013b。

赤道裸甲藻 *Gymnodinium aequatoriale* Hasle, 1960

分布：太平洋热带海域。
参考文献：Hasle，1960。

阿吉里夫裸甲藻 *Gymnodinium agiliforme* Schiller, 1928

分布：澳大利亚沿海。
参考文献：McCarthy，2013b。

阿洛夫裸甲藻 *Gymnodinium allophron* Larsen, 1994

分布：澳大利亚沿海。
参考文献：McCarthy，2013b。

弓形裸甲藻 *Gymnodinium arcuatum* Kofoid, 1931

分布：日本沿海。
参考文献：山路勇，1979。

波束裸甲藻 *Gymnodinium aureolum* (Hulburt) Hansen, 2000

同种异名：*Gyrodinium aureolum* Hulburt, 1957; *Karenia aureola* (Hulbert) Cho, Ki & Han, 2008
分布：澳大利亚和新西兰沿海。
参考文献：McCarthy，2013b；Haywood et al.，2007；Chang et al.，2012；Rhodes et al.，2019。

双锥裸甲藻 *Gymnodinium biconicum* Schiller, 1928

分布：澳大利亚沿海。
参考文献：McCarthy，2013b。

链状裸甲藻 *Gymnodinium catenatum* Graham, 1943

分布（赤潮生物）：渤海，黄海，东海，南海；日本、新加坡、澳大利亚和新西兰沿海。
参考文献：刘瑞玉，2008；Fukuyo et al.，1990；Hallegraeff，1991；Kremp et al.，2005；Pham et al.，2011；Faust and Gulledge，2002；McCarthy，2013b；Harlow et al.，2007；Chang et al.，2012；Rhodes and Smith，2018；Rhodes et al.，2019。

腰带裸甲藻 *Gymnodinium cinctum* Kofoid & Swezy, 1921

分布：澳大利亚和新西兰沿海。
参考文献：McCarthy，2013b；Chang et al.，2012。

具齿裸甲藻 *Gymnodinium dentatum* Larsen, 1994

分布：澳大利亚沿海。
参考文献：McCarthy，2013b。

双环裸甲藻 *Gymnodinium diamphidium* Norris, 1961

分布：新西兰沿海。
参考文献：Chang et al.，2012。

双球裸甲藻 *Gymnodinium diploconus* Schütt, 1895

分布：澳大利亚沿海。
参考文献：McCarthy，2013b。

背裸甲藻 *Gymnodinium dorsalisulcum* (Hulbert, McLaughlin & Zahl) Murray, Salas & Hallegraeff, 2007

同种异名：*Katodinium dorsalisulcum* Hulbert, McLaughlin & Zahl, 1960
分布：南海；马来西亚、澳大利亚和新西兰沿海。
参考文献：Luo et al.，2018b；McCarthy，2013b；Rhodes and Smith，2018。

黄色裸甲藻 *Gymnodinium flavum* Kofoid & Swezy, 1921

分布：澳大利亚和新西兰沿海。
参考文献：McCarthy，2013b；Chang et al.，2012。

盔形裸甲藻 *Gymnodinium galeatum* Larsen, 1994

分布：澳大利亚沿海。
参考文献：McCarthy，2013b。

鸡形裸甲藻 *Gymnodinium galeiforme* Matzenauer, 1933

分布：澳大利亚和新西兰沿海。
参考文献：McCarthy，2013b；Chang et al.，2012。

胶裸甲藻 *Gymnodinium gelbum* Kofoid, 1931

分布：澳大利亚沿海。
参考文献：McCarthy，2013b。

纤细裸甲藻 *Gymnodinium gracile* Bergh, 1881

同种异名：*Gymnodinium abbreviatum* Kofoid & Swezy, 1921; *Gymnodinium lohmannii* Paulsen, 1908
分布（赤潮生物）：日本沿海。
参考文献：山路勇，1979；Fukuyo et al.，1990。

格拉玛裸甲藻 *Gymnodinium grammaticum* (Pouchet) Kofoid & Swezy, 1921

同种异名：*Gymnodinium punctatum* var. *grammaticum* Pouchet, 1887
分布：新西兰沿海。
参考文献：Chang et al.，2012。

古蒂夫裸甲藻 *Gymnodinium guttiforme* Larsen, 1994

分布：澳大利亚沿海。
参考文献：McCarthy，2013b。

钩状裸甲藻 *Gymnodinium hamulus* Kofoid & Swezy, 1921

分布：新西兰沿海。
参考文献：Chang et al.，2012。

异性纹状裸甲藻 *Gymnodinium heterostriatum* Kofoid & Swezy, 1921

分布：澳大利亚沿海。
参考文献：McCarthy，2013b。

伊姆裸甲藻 *Gymnodinium impudicum* (Fraga & Bravo) Hansen & Moestrup, 2000

同种异名：*Gyrodinium impudicum* Fraga & Bravo, 1995
分布（有毒赤潮种）：渤海；日本、澳大利亚和新西兰沿海。
参考文献：Luo et al.，2018b；McCarthy，2013b；Chang et al.，2012；Rhodes et al.，2019。

因西塔裸甲藻 *Gymnodinium inusitatum* Gu, 2013

分布（有毒赤潮种）：黄海。
参考文献：Gu et al.，2013a。

柔嫩裸甲藻 *Gymnodinium leptum* Norris, 1961

分布：新西兰沿海。
参考文献：Chang et al.，2012。

海滨裸甲藻 *Gymnodinium litoralis* Reñé, 2011

分布：澳大利亚西部沿海。
参考文献：Reñé et al.，2011。

海洋裸甲藻 *Gymnodinium marinum* Kent, 1880

分布：澳大利亚和新西兰沿海。
参考文献：McCarthy，2013b；Chang et al.，2012。

微网状裸甲藻 *Gymnodinium microreticulatum* Bolch, Negri & Hallegraeff, 1999

分布：澳大利亚和新西兰沿海。
参考文献：McCarthy，2013b；Rhodes et al.，2019；Phillips，2002；Bolch et al.，1999。

微小裸甲藻 *Gymnodinium minor* Lebour, 1917

分布：澳大利亚和新西兰沿海。
参考文献：McCarthy，2013b；Chang et al.，2012。

细裸甲藻 *Gymnodinium minutulum* Larsen, 1994

分布：澳大利亚沿海。
参考文献：McCarthy，2013b。

多纹状体裸甲藻 *Gymnodinium multistriatum* Kofoid & Swezy, 1921

分布：澳大利亚沿海。
参考文献：McCarthy，2013b。

矮小裸甲藻 *Gymnodinium nanum* Schiller, 1928

分布：澳大利亚和新西兰沿海。
参考文献：McCarthy，2013b；Chang et al.，2012。

大洋裸甲藻 *Gymnodinium oceanicum* Hasle, 1960

分布：太平洋热带海域。
参考文献：Hasle，1960。

赭色裸甲藻 *Gymnodinium ochraceum* Kofoid, 1931

分布：澳大利亚沿海。
参考文献：McCarthy，2013b。

八角裸甲藻 *Gymnodinium octo* Larsen, 1994

分布：澳大利亚沿海。
参考文献：McCarthy，2013b。

小型裸甲藻 *Gymnodinium parvum* Larsen, 1994

分布：澳大利亚沿海。
参考文献：McCarthy，2013b。

多逗点裸甲藻 *Gymnodinium polycomma* Larsen, 1994

分布：澳大利亚沿海。
参考文献：McCarthy，2013b。

扁长裸甲藻 *Gymnodinium prolatum* Larsen, 1994

分布：澳大利亚沿海。
参考文献：McCarthy，2013b。

斑点状裸甲藻 *Gymnodinium punctatum* Pouchet, 1887

分布：澳大利亚和新西兰沿海。
参考文献：McCarthy，2013b；Chang et al.，2012。

矮型裸甲藻 *Gymnodinium pygmaeum* Lebour, 1925

分布：澳大利亚和新西兰沿海。
参考文献：McCarthy，2013b；Chang et al.，2012。

蛋白裸甲藻 *Gymnodinium pyrenoidosum* Horiguchi & Chihara, 1988

分布（赤潮生物）：日本沿海。
参考文献：Fukuyo et al.，1990。

菱形裸甲藻 *Gymnodinium rhomboides* Schütt, 1895

分布：日本沿海。
参考文献：山路勇，1979。

红束裸甲藻 *Gymnodinium rubrocinctum* Lebour, 1925

分布：澳大利亚沿海。
参考文献：McCarthy，2013b。

深红裸甲藻 *Gymnodinium rubrum* Koifoid & Swezy, 1921

分布：澳大利亚沿海。
参考文献：McCarthy，2013b。

舍费尔裸甲藻 *Gymnodinium schaefferi* Morris, 1937

分布：澳大利亚沿海。
参考文献：McCarthy，2013b。

斯科普洛裸甲藻 *Gymnodinium scopulosum* Kofoid & Swezy, 1921

分布：澳大利亚沿海。
参考文献：McCarthy，2013b。

西图拉裸甲藻 *Gymnodinium situla* Kofoid & Swezy, 1921

分布：澳大利亚沿海。
参考文献：McCarthy，2013b。

斯迈达裸甲藻 *Gymnodinium smaydae* Kang, Jeong & Moestrup, 2014

分布：朝鲜沿海。
参考文献：Kang et al.，2014。

球形裸甲藻 *Gymnodinium sphaericum* (Calkins) Kofoid & Swezy, 1921

同种异名：*Gymnodinium gracile* var. *sphaericum* Calkins, 1902
分布：澳大利亚沿海。
参考文献：McCarthy，2013b。

具沟裸甲藻 *Gymnodinium sulcatum* Kofoid & Swezy, 1921

分布：澳大利亚沿海。
参考文献：McCarthy，2013b。

透明裸甲藻 *Gymnodinium translucens* Kofoid & Swezy, 1921

分布：澳大利亚沿海。
参考文献：McCarthy，2013b。

优步裸甲藻 *Gymnodinium uberrimum* (Allman) Kofoid & Swezy, 1921

分布：澳大利亚和新西兰沿海。
参考文献：McCarthy，2013b；Chang et al.，2012。

维纳特裸甲藻 *Gymnodinium venator* Jørgensen & Murray, 2004

同种异名：*Amphidinium pellucidum* Herdman, 1922; *Gymnodinium pellucidum* (Herdman) Jørgensen & Murray, 2004
分布：日本和澳大利亚沿海。
参考文献：山路勇，1979；McCarthy，2013b。

绿色裸甲藻 *Gymnodinium viridescens* Kofoid, 1931

分布：澳大利亚沿海。
参考文献：McCarthy，2013b。

努苏托藻属 Genus *Nusuttodinium* Takano & Horiguichi, 2014

深绿努苏托藻 *Nusuttodinium aeruginosum* (Stein) Takano & Horiguchi, 2014

同种异名：*Gymnodinium aeruginosum* Stein, 1883
分布（淡水种）：东海；日本、澳大利亚（新南威尔士、昆士兰、塔斯马尼亚）和新西兰沿海。
参考文献：刘瑞玉，2008；山路勇，1979；Day et al.，1995；Ling and Tyler，2000；Chapman et al.，1957；Chang et al.，2012。

安菲努苏托藻 *Nusuttodinium amphidinioides* (Geitler) Takano & Horiguchi, 2014

同种异名：*Gymnodinium amphidinioides* Geitler, 1924
分布：日本沿海。
参考文献：Moestrup and Calado，2018。

德西努苏托藻 *Nusuttodinium desymbiontum* Onuma, Watanabe & Horiguchi, 2015

分布：日本沿海。
参考文献：Onuma et al.，2015。

宽阔努苏托藻 *Nusuttodinium latum* (Lebour) Takano & Horiguchi, 2014

同种异名：*Amphidinium latum* Lebour, 1925
分布：澳大利亚沿海。
参考文献：McCarthy，2013b。

坡西洛努苏托藻 *Nusuttodinium poecilochroum* (Larsen) Takano & Horiguchi, 2014

分布：朝鲜沿海。
参考文献：Jeong et al.，2017。

环沟藻属 Genus *Gyrodinium* Kofoid & Swezy, 1921

阿皮迪奥莫环沟藻 *Gyrodinium apidiomorphum* Norris, 1961

分布：新西兰沿海。
参考文献：Chang et al.，2012。

抽象环沟藻 *Gyrodinium atractos* Larsen, 1996

分布：澳大利亚维多利亚沿海。
参考文献：McCarthy，2013b；Larsen，1996。

双锥环沟藻 *Gyrodinium biconicum* Kofoid & Swezy, 1921

分布：新西兰沿海。
参考文献：Chang et al.，2012。

胶囊环沟藻 *Gyrodinium capsulatum* Kofoid & Swezy, 1921

分布：澳大利亚沿海。
参考文献：McCarthy，2013b。

角环沟藻 *Gyrodinium cornutum* (Pouchet) Kofoid & Swezy, 1921

同种异名：*Gymnodinium spirale* var. *cornutum* Pouchet, 1885
分布：澳大利亚沿海。
参考文献：McCarthy，2013b。

厚环沟藻 *Gyrodinium crassum* (Pouchet) Kofoid & Swezy, 1921

分布：日本沿海。
参考文献：山路勇，1979。

多米尼环沟藻 *Gyrodinium dominans* Hulburt, 1957

分布（赤潮生物）：南海；日本、朝鲜和澳大利亚沿海。
参考文献：刘瑞玉，2008；Fukuyo et al.，1990；Lee et al.，2014；Lim et al.，2017；Kim et al.，2017，2019；McCarthy，2013b。

港湾环沟藻 *Gyrodinium estuariale* Hulbert, 1957

分布：澳大利亚沿海。
参考文献：McCarthy，2013b。

美丽环沟藻 *Gyrodinium formosum* Campbell, 1973

分布：澳大利亚沿海。
参考文献：McCarthy，2013b。

纺锤环沟藻 *Gyrodinium fusiforme* Kofoid & Swezy, 1921

分布：澳大利亚沿海。
参考文献：McCarthy，2013b。

古图拉环沟藻 *Gyrodinium guttula* Larsen, 1996

分布：澳大利亚维多利亚沿海。
参考文献：McCarthy，2013b；Larsen，1996。

异型环沟藻 *Gyrodinium heterogrammum* Larsen, 1996

分布：澳大利亚维多利亚沿海。
参考文献：McCarthy，2013b；Larsen，1996。

异纹环沟藻 *Gyrodinium heterostriatum* (Kofoid & Swezy) Gómez, Artigas & Gast, 2020

同种异名：*Gymnodinium heterostriatum* Kofoid & Swezy, 1921
分布：日本和澳大利亚沿海。
参考文献：山路勇，1979；McCarthy，2013b。

隐现环沟藻 *Gyrodinium impendens* Larsen, 1996

分布：澳大利亚维多利亚沿海。
参考文献：McCarthy，2013b；Larsen，1996。

无纹环沟藻 *Gyrodinium instriatum* Freudenthal & Lee, 1963

分布（世界广布种）：东海，南海。
参考文献：刘瑞玉，2008；邵广昭，2003-2014。

科氏环沟藻 *Gyrodinium kofoidii* Norris, 1961

分布：新西兰沿海。
参考文献：Chang et al.，2012。

有腺环沟藻 *Gyrodinium lacryma* (Meunier) Kofoid & Swezy, 1921

同种异名：*Spirodinium lacryma* Meunier, 1910
分布：澳大利亚和新西兰沿海。
参考文献：McCarthy，2013b；Chang et al.，2012。

勒布瑞亚环沟藻 *Gyrodinium lebouriae* Herdman, 1924

分布：澳大利亚沿海。
参考文献：McCarthy，2013b。

细螺旋环沟藻 *Gyrodinium leptogrammum* Larsen, 1996

分布：澳大利亚维多利亚沿海。
参考文献：Larsen，1996。

舌兰环沟藻 *Gyrodinium lingulifera* Lebour, 1925

分布：澳大利亚沿海。
参考文献：McCarthy，2013b。

长型环沟藻 *Gyrodinium longum* (Lohmann) Koifoid & Swezy, 1921

分布：日本沿海。
参考文献：山路勇，1979。

梅特姆环沟藻 *Gyrodinium metum* Hulburt, 1957

分布：澳大利亚沿海。
参考文献：McCarthy，2013b。

莫氏环沟藻 *Gyrodinium moestrupii* Yoon, Kang & Jeong, 2011

分布：朝鲜沿海。
参考文献：Lim et al.，2017；Kim et al.，2017。

鼻形环沟藻 *Gyrodinium nasutum* (Wulff) Schiller, 1933

同种异名：*Spirodinium nasutum* Wulff
分布：澳大利亚沿海。
参考文献：McCarthy，2013b。

钝形环沟藻 *Gyrodinium obtusum* (Schütt) Kofoid & Swezy, 1921

同种异名：*Gymnodinium spirale* var. *obtusum* Schütt
分布：澳大利亚沿海。
参考文献：McCarthy，2013b。

赭色环沟藻 *Gyrodinium ochraceum* Kofoid & Swezy, 1921

分布：澳大利亚沿海。
参考文献：McCarthy，2013b。

卵圆环沟藻 *Gyrodinium ovatum* (Gourret) Kofoid & Swezy, 1921

同种异名：*Gymnodinium ovatum* Gourret
分布：澳大利亚沿海。
参考文献：McCarthy，2013b。

卵形环沟藻 *Gyrodinium ovum* (Schütt) Kofoid & Swezy, 1921

同种异名：*Gymnodinium ovum* Schütt
分布：新西兰沿海。
参考文献：Chang et al.，2012。

珮珀环沟藻 *Gyrodinium pepo* (Schütt) Kofoid & Swezy, 1921

同种异名：*Gymnodinium spirale* var. *pepo* Schütt, 1895
分布：澳大利亚沿海。
参考文献：McCarthy，2013b。

佛科里环沟藻 *Gyrodinium phorkorium* Norris, 1961

分布：新西兰沿海。
参考文献：Chang et al.，2012。

油脂环沟藻 *Gyrodinium pingue* (Schütt) Kofoid & Swezy, 1921

同种异名：*Gymnodinium spirale* var. *pingue* Schütt, 1895
分布：澳大利亚沿海。
参考文献：McCarthy，2013b。

紫红环沟藻 *Gyrodinium prunus* (Wulff) Lebour, 1925

同种异名：*Spirodinium prunus* Wulff, 1919
分布：澳大利亚沿海。
参考文献：McCarthy，2013b。

螺旋环沟藻 *Gyrodinium spirale* (Bergh) Kofoid & Swezy, 1921

同种异名：*Gymnodinium spirale* Bergh, 1881; *Spirodinium spirale* (Bergh) Schütt, 1896
分布（赤潮生物）：西太平洋热带海域；渤海，东海，南海；日本、朝鲜、澳大利亚和新西兰沿海。
参考文献：孙晓霞等，2017；刘瑞玉，2008；邵广昭，2003-2014；Fukuyo et al.，1990；Lee et al.，2014；Lim et al.，2017；McCarthy，2013b；Chang et al.，2012。

潜水环沟藻 *Gyrodinium submarinum* Kofoid & Swezy, 1921

分布：澳大利亚沿海。
参考文献：McCarthy，2013b。

囊状环沟藻 *Gyrodinium vesiculosum* Larsen, 1996

分布：澳大利亚维多利亚沿海。
参考文献：McCarthy，2013b；Larsen，1996。

泽塔环沟藻 *Gyrodinium zeta* Larsen, 1996

分布：澳大利亚维多利亚沿海。
参考文献：McCarthy，2013b；Larsen，1996。

多沟藻科 Family Polykrikaceae Kofoid & Swezy, 1921

多沟藻属 Genus *Polykrikos* Bütschli, 1873

双胞多沟藻 *Polykrikos geminatus* (Schütt) Qiu & Lin, 2013

同种异名：*Gymnodinium geminatum* Schütt, 1895; *Cochlodinium geminatum* (Schütt) Schütt, 1896
分布：南海；澳大利亚沿海。
参考文献：庞勇等，2015；McCarthy，2013b。

哈曼多沟藻 *Polykrikos hartmannii* Zimmermann, 1930

同种异名：*Pheopolykrikos hartmannii* (Zimmermann) Matsuoka & Fukuyo, 1986
分布：南海；日本和朝鲜沿海。
参考文献：黄宗国和林茂，2012；Fukuyo et al.，1990；千原光雄和村野正昭；1997；Gómez，2005；Tang et al.，2013。

科氏多沟藻 *Polykrikos kofoidii* Chatton, 1914

分布：日本、朝鲜、澳大利亚和新西兰沿海。

参考文献：Nagai et al.，2002；Jeong et al.，2002；Lee et al.，2014；Lim et al.，2017；Kim et al.，2017，2019；McCarthy，2013b；Taylor，1974；Chang et al.，2012。

勒布多沟藻 *Polykrikos lebouriae* Herdman, 1924

分布：朝鲜沿海。

参考文献：Kim et al.，2015b。

施氏多沟藻 *Polykrikos schwartzii* Bütschli, 1873

分布（半咸淡种，赤潮生物）：东海；日本、朝鲜、澳大利亚和新西兰沿海。

参考文献：黄宗国和林茂，2012；山路勇，1979；Fukuyo et al.，1990；千原光雄和村野正昭，1997；Gómez，2005；Nagai et al.，2002；Lim et al.，2017；McCarthy，2013b；Taylor，1974；Chang et al.，2012。

褐色多沟藻属 Genus *Pheopolykrikos* Chatton, 1933

比氏褐色多沟藻 *Pheopolykrikos beauchampii* Chatton, 1933

同种异名：*Polykrikos beauchampii* (Chatton) Loeblich, 1980; *Polykrikos beauchampii* (Chatton) Dodge, 1982

分布：澳大利亚塔斯马尼亚岛沿海。

参考文献：Tang et al.，2013。

角多甲藻科 Family Ceratoperidiniaceae Loeblich, 1980

佩赛藻属 Genus *Pseliodinium* Sournia, 1972

梭状佩赛藻 *Pseliodinium fusus* (Schütt) Gómez, 2018

同种异名：*Gyrodinium falcatum* Kofoid & Swezy, 1921

分布（赤潮生物）：东海，南海；日本和澳大利亚沿海。

参考文献：刘瑞玉，2008；山路勇，1979；Fukuyo et al.，1990；McCarthy，2013b。

转矩藻属 Genus *Torquentidium* Shin, Li, Lee & Matsuoka, 2019

扭转转矩藻 *Torquentidium convolutum* (Kofoid & Swezy) Shin, Li, Lee & Matsuoka, 2019

同种异名：*Cochlodinium convolutum* Kofoid & Swezy, 1921

分布（有害种）：太平洋；朝鲜沿海。

参考文献：Shin et al.，2019。

螺旋转矩藻 *Torquentidium helix* (Pouchet) Shin, Li, Lee & Matsuoka, 2019

同种异名：*Gymnodinium helix* Pouchet, 1887; *Cochlodinium helix* (Pouchet) Lemmermann, 1899; *Pseliodinium helix* (Pouchet) Gómez, 2018

分布：日本和澳大利亚沿海。

参考文献：山路勇，1979；McCarthy，2013b。

凯伦藻科 Family Kareniaceae Bergholtz, Daugbjerg, Moestrup & Fernández-Tejedor, 2005

凯伦藻属 Genus *Karenia* Hansen & Moestrup, 2000

星状凯伦藻 *Karenia asterichroma* Salas, Bolch & Hallegraeff, 2004

分布：澳大利亚塔斯马尼亚岛沿海。

参考文献：McCarthy，2013b；de Salas et al.，2004。

双楔凯伦藻 *Karenia bicuneiformis* Botes, Sym & Pitcher, 2003

分布：澳大利亚沿海。

参考文献：McCarthy，2013b。

短凯伦藻 *Karenia brevis* (Davis) Hansen & Moestrup, 2000

同种异名：*Gymnodinium breve* Davis, 1948; *Ptychodiscus brevis* (Davis) Steidinger, 1979

分布（赤潮生物）：东海，南海；日本和新西兰沿海。

参考文献：黄宗国和林茂，2012；Fukuyo et al.，1990；Faust and Gulledge，2002。

短沟凯伦藻 *Karenia brevisulcata* (Chang) Hansen & Moestrup, 2000

同种异名：*Gymnodinium brevisulcatum* Chang, 1999

分布（有害种）：新西兰沿海。

参考文献：de Salas et al.，2005；Harlow et al.，2007；Haywood et al.，2007；Chang et al.，2012；Rhodes et al.，2019。

康科迪亚凯伦藻 *Karenia concordia* Chang & Ryan, 2004

分布：新西兰沿海。

参考文献：Chang and Ryan，2004；Chang et al.，2012；Rhodes et al.，2019。

长沟凯伦藻 *Karenia longicanalis* Yang, Hodgkiss & Hansen, 2001

分布：东海，南海；澳大利亚和新西兰沿海。

参考文献：刘瑞玉，2008；Luo et al.，2018a；Yang et al.，2001；McCarthy，2013b；Chang et al.，2012；Rhodes et al.，2019。

米氏凯伦藻 *Karenia mikimotoi* (Miyake & Kominami ex Oda) Hansen & Moestrup, 2000

同种异名：*Gymnodinium mikimotoi* Miyake & Kominami ex Oda, 1935

分布（赤潮生物）：渤海，黄海，东海，南海；日本、朝鲜、澳大利亚和新西兰沿海。

参考文献：黄宗国和林茂，2012；Fukuyo et al.，1990；Luo et al.，2018a；Haywood et al.，2004，2007；Yuasa et al.，2018；Jeong et al.，2017；McCarthy，2013b；Chang et al.，2012；Rhodes and Smith，2018；Andersen，2011。

微疣凯伦藻 *Karenia papilionacea* Haywood & Steidinger, 2004

分布（有害种）：东海；日本、澳大利亚和新西兰沿海。

参考文献：Luo et al.，2018a；Benico et al.，2019；McCarthy，2013b；Haywood et al.，2004，2007；Chang et al.，2012；Rhodes et al.，2019。

鞍状凯伦藻 *Karenia selliformis* Haywood, Steidinger & MacKenzie, 2004

分布（有害种）：澳大利亚和新西兰沿海。
参考文献：McCarthy，2013b；Haywood et al.，2004，2007；de Salas et al.，2004；Chang et al.，2012；Rhodes et al.，2019。

卡罗藻属 Genus *Karlodinium* Larsen, 2000

澳洲卡罗藻 *Karlodinium australe* Salas, Bolch & Hallegraeff, 2005

分布：东海；澳大利亚新南威尔士、塔斯马尼亚和维多利亚沿海。
参考文献：Luo et al.，2018a；McCarthy，2013b；Salas et al.，2005。

巴兰坦卡罗藻 *Karlodinium ballantinum* Salas, 2008

分布：澳大利亚塔斯马尼亚岛沿海。
参考文献：McCarthy，2013b；de Salas et al.，2008。

圆锥卡罗藻 *Karlodinium conicum* Salas, 2008

分布：澳大利亚南部海域。
参考文献：de Salas et al.，2008。

皱纹卡罗藻 *Karlodinium corrugatum* Salas, 2008

分布：澳大利亚南部海域。
参考文献：de Salas et al.，2008。

并基卡罗藻 *Karlodinium decipiens* Salas & Laza-Martinez, 2008

分布：澳大利亚南部海域和塔斯马尼亚岛沿海。
参考文献：McCarthy，2013b；de Salas et al.，2008。

指状卡罗藻 *Karlodinium digitatum* (Yang, Takayama, Matsuoka & Hodkiss) Gu, Chan & Lu, 2018

同种异名：*Karenia digitata* Yang, Takayama, Matsuoka & Hodgkiss, 2001
分布：南海；日本沿海。
参考文献：刘瑞玉，2008；Yang et al.，2000。

微小卡罗藻 *Karlodinium micrum* (Leadbeater & Dodge) Larsen, 2000

分布（有害种）：南海；澳大利亚和新西兰沿海。
参考文献：刘瑞玉，2008；de Salas et al.，2005；Haywood et al.，2004；Harlow et al.，2007。

剧毒卡尔藻 *Karlodinium veneficum* (Ballantine) Larsen, 2000

同种异名：*Gymnodinium veneficum* Ballantine, 1956
分布：东海；澳大利亚和新西兰沿海。
参考文献：刘瑞玉，2008；de Salas et al.，2005；Haywood et al.，2004；Harlow et al.，2007。

周氏卡尔藻 *Karlodinium zhouanum* Luo & Gu, 2018

分布：黄海，南海。
参考文献：刘瑞玉，2008。

达卡藻属 Genus *Takayama* Salas, Bolch, Botes & Hallegraeff, 2003

阿克罗查达卡藻 *Takayama acrotrocha* (Larsen) Salas, Bolch & Hallegraeff, 2003

同种异名：*Gyrodinium acrotrochum* Larsen, 1996
分布：新加坡和澳大利亚沿海。
参考文献：Tang et al.，2012；McCarthy，2013b；Larsen，1996。

克拉多达卡藻 *Takayama cladochroma* (Larsen) Salas, Bolch & Hallegraeff, 2003

同种异名：*Gyrodinium cladochroma* Larsen, 1996
分布：澳大利亚维多利亚沿海。
参考文献：Larsen，1996；McCarthy，2013b。

螺旋达卡藻 *Takayama helix* Salas, Bolch, Botes & Hallegraeff, 2003

分布：日本、澳大利亚和新西兰沿海。
参考文献：Kremp et al.，2005；McCarthy，2013b；Chang et al.，2012；Rhodes et al.，2019；de Salas et al.，2003，2005。

美丽达卡藻 *Takayama pulchella* (Larsen) Salas, Bolch & Hallegraeff, 2003

同种异名：*Gymnodinium pulchellum* Larsen, 1994
分布：东海，南海；日本、新西兰和澳大利亚沿海。
参考文献：刘瑞玉，2008；Faust and Gulledge，2002；Haywood et al.，2004；Chang et al.，2012。

塔斯马尼亚达卡藻 *Takayama tasmanica* Salas, Bolch & Hallegraeff, 2003

分布（有害种）：澳大利亚和新西兰沿海。
参考文献：McCarthy，2013b；Chang et al.，2012；Rhodes et al.，2019；de Salas et al.，2003，2005；Harlow et al.，2007。

具瘤达卡藻 *Takayama tuberculata* Salas, 2008

分布：澳大利亚南部海域。
参考文献：de Salas et al.，2008。

厦门达卡藻 *Takayama xiamenensis* Gu, 2013

分布：东海。
参考文献：Gu et al.，2013c。

单眼藻科 Family Warnowiaceae Lindemann, 1928

单眼藻属 Genus *Warnowia* Lindemann, 1928

黑单眼藻 *Warnowia atra* (Kofoid & Swezy) Schiller, 1933

同种异名：*Pouchetia atra* Kofoid & Swezy, 1921
分布：澳大利亚沿海。
参考文献：McCarthy，2013b。

单眼藻 *Warnowia polyphemus* (Pouchet) Schiller, 1933

同种异名：*Gymnodinium polyphemus* Pouchet, 1885
分布（赤潮生物）：日本沿海。
参考文献：Fukuyo et al.，1990。

美丽单眼藻 *Warnowia pulchra* (Schiller) Schiller, 1933

同种异名：*Pouchetia pulchra* Schiller, 1928
分布：日本濑户内海。
参考文献：千原光雄和村野正昭，1997；Gómez，2005。

玫瑰色单眼藻 *Warnowia rosea* (Pouchet) Schiller, 1933

同种异名：*Gymnodinium polyphemus* var. *roseum* Pouchet, 1887; *Pouchetia rosea* (Pouchet) Schütt, 1895
分布：澳大利亚沿海。
参考文献：McCarthy，2013b。

萨尼葛单眼藻 *Warnowia subnigra* (Kofoid & Swezy) Schiller, 1933

同种异名：*Pouchetia subnigra* Kofoid & Swezy, 1921
分布：澳大利亚沿海。
参考文献：McCarthy，2013b。

紫罗兰色单眼藻 *Warnowia violescens* (Kofoid & Swezy) Lindemann, 1928

同种异名：*Pouchetia violescens* Kofoid & Swezy, 1921
分布：黄海。
参考文献：黄宗国和林茂，2012。

贪婪单眼藻 *Warnowia voracis* (Kofoid & Swezy) Schiller, 1933

同种异名：*Pouchetia voracis* Kofoid & Swezy, 1921
分布：澳大利亚沿海。
参考文献：McCarthy，2013b。

红索藻属 Genus *Erythropsidinium* Silva, 1960

纤细红索藻 *Erythropsidinium agile* (Hertwig) Silva, 1960

同种异名：*Erythropsis agilis* Hertwig, 1884
分布：日本濑户内海，澳大利亚沿海。
参考文献：千原光雄和村野正昭，1997；McCarthy，2013b。

晶状藻属 Genus *Nematodinium* Kofoid & Swezy, 1921

阿马晶状藻 *Nematodinium armatum* (Dogiel) Kofoid & Swezy, 1921

同种异名：*Pouchetia armata* Dogiel, 1906
分布（赤潮生物）：日本和澳大利亚沿海。
参考文献：Fukuyo et al.，1990；千原光雄和村野正昭，1997；McCarthy，2013b。

分裂晶状藻 *Nematodinium partitum* Kofoid & Swezy, 1921

分布：日本沿海。
参考文献：山路勇，1979。

鱼雷晶状藻 *Nematodinium torpedo* Kofoid & Swezy, 1921

分布：澳大利亚沿海。
参考文献：McCarthy，2013b。

线形藻属 Genus *Nematopsides* Greuet, 1973

微棘线形藻 *Nematopsides vigilans* (Marshall) Greuet, 1973

同种异名：*Proterythropsis vigilans* Marshall, 1925
分布：日本濑户内海。
参考文献：千原光雄和村野正昭，1997。

未定科 Family Gymnodiniales incertae sedis

库玛藻属 Genus *Cucumeridinium* Gómez, López-García, Takayama & Moreira, 2015

蓝色库玛藻 *Cucumeridinium coeruleum* (Dogiel) Gómez, López-García, Takayama & Moreira, 2015

同种异名：*Gymnodinium coeruleum* Dogiel, 1906; *Balechina coerulea* (Dogiel) Taylor, 1976
分布：东海；日本和澳大利亚沿海。
参考文献：刘瑞玉，2008；Gómez et al.，2015；McCarthy，2013b。

里拉库玛藻 *Cucumeridinium lira* (Kofoid & Swezy) Gómez, López-García, Takayama & Moreira, 2015

同种异名：*Gymnodinium lira* Kofoid & Swezy, 1921
分布：日本沿海。
参考文献：Gómez et al.，2015。

贝尔藻属 Genus *Balechina* Loeblich & Loeblich III, 1968

厚皮贝尔藻 *Balechina pachydermata* (Kofoid & Swezy) Loeblich & Loeblich III, 1968

同种异名：*Gymnodinium pachydermatum* Kofoid & Swezy, 1921
分布：澳大利亚沿海。
参考文献：McCarthy，2013b。

球甲藻属 Genus *Dissodinium* Klebs, 1916

拟新月球甲藻 *Dissodinium pseudolunula* Swift ex Elbrächter & Drebes, 1978

分布：中国台湾沿海。
参考文献：邵广昭，2003-2014。

利范藻属 Genus *Levanderina* Moestrup, Hakanen, Hansen, Daugbjerg & Ellegaard, 2014

开裂利范藻 *Levanderina fissa* (Levander) Moestrup, Hakanen, Hansen, Daugbjerg & Ellegaard, 2014

同种异名：*Gymnodinium fissum* Levander, 1894; *Gyrodinium fissum* (Levander) Kofoid & Swezy, 1921; *Gymnodinium instriatum* (Freudenthal & Lee) Coats, 2002

分布（赤潮生物）：日本、澳大利亚和新西兰沿海。

参考文献：山路勇，1979；Fukuyo et al.，1990；McCarthy，2013b；Rhodes and Smith，2018。

尾沟藻目 Order Torodiniales Boutrup, Moestrup & Daugbjerg, 2016

尾沟藻科 Family Torodiniaceae Boutrup, Moestrup & Daugbjerg, 2016

尾沟藻属 Genus *Torodinium* Kofoid & Swezy, 1921

粗尾沟藻 *Torodinium robustum* Kofoid & Swezy, 1921

分布：南黄海。

参考文献：黄宗国和林茂，2012。

船蛀尾沟藻 *Torodinium teredo* (Pouchet) Kofoif & Swezy, 1921

同种异名：*Gymnodinium teredo* Pouchet, 1885

分布：日本和新西兰沿海。

参考文献：千原光雄和村野正昭，1997；Gómez，2005；Chang et al.，2012。

凯佩藻科 Family Kapelodiniaceae Boutrup, Moestrup & Daugbjerg, 2016

凯佩藻属 Genus *Kapelodinium* Boutrup, Moestrup & Daugbjerg, 2016

退化凯佩藻 *Kapelodinium vestifici* (Schütt) Boutrup, Moestrup & Daugbjerg, 2016

同种异名：*Gymnodinium vestifici* Schütt, 1895

分布：日本沿海。

参考文献：山路勇，1979。

前沟藻目 Order Amphidiniales Moestrup & Calado, 2018

前沟藻科 Family Amphidiniaceae Moestrup & Calado, 2018

前沟藻属 Genus *Amphidinium* Claperède & Lachmann, 1859

尖型前沟藻 *Amphidinium acutissimum* Schiller, 1932

分布：澳大利亚和新西兰沿海。

参考文献：McCarthy，2013b；Chang et al.，2012。

阿洛前沟藻 *Amphidinium aloxalocium* Norris, 1961

分布：新西兰沿海。
参考文献：Chang et al.，2012。

双脚前沟藻 *Amphidinium bipes* Herdman, 1924

分布：澳大利亚沿海。
参考文献：McCarthy，2013b。

博尤前沟藻 *Amphidinium boggayum* Murray & Patterson, 2002

分布：澳大利亚（新南威尔士）和新西兰沿海。
参考文献：McCarthy，2013b；Murray and Patterson，2002；Rhodes and Smith，2018。

卡特前沟藻 *Amphidinium carterae* Hulburt, 1957

分布（有害种）：南海，东海；澳大利亚和新西兰沿海。
参考文献：刘瑞玉，2008；McCarthy，2013b；Chang et al.，2012；Lee et al.，2013；Rhodes and Smith，2018；Rhodes et al.，2019。

厚前沟藻 *Amphidinium crassum* Lohmann, 1908

分布：黄海；日本沿海。
参考文献：黄宗国和林茂，2012；山路勇，1979。

微凹前沟藻 *Amphidinium emarginatum* (Diesing) Kofoid & Swezy, 1921

同种异名：*Amphidinium operculatum* var. *emarginatum* Diesing, 1966
分布：新西兰沿海。
参考文献：Chang et al.，2012。

鞭状前沟藻 *Amphidinium flagellans* Schiller, 1928

分布：澳大利亚和新西兰沿海。
参考文献：McCarthy，2013b；Chang et al.，2012。

纺锤前沟藻 *Amphidinium fusiforme* Martin, 1928

分布：日本沿海。
参考文献：山路勇，1979。

膨前沟藻 *Amphidinium gibbosum* (Maranda & Shimizu) Jørgensen & Murray, 2004

同种异名：*Amphidinium operculatum* var. *gibbosum* Maranda & Shimizu, 1996
分布：日本沿海。
参考文献：Yamada et al.，2014。

赫曼前沟藻 *Amphidinium herdmanii* Kofoid & Swezy, 1921

分布：澳大利亚沿海。
参考文献：McCarthy，2013b。

无色前沟藻 *Amphidinium incoloratum* Campbell, 1973

分布：澳大利亚沿海。
参考文献：McCarthy，2013b。

膨大前沟藻 *Amphidinium inflatum* Kofoid, 1931

分布：日本和澳大利亚沿海。
参考文献：山路勇，1979；McCarthy，2013b。

长前沟藻 *Amphidinium longum* Lohmann, 1908

分布：日本和朝鲜沿海。
参考文献：山路勇，1979；Jeong et al.，2017。

疣状前沟藻 *Amphidinium mammillatum* Conrad & Kufferath, 1954

分布：澳大利亚沿海。
参考文献：McCarthy，2013b。

马萨特前沟藻 *Amphidinium massartii* Biecheler, 1952

分布：朝鲜沿海。
参考文献：Lee et al.，2013。

莫纳前沟藻 *Amphidinium mootonorum* Murray & Patterson, 2002

分布：澳大利亚和新西兰沿海。
参考文献：McCarthy，2013b；Murray and Patterson，2002；Rhodes and Smith，2018。

海洋前沟藻 *Amphidinium oceanicum* Lohmann, 1920

分布：澳大利亚沿海。
参考文献：McCarthy，2013b。

盖前沟藻 *Amphidinium operculatum* Claparède & Lachmann, 1859

分布（有害种）：日本、澳大利亚和新西兰沿海。
参考文献：山路勇，1979；McCarthy，2013b；Chang et al.，2012；Rhodes et al.，2019。

卵形前沟藻 *Amphidinium ovum* Herdman, 1924

分布：澳大利亚沿海。
参考文献：McCarthy，2013b。

假马斯特前沟藻 *Amphidinium pseudomassartii* Karafas & Tomas, 2017

分布：澳大利亚塔斯马尼亚岛沿海。
参考文献：Karafas et al.，2017。

鹦鹉前沟藻 *Amphidinium psittacus* Larsen, 1985

分布：澳大利亚沿海。
参考文献：McCarthy，2013b。

盐前沟藻 *Amphidinium salinum* Ruinen, 1938

分布：澳大利亚沿海。
参考文献：McCarthy，2013b。

剪状前沟藻 *Amphidinium scissum* Koifoid & Swezy, 1921

分布：澳大利亚沿海。
参考文献：McCarthy，2013b。

楔状前沟藻 *Amphidinium sphenoides* Wulff, 1919

分布：新西兰沿海。
参考文献：Chang et al.，2012。

施氏前沟藻 *Amphidinium steinii* (Lemmermann) Kofoid & Swezy, 1921

同种异名：*Amphidinium operculatum* var. *steinii* Lemmermann, 1910
分布：澳大利亚沿海。
参考文献：McCarthy，2013b。

温泉前沟藻 *Amphidinium thermaeum* Dolapsakis & Economou-Amilli, 2009

分布：澳大利亚和新西兰沿海。
参考文献：Lee et al.，2013；Rhodes and Smith，2018；Rhodes et al.，2019。

特尔前沟藻 *Amphidinium trulla* Murray, Rhodes & Jørgensen, 2004

分布：新西兰沿海。
参考文献：Murray et al.，2004；Chang et al.，2012；Rhodes and Smith，2018；Rhodes et al.，2019。

旋风前沟藻 *Amphidinium turbo* Kofoid & Swezy, 1921

分布：中国台湾沿海；澳大利亚沿海。
参考文献：邵广昭，2003-2014；McCarthy，2013b。

尤古前沟藻 *Amphidinium yuroogurrum* Murray & Patterson, 2002

分布：澳大利亚新南威尔士沿海。
参考文献：McCarthy，2013b；Murray and Patterson，2002。

夜光藻目 Order Noctilucales Haeckel, 1894

帆甲藻科 Family Kofoidiniaceae (J. Cachon & M. Cachon) Taylor, 1976

帆甲藻属 Genus *Kofoidinium* Pavillard, 1929

辉煌帆甲藻 *Kofoidinium splendens* J. Cachon & M. Cachon, 1967

同种异名：*Kofoidinium spendens* J. Cachon & M. Cachon
分布：东海，南海。
参考文献：黄宗国和林茂，2012。

蚌形帆甲藻 *Kofoidinium velleloides* Pavillard, 1929

分布：东海。
参考文献：黄宗国和林茂，2012。

夜光藻科 Family Noctilucaceae Kent, 1881

夜光藻属 Genus *Noctiluca* Suriray, 1816

夜光藻 *Noctiluca scintillans* (Macartney) Kofoid & Swezy, 1921

分布（赤潮生物）：西太平洋热带海域；中国沿海；泰国、朝鲜、日本、澳大利亚和新西兰沿海。
参考文献：孙晓霞等，2017；黄宗国和林茂，2012；Lim et al.，2017；Kim et al.，2017；Sriwoon et al.，2008；山路勇，1979；Fukuyo et al.，1990；McCarthy，2013b；Taylor，1974；Chang et al.，2012；Rhodes et al.，2019；Harlow et al.，2007。

匙状藻属 Genus *Spatulodinium* J. Cachon & M. Cachon, 1976

拟夜光匙状藻 *Spatulodinium pseudonoctiluca* (Pouchet) J. Cachon & M. Cachon, 1968

同种异名：*Gymnodinium pseudonoctiluca* Pouchet, 1885
分布：日本、澳大利亚和新西兰沿海。
参考文献：山路勇，1979；McCarthy，2013b；Rhodes et al.，2019。

原夜光藻科 Family Protodiniferaceae Kofoid & Swezy, 1921

原夜光藻属 Genus *Pronoctiluca* Fabre-Domergue, 1889

尖原夜光藻 *Pronoctiluca acuta* (Lohmann) Schiller, 1933

同种异名：*Rhynchomonas acuta* Lohmann
分布：太平洋热带海域；澳大利亚和新西兰沿海。
参考文献：Hasle，1960；McCarthy，2013b；Taylor，1974；Chang et al.，2012。

大洋原夜光藻 *Pronoctiluca pelagica* Fabre-Domergue, 1889

分布：澳大利亚沿海。
参考文献：McCarthy，2013b。

具喙原夜光藻 *Pronoctiluca rostrata* Taylor, 1976

分布：黄海。
参考文献：马新等，2013。

具刺原夜光藻 *Pronoctiluca spinifera* (Lohmann) Schiller, 1932

同种异名：*Rhynchomonas spinifer* Lohmann, 1920
分布：日本和澳大利亚沿海。
参考文献：山路勇，1979；McCarthy，2013b。

膝沟藻目 Order Gonyaulacales Taylor, 1980

角藻科 Family Ceratiaceae Kofoid, 1907

三脚藻属 Genus *Tripos* Bory, 1823

北极三脚藻 *Tripos arcticus* (Ehrenberg) Gómez, 2021

分布：日本沿海。
参考文献：山路勇，1979。

弓形三脚藻 *Tripos arcuatus* (Gourret) Gómez, 2021

同种异名：*Ceratium arcuatum* (Gourret) Pavillard; *Ceratium tripos* var. *arcuatum* Gourret, 1883; *Ceratium arcuatum* (Gourret) Cleve, 1900; *Tripos muelleri* var. *arcuatus* (Gourret) Gómez, 2013
分布：日本沿海。
参考文献：山路勇，1979。

羊头三脚藻 *Tripos arietinus* (Cleve) Gómez, 2021

同种异名：*Ceratium arietinum* Cleve, 1900; *Neoceratium arietinum* (Cleve) Gómez, Moreira & López-Garcia, 2010
分布：西太平洋热带海域；东海，南海；日本、澳大利亚和新西兰沿海。
参考文献：孙晓霞等，2017；黄宗国和林茂，2012；山路勇，1979；McCarthy，2013b；Taylor，1974；Chang et al.，2012。

细轴三脚藻 *Tripos axialis* (Kofoid) Gómez, 2013

同种异名：*Ceratium axiale* Kofoid, 1907
分布：东海，台湾海峡；澳大利亚和新西兰沿海。
参考文献：黄宗国和林茂，2012；McCarthy，2013b；Chang et al.，2012。

亚速尔三脚藻 *Tripos azoricus* (Cleve) Gómez, 2013

同种异名：*Ceratium azoricum* Cleve, 1900; *Neoceratium azoricum* (Cleve) Gómez, Moreira & López-Garcia, 2010
分布：东海，南海；日本、澳大利亚和新西兰沿海。
参考文献：黄宗国和林茂，2012；山路勇，1979；McCarthy，2013b；Taylor，1974；Chang et al.，2012。

波罗的海三脚藻 *Tripos balticus* (Schütt) Gómez, 2013

同种异名：*Ceratium tripos* f. *balticum* Schütt, 1895
分布：东海；日本沿海。
参考文献：黄宗国和林茂，2012；刘瑞玉，2008；山路勇，1979。

巴维三脚藻 *Tripos batavus* (Paulsen) Gómez, 2013

同种异名：*Ceratium batavum* Paulsen, 1908
分布：中国台湾沿海。
参考文献：邵广昭，2003-2014。

拔针三脚藻 *Tripos belone* (Cleve) Gómez, 2021

同种异名：*Ceratium belone* Cleve, 1900; *Ceratium furca* var. *belone* (Cleve) Lemmermann, 1903; *Neoceratium belone* (Cleve) Gómez, Moreira & López-Garcia, 2010

分布：西太平洋热带海域；东海，南海；日本和澳大利亚沿海。

参考文献：林金美，1984；孙晓霞等，2017；黄宗国和林茂，2012；山路勇，1979；McCarthy，2013b。

二裂三脚藻 *Tripos biceps* (Claparède & Lachmann) Gómez, 2013

同种异名：*Ceratium biceps* Claparède & Lachmann, 1859; *Neoceratium biceps* (Claparède & Lachmann) Gómez, Moreira & López-Garcia, 2010

分布：西太平洋热带海域；南海；澳大利亚沿海。

参考文献：孙晓霞等，2017；林永水，2009；黄宗国和林茂，2012；McCarthy，2013b。

毕氏三脚藻 *Tripos bigelowii* (Kofoid) Gómez, 2013

同种异名：*Ceratium bigelowii* Kofoid, 1907; *Neoceratium bigelowii* (Kofoid) Gómez, Moreira & López-Garcia, 2010

分布：西太平洋热带海域；东海，南海；日本、澳大利亚和新西兰沿海。

参考文献：林金美，1984；孙晓霞等，2017；黄宗国和林茂，2012；山路勇，1979；McCarthy，2013b；Taylor，1974；Chang et al.，2012。

波氏三脚藻 *Tripos boehmii* (Graham & Bronikovsky) Gómez, 2013

同种异名：*Ceratium boehmii* Graham & Bronikovsky, 1944

分布：西太平洋热带开阔洋区；南海；日本沿海。

参考文献：林金美，1984；林永水，2009；刘瑞玉，2008；Lin et al.，2020；山路勇，1979。

短角三脚藻 *Tripos brevis* (Ostenfeld & Schmidt) Gómez, 2021

同种异名：*Ceratium tripos* var. *breve* Ostenfeld & Schmidt, 1901; *Ceratium breve* (Ostenfeld & Schmidt) Schröder, 1906; *Euceratium breve* (Ostenfeld & Schmidt) Moses, 1929; *Neoceratium breve* (Ostenfeld & Schmidt) Gómez, Moreira & López-Garcia, 2010

分布：西太平洋热带海域；黄海，东海，南海；日本、澳大利亚和新西兰沿海。

参考文献：孙晓霞等，2017；黄宗国和林茂，2012；山路勇，1979；Stanca et al.，2013；McCarthy，2013b；Chang et al.，2012。

牛头三脚藻 *Tripos bucephalus* (Cleve) Gómez, 2013

同种异名：*Ceratium tripos* var. *bucephalum* Cleve, 1897; *Ceratium bucephalum* (Cleve) Cleve, 1900; *Ceratium arietinum* var. *bucephalum* (Cleve) Sournia, 1966; *Neoceratium arietinum* var. *bucephalum* (Cleve) Gómez, Moreira & López-Garcia, 2010

分布：中国台湾海域；日本沿海。

参考文献：邵广昭，2003-2014；山路勇，1979。

牛角三脚藻 *Tripos buceros* (Zacharias) Gómez, 2013

同种异名：*Ceratium buceros* Zacharias, 1906; *Tripos horridus* var. *buceros* (Zacharias) Gómez, 2013

分布：南海；新西兰沿海。

参考文献：黄宗国和林茂，2012；Chang et al.，2012。

蜡台三脚藻 *Tripos candelabrum* (Ehrenberg) Gómez, 2013

同种异名：*Ceratium candelabrum* (Ehrenberg) Stein, 1883; *Neoceratium candelabrum* (Ehrenberg) Gómez, Moreira & López-Garcia, 2010
分布：西太平洋热带海域；黄海，东海，南海；日本、澳大利亚和新西兰沿海。
参考文献：林金美，1984；孙晓霞等，2017；黄宗国和林茂，2012；山路勇，1979；McCarthy，2013b；Taylor，1974；Chang et al.，2012。

蜡台三脚藻宽扁变种 *Tripos candelabrum* var. *depressus* (Pouchet) Gómez, 2013

同种异名：*Ceratium furca* var. *depressum* Pouchet, 1883; *Ceratium candelabum* var. *depressum* (Pouchet) Jørgensen, 1920; *Ceratium candelabrum* f. *depressum* (Pouchet) Schiller, 1937
分布：西太平洋热带海域；东海，南海。
参考文献：林金美，1984；孙晓霞等，2017；林永水，2009；黄宗国和林茂，2012。

歧分三脚藻 *Tripos carriense* (Gourret) Gómez, 2013

同种异名：*Ceratium carriense* Gourret, 1883; *Ceratium tripos* var. *carriense* (Gourret) Lemmermann, 1899; *Ceratium massiliense* var. *carriense* (Gourret) Reinecke, 1973; *Neoceratium carriense* (Gourret) Gómez, Moreira & Lopez-Garcia, 2010
分布：西太平洋热带海域；东海，南海；日本和澳大利亚沿海。
参考文献：林金美，1984；孙晓霞等，2017；黄宗国和林茂，2012；山路勇，1979；McCarthy，2013b。

脑形三脚藻 *Tripos cephalotus* (Lemmermann) Gómez, 2021

同种异名：*Ceratium gravidum* var. *cephalotum* Lemmermann, 1899; *Ceratium cephalotum* (Lemmermann) Jørgensen, 1911; *Neoceratium cephalotum* (Lemmermann) Gómez, Moreira & Lopez-Garcia, 2010
分布：西太平洋热带海域；东海，南海；日本和澳大利亚沿海。
参考文献：林金美，1984；孙晓霞等，2017；黄宗国和林茂，2012；山路勇，1979；McCarthy，2013b。

棒槌三脚藻 *Tripos claviger* (Kofoid) Gómez, 2013

同种异名：*Ceratium claviger* Kofoid, 1907; *Ceratium buceros* f. *clavigerum* (Kofoid) Böhm, 1937; *Ceratium horridum* var. *claviger* (Kofoid) Graham & Bronikovsky, 1944; *Ceratium horridum* f. *claviger* (Kofoid) Sournia, 1968
分布：西太平洋热带海域；南海；日本和新西兰沿海。
参考文献：林金美，1984；孙晓霞等，2017；林永水，2009；黄宗国和林茂，2012；山路勇，1979；Chang et al.，2012。

拢角三脚藻 *Tripos coarctatus* (Pavillard) Gómez, 2013

同种异名：*Ceratium coarctatum* Pavillard, 1905; *Ceratium symmetricum* var. *coarctatum* (Pavillard) Graham & Bronikovsky, 1944
分布：西太平洋热带海域；东海，南海。
参考文献：林金美，1984；孙晓霞等，2017；林永水，2009；黄宗国和林茂，2012。

扁形三脚藻 *Tripos compressus* (Gran) Gómez 2021

同种异名：*Ceratium platycorne* f. *compressum* (Gran) Gran, 1911; *Ceratium compressum* Gran, 1912; *Ceratium platycorne* var. *compressum* (Gran) Jørgensen, 1920; *Neoceratium compressum* (Gran) Gómez, Moreira & Lopez-Garcia, 2010

分布：日本沿海。
参考文献：山路勇，1979。

扭状三脚藻 *Tripos contortus* (Gourret) Gómez, 2013

同种异名：*Ceratium tripos* var. *contortum* Gourret, 1883
分布：西太平洋热带开阔洋区；东海，南海；日本和澳大利亚沿海。
参考文献：林金美，1984；黄宗国和林茂，2012；山路勇，1979；McCarthy，2013b。

反转三脚藻 *Tripos contrarius* (Gourret) Gómez, 2013

同种异名：*Ceratium tripos* var. *contrarium* Gourret, 1883; *Ceratium contrarium* (Gourret) Pavillard, 1905; *Ceratium trichoceros* var. *contrarium* (Gourret) Schiller, 1937; *Neoceratium contrarium* (Gourret) Gómez, Moreira & Lopez-Garcia, 2010
分布：西太平洋热带海域；南黄海，东海，南海；吕宋海峡，澳大利亚和新西兰沿海。
参考文献：林金美，1984；孙晓霞等，2017；刘瑞玉，2008；黄宗国和林茂，2012；杨世民等，2016。

偏斜三脚藻 *Tripos declinatus* (Karsten) Gómez, 2013

同种异名：*Ceratium declinatum* Karsten, 1907; *Ceratium declinatum* (Karsten) Jørgensen, 1911; *Neoceratium declinatum* (Karsten) Gómez, Moreira & Lopez-Garcia, 2010
分布：西太平洋热带开阔洋区；黄海，东海，南海；日本、澳大利亚和新西兰沿海。
参考文献：林金美，1984；刘瑞玉，2008；山路勇，1979；McCarthy，2013b；Taylor，1974；Chang et al.，2012。

偏斜三脚藻窄角变种 *Tripos declinatus* var. *angusticornus* (Peters) Gómez, 2013

同种异名：*Ceratium angusticornum* (Peters) Steemann Nielsen, 1939
分布：南海北部；孟加拉湾。
参考文献：刘瑞玉，2008；杨世民等，2016。

偏斜三脚藻具臂变型 *Tripos declinatus* f. *brachiatum* (Jørgensen) Gómez, 2013

同种异名：*Ceratium declinatum* f. *Brachiatum* Jørgensen, 1920
分布：南海北部，冲绳海槽西侧海域；吕宋海峡。
参考文献：杨世民等，2016。

偏斜三脚藻龙草变种 *Tripos declinatus* var. *major* (Jørgensen) Gómez, 2013

同种异名：*Ceratium declinatum* f. *majus* Jørgensen, 1920; *Ceratium declinatum* var. *majus* (Jørgensen) Forti, 1922; *Neoceratium declinatum* var. *majus* (Jørgensen) Krachmalny, 2011
分布：南海，冲绳海槽西侧海域。
参考文献：杨世民等，2016。

偏转三脚藻 *Tripos deflexus* (Kofoid) Hallegraeff & Huisman, 2020

同种异名: *Ceratium deflexum* (Kofoid) Jørgensen, 1911; *Neoceratium deflexum* (Kofoid) Gómez, Moreira & Lopez-Garcia, 2010
分布：西太平洋热带海域；黄海，东海，南海；日本和澳大利亚沿海。
参考文献：林金美，1984；孙晓霞等，2017；黄宗国和林茂，2012；杨世民等，2016；山路勇，1979；McCarthy，2013b。

白齿三脚藻 *Tripos dens* (Ostenfeld & Schmidt) Gómez, 2013

同种异名：*Ceratium dens* Ostenfeld & Schmidt, 1901; *Neoceratium dens* (Ostenfeld & Schmidt) Gómez, Moreira & Lopez-Garcia, 2010
分布：西太平洋热带海域；东海，南海；日本和澳大利亚沿海。
参考文献：孙晓霞等，2017；黄宗国和林茂，2012；山路勇，1979；McCarthy，2013b。

细齿三脚藻 *Tripos denticulatus* (Jørgensen) Gómez, 2013

同种异名：*Ceratium horridum* f. *denticulatum* Jørgensen, 1920; *Ceratium buceros* f. *denticulatum* (Jørgensen) Böhm, 1937
分布：东海，南海；澳大利亚沿海。
参考文献：林永水，2009；杨世民等，2016；McCarthy，2013b。

宽扁三脚藻 *Tripos depressus* (Gourret) Gómez, 2013

同种异名：*Ceratium depressum* Gourret, 1883
分布：澳大利亚沿海。
参考文献：McCarthy，2013b。

趾状三脚藻 *Tripos digitatus* (Schütt) Gómez, 2013

同种异名：*Ceratium digitatum* Schütt, 1895; *Neoceratium digitatum* (Schütt) Gómez, Moreira & Lopez-Garcia, 2010
分布：西沙群岛海域；日本和澳大利亚沿海。
参考文献：林永水，2009；黄宗国和林茂，2012；山路勇，1979；McCarthy，2013b。

膨角三脚藻 *Tripos dilatatus* (Gourret) Gómez 2013

分布：西北太平洋；中国海南沿海，台湾北部海域。
参考文献：Lin et al.，2020；杨世民等，2016。

埃氏三脚藻 *Tripos ehrenbergii* (Kofoid) Gómez, 2013

同种异名：*Ceratium ehrenbergii* Kofoid, 1907
分布：南海。
参考文献：刘瑞玉，2008；林永水，2009。

真弓三脚藻 *Tripos euarcuatus* (Jørgensen) Gómez, 2013

同种异名：*Ceratium euarcuatum* Jørgensen, 1920; *Neoceratium euarcuatum* (Jørgensen) Gómez, Moreira & Lopez-Garcia, 2010
分布：西太平洋热带海域；东海，南海；澳大利亚沿海。
参考文献：林金美，1984；孙晓霞等，2017；黄宗国和林茂，2012；McCarthy，2013b。

短胖三脚藻 *Tripos eugrammus* (Ehrenberg) Gómez, 2021

同种异名：*Ceratium eugrammum* (Ehrenberg) Kent, 1881; *Ceratium furca* var. *eugrammum* (Ehrenberg) Schiller, 1937; *Neoceratium furca* var. *eugrammum* (Ehrenberg) Krachmalny, 2011; *Tripos furca* var. *eugrammus* (Ehrenberg) Gómez, 2013
分布：西太平洋热带开阔洋区；东海，南海；日本和新西兰沿海。
参考文献：林金美，1984；黄宗国和林茂，2012；山路勇，1979；Taylor，1974。

奇长三脚藻 *Tripos extensus* (Gourret) Gómez, 2013

同种异名：*Ceratium fusus* var. *extensum* Gourret, 1883; *Ceratium extensum* (Gourret) Cleve, 1900; *Neoceratium extensum* (Gourret) Gómez, Moreira & López-Garcia, 2010
分布：西太平洋热带开阔洋区；东海，南海；日本和新西兰沿海。
参考文献：林金美，1984；黄宗国和林茂，2012；山路勇，1979；Taylor，1974；Chang et al.，2012。

拟镰三脚藻 *Tripos falcatiformis* (Jørgensen) Gómez, 2013

同种异名：*Ceratium falcatiforme* Jørgensen, 1920; *Ceratium inflatum* subsp. *falcatiforme* (Jørgensen) Peters, 1934; *Neoceratium falcatiforme* (Jørgensen) Gómez, Moreira & Lopez-Garcia, 2010
分布：西太平洋热带海域；东海，南海；澳大利亚和新西兰沿海。
参考文献：林金美，1984；孙晓霞等，2017；黄宗国和林茂，2012；McCarthy，2013b；Taylor，1974；Chang et al.，2012。

镰状三脚藻 *Tripos falcatus* (Kofoid) Gómez, 2013

同种异名：*Ceratium pennatum* f. *falcatum* Kofoid, 1907; *Ceratium falcatum* (Kofoid) Jørgensen, 1920; *Ceratium inflatum* subsp. *falcatum* (Kofoid) Peters, 1934; *Neoceratium falcatum* (Kofoid) Gómez, Moreira & Lopez-Garcia, 2010
分布：西太平洋热带海域；东海，南海；日本、澳大利亚和新西兰沿海。
参考文献：林金美，1984；孙晓霞等，2017；黄宗国和林茂，2012；山路勇，1979；McCarthy，2013b；Taylor，1974；Chang et al.，2012。

叉状三脚藻 *Tripos furca* (Ehrenberg) Gómez, 2013

同种异名：*Peridinium furca* Ehrenberg, 1834; *Ceratophorus furca* (Ehrenberg) Diesing, 1850; *Ceratium furca* (Ehrenberg) Claparède & Lachmann, 1859; *Biceratium furca* (Ehrenberg) Vanhöffen, 1897; *Neoceratium furca* (Ehrenberg) Gómez, Moreira & López-Garcia, 2010
分布：西太平洋热带海域；渤海，黄海，东海，南海；朝鲜、日本、澳大利亚和新西兰沿海。
参考文献：孙晓霞等，2017；黄宗国和林茂，2012；山路勇，1979；Jeong et al.，2017；Lim et al.，2017；McCarthy，2013b；Taylor，1974；Chang et al.，2012。

梭状三脚藻 *Tripos fusus* (Ehrenberg) Gómez, 2013

同种异名：*Peridinium fusus* Ehrenberg, 1834; *Ceratium fusus* (Ehrenberg) Dujardin, 1841; *Ceratophorus fusus* (Ehrenberg) Diesing, 1850; *Amphiceratium fusus* (Ehrenberg) Vanhöffen, 1896; *Triceratium fusus* (Ehrenberg) Moses, 1929; *Neoceratium fusus* (Ehrenberg) Gómez, Moreira & López-Garcia, 2010
分布：西太平洋热带海域；渤海，黄海，东海，南海；朝鲜、日本、澳大利亚和新西兰沿海。
参考文献：孙晓霞等，2017；黄宗国和林茂，2012；Jeong et al.，2017；山路勇，1979；McCarthy，2013b；Taylor，1974；Chang et al.，2012。

梭状三脚藻舒氏变种 *Tripos fusus* var. *schuettii* (Lemmermann) Gómez, 2013

同种异名：*Ceratium fusus* var. *schuettii* Lemmermann, 1899
分布：渤海，黄海，东海，南海。
参考文献：林永水，2009；黄宗国和林茂，2012。

橡实三脚藻 *Tripos gallicus* (Kofoid) Gómez, 2013

同种异名：*Ceratium gallicum* Kofoid, 1907; *Ceratium macroceros* var. *gallicum* (Kofoid) Peters, 1934
分布：西太平洋热带海域；黄海，东海，南海；日本沿海。
参考文献：林金美，1984；孙晓霞等，2017；黄宗国和林茂，2012；山路勇，1979。

曲肘三脚藻 *Tripos geniculatus* (Lemmermann) Gómez, 2013

同种异名：*Ceratium fusus* var. *geniculatum* Lemmermann, 1899; *Ceratium geniculatum* (Lemmermann) Cleve, 1901; *Neoceratium geniculatum* (Lemmermann) Gómez, Moreira & Lopez-Garcia, 2010
分布：西太平洋热带海域；东海，南海；日本和澳大利亚沿海。
参考文献：孙晓霞等，2017；刘瑞玉，2008；山路勇，1979；McCarthy，2013b。

瘤状三脚藻 *Tripos gibberus* (Gourret) Gómez, 2021

同种异名：*Ceratium gibberum* Gourret, 1883; *Ceratium tripos* var. *gibbera* (Gourret) Schröder, 1900; *Neoceratium gibberum* (Gourret) Gómez, Moreira & López-García, 2010
分布：西太平洋热带海域；黄海，东海，南海；日本、澳大利亚和新西兰沿海。
参考文献：孙晓霞等，2017；黄宗国和林茂，2012；山路勇，1979；McCarthy，2013b；Chang et al.，2012。

瘤状三脚藻异角变种 *Tripos gibberus* var. *dispar* (Pouchet) Sournia, 1967

分布：西太平洋热带海域；渤海，黄海，东海，南海。
参考文献：林金美，1984；孙晓霞等，2017；黄宗国和林茂，2012。

纤细三脚藻 *Tripos gracilis* (Pavillard) Gómez, 2013

同种异名：*Ceratium gracile* Pavillard, 1905
分布：南沙群岛海域；日本沿海。
参考文献：黄宗国和林茂，2012；山路勇，1979。

圆头三脚藻 *Tripos gravidus* (Gourret) Gómez, 2013

同种异名：*Ceratium gravidum* Gourret, 1883; *Poroceratium gravidum* (Gourret) Loeblich Jr. & Loeblich III, 1966; *Neoceratium gravidum* (Gourret) Gómez, Moreira & Lopez-Garcia, 2010
分布：西太平洋热带海域；东海，南海；日本、澳大利亚和新西兰沿海。
参考文献：林金美，1984；孙晓霞等，2017；黄宗国和林茂，2012；山路勇，1979；McCarthy，2013b；Taylor，1974；Chang et al.，2012。

异弓三脚藻 *Tripos heterocamptus* (Jørgensen) Gómez, 2013

同种异名：*Ceratium tripos* f. *heterocamptum* Jørgensen, 1899; *Ceratium heterocamptum* (Jørgensen) Ostenfeld & Schmidt, 1901; *Ceratium bucephalum* var. *heterocamptum* (Jørgensen) Jørgensen, 1905
分布：南海；日本沿海。
参考文献：林永水，2009；黄宗国和林茂，2012；山路勇，1979。

网纹三脚藻 *Tripos hexacanthus* (Gourret) Gómez, 2013

同种异名：*Ceratium hexacanthum* Gourret, 1883; *Tripos hexacanthus* var. *contortus* (Lemmermann) Gómez, 2013;

Tripos hexacanthus f. *spiralis* (Kofoid) Gómez 2013；*Ceratium reticulatum* (Pouchet) Cleve, 1900
分布：西太平洋热带海域；东海，南海；日本、澳大利亚和新西兰沿海。
参考文献：林金美，1984；孙晓霞等，2017；黄宗国和林茂，2012；山路勇，1979；McCarthy，2013b；Chang et al.，2012。

羊角三脚藻 *Tripos hircus* (Schröder) Gómez, 2021

同种异名：*Ceratium hircus* Schröder, 1909; *Ceratium furca* var. *hircus* (Schröder) Margalef ex Sournia, 1973; *Neoceratium hircus* (Schröder) Gómez, Moreira & Lopez-Garcia, 2010; *Tripos furca* var. *hircus* (Schröder) Gómez, 2013
分布：南海；日本沿海。
参考文献：林永水，2009；杨世民等，2016；山路勇，1979。

粗刺三脚藻 *Tripos horridum* (Cleve) Gran, 1902

同种异名：*Ceratium tripos* var. *horridum* Cleve, 1897; *Ceratium horridum* (Cleve) Gran, 1902; *Neoceratium horridum* (Cleve) Gómez, Moreira & Lopez-Garcia, 2010
分布：西太平洋热带海域；渤海，黄海，东海，南海；日本和新西兰沿海。
参考文献：黄宗国和林茂，2012；山路勇，1979；Chang et al.，2012。

矮胖三脚藻 *Tripos humilis* (Jørgensen) Gómez, 2013

同种异名：*Ceratium humile* Jørgensen, 1911; *Neoceratium humile* (Jørgensen) Gómez, Moreira & López-Garcia, 2010
分布：西太平洋热带海域；东海；日本和澳大利亚沿海。
参考文献：孙晓霞等，2017；黄宗国和林茂，2012；山路勇，1979；McCarthy，2013b。

亨德三脚藻 *Tripos hundhausenii* (Schröder) Hallegraeff & Huisman, 2020

同种异名：*Ceratium hundhausenii* Schröder, 1906; *Ceratium intermedium* var. *hundhausenii* (Schröder) Karsten, 1907; *Ceratium carriense* f. *hunhausenii* (Schröder) Wood, 1954; *Ceratium pavillardii* var. *hundhausenii* (Schröder) Guo & Ye, 1983
分布：西北太平洋；东海，南海。
参考文献：Lin et al.，2020；林永水，2009；杨世民等，2016。

剑锋三脚藻 *Tripos incisus* (Karsten) Gómez, 2013

同种异名：*Ceratium incisum* (Karsten) Jørgensen, 1911; *Neoceratium incisum* (Karsten) Gómez, Moreira & López-Garcia, 2010
分布：西太平洋热带海域；东海，南海；日本和澳大利亚沿海。
参考文献：林金美，1984；孙晓霞等，2017；黄宗国和林茂，2012；山路勇，1979；McCarthy，2013b。

膨胀三脚藻 *Tripos inflatus* (Kofoid) Gómez, 2013

同种异名：*Ceratium pennatum* f. *inflatum* Kofoid, 1907; *Ceratium inflatum* (Kofoid) Jørgensen, 1911; *Neoceratium inflatum* (Kofoid) Gómez, Moreira & López-Garcia, 2010; *Ceratium nipponicum* Okamura
分布：西太平洋热带海域；黄海，东海，南海；日本、澳大利亚和新西兰沿海。
参考文献：林金美，1984；孙晓霞等，2017；黄宗国和林茂，2012；山路勇，1979；Ahmed et al.，

2009；McCarthy，2013b；Taylor，1974；Chang et al.，2012。

中间三脚藻 *Tripos intermedius* (Jørgensen) Gómez, 2013

同种异名：*Ceratium tripos* f. *intermedium* Jørgensen, 1899; *Ceratium intermedium* (Jørgensen) Jørgensen, 1905
分布：中国台湾海域；日本沿海。
参考文献：邵广昭，2003-2014；山路勇，1979。

卡氏三脚藻 *Tripos karstenii* (Pavillard) Gómez, 2021

同种异名：*Ceratium karstenii* Pavillard, 1907; *Ceratium contortum* var. *karstenii* (Pavillard) Sournia, 1966; *Neoceratium karstenii* (Pavillard) Gómez, Moreira & López-Garcia, 2010; *Tripos arcuatus* f. *karstenii* (Pavillard) Gómez, 2013; *Tripos contortus* var. *karstenii* (Pavillard) Gómez, 2013
分布：西太平洋热带海域；东海，南海；日本和新西兰沿海。
参考文献：林金美，1984；孙晓霞等，2017；黄宗国和林茂，2012；山路勇，1979；Taylor，1974；Chang et al.，2012。

科氏三脚藻 *Tripos kofoidii* (Jørgensen) Gómez, 2013

同种异名：*Ceratium kofoidii* Jørgensen, 1911; *Neoceratium kofoidii* (Jørgensen) Gómez, Moreira & López-Garcia, 2010
分布：南黄海，东海，南海；朝鲜、日本和澳大利亚沿海。
参考文献：黄宗国和林茂，2012；Jeong et al.，2017；山路勇，1979；McCarthy，2013b。

矛形三脚藻 *Tripos lanceolatus* (Kofoid) Gómez, 2013

同种异名：*Ceratium lanceolatum* Kofoid, 1907; *Neoceratium lanceolatum* (Kofoid) Gómez, Moreira & López-Garcia, 2010
分布：南沙群岛海域；日本沿海。
参考文献：林永水，2009；黄宗国和林茂，2012；山路勇，1979。

歪斜三脚藻 *Tripos limulus* (Pouchet) Gómez, 2021

同种异名：*Ceratium limulus* (Pouchet) Gourret, 1883; *Ceratium tripos* var. *limulus* Pouchet, 1883; *Neoceratium limulus* (Pouchet) Gómez, Moreira & López-Garcia, 2010
分布：东海，南海；日本和澳大利亚沿海。
参考文献：黄宗国和林茂，2012；山路勇，1979；McCarthy，2013b。

线纹三脚藻 *Tripos lineatus* (Ehrenberg) Gómez, 2013

同种异名：*Peridinium lineatum* Ehrenberg, 1854; *Ceratium lineatum* (Ehrenberg) Cleve, 1899; *Biceratium lineatum* (Ehrenberg) Moses, 1929; *Neoceratium lineatum* (Ehrenberg) Gómez, Moreira & López-Garcia, 2010
分布：西太平洋热带海域；渤海，黄海，东海；日本、澳大利亚和新西兰沿海。
参考文献：孙晓霞等，2017；刘瑞玉，2008；山路勇，1979；McCarthy，2013b；Taylor，1974；Chang et al.，2012。

弯顶三脚藻 *Tripos longipes* (Bailey) Gómez, 2021

同种异名：*Ceratium arcticum* var. *longipes* (Bailey) Graham & Bronikovsky; *Peridinium longipes* Bailey, 1854;

Ceratium longipes (Bailey) Gran, 1902; *Neoceratium longipes* (Bailey) Gómez, Moreira & López-Garcia, 2010
分布：渤海，黄海，东海；日本和澳大利亚沿海。
参考文献：黄宗国和林茂，2012；山路勇，1979；McCarthy，2013b。

长咀三脚藻 *Tripos longirostrus* (Gourret) Gómez, 2013

同种异名：*Ceratium longirostrum* Gourret, 1883; *Neoceratium longirostrum* (Gourret) Gómez, Moreira & López-Garcia, 2010
分布：西太平洋热带海域；东海，南海；澳大利亚和新西兰沿海。
参考文献：林金美，1984；孙晓霞等，2017；黄宗国和林茂，2012；McCarthy，2013b；Chang et al.，2012。

细长三脚藻 *Tripos longissimus* (Schröder) Gómez, 2013

同种异名：*Ceratium tripos* f. *longissimum* Schröder, 1900; *Ceratium longissimum* (Schröder) Kofoid, 1907; *Neoceratium longissimum* (Schröder) Gómez, Moreira & López-Garcia, 2010
分布：西太平洋热带海域；东海，南海；日本和澳大利亚沿海。
参考文献：林金美，1984；孙晓霞等，2017；黄宗国和林茂，2012；山路勇，1979；McCarthy，2013b。

长角三脚藻 *Tripos longinus* (Karsten) Gómez, 2013

同种异名：*Ceratium tripos* var. *longinum* Karsten, 1906; *Ceratium longinum* (Karsten) Jørgensen, 1911; *Ceratium contortum* var. *longinum* (Karsten) Sournia, 1966
分布：西太平洋热带海域；东海，南海；日本沿海。
参考文献：孙晓霞等，2017；刘瑞玉，2008；山路勇，1979。

新月三脚藻 *Tripos lunula* (Schimper ex Karsten) Gómez, 2013

同种异名：*Ceratium lunula* Schimper ex Karsten, 1906; *Neoceratium lunula* (Schimper ex Karsten) Gómez, Moreira & López-Garcia, 2010
分布：西太平洋热带海域；黄海，东海，南海；日本和澳大利亚沿海。
参考文献：林金美，1984；孙晓霞等，2017；刘瑞玉，2008；山路勇，1979；McCarthy，2013b。

大角三脚藻 *Tripos macroceros* (Ehrenberg) Hallegraeff & Huisman, 2020

同种异名：*Peridinium macroceros* Ehrenberg, 1841; *Ceratophorus macroceros* (Ehrenberg) Diesing, 1850; *Ceratium tripos* var. *macroceros* (Ehrenberg) Claparède & Lachmann, 1859; *Peridinium tripos* var. *macroceros* (Ehrenberg) Diesing, 1866; *Ceratium macroceros* (Ehrenberg) Vanhöffen, 1897; *Neoceratium macroceros* (Ehrenberg) Gómez, Moreira & López-Garcia, 2010; *Tripos muelleri* var. *macroceros* (Ehrenberg) Gómez, 2013
分布：西太平洋热带海域；渤海，黄海，东海，南海；朝鲜、日本、澳大利亚和新西兰沿海。
参考文献：孙晓霞等，2017；黄宗国和林茂，2012；Jeong et al.，2017；山路勇，1979；McCarthy，2013a；Taylor，1974；Chang et al.，2012。

大角三脚藻细弱变种 *Tripos macroceros* var. *tenuissimus* (Karsten) Gómez, 2013

同种异名：*Ceratium macroceros* var. *tenuissimum* Karsten, 1907
分布：西太平洋热带海域，西北太平洋；南海。

参考文献：孙晓霞等，2017；Lin et al.，2020；杨世民等，2016。

马西里亚三脚藻 *Tripos massiliensis* (Gourret) Gómez, 2021

同种异名：*Ceratium tripos* var. *massiliense* Gourret, 1883; *Ceratium tripos* f. *massiliense* (Gourret) Schröder, 1900; *Ceratium massiliense* (Gourret) Karsten, 1906; *Neoceratium massiliense* (Gourret) Gómez, Moreira & López-Garcia, 2010
分布：西太平洋热带海域；黄海，东海，南海；日本和新西兰沿海。
参考文献：林金美，1984；孙晓霞等，2017；刘瑞玉，2008；山路勇，1979；Taylor，1974；Chang et al.，2012。

马西里亚三脚藻具刺变种 *Tripos massiliense* var. *armatum* (Karsten) Gómez, 2013

分布：东海，南海；日本和澳大利亚沿海。
参考文献：黄宗国和林茂，2012；山路勇，1979；McCarthy，2013b。

微小三脚藻 *Tripos minutes* (Jørgensen) Gómez, 2013

同种异名：*Ceratium minutum* Jørgensen, 1920; *Neoceratium minutum* (Jørgensen) Gómez, Moreira & López-Garcia, 2010
分布：东海；澳大利亚和新西兰沿海。
参考文献：黄宗国和林茂，2012；Stanca et al.，2013；McCarthy，2013b；Chang et al.，2012。

柔软三脚藻 *Tripos mollis* (Kofoid) Gómez, 2013

同种异名：*Ceratium molle* Kofoid, 1907
分布：西太平洋热带开阔洋区；渤海，黄海，东海，南海。
参考文献：林金美，1984；林永水，2009；黄宗国和林茂，2012。

牟氏三脚藻 *Tripos muelleri* Bory, 1826

同种异名：*Cercaria tripos* Müller, 1776; *Ceratium tripos* (Müller) Nitzsch, 1817; *Peridinium tripos* (Müller) Ehrenberg, 1834; *Ceratophorus tripos* (Müller) Diesing, 1850; *Neoceratium tripos* (Müller) Gómez, Moreira & López-Garcia, 2010
分布：西太平洋热带海域；渤海，黄海，东海，南海；朝鲜、日本、澳大利亚（维多利亚）和新西兰沿海。
参考文献：林金美，1984；孙晓霞等，2017；黄宗国和林茂，2012；山路勇，1979；Jeong et al.，2017；McCarthy，2013b；Taylor，1974；Chang et al.，2012；Day et al.，1995。

牟氏三脚藻平行变型 *Tripos muelleri* f. *parallelus* (Schmidt) Gómez, 2013

同种异名：*Ceratium tripos* f. *parallelum* Schmidt, 1901; *Ceratium breve* f. *parallelum* (Schmidt) Jørgensen, 1911
分布：西太平洋热带海域；东海，南海；日本沿海。
参考文献：孙晓霞等，2017；林永水，2009；邵广昭，2003-2014；山路勇，1979。

肥胖三脚藻 *Tripos obesus* (Pavillard) Gómez, 2013

同种异名：*Ceratium obesum* Pavillard, 1930; *Neoceratium obesus* (Pavillard) Gómez, 2013
分布：西太平洋热带开阔洋区；南海。

参考文献：林金美，1984；黄宗国和林茂，2012。

直三脚藻 *Tripos orthoceras* (Jørgensen) Gómez, 2013

同种异名：*Ceratium gracile* f. *orthoceras* Jørgensen, 1911; *Ceratium symmetricum* var. *orthoceras* (Jørgensen) Graham & Bronikovsky, 1944
分布：东海，南海。
参考文献：林永水，2009；黄宗国和林茂，2012。

圆胖三脚藻 *Tripos paradoxides* (Cleve) Gómez, 2013

同种异名：*Ceratium paradoxides* Cleve, 1900; *Neoceratium paradoxides* (Cleve) Gómez, Moreira & Lopez-Garcia, 2010
分布：东海；日本和澳大利亚沿海。
参考文献：黄宗国和林茂，2012；山路勇，1979；McCarthy，2013b。

伸展三脚藻 *Tripos patentissimus* (Ostenfeld & Schmidt) Hallegraeff & Huisman, 2020

同种异名：*Ceratium horridum* var. *patentissimum* (Ostenfeld & Schmidt) Taylor, 1976
分布：西太平洋热带海域；东海，南海。
参考文献：林金美，1984；孙晓霞等，2017；林永水，2009；杨世民等，2016。

巴氏三脚藻 *Tripos pavillardii* (Jørgensen) Gómez, 2021

同种异名：*Ceratium pavillardii* Jørgensen, 1911
分布：南海；日本和澳大利亚沿海。
参考文献：杨世民等，2016；山路勇，1979；McCarthy，2013b。

羽状三脚藻 *Tripos pennatus* (Kofoid) Gómez, 2013

同种异名：*Ceratium pennatum* Kofoid, 1907
分布：西北太平洋；东海，南海北部；日本沿海。
参考文献：Lin et al.，2020；杨世民等，2016；山路勇，1979。

五角三脚藻 *Tripos pentagonus* (Gourret) Gómez, 2021

同种异名：*Ceratium pentagonum* Gourret, 1883; *Neoceratium pentagonum* (Gourret) Gómez, Moreira & López-Garcia, 2010
分布：西太平洋热带海域；东海，南海；朝鲜、日本、澳大利亚和新西兰沿海。
参考文献：林金美，1984；孙晓霞等，2017；刘瑞玉，2008；Jeong et al.，2017；山路勇，1979；McCarthy，2013b；Taylor，1974；Chang et al.，2012。

彼得斯三脚藻 *Tripos petersii* (Steemann Nielsen) Gómez, 2013

同种异名：*Ceratium petersii* Steemann Nielsen, 1934
分布：西北太平洋；新西兰沿海。
参考文献：Lin et al.，2020；Chang et al.，2012。

板状三脚藻 *Tripos platycornis* (Daday) Gómez, 2013

同种异名：*Ceratium platycorne* Daday, 1888; *Neoceratium platicorne* (Daday) Gómez, Moreira & Lopez-Garcia, 2010; *Tripos lamellicornis* (Kofoid) Gómez, 2013
分布：西太平洋热带海域；东海，南海；日本、澳大利亚和新西兰沿海。
参考文献：林金美，1984；孙晓霞等，2017；刘瑞玉，2008；山路勇，1979；McCarthy，2013b；Taylor，1974；Chang et al.，2012。

波特三脚藻 *Tripos porrectus* (Karsten) Gómez, 2013

同种异名：*Ceratium porrectum* Karsten, 1907
分布：澳大利亚和新西兰沿海。
参考文献：McCarthy，2013b；Taylor，1974；Chang et al.，2012。

长头三脚藻 *Tripos praelongus* (Lemmermann) Gómez, 2013

同种异名：*Ceratium gravidum* var. *praelongum* Lemmermann, 1899
分布：西太平洋热带开阔洋区；东海，南海。
参考文献：林金美，1984；黄宗国和林茂，2012；McCarthy，2013b。

美丽三脚藻 *Tripos pulchellus* (Schröder) Gómez, 2021

同种异名：*Ceratium tripos* subsp. *pulchellum* (Schröder) Peters; *Ceratium pulchellum* Schröder, 1906; *Ceratium tripos* var. *pulchellum* (Schröder) López ex Sournia, 1973; *Neoceratium pulchellum* (Schröder) Gómez, Moreira & Lopez-Garcia, 2010
分布：渤海，黄海，东海，南海；日本和新西兰沿海。
参考文献：黄宗国和林茂，2012；山路勇，1979；Chang et al.，2012。

蛙趾三脚藻 *Tripos ranipes* (Cleve) Gómez, 2013

同种异名：*Ceratium ranipes* Cleve, 1900; *Ceratium palmatum* var. *ranipes* (Cleve) Jørgensen, 1911; *Neoceratium ranipes* (Cleve) Gómez, Moreira & Lopez-Garcia, 2010; *Ceratium palmatum* (Schröder) Schröder; *Tripos palmatus* (Schröder) Gómez, 2013
分布：西太平洋热带海域；东海，南海；日本、澳大利亚和新西兰沿海。
参考文献：林金美，1984；孙晓霞等，2017；黄宗国和林茂，2012；山路勇，1979；McCarthy，2013b；Taylor，1974；Chang et al.，2012。

双弯三脚藻 *Tripos recurvus* (Jørgensen) Gómez, 2013

同种异名：*Ceratium sumatranum* var. *recurvum* Jørgensen, 1911; *Ceratium vultur* f. *recurvum* (Jørgensen) Schiller, 1937; *Ceratium recurvum* (Jørgensen) Reinecke, 1973
分布：西太平洋热带开阔洋区；东海，南海。
参考文献：林金美，1984；黄宗国和林茂，2012。

反射三脚藻 *Tripos reflexus* (Cleve) Gómez, 2013

同种异名：*Ceratium reflexum* Cleve, 1900; *Neoceratium reflexum* (Cleve) Gómez, Moreira & Lopez-Garcia, 2010
分布：西太平洋热带海域；东海，南海；日本和澳大利亚沿海。
参考文献：林金美，1984；孙晓霞等，2017；黄宗国和林茂，2012；山路勇，1979；McCarthy，2013b。

舞姿三脚藻 *Tripos saltans* (Schröder) Gómez, 2013

同种异名：*Ceratium saltans* Schröder, 1906; *Ceratium contortum* var. *saltans* (Schröder) Jørgensen, 1911
分布：西太平洋热带海域；东海，南海；日本沿海。
参考文献：林金美，1984；孙晓霞等，2017；林永水，2009；黄宗国和林茂，2012；山路勇，1979。

花葶三脚藻 *Tripos scapiformis* (Kofoid) Gómez, 2013

同种异名：*Ceratium pennatum* var. *scapiforme* (Kofoid) Jørgensen; *Ceratium scapiforme* Kofoid, 1907
分布：日本沿海。
参考文献：山路勇，1979。

凹腹三脚藻 *Tripos schmidtii* (Jørgensen) Gómez, 2013

同种异名：*Ceratium schmidtii* Jørgensen, 1911; *Ceratium breve* var. *schmidtii* (Jørgensen) Sournia, 1966; *Tripos brevis* var. *schmidtii* (Jørgensen) Gómez, 2013
分布：西太平洋热带开阔洋区；黄海，东海，南海；日本沿海。
参考文献：林金美，1984；刘瑞玉，2008；马新等，2013；山路勇，1979；Lin et al.，2020。

施氏三脚藻 *Tripos schrankii* (Kofoid) Gómez, 2013

同种异名：*Ceratium schrankii* Kofoid, 1907; *Neoceratium schrankii* (Kofoid) Gómez, Moreira & Lopez-Garcia, 2009
分布：黄海，东海，南海。
参考文献：刘瑞玉，2008；林永水，2009。

锥形三脚藻 *Tripos schroeteri* (Schröder) Gómez, 2013

同种异名：*Ceratium schroeteri* Schröder, 1906; *Neoceratium schroeteri* (Schröder) Gómez, Moreira & Lopez-Garcia, 2010
分布：东海，南海；日本和澳大利亚沿海。
参考文献：刘瑞玉，2008；山路勇，1979；McCarthy，2013b。

亚美三脚藻 *Tripos semipulchellus* (Jørgensen) Gómez, 2013

同种异名：*Ceratium pulchellum* f. *semipulchellum* Jørgensen, 1920; *Ceratium semipulchellum* (Jørgensen) Steemann Nielsen, 1934
分布：东海，南海；新西兰沿海。
参考文献：黄宗国和林茂，2012；Chang et al.，2012。

针状三脚藻 *Tripos seta* (Ehrenberg) Gómez, 2013

同种异名：*Peridinium seta* Ehrenberg, 1860; *Ceratium seta* (Ehrenberg) Kent, 1881; *Ceratium fusus* var. *seta* (Ehrenberg) Wood, 1954; *Tripos fusus* var. *seta* (Ehrenberg) Gómez, 2013
分布：西太平洋热带海域；东海，南海；日本和新西兰沿海。
参考文献：林金美，1984；孙晓霞等，2017；刘瑞玉，2008；黄宗国和林茂，2012；山路勇，1979；Taylor，1974。

刚毛三脚藻 *Tripos setaceus* (Jørgensen) Gómez, 2013

同种异名：*Ceratium setaceum* Jørgensen, 1911; *Neoceratium setaceum* (Jørgensen) Gómez, Moreira & Lopez-

Garcia, 2010
分布：太平洋热带海域；东海，南海；澳大利亚和新西兰沿海。
参考文献：Hasle，1960；黄宗国和林茂，2012；McCarthy，2013b；Taylor，1974；Chang et al.，2012。

缢缩三脚藻 *Tripos strictus* (Okamura & Nishikawa) Gómez, 2013

同种异名：*Ceratium fusus* var. *strictus* Okamura & Nishikawa, 1904; *Ceratium strictum* (Okamura & Nishikawa) Kofoid, 1906; *Ceratium extensum* f. *strictum* (Okamura & Nishikawa) Jørgensen, 1920
分布：东海，南海；日本沿海。
参考文献：刘瑞玉，2008；黄宗国和林茂，2012；山路勇，1979。

微扭三脚藻 *Tripos subcontortus* (Schröder) Gómez, 2021

同种异名：*Ceratium subcontortum* Schröder, 1906; *Ceratium contortum* f. *subcontortum* (Schröder) Steemann Nielsen, 1934; *Ceratium contortum* var. *subcontortum* (Schröder) Taylor, 1976
分布：西太平洋热带海域；南海。
参考文献：孙晓霞等，2017；林永水，2009；黄宗国和林茂，2012。

广盐三脚藻 *Tripos subsalsus* (Ostenfeld) Gómez, 2013

同种异名：*Ceratium tripos* f. *subsalsum* Ostenfeld, 1903; *Ceratium tripos* var. *subsalsum* (Ostenfeld) Paulsen, 1907; *Ceratium subsalsum* (Ostenfeld) Apstein, 1911; *Neoceratium tripos* f. *subsalsum* (Ostenfeld) Krachmalny, 2011
分布：渤海，黄海，东海。
参考文献：刘瑞玉，2008；黄宗国和林茂，2012。

亚粗三脚藻 *Tripos subrobustus* (Jørgensen) Gómez, 2013

同种异名：*Ceratium pentagonum* var. *subrobustum* Jørgensen, 1920; *Ceratium subrobustum* (Jørgensen) Steemann Nielsen, 1934
分布：东海，南海北部；孟加拉湾。
参考文献：杨世民等，2016；黄宗国和林茂，2012；Lin et al.，2020。

苏门答腊三脚藻 *Tripos sumatranus* (Karsten) Gómez, 2013

同种异名：*Ceratium vultur* var. *sumatranum* Karsten, 1907; *Ceratium sumatranum* (Karsten) Jørgensen, 1911; *Ceratium vultur* f. *sumatranum* (Karsten) Sournia, 1968
分布：西太平洋热带海域；东海，南海；日本沿海。
参考文献：林金美，1984；孙晓霞等，2017；黄宗国和林茂，2012；山路勇，1979。

对称三脚藻 *Tripos symmetricus* (Pavillard) Gómez, 2021

同种异名：*Ceratium symmetricum* Pavillard, 1905; *Ceratium gracile* var. *symmetricum* (Pavillard) Jørgensen, 1911; *Neoceratium symmetricum* (Pavillard) Gómez, Moreira & Lopez-Garcia, 2010
分布：西太平洋热带海域；东海，南海；日本、澳大利亚和新西兰沿海。
参考文献：林金美，1984；孙晓霞等，2017；黄宗国和林茂，2012；山路勇，1979；McCarthy，2013b；Taylor，1974；Chang et al.，2012。

细弱三脚藻 *Tripos tenuis* (Ostenfeld & Schmidt) Hallegraeff & Huisman, 2020

同种异名：*Ceratium tenue* Ostenfeld & Schmidt, 1901; *Ceratium horridum* var. *tenue* (Ostenfeld & Schmidt) Böhm, 1931; *Ceratium buceros* f. *tenue* (Ostenfeld & Schmidt) Böhm, 1937; *Neoceratium tenue* (Ostenfeld & Schmidt) Gómez, Moreira & Lopez-Garcia, 2010; *Ceratium inclinatum* Kofoid 1907; *Tripos buceros* f. *tenuis* (Ostenfeld & Schmidt) Gómez, 2013; *Tripos horridus* var. *tenuis* (Ostenfeld & Schmidt) Gómez, 2013; *Tripos inclinatus* (Kofoid) Gómez, 2013

分布：东海；日本和澳大利亚沿海。

参考文献：林永水，2009；邵广昭，2003-2014；山路勇，1979；Hallegraeff et al.，2020。

圆柱三脚藻 *Tripos teres* (Kofoid) Gómez, 2013

同种异名：*Ceratium teres* Kofoid, 1907; *Neoceratium teres* (Kofoid) Gómez, Moreira & Lopez-Garcia, 2010

分布：西太平洋热带海域；东海，南海；日本、澳大利亚和新西兰沿海。

参考文献：林金美，1984；孙晓霞等，2017；黄宗国和林茂，2012；山路勇，1979；McCarthy，2013b；Taylor，1974；Chang et al.，2012。

波状三脚藻 *Tripos trichoceros* (Ehrenberg) Gómez, 2013

同种异名：*Ceratium trichoceros* (Ehrenberg) Kofoid, 1881; *Neoceratium trichoceros* (Ehrenberg) Gómez, Moreira & Lopez-Garcia, 2010

分布：西太平洋热带开阔洋区；黄海，东海，南海；日本、澳大利亚和新西兰沿海。

参考文献：林金美，1984；刘瑞玉，2008；山路勇，1979；McCarthy，2013b；Taylor，1974。

仿锚三脚藻 *Tripos tripodioides* (Jørgensen) Gómez, 2013

同种异名：*Ceratium pulchellum* f. *tripodioides* Jørgensen, 1920; *Ceratium tripos* f. *tripodioides* (Jørgensen) Paulsen, 1931; *Ceratium tripodioides* (Jørgensen) Steemann Nielsen, 1934

分布：西北太平洋；南海。

参考文献：Lin et al.，2020；林永水，2009。

飞姿三脚藻 *Tripos volans* (Cleve) Gómez, 2021

同种异名：*Ceratium volans* Cleve, 1900; *Ceratium carriense* var. *volans* (Cleve) Jørgensen, 1911; *Ceratium carriense* f. *ceylanicum* (Schröder) Jørgensen, 1911

分布：西太平洋热带海域；东海，南海；日本沿海。

参考文献：孙晓霞等，2017；刘瑞玉，2008；杨世民等，2016；山路勇，1979。

兀鹰三脚藻 *Tripos vulture* (Cleve) Hallegraeff & Huisman, 2020

同种异名：*Ceratium vultur* Cleve, 1900; *Ceratium tripos* subsp. *vultur* (Cleve) Karsten, 1907; *Ceratium tripos* f. *vultur* (Cleve) [Hensen], 1911; *Neoceratium vultur* (Cleve) Gómez, Moreira & Lopez-Garcia, 2010; *Tripos muelleri* subsp. *vultur* (Cleve) Gómez, 2013; *Tripos muelleri* var. *vultur* (Cleve) Gómez, 2013

分布：西太平洋热带海域；东海，南海；日本和澳大利亚沿海。

参考文献：林金美，1984；孙晓霞等，2017；刘瑞玉，2008；黄宗国和林茂，2012；山路勇，1979；McCarthy，2013b。

原角藻科 Family Protoceratiaceae Lindemann, 1928

角甲藻属 Genus *Ceratocorys* Stein, 1883

装甲角甲藻 *Ceratocorys armata* (Schütt) Kofoid, 1910

同种异名：*Goniodoma acuminatum* var. *armatum* Schütt
分布：日本和澳大利亚沿海。
参考文献：山路勇，1979；McCarthy，2013b。

双足角甲藻 *Ceratocorys bipes* (Cleve) Kofoid, 1910

同种异名：*Goniodoma bipes* Cleve, 1903
分布：南海；日本沿海。
参考文献：刘瑞玉，2008；山路勇，1979。

戈氏角甲藻 *Ceratocorys gourretii* Paulsen, 1937

分布：南海；澳大利亚和新西兰沿海。
参考文献：刘瑞玉，2008；McCarthy，2013b；Taylor，1974；Chang et al.，2012。

多刺角甲藻 *Ceratocorys horrida* Stein, 1883

分布：西太平洋热带海域；黄海，东海，南海；日本和澳大利亚沿海。
参考文献：林金美，1984；孙晓霞等，2017；刘瑞玉，2008；山路勇，1979；McCarthy，2013b。

印度角甲藻 *Ceratocorys indica* Wood, 1963

分布：澳大利亚沿海。
参考文献：McCarthy，2013b。

杰德角甲藻 *Ceratocorys jourdanii* (Gourret) Kofoid, 1910

分布：西太平洋；日本沿海。
参考文献：Lin et al.，2020；山路勇，1979。

大角甲藻 *Ceratocorys magna* Kofoid, 1910

分布：东海。
参考文献：刘瑞玉，2008。

马来角甲藻 *Ceratocorys malayensis* Luo, Lim & Gu, 2019

分布：马来西亚沿海。
参考文献：Luo et al.，2019。

网纹角甲藻 *Ceratocorys reticulata* Graham, 1942

分布：东海，南海。
参考文献：黄宗国和林茂，2012。

原角藻属 Genus *Protoceratium* Bergh, 1881

小窝原角藻 *Protoceratium areolatum* Kofoid, 1907

分布：太平洋热带海域；南海，东海；澳大利亚沿海。
参考文献：Hasle，1960；杨世民等，2016；McCarthy，2013b。

网状原角藻 *Protoceratium reticulata* (Claparède & Lachmann) Bütschli, 1885

同种异名：*Peridiniopsis reticulatum* (Claparède & Lachmann) Starmach, 1859; *Clathrocysta reticulata* (Claparède & Lachmann) Stein, 1883; *Peridinium reticulatum* (Claparède & Lachmann) Starmach, 1974
分布（有害种）：太平洋热带海域；黄海；日本、澳大利亚和新西兰沿海。
参考文献：Hasle，1960；刘瑞玉，2008；山路勇，1979；McCarthy，2013b；Taylor，1974；Chang et al.，2012；Rhodes et al.，2019。

桫椤原角藻 *Protoceratium spinulosum* (Murray & Whitting) Schiller, 1937

同种异名：*Peridinium spinulosum* Murray & Whitting, 1889
分布：南海北部；孟加拉湾。
参考文献：杨世民等，2016。

苏提藻属 Genus *Schuettiella* Balech, 1988

帽状苏提藻 *Schuettiella mitra* (Schütt) Balech, 1988

同种异名：*Steiniella mitra* Schütt, 1895; *Gonyaulax mitra* (Schütt) Kofoid, 1911
分布：西太平洋热带海域；南海；澳大利亚沿海。
参考文献：孙晓霞等，2017；刘瑞玉，2008；杨世民等，2016；McCarthy，2013b。

刺板藻科 Family Cladopyxidaceae Kofoid, 1907

刺板藻属 Genus *Cladopyxis* Stein, 1883

短柄刺板藻 *Cladopyxis brachiolata* Stein, 1883

分布：南海；澳大利亚沿海。
参考文献：黄宗国和林茂，2012；McCarthy，2013b。

多刺刺板藻 *Cladopyxis spinosa* (Kofoid) Schiller, 1937

同种异名：*Acanthodinium spinosum* Kofoid, 1907
分布：新西兰沿海。
参考文献：Chang et al.，2012。

小棘藻属 Genus *Micracanthodinium* Deflandre, 1937

刚毛小棘藻 *Micracanthodinium setiferum* (Lohmann) Deflandre, 1937

同种异名：*Cladopyxis setifera* Lohmann, 1902
分布：南海。
参考文献：杨世民等，2016。

古秃藻属 Genus *Palaeophalacroma* Schiller, 1928

球形古秃藻 *Palaeophalacroma sphaericum* Taylor, 1976

分布：南海，东海。
参考文献：杨世民等，2016。

单围古秃藻 *Palaeophalacroma unicinctum* Schiller, 1928

同种异名：*Heterodinium detonii* Rampi, 1943; *Epiperidinium michaelsarsii* Gaarder, 1954
分布：太平洋热带海域；南海，东海；澳大利亚和新西兰沿海。
参考文献：Hasle，1960；杨世民等，2016；McCarthy，2013b；Chang et al.，2012。

疣突古秃藻 *Palaeophalacroma verrucosum* Schiller, 1928

分布：南海北部。
参考文献：杨世民等，2016。

膝沟藻科 Family Gonyaulacaceae Lindemann, 1928

膝沟藻属 Genus *Gonyaulax* Diesing, 1866

阿拉斯加膝沟藻 *Gonyaulax alaskensis* Kofoid, 1911

分布：新西兰沿海。
参考文献：Taylor，1974；Chang et al.，2012。

小窝膝沟藻 *Gonyaulax areolata* Kofoid & Michener, 1911

分布：冲绳海槽西侧海域。
参考文献：杨世民等，2016。

井脊膝沟藻 *Gonyaulax birostris* Stein, 1883

分布：澳大利亚沿海。
参考文献：McCarthy，2013b。

短纵沟膝沟藻 *Gonyaulax brevisulcatum* Dangeard, 1927

分布：中国台湾南部海域；孟加拉湾。
参考文献：杨世民等，2016。

布鲁尼膝沟藻 *Gonyaulax brunii* Taylor, 1976

分布：冲绳海槽西侧海域。
参考文献：杨世民等，2016。

克氏膝沟藻 *Gonyaulax clevei* Ostenfeld, 1902

同种异名：*Gonyaulax apiculata* var. *clevei* (Ostenfeld) Ostenfeld, 1908; *Gonyaulax apiculata* Entz, 1904
分布：日本沿海。
参考文献：山路勇，1979。

结膝沟藻 *Gonyaulax conjuncta* Wood, 1954

分布：澳大利亚沿海。
参考文献：McCarthy，2013b。

螺状膝沟藻 *Gonyaulax cochlea* Meunier, 1919

分布：南海北部。
参考文献：杨世民等，2016。

角突膝沟藻 *Gonyaulax ceratocoroides* Kofoid, 1910

分布：东海；澳大利亚沿海。
参考文献：黄宗国和林茂，2012；McCarthy，2013b。

双刺膝沟藻 *Gonyaulax diegensis* Kofoid, 1911

分布：渤海，南海；澳大利亚和新西兰沿海。
参考文献：杨世民等，2016；McCarthy，2013b；Taylor，1974；Chang et al.，2012。

具指膝沟藻 *Gonyaulax digitale* (Pouchet) Kofoid, 1911

同种异名：*Protoperidinium digitale* Pouchet, 1883
分布：渤海，东海；澳大利亚和新西兰沿海。
参考文献：黄宗国和林茂，2012；McCarthy，2013b；Chang et al.，2012。

优美膝沟藻 *Gonyaulax elegans* Rampi, 1952

分布：新西兰沿海。
参考文献：Rhodes et al.，2019。

伸长膝沟藻 *Gonyaulax elongata* (Reid) Ellegaard, Daugbjerg, Rochon, Lewis & Harding, 2003

分布：东海；澳大利亚沿海。
参考文献：黄宗国和林茂，2012；McCarthy，2013b。

脆弱膝沟藻 *Gonyaulax fragilis* (Schütt) Kofoid, 1911

分布：澳大利亚沿海。
参考文献：McCarthy，2013b。

纺锤膝沟藻 *Gonyaulax fusiformis* Graham, 1942

分布：西太平洋热带海域；西沙群岛海域。
参考文献：孙晓霞等，2017；黄宗国和林茂，2012。

透明膝沟藻 *Gonyaulax hyalina* Ostenfeld & Schmidt, 1901

分布：澳大利亚和新西兰沿海。
参考文献：McCarthy，2013b；Mackenzie et al.，2002；Chang et al.，2012；Rhodes et al.，2019。

膨胀膝沟藻 *Gonyaulax inflata* (Kofoid) Kofoid, 1911

同种异名：*Steiniella inflata* Kofoid, 1907
分布：新西兰沿海。
参考文献：Taylor，1974；Chang et al.，2012。

科氏膝沟藻 *Gonyaulax kofoidii* Pavillard, 1909

分布：澳大利亚沿海。
参考文献：McCarthy，2013b。

大孔膝沟藻 *Gonyaulax macroporus* Mangin, 1922

分布：冲绳海槽西侧海域。
参考文献：杨世民等，2016。

膜状膝沟藻 *Gonyaulax membranacea* (Rossignol) Ellegaard, Daugbjerg, Rochon, Lewis & Harding, 2003

同种异名：*Hystrichosphaera furcata* var. *membranacea* Rossignol, 1964
分布：澳大利亚沿海。
参考文献：McCarthy，2013b。

米尔纳膝沟藻 *Gonyaulax milneri* (Murray & Whitting) Kofoid, 1911

同种异名：*Goniodoma milneri* Murray & Whitting, 1899; *Heterodinium milneri* (Murray & Whitting) Kofoid, 1906; *Lingulodinium milneri* (Murray & Whitting) Dodge, 1989
分布：南海北部；澳大利亚沿海。
参考文献：杨世民等，2016；McCarthy，2013b。

微小膝沟藻 *Gonyaulax minima* Matzenauer, 1933

分布：新西兰沿海。
参考文献：Chang et al.，2012。

小型膝沟藻 *Gonyaulax minuta* Kofoid & Michener, 1911

分布：南海北部；澳大利亚沿海。
参考文献：杨世民等，2016；McCarthy，2013b。

单脊膝沟藻 *Gonyaulax monacantha* Pavillard, 1916

分布：澳大利亚和新西兰沿海。
参考文献：McCarthy，2013b；Taylor，1974；Chang et al.，2012。

单刺膝沟藻 *Gonyaulax monospina* Rampi, 1952

分布：南海北部。
参考文献：杨世民等，2016。

椭圆膝沟藻 *Gonyaulax ovalis* Schiller, 1929

分布：冲绳海槽西侧海域。
参考文献：杨世民等，2016。

太平洋膝沟藻 *Gonyaulax pacifica* Kofoid, 1907

分布：西太平洋热带海域；东海，南海；澳大利亚沿海。
参考文献：孙晓霞等，2017；黄宗国和林茂，2012；杨世民等，2016；McCarthy，2013b。

巴氏膝沟藻 *Gonyaulax pavillardii* Kofoid & Michener, 1911

分布：吕宋海峡。
参考文献：杨世民等，2016。

球状膝沟藻 *Gonyaulax phaeroidea* Kofoid, 1911

分布：南海； 新西兰沿海。
参考文献：杨世民等，2016；Chang et al.，2012。

多纹膝沟藻 *Gonyaulax polygramma* Stein, 1883

分布（赤潮生物）：东海，南海；日本、朝鲜、澳大利亚和新西兰沿海。
参考文献：黄宗国和林茂，2012；山路勇，1979；Fukuyo et al.，1990；Eissler et al.，2009；McCarthy，2013b；Taylor，1974；Chang et al.，2012。

网状膝沟藻 *Gonyaulax reticulata* Kofoid & Michener, 1911

分布：西沙群岛附近海域。
参考文献：杨世民等，2016。

施克里普膝沟藻 *Gonyaulax scrippsae* Kofoid, 1911

分布（赤潮生物）：日本和澳大利亚沿海。
参考文献：Fukuyo et al.，1990；McCarthy，2013b。

球状膝沟藻 *Gonyaulax sphaeroidea* Kofoid, 1911

分布：南海；新西兰沿海。
参考文献：杨世民等，2016；Chang et al.，2012。

具刺膝沟藻 *Gonyaulax spinifera* (Claparède & Lachmann) Diesing, 1866

同种异名（赤潮生物）：*Peridinium spiniferum* Claparède & Lachmann, 1859; *Gonyaulax levanderi* (Lemmermann) Paulsen, 1907
分布：渤海；日本、朝鲜、澳大利亚和新西兰沿海。
参考文献：黄宗国和林茂，2012；山路勇，1979；Fukuyo et al.，1990；Kim et al.，2004；McCarthy，2013b；Taylor，1974；Chang et al.，2012；Rhodes et al.，2019。

条纹膝沟藻 *Gonyaulax striata* Mangin, 1922

分布：南海北部海域。
参考文献：杨世民等，2016。

钻形膝沟藻 *Gonyaulax subulata* Kofoid & Michener, 1911

分布：南海黄岩岛附近海域，冲绳海槽西侧海域。
参考文献：杨世民等，2016。

陀形膝沟藻 *Gonyaulax turbynei* Murray & Whitting, 1899

分布（赤潮生物）：南海，东海；日本、澳大利亚和新西兰沿海。
参考文献：杨世民等，2016；山路勇，1979；Fukuyo et al.，1990；McCarthy，2013b；Chang et al.，2012。

春膝沟藻 *Gonyaulax verior* Sournia, 1967

分布（赤潮生物）：西太平洋热带海域；南海；日本和澳大利亚沿海。
参考文献：孙晓霞等，2017；刘瑞玉，2008；Fukuyo et al.，1990；Gómez，2005；McCarthy，2013b。

华根膝沟藻 *Gonyaulax whaseongensis* Lim, Jeong & Kim, 2018

分布：朝鲜沿海。
参考文献：Lim et al.，2018。

螺沟藻属 Genus *Spiraulax* Kofoid, 1911

乔利夫螺沟藻 *Spiraulax jolliffei* (Murray & Whitting) Kofoid, 1911

同种异名：*Gonyaulax jolliffei* Murray & Whitting, 1899
分布：南海；澳大利亚沿海。
参考文献：刘瑞玉，2008；杨世民等，2016；McCarthy，2013b。

科氏螺沟藻 *Spiraulax kofoidii* Graham, 1942

同种异名：*Spiraulaxina kofoidii* (Graham) Loeblich III, 1970
分布：南海；澳大利亚沿海。
参考文献：刘瑞玉，2008；McCarthy，2013b。

舌甲藻科 Family Lingulodiniaceae Sarjeant & Downie, 1974

舌甲藻属 Genus *Lingulodinium* Wall, 1967

多边舌甲藻 *Lingulodinium polyedra* (Stein) Dodge, 1989

同种异名：*Gonyaulax polyedra* Stein, 1883
分布（赤潮生物）：黄海，东海，南海；日本和新西兰沿海。
参考文献：黄宗国和林茂，2012；杨世民等，2016；山路勇，1979；Fukuyo et al.，1990；Taylor，1974。

淀粉藻属 Genus *Amylax* Meunier, 1910

三刺淀粉藻 *Amylax triacantha* (Jørgensen) Sournia, 1984

同种异名：*Gonyaulax triacantha* Jørgensen, 1899
分布：黄海南部；日本沿海。
参考文献：杨世民等，2016；山路勇，1979；Rhodes et al.，2019。

苏尼藻属 Genus *Sourniaea* Gu, Mertens, Li & Shin, 2020

迪坎苏尼藻 *Sourniaea diacantha* (Meunier) Gu, Mertens, Li & Shin, 2020

同种异名：*Amylax diacantha* Meunier, 1919; *Gonyaulax diacantha* (Meunier) Schiller, 1935
分布：中国台湾沿海；澳大利亚沿海。
参考文献：邵广昭，2003-2014；McCarthy，2013b。

梨甲藻科 Family Pyrocystaceae (Schütt) Lindemann, 1899

蛎甲藻属 Genus *Ostreopsis* Schmidt, 1901

豆状蛎甲藻 *Ostreopsis lenticularis* Fukuyo, 1981

分布：马来西亚和新西兰沿海。
参考文献：Penna et al.，2012；Chang et al.，2012；Rhodes et al.，2019。

卵圆蛎甲藻 *Ostreopsis ovata* Fukuyo, 1981

分布：朝鲜、印度尼西亚、马来西亚和澳大利亚沿海。
参考文献：Park et al.，2016a；Penna et al.，2012；Sechet et al.，2012。

罗德西亚蛎甲藻 *Ostreopsis rhodesiae* Verma, Hoppenrath & Murray, 2016

分布：澳大利亚昆士兰沿海。
参考文献：Verma et al.，2016。

暹罗蛎甲藻 *Ostreopsis siamensis* Schmidt, 1901

分布：西沙群岛海域；泰国、澳大利亚和新西兰沿海。
参考文献：刘瑞玉，2008；Schmidt，1901；McCarthy，2013b；Chang et al.，2012；Rhodes and Smith，2018；Rhodes et al.，2019。

麦甲藻属 Genus *Pyrodinium* Plate, 1906

巴哈马麦甲藻 *Pyrodinium bahamense* Plate, 1906

分布：日本和菲律宾沿海。
参考文献：千原光雄和村野正昭，1997；Gómez，2005；Morquecho et al.，2014。

冈比亚藻属 Genus *Gambierdiscus* Adachi & Fukuyo, 1979

澳洲冈比亚藻 *Gambierdiscus australes* Chinian & Faust, 1999

分布（有害种）：日本和新西兰沿海。
参考文献：Tawong et al.，2016；Rhodes and Smith，2018。

伯利冈比亚藻 *Gambierdiscus belizeanus* Faust, 1995

分布（有害种）：澳大利亚大堡礁海域。
参考文献：Kretzschmar et al.，2017。

卡比冈比亚藻 *Gambierdiscus caribaeus* Vandersea, Litaker, Faust, Kibler, Holland & Tester, 2009

分布：泰国沿海。
参考文献：Tawong et al.，2016。

卡特冈比亚藻 *Gambierdiscus carpenteri* Kibler, Litaker, Faust, Holland, Vandersea & Tester, 2009

分布：关岛海域，澳大利亚新南威尔士沿海。
参考文献：Litaker et al.，2009；Kretzschmar et al.，2017。

福式冈比亚藻 *Gambierdiscus holmesii* Kretzschmar, Larsson, Hoppenrath, Doblin & Murray, 2019

分布：澳大利亚昆士兰沿海。
参考文献：Kretzschmar et al.，2019。

霍努冈比亚藻 *Gambierdiscus honu* Rhodes, Smith & Murray, 2017

分布：新西兰沿海。
参考文献：Rhodes and Smith，2018。

杰尤冈比亚藻 *Gambierdiscus jejuensis* Jang & Jeong, 2018

分布：日本和朝鲜沿海。
参考文献：Jang et al.，2018。

火砾冈比亚藻 *Gambierdiscus lapillus* Kretzschmar, Hoppenrath & Murray, 2017

分布：澳大利亚大堡礁海域。
参考文献：Kretzschmar et al.，2017。

李氏冈比亚藻 *Gambierdiscus lewisii* Larsson, Kretzschmar, Hoppenrath, Doblin & Murray, 2019

分布：澳大利亚昆士兰沿海。
参考文献：Kretzschmar et al.，2019。

多边冈比亚藻 *Gambierdiscus polynesiensis* Chinain & Faust, 1999

分布（有害种）：新西兰沿海。
参考文献：Rhodes and Smith，2018。

有疵冈比亚藻 *Gambierdiscus scabrosus* Nishimura, Sato & Adachi, 2014

分布：日本沿海。
参考文献：Nishimura et al.，2014。

有毒冈比亚藻 *Gambierdiscus toxicus* Adachi & Fukuyo, 1979

分布：西沙群岛海域；日本、澳大利亚和新西兰沿海。
参考文献：刘瑞玉，2008；Fukuyo et al.，1990；McCarthy，2013b；Hallegraeff et al.，2010；Chang et al.，2012；Rhodes and Smith，2018。

亚历山大藻属 Genus *Alexandrium* Halim, 1960

阿藤亚历山大藻 *Alexandrium acatenella* (Whedon & Kofoid) Balech, 1985

同种异名：*Gonyaulax acatenella* Whedon & Kofoid, 1936; *Protogonyaulax acatenella* (Whedon & Kofoid) Taylor, 1979; *Gessnerium acatenellum* (Whedon & Kofoid) Loeblich & Loeblich III, 1979
分布（有害种）：日本沿海。
参考文献：Faust and Gulledge，2002。

亲近亚历山大藻 *Alexandrium affine* (Inoue & Fukuyo) Balech, 1995

同种异名：*Protogonyaulax affinis* Inoue & Fukuyo, 1985; *Episemicolon affine* (Inoue & Fukuyo) Gómez & Artigas, 2019
分布：东海；日本、朝鲜、马来西亚、泰国、越南、澳大利亚和新西兰沿海。
参考文献：黄宗国和林茂，2012；Fukuyo et al.，1990；Leaw et al.，2005；Nagai et al.，2011；Kim et al.，2004；Hansen et al.，2003；McCarthy，2013b；Chang et al.，2012。

安氏亚历山大藻 *Alexandrium andersonii* Balech, 1990

分布：朝鲜沿海。
参考文献：Lim et al.，2018。

链状亚历山大藻 *Alexandrium catenella* (Whedon & Kofoid) Balech, 1985

同种异名：*Gonyaulax catenella* Whedon & Kofoid, 1936; *Protogonyaulax catenella* (Whedon & Kofoid) Taylor, 1979; *Gessnerium catenellum* (Whedon & Kofoid) Loeblich III & Loeblich, 1979
分布：东海，南海；日本、朝鲜、澳大利亚和新西兰沿海。
参考文献：刘瑞玉，2008；山路勇，1979；Faust and Gulledge，2002；Nagai et al.，2011；Kim et al.，2005；McCarthy，2013b；Harlow et al.，2007；Chang et al.，2012。

定组亚历山大藻 *Alexandrium cohorticula* (Balech) Balech, 1985

同种异名：*Gonyaulax cohorticula* Balech, 1967; *Gessnerium cohorticula* (Balech) Loeblich & Loeblich III, 1979; *Protogonyaulax cohorticula* (Balech) Taylor, 1979
分布（有害种）：日本和新西兰沿海。
参考文献：Fukuyo et al.，1990；Chang et al.，2012。

扁形亚历山大藻 *Alexandrium compressum* (Fukuyo, Yoshida & Inoue) Balech, 1995

同种异名：*Protogonyaulax compressa* Fukuyo, Yoshida & Inoue, 1985
分布：南海；日本沿海。
参考文献：杨世民等，2016。

凹形亚历山大藻 *Alexandrium concavum* (Gaarder) Balech, 1985

同种异名：*Goniodoma concavum* Gaarder, 1954; *Gonyaulax concava* (Gaarder) Balech, 1967
分布：南海北部；新西兰沿海。
参考文献：杨世民等，2016；Leaw et al.，2005；Chang et al.，2012。

弗库亚历山大藻 *Alexandrium fraterculus* (Balech) Balech, 1985

同种异名：*Gonyaulax fraterculus* Balech, 1964; *Gessnerium fraterculus* (Balech) Loeblich & Loeblich III, 1979; *Protogonyaulax fraterculus* (Balech) Taylor, 1979
分布：日本、朝鲜、澳大利亚和新西兰沿海。
参考文献：Fukuyo et al.，1990；Kim et al.，2005；Jeong et al.，2017；Lim et al.，2017；Leaw et al.，2005；McCarthy，2013b；Rhodes et al.，2019。

戈德亚历山大藻 *Alexandrium gaarderae* Nguyen-Ngoc & Larsen, 2004

分布：新西兰沿海。
参考文献：Rhodes et al.，2019。

海诺亚历山大藻 *Alexandrium hiranoi* Kita & Fukuyo, 1988

同种异名：*Gessnerium hiranoi* (Kita & Fuyuco) Gómez & Artigas, 2019
分布（有害种）：日本沿海。
参考文献：Kim et al.，2005。

异常亚历山大藻 *Alexandrium insuetum* Balech, 1985

分布：东海；朝鲜和日本沿海。
参考文献：杨世民等，2016；Leaw et al.，2005。

李氏亚历山大藻 *Alexandrium leei* Balech, 1985

分布：东海；日本、朝鲜、马来西亚和新加坡沿海。
参考文献：刘瑞玉，2008；Fukuyo et al.，1990；Kim et al.，2005；Leaw et al.，2005；Pham et al.，2011。

马氏亚历山大藻 *Alexandrium margalefii* Balech, 1994

分布：澳大利亚和新西兰沿海。
参考文献：McCarthy，2013b；Leaw et al.，2005；Chang et al.，2012；Rhodes et al.，2019。

微小亚历山大藻 *Alexandrium minutum* Halim, 1960

同种异名：*Pyrodinium minutum* (Halim) Taylor, 1976
分布：东海，南海；越南、马来西亚和澳大利亚沿海。
参考文献：刘瑞玉，2008；Leaw et al.，2005；Lim et al.，2006；Lewis et al.，2018；McCarthy，2013b。

奥氏亚历山大藻 *Alexandrium ostenfeldii* (Paulsen) Balech & Tangen, 1985

同种异名：*Goniodoma ostenfeldii* Paulsen, 1904
分布：中国沿海；日本和澳大利亚沿海。
参考文献：Gu，2011；山路勇，1979；Nagai et al.，2010；McCarthy，2013b。

太平洋亚历山大藻 *Alexandrium pacificum* Litaker, 2014

同种异名：*Protogonyaulax pacifica* (Litaker) Gómez & Artigas, 2019
分布：新西兰沿海。
参考文献：Rhodes and Smith，2018；Rhodes et al.，2019。

拟膝沟亚历山大藻 *Alexandrium pseudogonyaulax* (Biecheler) Horiguchi ex Yuki & Fukuyo, 1992

同种异名：*Goniodoma pseudogonyaulax* Biecheler, 1952; *Triadinium pseudogonyaulax* (Biecheleler) Dodge, 1981; *Gessnerium pseudogonyaulax* (Biecheler) Gómez & Artigas, 2019
分布：南海；日本、澳大利亚和新西兰沿海。
参考文献：杨世民等，2016；Nagai et al.，2011；McCarthy，2013b；Chang et al.，2012；Rhodes et al.，2019。

佐藤亚历山大藻 *Alexandrium satoanum* Yuki & Fukuyo, 1992

同种异名：*Gessnerium satoanum* (Yuki & Fukuyo) Gómez & Artigas, 2019
分布：日本和朝鲜沿海。
参考文献：Yuki and Fukuyo，1992；Kim et al.，2005。

塔马亚历山大藻 *Alexandrium tamarense* (Lebour) Balech, 1995

同种异名：*Gonyaulax tamarensis* Lebour, 1925; *Gessnerium tamarensis* (Lebour) Loeblich III & Loeblich, 1979; *Protogonyaulax tamarensis* (Lebour) Taylor, 1979
分布：渤海，东海，南海；日本、朝鲜和澳大利亚沿海。
参考文献：刘瑞玉，2008；Fukuyo et al.，1990；Leaw et al.，2005；Nagai et al.，2011；Kim et al.，2005；McCarthy，2013b。

塔氏亚历山大藻 *Alexandrium tamiyavanichii* Balech, 1994

同种异名：*Protogonyaulax tamiyavanichii* (Balech) Gómez & Artigas, 2019
分布：日本、马来西亚和新西兰沿海。
参考文献：Leaw et al.，2005；Lim et al.，2006；Chang et al.，2012。

塔突亚历山大藻 *Alexandrium tamutum* Montresor, Beran & John, 2004

分布：东海；朝鲜沿海。
参考文献：刘瑞玉，2008；Lim et al.，2019。

易脆甲藻属 Genus *Fragilidium* Balech ex Loeblich III, 1965

双钟型易脆甲藻 *Fragilidium duplocampanaeforme* Nézan & Chomérat, 2009

分布：朝鲜沿海。
参考文献：Park and Kim，2010。

墨西哥易脆甲藻 *Fragilidium mexicanum* Balech, 1988

分布：东海，南海；朝鲜沿海。
参考文献：刘瑞玉，2008；Li and Shin，2019。

亚球形易脆甲藻 *Fragilidium subglobosum* (Stosch) Loeblich III, 1980

同种异名：*Helgolandinium subglobosum* Stosch, 1969
分布：澳大利亚和新西兰沿海。
参考文献：McCarthy，2013b；Chang et al.，2012。

扁甲藻属 Genus *Pyrophacus* Stein, 1883

钟扁甲藻 *Pyrophacus horologium* Stein , 1883

分布：渤海，黄海，东海，南海；日本、澳大利亚和新西兰沿海。
参考文献：黄宗国和林茂，2012；山路勇，1979；McCarthy，2013b；Taylor，1974；Chang et al.，2012。

斯氏扁甲藻 *Pyrophacus steinii* (Schiller) Wall & Dale, 1971

同种异名：*Pyrophacus horologium* var. *steinii* Schiller, 1935
分布（赤潮生物）：西太平洋热带海域；渤海，黄海，东海，南海；日本、澳大利亚和新西兰沿海。
参考文献：林金美，1984；孙晓霞等，2017；刘瑞玉，2008；山路勇，1979；Fukuyo et al.，1990；McCarthy，2013b；Chang et al.，2012。

范氏扁甲藻 *Pyrophacus vancampoae* (Rossignol) Wall & Dale, 1971

同种异名：*Pterospermopsis vancampoae* Rossingnol, 1962; *Pyrophacus steinii* subsp. *vancampoae* (Rossignol) Balech, 1979
分布：西太平洋热带海域；东海，南海；孟加拉湾。
参考文献：孙晓霞等，2017；杨世民等，2016。

梨甲藻属 Genus *Pyrocystis* Wyville-Thompson, 1876

尖梨甲藻 *Pyrocystis acuta* Kofoid, 1907

分布：东海。
参考文献：刘瑞玉，2008。

优美梨甲藻 *Pyrocystis elegans* Pavillard, 1931

同种异名：*Dissodinium elegans* (Pavillard) Matzenauer, 1933
分布：西太平洋热带海域；南海。
参考文献：孙晓霞等，2017；黄宗国和林茂，2012。

纺锤梨甲藻 *Pyrocystis fusiformis* Thomson, 1876

同种异名：*Dissodinium fusiforme* (Wyville-Thomson ex Murray) Matzenauer; *Murracystis fusiformis* (Thomson) Haeckel, 1890; *Dissodinium fusiformis* (Murray) Matzenauer, 1933
分布：西太平洋热带海域；黄海，东海，南海；日本和澳大利亚沿海。
参考文献：林金美，1984；孙晓霞等，2017；刘瑞玉，2008；黄宗国和林茂，2012；山路勇，1979；McCarthy，2013b。

纺锤梨甲藻双凸变型 *Pyrocystis fusiformis* f. *biconia* Kofoid, 1907

分布：西太平洋热带海域；东海，南海。
参考文献：林金美，1984；孙晓霞等，2017；刘瑞玉，2008；黄宗国和林茂，2012。

浅弧梨甲藻 *Pyrocystis gerbaultii* Pavillard, 1935

分布：西太平洋热带海域；黄海，东海，南海。
参考文献：孙晓霞等，2017；刘瑞玉，2008；黄宗国和林茂，2012。

钩梨甲藻 *Pyrocystis hamulus* Cleve, 1900

同种异名：*Dissodinium hamulus* (Cleve) Matzenauer, 1933
分布：东海，南海；澳大利亚沿海。
参考文献：黄宗国和林茂，2012；McCarthy，2013b。

钩梨甲藻异肢变种 *Pyrocystis hamulus* var. *inaequalis* Schröder, 1906

分布：西太平洋热带海域；东海，南海；日本沿海。
参考文献：林金美，1984；孙晓霞等，2017；黄宗国和林茂，2012；山路勇，1979。

钩梨甲藻半圆变种 *Pyrocystis hamulus* var. *semicircularis* Schröder, 1906

分布：西太平洋热带海域；东海，南海；日本沿海。
参考文献：林金美，1984；孙晓霞等，2017；黄宗国和林茂，2012；山路勇，1979。

矛形梨甲藻 *Pyrocystis lanceolata* Schröder, 1900

同种异名：*Dissodinium lanceolata* (Schröder) Matzenauer, 1933
分布：西太平洋热带海域；东海；日本沿海。
参考文献：林金美，1984；孙晓霞等，2017；刘瑞玉，2008；黄宗国和林茂，2012；山路勇，1979。

新月梨甲藻 *Pyrocystis lunula* (Schütt) Schütt, 1896

同种异名：*Gymnodinium lunula* Schütt, 1895; *Diplodinium lunula* (Schütt) Klebs, 1912; *Dissodinium lunula* (Schütt) Klebs, 1916
分布：西太平洋热带开阔洋区；东海，南海；朝鲜、澳大利亚和新西兰沿海。
参考文献：林金美，1984；黄宗国和林茂，2012；山路勇，1979；Jeong et al.，2017；McCarthy，2013b；Taylor，1974；Chang et al.，2012。

钝形梨甲藻 *Pyrocystis obtusa* Pavillard, 1931

分布：黄海，东海。
参考文献：刘瑞玉，2008；黄宗国和林茂，2012。

拟夜光梨甲藻 *Pyrocystis pseudonoctiluca* Wyville-Thompson, 1876

同种异名：*Pyrocystis noctiluca* Murray ex Haeckel, 1890
分布：西太平洋热带海域；黄海，东海，南海；日本和澳大利亚沿海。
参考文献：林金美，1984；孙晓霞等，2017；黄宗国和林茂，2012；山路勇，1979；McCarthy，2013b。

菱形梨甲藻 *Pyrocystis rhomboides* (Matzenauer) Schiller, 1937

同种异名：*Dissodinium rhomboides* Matzenauer, 1933
分布：西太平洋热带海域；南海。
参考文献：林金美，1984；孙晓霞等，2017；刘瑞玉，2008；黄宗国和林茂，2012。

粗梨甲藻 *Pyrocystis robusta* Kofoid, 1907

同种异名：*Pyrocystis lunula* var. *robusta* (Kofoid) Apstein, 1909; *Dissodinium robusta* (Kofoid) Matzenauer, 1933
分布：西太平洋热带开阔洋区；东海，南海；澳大利亚沿海。
参考文献：林金美，1984；黄宗国和林茂，2012；McCarthy，2013b。

三转藻属 Genus *Triadinium* Dodge, 1981

多边三转藻 *Triadinium polyedricum* (Pouchet) Dodge, 1981

同种异名：*Peridinium polyedricum* Pouchet, 1883; *Goniodoma polyedricum* (Pouchet) Jørgensen, 1899; *Heteraulacus polyedricus* (Pouchet) Drugg & Loeblich, 1961; *Pyrrhotriadinium polyedricum* (Pouchet) Nakada, 2010
分布：太平洋热带海域；黄海，东海，南海；澳大利亚和新西兰沿海。
参考文献：Hasle，1960；刘瑞玉，2008；McCarthy，2013b；Taylor，1974；Dodge，1981；Chang et al.，2012。

东方三转藻 *Triadinium orientale* (Lindemann) Dodge, 1981

同种异名：*Gonyaulax orientalis* Lindemann, 1924; *Goniodoma orientale* (Lindemann) Balech, 1979
分布：冲绳海槽西侧海域。
参考文献：Dodge，1981；杨世民等，2016。

球形三转藻 *Triadinium sphaericum* (Murray & Whitting) Dodge, 1981

同种异名：*Goniodoma sphaericum* Schiller, 1937; *Heteraulacus sphaericus* (Murray & Whitting) Loeblich III, 1970
分布：东海，南海。
参考文献：Dodge，1981；马新等，2013；杨世民等，2016。

托维藻科 Family Tovelliaceae Moestrup, Lindberg & Daugbjerg, 2005

下沟藻属 Genus *Katodinium* Fott, 1957

不对称下沟藻 *Katodinium asymmetricum* (Massart) Loeblich III, 1965

同种异名：*Gymnodinium asymmetricum* Massart, 1920; *Massartia asymmetrica* (Massart) Schiller, 1933
分布：中国台湾沿海；澳大利亚沿海。
参考文献：邵广昭，2003-2014；McCarthy，2013b。

灰白下沟藻 *Katodinium glaucum* (Lebour) Loeblich III, 1965

分布：东海，南海；日本、朝鲜和新西兰沿海。
参考文献：黄宗国和林茂，2012；马新等，2013；千原光雄和村野正昭，1997；Lim et al.，2017；Chang et al.，2012。

胸球藻目 Order Thoracosphaerales Tangen, 1982

胸球藻科 Family Thoracosphaeraceae Schiller, 1930

施克里普藻属 Genus *Scrippsiella* Balech ex Loeblich III, 1965

渐尖施克里普藻 *Scrippsiella acuminata* (Ehrenberg) Kretschmann, Elbrächter, Zinssmeister, Soehner, Kirsch, Kusber & Gottschling, 2015

同种异名：*Peridinium acuminatum* Ehrenberg, 1836; *Heteraulacus acuminatus* (Ehrenberg) Diesing, 1850; *Goniodoma acuminatum* (Ehrenberg) Stein, 1883; *Glenodinium acuminatum* (Ehrenberg) Jørgensen, 1899; *Peridinium trochoideum* (Stein) Lemmermann, 1910

分布：东海；日本、朝鲜、澳大利亚和新西兰沿海。

参考文献：Gu et al.，2008；山路勇，1979；Tan et al.，2015；Gottschling et al.，2005；Jeong et al.，2017；McCarthy，2013b；Chang et al.，2012。

东海施克里普藻 *Scrippsiella donghaiensis* Gu, 2008

分布：东海；朝鲜沿海。

参考文献：Gu et al.，2008；Kim et al.，2019。

巨型施克里普藻 *Scrippsiella enormis* Gu, 2013

分布：中国沿海。

参考文献：Gu et al.，2013b。

六角施克里普藻 *Scrippsiella hexapraecingula* Horiguichi & Chihara, 1983

分布（赤潮生物）：日本沿海。

参考文献：Fukuyo et al.，1990。

奇形施克里普藻 *Scrippsiella irregularis* Attaran-Fariman & Bolch, 2007

分布：东海。

参考文献：黄宗国和林茂，2012。

泪施克里普藻 *Scrippsiella lachrymosa* Lewis ex Head, 1996

分布：朝鲜和新西兰沿海。

参考文献：Lee et al.，2018；Kim et al.，2019；Rhodes and Smith，2018。

马山施克里普藻 *Scrippsiella masanensis* Lee, Jeong, Kim, Lee & Jan, 2019

分布：朝鲜沿海。

参考文献：Kim et al.，2019；Lee et al.，2019c。

普纳施克里普藻 *Scrippsiella plana* Luo, Mertens, Bagheri & Gu, 2016

分布：南海。

参考文献：Luo et al.，2016。

稀见施克里普藻 *Scrippsiella precaria* Montresor & Zingone, 1988

分布：东海；澳大利亚沿海。
参考文献：Gu et al.，2008；Gottschling et al.，2005。

雷莫施克里普藻 *Scrippsiella ramonii Montresor*, 1995

分布：东海。
参考文献：Gu et al.，2008。

圆形施克里普藻 *Scrippsiella rotunda* Lewis ex Head, 1996

分布：东海。
参考文献：Gu et al.，2008。

具刺施克里普藻 *Scrippsiella spinifera* Honsell & Cabrini, 1991

分布：东海；夏威夷群岛海域。
参考文献：Gu et al.，2013b；Luo et al.，2016。

斯维尼施克里普藻 *Scrippsiella sweeneyae* Balech ex Loeblich III, 1965

分布：日本沿海。
参考文献：Gottschling et al.，2005。

锥状施克里普藻 *Scrippsiella trochoidea* (Stein) Loeblich III, 1976

分布（赤潮生物）：西太平洋热带海域；东海，南海；日本、朝鲜、澳大利亚和新西兰沿海。
参考文献：孙晓霞等，2017；刘瑞玉，2008；Fukuyo et al.，1990；Tan et al.，2015；Gottschling et al.，2005；Jeong et al.，2017；McCarthy，2013b；Chang et al.，2012。

稚贝藻属 Genus *Naiadinium* Carty, 2014

波洛稚贝藻 *Naiadinium polonicum* (Woloszynska) Carty, 2014

同种异名：*Peridinium polonicum* Woloszynska, 1916; *Peridiniopsis polonica* (Woloszynska) Bourrelly, 1968; *Glenodinium gymnodinium* Penard, 1891
分布（淡水种，赤潮生物）：日本沿海。
参考文献：山路勇，1979；Fukuyo et al.，1990。

普菲斯科 Family Pfiesteriaceae Steidinger & Burkholder, 1996

暴君藻属 Genus *Tyrannodinium* Calado, Craveiro, Daugbjerg & Moestrup, 2009

贪婪暴君藻 *Tyrannodinium edax* (Schilling) Calado, 2011

同种异名：*Glenodinium edax* Schilling, 1891; *Peridiniopsis edax* (Schilling) Bourrelly, 1968; *Peridinium berolinense* Lemmermann, 1900
分布（淡水种，赤潮生物）：日本沿海。
参考文献：Fukuyo et al.，1990。

尖尾藻目 Order Oxyrrhinales Sournia, 1993

尖尾藻科 Family Oxyrrhinaceae Sournia, 1984

尖尾藻属 Genus *Oxyrrhis* Dujardin, 1841

海洋尖尾藻 *Oxyrrhis marina* Dujardin, 1841

分布（赤潮生物）：南海；日本、朝鲜、澳大利亚和新西兰沿海。
参考文献：黄宗国和林茂，2012；Fukuyo et al.，1990；Jeong et al.，2002；Lee et al.，2014；Kim et al.，2017，2019；McCarthy，2013b；Chang et al.，2012。

多甲藻目 Order Peridiniales Haeckel, 1894

多甲藻科 Family Peridiniaceae Ehrenberg, 1831

多甲藻属 Genus *Peridinium* Ehrenberg, 1830

壶形多甲藻 *Peridinium ampulliforme* Wood

分布：澳大利亚和新西兰沿海。
参考文献：McCarthy，2013b；Taylor，1974；Chang et al.，2012。

加通多甲藻 *Peridinium gatunense* Nygaard, 1925

同种异名：*Peridinium cinctum* var. *gatunense* (Nygaard) Nygaard, 1932
分布（淡水种，赤潮生物）：南海；日本、澳大利亚和新西兰沿海。
参考文献：刘瑞玉，2008；Fukuyo et al.，1990；Day et al.，1995；Ling and Tyler，2000。

四齿多甲藻 *Peridinium quadridentatum* (Stein) Hansen, 1995

同种异名：*Heterocapsa quadridentata* Stein, 1883
分布：南海，东海；日本和澳大利亚沿海。
参考文献：刘瑞玉，2008；Xu et al.，2016；Ki et al.，2011；McCarthy，2013b。

悉尼多甲藻 *Peridinium sydneyense* Thomasson

分布：新西兰沿海。
参考文献：Chang et al.，2012；Day et al.，1995。

沃尔多甲藻 *Peridinium volzii* Lemmermann, 1906

分布（淡水种，赤潮生物）：中国台湾海域；日本沿海。
参考文献：邵广昭，2003-2014；Fukuyo et al.，1990。

威氏多甲藻 *Peridinium willei* Huitfeldt-Kaas, 1900

分布（淡水种，赤潮生物）：日本沿海。
参考文献：Fukuyo et al.，1990。

小甲藻属 Genus *Parvodinium* Carty, 2008

挨尔小甲藻 *Parvodinium elpatiewskyi* (Ostenfeld) Kretschmann, Zerdoner & Gottschling, 2019

同种异名：*Peridinium umbonatum* var. *elpatiewskyi* Ostenfeld, 1907; *Peridinium elpatiewskyi* (Ostenfeld) Lemmermann, 1910; *Glenodinium elpatiewskyi* (Ostenfeld) Schiller, 1935; *Peridiniopsis elpatiewskyi* (Ostenfeld) Bourrelly, 1968

分布（淡水种，赤潮生物）：中国沿海；日本沿海。

参考文献：胡鸿钧和魏印心，2006；Fukuyo et al.，1990。

格洛奇藻属 Genus *Glochidinium* Boltovskoy, 2000

珊状格洛奇藻 *Glochidinium penardiforme* (Lemmermann) Boltovskoy, 2000

同种异名：*Peridinium penardiforme* Lindemann, 1918; *Glenodinium penardiforme* (Lindemann) Schiller, 1935; *Peridiniopsis penardiformis* (Lindemann) Bourrelly, 1968

分布（淡水种，赤潮生物）：日本沿海。

参考文献：Fukuyo et al.，1990。

原多甲藻科 Family Protoperidiniaceae Balech, 1988

原多甲藻属 Genus *Protoperidinium* Bergh, 1881

艾氏原多甲藻 *Protoperidinium abei* (Paulsen) Balech, 1974

同种异名：*Peridinium abei* Paulsen, 1931

分布：黄海，东海；日本和澳大利亚沿海。

参考文献：刘瑞玉，2008；山路勇，1979；McCarthy，2013b。

艾氏原多甲藻圆形变种 *Protoperidinium abei* var. *rotundatum* (Abé) Taylor, 1967

同种异名：*Peridinium rotundatum* Abé, 1936

分布：日本沿海。

参考文献：山路勇，1979。

刺柄原多甲藻 *Protoperidinium acanthophorum* (Balech) Balech, 1974

同种异名：*Peridinium acanthophorum* Balech, 1962

分布：南海北部。

参考文献：杨世民等，2019。

无色原多甲藻 *Protoperidinium achromaticum* (Levander) Balech, 1974

同种异名：*Peridinium achromaticum* Levander, 1902

分布：南海；日本和澳大利亚沿海。

参考文献：刘瑞玉，2008；山路勇，1979；McCarthy，2013b。

尖脚原多甲藻 *Protoperidinium acutipes* (Dangeard) Balech, 1974

同种异名：*Peridinium divergens* var. *acutipes* (Dangeard) Margalef; *Peridinium acutipes* Dangeard, 1927; *Peridinium*

divergens f. *acutipes* (Dangeard) Schiller, 1935
分布：南海；孟加拉湾。
参考文献：杨世民等，2019。

尖锐原多甲藻 *Protoperidinium acutum* (Karsten) Balech, 1974

分布：西太平洋；西沙群岛附近海域。
参考文献：杨世民等，2019。

相似原多甲藻 *Protoperidinium affine* (Balech) Balech, 1974

同种异名：*Peridinium affine* Balech, 1958
分布：新西兰沿海。
参考文献：Chang et al.，2012。

美洲原多甲藻 *Protoperidinium americanum* (Gran & Braarud) Balech, 1974

同种异名：*Peridinium americanum* Gran & Braarud, 1935
分布：渤海；澳大利亚沿海。
参考文献：Liu et al.，2014；McCarthy，2013b。

狭原多甲藻 *Protoperidinium angustum* (Dangeard) Balech, 1974

同种异名：*Peridinium angustum* Dangeard, 1927
分布：南海；日本附近海域，孟加拉湾。
参考文献：刘瑞玉，2008；杨世民等，2019。

平展原多甲藻 *Protoperidinium applanatum* (Mangin) Balech, 1974

同种异名：*Peridinium applanatum* Manguin, 1926
分布：东海；新西兰沿海。
参考文献：Chang et al.，2012；杨世民等，2019。

不对称原多甲藻 *Protoperidinium asymmetricum* (Abé) Balech, 1974

同种异名：*Sphaerodinium asymmetrica* Abé, 1927
分布：黄海，东海，南海；日本附近海域，孟加拉湾。
参考文献：刘瑞玉，2008；杨世民等，2019。

榛子原多甲藻 *Protoperidinium avellana* (Meunier) Balech, 1974

同种异名：*Properidinium avellana* Meunier, 1919; *Peridinium avellana* (Muenier) Lebour, 1925
分布：澳大利亚沿海。
参考文献：McCarthy，2013b。

巴莱什原多甲藻 *Protoperidinium balechii* (Akselman) Balech, 1988

同种异名：*Peridinium balechii* Akselman
分布（世界稀有种）：黄海南部。
参考文献：杨世民等，2019。

双锥原多甲藻 *Protoperidinium biconicum* (Dangeard) Balech, 1974

同种异名：*Peridinium biconicum* Dangeard, 1927
分布：黄海，南海。
参考文献：刘瑞玉，2008；Gu et al.，2015。

双脚原多甲藻 *Protoperidinium bipes* (Paulsen) Balech, 1974

同种异名：*Glenodinium bipes* Paulsen, 1904; *Minuscula bipes* (Paulsen) Lebour, 1925; *Peridinium miniscula* Pavillard, 1905
分布：太平洋热带海域；东海；日本、朝鲜和澳大利亚沿海。
参考文献：Hasle，1960；刘瑞玉，2008；山路勇，1979；Yamaguchi et al.，2007；Lee et al.，2014；Lim et al.，2017；McCarthy，2013b。

双刺原多甲藻 *Protoperidinium bispinum* (Schiller) Balech, 1974

同种异名：*Peridinium bispinum* Schiller, 1935
分布：东海。
参考文献：杨世民等，2019。

短柄原多甲藻 *Protoperidinium brachypus* (Schiller) Balech, 1974

同种异名：*Peridinium brachypus* Schiller, 1935
分布：南海；孟加拉湾。
参考文献：杨世民等，2019。

短足原多甲藻 *Protoperidinium brevipes* (Paulsen) Balech, 1974

同种异名：*Peridinium brevipes* Paulsen, 1908
分布：太平洋热带海域；东海；日本、朝鲜和澳大利亚沿海。
参考文献：Hasle，1960；刘瑞玉，2008；Lim et al.，2017；McCarthy，2013b；Chang et al.，2012。

网刺原多甲藻 *Protoperidinium brochii* (Kofoid & Swezy) Balech, 1974

同种异名：*Peridinium brochii* Kofoid & Swezy, 1921
分布：东海，南海；新西兰沿海。
参考文献：黄宗国和林茂，2012；Taylor，1974。

卡普瑞原多甲藻 *Protoperidinium capurroi* (Balech) Balech, 1974

同种异名：*Peridinium capurroi* Balech, 1959
分布：南海北部。
参考文献：杨世民等，2019。

空虚原多甲藻 *Protoperidinium cassum* (Balech) Balech, 1974

同种异名：*Peridinium cassum* Balech, 1971
分布：南海北部。
参考文献：杨世民等，2019。

洋葱原多甲藻 *Protoperidinium cepa* (Balech) Balech, 1974

同种异名：*Peridinium cepa* Balech, 1971
分布：南海。
参考文献：杨世民等，2019。

樱桃原多甲藻 *Protoperidinium cerasus* (Paulsen) Balech, 1973

同种异名：*Peridinium cerasus* Paulsen, 1907
分布：澳大利亚沿海。
参考文献：山路勇，1979；McCarthy，2013b。

窄角原多甲藻 *Protoperidinium claudicans* (Paulsen) Balech, 1974

同种异名：*Peridinium claudicans* Paulsen, 1907
分布：黄海，东海，南海；日本、澳大利亚和新西兰沿海。
参考文献：黄宗国和林茂，2012；山路勇，1979；McCarthy，2013b；Chang et al.，2012。

平面原多甲藻 *Protoperidinium complanatum* Meunier, 1910

分布：黄海北部；日本东部海域。
参考文献：杨世民等，2019。

侧扁原多甲藻 *Protoperidinium compressum* (Abé) Balech, 1974

同种异名：*Congruentidium compressum* Abé, 1927; *Peridinium compressum* (Abé) Nie, 1939
分布：南海；日本和澳大利亚沿海。
参考文献：刘瑞玉，2008；山路勇，1979；McCarthy，2013b。

凹形原多甲藻 *Protoperidinium concavum* (Mangin) Balech, 1974

同种异名：*Peridinium concavum* Mangin, 1926
分布：澳大利亚沿海。
参考文献：McCarthy，2013b。

双曲原多甲藻 *Protoperidinium conicoides* (Paulsen) Balech, 1973

同种异名：*Peridinium conicoides* Paulsen, 1905
分布：东海；日本、澳大利亚和新西兰沿海。
参考文献：刘瑞玉，2008；山路勇，1979；McCarthy，2013b；Chang et al.，2012。

圆锥原多甲藻 *Protoperidinium conicum* (Gran) Balech, 1974

同种异名：*Peridinium divergens* var. *conica* Gran, 1900; *Peridinium conicum* (Gran) Ostenfeld & Schmidt, 1901
分布：渤海，黄海，东海；日本、澳大利亚和新西兰沿海。
参考文献：刘瑞玉，2008；山路勇，1979；Gu et al.，2015；McCarthy，2013b；Chang et al.，2012。

角状原多甲藻 *Protoperidinium corniculum* (Kofoid & Michener) Taylor & Balech, 1988

同种异名：*Peridinium corniculum* Kofoid & Michener, 1911
分布：南海北部；孟加拉湾。
参考文献：杨世民等，2019。

厚甲原多甲藻 *Protoperidinium crassipes* (Kofoid) Balech, 1974

同种异名：*Peridinium crassipes* Kofoid, 1907
分布：西太平洋热带海域；渤海，黄海，东海；日本、朝鲜、澳大利亚和新西兰沿海。
参考文献：孙晓霞等，2017；刘瑞玉，2008；山路勇，1979；Matsuoka et al.，2006；Lim et al.，2017；McCarthy，2013b；Chang et al.，2012。

鸡冠原多甲藻 *Protoperidinium cristatum* Balech, 1979

分布：中国台湾东南海域。
参考文献：杨世民等，2019。

短脚原多甲藻 *Protoperidinium curtipes* (Jørgensen) Balech, 1974

同种异名：*Peridinium curtipes* Jørgensen, 1912
分布：澳大利亚沿海。
参考文献：McCarthy，2013b。

库尔特原多甲藻 *Protoperidinium curtum* (Balech) Balech, 1973

同种异名：*Peridinium curtum* Balech, 1958
分布：新西兰沿海。
参考文献：Chang et al.，2012。

具脚原多甲藻 *Protoperidinium curvipes* (Ostenfeld) Balech, 1974

分布：东海；日本和新西兰沿海。
参考文献：杨世民等，2019；山路勇，1979；Chang et al.，2012。

达喀尔原多甲藻 *Protoperidinium dakariense* (Dangeard) Balech, 1974

同种异名：*Peridinium dakariense* Dangeard, 1927
分布：南海北部。
参考文献：杨世民等，2019。

公平原多甲藻 *Protoperidinium decens* (Balech) Balech, 1974

同种异名：*Peridinium decens* Balech, 1971
分布：南海。
参考文献：杨世民等，2019。

并基原多甲藻 *Protoperidinium decipiens* (Jørgensen) Parke & Dodge, 1976

同种异名：*Peridinium decipiens* Jørgensen, 1899
分布：日本、澳大利亚和新西兰沿海。
参考文献：山路勇，1979；McCarthy，2013b；Chang et al.，2012。

消褪原多甲藻 *Protoperidinium decollatum* (Balech) Balech, 1974

同种异名：*Peridinium decollatum* Balech, 1971
分布：南海北部。
参考文献：杨世民等，2019。

缺陷原多甲藻 *Protoperidinium deficiens* (Meunier) Balech, 1974

同种异名：*Peridinium deficiens* Meunier, 1919
分布：黄海。
参考文献：刘瑞玉，2008；黄宗国和林茂，2012。

具齿原多甲藻 *Protoperidinium denticulatum* (Gran & Braarud) Balech, 1974

同种异名：*Peridinium denticulatum* Gran & Braarud, 1935; *Peridinium clavus* Abé, 1936
分布：日本沿海。
参考文献：山路勇，1979。

扁形原多甲藻 *Protoperidinium depressum* (Bailey) Balech, 1974

同种异名：*Peridinium depressum* Bailey, 1854
分布（赤潮生物）：西太平洋热带开阔洋区；黄海，东海，南海；朝鲜、日本、澳大利亚和新西兰沿海。
参考文献：林金美，1984；刘瑞玉，2008；山路勇，1979；Fukuyo et al.，1990；Lim et al.，2017；McCarthy，2013b；Chang et al.，2012。

魅原多甲藻 *Protoperidinium diabolus* (Cleve) Balech, 1974

同种异名：*Peridinium diabolus* Cleve, 1900
分布：东海，南海；澳大利亚和新西兰沿海。
参考文献：刘瑞玉，2008；McCarthy，2013b；Chang et al.，2012。

分枝原多甲藻 *Protoperidinium divaricatum* (Meunier) Parke & Dodge, 1976

同种异名：*Peridinium divaricatum* Meunier, 1919
分布（赤潮生物）：东海，南海；日本和澳大利亚沿海。
参考文献：刘瑞玉，2008；Fukuyo et al.，1990；McCarthy，2013b。

叉分原多甲藻 *Protoperidinium divergens* (Ehrenberg) Balech, 1974

同种异名：*Peridinium divergens* Ehrenberg, 1841; *Ceratium divergens* (Ehrenberg) Claparède & Lachmann, 1859
分布：西太平洋热带海域；渤海，黄海，东海，南海；日本、朝鲜、澳大利亚和新西兰沿海。
参考文献：孙晓霞等，2017；刘瑞玉，2008；山路勇，1979；Lim et al.，2017；McCarthy，2013b；Chang et al.，2012。

优美原多甲藻 *Protoperidinium elegans* (Cleve) Balech, 1974

同种异名：*Peridinium elegans* Cleve, 1900
分布：西太平洋热带开阔洋区；黄海，东海，南海；澳大利亚沿海。
参考文献：林金美，1984；刘瑞玉，2008；McCarthy，2013b。

优美原多甲藻颗粒变种 *Protoperidinium elegans* var. *granulate* (Cleve) Balech, 1974

分布：西太平洋热带海域；南海北部。
参考文献：林金美，1984；孙晓霞等，2017；杨世民等，2019。

椭圆原多甲藻 *Protoperidinium ellipsoideum* (Mangin) Balech, 1974

同种异名：*Peridinium ellipsoideum* Mangin, 1913
分布（世界罕见种）：南海北部。
参考文献：杨世民等，2019。

无香原多甲藻 *Protoperidinium exageratum* Balech, 1979

分布：南海北部。
参考文献：杨世民等，2019。

偏心原多甲藻 *Protoperidinium excentricum* (Paulsen) Balech, 1974

同种异名：*Peridinium excentricum* Paulsen, 1907
分布：黄海；日本、朝鲜和澳大利亚沿海。
参考文献：刘瑞玉，2008；山路勇，1979；Lim et al.，2017；McCarthy，2013b。

脚膜原多甲藻 *Protoperidinium fatulipes* (Kofoid) Balech, 1974

同种异名：*Peridinium fatulipes* Kofoid, 1907
分布：东海。
参考文献：刘瑞玉，2008。

芬兰原多甲藻 *Protoperidinium finlandicum* (Paulsen) Balech, 1974

同种异名：*Peridinium finlandicum* Paulsen, 1907
分布：东海。
参考文献：刘瑞玉，2008。

球形原多甲藻 *Protoperidinium globulus* (Stein) Balech, 1974

同种异名：*Peridinium globulus* Stein, 1883
分布：东海，南海；日本和澳大利亚沿海。
参考文献：刘瑞玉，2008；山路勇，1979；McCarthy，2013b。

大原多甲藻 *Protoperidinium grande* (Kofoid) Balech, 1974

同种异名：*Peridinium grande* Kofoid, 1907
分布：西太平洋热带开阔洋区；渤海，黄海，东海，南海；日本和澳大利亚沿海。
参考文献：林金美，1984；刘瑞玉，2008；山路勇，1979；McCarthy，2013b。

格氏原多甲藻 *Protoperidinium granii* (Ostenfeld) Balech, 1974

同种异名：*Peridinium granii* Ostenfeld, 1907
分布：东海；日本、澳大利亚和新西兰沿海。
参考文献：刘瑞玉，2008；山路勇，1979；McCarthy，2013b；Chang et al.，2012。

海州原多甲藻 *Protoperidinium haizhouense* Liu, Gu & Mertens, 2014

分布：南海。
参考文献：Liu et al.，2014。

具钩原多甲藻 *Protoperidinium hamatum* Balech, 1979

分布：南海北部。
参考文献：杨世民等，2019。

半球原多甲藻 *Protoperidinium hemisphaericum* (Abé) Balech, 1988

同种异名：*Peridinium hemisphaericum* Abé, 1936
分布：日本沿海。
参考文献：山路勇，1979。

异轮原多甲藻 *Protoperidinium heteracanthum* (Dangeard) Balech, 1974

同种异名：*Peridinium heteracanthum* Dangeard, 1927
分布：东海，南海；孟加拉湾。
参考文献：杨世民等，2019。

异锥原多甲藻 *Protoperidinium heteroconicum* (Matzenauer) Balech, 1974

同种异名：*Peridinium heteroconicum* Matzenauer, 1933
分布（稀有种）：东海。
参考文献：杨世民等，2019。

河滨原多甲藻 *Protoperidinium hirobis* (Abé) Balech, 1974

同种异名：*Peridinium hirobis* Abé, 1927
分布：东海，南海；朝鲜和澳大利亚沿海。
参考文献：杨世民等，2019；Lim et al.，2017；McCarthy，2013b。

低矮原多甲藻 *Protoperidinium humile* (Schiller) Balech, 1974

同种异名：*Peridinium humile* Schiller, 1935
分布：黄海，南海；新西兰沿海。
参考文献：刘瑞玉，2008；Gu et al.，2015；Chang et al.，2012。

斜原多甲藻 *Protoperidinium inclinatum* (Balech) Balech, 1974

同种异名：*Peridinium inclinatum* Balech, 1964
分布：澳大利亚沿海。
参考文献：McCarthy，2013b。

膨大原多甲藻 *Protoperidinium inflatum* (Okamura) Balech, 1974

同种异名：*Peridinium inflatum* Okamura, 1912; *Peridinium brochii* f. *inflatum* (Okamura) Schiller, 1935
分布：南海；日本和澳大利亚沿海。
参考文献：杨世民等，2019；山路勇，1979；McCarthy，2013b。

难解原多甲藻 *Protoperidinium incognitum* (Balech) Balech, 1974

同种异名：*Peridinium incognitum* Balech, 1959
分布：东海。
参考文献：杨世民等，2019。

岛屿原多甲藻 *Protoperidinium islandicum*(Paulsen) Balech, 1973

同种异名：*Peridinium islandicum* Paulsen, 1904
分布：日本沿海。
参考文献：山路勇，1979。

茹班原多甲藻 *Protoperidinium joubinii* (Dangeard) Balech, 1974

同种异名：*Peridinium joubinii* Dangeard, 1927
分布（世界罕见种）：南海北部。
参考文献：杨世民等，2019。

约根森原多甲藻明确变种 *Protoperidinium joergensenii* var. *Luculentum* (Balech) Balech, 1974

分布（稀有种）：南海。
参考文献：杨世民等，2019。

拉多原多甲藻 *Protoperidinium latidorsale* (Dangeard) Balech, 1974

同种异名：*Peridinium oblongum* var. *latidorsale* Dangeard, 1927; *Peridinium latidorsale* (Dangeard) Balech, 1951
分布：朝鲜沿海。
参考文献：Cho et al.，2003。

宽刺原多甲藻 *Protoperidinium latispinum* (Mangin) Balech, 1974

同种异名：*Peridinium latispinum* Mangin, 1922
分布：黄海，东海，南海；澳大利亚沿海。
参考文献：刘瑞玉，2008；McCarthy，2013b。

宽阔原多甲藻 *Protoperidinium latissimum* (Kofoid) Balech, 1974

同种异名：*Peridinium latissimum* Kofoid, 1907; *Peridinium pentagonum* var. *latissimum* (Kofoid) Schiller, 1935
分布：黄海；澳大利亚沿海。
参考文献：黄宗国和林茂，2012；McCarthy，2013b；Chang et al.，2012。

侧边原多甲藻 *Protoperidinium latum* Paulsen, 1908

分布（淡水至半咸水种）：中国海南沿海；澳大利亚近岸海域。
参考文献：杨世民等，2019。

里昂原多甲藻 *Protoperidinium leonis* (Pavillard) Balech, 1974

同种异名：*Peridinium leonis* Pavillard, 1916
分布（赤潮生物）：渤海，黄海，东海；日本、朝鲜、澳大利亚和新西兰沿海。
参考文献：刘瑞玉，2008；Fukuyo et al.，1990；Lim et al.，2017；McCarthy，2013b；Chang et al.，2012。

长质原多甲藻 *Protoperidinium longipes* Balech, 1974

同种异名：*Peridinium longipes* Bailey, 1854
分布：东海；日本沿海。
参考文献：刘瑞玉，2008；山路勇，1979。

长颈原多甲藻 *Protoperidinium longicollum* Pavillard, 1916

分布：南海北部；澳大利亚沿海。
参考文献：杨世民等，2019。

龙草原多甲藻 *Protoperidinium majus* (Dangeard) Balech, 1974

同种异名：*Peridinium ovatum* var. *major* Dangeard, 1927
分布：东海，南海；对马暖流流经海域。
参考文献：杨世民等，2019。

玛勒原多甲藻 *Protoperidinium marielebouriae* (Paulsen) Balech, 1974

同种异名：*Peridinium marielebouriae* Paulsen, 1931
分布：黄海；澳大利亚和新西兰沿海。
参考文献：刘瑞玉，2008；McCarthy，2013b；Chang et al.，2012。

玛鲁原多甲藻 *Protoperidinium Marukawae* (Abé) Balech, 1974

同种异名：*Peridinium marukawae* Abé, 1936
分布：日本沿海。
参考文献：山路勇，1979。

马氏原多甲藻 *Protoperidinium matzenaueri* (Böhm) Balech, 1974

同种异名：*Peridinium matzenaueri* Böhm, 1936
分布：黄海。
参考文献：刘瑞玉，2008；黄宗国和林茂，2012。

地中海原多甲藻 *Protoperidinium mediterraneum* (Kofoid) Balech, 1974

同种异名：*Peridinium mediterraneum* (Kofoid) Balech; *Peridinium steinii* var. *mediterraneum* (Kofoid) Schiller; *Peridinium steinii* subsp. *mediterraneum* Kofoid, 1909
分布：南海北部，冲绳海槽西侧海域；澳大利亚沿海。
参考文献：杨世民等，2019；McCarthy，2013b。

甜瓜原多甲藻 *Protoperidinium melo* (Balech) Balech, 1974

同种异名：*Peridinium melo* Balech, 1971
分布：南海北部。
参考文献：杨世民等，2019。

梅坦原多甲藻 *Protoperidinium metananum* (Balech) Balech, 1974

同种异名：*Peridinium metananum* Balech, 1965
分布：南海。
参考文献：杨世民等，2019。

微小原多甲藻 *Protoperidinium minutum* (Kofoid) Loeblich III, 1970

分布：黄海，东海，南海；澳大利亚沿海。
参考文献：黄宗国和林茂，2012；McCarthy，2013b。

螨形原多甲藻 *Protoperidinium mite* (Pavillard) Balech, 1974

同种异名：*Peridinium mite* Pavillard, 1916; *Peridinium granii* f. *mite* (Pavillard) Schiller, 1937
分布：冲绳海槽西侧海域。
参考文献：杨世民等，2019。

单羽原多甲藻 *Protoperidinium monacanthum* (Broch) Balech, 1973

同种异名：*Peridinium monacanthum* Broch, 1910
分布：澳大利亚沿海。
参考文献：McCarthy，2013b。

单刺原多甲藻 *Protoperidinium monospinum* (Paulsen) Zonneveld & Dale, 1994

同种异名：*Peridinium monospinum* Paulsen, 1907; *Archaeperidinium monospinum* (Paulsen) Jørgensen, 1912
分布：中国台湾沿海。
参考文献：邵广昭，2003-2014。

墨氏原多甲藻 *Protoperidinium murrayi* (Kofoid) Hernández-Becerril, 1991

分布：西太平洋热带开阔洋区；东海，南海；澳大利亚沿海。
参考文献：林金美，1984；黄宗国和林茂，2012；McCarthy，2013b。

努杜原多甲藻 *Protoperidinium nudum* (Meunier) Balech, 1974

同种异名：*Peridinium nudum* Meunier, 1919
分布：澳大利亚沿海。
参考文献：McCarthy，2013b。

坚果原多甲藻 *Protoperidinium nux* (Schiller) Balech, 1974

同种异名：*Peridinium nux* Schiller, 1935
分布：黄海，冲绳海槽西侧海域。
参考文献：刘瑞玉，2008；杨世民等，2019。

长椭圆原多甲藻 *Protoperidinium oblongum* (Aurivillius) Parke & Dodge, 1976

同种异名：*Peridinium divergens* var. *oblongum* Aurivillius, 1898; *Peridinium oblongum* (Aurivillius) Cleve, 1900; *Peridinium oceanicum* var. *oblongum* (Aurivillius) Paulsen, 1908; *Peridinium oceanicum* f. *oblongum* (Aurivillius) Broch, 1910
分布：中国台湾海域；日本和新西兰沿海。
参考文献：邵广昭，2003-2014；山路勇，1979；Taylor，1974。

钝形原多甲藻 *Protoperidinium obtusum* (Karsten) Parke & Dodge, 1976

同种异名：*Peridinium divergens* var. *obtusum* Karsten, 1907; *Peridinium obtusum* (Karsten) Lebour, 1925
分布：东海，南海；新西兰沿海。
参考文献：刘瑞玉，2008；Chang et al.，2012。

海洋原多甲藻 *Protoperidinium oceanicum* (Vanhöffen) Balech, 1974

同种异名：*Peridinium oceanicum* Vanhöffen, 1897

分布：西太平洋热带海域；黄海，东海，南海；日本、朝鲜、澳大利亚和新西兰沿海。
参考文献：林金美，1984；孙晓霞等，2017；刘瑞玉，2008；山路勇，1979；Lim et al.，2017；McCarthy，2013b；Chang et al.，2012。

奥穆原多甲藻 *Protoperidinium okamurae* (Abé) Balech, 1974

同种异名：*Peridinium okamurae* Abé, 1927
分布：澳大利亚沿海。
参考文献：McCarthy，2013b。

东方原多甲藻 *Protoperidinium orientale* (Matzenauer) Balech, 1974

同种异名：*Peridinium orientale* Matzenauer, 1933
分布：南海；孟加拉湾。
参考文献：杨世民等，2019。

卵圆原多甲藻 *Protoperidinium ovatum* Pouchet, 1883

同种异名：*Peridinium ovatum* (Pouchet) Schütt, 1895; *Peridinium globulus* var. *ovatum* (Pouchet) Schiller, 1937; *Protoperidinium globulus* var. *ovatum* (Pouchet) Krakhmalny, 1993
分布：日本、澳大利亚和新西兰沿海。
参考文献：山路勇，1979；McCarthy，2013b；Chang et al.，2012。

卵状原多甲藻 *Protoperidinium oviforme* (Dangeard) Balech, 1974

同种异名：*Peridinium oviforme* Dangeard, 1927
分布：冲绳海槽西侧海域。
参考文献：杨世民等，2019。

卵形原多甲藻 *Protoperidinium ovum* (Schiller) Balech, 1974

同种异名：*Peridinium ovum* Schiller, 1911
分布：黄海，东海；澳大利亚沿海。
参考文献：刘瑞玉，2008；McCarthy，2013b。

太平洋原多甲藻 *Protoperidinium pacificum* (Kofoid & Michener) Taylor & Balech, 1988

同种异名：*Peridinium pacificum* Kofoid & Michener, 1911
分布：南海北部；孟加拉湾。
参考文献：杨世民等，2019。

华丽原多甲藻 *Protoperidinium paradoxum* (Taylor) Balech, 1994

同种异名：*Peridinium paradoxum* Taylor, 1976
分布（世界稀有种）：南海北部。
参考文献：杨世民等，2019。

光甲原多甲藻 *Protoperidinium pallidum* (Ostenfeld) Balech, 1973

同种异名：*Peridinium pallidum* Ostenfeld, 1900
分布：黄海，东海；日本、朝鲜、澳大利亚和新西兰沿海。
参考文献：刘瑞玉，2008；山路勇，1979；Matsuoka et al.，2006；Lim et al.，2017；McCarthy，2013b；Chang et al.，2012。

假裸原多甲藻 *Protoperidinium parainerme* Nie & Wang, 1942

分布：黄海。
参考文献：刘瑞玉，2008；黄宗国和林茂，2012。

平行原多甲藻 *Protoperidinium paralletum* Broth, 1906

分布：东海。
参考文献：刘瑞玉，2008；黄宗国和林茂，2012。

拟五角原多甲藻 *Protoperidinium parapentagonum* Wang, 1932

分布：渤海。
参考文献：刘瑞玉，2008；马新等，2013。

稀疏原多甲藻 *Protoperidinium parcum* (Balech) Balech, 1974

同种异名：*Peridinium parcum* Balech, 1971
分布：南海北部。
参考文献：杨世民等，2019。

帕斯原多甲藻 *Protoperidinium parthenopes* Zingone & Montresor, 1988

分布：中国沿海；日本沿岸，新西兰沿海。
参考文献：Liu et al.，2014；Potvin et al.，2013；Rhodes and Smith，2018。

短颈原多甲藻 *Protoperidinium parvicollum* (Balech) Balech, 1973

同种异名：*Peridinium parvicollum* Balech, 1958
分布：南海北部。
参考文献：杨世民等，2019。

小型原多甲藻 *Protoperidinium parvum* Abé, 1981

分布：西太平洋；南海。
参考文献：杨世民等，2019。

花梗原多甲藻 *Protoperidinium pedunculatum* (Schütt) Balech, 1974

同种异名：*Peridinium pedunculatum* Schütt, 1895
分布：南海北部，中国台湾沿海；日本和新西兰沿海。
参考文献：杨世民等，2019；邵广昭，2003-2014；山路勇，1979；Taylor，1974。

灰甲原多甲藻 *Protoperidinium pellucidum* Bergh, 1881

同种异名：*Peridinium pellucidum* (Bergh) Schütt, 1895
分布（赤潮生物）：渤海，黄海，东海；日本、澳大利亚和新西兰沿海。
参考文献：刘瑞玉，2008；Fukuyo et al.，1990；McCarthy，2013b；Chang et al.，2012。

五角原多甲藻 *Protoperidinium pentagonum* (Gran) Balech, 1974

同种异名：*Peridinium pentagonum* Gran, 1902
分布（赤潮生物）：渤海，黄海，东海，南海；日本、朝鲜、澳大利亚和新西兰沿海。
参考文献：黄宗国和林茂，2012；山路勇，1979；Fukuyo et al.，1990；Lim et al.，2017；McCarthy，2013b；Chang et al.，2012。

错综原多甲藻 *Protoperidinium perplexum* (Balech) Balech, 1974

同种异名：*Peridinium perplexum* Balech, 1971
分布（稀有种）：南海。
参考文献：杨世民等，2019。

杏仁原多甲藻 *Protoperidinium persicum* (Schiller) Okolodkov, 2008

同种异名：*Peridinium persicum* Schiller, 1935
分布：西太平洋热带海域；南海北部。
参考文献：杨世民等，2019。

贯孔原多甲藻 *Protoperidinium porosum* Balech, 1978

分布：南海北部。
参考文献：杨世民等，2019。

囊状原多甲藻 *Protoperidinium pouchetii* (Kofoid & Michener) Taylor & Balech, 1988

同种异名：*Peridinium pouchetii* Kofoid & Michener, 1911
分布：东海，南海。
参考文献：杨世民等，2019。

点刺原多甲藻 *Protoperidinium punctulatum* (Paulsen) Balech, 1974

同种异名：*Peridinium punctulatum* Paulsen, 1907; *Peridinium subinerme* var. *punctulatum* (Paulsen) Jørgensen, 1912; *Peridinium subinerme* var. *punctulatum* (Paulsen) Schiller, 1937
分布：黄海，东海；日本、澳大利亚和新西兰沿海。
参考文献：黄宗国和林茂，2012；山路勇，1979；Matsuoka et al.，2006；McCarthy，2013b；Chang et al.，2012。

梨形原多甲藻 *Protoperidinium pyriforme* (Paulsen) Balech, 1974

同种异名：*Peridinium steinii* var. *pyriformis* Paulsen, 1905
分布：南海；日本、朝鲜、澳大利亚和新西兰沿海。
参考文献：刘瑞玉，2008；山路勇，1979；Lim et al.，2017；McCarthy，2013b；Chang et al.，2012。

梨状原多甲藻 *Protoperidinium pyrum* (Balech) Balech, 1974

同种异名：*Peridinium pyrum* Balech, 1959
分布：南海；孟加拉湾。
参考文献：杨世民等，2019。

四方原多甲藻 *Protoperidinium quadratum* (Matzenauer) Balech, 1974

同种异名：*Peridinium quadratum* Matzenauer, 1933
分布：南海北部。
参考文献：杨世民等，2019。

夸尼原多甲藻 *Protoperidinium quarnerense* (Schröder) Balech, 1974

同种异名：*Peridinium globulus* var. *quarnerense* Schröder, 1900

分布：太平洋热带海域；渤海，东海，南海；日本、澳大利亚和新西兰沿海。
参考文献：Hasle，1960；刘瑞玉，2008；山路勇，1979；McCarthy，2013b；Chang et al.，2012。

直状原多甲藻 *Protoperidinium rectum* (Kofoid) Balech, 1974

同种异名：*Peridinium rectum* Kofoid, 1907
分布：南海；日本附近海域。
参考文献：杨世民等，2019；山路勇，1979。

分散原多甲藻 *Protoperidinium remotum* (Karsten) Balech, 1974

同种异名：*Peridinium remotum* Karsten, 1907
分布：南海；澳大利亚沿海。
参考文献：黄宗国和林茂，2012；McCarthy，2013b。

菱形原多甲藻 *Protoperidinium rhombiforme* (Abé) Balech, 1994

同种异名：*Peridinium rhombiforme* Abé, 1981
分布：南海；日本附近海域。
参考文献：杨世民等，2019。

玫瑰红原多甲藻 *Protoperidinium roseum* (Paulsen) Balech, 1974

同种异名：*Peridinium roseum* Paulsen, 1904
分布：日本和澳大利亚沿海。
参考文献：山路勇，1979；Taylor，1974。

席勒原多甲藻 *Protoperidinium schilleri* (Paulsen) Balech, 1974

同种异名：*Peridinium schilleri* Paulsen, 1931; *Peridinium pallidum* var. *schilleri* (Paulsen) Schiller, 1935
分布：西太平洋；南海。
参考文献：杨世民等，2019。

上海原多甲藻 *Protoperidinium shanghaiense* Gu, Liu & Mertens, 2015

分布：东海，南海。
参考文献：Gu et al.，2015。

同时原多甲藻 *Protoperidinium simulum* (Paulsen) Balech, 1974

同种异名：*Peridinium simulum* Paulsen, 1931
分布：南海北部；澳大利亚沿海。
参考文献：杨世民等，2019；McCarthy，2013b。

西奈原多甲藻 *Protoperidinium sinaicum* (Matzenauer) Balech, 1974

同种异名：*Peridinium sinaicum* Matzenauer, 1933
分布：中国辽宁南部海域。
参考文献：杨世民等，2019。

盘曲原多甲藻 *Protoperidinium sinuosum* (Lemmermann) Matsuoka ex Head, 1905

同种异名：*Peridinium divergens* var. *sinuosum* Lemmermann, 1899
分布：东海，南海；日本附近海域。
参考文献：杨世民等，2019。

实角原多甲藻 *Protoperidinium solidicorne* (Mangin) Balech, 1974

同种异名：*Peridinium solidicorne* Mangin, 1922
分布：黄海，东海；澳大利亚沿海。
参考文献：黄宗国和林茂，2012；McCarthy，2013b。

索玛原多甲藻 *Protoperidinium somma* (Matzenauer) Balech, 1974

同种异名：*Peridinium somma* Matzenauer, 1933
分布：中国海南三亚沿海。
参考文献：杨世民等，2019。

苏尔尼阿原多甲藻 *Protoperidinium sourniae* (Taylor) Balech, 1994

同种异名：*Peridinium sourniae* Taylor
分布：澳大利亚沿海。
参考文献：McCarthy，2013b。

球形原多甲藻 *Protoperidinium sphaericum* (Murray & Whitting) Balech, 1974

同种异名：*Peridinium sphaericum* Murray & Whitting, 1899
分布：中国台湾沿海；日本沿海。
参考文献：邵广昭，2003-2014；山路勇，1979。

扁球原多甲藻 *Protoperidinium sphaeroides* (Dangeard) Balech, 1974

同种异名：*Peridinium sphaeroides* Dangeard, 1927
分布：日本沿海。
参考文献：山路勇，1979。

螺旋原多甲藻 *Protoperidinium spirale* (Gaarder) Balech, 1974

同种异名：*Peridinium spirale* (Gaarder) Balech, 1971
分布：中国海南三亚沿海。
参考文献：杨世民等，2019。

斯氏原多甲藻 *Protoperidinium steinii* (Jørgensen) Balech, 1974

同种异名：*Peridinium steinii* Jørgensen, 1889
分布：东海，南海；日本、澳大利亚和新西兰沿海。
参考文献：刘瑞玉，2008；山路勇，1979；McCarthy，2013b；Chang et al.，2012。

斯特拉原多甲藻 *Protoperidinium stellatum* (Wall) Head, 1999

同种异名：*Peridinium stellatum* Wall, 1968; *Stelladinium stellatum* (Wall) Reid, 1977
分布：新西兰沿海。
参考文献：Chang et al.，2012。

赛裸原多甲藻 *Protoperidinium subinerme* (Paulsen) Loeblich III, 1969

同种异名：*Peridinium subinermis* Paulsen, 1904
分布：黄海，东海；日本、朝鲜、澳大利亚和新西兰沿海。
参考文献：刘瑞玉，2008；山路勇，1979；Lim et al.，2017；McCarthy，2013b；Chang et al.，2012。

亚梨形原多甲藻 *Protoperidinium subpyriforme* (Dangeard) Balech, 1974

同种异名：*Peridinium subpyriforme* Dangeard, 1927
分布：黄海，东海；日本沿海。
参考文献：刘瑞玉，2008；黄宗国和林茂，2012；山路勇，1979。

细弱原多甲藻 *Protoperidinium tenuissimum* (Kofoid) Balech, 1974

同种异名：*Peridinium tenuissimum* Kofoid, 1907
分布：太平洋热带海域；南海北部；澳大利亚沿海。
参考文献：Hasle，1960；杨世民等，2019；McCarthy，2013b。

方格原多甲藻 *Protoperidinium thorianum* (Paulsen) Balech, 1974

同种异名：*Peridinium thorianum* Paulsen, 1905
分布：黄海，南海；日本和澳大利亚沿海。
参考文献：刘瑞玉，2008；山路勇，1979；McCarthy，2013b。

三角原多甲藻 *Protoperidinium tripos* Martínez-López & Gárate-Lizárraga, 1994

分布：黄海；孟加拉湾。
参考文献：杨世民等，2019。

三柱原多甲藻 *Protoperidinium tristylum* (Stein) Balech, 1974

同种异名：*Peridinium tristylum* Stein, 1883
分布：黄海；孟加拉湾。
参考文献：杨世民等，2019。

图莱森斯原多甲藻 *Protoperidinium thulesense* (Balech) Balech, 1974

同种异名：*Peridinium thulesense* Balech, 1958
分布：日本沿海。
参考文献：Matsuoka et al.，2006。

青岛原多甲藻 *Protoperidinium tsingtaoensis* Nie & Wang, 1939

分布：黄海。
参考文献：刘瑞玉，2008。

管形原多甲藻 *Protoperidinium tuba* (Schiller) Balech, 1974

同种异名：*Peridinium tuba* Schiller, 1935
分布：南海；澳大利亚沿海。
参考文献：黄宗国和林茂，2012；McCarthy，2013b。

膨胀原多甲藻 *Protoperidinium tumidum* (Okamura) Balech, 1974

同种异名：*Peridinium tumidum* Okamura
分布：西太平洋热带海域；东海，南海；日本沿海。
参考文献：林金美，1984；孙晓霞等，2017；黄宗国和林茂，2012；山路勇，1979。

图尔滨原多甲藻 *Protoperidinium turbinatum* (Mangin) Balech, 1974

同种异名：*Peridinium turbinatum* Mangin, 1926
分布：新西兰沿海。
参考文献：Chang et al.，2012。

普通原多甲藻 *Protoperidinium vulgare* Balech, 1978

分布：南海。
参考文献：杨世民等，2019。

花斑原多甲藻 *Protoperidinium variegatum* (Peters) Balech, 1974

同种异名：*Peridinium variegatum* Peters, 1928
分布：南海；新西兰沿海。
参考文献：杨世民等，2019；Chang et al.，2012。

心室原多甲藻 *Protoperidinium ventricum* (Abé) Balech, 1974

同种异名：*Peridinium ventricum* Abé, 1927
分布：澳大利亚沿海。
参考文献：McCarthy，2013b。

迷人原多甲藻 *Protoperidinium venustum* (Matzenauer) Balech, 1974

同种异名：*Peridinium venustum* Matzenauer, 1933
分布：西太平洋热带海域；黄海，东海，南海。
参考文献：孙晓霞等，2017；刘瑞玉，2008。

迷人原多甲藻灵巧变种 *Protoperidinium venustum* var. *facetum* Balech, 1974

分布：东海，南海。
参考文献：杨世民等，2019。

威斯纳原多甲藻 *Protoperidinium wiesneri* (Schiller) Balech, 1974

同种异名：*Peridinium wiesneri* Schiller, 1911
分布：南海北部；澳大利亚沿海。
参考文献：杨世民等，2019；McCarthy，2013b。

双盾藻属 Genus *Diplopelta* Stein ex Jørgensen, 1912

不对称双盾藻 *Diplopelta asymmetrica* (Mangin) Balech, 1988

同种异名：*Peridiniopsis asymmetrica* Mangin, 1911; *Diplopsalis asymmetrica* (Mangin) Lindemann, 1927; *Glenodinium lenticula* f. *asymmetricum* (Mangin) Schiller, 1937; *Diplopsalopsis assymetrica* (Mangin) Abé, 1841

分布：南海；日本沿海。
参考文献：刘瑞玉，2008；山路勇，1979。

球状双盾藻 *Diplopelta globula* (Abé) Balech, 1979

分布：南海；日本沿海。
参考文献：Liu et al.，2015；山路勇，1979。

卵形双盾藻 *Diplopelta ovata* (Abé) Dodge & Toriumi, 1993

同种异名：*Diplopsalopsis orbicularis* var. *ovata* Abé, 1941
分布：日本沿海。
参考文献：山路勇，1979。

小型双盾藻 *Diplopelta parva* (Abé) Matsuoka, 1988

同种异名：*Dissodium parvum* Abé, 1941; *Diplopsalis parvum* (Abé) Abé, 1981
分布：澳大利亚沿海。
参考文献：McCarthy，2013b。

普希拉双盾藻 *Diplopelta pusilla* Balech & Akselman, 1988

同种异名：*Lebouraia pusilla* (Balech & Akselman) Dodge & Toriumi, 1993
分布：黄海，南海。
参考文献：Liu et al.，2015。

翼藻属 Genus *Diplopsalis* Bergh, 1881

海南翼藻 *Diplopsalis hainanensis* Nie, 1943

分布：南海。
参考文献：黄宗国和林茂，2012；马新等，2013。

透镜翼藻 *Diplopsalis lenticula* Bergh, 1882

同种异名：*Dissodium lenticula* (Bergh) Loeblich III, 1970
分布：黄海，东海，南海；日本、澳大利亚和新西兰沿海。
参考文献：刘瑞玉，2008；山路勇，1979；Liu et al.，2015；McCarthy，2013b；Taylor，1974；Chang et al.，2012。

透镜翼藻雷氏变种 *Diplopsalis lenticula* var. *lebouriae* Nie, 1943

分布：南海。
参考文献：刘瑞玉，2008；马新等，2013。

拟翼藻属 Genus *Diplopsalopsis* Meunier, 1910

蓬勃拟翼藻 *Diplopsalopsis bomba* (Stein) Dodge & Toriumi, 1993

分布：南海北部；日本和澳大利亚沿海。
参考文献：杨世民等，2019；Matsuoka et al.，2006；McCarthy，2013b。

球状拟翼藻 *Diplopsalopsis globula* Abé, 1941

同种异名：*Dissodium globula* (Abé) Dodge & Hermes, 1981
分布：东海，南海北部；日本沿海。
参考文献：杨世民等，2019。

轮状拟翼藻 *Diplopsalopsis orbicularis* (Paulsen) Meunier, 1910

同种异名：*Peridinium orbiculare* Paulsen, 1907
分布：东海，南海；日本和澳大利亚沿海。
参考文献：杨世民等，2019；山路勇，1979；McCarthy，2013b。

卵圆拟翼藻 *Diplopsalopsis ovata* (Abé) Dodge & Toriumi, 1993

同种异名：*Diplopsalopsis orbicularis* var. *ovata* Abé, 1941
分布：黄海，南海。
参考文献：Liu et al.，2015。

新村拟翼藻 *Diplopsalopsis pingii* (Nie) Dodge & Toriumi, 1993

同种异名：*Diplopsalis pingii* Nie; *Peridiniopsis pingii* (Nie) Taylor
分布：南海。
参考文献：刘瑞玉，2008。

前多甲藻属 Genus *Preperidinium* Mangin, 1913

缪氏前多甲藻 *Preperidinium meunieri* (Pavillard) Elbrächter, 1993

同种异名：*Peridinium meunieri* Pavillard, 1912
分布：渤海；孟加拉湾。
参考文献：刘瑞玉，2008；Ahmed et al.，2009。

倒转藻属 Genus *Gotoius* Abé ex Matsuoka, 1988

偏心倒转藻 *Gotoius excentricus* (Nie) Sournia, 1984

同种异名：*Diplopsalis excentrica* Nie, 1943; *Dissodium excentricum* (Nie) Loeblich, 1970
分布：南海；日本沿海。
参考文献：刘瑞玉，2008；Matsuoka et al.，2006。

奥博藻属 Genus *Oblea* Balech ex Loeblich Jr. & Loeblich III, 1966

圆形奥博藻 *Oblea rotunda* (Lebour) Balech ex Sournia, 1973

同种异名：*Peridiniopsis rotunda* Lebour, 1922; *Glenodinium rotundum* (Lebour) Schiller, 1935
分布：黄海，东海；朝鲜、澳大利亚和新西兰沿海。
参考文献：Liu et al.，2015；Lee et al.，2014；Kim et al.，2017，2019；McCarthy，2013b；Taylor，1974；Chang et al.，2012。

异甲藻科 Family Heterodiniaceae Lindemann, 1928

异甲藻属 Genus *Heterodinium* Kofoid, 1906

阿格异甲藻 *Heterodinium agassizii* Kofoid, 1907

分布：东海，南海；孟加拉湾。
参考文献：杨世民等，2016。

不对称异甲藻 *Heterodinium asymmetricum* Kofoid & Adamson, 1933

分布：澳大利亚沿海。
参考文献：McCarthy，2013b。

澳洲异甲藻 *Heterodinium australiae* Wood, 1963

分布：澳大利亚沿海。
参考文献：McCarthy，2013b。

勃氏异甲藻 *Heterodinium blackmanii* (Murray & Whitting) Kofoid, 1906

同种异名：*Peridinium blackmanii* Murray & Whitting, 1899
分布：西太平洋热带海域；东海，南海；澳大利亚沿海。
参考文献：林金美，1984；孙晓霞等，2017；刘瑞玉，2008；杨世民等，2016；McCarthy，2013b。

厚异甲藻 *Heterodinium crassipes* Schiller, 1916

分布：东海，南海；澳大利亚沿海。
参考文献：刘瑞玉，2008；McCarthy，2013b。

驼背异甲藻 *Heterodinium dispar* Kofoid & Adamson, 1933

分布：澳大利亚沿海。
参考文献：McCarthy，2013b。

巢形异甲藻 *Heterodinium doma* (Murray & Whitting) Kofoid, 1906

同种异名：*Peridinium doma* Murray & Whitting, 1899
分布：冲绳海槽西侧海域；澳大利亚沿海。
参考文献：杨世民等，2016；McCarthy，2013b。

杜比异甲藻 *Heterodinium dubium* Rampi, 1941

分布：新西兰沿海。
参考文献：Chang et al.，2012。

延长异甲藻 *Heterodinium elongatum* Kofoid & Michener, 1911

分布：南海北部。
参考文献：杨世民等，2016。

最外异甲藻 *Heterodinium extremum* (Kofoid) Kofoid & Adamson, 1933

同种异名：*Heterodinium gesticulatum* f. *extremum* Kofoid, 1907
分布：东海，南海北部。
参考文献：杨世民等，2016。

膜孔异甲藻 *Heterodinium fenestratum* Kofoid, 1907

分布：澳大利亚沿海。
参考文献：McCarthy，2013b。

佛手异甲藻 *Heterodinium gesticulatum* Kofoid, 1907

分布：东海。
参考文献：刘瑞玉，2008。

球状异甲藻 *Heterodinium globosum* Kofoid, 1907

同种异名：*Centrodinium globosum* (Kofoid) Taylor, 1976
分布：南海；孟加拉湾。
参考文献：刘瑞玉，2008；杨世民等，2016。

汉玛异甲藻 *Heterodinium hindmarchii* (Murray & Whitting) Kofoid, 1906

同种异名：*Peridinium hindmarchii* Murray & Whitting, 1899
分布：澳大利亚沿海。
参考文献：McCarthy，2013b。

不等异甲藻 *Heterodinium inaequale* Kofoid, 1906

分布：南海北部；新西兰沿海。
参考文献：杨世民等，2016；Chang et al.，2012。

地中海异甲藻 *Heterodinium mediterraneum* Pavillard, 1931

分布：冲绳海槽西侧海域。
参考文献：杨世民等，2016。

小型异甲藻 *Heterodinium minutum* Kofoid & Michener, 1911

分布：新西兰沿海。
参考文献：Chang et al.，2012。

穆雷异甲藻 *Heterodinium murrayi* Kofoid, 1906

分布：南海。
参考文献：杨世民等，2016。

巴氏异甲藻 *Heterodinium pavillardii* Kofoid & Adamson

分布：南海。
参考文献：杨世民等，2016。

具边异甲藻 *Heterodinium praetextum* Kofoid, 1907

分布：南海。
参考文献：刘瑞玉，2008。

坚硬异甲藻 *Heterodinium rigdeniae* Kofoid, 1906

分布：东海，南海；澳大利亚沿海。
参考文献：杨世民等，2016；McCarthy，2013b。

施克里普异甲藻 *Heterodinium scrippsii* Kofoid, 1906

分布：澳大利亚沿海。
参考文献：McCarthy，2013b。

瓦卡异甲藻 *Heterodinium varicator* Kofoid & Adamson, 1933

分布：澳大利亚沿海。
参考文献：McCarthy，2013b。

灰白异甲藻 *Heterodinium whittingiae* Kofoid, 1906

分布：西太平洋热带海域；东海，南海。
参考文献：孙晓霞等，2017；刘瑞玉，2008。

异帽藻科 Family Heterocapsaceae Fensome, Taylor, Norris, Sarjeant, Wharton & Williams

异帽藻属 Genus *Heterocapsa* Stein, 1883

环状异帽藻 *Heterocapsa circularisquama* Horiguchi, 1995

分布（有害种）：日本和新西兰沿海。
参考文献：Iwataki et al.，2004；Cho et al.，2017；Rhodes et al.，2019。

霍氏异帽藻 *Heterocapsa horiguchii* Iwataki, Takayama & Matsuoka, 2002

分布：日本沿海。
参考文献：Iwataki et al.，2002，2004。

伊迪异帽藻 *Heterocapsa illdefina* (Herman & Sweeney) Morrill & Loeblich III, 1981

同种异名：*Cachonina illdefina* Herman & Sweeney, 1976
分布：中国台湾沿海；新西兰沿海。
参考文献：邵广昭，2003-2014；Chang et al.，2012；Rhodes et al.，2019。

矛形异帽藻 *Heterocapsa lanceolata* Iwataki & Fukuyo, 2002

分布：日本沿海。
参考文献：Iwataki et al.，2002，2004。

微小异帽藻 *Heterocapsa minima* Pomroy, 1989

分布：东海；日本沿海。
参考文献：刘瑞玉，2008；黄宗国和林茂，2012；Lee et al.，2019d。

妮娅异帽藻 *Heterocapsa niei* (Loeblich III) Morrill & Loeblich III, 1981

分布：日本、澳大利亚和新西兰沿海。
参考文献：Iwataki et al.，2004；McCarthy，2013b；Chang et al.，2012；Rhodes et al.，2019。

东方异帽藻 *Heterocapsa orientalis* Iwataki, Botes & Fukuyo, 2003

分布：日本沿海。
参考文献：Iwataki et al.，2003，2004。

卵形异帽藻 *Heterocapsa ovata* Iwataki & Fukuyo, 2003

分布：日本沿海。
参考文献：Iwataki et al.，2002，2004。

沙姆异帽藻 *Heterocapsa psammophila* Tamura, Iwataki & Horiguchi, 2006

分布：日本沿海。
参考文献：Tamura et al.，2005。

假三角异帽藻 *Heterocapsa pseudotriquetra* Iwataki, Hansen & Fukuyo, 2002

分布：日本沿海。
参考文献：Iwataki et al.，2004。

矮小异帽藻 *Heterocapsa pygmaea* Lobelich III, Schmidt & Sherley, 1981

分布：日本沿海。
参考文献：Iwataki et al.，2004。

圆形异帽藻 *Heterocapsa rotundata* (Lohmann) Hansen, 1995

同种异名：*Amphidinium rotundatum* Lohmann, 1908; *Massartia rotundata* (Lohmann) Schiller, 1933; *Katodinium rotundatum* (Lohmann) Loeblich III, 1965
分布：日本、朝鲜、澳大利亚和新西兰沿海。
参考文献：Iwataki et al.，2004；Jeong et al.，2017；McCarthy，2013b；Rhodes and Smith，2018。

克里藻科 Family Kryptoperidiniaceae Lindemann, 1925

克里藻属 Genus *Kryptoperidinium* Lindemann, 1924

叶状克里藻 *Kryptoperidinium foliaceum* (Stein) Lindemann, 1924

同种异名：*Glenodinium foliaceum* Stein, 1883
分布：日本和澳大利亚沿海。
参考文献：山路勇，1979；McCarthy，2013b。

三角克里藻 *Kryptoperidinium triquetrum* (Ehrenberg) Tillmann, Gottschling, Elbrächter, Kusber & Hoppenrath, 2019

同种异名：*Glenodinium triquetrum* Ehrenberg, 1840; *Heterocapsa triquetra* (Ehrenberg) Stein, 1883; *Peridinium triquetrum* (Ehrenberg) Lebour, 1925
分布（赤潮生物）：东海；日本、朝鲜、澳大利亚和新西兰沿海。
参考文献：刘瑞玉，2008；Iwataki et al.，2004；Jeong et al.，2017；McCarthy，2013b；Chang et al.，2012；Rhodes et al.，2019。

硬皮藻属 Genus *Durinskia* Carty & Elenor Cox, 1986

戴氏硬皮藻 *Durinskia dybowskii* (Woloszynska) Carty, 2014

同种异名：*Peridinium dybowskii* Woloszynska, 1916; *Glenodinium dybowskii* (Woloszynska) Lindemann, 1925; *Peridinium balticum* (Levander) Lemmermann, 1900
分布：日本沿海。
参考文献：山路勇，1979。

昂鲁德藻属 Genus *Unruhdinium* Gottschling, 2017

彭氏昂鲁德藻 *Unruhdinium penardii* (Lemmermann) Gottschling, 2017

同种异名：*Glenodinium penardii* Lemmermann, 1900; *Peridinium penardii* (Lemmermann) Lemmermann, 1910; *Peridiniopsis penardii* (Lemmermann) Bourrelly, 1968
分布（淡水种，赤潮生物）：日本沿海。
参考文献：Fukuyo et al.，1990。

布利克藻属 Genus *Blixaea* Gottschling, 2017

五角布利克藻 *Blixaea quinquecornis* (Abé) Gottschling, 2017

同种异名：*Peridinium quinquecorne* Abé, 1927; *Protoperidinium quinquecorne* (Abé) Balech, 1974
分布（赤潮生物）：日本沿海。
参考文献：Fukuyo et al.，1990。

俄斯特藻科 Family Ostreopsidaceae Lindemann, 1928

居中藻属 Genus *Centrodinium* Kofoid, 1907

具点居中藻 *Centrodinium punctatum* (Cleve) Taylor, 1976

同种异名：*Steiniella punctata* Cleve, 1900; *Murrayella punctata* (Cleve) Kofoid, 1907; *Pavillardinium punctatum* (Cleve) De Toni, 1936
分布：日本沿海。
参考文献：山路勇，1979。

足甲藻科 Family Podolampadaceae Lindemann, 1928

眼球藻属 Genus *Blepharocysta* Ehrenberg, 1873

齿形眼球藻 *Blepharocysta denticulata* Nie, 1939

分布（世界罕见种）：南海。
参考文献：黄宗国和林茂，2012；杨世民等，2019。

挨莫西约眼球藻 *Blepharocysta hermosillae* Carbonell-Moore, 1992

分布：南海；孟加拉湾。
参考文献：杨世民等，2019。

保尔森眼球藻 *Blepharocysta paulsenii* Schiller, 1937

分布：澳大利亚沿海。
参考文献：McCarthy，2013b。

美丽眼球藻 *Blepharocysta splendor-maris* (Ehrenberg) Stein, 1883

同种异名：*Peridinium splendor-maris* Ehrenberg, 1860
分布：东海，南海；日本附近海域，澳大利亚沿海。
参考文献：黄宗国和林茂，2012；杨世民等，2019；山路勇，1979。

足甲藻属 Genus *Podolampas* Stein, 1883

双刺足甲藻 *Podolampas bipes* Stein, 1883

分布：西太平洋热带海域；东海，南海；日本、澳大利亚沿海。
参考文献：Hasle，1960；林金美，1984；孙晓霞等，2017；刘瑞玉，2008；山路勇，1979；McCarthy，2013b。

双刺足甲藻网纹变种 *Podolampas bipes* var. *reticulata* (Kofoid) Taylor, 1976

分布：东海，南海。
参考文献：刘瑞玉，2008；马新等，2013；杨世民等，2019。

弯曲足甲藻 *Podolampas curvatus* Schiller, 1937

分布：新西兰沿海。
参考文献：Taylor，1974；Chang et al.，2012。

瘦长足甲藻 *Podolampas elegans* Schütt, 1895

分布：西太平洋热带海域；南海；澳大利亚和新西兰沿海。
参考文献：孙晓霞等，2017；刘瑞玉，2008；McCarthy，2013b；Chang et al.，2012。

掌状足甲藻 *Podolampas palmipes* Stein, 1883

分布：西太平洋热带海域；东海，南海；日本、朝鲜、澳大利亚和新西兰沿海。
参考文献：孙晓霞等，2017；刘瑞玉，2008；山路勇，1979；Lim et al.，2017；McCarthy，2013b；Chang et al.，2012。

网纹足甲藻 *Podolampas reticulata* Kofoid, 1907

同种异名：*Podolampas bipes* f. *reticulata* (Kofoid) Schiller, 1937
分布：中国台湾沿海；巴布亚新几内亚沿海。
参考文献：邵广昭，2003-2014；Schweikert and Elbrächter，2004。

单刺足甲藻 *Podolampas spinifera* Okamura, 1912

分布：西太平洋热带海域；东海，南海；日本、澳大利亚和新西兰沿海。
参考文献：林金美，1984；孙晓霞等，2017；黄宗国和林茂，2012；山路勇，1979；McCarthy，2013b；Taylor，1974；Chang et al.，2012。

庋甲藻属 Genus *Lissodinium* Matzenauer, 1933

卵圆庋甲藻 *Lissodinium ovatum* Carbonell-Moore, 1993

分布：南海北部。
参考文献：杨世民等，2019。

泰勒庋甲藻 *Lissodinium taylorii* Carbonell-Moore, 1993

分布：南海北部。
参考文献：杨世民等，2019。

尖甲藻科 Family Oxytoxaceae Lindemann, 1928

尖甲藻属 Genus *Oxytoxum* Stein, 1883

有尾尖甲藻 *Oxytoxum caudatum* Schiller, 1937

分布：太平洋热带海域；澳大利亚沿海。
参考文献：Hasle，1960；McCarthy，2013b。

查林尖甲藻 *Oxytoxum challengeroides* Kofoid, 1907

分布：南海；澳大利亚沿海。
参考文献：黄宗国和林茂，2012；McCarthy，2013b。

厚尖甲藻 *Oxytoxum crassum* Schiller, 1937

分布：东海，南海；澳大利亚沿海。
参考文献：杨世民等，2019；McCarthy，2013b。

弯曲尖甲藻 *Oxytoxum curvatum* (Kofoid) Kofoid & Michener, 1911

同种异名：*Prorocentrum curvatum* Kofoid, 1907
分布：太平洋热带海域；冲绳海槽西侧海域；澳大利亚沿海。
参考文献：Hasle，1960；杨世民等，2019；McCarthy，2013b。

扁形尖甲藻 *Oxytoxum depressum* Schiller, 1937

分布：南海。
参考文献：杨世民等，2019。

优美尖甲藻 *Oxytoxum elegans* Pavillard, 1916

同种异名：*Corythodinium elegans* (Pavillard) Taylor, 1976
分布：澳大利亚和新西兰沿海。
参考文献：McCarthy，2013b；Chang et al.，2012。

延长尖甲藻 *Oxytoxum elongatum* Wood, 1963

分布：中国海南三亚沿海；澳大利亚沿海。
参考文献：杨世民等，2019；McCarthy，2013b。

唐菖蒲尖甲藻 *Oxytoxum gladiolus* Stein, 1883

分布：日本沿海。
参考文献：山路勇，1979。

纤细尖甲藻 *Oxytoxum gracile* Schiller, 1937

分布：新西兰沿海。
参考文献：Chang et al.，2012。

宽头尖甲藻 *Oxytoxum laticeps* Schiller, 1937

分布：太平洋热带海域；南海北部；澳大利亚和新西兰沿海。
参考文献：Hasle，1960；杨世民等，2019；McCarthy，2013b；Chang et al.，2012。

长角尖甲藻 *Oxytoxum longiceps* Schiller, 1937

分布：南海北部；新西兰沿海。
参考文献：杨世民等，2019；Chang et al.，2012。

长尖甲藻 *Oxytoxum longum* Schiller, 1937

分布：太平洋热带海域；澳大利亚沿海。
参考文献：Hasle，1960；McCarthy，2013b。

地中海尖甲藻 *Oxytoxum mediterraneum* Schiller, 1937

分布：南海。
参考文献：杨世民等，2019。

帽状尖甲藻 *Oxytoxum mitra* (Stein) Schröder, 1906

同种异名：*Pyrgidium mitra* Stein, 1883
分布：东海，南海；澳大利亚沿海。
参考文献：杨世民等，2019；McCarthy，2013b。

短尖尖甲藻 *Oxytoxum muconatum* Hope, 1954

分布：南海中部。
参考文献：杨世民等，2019。

斜尖甲藻 *Oxytoxum obliquum* Schiller, 1937

分布：澳大利亚沿海。
参考文献：McCarthy，2013b。

小型尖甲藻 *Oxytoxum parvum* Schiller, 1937

分布：南海北部；澳大利亚沿海。
参考文献：杨世民等，2019；McCarthy，2013b。

具网纹尖甲藻 Oxytoxum *reticulatum* (Stein) Schütt, 1899

同种异名：*Pyrgidium reticulatum* Stein, 1883; *Corythodinium reticulatum* (Stein) Taylor, 1976
分布：日本沿海。
参考文献：山路勇，1979。

节杖尖甲藻 *Oxytoxum sceptrum* (Stein) Schröder, 1906

同种异名：*Pyrgidium sceptrum* Stein, 1883
分布：太平洋热带海域；东海，南海；澳大利亚沿海。
参考文献：Hasle，1960；McCarthy，2013b；黄宗国和林茂，2012。

刺尖甲藻 *Oxytoxum scolopax* Stein, 1883

分布：西太平洋热带开阔洋区；东海，南海；日本、澳大利亚和新西兰沿海。
参考文献：Hasle，1960；林金美，1984；黄宗国和林茂，2012；山路勇，1979；McCarthy，2013b；Chang et al.，2012。

球体尖甲藻 *Oxytoxum sphaeroideum* Stein, 1883

分布：黄海，东海，南海；日本、澳大利亚和新西兰沿海。
参考文献：杨世民等，2019；山路勇，1979；McCarthy，2013b；Chang et al.，2012。

球体尖甲藻圆锥变种 *Oxytoxum sphaeroideum* var. *conicum* Lemmermann, 1905

分布：日本沿海。
参考文献：山路勇，1979。

钻形尖甲藻 *Oxytoxum subulatum* Kofoid, 1907

分布：南海；孟加拉湾。
参考文献：杨世民等，2019。

旋风尖甲藻 *Oxytoxum turbo* Kofoid, 1907

分布：东海，南海；澳大利亚和新西兰沿海。
参考文献：杨世民等，2019；McCarthy，2013b；Chang et al.，2012。

易变尖甲藻 *Oxytoxum variabile* Schiller, 1937

分布：太平洋热带海域；南海北部；澳大利亚沿海。
参考文献：Hasle，1960；杨世民等，2019；McCarthy，2013b。

伞甲藻属 Genus *Corythodinium* Loeblich Jr. & Loeblich III, 1966

比利时伞甲藻 *Corythodinium belgicae* (Meunier) Taylor, 1976

同种异名：*Oxytoxum belgicae* Meunier, 1910
分布：南海北部，冲绳海槽西侧海域。
参考文献：杨世民等，2019。

龙骨伞甲藻 *Corythodinium carinatum* (Gaarder) Taylor, 1976

同种异名：*Oxytoxum carinatum* Gaarder, 1954
分布：南海北部，冲绳海槽西侧海域。
参考文献：杨世民等，2019。

扁形伞甲藻 *Corythodinium compressum* (Kofoid) Taylor, 1976

同种异名：*Oxytoxum compressum* Kofoid, 1907
分布：南海北部；澳大利亚和新西兰沿海。
参考文献：杨世民等，2019；McCarthy，2013b；Chang et al.，2012。

缢缩伞甲藻 *Corythodinium constrictum* (Stein) Taylor, 1976

同种异名：*Pyrgidium constrictum* Stein, 1883; *Oxytoxum constrictum* (Stein) Bütschli, 1885
分布：东海，南海。
参考文献：杨世民等，2019。

弯尾伞甲藻 *Corythodinium curvicaudatum* (Kofoid) Taylor, 1976

同种异名：*Oxytoxum curvicaudatum* Kofoid, 1907
分布：南海北部。
参考文献：杨世民等，2019。

双锥伞甲藻 *Corythodinium diploconus* (Stein) Taylor, 1976

同种异名：*Oxytoxum diploconus* Stein, 1883
分布：日本和澳大利亚沿海。
参考文献：山路勇，1979；McCarthy，2013b。

优美伞甲藻 *Corythodinium elegans* (Pavillard) Taylor, 1976

分布：南海。
参考文献：杨世民等，2019；McCarthy，2013b；Chang et al.，2012。

佛利伞甲藻 *Corythodinium frenguellii* (Rampi) Taylor, 1976

同种异名：*Oxytoxum frenguellii* Rampi, 1941
分布：南海。
参考文献：杨世民等，2019。

宽阔伞甲藻 *Corythodinium latum* (Gaarder) Taylor, 1976

同种异名：*Oxytoxum latum* Gaarder, 1954
分布：南海。
参考文献：杨世民等，2019。

米尔纳伞甲藻 *Corythodinium milneri* (Murray & Whitting) Gómez, 2017

同种异名：*Oxytoxum milneri* Murray & Whitting, 1899
分布：太平洋热带海域；东海，南海；日本和澳大利亚沿海。
参考文献：Hasle，1960；杨世民等，2019；山路勇，1979；McCarthy，2013b。

辐射伞甲藻 *Corythodinium radiosum* (Rampi) Gómez, 2017

同种异名：*Oxytoxum radiosum* Rampi, 1941
分布：南海北部。
参考文献：杨世民等，2019。

网状伞甲藻 *Corythodinium reticulatum* (Stein) Taylor, 1976

分布：南海北部。
参考文献：杨世民等，2019。

方格伞甲藻 *Corythodinium tesselatum* (Stein) Loeblich Jr. & Loeblich III, 1966

同种异名：*Pyrgidium tesselatum* Stein, 1883
分布：东海，南海；日本沿海。
参考文献：杨世民等，2019；山路勇，1979。

帕维藻属 Genus *Pavillardinium* De Toni, 1936

圆形帕维藻 *Pavillardinium rotundatum* (Kofoid) De Toni, 1936

同种异名：*Murrayella rotundata* Kofoid, 1907
分布：日本沿海。
参考文献：山路勇，1979。

未定科 Family Peridiniales incertae sedis

围鞭藻属 Genus *Peridiniella* Kofoid & Michener, 1911

丹麦围鞭藻 *Peridiniella danica* (Paulsen) Okolodkov & Dodge, 1995

同种异名：*Glenodinium danicum* Paulsen, 1907
分布：日本沿海。
参考文献：山路勇，1979。

球状围鞭藻 *Peridiniella sphaeroidea* Kofoid & Michener, 1911

分布：冲绳海槽西侧海域。
参考文献：杨世民等，2016。

长甲藻属 Genus *Dolichodinium* Kofoid & Adamson, 1933

线纹长甲藻 *Dolichodinium lineatum* (Kofoid & Michener) Kofoid & Adamson, 1933

同种异名：*Heterodinium lineatum* Kofoid & Michener, 1911
分布：南海北部。
参考文献：杨世民等，2016。

薄甲藻属 Genus *Glenodinium* Ehrenberg, 1836

倾斜薄甲藻 *Glenodinium obliquum* Pouchet, 1883

分布：日本沿海。
参考文献：山路勇，1979。

沃氏薄甲藻 *Glenodinium warmingii* Bergh, 1881

分布：日本沿海。
参考文献：山路勇，1979。

苏斯藻目 Order Suessiales Fensome et al., 1993

苏斯藻科 Family Suessiaceae Fensome et al., 1993

原生藻属 Genus *Protodinium* Lohmann, 1908

简单原生藻 *Protodinium simplex* Lohmann, 1908

同种异名：*Gymnodinium simplex* (Lohmann) Kofoid & Swezy, 1921
分布：中国台湾沿海；日本、澳大利亚和新西兰沿海。
参考文献：邵广昭，2003-2014；山路勇，1979；McCarthy，2013b；Rhodes and Smith，2018。

共生藻科 Family Symbiodiniaceae Fensome et al., 1993

共生藻属 Genus *Symbiodinium* Hansen & Daugbjerg, 2009

小亚得里亚共生藻 *Symbiodinium microadriaticum* La Jeunesse, 2017

同种异名：*Zooxanthella microadriatica* (La Jeunesse) Guiry & Andersen, 1979
分布（可生长于珊瑚内胚层的一种共生单细胞藻）：南海；澳大利亚昆兰士沿海。
参考文献：Morton B and Morton J，1983；刘瑞玉，2008；Strychar et al.，2004。

三达尼亚共生藻 *Symbiodinium tridacnidarum* Lee, Jeong, Kang & La Jeunesse, 2017

同种异名：*Zooxanthella tridacnidarum* (Lee, Jeong, Kang & La Jeunesse) Guiry & Andersen, 2018
分布：澳大利亚昆士兰沿海。
参考文献：Lee et al.，2015。

虫黄藻属 Genus *Zooxanthella* Brandt, 1881

营养虫黄藻 *Zooxanthella nutricula* Brandt, 1881

同种异名：*Brandtodinium nutricula* (Brandt) Probert & Siano, 2014
分布：太平洋；日本沿海。
参考文献：Probert et al.，2014。

未定目 Order Dinophyceae incertae sedis

双顶藻科 Family Amphidomataceae Sournia, 1984

双顶藻属 Genus *Amphidoma* Stein, 1883

坚果双顶藻 *Amphidoma nucula* Stein, 1883

同种异名：*Murrayella spinosa* Kofoid, 1907
分布：西太平洋热带、亚热带海域。
参考文献：Hasle，1960；杨世民等，2016。

植物界 Kingdom Plantae Haeckel, 1866

绿藻门 Phylum Chlorophyta Reichenbach, 1834

塔胞藻纲 Class Pyramimonadophyceae Moestrup & Daugbjerg, 2019

塔胞藻目 Order Pyramimonadales Chadefaud, 1950

塔胞藻科 Family Pyramimonadaceae Korshikov, 1938

海球藻属 Genus *Halosphaera* Schmitz, 1878

绿海球藻 *Halosphaera viridis* Schmitz, 1878

分布：渤海，黄海，东海，南海；新西兰沿海。
参考文献：刘瑞玉，2008；邵广昭，2003-2014；Broady et al.，2012。

塔胞藻属 Genus *Pyramimonas* Schmarda, 1849

帕克塔胞藻 *Pyramimonas parkeae* Norris & Pearson, 1975

分布（赤潮生物）：日本沿海。
参考文献：Fukuyo et al.，1990。

翼种藻科 Family Pterospermataceae Lohmann, 1904

翼种藻属 Genus *Pterosperma* Pouchet, 1893

鸡冠翼种藻 *Pterosperma cristatum* Schiller, 1925

分布（赤潮生物）：日本沿海。
参考文献：Fukuyo et al.，1990。

多毛藻科 Family Polyblepharidaceae Dangeard, 1889

多毛藻属 Genus *Polyblepharides* Dangeard, 1888

淀粉多毛藻 *Polyblepharides amylifera* (Conrad) Ettl, 1982

同种异名：*Pyramimonas amylifera* Conrad, 1939; *Asteromonas amylifera* (Conrad) Butcher, 1959
分布（赤潮生物）：日本沿海。
参考文献：Fukuyo et al.，1990。

玛米藻纲 Class Mamiellophyceae Marin & Melkonian, 2010

玛米藻目 Order Mamiellales Moestrup, 1984

玛米藻科 Family Mamiellaceae Moestrup, 1984

微孢藻属 Genus *Micromonas* Manton & Parke, 1960

极小微孢藻 *Micromonas pusilla* (Butcher) Manton & Parke, 1960

同种异名：*Chromulina pusilla* Butcher, 1952
分布（赤潮生物）：日本沿海。
参考文献：Fukuyo et al.，1990。

肾藻纲 Class Nephroselmidophyceae Nakayama, Suda, Kawachi & Inouye, 2007

肾藻目 Order Nephroselmidales Nakayama, Suda, Kawachi & Inouye, 2007

肾藻科 Family Nephroselmidaceae Pascher, 1913

肾藻属 Genus *Nephroselmis* Stein, 1878

梨形肾藻 *Nephroselmis pyriformis* (Carter) Ettl, 1982

同种异名：*Bipedinomonas pyriformis* Carter, 1937
分布（赤潮生物）：日本沿海。
参考文献：Fukuyo et al.，1990。

石莼纲 Class Ulvophyceae Mattox & Stewart, 1984

奥尔特藻目 Order Oltmannsiellopsidales Nakayama, Watanabe & Inouye, 1996

奥尔特藻科 Family Oltmannsiellopsidaceae Nakayama, Watanabe & Inouye, 1996

奥尔特藻属 Genus *Oltmannsiellopsis* Chihara & Inouye, 1986

绿色奥尔特藻 *Oltmannsiellopsis viridis* (Hargraves & Steele) Chihara & Inouye, 1986

同种异名：*Oltmannsiella viridis* Hargraves & Steele, 1980

分布（赤潮生物）：日本沿海。
参考文献：Fukuyo et al.，1990。

绿藻纲 Class Chlorophyceae Wille, 1884

衣藻目 Order Chlamydomonadales Fritsch, 1927

杜氏藻科 Family Dunaliellaceae Christensen, 1967

杜氏藻属 Genus *Dunaliella* Teodoresco, 1905

盐生杜氏藻 *Dunaliella salina* (Dunal) Teodoresco, 1905

分布：中国沿海；澳大利亚和新西兰沿海。
参考文献：黄宗国和林茂，2012；Day et al.，1995。

环藻目 Order Sphaeropleales Luerssen, 1877

水网藻科 Family Hydrodictyaceae Dumortier, 1829

盘星藻属 Genus *Pediastrum* Meyen, 1829

单角盘星藻 *Pediastrum simplex* Meyen, 1829

分布：中国沿海；日本和澳大利亚沿海。
参考文献：黄宗国和林茂，2012；Hirose et al.，1977；Day et al.，1995。

四爿藻纲 Class Chlorodendrophyceae Massjuk, 2006

四爿藻目 Order Chlorodendrales Melkonian, 1990

四爿藻科 Family Chlorodendraceae Oltmanns, 1904

扁藻属 Genus *Platymonas* West, 1916

大扁藻 *Platymonas helgolandica* Kylin, 1935

分布：中国山东沿海。
参考文献：黄宗国和林茂，2012。

心形扁藻 *Platymonas cordiformis* Korshikov 1938

分布：中国沿海。
参考文献：黄宗国和林茂，2012。

共球藻纲 Class Trebouxiophyceae Friedl, 1995

小球藻目 Order Chlorellales Bold & Wynne, 1978

小球藻科 Family Chlorellaceae Brunnthaler, 1913

小球藻属 Genus *Chlorella* Beyerinck [Beijerinck], 1890

盐生小球藻 *Chlorella salina* Kufferath, 1919

分布：中国沿海。
参考文献：黄宗国和林茂，2012。

卵形小球藻 *Chlorella ovalis* Butcher, 1952

分布：中国沿海。
参考文献：黄宗国和林茂，2012。

原生动物界 Kingdom Protozoa Goldfuss, 1818

尾虫藻门 Phylum Cercozoa Cavalier-Smith, 1998

膜线藻纲 Class Thecofilosea Cavalier-Smith, 2003

醉藻目 Order Ebriida Deflandre, 1936

醉藻科 Family Ebriidae Lemmermann, 1901

醉藻属 Genus *Ebria* Borgert, 1891

三裂醉藻 *Ebria tripartita* (Schumann) Lemmermann, 1899

分布（淡水种，赤潮生物）：朝鲜、日本沿海。
参考文献：Jeong et al.，2017；Fukuyo et al.，1990。

裸藻门 Phylum Euglenozoa Cavalier-Smith, 1981

裸藻纲 Class Euglenophyceae Schoenichen, 1925

裸藻目 Order Euglenida Stein, 1878

裸藻科 Family Euglenidae Dujardin, 1841

裸藻属 Genus *Euglena* Ehrenberg, 1830

灵动裸藻 *Euglena agilis* Carter, 1856

分布（淡水种，赤潮生物）：中国台湾沿海；朝鲜、日本和澳大利亚沿海。

参考文献：邵广昭，2003-2014；Kim et al.，1998；Fukuyo et al.，1990；Day et al.，1995。

静裸藻 *Euglena deses* Ehrenberg, 1834

分布（淡水种，赤潮生物）：中国沿海；朝鲜、日本和澳大利亚沿海。
参考文献：胡鸿钧等，2006；Kim et al.，1998；Fukuyo et al.，1990；Day et al.，1995。

纤细裸藻 *Euglena gracilis* Klebs, 1883

分布（淡水种，赤潮生物）：中国沿海；朝鲜、日本和澳大利亚沿海。
参考文献：胡鸿钧等，2006；Kim et al.，1998；Fukuyo et al.，1990；Day et al.，1995。

钝形裸藻 *Euglena obtusa* Schmitz, 1884

分布（淡水种，赤潮生物）：朝鲜、日本沿海。
参考文献：Kim et al.，1998；Fukuyo et al.，1990。

膝曲裸藻 *Euglena geniculata* Schmitz, 1884

同种异名：*Euglena schmitzii* Conrad & Van Meel, 1952; *Euglena schmitzii* Gojdics, 1953
分布（淡水种，赤潮生物）：中国沿海；朝鲜、日本和澳大利亚沿海。
参考文献：胡鸿钧等，2006；Kim et al.，1998；Fukuyo et al.，1990；Day et al.，1995。

尖尾裸藻 *Euglena oxyuris* Schmarda, *1846*

分布：中国沿海；日本和澳大利亚沿海。
参考文献：黄宗国和林茂，2012；Hirose et al.，1977；Day et al.，1995。

鱼形裸藻 *Euglena pisciformis* Klebs, 1883

分布：中国沿海；日本和澳大利亚沿海。
参考文献：黄宗国和林茂，2012；Hirose et al.，1977；Day et al.，1995。

星状裸藻 *Euglena stellata* Mainx, 1926

分布（淡水种，赤潮生物）：日本沿海。
参考文献：Fukuyo et al.，1990。

平滑裸藻 *Euglena texta* (Dujardin) Hübner, 1886

同种异名：*Crumenula texta* Dujardin, 1841; *Lepocinclis texta* (Dujardin) Lemmermann, 1901
分布：中国沿海；朝鲜、新加坡和澳大利亚沿海。
参考文献：黄宗国和林茂，2012；Kim et al.，1998；Pham et al.，2011；Day et al.，1995。

三星裸藻 *Euglena tristella* Chu, 1946

分布：中国厦门、台湾沿海。
参考文献：黄宗国和林茂，2012；邵广昭，2003-2014。

绿色裸藻 *Euglena viridis* (Müller) Ehrenberg, 1830

同种异名：*Cercaria viridis* Müller, 1786
分布（淡水种，赤潮生物）：中国沿海；朝鲜、日本、澳大利亚和新西兰沿海。
参考文献：胡鸿钧等，2006；Kim et al.，1998；Fukuyo et al.，1990；Day et al.，1995。

双鞭藻目 Order Eutreptiiida Leedale, 1967

双鞭藻科 Family Eutreptiidae Hollande, 1942

拟双鞭藻属 Genus *Eutreptiella* da Cunha, 1914

体操拟双鞭藻 *Eutreptiella gymnastica* Throndsen, 1969

分布（赤潮生物）：日本沿海。
参考文献：Fukuyo et al.，1990。

参考文献

References

程兆第，高亚辉．2012. 中国海藻志：第五卷 硅藻门 第二册 羽纹纲Ⅰ．北京：科学出版社．

程兆第，高亚辉．2013. 中国海藻志：第五卷 硅藻门 第三册 羽纹纲Ⅱ．北京：科学出版社．

程兆第，高亚辉，刘师成．1993. 福建沿岸的微型硅藻．北京：海洋出版社．

范亚文，刘妍．2016. 兴凯湖的硅藻．北京：科学出版社．

公晗，颜天，周名江．2014. 褐潮藻 *Aureococcus anophagefferens* 的危害研究进展。海洋科学，38(6): 78-84.

郭玉洁．2003. 中国海藻志：第五卷 硅藻门 第一册 中心纲．北京：科学出版社．

胡鸿钧，魏印心．2006. 中国淡水藻类：系统、分类及生态．北京：科学出版社．

胡晓燕．2003. 山东沿海普林藻纲的分类研究．青岛：中国科学院研究生院博士学位论文．

黄宗国，林茂．2012. 中国海洋物种多样性：上册．北京：海洋出版社．

金德祥，陈金环，黄凯歌．1965. 中国海洋浮游硅藻类．上海：上海科学技术出版社．

金德祥，程兆第，林均民，等．1982. 中国海洋底栖硅藻类：上卷．北京：海洋出版社．

金德祥，程兆第，刘师成，等．1992. 中国海洋底栖硅藻类：下卷．北京：海洋出版社．

李家英，齐雨藻．2010. 中国淡水藻志：第十四卷 硅藻门 舟形藻科（Ⅰ）. 北京：科学出版社．

李家英，齐雨藻．2018. 中国淡水藻志：第二十三卷 硅藻门 舟形藻科（Ⅲ）. 北京：科学出版社．

李扬，吕颂辉，江涛等，2014. 我国底栖硅藻的两个新记录种．水生生物学报，38(1): 193-196.

林金美．1984. 中太平洋西部海域甲藻的分类 // 国家海洋局第三海洋研究所．西太平洋热带水域浮游生物论文集．北京：海洋出版社：22-51.

林永水．2009. 中国海藻志：第六卷 甲藻门 第一册 甲藻纲 角藻科．北京：科学出版社．

刘瑞玉．2008. 中国海洋生物名录．北京：科学出版社．

马新，李瑞香，李艳，等．2013. 甲藻分类历史沿革及中国近海部分甲藻分类地位修订．生物多样性，21(1): 19-27.

庞勇，聂瑞，吕颂辉．2015. 珠江口双胞旋沟藻 *Cochlodinium geminatum* 赤潮生消过程的环境特征初步分析．生态环境学报，24(2): 286-293.

齐雨藻．1995. 中国淡水藻志：第四卷 硅藻门 中心纲．北京：科学出版社．

邵广昭．2003-2014. 台湾物种名录 (Catalogue of Life in Taiwan). http: //taibnet.sinica.edu.tw/.

孙晓霞，郑珊，郭术津．2017. 热带西太平洋常见浮游植物．北京：科学出版社．

王全喜．2018. 中国淡水藻志：第二十二卷 硅藻门 管壳缝目．北京：科学出版社．

小久保清治．1960. 浮游矽藻类．华汝成，译．上海：上海科学技术出版社．

杨清良，陈兴群．1984. 太平洋西部水域浮游硅藻的分类 // 国家海洋局第三海洋研究所．西太平洋热带水域浮游生物论文集．北京：海洋出版社：1-21.

杨清良，林更铭，林金美，等．2000. 黑潮源区春季浮游植物的种类组成与分布．// 国家海洋局科学技术司．中国海洋学文集 11. 北京：科学出版社：144-156.

杨世民，李瑞香，董树刚．2014. 中国海域甲藻Ⅰ（原甲藻目、鳍藻目）. 北京：海洋出版社．

杨世民，李瑞香，董树刚．2016. 中国海域甲藻Ⅱ（膝沟藻目）. 北京：海洋出版社．

杨世民，李瑞香，董树刚．2019. 中国海域甲藻Ⅲ（多甲藻目）. 北京：海洋出版社．

山路勇．1979. 日本沿岸アランクトン図鑑．大阪：保育社 (Hoikusha Publishing CO. LTD).

千原光雄，村野正昭．1997. 日本沿岸产海洋プテソクトン检索図説（日本沿岸産海洋浮游生物檢索圖說）. 神奈川：東海大学出版会．

井上勲．2007. 藻類 30 億年の自然史 - 藻類から見る生物進化・地球・環境．神奈川：東海大学出版会．

Ahmed Z U, Khondker M, Begum Z N T, et al. 2009. Algae, charophyta - rhodophyta (achnanthaceae-vaucheriaceae)//Ahmed Z U, Kabir S M H, Ahmed M, et al. Encyclopedia of flora and fauna of Bangladesh. Dhaka: Asiatic Society of Bangladesh.

Ajani P, Murray S, Hallegraeff G, et al. 2013. The diatom genus *Pseudo-nitzschia* (Bacillariophyceae) in New South Wales, Australia: morphotaxonomy, molecular phylogeny, toxicity, and distribution. Journal of Phycology, 49(4): 765-785.

Ajani P A, Armbrecht L, Kersten O, et al. 2016. Diversity, temporal distribution and physiology of the centric diatom *Leptocylindrus* Cleve (Bacillariophyta) from a southern hemisphere upwelling system. Diatom Research, 31(4): 351-365.

Allen W E, Cupp E E. 1935. Plankton diatoms of the Java Sea. Annales du Jardin Botanique de Buitenzorg, 44: 101-174.

Andersen R A. 2011. *Ochromonas moestrupii* sp. nov. (Chrysophyceae), a new golden flagellate from Australia. Phycologia, 50(6): 600-607.

Anon. 2012. Biota Taiwanica. Algae of Taiwan. Algae of Taiwan Checklist. http://algae.biota.biodiv.tw/catalog.

Benico G, Takahashi K, Lum W M, et al. 2019. Morphological variation, ultrastructure, pigment composition and phylogeny of the star-shaped dinoflagellate *Asterodinium gracile* (Kareniaceae, Dinophyceae). Phycologia, 58(4): 405-418.

Bolch C, Negri A P, Hallegraeff G. 1999. *Gymnodinium microreticulatum* sp. nov. (Dinophyceae): a naked, microreticulate cyst-producing dinoflagellate, distinct from *Gymnodinium catenatum* and *Gymnodinium nolleri*. Phycologia, 38(4): 301-313.

Bostock P D, Holland A E. 2010. Census of the Queensland Flora. Brisbane: Queensland Herbarium Biodiversity and Ecosystem Sciences, Department of

Environment and Resource Management: 1-320.

Bowers H A, Tomas C, Tengs T, et al. 2006. Raphidophyceae (Chadefaud ex Silva) systematics and rapid identification: sequence analyses and real-time PCR assays. Journal of Phycology, 42: 1333-1348.

Broady P A, Flint E A, Nelson W A, et al. 2012. Phylum Chlorophyta and Charophyta: green algae//Gordon D P. New Zealand inventory of biodiversity. Volume Three. Kingdoms Bacteria, Protozoa, Chromista, Plantae, Fungi. Christchurch: Canterbury University Press: 347-381.

Carter N. 1937. New or interesting algae from brackish water. Archiv für Protistenkunde, 90: 1-68.

Casteleyn G, Chepurnov V A, Leliaert F, et al. 2008. *Pseudo-nitzschia pungens* (Bacillariophyceae): a cosmopolitan diatom species? Harmful Algae, 7(2): 241-257.

Cavalier-Smith T. 1983. A 6-kingdom Classification and a Unified Phylogeny//Schwemmler W, Schenk H E A. Endocytobiology Ⅱ. Berlin: deGruyter: 1027-1034.

Cavalier-Smith T. 1986. The kingdoms of organisms. Nature, 324: 416-417.

Cavalier-Smith T. 1998. A revised six-kingdom system of life. Biological Reviews, 73: 203-266.

Cavalier-Smith T. 2004. Only six kingdoms of life. Proceedings of the Royal Society B: Biological Sciences, 271: 1251-1262.

Chang F H, Broady P A. 2012. Phylum Cryptophyta: cryptomonads, katableparids//Gorden D P. New Zealand inventory of biodiversity. Volume Three. Kingdoms Bacteria, Protozoa, Chromista, Plantae, Fungi. Christchurch: Canterbury University Press: 306-311.

Chang F H, Charleston W A G, McKenna P B, et al. 2012. Phylum Myzozoa: dinoflagellates, perkinsids, ellobiopsids, sporozoans//Gordon D P. New Zealand inventory of biodiversity. Volume Three. Kingdoms Bacteria, Protozoa, Chromista, Plantae, Fungi. Christchurch: Canterbury University Press: 175-216.

Chang F H, Ryan K G. 1985. *Prymnesium calathiferum* sp. nov. (Prymnesiophyceae), a new species isolated from Northland, New Zealand. Phycologia, 24(2): 191-198.

Chang F H, Ryan K G. 2004. *Karenia concordia* sp. nov. (Gymnodiniales, Dinophyceae), a new nonthecate dinoflagellate isolated from the New Zealand northeast coast during the 2002 harmful algal bloom events. Phycologia, 43(5): 552-562.

Chang F H, Sutherland J, Bradford-Grieve J M. 2017. Taxonomic revision of Dictyochales (Dictyochophyceae) based on morphological, ultrastructural, biochemical and molecular data. Phycological Research, 65(3): 235-247.

Chapman V J, Thompson R H, Segar E C M. 1957. Check list of the fresh-water algae of New Zealand. Transactions of the Royal Society of New Zealand, 84: 695-747.

Chen C P, Zhou S P, Wang Z et al. 2019. *Seminavis exigua* sp. nov. (Bacillariophyceae), a new small diatom from southern Fujian Province, China. Diatom Research, 34(2): 85-93.

Cho E S, Kotaki Y, Park J G. 2001. The comparison between toxic *Pseudo-nitzschia multiseries* (Hasle) Hasle and non-toxic *P. pungens* (Grunow) Hasle isolated from Jinhae Bay, Korea. Algae, 16(3): 275-285.

Cho H J, Kim C H, Moon C H, et al. 2003. Dinoflagellate cysts in recent sediments from the southern coastal waters of Korea. Botanica Marina, 46(4): 332-337.

Cho K, Kasaoka T, Ueno M, et al. 2017. Haemolytic activity and reactive oxygen species production of four harmful algal bloom species. European Journal of Phycology, 52(3): 1-9.

Cholnoky B J. 1960. Contributions to the Knowledge of the Diatom Flora of Natal (South Africa). Nova Hedwigia, 2(1-2): 1-128.

Chomérat N, Zentz F, Boulben S, et al. 2011. *Prorocentrum glenanicum* sp. nov. and *Prorocentrum pseudopanamense* sp. nov. (Prorocentrales, Diniphyceae), two new benthic dinoflagellate species from South Brittany (northwestern France). Phycologia, 50(2): 202-214.

Cook S S, Jones R C, Vaillancourt R E, et al. 2013. Genetic differentiation among Australian and Southern Ocean populations of the ubiquitous coccolithophore *Emiliania huxleyi* (Haptophyta). Phycologia, 52(4): 368-374.

Day S A, Wickham R P, Entwisle T J, et al. 1995. Bibliographic check-list of non-marine algae in Australia. Flora of Australia Supplementary Series, 4: i-vii, 1-276.

de Salas M F, Bolch C J S, Botes L, et al. 2003. *Takayama* gen. nov. (Gymnodiniales, Dinophyceae), a new genus of unarmoured dinoflagellates with sigmoid apical grooves, including the description of two new species. Journal of Phycology, 39(6): 1233-1246.

de Salas M F, Bolch C J S, Hallegraeff G M. 2004. *Karenia asterichroma* sp. nov. (Gymnodiniales, Dinophyceae), a new dinoflagellate species associated with finfish aquaculture mortalities in Tasmania, Australia. Phycologia, 43: 624-631.

de Salas M F, Bolch C J S, Hallegraeff G M. 2005. *Karlodinium australe* sp. nov. (Gymnodiniales, Dinophyceae), a new potentially ichthyotoxic unarmoured dinoflagellate from lagoonal habitats of south-eastern Australia. Phycologia, 44(6): 640-650.

de Salas M F, Laza-Martinez A, Hallegraeff G M. 2008. Novel unarmored dinoflagellates from the toxigenic family Kareniaceae (Gymnodiniales): five new species of *Karlodinium* and one new *Takayama* from the Australian sector of the Southern Ocean. Journal of Phycology, 44(1): 241-257.

Demura M, Noël M H, Kasai F, et al. 2009. Taxonomic revision of *Chattonella antiqua*, *C. marina* and *C. ovata* (Raphidophyceae) based on their morphological characteristics and genetic diversity. Phycologia, 48(6): 518-535.

Desikachary T V. 1988. Marine diatoms of the Indian Ocean region//Desikachany T V. Atlas of Diatoms. Madras: TT Maps and Publications: Fasc. V: 1-13.

Dittami S M, Edvardsen B. 2012. Culture conditions influence cellular RNA content in ichthyotoxic flagellates of the genus *Pseudochattonella* (Dictyochophyceae). Journal of Phycology, 48(4): 1050-1055.

Dodge J D. 1981. Three new generic names in the Dinophyceae: *Herdmania*, *Sclerodinium* and *Triadinium* to replace *Heteraulacus* and *Goniodoma*. British Phycological Journal, 16: 273-280.

Dorantes-Aranda J J, Nichols P D, Waite T D, et al. 2013. Strain variability in fatty acid composition of *Chattonella marina* (Raphidophyceae) and its relation to differing ichthyotoxicity toward rainbow trout gill cells. Journal of Phycology, 49(2): 427-438.

Edvardsen B, Eikrem W, Shalchian-Tabrizi K, et al. 2007. *Verrucophora farcimen* gen. et sp. nov. (Dictyochophyceae, Heterokonta)—a bloom-forming ichthyotoxic flagellate from the Skagerrak, Norway. Journal of Phycology, 43(5): 1054-1070.

Edvardsen B, Eikrem W, Throndsen J, et al. 2011. Ribosomal DNA phylogenies and a morphological revision set the basis for a revised taxonomy of the Prymnesiales (Haptophyta). European Journal of Phycology, 46(3): 202-228.

Eissler Y, Wang K, Chen F, et al. 2009. Ultrastructural characterization of the lytic cycle of an intranuclear virus infecting the diatom *Chaetoceros* cf. *wighamii* (Bacillariophyceae) from Chesapeake Bay, USA. Journal of Phycology, 45(4): 787-797.

Engesmo A, Eikrem W, Seoane S, et al. 2016. New insights into the morphology and phylogeny of *Heterosigma akashiwo* (Raphidophyceae), with the description of *Heterosigma minor* sp. nov. Phycologia, 55(3): 279-294.

Faust M A, Gulledge R A. 2002. Identifying harmful marine dinoflagellates. Contributions from the United States National Herbarium, 42: 1-144.

Fernando G. 2005. A list of free-living dinoflagellate species in the word's oceans. Acta Bot Groat, 64(1): 129-212.

Foged N. 1972. Freshwater diatoms in Thailand. Nova Hedwigia, 22: 267-369.

Fukuyo Y. 1981. Taxonomical study on benthic dinoflagellates collected in coral reefs. Bulletin of the Japanese Society of Scientific Fisheries, 47(8): 967-978.

Fukuyo Y, Takano H, Chihara M, et al. 1990. Red Tide Organisms in Japan. An Illustrated Taxonomic Guide. Tokyo: Uchida Rokakuho.

García-Portela M, Riobó P, Rodríguez F. 2017. Morphological and molecular study of the cyanobiont-bearing dinoflagellate Sinophysis canaliculata from the Canary Islands (eastern central Atlantic). Journal of Phycology, 53(2): 446-450.

Gayral P, Fresnel J. 1983. *Platychrysis pienaarii* sp. nov. et *P. simplex* sp. nov. (Prymnesiophyceae): description et ultrastructure. Phycologia, 22(1): 29-45.

Gedde A D. 1999. *Thalassiosira andamanica* sp. nov. (Bacillariophyceae), a new diatom from the Andaman Sea (Thailand). Journal of Phycology, 35: 198-205.

Glushchenko A, Kociolek J P, Kuznetsova I, et al. 2019. *Neidium vietnamensis*-a new diatom species (Bacillariophyceae: Neidiaceae) from Vietnam and a checklist of the genus from Southeast Asia. Diatom Research, 34(4): 259-269.

Gómez F. 2005. *Histioneis* (Dinophysiales, Dinophyceae) from the western Pacific Ocean. Botanica Marina, 48(5-6): 421-425.

Gómez F. 2012. A checklist and classification of living dinoflagellates (Dinoflagellates, Alveolata). Cicimar Oceanides, 27: 65-140.

Gómez F. 2013. Reinstatement of the dinoflagellate genus *Tripos* to replace *Neoceratium*, marine species of *Ceratium* (Dinophy, Alveolata). Cicimar Oceánides 28(1): 1-22.

Gómez F. 2021.Speciation and infrageneric classification in the planktonic dinoflagellate *Tripos* (Gonyaulacales, Dinophyceae). Current Chinese Science, 1: 346-372.

Gómez F, López-García P, Takayama H, et al. 2015. *Balechina* and the new genus *Cucumeridinium* gen. nov. (Dinophyceae), unarmored dinoflagellates with thick cell coverings. Journal of Phycology, 51(6): 1088-1105.

Gottschling M, Knop R, Plötner J, et al. 2005. A molecular phylogeny of *Scrippsiella sensu lato* (Calciodinellaceae, Dinophyta) with interpretations on morphology and distribution. European Journal of Phycology, 40(2): 207-220.

Gu H F. 2011. Morphology, phylogenetic position, and ecophysiology of *Alexandrium ostenfeldii* (Dinophyceae) from the Bohai Sea, China. Journal of Systematics Evolution, 49(6): 609-616.

Gu H F, Liu T T, Vale P, et al. 2013a. Morphology, phylogeny and toxin profiles of *Gymnodinium inusitatum* sp. nov., *Gymnodinium catenatum* and *Gymnodinium microreticulatum* (Dinophyceae) from the Yellow Sea, China. Harmful Algae, 28: 97-107.

Gu H F, Luo Z H, Liu T T, et al. 2013b. Morphology and phylogeny of *Scrippsiella enormis* sp. nov. and *S.* cf. *spinifera* (Peridiniales, Dinophyceae) from the China Sea. Phycologia, 52(2): 182-190.

Gu H F, Luo Z H, Zhang X D, et al. 2013c. Morphology, ultrastructure and phylogeny of *Takayama xiamenensis* sp. nov. (Gymnodiniales, Dinophyceae) from the East China Sea. Phycologia, 52(3): 256-265.

Gu H F, Sun J, Kooistra W H C F, et al. 2008. Phylogenetic position and morphology of thecae and cysts of *Scrippsiella* (Dinophyceae) species in the East China Sea. Journal of Phycology, 44(2): 478-494.

Gu H, Liu T & Mertens K N. 2015. Cyst-theca relationship and phylogenetic positions of *Protoperidinium* (Peridiniales, Dinophyceae) species of the sections *Conica* and *Tabulata*, with description of *Protoperidinium shanghaiense* sp. nov. Phycologia, 54(1): 49-66.

Guiry M D, Guiry G M. 2021. World-wide Electronic Publication. Galway: National University of Ireland.

Hallegraeff G M. 1984. Species of the diatom genus *Thalassiosira* in Australian Waters. Botanica Marina, 27(11): 495-513.

Hallegraeff G, Eriksen R, Davies C, et al. 2020. The marine planktonic dinoflagellate *Tripos*: 60 years of species-level distributions in Australian waters. Australian Systematic Botany, 33: 392-411.

Hallegraeff G M. 1991. Aquaculturalist's Guide to Harmful Australian Microalgae. Hobart: Fishing Industry Training Board of Tasmania; CSIRO Division of Fisheries: 111.

Hallegraeff G M, Bolch C J S, Hill D R A, et al. 2010. Algae of Australia. Phytoplankton of Temperate Coastal Waters. Canberra and Melbourne: ABRS; CSIRO Publishing: 1-421.

Hana M S, Wanga P B, Kima J H, et al. 2016. Morphological and molecular phylogenetic position of *Prorocentrum micans* sensu stricto and description of *Prorocentrum koreanum* sp. nov. from southern coastal waters in Korea and Japan. Protist, 167(1): 32-50.

Hansen G, Daugbjerg N, Franco J M. 2003. Morphology, toxin composition and LSU rDNA phylogeny of *Alexandrium minutum* (Dinophyceae) from Denmark, with some morphological observations on other European strains. Harmful Algae, 2(4): 317-335.

Hara Y, Chihara M. 1982. Ultrastructure and taxonomy of *Chattonella* (Class Raphidophyceae) in Japan. Japanese Journal of Phycology, 30: 47-56.

Hara Y, Doi K, Chihara M. 1994. Four new species of *Chattonella* (Raphidophyceae, Chromophyta) from Japan. Japanese Journal of Phycology, 42: 407-420.

Harlow L D, Koutoulis A, Hallegraeff G M. 2007. S-adenosylmethionine synthetase genes from eleven marine dinoflagellates. Phycologia, 46: 46-53.

Harper M A, Cassie Cooper V, Chang F H, et al. 2012. Phylum Ochrophyta: brown and golden-brown algae, diatoms, silicioflagellates, and kin//Gordon D P. New Zealand Inventory of Biodiversity. Volume Three. Kingdoms Bacteria, Protozoa, Chromista, Plantae, Fungi. Christchurch: Canterbury University

Press: 114-163.

Hasle G R. 1959. A quantitative study of phytoplankton from the equatorial Pacific. Deep Sea Research, 6: 38-59.

Hasle G R. 1960. Phytoplankton and ciliate species from the troical Pacific. Norske vidensk-Akad, 2: 50.

Hasle G R. 1978. Some *Thalassiosira* species with one central process (Bacillariophyceae). Norwegian Journal of Botany, 25: 77-110.

Hasle G R. 2001. The marine planktonic family Thalassionemataceae: morphology, taxonomy and distribution. Diatom Research, 16(1): 1-82.

Hasle G R, Lundholm N. 2005. *Pseudo-nitzschia seriata* f. *obtusa* (Bacillariophyceae) raised in rank based on morphological, phylogenetic and distributional data. Phycologia, 44(6): 608-619.

Haywood A J, Scholin C A, Marin III R, et al. 2007. Molecular detection of the brevetoxin-producing dinoflagellate *Karenia brevis* and closely related species using rRNA-targeted probes and a semiautomated sandwich hybridization assay. Journal of Phycology, 43: 1271-1286.

Haywood A J, Steidinger K A, Truby E W, et al. 2004. Comparative morphology and molecular phylogenetic analysis of three new species of the genus *Karenia* (Dinophyceae) from New Zealand. Journal of Phycology, 40(1): 165-179.

Hein M K, Lobban C S. 2015. *Rhoicosigma parvum* n. sp., a benthic marine diatom from The Bahamas and western Pacific. Diatom Research, 30(1): 75-85.

Hill D R A. 1991. A revised circumscription of *Cryptomonas* (Cryptophyceae) based on examination of Australian strains. Phycologia, 30(2): 170-188.

Hill D R A, Wetherbee R. 1989. A reappraisal of the genus *Rhodomonas* (Cryptophyceae). Phycologia, 28(2): 143-158.

Hirose H, Yamagishi T, Akiyama M. 1977. Illustrations of the Japanese Fresh-Water Algae. Tokyo: Uchida Rokakuho Publishing Co., Ltd. [in Japanese]

Hu X Y, Yin M Y, Tseng C K. 2005. Morphology of *Chrysochromulina planisquama* sp. nov. (Haptophyta, Prymnesiophyceae) isolated from Jiaozhou Bay, China. Botanica Marina, 48: 52-57.

Huang R. 1979. Marine diatoms of Langyu Island. Taiwan, ACTA University, 10: 190-200.

Huang R. 1990. Diatoms in some surface sediments of the Taiwan Continental Shelf. Nova Hedwigia, 50(1-2): 213-231.

Huang R, Jan L L, Chang C H. 1988. A preliminary analysis of phytoplankton variability in the western Philippine Sea. Acta Oceanographica Taiwanica, 21: 82-91.

Idei M, Sato S, Nagasato C, et al. 2015. Spermatogenesis and auxospore structure in the multipolar centric diatom Hydrosera. Journal of Phycology, 51(1): 144-158.

Iglesias-Rodriguez M, Schofield O, Batley J, et al. 2006. Intraspecific genetic diversity in the marine coccolithophore *Emiliania huxleyi* (Prymnesiophyceae): the use of microsatellite analysis in marine phytoplankton population studies. Journal of Phycology, 42(3): 526-536.

Ikari J. 1927. On Bacteriastrum of Japan. The Botanical Magazine, Tokyo, 41: 421-431.

Ishii K I, Iwataki M, Matsuoka K et al. 2011. Proposal of identification criteria for resting spores of *Chaetoceros* species (Bacillariophyceae) from a temperate coastal sea. Phycologia, 50(4): 351-362.

Iwataki M, Botes L, Sawaguchi T, et al. 2003. Cellular and body scale structure of *Heterocapsa ovata* sp. nov. and *Heterocapsa orientalis* sp. nov. (Peridiniales, Dinophyceae). Phycologia, 42(6): 629-637.

Iwataki M, Hansen G, Sawaguchi T, et al. 2004. Investigations of body scales in twelve *Heterocapsa* species (Peridiniales, Dinophyceae), including a new species *H. pseudotriquetra* sp. nov. Phycologia, 43(4): 394-403.

Iwataki M, Takayama H, Matsuoka K, et al. 2002. *Heterocapsa lanceolata* sp. nov. and *Heterocapsa horiguchii* sp. nov. (Peridiniales, Dinophyceae), two new marine dinoflagellates from coastal Japan. Phycologia, 41(5): 470-479.

Jahn R, Schmid A M M. 2007. Revision of the brackish-freshwater diatom genus *Bacillaria Gmelin* (Bacillariophyta) with the description of a new variety and two new species. European Journal of Phycology, 42(3): 295-312.

Jang S H, Jeong H J, Yoo Y D. 2018. *Gambierdiscus jejuensis* sp. nov., an epiphytic dinoflagellate from the waters of Jeju Island, Korea, effect of temperature on the growth, and its global distribution. Harmful Algae, 80: 149-157.

Jeong H J, Kim H R, Kim K I, et al. 2002. NaOCl produced by electrolysis of natural seawater as a potential method to control marine red-tide dinoflagellates. Phycologia, 41(6): 643-656.

Jeong H J, Lim A S, Lee K, et al. 2017. Ichthyotoxic *Cochlodinium polykrikoides* red tides offshore in the South Sea, Korea in 2014: I. Temporal variations in three-dimensional distributions of red-tide organisms and environmental factors. Algae, 32(2): 101-130.

Joh G. 2010a. Algal flora of Korea. Volume 3, Number 1. Chrysophyta: Bacillariophyceae: Centrales. Freshwater diatoms I. pp. [1-6], 1-161, figs 1-105. Incheon: National Institute of Biological Resources.

Joh G. 2010b. Asterionella, Diatoma, Meridion, Opephora, Tabellaria//Joh G, Lee J H, Lee K, et al. Algal flora of Korea. Volume 3, Number 2. Chrysophyta: Bacillariophyceae: Pennales: Araphidineae: Diatomaceae. Freshwater diatoms II Incheon: National Institute of Biological Resources: 7-50.

Joh G. 2012. Algal flora of Korea. Volume 3, Number 7. Chrysophyta: Bacillariophyceae: Pennales: Raphidineae: Acananthaceae. Freshwater diatoms V. pp. [1-6] 1-134, figs 1-15. Incheon: National Institute of Biological Resources.

John J. 2016. Diatoms from Stradbroke and Fraser Islands, Australia: Taxonomy and Biogeography. The diatom flora of Australia Volume 1 Schmitten - Oberreifenberg: Koeltz Botanical Books.

John J. 2018. Diatoms from Tasmania: Taxonomy and Biogeography. The diatom flora of Australia Volume 2. Schmitten - Oberreifenberg: Koeltz Botanical Books.

Jüttner I, Krammer K, van de Vijver, et al. 2010. *Oricymba* (Cymbellales, Bacillariophyceae), a new cymbelloid genus and three new species from the Nepalese Himalaya. Phycologia, 49(5): 407-423.

Kaeriyama H, Katsuki E, Otsubo M, et al. 2011. Effects of temperature and irradiance on growth of strains belonging to seven Skeletonema species isolated from Dokai Bay, southern Japan. European Journal of Phycology, 46(2): 113-124.

Kang N S, Jeong H J, Moestrup Ø, et al. 2014. *Gymnodinium smaydae* n. sp., a new planktonic phototrophic dinoflagellate from the coastal waters of western Korea: morphology and molecular characterization. Journal of Eukaryotic Microbiology, 61(2): 182-203.

Karafas S, Teng S T, Leaw C P, et al. 2017. An evaluation of the genus *Amphidinium* (Dinophyceae) combining evidence from morphology, phylogenetics, and toxin production, with the introduction of six novel species. Harmful Algae, 68: 128-151.

Kawachi M, Inouye I. 1993. *Chrysochromulina quadrikonta* sp. nov., a quadriflagellate member of the genus *Chrysochromulina* (Prymnesiophyceae = Haptophyceae). Japanese Journal of Phycology, 41: 221-230.

Kesorn T, Sunan P. 2007. Species diversity of marine planktonic diatoms at Chang Islands, Trat Province. Kasetsart Journal (National Science), 41: 114-124.

Ki J S, Park M H, Han M S. 2011. Discriminative power of nuclear rDNA sequences for the DNA taxonomy of the dinoflagellate genus *Peridinium* (Dinophyceae). Journal of Phycology, 47(2): 426-435.

Kihara Y, Tsuda K, Ishii C, et al. 2015. Periphytic diatoms of Nakaikemi Wetland, an ancient peaty low moor in central Japan. Diatom, 31: 18-44.

Kim J T, Boo S M, Zakryś B. 1998. Floristic and taxonomic accounts of the genus *Euglena* (Euglenophyceae) from Korean fresh waters. Algae, 13(2): 173-197.

Kim J H, Park B S, Wang P B, et al. 2015a. Cyst morphology and germination in *Heterosigma akashiwo* (Raphidophyceae). Phycologia, 54(5): 435-439.

Kim K Y, Yoshida M, Kim C H. 2005. Molecular phylogeny of three hitherto unreported *Alexandrium* species: *Alexandrium hiranoi*, *Alexandrium leei* and *Alexandrium satoanum* (Gonyaulacales, Dinophyceae) inferred from the 18S and 26S rDNA sequence data. Phycologia, 44(4): 361-368.

Kim M, Nam S W, Shin W, et al. 2012. *Dinophysis caudata* (Dinophyceae) sequesters and retains plastids from the mixotrophic ciliate prey *Mesodinium rubrum*. Journal of Phycology, 48(3): 569-579.

Kim S, Park M G, Yih W, et al. 2004. Infection of the bloom-forming, thecate dinoflagellates *Alexandrium affine* and *Gonyaulax spinifera* by two strains of *Amoebophrya* (Dinophyta). Journal of Phycology, 40(5): 815-822.

Kim S, Yoon J, Park M G. 2015b. Obligate mixotrophy of the pigmented dinoflagellate *Polykrikos lebourae* (Dinophyceae, Dinoflagellata). An International Journal of Algal Research, 30(1): 35-47.

Kim S J, Jeong H J, Jang S H, et al. 2017. Interactions between the voracious heterotrophic nanoflagellate *Katablepharis japonica* and common heterotrophic protists. Algae, 32(4): 309-324.

Kim S J, Jeong H J, Kang H C, et al. 2019. Differential feeding by common heterotrophic protists on four *Scrippsiella* species of similar size. Journal of Phycology, 55(4): 868-881.

Kobayashi H, Idei M, Mayama S, et al. 2006. Kobayashi Hiromu Keiso Zukan. H. Kobayasi's Atlas of Japanese Diatoms Based on Electron Microscopy. Tokyo: Uchida Rokakuho Publishing Co., Ltd. [in Japanese]

Koike K, Nishiyama A, Saitoh K, et al. 2006. Mechanism of gamete fusion in *Dinophysis fortii* (Dinophyceae, Dinophyta): light microscopic and ultrastructural observations. Journal of Phycology, 42(6): 1247-1256.

Kräbs G, Büchel C. 2011. Temperature and salinity tolerances of geographically separated *Phaeodactylum tricornutum* Böhlin strains: maximum quantum yield of primary photochemistry, pigmentation, proline content and growth. Botanica Marina, 54(3): 231-241.

Kremp A, Elbrächter M, Schweikert M, et al. 2005. *Woloszynskia halophila* (Biecheler) comb. nov.: a bloom forming cold-water dinoflagellate co-occurring with *Scrippsiella hangoei* (Dinophyceae) in the Baltic Sea. Journal of Phycology, 41(3): 629-642.

Kretzschmar A L, Larsson M E, Hoppenrath M, et al. 2019. Characterisation of two toxic *Gambierdiscus* spp. (Gonyaulacales, Dinophyceae) from the Great Barrier Reef (Australia): *G. lewisii* sp. nov. and *G. holmesii* sp. nov. Protist, 170(6): 1-26.

Kretzschmar A L, Verma A, Harwood T, et al. 2017. Characterisation of *Gambierdiscus lapillus* sp. nov. (Gonyaulacales, Dinophyceae): a new toxic dinoflagellate from the Great Barrier Reef (Australia). Journal of Phycology, 53(2): 283-297.

Lam P K, Lei A. 1999. Colonization of periphytic algae on artificial substrates in a tropical stream. Diatom Research, 14(2): 307-322.

Lange M, Chen Y Q, Medlin L K. 2002. Molecular genetic delineation of *Phaeocystis* species (Prymnesiophyceae) using coding and non-coding regions of nuclear and plastid genomes. European Journal of Phycology, 37(1): 77-92.

Larsen J. 1996. Unarmoured dinoflagellates from Australian waters II. Genus *Gyrodinium* (Gymnodiniales, DInophyceae). Phycologia, 35(4): 342-349.

Leaw C P, Lim P T, Ng B K, et al. 2005. Phylogenetic analysis of *Alexandrium* species and *Pyrodinium bahamense* (Dinophyceae) based on theca morphology and nuclear ribosomal gene sequence. Phycologia, 44(5): 550-565.

Lee B I, Kim S K, Kim J H, et al. 2019a. Intraspecific variations in macronutrient, amino acid, and fatty acid composition of mass-cultured *Teleaulax amphioxeia* (Cryptophyceae) strains. Algae, 34(2): 163-175.

Lee D D, Yun S M, Cho P Y, et al. 2019b. Newly recorded species of diatoms in the source of Han and Nakdong rivers, South Korea. Phytotaxa, 403(3): 143-170.

Lee J H. 2011. Algal flora of Korea. Volume 3, Number 5. Chrysophyta: Bacillariophyceae: Centrales: Biddulphiineae: Centrales. Incheon: National Institute of Biological Resources.

Lee J H. 2012. Algal flora of Korea. Volume 3, Number 6. Chrysophyta: Bacillariophyceae: Centrales: Thalassiosiraceae, Rhizosoleniaceae. Marine diatoms II. Incheon: National Institute of Biological Resources.

Lee J H, Lee S D, Park J S. 2012. New record of diatom species in Korean coastal waters. Korean Journal of Environmental Biology, 30(3): 245-271.

Lee K, Choi J K, Lee J H. 1995. Taxonomic studies on diatoms in Korea. II. Check-list. Korean Journal of Phycology, 10(s): 13-89. [in Korean]

Lee K H, Jeong H J, Kim H J, et al. 2017. Nitrate uptake of the red tide dinoflagellate *Prorocentrum micans* measured using a nutrient repletion method: effect of light intensity. An International Journal of Algal Research, 32(2): 139-153.

Lee K H, Jeong H J, Park K, et al. 2013. Morphology and molecular characterization of the epiphytic dinoflagellate *Amphidinium massartii*, isolated from the temperate waters off Jeju Island, Korea. An International Journal of Algal Research, 28(3): 213-231.

Lee K H, Jeong H J, Yoon E Y, et al. 2014. Feeding by common heterotrophic dinoflagellates and a ciliate on the red-tide ciliate *Mesodinium rubrum*. Algae, 29(2): 153-163.

Lee R E. 2008. Phycology. 4th ed. Cambridge: Cambridge University Press: 1-560.

Lee S Y, Jeong H J, Kang N S, et al. 2015. *Symbiodinium tridacnidorum* sp. nov., a dinoflagellate common to Indo-Pacific giant clams, and a revised morphological description of *Symbiodinium microadriaticum* Freudenthal, emended Trench & Blank. European Journal of Phycology, 50(2): 155-172.

Lee S Y, Jeong H J, Kim S J, et al. 2019c. *Scrippsiella masanensis* sp. nov. (Thoracosphaerales, Dinophyceae), a phototrophic dinoflagellate from the coastal waters of southern Korea. Phycologia, 58(3): 287-299.

Lee S Y, Jeong H J, Kwon J E, et al. 2019d. First report of the photosynthetic dinoflagellate *Heterocapsa minima* in the Pacific Ocean: morphological and genetic characterizations and the nationwide distribution in Korea. Algae, 34(1): 7-21.

Lee S Y, Jeong H L, You J Y, et al. 2018. Morphological and genetic characterization and the nationwide distribution of the phototrophic dinoflagellate *Scrippsiella lachrymosa* in the Korean waters. Algae, 33(1): 21-35.

LeRoi J M, Hallegraeff G M. 2004. Scale-bearing nanoflagellates from southern Tasmanian coastal waters, Australia. I. Species of the genus *Chrysochromulina* (Haptophyta). Botanica Marina, 47(1): 73-102.

LeRoi J M, Hallegraeff G M. 2006. Scale-bearing nanoflagellates from Southern Tasmania coastal waters, Australia. II. Species of *Chrysophyceae* (Chrysophyta), *Prymnesiophyceae* (Haptophyta, excluding Chrysochromulina) and *Prasinophyceae* (Chlorophyta). Botanica Marina, 49(3): 216-235.

Lewis A M, Coates L N, Turner A D, et al. 2018. A review of the global distribution of *Alexandrium minutum* (Dinophyceae) and comments on ecology and associated paralytic shellfish toxin profiles, with a focus on northern Europe. Journal of Phycology, 54(5): 581-598.

Li C W. 1978. Notes on marine littoral diatoms of Taiwan I. Some diatoms of Pescadores. Nova Hedwigia, 29: 787-802.

Li Y, Dong H C, Teng S T, et al. 2018a. *Pseudo-nitzschia nanaoensis* sp. nov. (Bacillariophyceae) from the Chinese coast of the South China Sea. Journal of Phycology, 54(6): 918-922.

Li Y, Guo Y Q, Guo X H. 2018b. Morphology and molecular phylogeny of *Thalassiosira sinica* sp. nov. (Bacillariophyta) with delicate areolae and fultoportulae pattern. European Journal of Phycology, 53(2): 122-134.

Li Y, Huang C X, Xu G S, et al. 2017. *Pseudo-nitzschia simulans* sp. nov. (Bacillariophyceae), the first domoic acid producer from Chinese waters. Harmful Algae, 67: 119-130.

Li Y, Zhao Q, Lü S. 2013. The genus *Thalassiosira* off the Guangdong coast, South China Sea. Botanica Marina, 56(1): 83-110.

Li Z, Han M S, Matsuoka K, et al. 2015. Identification of the resting cyst of *Cochlodinium polykrikoides* Margalef (Dinophyceae, Gymnodiniales) in Korean coastal sediments. Journal of Phycology, 51(1): 204-210.

Li Z, Shin H H. 2019. Morphology, phylogeny and life cycle of *Fragilidium mexicanum* Balech (Gonyaulacales, Dinophyceae). Phycologia, 58(4): 419-432.

Lim A S, Jeong H J, Kwon J E, et al. 2018. *Gonyaulax whaseongensis* sp. nov. (Gonyaulacales, Dinophyceae), a new phototrophic species from Korean coastal waters. Journal of Phycology, 54(6): 923-928.

Lim A S, Jeong H J, Seong K A, et al. 2017. Ichthyotoxic *Cochlodinium polykrikoides* red tides offshore in the South Sea, Korea in 2014: II. Heterotrophic protists and their grazing impacts on red-tide organisms. An International Journal of Algal Research, 32(3): 199-222.

Lim H C, Leaw C P, Nyun-Pau S, et al. 2012. Morphology and molecular characterization of *Pseudo-nitzschia* (Bacillariophyceae) from Malaysian Borneo, including the new species *Pseudo-nitzschia circumpora* sp. nov. Journal of Phycology, 48(5): 1232-1247.

Lim H C, Teng S T, Leaw C P, et al. 2013. Three novel species in the *Pseudo-nitzschia pseudodelicatissima* complex: *P. batesiana* sp. nov., *P. lundholmiae* sp. nov., and *P. fukuyoi* sp. nov. (Bacillariophyceae) from the Strait of Malacca, Malaysia. Journal of Phycology, 49(5): 902-916.

Lim P T, Leaw C P, Usup G, et al. 2006. Effects of light and temperature on growth, nitrate uptake, and toxin production of two tropical dinoflagellates: alexandrium tamiyavanichii and *Alexandrium minutum* (Dinophyceae). Journal of Phycology, 42(4): 786-799.

Lim Z F, Luo Z H, Lee L K, et al. 2019. Taxonomy and toxicity of *Prorocentrum* from Perhentian Islands (Malaysia), with a description of a non-toxigenic species *Prorocentrum malayense* sp. nov. (Dinophyceae). Harmful Algae, 83: 95-108.

Lin G M, Chen Y H, Huang J, et al. 2020. Regional disparities of phytoplankton in relation to different water masses in the Northwest Pacific Ocean during the spring and summer of 2017. Acta Oceanologica Sinica-English Edition, 39(6): 1-12.

Ling H U, Tyler P A. 2000. Australian Freshwater Algae (Exclusive of Diatoms). Urban Water Research Assoc. of Australia, Project No. 93/109. Bibliotheca Phycologica, 105: i-xii, 1-643, 159 pls, 1 fig.

Litaker R W, Vandersea M W, Faust M A, et al. 2009. Taxonomy of Gambierdiscus including four new species, *Gambierdiscus caribaeus*, *Gambierdiscus carolinianus*, *Gambierdiscus carpenteri* and *Gambierdiscus ruetzleri* (Gonyaulacales, Dinophyceae). Phycologia, 48(5): 344-390.

Liu T T, Gu H F, Mertens K, et al. 2014. New dinoflagellate species *Protoperidinium haizhouense* sp. nov. (Peridiniales, Dinophyceae), its cyst-theca relationship and phylogenetic position within the Monovela group. Phycological Research, 62(2): 109-124.

Liu T T, Mertens K N, Gu H. 2015. Cyst-theca relationship and phylogenetic positions of the diplopsalioideans (Peridiniales, Dinophyceae), with description of *Niea* and *Qia* gen. nov. Phycologia, 54(2): 210-232.

Liu Y, Fu C, Wang Q, et al. 2010. Two new species of *Pinnularia* from Great Xing'an Mountains, China. Diatom Research, 25(1): 99-109.

Lobban C S. 2018. *Climaconeis desportesiae* and *C. leandrei* (Bacillariophyta, Berkeleyaceae), two new curved species from Guam, western Pacific. Cryptogamie Algologie, 39(3): 349-363.

Lobban C S, Ashworth M, Theriot E C. 2010. *Climaconeis* species (Bacillariophyceae: Berkeleyaceae) from western Pacific Islands, including *C. petersonii* sp. nov. and *C. guamensis* sp. nov., with emphasis of the plastids. European Journal of Phycology, 45(3): 293-307.

Lobban C S, Schefter M, Jordan R W, et al. 2012. Coral-reef diatoms (Bacillariophyta) from Guam: new records and preliminary checklist, with emphasis on epiphytic species from farmer-fish territories. Micronesica, 43: 237-479.

Lundholm N, Hasle G R. 2010. *Fragilariopsis* (Bacillariophyceae) of the Northern Hemisphere - morphology, taxonomy, phylogeny and distribution, with a description of *F. pacifica* sp. nov. Phycologia, 49(5): 438-460.

Lundholm N, Hasle G R, Fryxell G A, et al. 2002. Morphology, phylogeny and taxonomy of species within the *Pseudo-nitzschia americana* complex (Bacillariophyceae) with descriptions of two new species, *Pseudo-nitzschia brasiliana* and *Pseudo-nitzschia linea*. Phycologia, 41(5): 480-497.

Lundholm N, Moestrup Ø, Hasle G R, et al. 2003. A study of the *Pseudo-nitzschia pseudodelicatissima/cuspidata* complex (Baccillariophyceae): what is *P.*

pseudodelicatissima? Journal of Phycology, 39: 797-813.

Luo Z H, Hu Z X, Tang Y Z, et al. 2018b. Morphology, ultrastructure, and molecular phylogeny of *Wangodinium sinense* gen. et sp. nov. (Gymnodinales, Dinophyceae) and revisiting of *Gymnodinium dorsalisulcum* and *Gymnodinium impudicum*. Journal of Phycology, 54(5): 744-761.

Luo Z H, Lim Z F, Mertens K N, et al. 2019. Attributing *Ceratocorys*, *Pentaplacodinium* and *Protoceratium* to Protoceratiaceae (Dinophyceae), with descriptions of *Ceratocorys malayensis* sp. nov. and *Pentaplacodinium usupianum* sp. nov. Phycologia, 59: 6-23.

Luo Z H, Mertens K, Bagheri S, et al. 2016. Cyst-theca relationship and phylogenetic positions of *Scrippsiella plana* sp. nov. and *S. spinifera* (Peridiniales, Dinophyceae). European Journal of Phycology, 51(2): 188-202.

Luo Z H, Wang L, Chan L L, et al. 2018a. *Karlodinium zhouanum*, a new dinoflagellate species from China, and molecular phylogeny of *Karenia digitata* and *Karenia longicanalis* (Gymnodiniales, Dinophyceae). Phycologia, 57(4): 401-412.

MacKenzie L, Sims I, Beuzenberg V, et al. 2002. Mass accumulation of mucilage caused by dinoflagellate polysaccharide exudates in Tasman Bay, New Zealand. Harmful Algae, 1: 69-83.

Mann A. 1925. Marine diatoms of the Philippine Islands. Smithsonian Institution, United States National Museum: Bulletin 100, 6(1): 1-182.

Matsuoka K, Kawami H, Fujii R, et al. 2006. Further examination of the cyst-theca relationship of *Protoperidinium thulesense* (Peridiniales, Dinophyceae) and the phylogenetic significance of round brown. Phycologia, 45(6): 632-641.

McCarthy P M. 2013a. Census of Australian Marine Diatoms. Australian Biological Resources Study, Canberra. http: //www.anbg.gov.au/abrs/Marine_Diatoms/index.html [2013-04-23].

McCarthy P M. 2013b. Census of Australian Marine Dinoflagellates. Australian Biological Resources Study, Canberra. http: //www.anbg.gov.au/abrs/Dinoflagellates/index_Dino.html [2013-07-11].

Medlin L K, Kaczmarska I. 2004. Evolution of the diatoms: V. Morphological and cytological support for the major clades and a taxonomic revision. Phycologia, 43: 245-270.

Medvedeva L A, Nikulina T V. 2014. Catalogue of freshwater algae of the southern part of the Russian Far East. Vladivostok: Dalnauka: 1-271. [in Russian]

Moestrup Ø, Calado A J. 2018. Süßwasserflora von Mitteleuropa. Freshwater Flora of Central Europe, Volume 6: Dinophyceae. Berlin: Springer Spektrum.

Morquecho L, Alonso R, Martinez-Tecuapacho G. 2014. Cyst morphology, germination characteristics, and potential toxicity of *Pyrodinium bahamense* in the Gulf of California. Botanica Marina, 57(4): 303-314.

Morton B, Morton J. 1983. The Sea Shore Ecology of Hong Kong. Hong Kong: Hong Kong University Press.

Motoda S, Minoda T. 1974. Plankton of the Bering Sea//Hood D W, Kelly E J. Oceanography of the Bering Sea. Fairbanks: Institute of Marine Science, Univ. Alaska: 207-241.

Murray S, Flo Jørgensen M, Daugbjerg N. et al. 2004. *Amphidinium* revisited. II. Resolving species boundaries in the *Amphidinium operculatum* species complex (Dinophyceae), including the descriptions of *Amphidinium trulla* sp. nov. and *Amphidinium gibbosum*. comb. nov. Journal of Phycology, 40(2): 366-382.

Murray S, Nagahama Y, Fukuyo Y. 2007. Phylogenetic study of benthic, spine-bearing prorocentroids, including *Prorocentrum fukuyoi* sp. nov. Phycological Research, 55(2): 91-102.

Murray S, Patterson D J. 2002. The benthic dinoflagellate genus *Amphidinium* in south-eastern Australian waters, including three new species. British Phycological Journal, 37: 279-298.

Nagahama Y, Murray S, Tomaru A, et al. 2011. Species boundaries in the toxic dinoflagellate *Prorocentrum lima* (Dinophyceae, Prorocentrales), based on morphological and phylogenetic characters. Journal of Phycology, 47(1): 178-189.

Nagumo T, Mayama S. 2000. Marine coastal diatoms of Sesoko Island, Okinawa Prefecture, Japan. Diatom, 16: 11-17.

Nagai S, Baba B, Miyazono A, et al. 2010. Polymorphisms of the nuclear ribosomal RNA genes found in the different geographic origins in the toxic dinoflagellate *Alexandrium ostenfeldii* and the species detection from a single cell by LAMP. DNA Polymorphism, 18: 122-126.

Nagai S, Matsuyama Y, Takayama H, et al. 2002. Morphology of *Polykrikos kofoidii* and *P. schwartzii* (Dinophyceae, Polykrikaceae) cysts obtained in culture. Phycologia, 41(4): 319-327.

Nagai S, Nitshitani G, Tomaru Y, et al. 2008. Predation by the toxic dinoflagellate *Dinophysis fortii* on the ciliate *Myrionecta rubra* and observation of sequestration of ciliate chloroplasts. Journal of Phycology, 44(4): 909-922.

Nagai S, Suzuki T, Nishikawa T, et al. 2011. Differences in the production and excretion kinetics of okadaic acid, dinophysistoxin-1, and pectenotoxin-2 between cultures of *Dinophysis acuminata* and *Dinophysis fortii* isolated from western Japan. Journal of Phycology, 47(6): 1326-1337.

Navarro J N, Lobban C S. 2009. Freshwater and marine diatoms from the western Pacific Islands of Yap and Guam, with notes on some diatoms in damselfish territories. Diatom Research, 24(1): 123-157.

Nishimura T, Sato S, Tawong W, et al. 2014. Morphology of *Gambierdiscus scabrosus* sp. nov. (Gonyaulacales): a new epiphytic toxic dinoflagellate from coastal areas of Japan. Journal of Phycology, 50(3): 506-514.

Novitski L, Kociolek P. 2005. Preliminary light and scanning electron microscope observations of marine fossil *Eunotia* species with comments on the evolution of the genus *Eunotia*. Diatom Research, 20(1): 137-143.

Okamoto N, Nagumo T, Tanaka J, et al. 2003. An endophytic diatom *Gyrosigma coelophilum* sp. nov. (Naviculales, Bacillariophyceae) lives inside the red alga *Coelarthrum opuntia* (Rhodymeniales, Rhodophyceae). Phycologia, 42(5): 498-505.

Okolodkov Y, Gárate-Lizárraga I. 2006. An annotated checklist of dinoflagellates (Dinophyceae) from the Mexican Pacific. Acta Botánica Méxicana, 74: 1-154.

Onuma R, Watanabe K, Horiguchi T. 2015. *Pellucidodinium psammophilum* gen & sp. nov. and *Nusuttodinium desymbiontum* sp. nov. (Dinophyceae), two novel heterotrophs closely related to kleptochloroplastidic dinoflagellates. Phycologia, 54(2): 192-209.

Ou L J, Huang B Q, Hong H S, et al. 2010. Comparative alkaline phosphatase characteristics of the algal bloom dinoflagellates *Prorocentrum donghaiense* and *Alexandrium catanella*, and the diatom *Skeletonema costatum*. Journal of Phycology, 46(2): 260-265.

Park J, Jeong H J, Yoon E Y, et al. 2016a. Easy and rapid quantification of lipid contents of marine dinoflagellates using the sulpho-phospho-vanillin method. An International Journal of Algal Research, 31(4): 391-401.

Park J S, Jung S W, Lee S D, et al. 2016b. Species diversity of the genus *Thalassiosira* (Thalassiosirales, Bacillariophyta) in South Korea and its biogeographical distribution in the world. Phycologia, 55(4): 403-423.

Park J S, Yun S M, Lee S D, et al. 2017. New records of the diatoms (Bacillariophyta) in the brackish and coastal waters of Korea. Environmental Biology Research, 35(3): 215-226.

Park M G, Kim M. 2010. Prey specificity and feeding of the thecate mixotrophic dinoflagellate *Fragilidium duplocampanaeforme*. Journal of Phycology, 46(3): 424-432.

Penna A, Fraga S, Battocchi C, et al. 2012. Genetic diversity of the genus *Ostreopsis* Schmidt: phylogeographical considerations and molecular methodology applications for field detection in the Mediterranean Sea. Cryptogamie Algologie, 33(2): 153-163.

Pennesi C, Caputo A, Lobban C S, et al. 2017. Morphological discoveries in the genus *Diploneis* (Bacillariophyceae) from the tropical west Pacific, including the description of new taxa. Diatom Research, 32(2): 195-228.

Pennesi C, Poulin M, De Stefano M, et al. 2011. New insights to the ultrastructure of some marine *Mastogloia* species section Sulcatae (Bacillariophyceae), including *M. neoborneensis* sp. nov. Phycologia, 50(5): 548-562.

Pennesi C, Poulin M, De Stefano M, et al. 2012. Morphological studies of some marine *Mastogloia* (Bacillariophyceae) belonging to section Sulcatae, including the description of a new species. Journal of Phycology, 48(5): 1248-1264.

Percopo I, Siano R, Cerino F, et al. 2011. Phytoplankton diversity during the spring bloom in the northwestern Mediterranean Sea. Botanica Marina, 54(3): 243-267.

Pham M N, Tan H T W, Mitrovic S, et al. 2011. A Checklist of the Algae of Singapore. Singpore: Raffles Museum of Biodiversity Research, National University of Singapore.

Phillips J A. 2002. Algae//Henderson R J F. Names and Distribution of Queensland Plants, Algae and Lichens. Brisbane: Queensland Government Environmental Protection Agency: 228-244.

Portune K J, Cary S C, Warner M E. 2010. Antioxidant enzyme response and reactive oxygen species production in marine raphidophytes. Journal of Phycology, 46(6): 1161-1171.

Potvin É, Rochon A, Lovejoy C. 2013. Cyst-theca relationship of the arctic dinoflagellate cyst *Islandinium minutum* (Dinophyceae) and phylogenetic position based on SSU rDNA and LSU rDNA. Journal of Phycology, 49(5): 848-866.

Prasad A K S K, Nienow J, Livingston R J. 2002. The marine diatom genus *Tryblioptychus* Hendey (Thalassiosiraceae, Coscinodiscophyceae): Fine structure, taxonomy, systematics and distribution. Diatom Research, 17(2): 291-308.

Prisholm K, Moestrup Ø, Lundholm N. 2002. Taxonomic notes on the marine diatom genus *Pseudo-nitzschia* in the Andaman Sea near the island of Phuket, Thailand, with a description of *Pseusdo-nitzschia micropora* sp. nov. Diatom Research, 17(1): 153-175.

Probert I, Siano R, Poirier C, et al. 2014. *Brandtodinium* gen. nov. and *B. nutircula* comb. nov. (Dinophyceae), a dinoflagellate commonly found in symbiosis with polycystine radiolarians. Journal of Phycology, 50(2): 388-399.

Putland J N, Whitney F A, Crawford W R. 2004. Survey of bottom-up controls of *Emiliania huxleyi* in the Northeast Subarctic Pacific. Deep-Sea Research I: Oceanographic Research Papers, 51(12): 1793-1802.

Quijano-Scheggia S I, Garcés E, Lundholm N, et al. 2009. Morphology, physiology, molecular phylogeny and sexual compatibility of the cryptic *Pseudo-nitzschia delicatissima* complex (Bacillariophyta), including the description of *P. arenysensis* sp. nov. Phycologia, 48(6): 492-509.

Rampi L. 1952. Ricerche sul Microplancton di superficie del Pacifico tropicale. Bull Inst océanogr (Monaco), 1014: 1-16.

Reichardt E. 2015. The identity of *Gomphonema clavatum* Ehrenberg (Bacillariophyceae) and typification of five species of the genus *Gomphonema* described by C.G. Ehrenberg. Diatom Research, 30(2): 141-149.

Reid G, Williams D. 2003. Systematics of the *Gyrosigma balticum* complex (Bacillariophyta), including three new species. Phycological Research, 51(2): 126-142.

Reñé A, Satta C T, Garcés E, et al. 2011. *Gymnodinium litoralis* sp. nov. (Dinophyceae), a newly identified bloom-forming dinoflagellate from the NW Mediterranean Sea. Harmful Algae, 12: 11-25.

Rhodes L, Edwards A R, Bojo O, et al. 2012. Phylum Haptophyta: haptophytes//Gordon D P. New Zealand inventory of biodiversity. Volume Three. Kingdoms Bacteria, Protozoa, Chromista, Plantae, Fungi. Christchurch: Canterbury University Press: 313-321.

Rhodes L L, Smith K F. 2018. A checklist of the benthic and epiphytic marine dinoflagellates of New Zealand, including Rangitahua/Kermadec Islands. New Zealand Journal of Marine and Freshwater Research, 53(2): 1-20.

Rhodes L L, Smith K F, MacKenzie L, et al. 2019. Checklist of the planktonic marine dinoflagellates of New Zealand. New Zealand Journal of Marine and Freshwater Research, 53(2): 1-16.

Round F E, Crawford R M, Mann D G. 1990. The Diatoms. Biology and Morphology of the Genera. Cambridge: Cambridge University Press.

Sato S, Nagumo T, Tanaka J. 2010. Morphological study of three marine araphid diatom species of Grammatophora Ehrenberg, with special reference to the septum structure. Diatom Research, 25(1): 147-162.

Sawai Y, Nagumo T, Toyoda K. 2005. Three extant species of *Paralia* (Bacillariophyceae) along the coast of Japan. Phycologia, 44(5): 517-529.

Schmidt J. 1901. Flora of Koh Chang. Contributions to the knowledge of the vegetation in the Gulf of Siam. Peridiniales. Botanisk Tidsskrift, 24: 212-221.

Schweikert M, Elbrächter M. 2004. First ultrastructural investigations of the consortium between a phototrophic eukaryotic endocytobiont and *Podolampas bipes* (Dinophyceae). Phycologia, 43: 614-623.

Sechet V, Sibat M, Chomérat N, et al. 2012. *Ostreopsis* cf. *ovata* in the French Mediterranean coast: molecular characterisation and toxin profile. Cryptogamie Algologie, 33(2): 89-98.

Sekiguchi H, Kawachi M, Nakayama T, et al. 2003. A taxonomic re-evaluation of the Pedinellales (Dictyochophyceae), based on morphological, behavioural and molecular data. Phycologia, 42(2): 165-182.

Sherwood A R. 2004. Bibliographic checklist of the nonmarine algae of the Hawaiian Islands. Records of the Hawaii Biological survey for 2003. Bishop Museum Occasional Papers, 80: 1-26.

Shin H H, Li Z, Lee K W, et al. 2019. Molecular phylogeny and morphology of *Torquentidium* gen. et comb. nov. for *Cochlodinium convolutum* and allied species (Ceratoperidiniaceae, Dinophyceae). European Journal of Phycology, 54(3): 249-262.

Silva P C, Basson P W, Moe R L.1996. Catalogue of the benthic marine algae of the Indian Ocean. University of California Publications in Botany, 79: i-xiv, 1-1259.

Simonsen R. 1974. The diatom plankton of the Indian Ocean expedition of R/V Meteor 1964-1965. Forsch. Ergebnisse, ser. D, 19: 10-107.

Sims P A. 1988. The fossil genus *Trochosira*, its morphology, taxonomy and systematics. Diatom Research, 3(2): 245-257.

Sims P A, Crawford R M. 2002. The morphology and taxonomy of the marine centric diatom genus *Paralia*. II. *Paralia crenulata*, *P. fausta* and the new species, *P. hendeyi*. Diatom Research, 17(2): 363-382.

Sims P A, Crawford R M. 2017. Earliest records of *Ellerbeckia* and *Paralia* from Cretaceous deposits: a description of three species, two of which are new. Diatom Research, 32(1): 1-9.

Srinivasan. 1996. Dinophyceae new to the Bay of Bengal. Nova Hedwigia Beiheft, 112: 437-446.

Sriwoon R, Pholpunthin P, Lirdwitayaprasit T, et al. 2008. Population dynamics of green *Noctiluca scintillans* (Dinophyceae) associated with the monsoon cycle in the upper Gulf of Thailand. Journal of Phycology, 44(3): 605-615.

Stanca E, Roselli L, Durante G, et al. 2013. A checklist of phytoplankton species in the *Faafu atoll* (Republic of Maldives). Transitional Waters Bulletin, 7(2): 133-144.

Stidolph S R. 1993. *Hantzschia doigiana*, a new taxon of brackish-marine diatom from New Zealand coastal waters. Diatom Research, 8(2): 465-474.

Stojkovic S, Beardall J, Matear R. 2013. CO_2-concentrating mechanisms in three southern hemisphere strains of *Emiliania huxleyi*. Journal of Phycology, 49(4): 670-679.

Strychar K B, Sammarco P W, Piva T J. 2004. Apoptotic and necrotic stages of *Symbiodinium* (Dinophyceae) cell death activity: bleaching of soft and scleractinian corals. Phycologia, 43: 768-777.

Sugie K, Suzuki K. 2015. A new marine araphid diatom, *Thalassionema kuroshioensis* sp. nov., from temperate Japanese coastal waters. Diatom Research, 30(3): 237-245.

Sugie K, Yoshimura T. 2013. Effects of pCO_2 and iron on the elemental composition and cell geometry of the marine diatom *Pseudo-nitzschia pseudodelicatissima* (Bacillariophyceae). Journal of Phycology, 49(3): 475-488.

Takano H. 1981. New and rare diatoms from Japanese marine waters-VI. Three new species in *Thalassiosiraceae*. Bulletin of Tokai Regional Fisheries Research Laboratory, 105: 37-43.

Takano H. 1982. New and rare diatoms from Japanese marine waters-VIII. *Neodelphineis pelagica* gen. et sp. nov. Bulletin of Tokai Regional Fisheries Research Laboratory, 106: 45-53.

Takano H. 1983. New and rare diatoms from Japanese marine waters-IX. A new rhaphoneis emitting mucilasnginous threads. Bulletin of Tokai Regional Fisheries Research Laboratory, 109: 27-39.

Takano H. 1990. Diatoms//Fukuyo Y, Takano H, Chihara M, et al. Red Tide Organisms in Japan. An Illustrated Taxonomic Guide. Tokyo: Uchida Rokakuho: 162-331.

Tamura M, Iwataki M, Horiguchi M. 2005. *Heterocapsa psammophila* sp. nov. (Peridiniales, Dinophyceae), a new sand-dwelling marine dinoflagellate. Phycological Research, 53(4): 303-311.

Tan S J, Zhou J, Zhu X S, et al. 2015. An association network analysis among microeukaryotes and bacterioplankton reveals algal bloom dynamics. Journal of Phycology, 51(1): 120-132.

Tang Y Z, Harke M J, Gobler C J. 2013. Morphology, phylogeny, dynamics, and ichthyotoxicity of *Pheopolykrikos hartmannii* (Dinophyceae) isolates and blooms from New York, USA. Journal of Phycology, 49(6): 1084-1094.

Tang Y Z, Kong L, Morse R E, et al. 2012. Report of a bloom-forming dinoflagellate *Takayama acrotrocha* from tropical coastal waters of Singapore. Journal of Phycology, 48(2): 455-466.

Tanimura Y, Kato M, Fukusawa, H, et al. 2006. Cytoplasmic masses preserved in early holocene diatoms: a possible taphonomic process and its paleo-ecological implications. Journal of Phycology, 42(2): 270-279.

Tawong W, Yoshimatsu T, Yamaguchi H. et al. 2016. Temperature and salinity effects and toxicity of *Gambierdiscus caribaeus* (Dinophyceae) from Thailand. Phycologia, 55(3): 274-278.

Taylor F J. 1974. A preliminary annotated check list of dinoflagellates from New Zealand coastal waters. Journal of the Royal Society of New Zealand, 4(2): 193-201.

Teng S T, Leaw C P, Lim H C, et al. 2013. The genus *Pseudo-nitzschia* (Bacillariophyceae) in Malaysia, including new records and a key to species inferred from morphology-based phylogeny. Botanica Marina, 56(4): 375-398.

Teng S T, Tan S N, Lim H C, et al. 2016. High diversity of *Pseudo-nitzschia* along the northern coast of Sarawak (Malaysian Borneo), with descriptions of *P. bipertita* sp. nov. and *P. limii* sp. nov. (Bacillariophyceae). Journal of Phycology, 52(6): 973-989.

Titlyanov E A, Titlyanova T V, Yakovleva I M, et al. 2006. Influence of winter and spring/summer algal communities on the growth and physiology of adjacent scleractinian corals. Botanica Marina, 49: 200-207.

Tomas C R. 1997. Identifying Marine Phytoplankton. San Diego, California: Academic Press: 1-858.

Tong M M, Smith J L, Richlen M, et al. 2015. Characterization and comparison of toxin-producing isolates of Dinophysis acuminata from New England and

Canada. Journal of Phycology, 51(1): 66-81.

Van den Hock C, Mann M, Jahns H M. 1995. Algae—An Introduction to Phycology. Cambridge: Cambridge University Press: 231-233.

Verma A, Hoppenrathm M, Dorantes-Aranda J J, et al. 2016. Molecular and phylogenetic characterization of *Ostreopsis* (Dinophyceae) and the description of a new species, *Ostreopsis rhodesae* sp. nov., from a subtropical Australian lagoon. Harmful Algae, 60: 116-130.

Verma A, Kazandjian A, Sarowar C, et al. 2019. Morphology and phylogenetics of benthic *Prorocentrum* species (Dinophyceae) from *Tropical Northwestern* Australia. Toxins (Basel), 11(10): 571.

Villac M, Fryxell G A. 1998. *Pseudo-nitzschia pungens* var. *cingulata* var. nov. (Bacillariophyceae) based on field and culture observations. Phycologia, 37(4): 269-274.

Wang P, Liang J R, Lin X, et al. 2012. Morphology, phylogeny and ITS-2 secondary structure of *Pseudo-nitzschia brasiliana* (Bacillariophycea), including Chinese strains. Phycologia, 51(1): 1-10.

Weide D M. 2015. *Aulacoseira stevensiae* sp. nov. (Coscinodiscophyceae, Bacillariophyta), a new diatom from Ho Ba Be, Bac Kan Province, northern Viet Nam. Diatom Research, 30(3): 263-268.

Werner D. 1977. The Biology of Diatoms (Botanical Monographs Vol. 13). Berkeley and Los Angeles: Blackwell Sict. Pub., University of California Press.

Wilke T, Zinssmeister C, Hoppenroth M. 2018. Morphological variability within the marine dinoflagellate *Ornithocercus quadratus* (Dinophysales, Dinophyceae) - evidence for three separate morphospecies. Phycologia, 57(5): 555-571.

Wood E J F. 1954. Dinoflagellates in the Australian region. Australian Journal of Freshwater and Marine Research, 5(2): 171-351.

Xu Z, Chen Y, Meng X, et al. 2016. Phytoplankton community diversity is influenced by environmental factors in the coastal East China Sea. European Journal of Phycology, 51(1): 107-118.

Yamada N, Tanaka A, Horiguchi T. 2014. CPPB-aE is discovered from photosynthetic benthic dinoflagellates. Journal of Phycology, 50(1): 101-107.

Yamaguchi A, Kawamura H, Horiguchi T. 2007. The phylogenetic position of an unusual *Protoperidinium* species, *P. bipes* (Peridiniales, Dinophyceae), based on small and large subunit ribosomal RNA gene sequences. Phycologia, 46(3): 270-276.

Yang Z B, Hodgkiss I J, Hansen G. 2001. *Karenia longicanalis* sp. nov. (Dinophyceae): a new bloom-forming species isolated from Hong Kong, May 1998. Botanica Marina, 44(1): 67-74.

Yang Z B, Takayama H, Matsuoka K, et al. 2000. *Karenia digitata* sp. nov. (Gymnodiniales, Dinophyceae), a new harmful algal bloom species from the coastal waters of west Japan and Hong Kong. Phycologia, 39(6): 463-470.

Yoshida M, Nakayama M H, Naganuma T, et al. 2006. A haptophyte bearing siliceous scales: ultrastructure and phylogenetic position of *Hyalolithus neolepis* gen. et sp. nov. (Prymnesiophyceae, Haptophyta). Protist, 157(2): 213-234.

Yuasa K, Shikata T, Kuwahara Y, et al. 2018. Adverse effects of strong light and nitrogen deficiency on cell viability, photosynthesis, and motility of the red-tide dinoflagellate *Karenia mikimotoi*. Phycologia, 57(5): 525-533.

Yuasa T, Kawachi M, Horiguchi T, et al. 2019. *Chrysochromulina andersonii* sp. nov. (Prymnesiophyceae), a new flagellate haptophyte symbiotic with radiolarians. Phycologia, 58(2): 1-14.

Yuki K, Fukuyo Y. 1992. *Alexandrium satoanum* sp. nov. (Dinophyceae) from Matoya Bay, central Japan. Journal of Phycology, 28(3): 395-399.

Yun S M, Lee S D, Park J S, et al. 2016. A new approach for identification of the genus *Paralia* (Bacillariophyta) in Korea based on morphology and morphometric analyses. An International Journal of Algal Research, 31(1): 1-16.

Zong Y, Hassan K B. 2004. Diatom assemblages from two mangrove tidal flats in Peninsular Malaysia. Diatom Research, 19(2): 329-344.

Зернова В В.1964. Распредление сетного фитопланктона в тропической областизападной части тихого окена. Труды Института Океанологии, Том LXV: 32-48.

Беляева Т В. 1976. Планктонные диатомеи экваториальной пацифики. Труды института океанологии Том, 105: 6-54.

学名索引

Index

B

C

D

E

F

G

H

K

L

M

N

O

P

Q

R

S

X

Y

Z

图 版

Plates

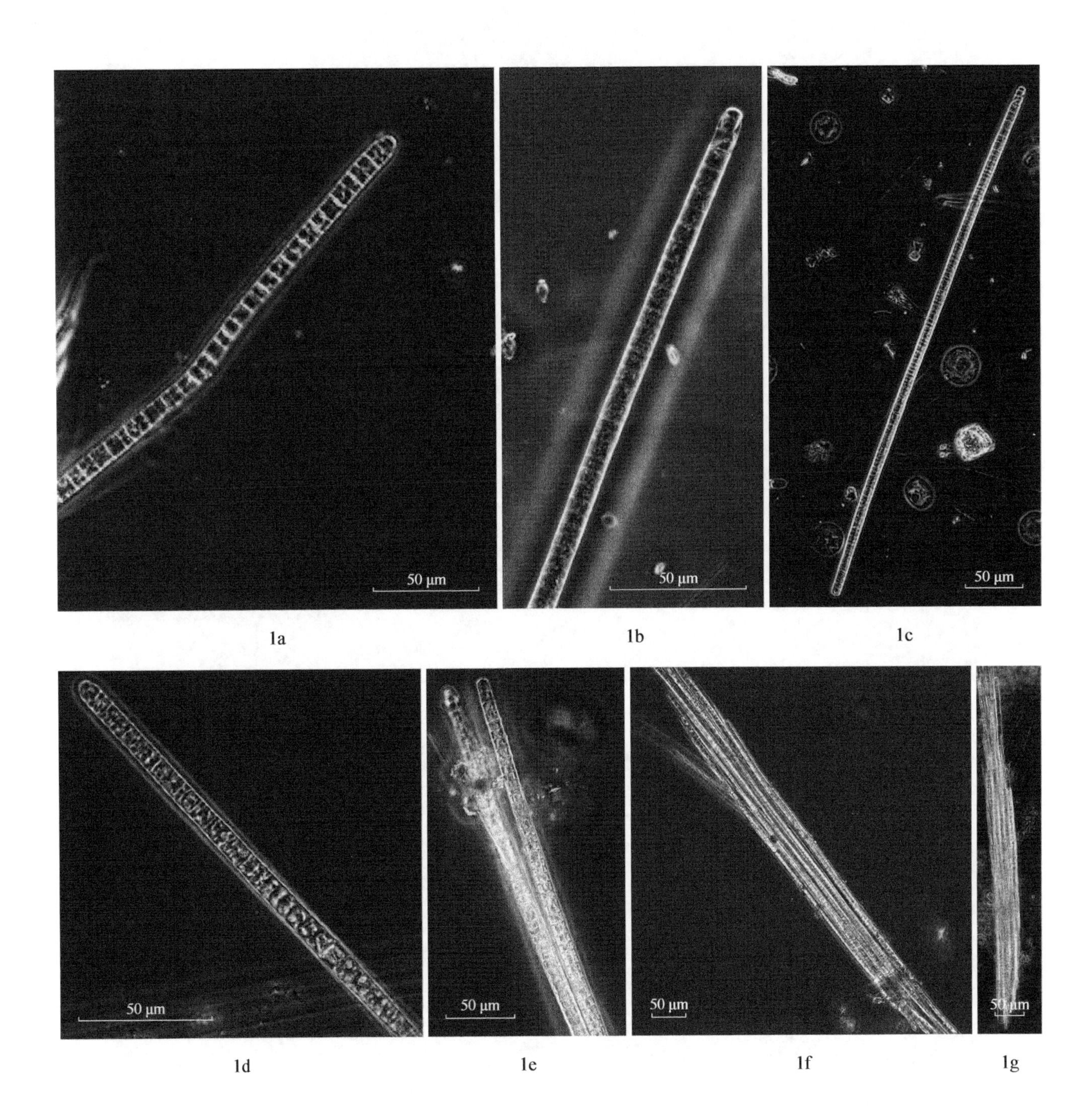

图版 1

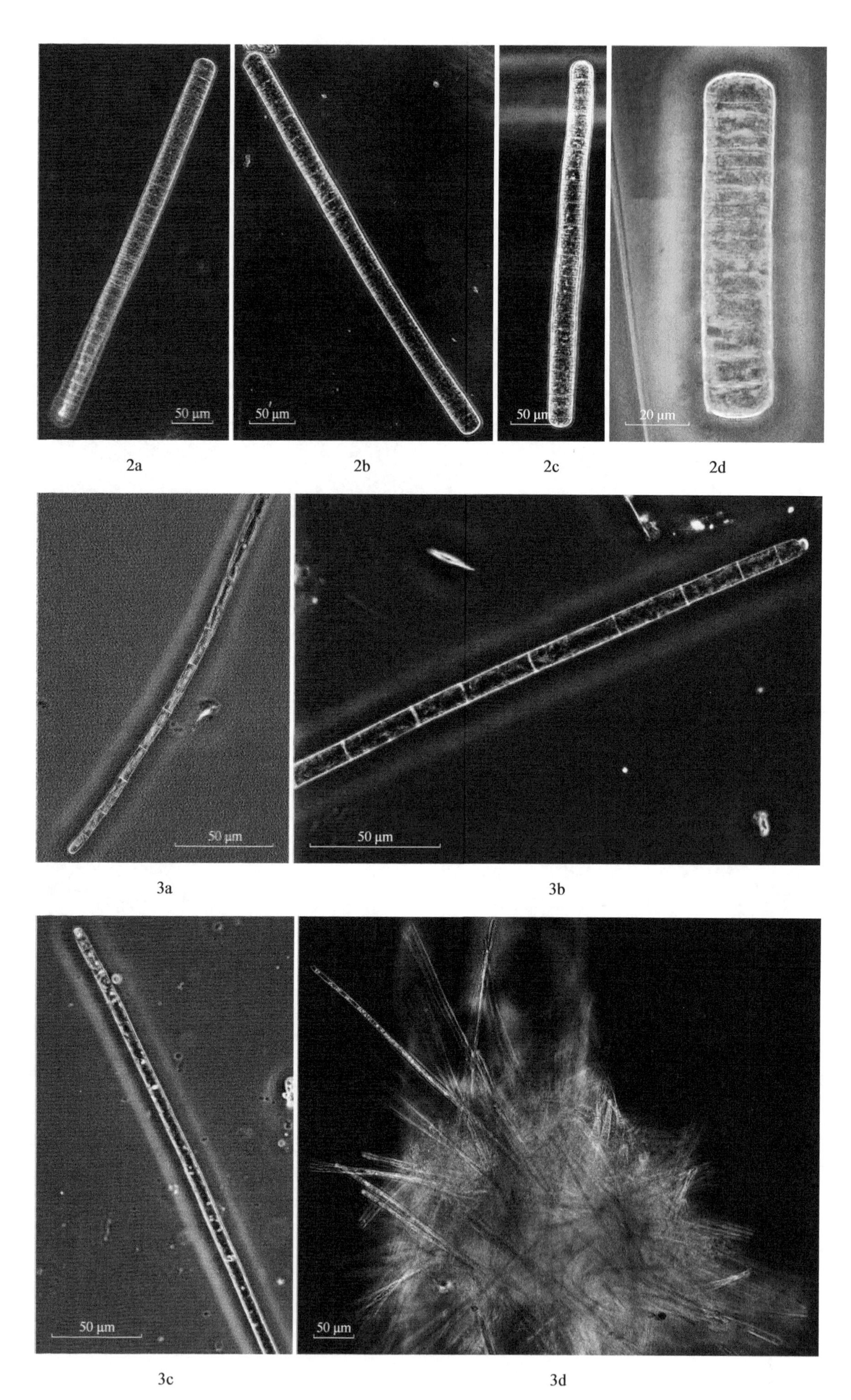

图版 2

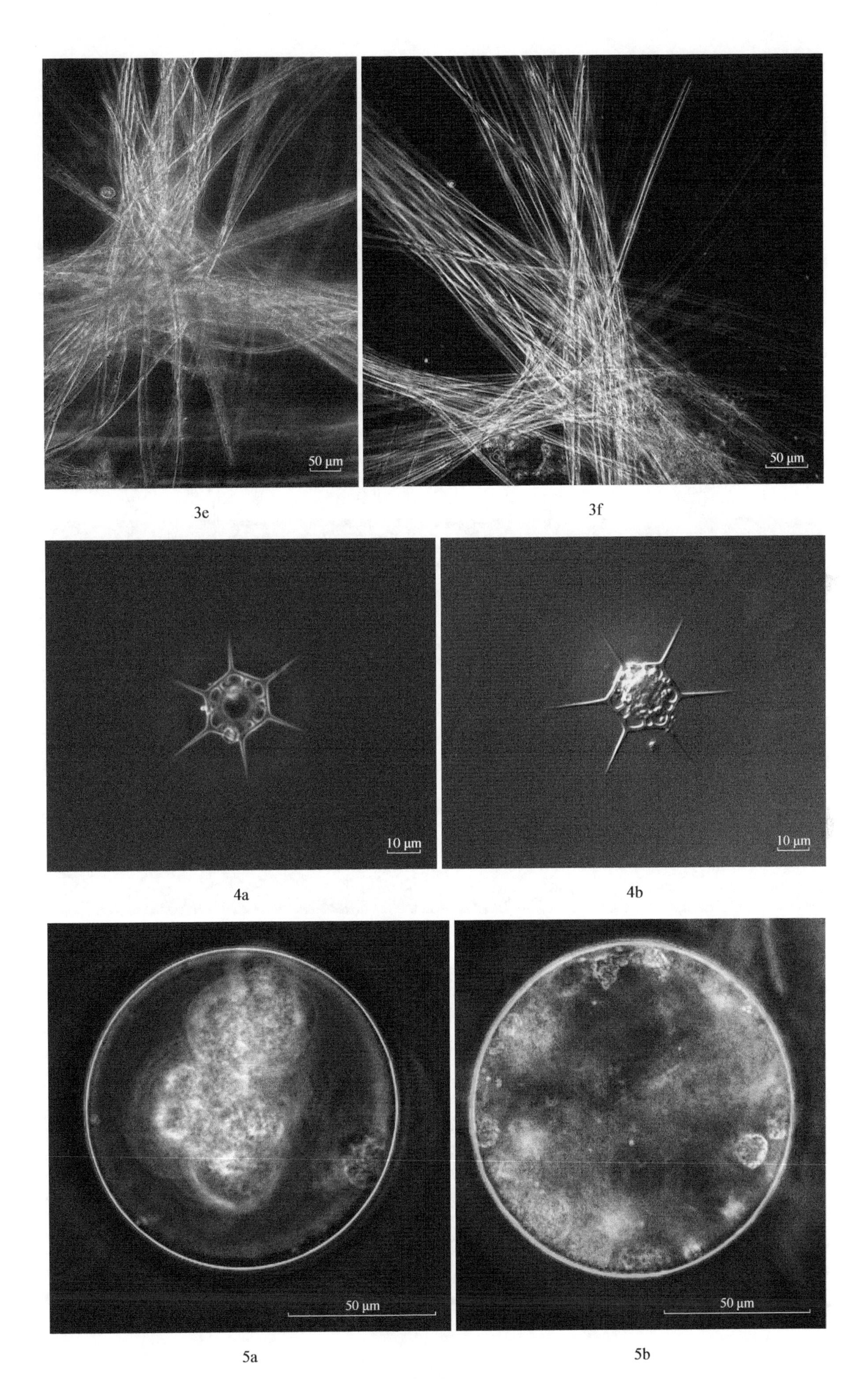

图版 3

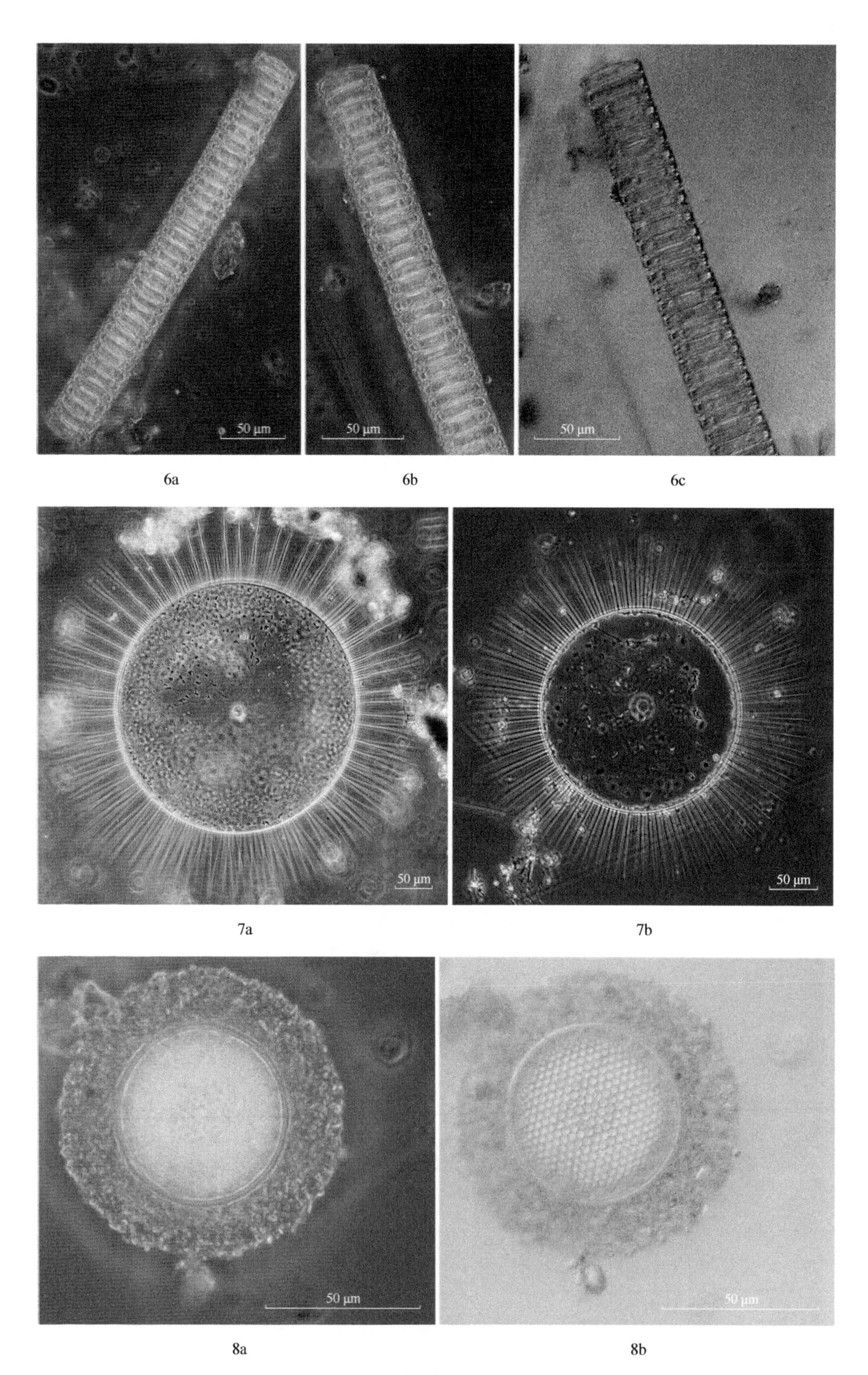

图版 4

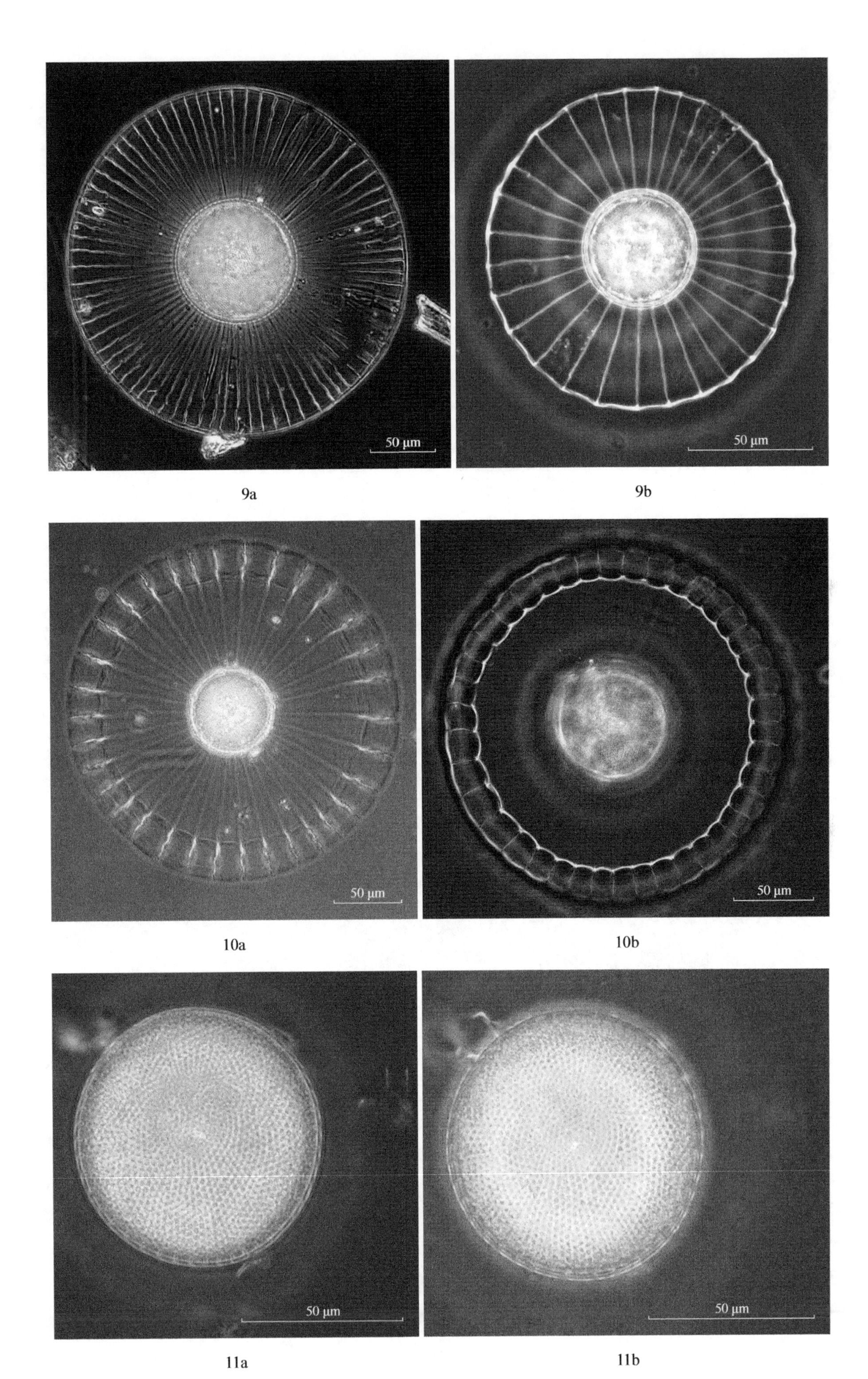

9a 9b

10a 10b

11a 11b

图版 5

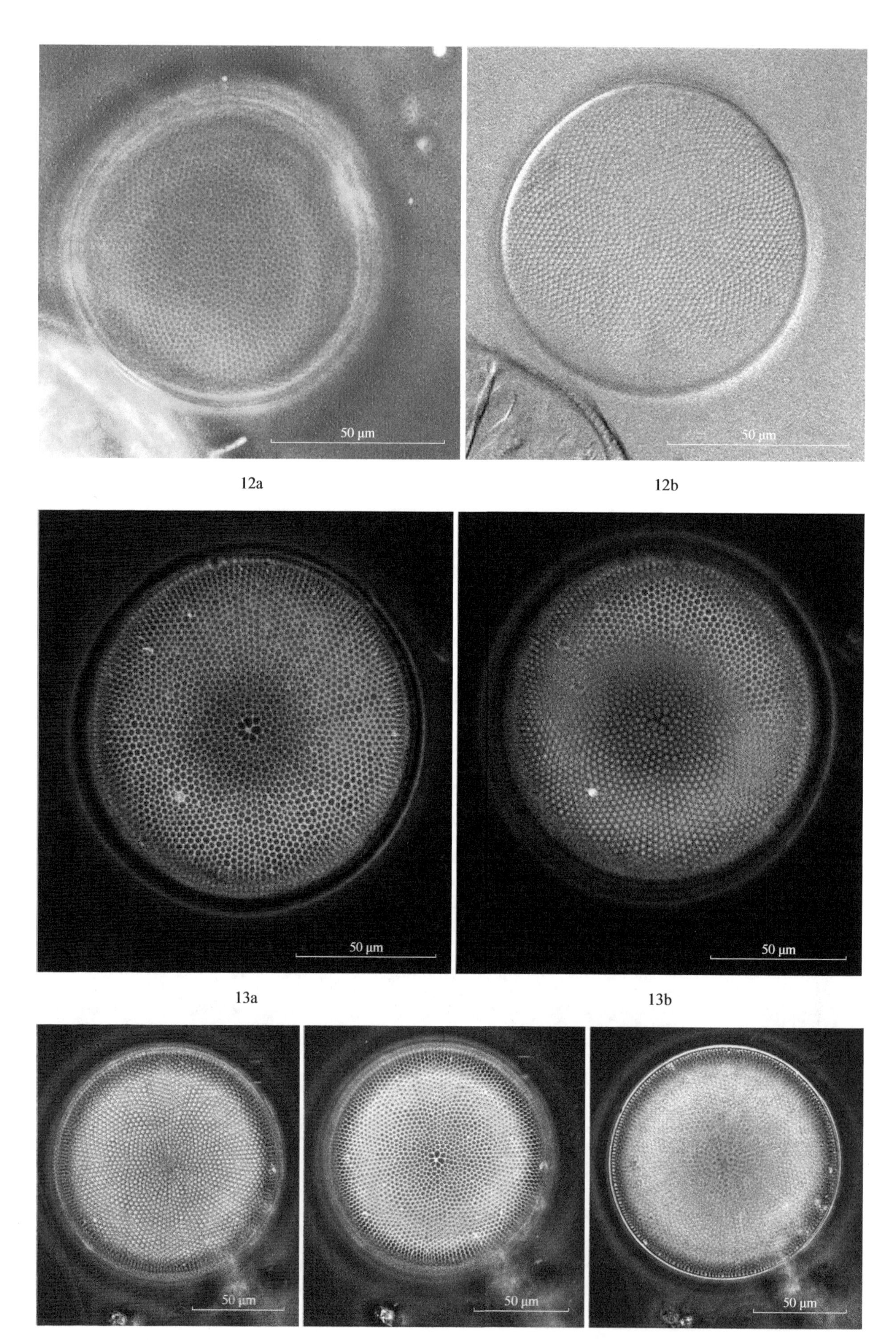

图版 6

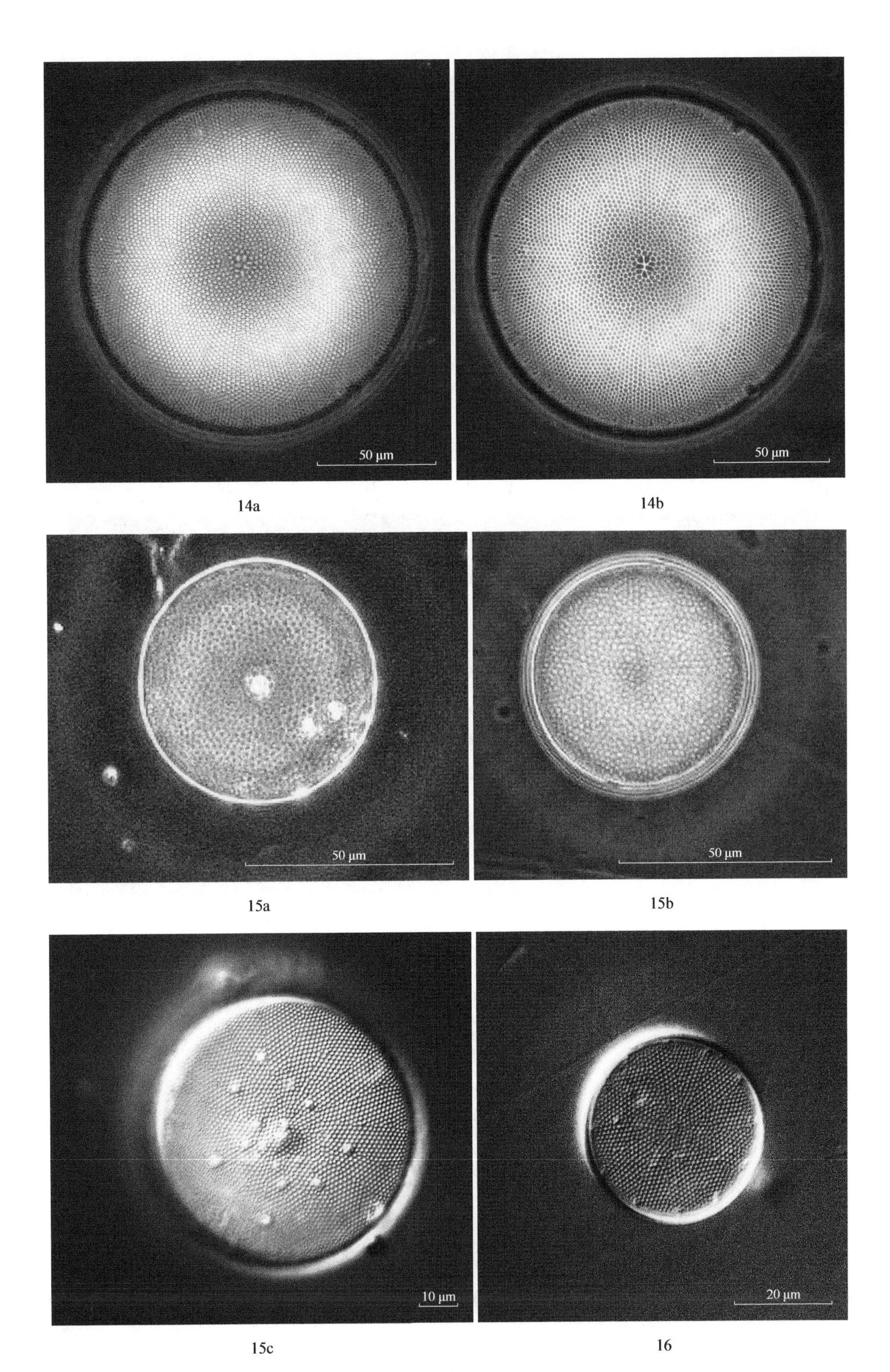

图版 7

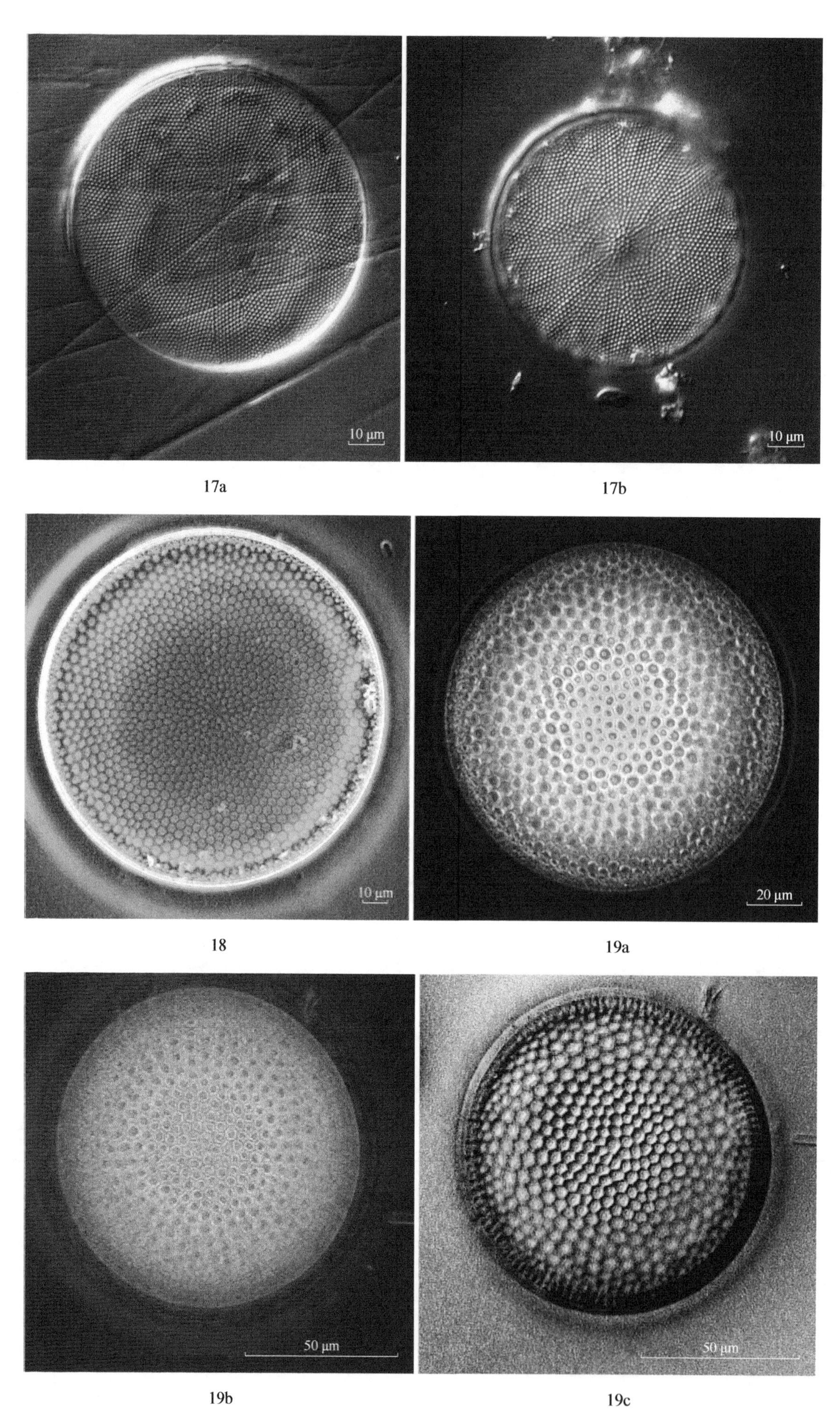

图版 8

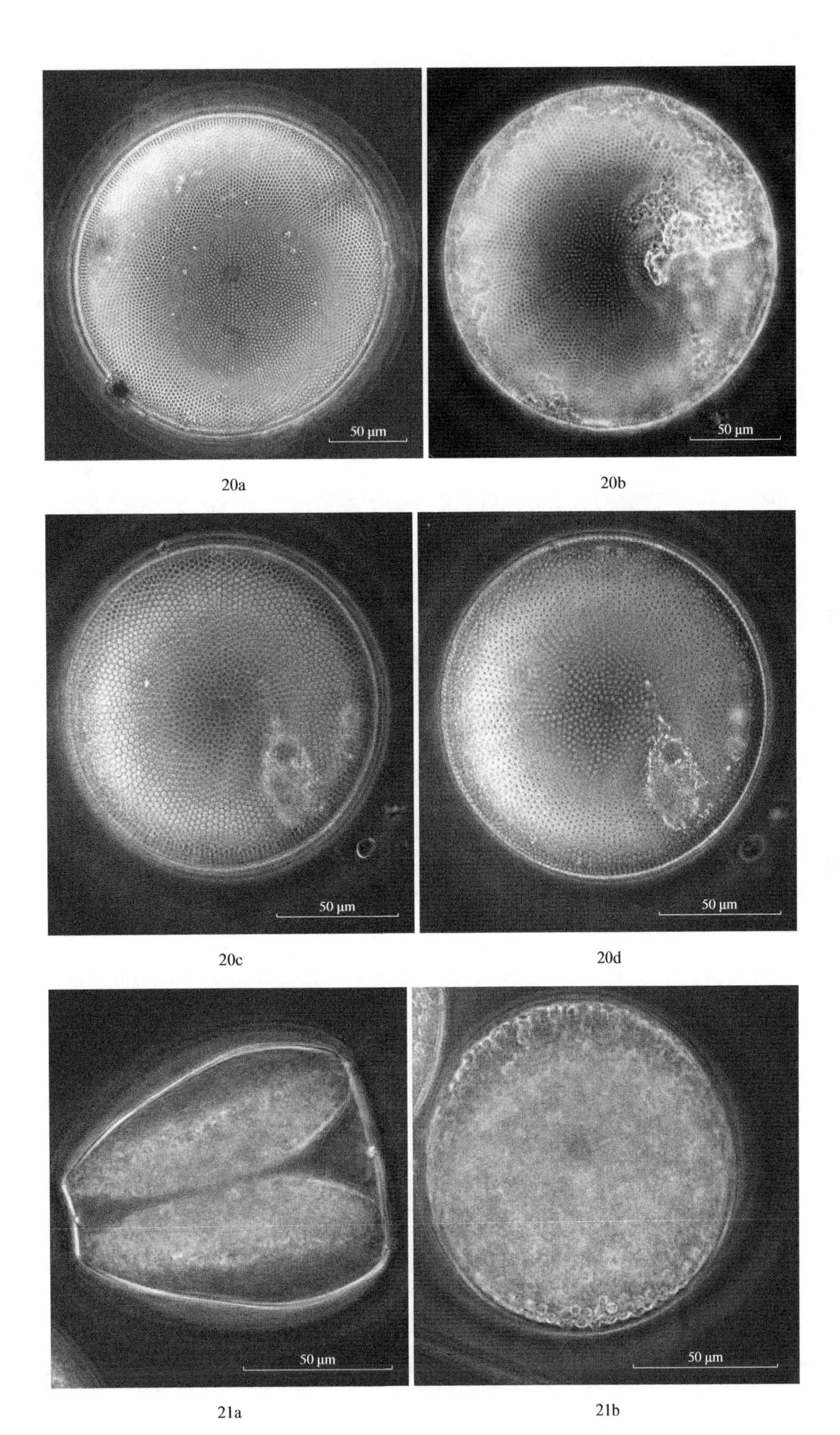

图版 9

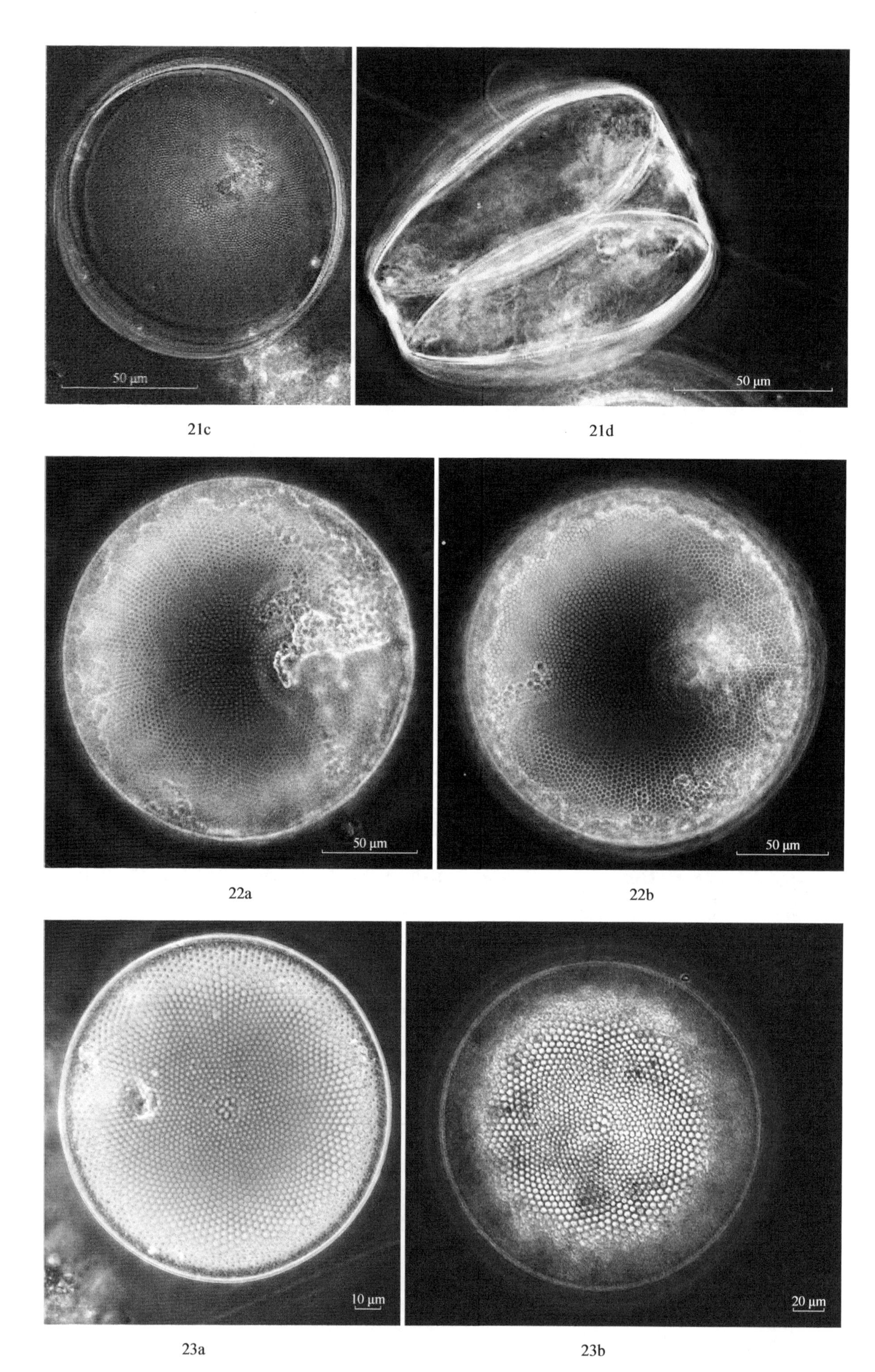

图版 10

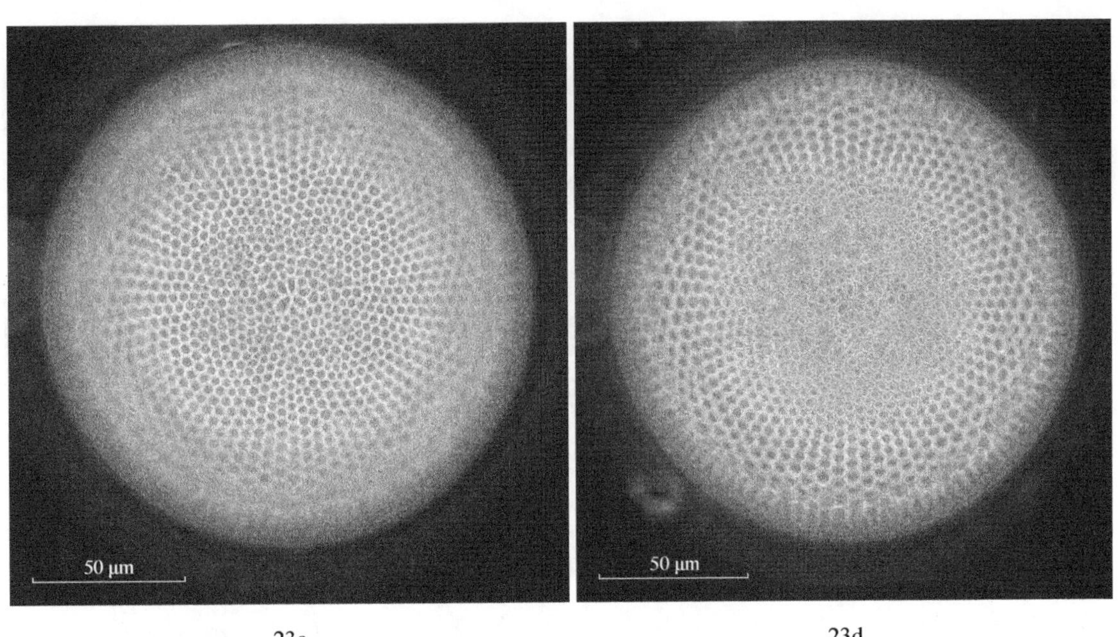

23c 23d

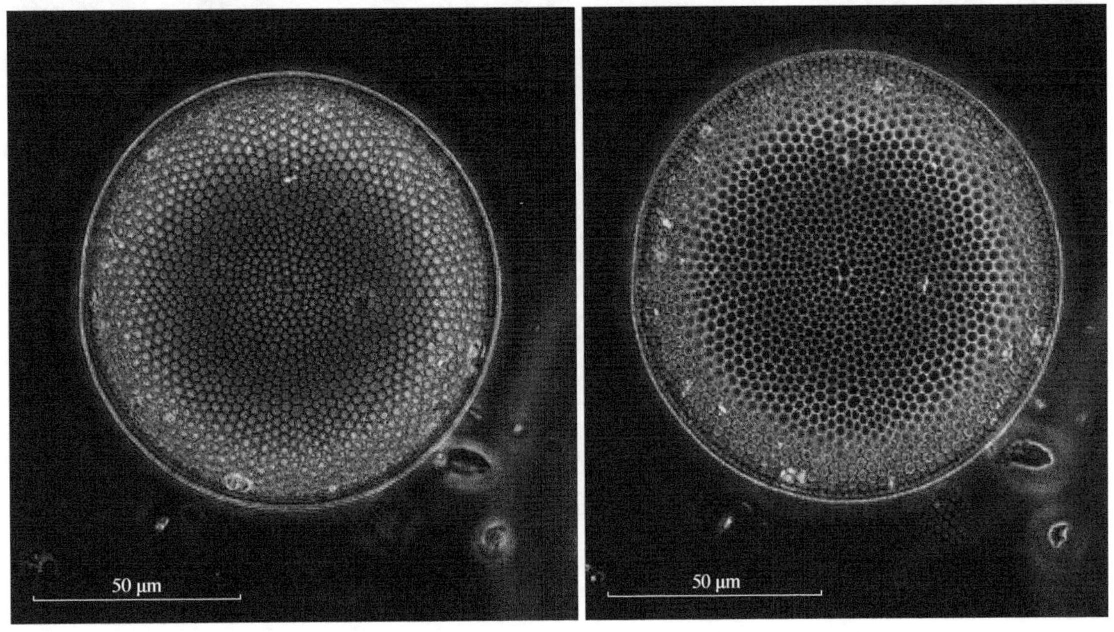

23e 23f

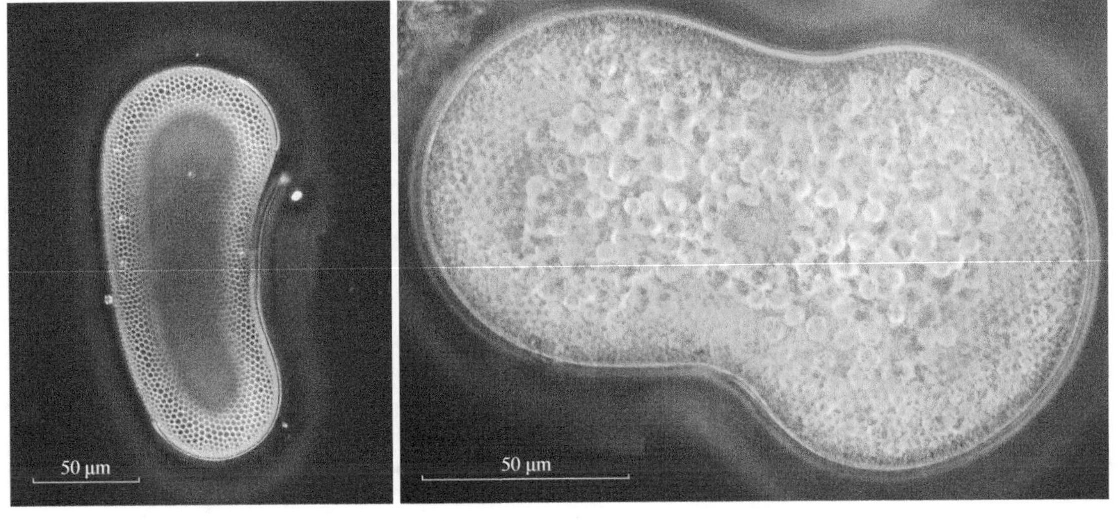

24a 24b

图版 11

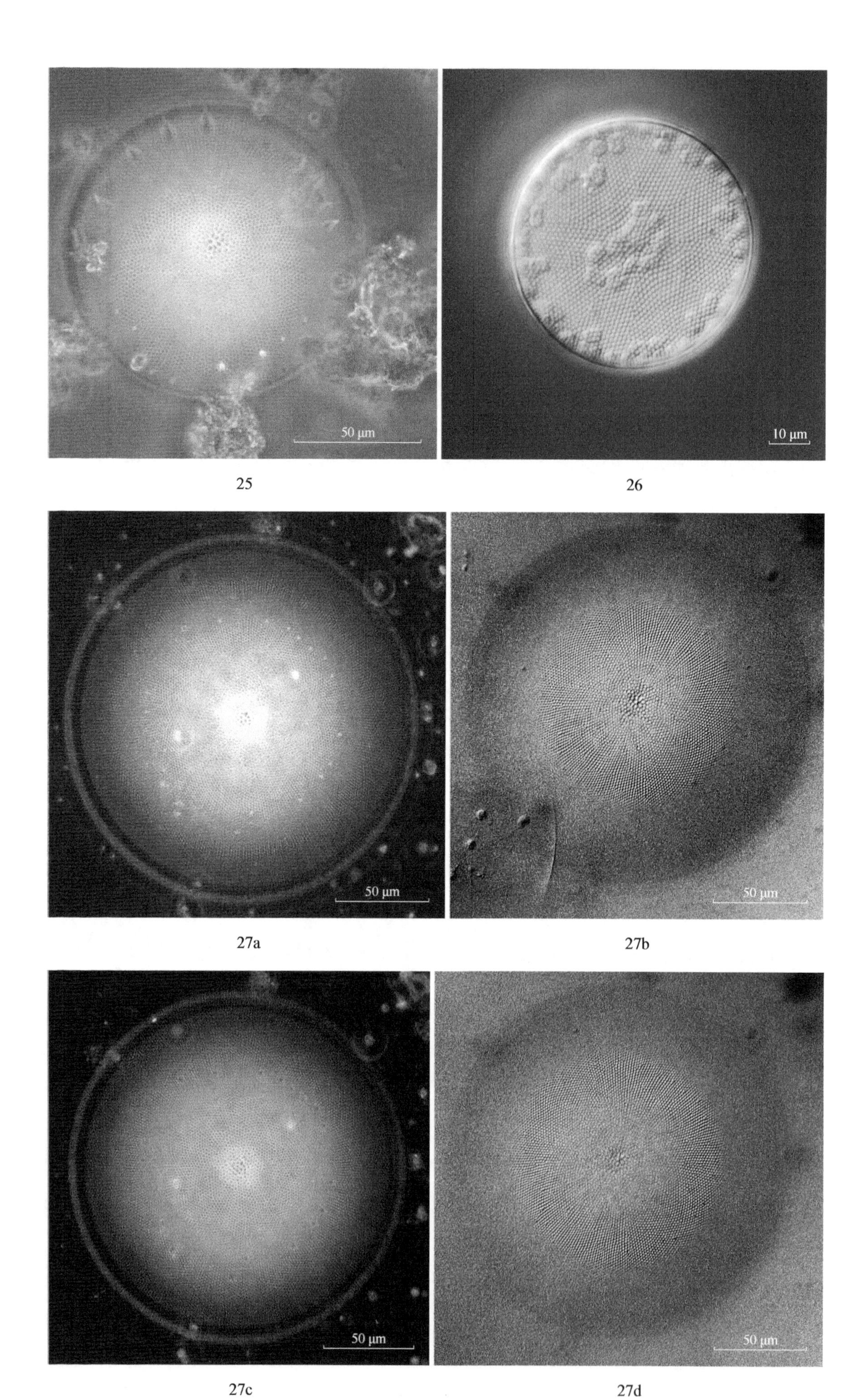

图版 12

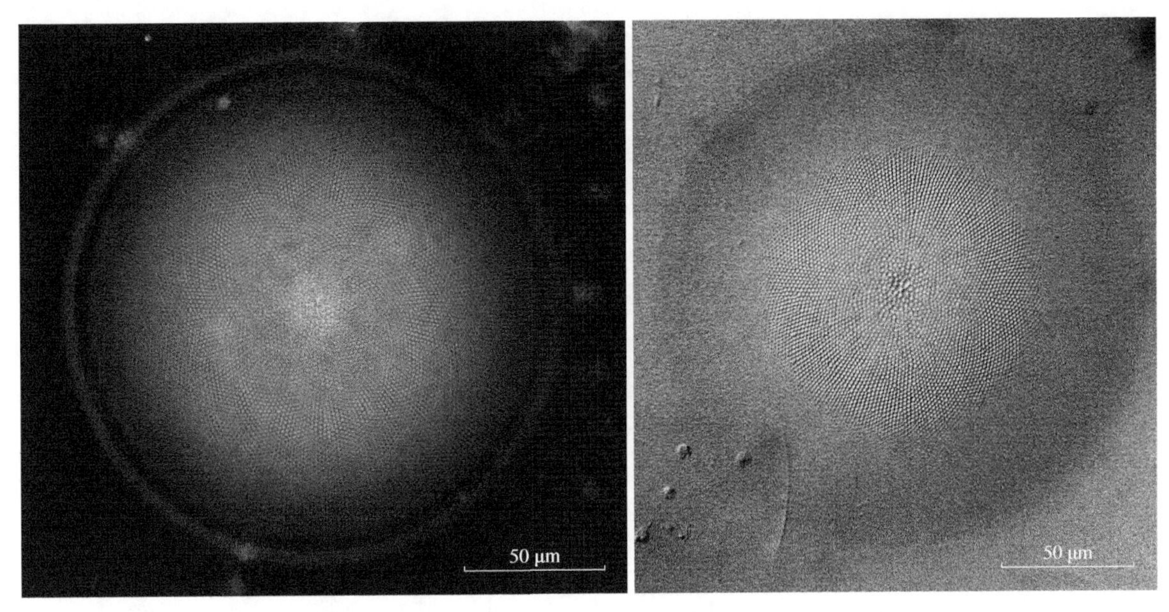

27e 27f

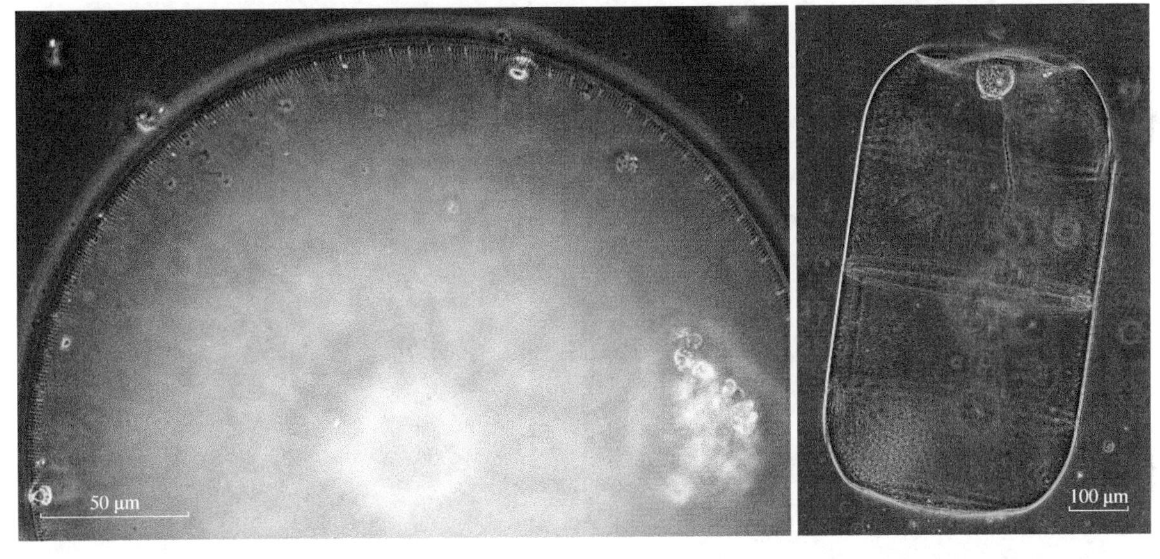

27g 28

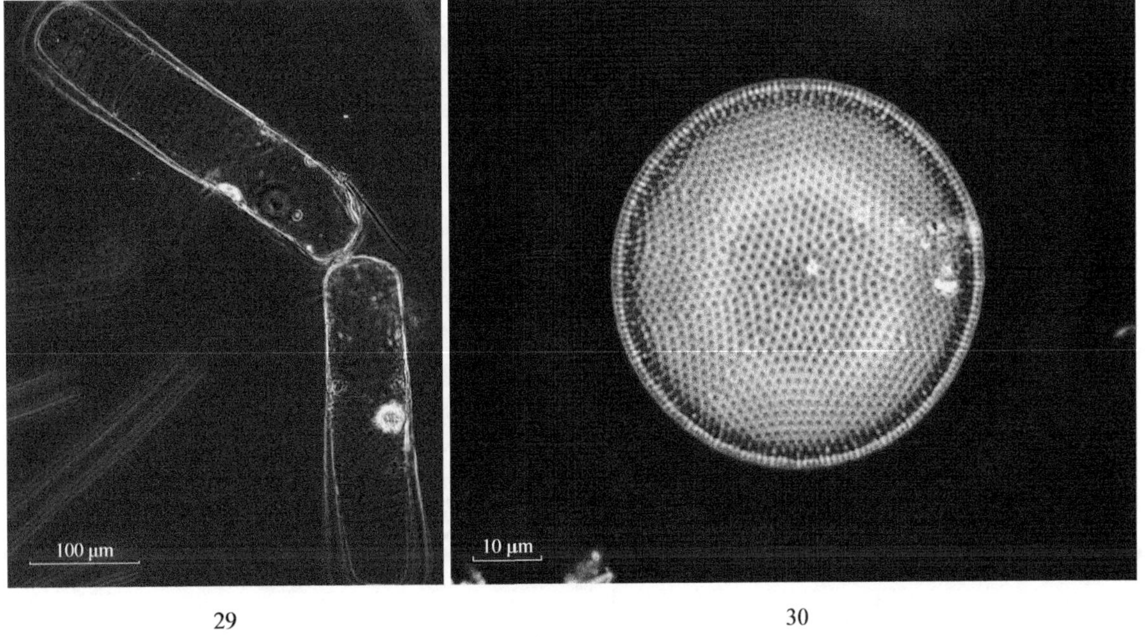

29 30

图版 13

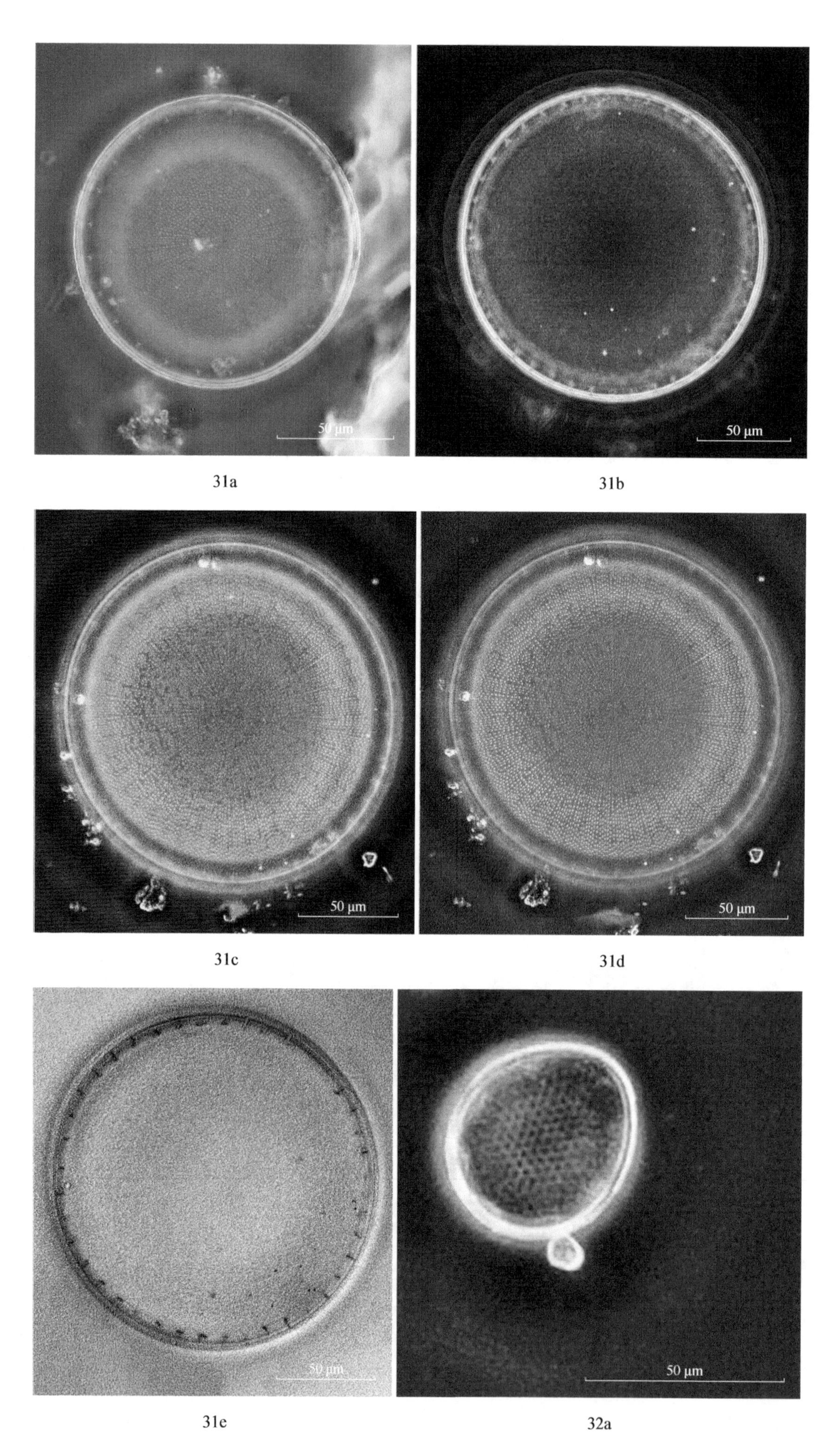

31a 31b

31c 31d

31e 32a

图版 14

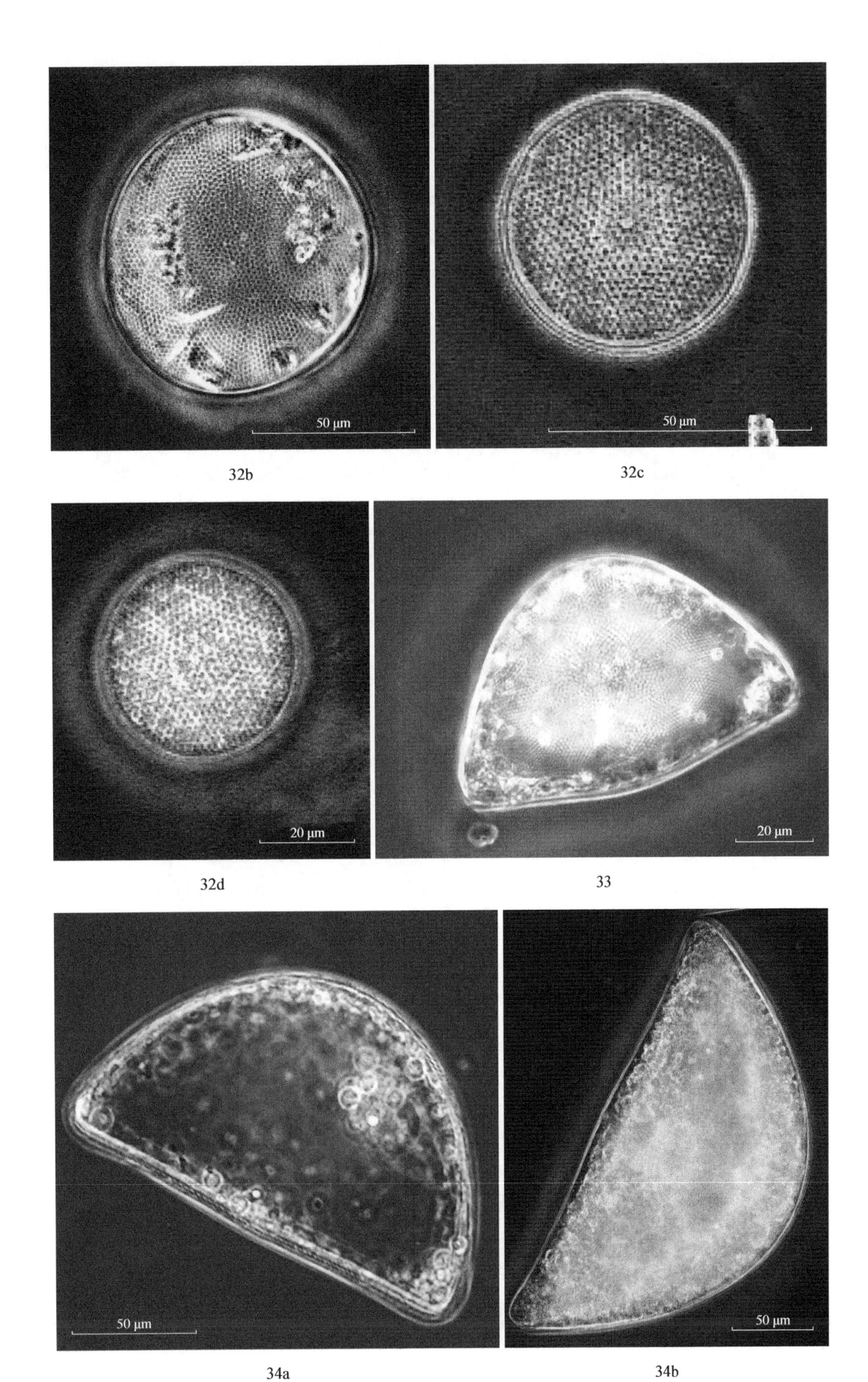

32b 32c

32d 33

34a 34b

图版 15

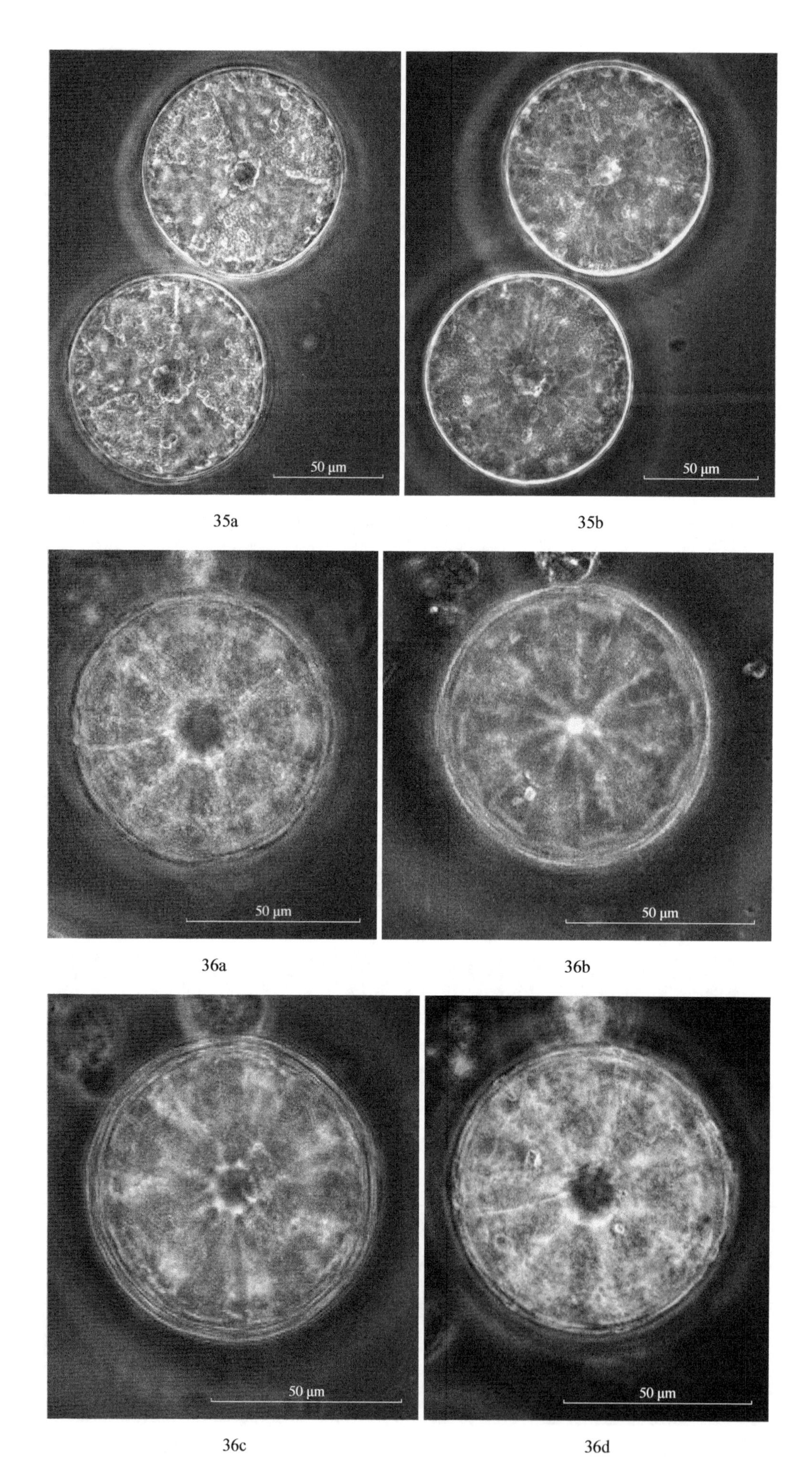

图版 16

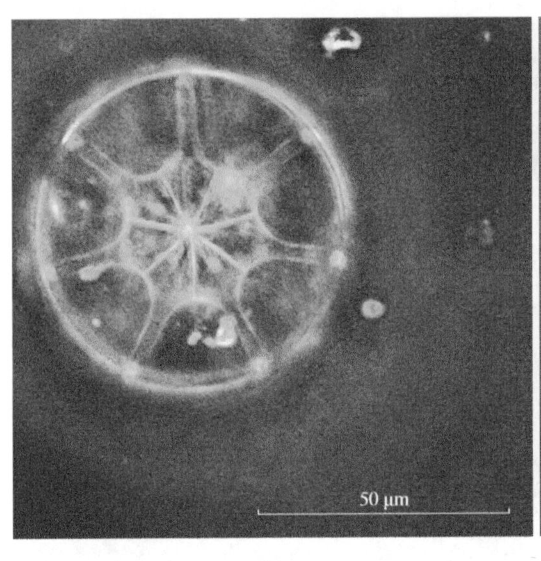

37a

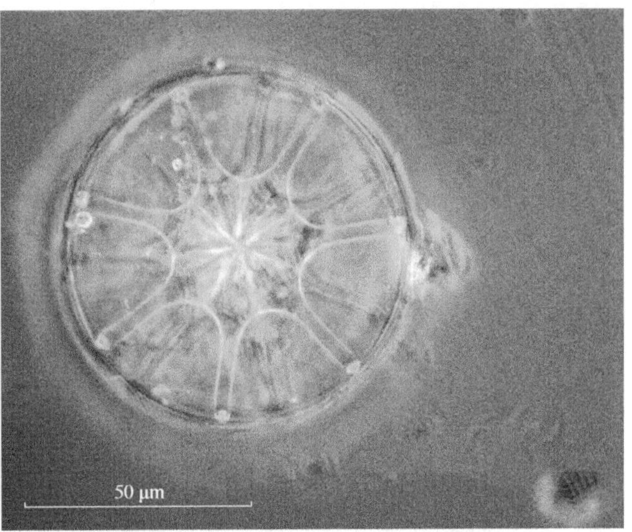

37b

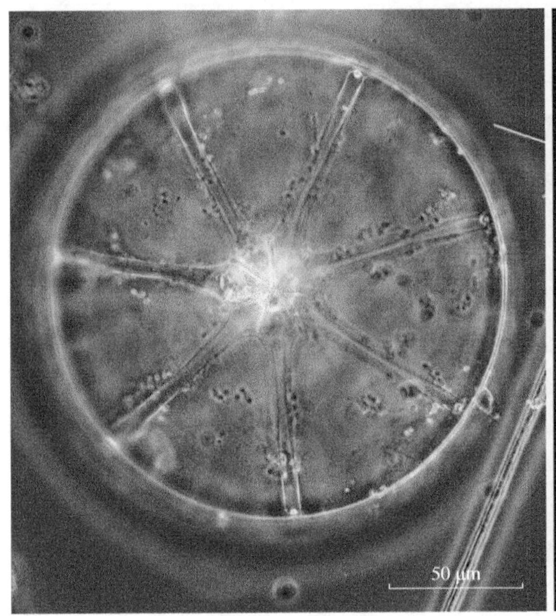

38a

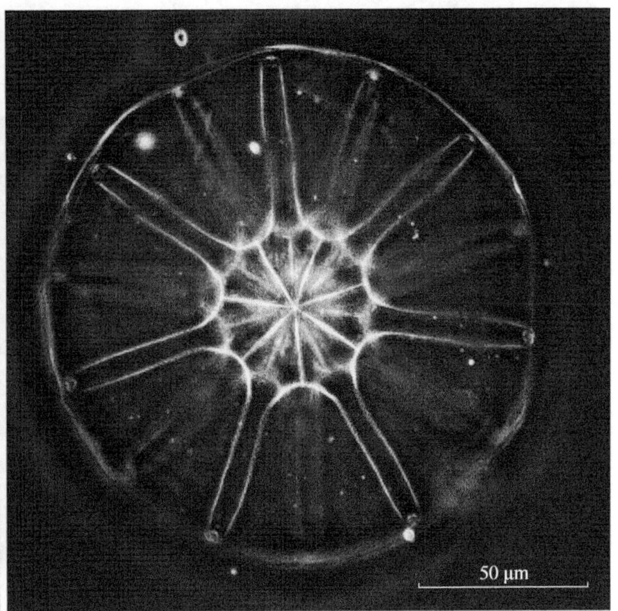

38b

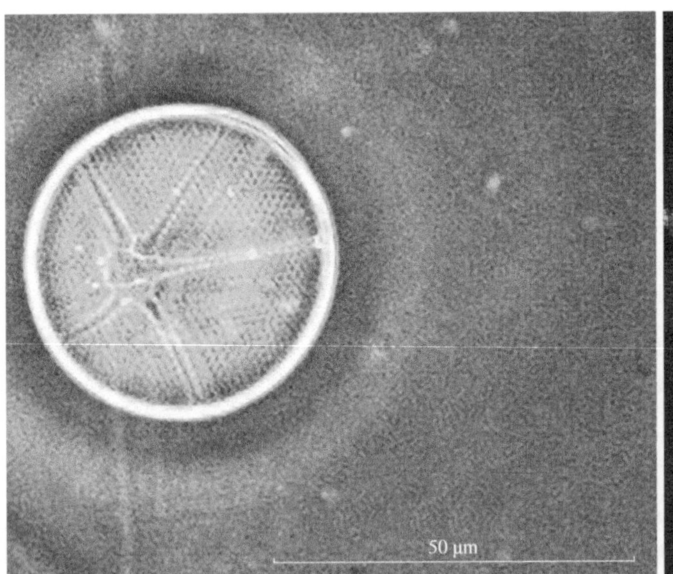

39

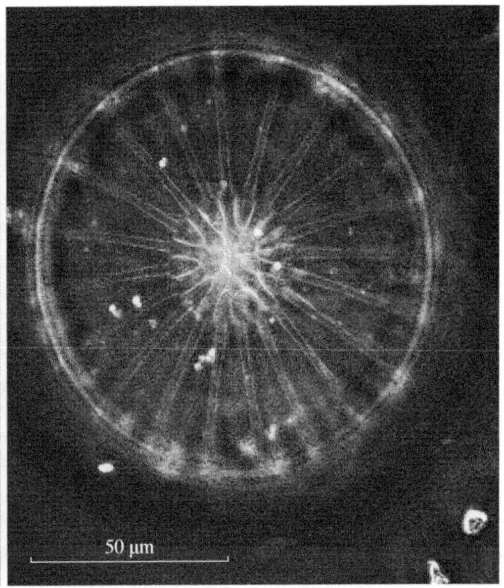

40

图版 17

41a 41b

41c 41d

41e 41f

图版 18

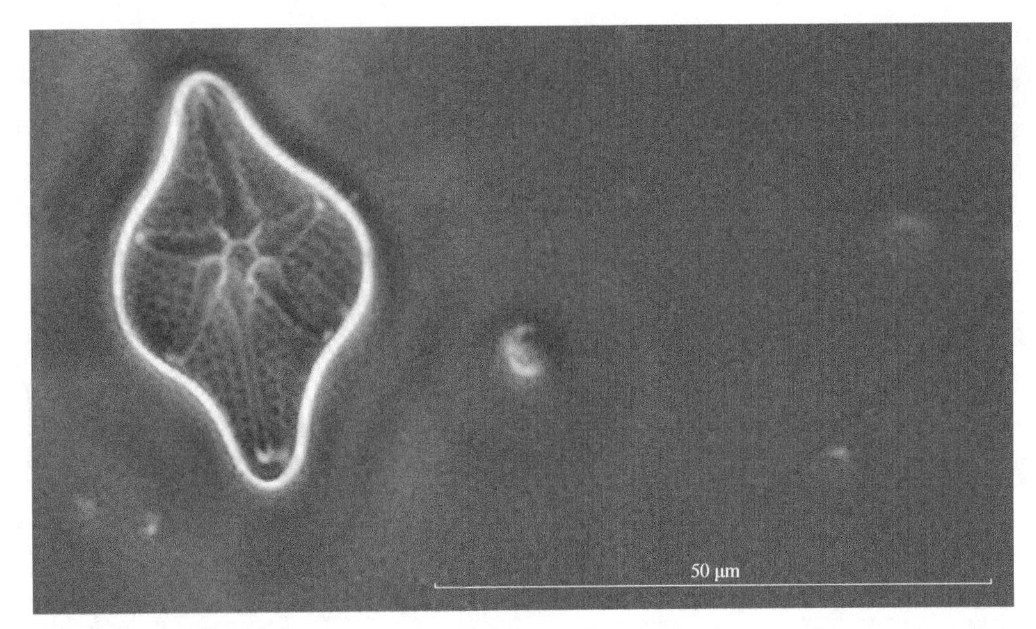

42

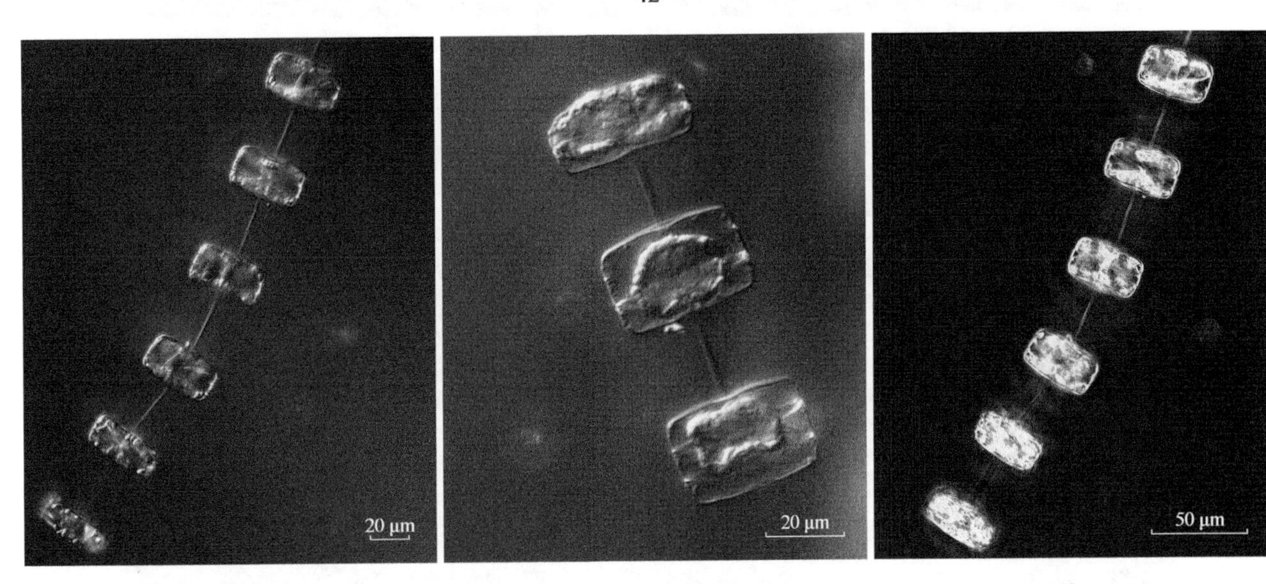

43a　43b　43c

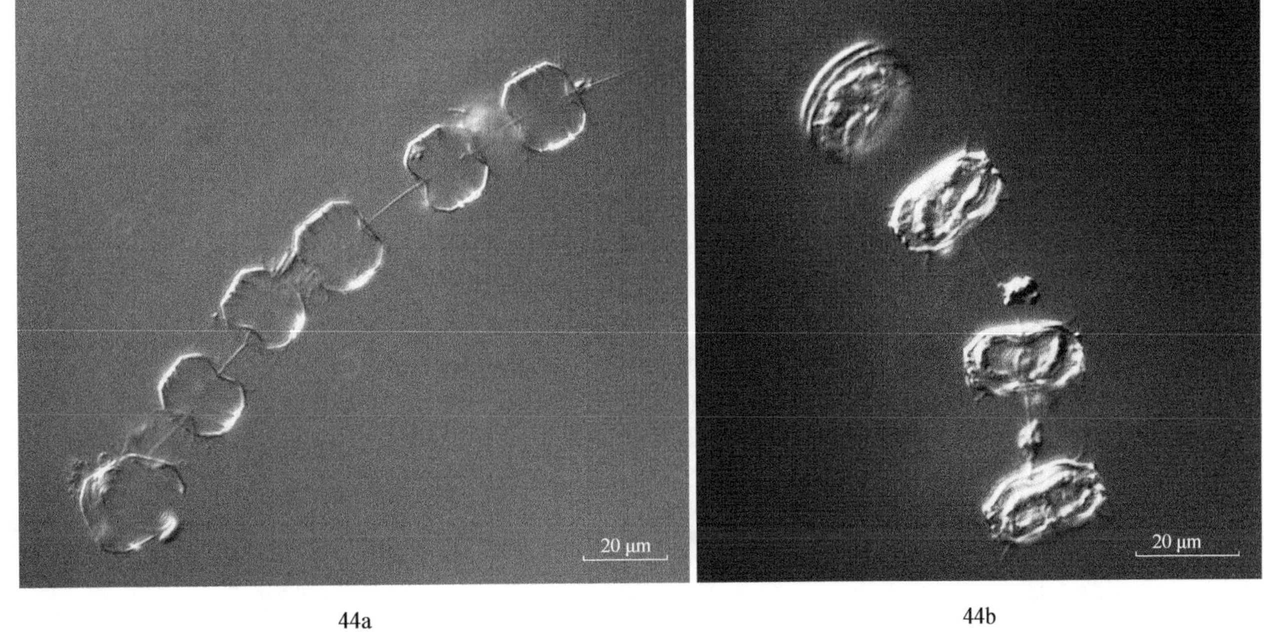

44a　44b

图版 19

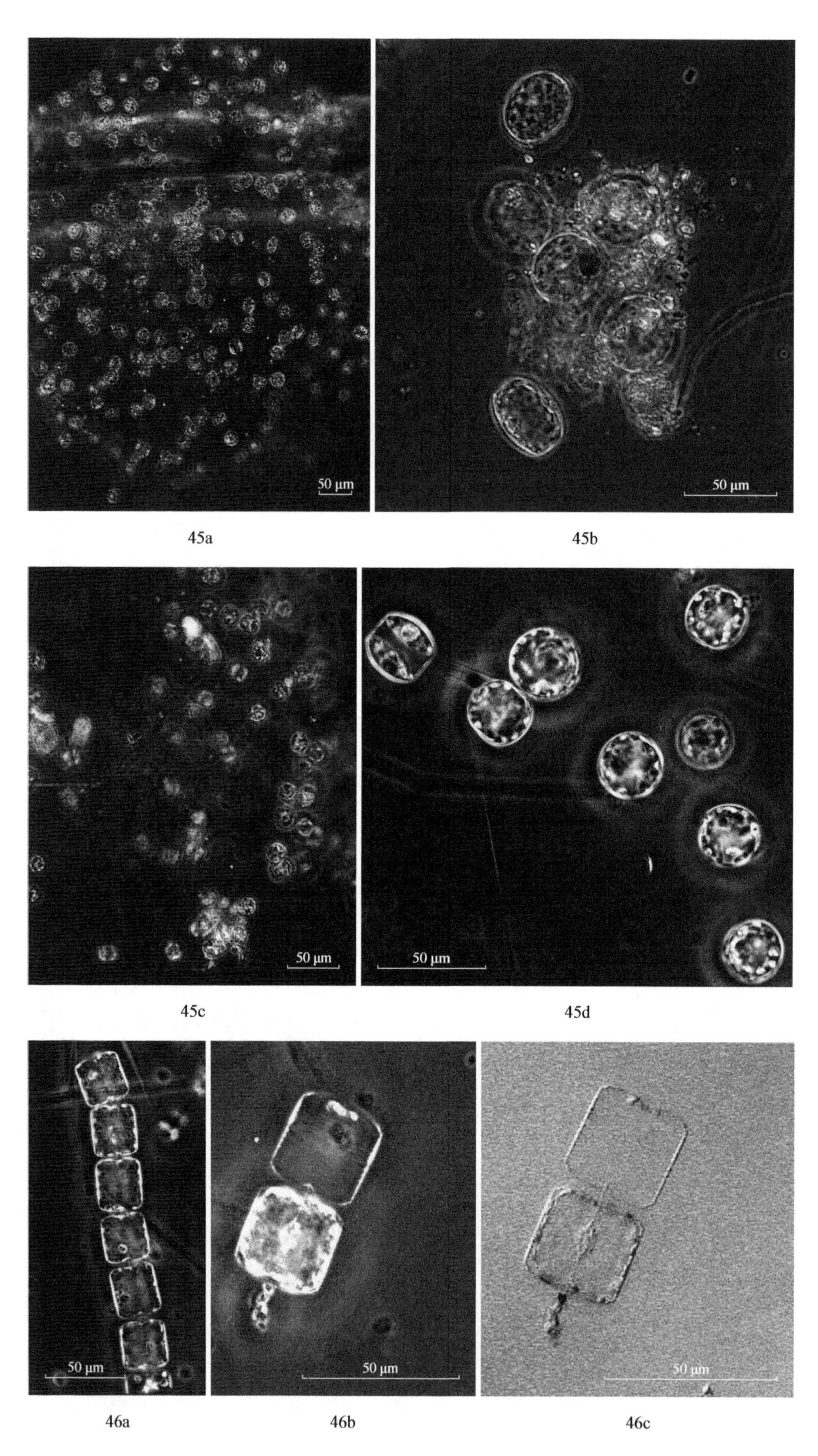

45a 45b

45c 45d

46a 46b 46c

图版 20

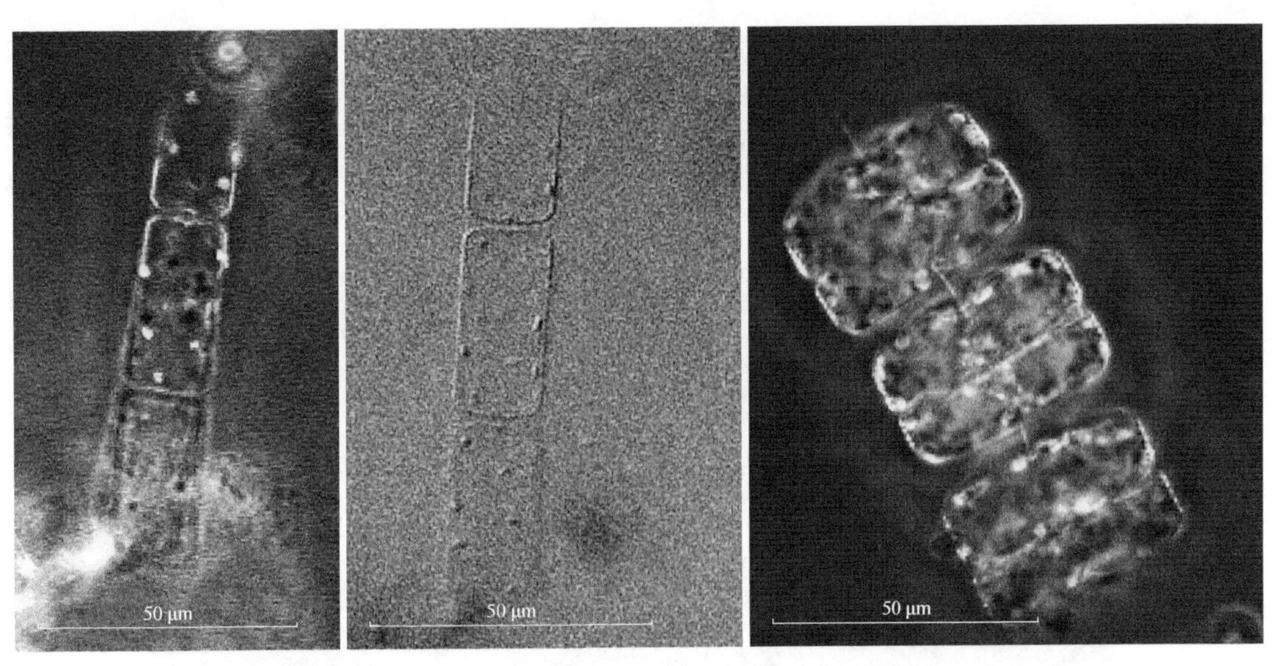

46d 46e 46f

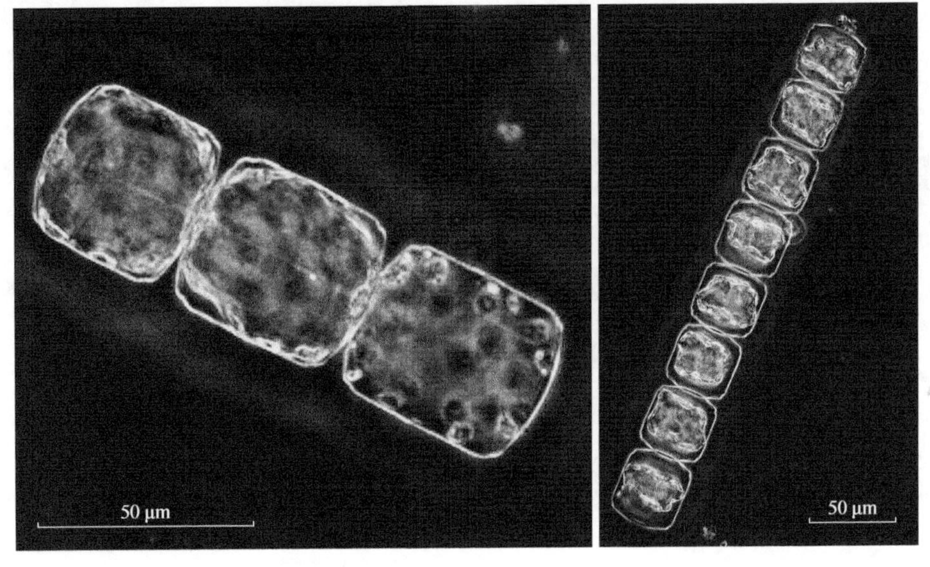

47a 47b

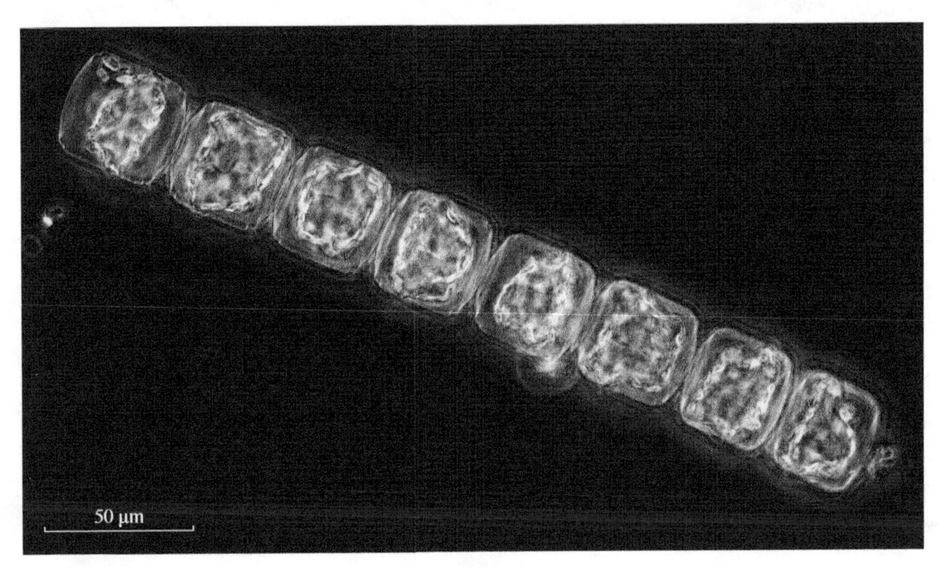

47c

图版 21

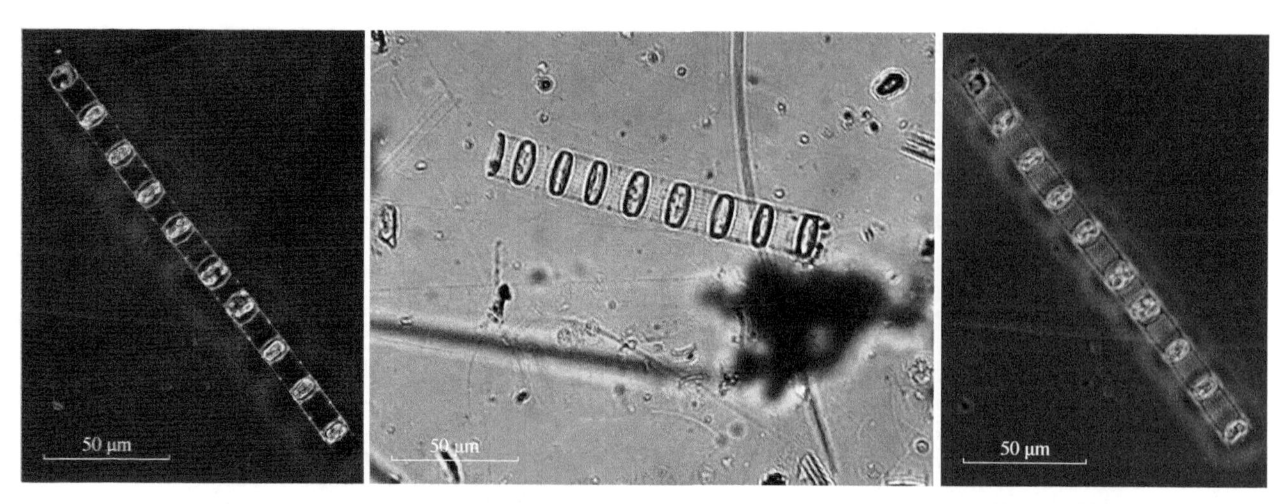

48a　　48b　　48c

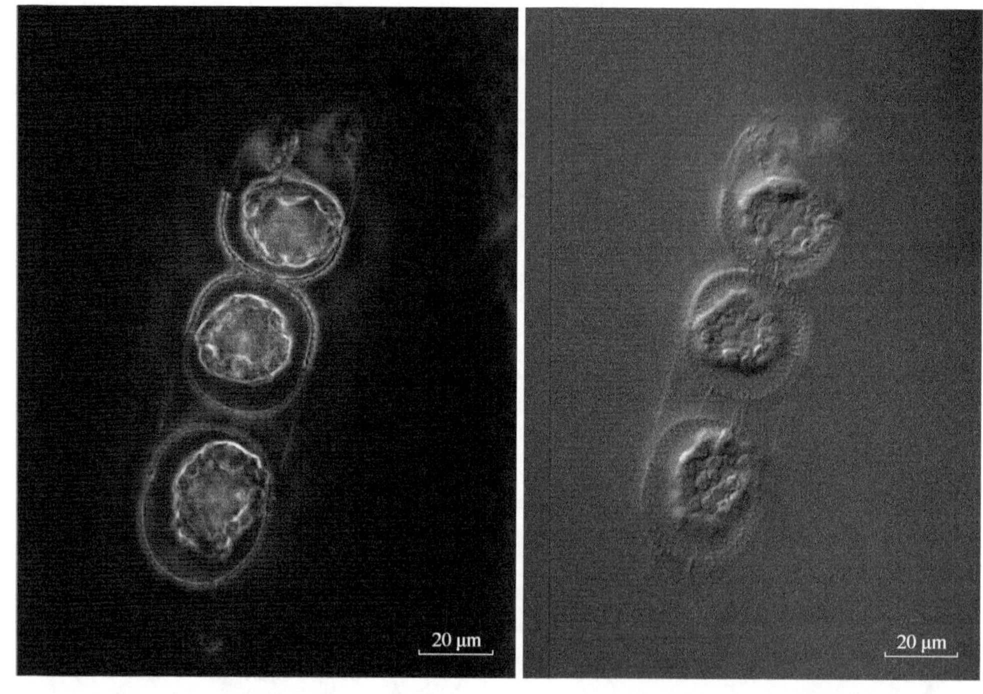

49a　　49b

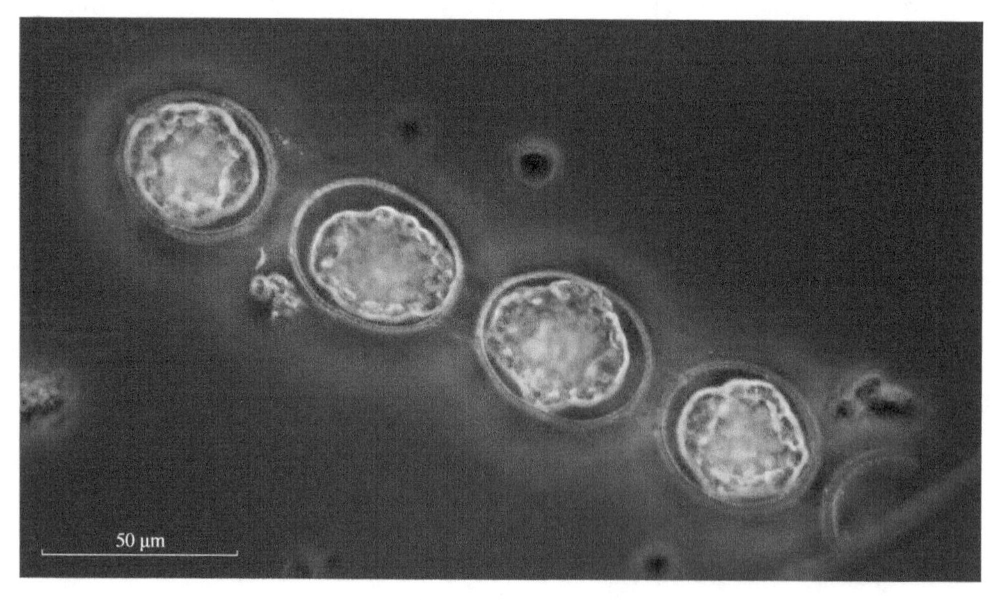

49c

图版 22

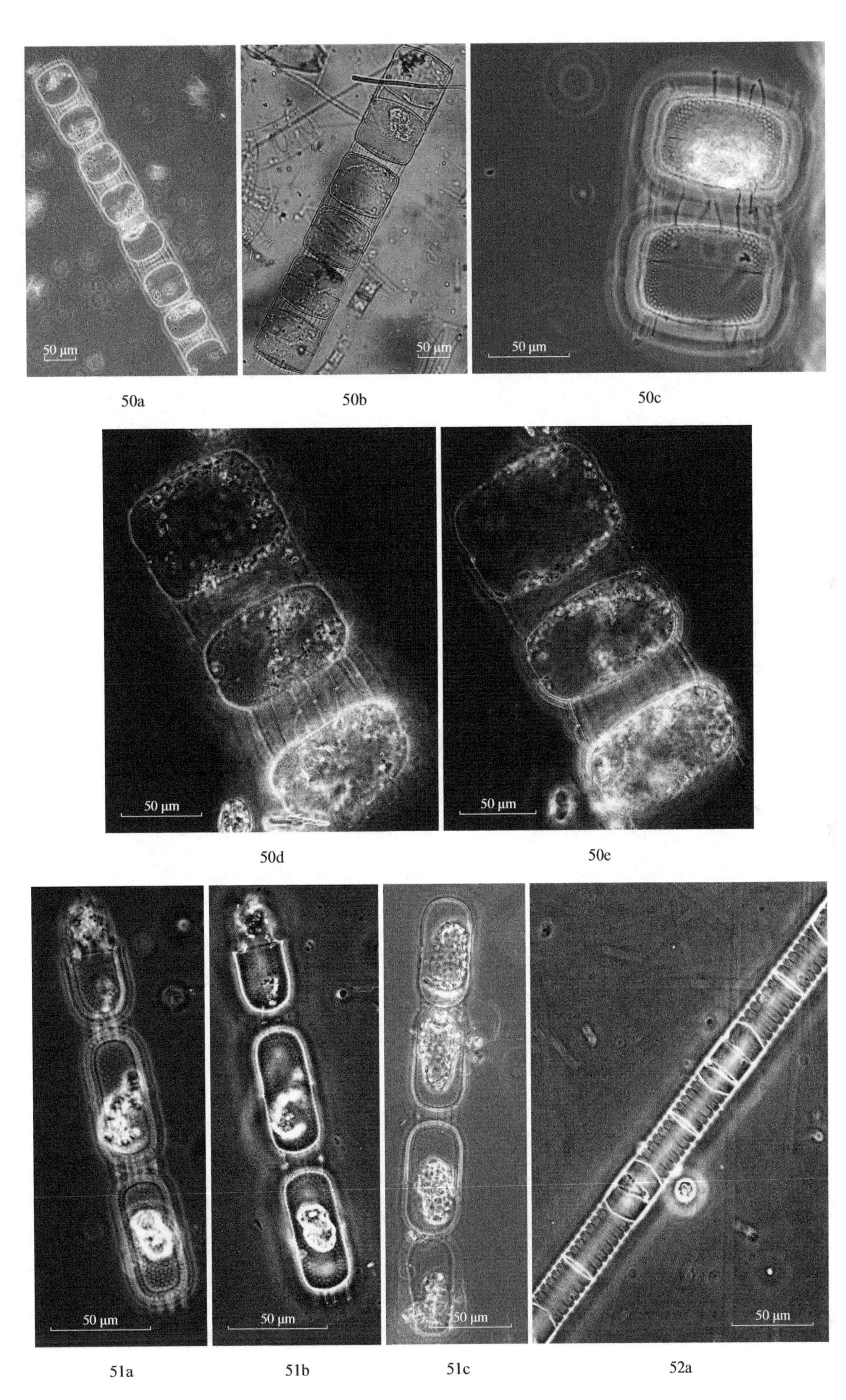

50a 50b 50c

50d 50e

51a 51b 51c 52a

图版 23

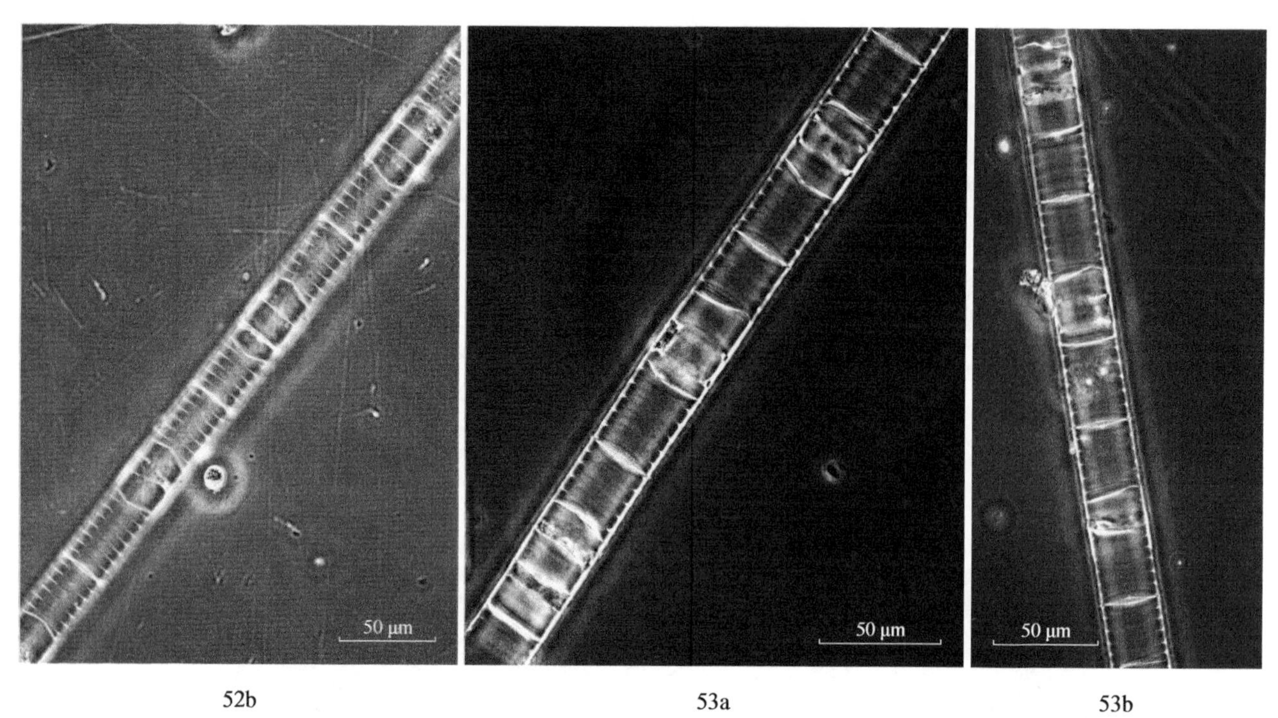

52b　　53a　　53b

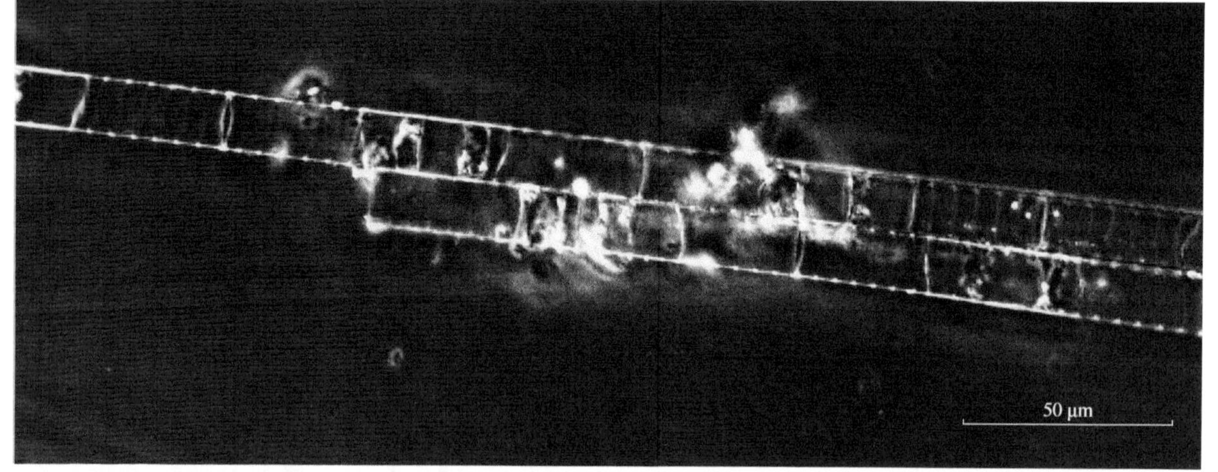

53c

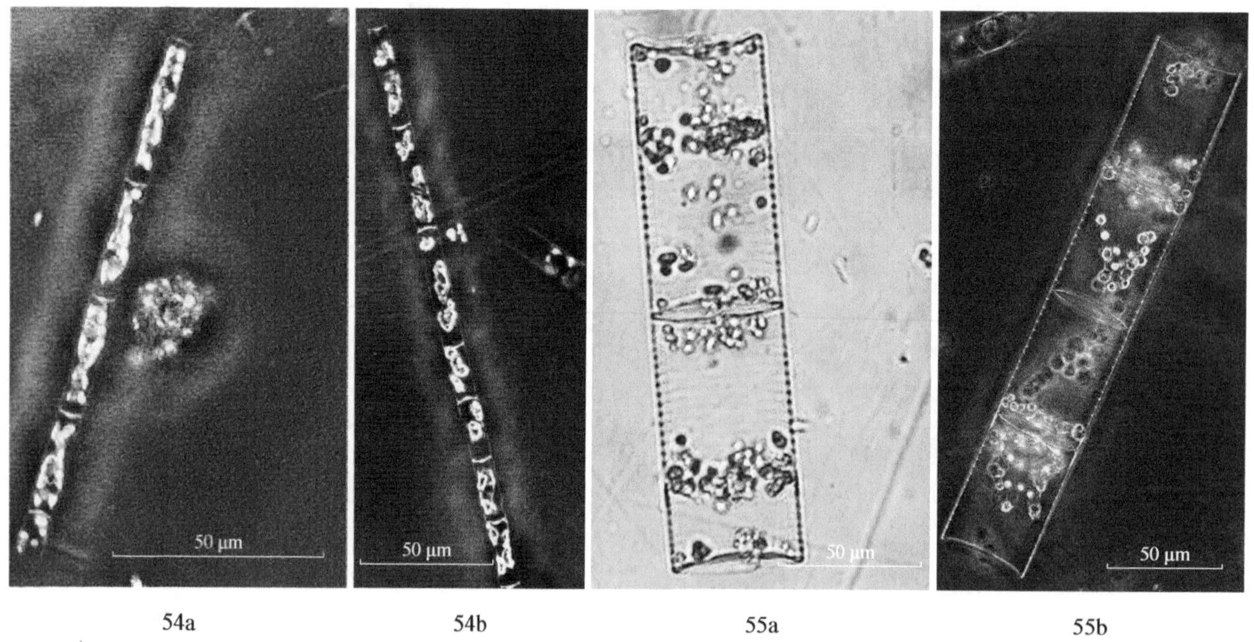

54a　　54b　　55a　　55b

图版 24

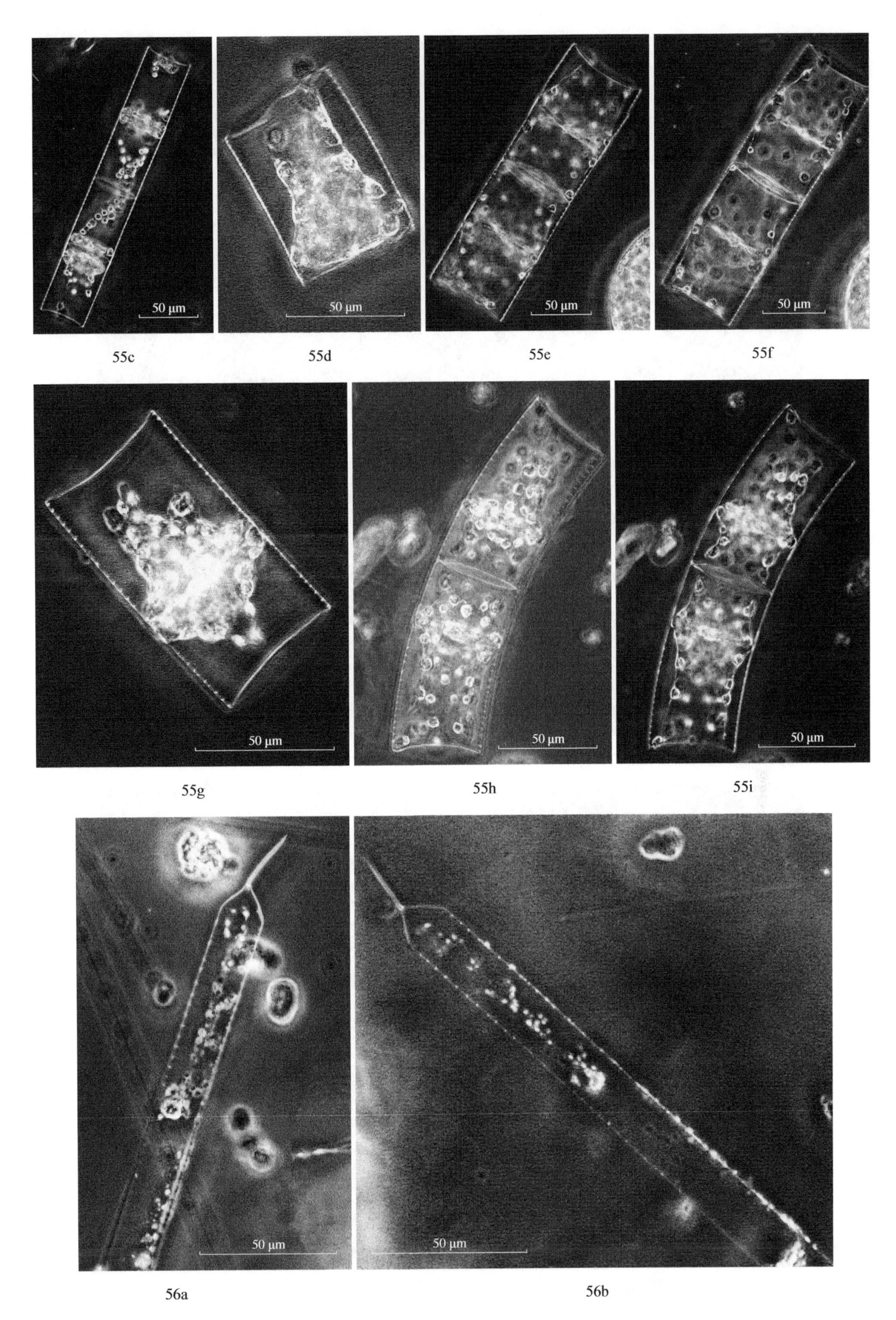
50 μm
50 μm
50 μm
50 μm
55c
55d
55e
55f
50 μm
50 μm
50 μm
55g
55h
55i
50 μm
50 μm
56a
56b

图版 25

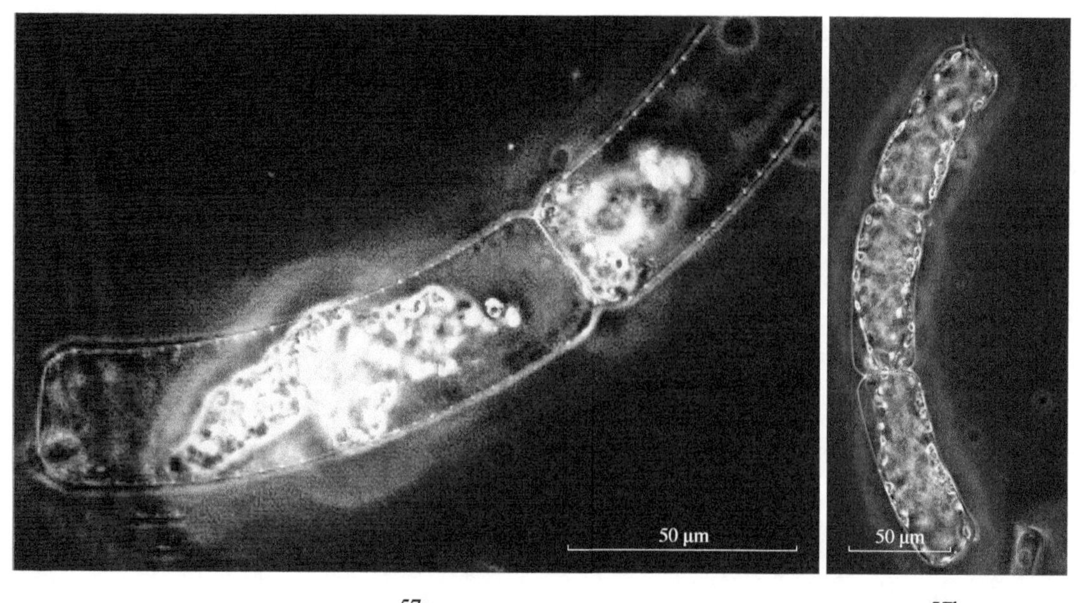

57a　　57b

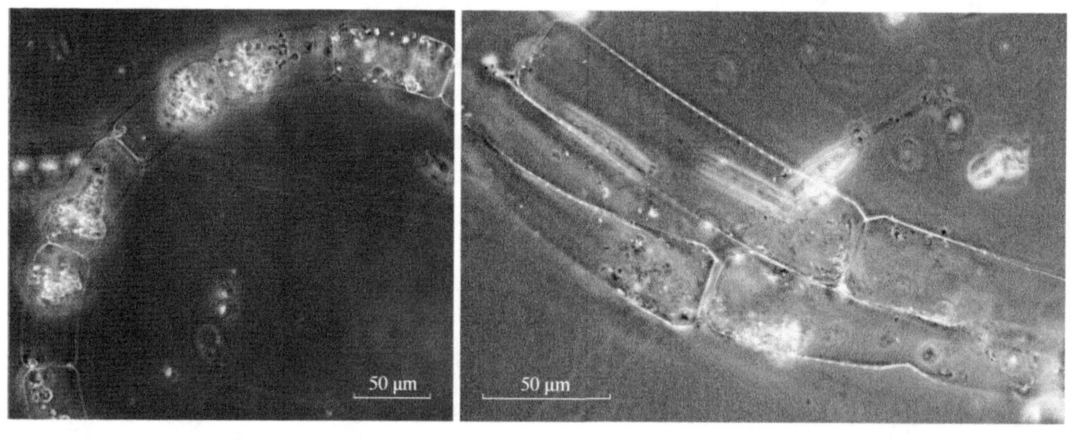

57c　　57d

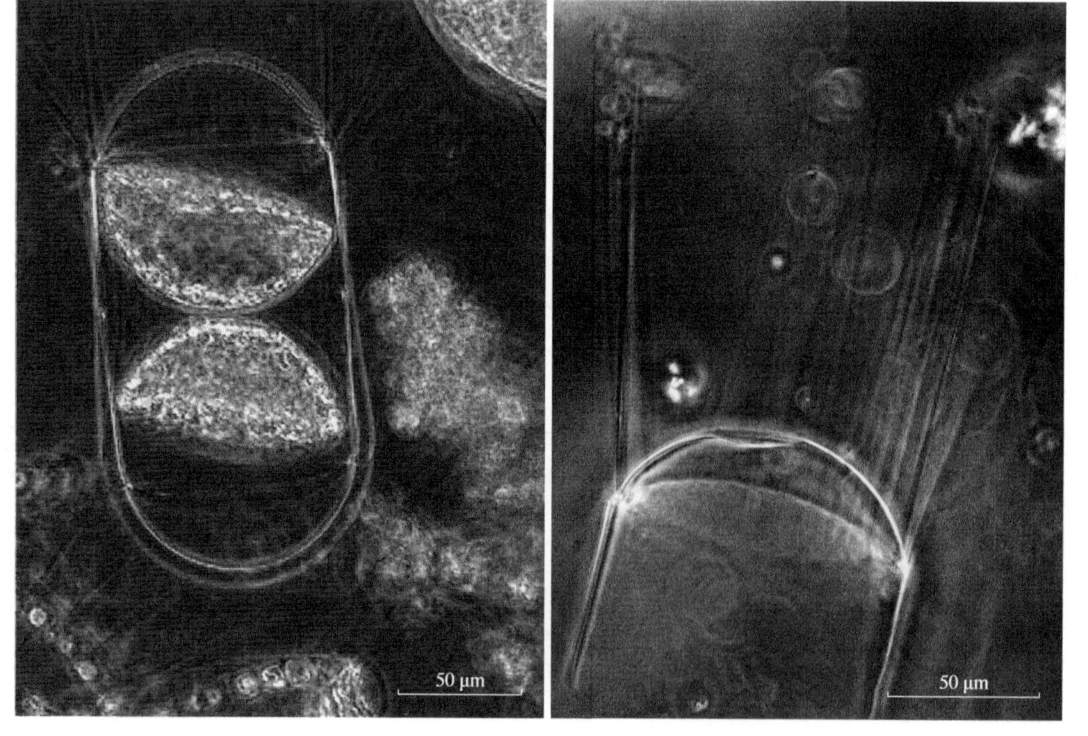

58a　　58b

图版 26

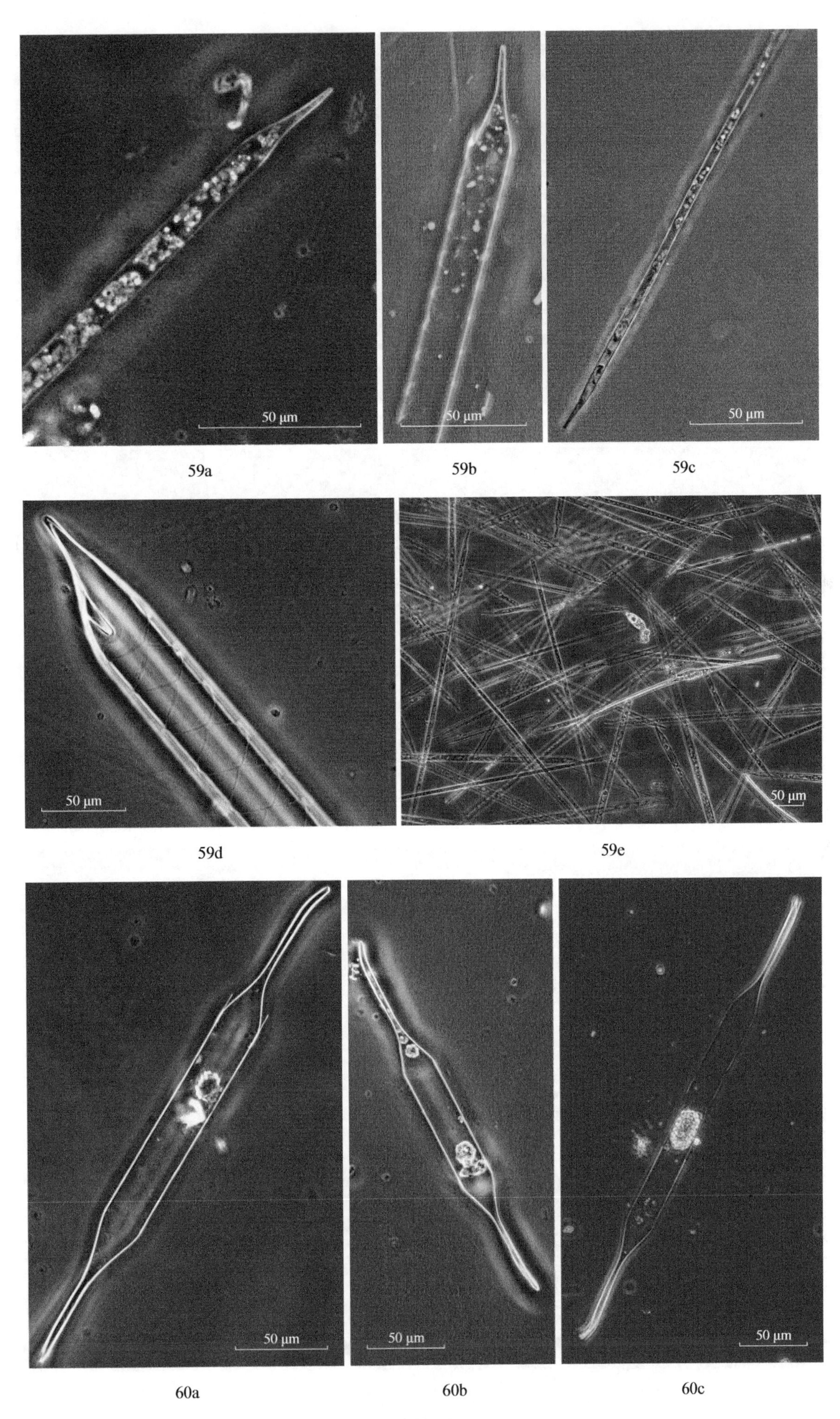
50 μm
50 μm
50 μm
59a
59b
59c
50 μm
50 μm
59d
59e
50 μm
50 μm
50 μm
60a
60b
60c

图版 27

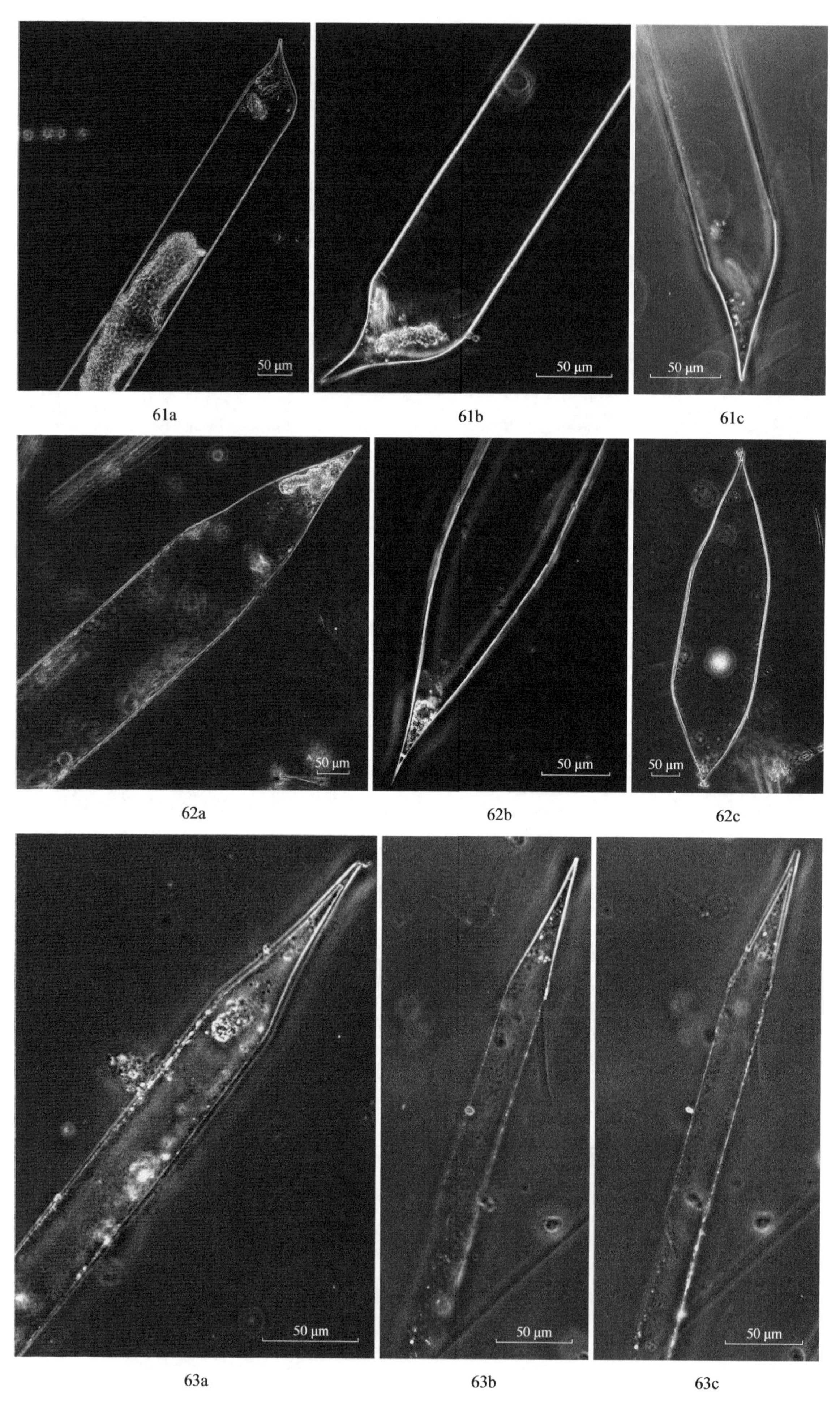
50 μm
50 μm
50 μm
61a
61b
61c
50 μm
50 μm
50 μm
62a
62b
62c
50 μm
50 μm
50 μm
63a
63b
63c

图版 28

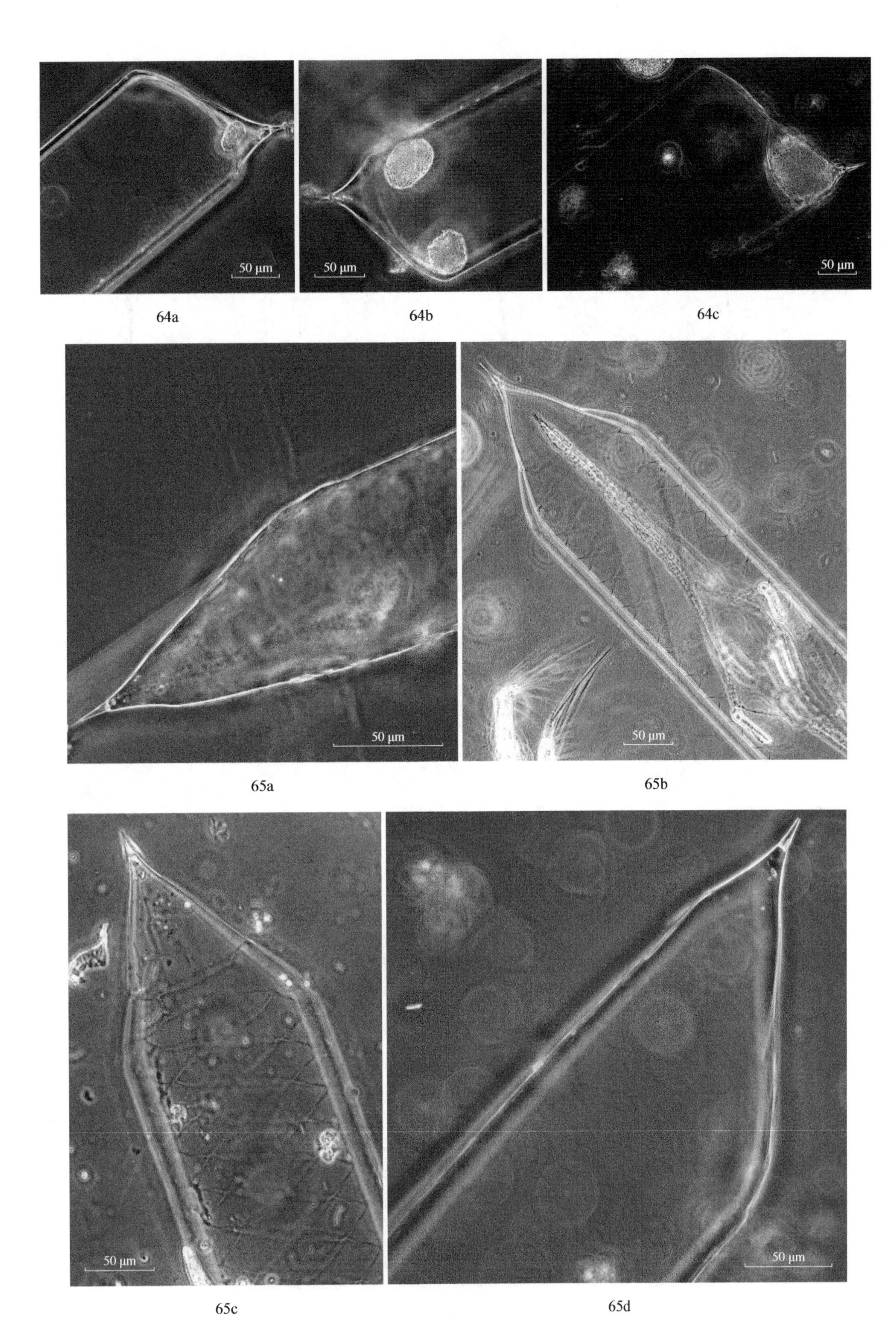

图版 29

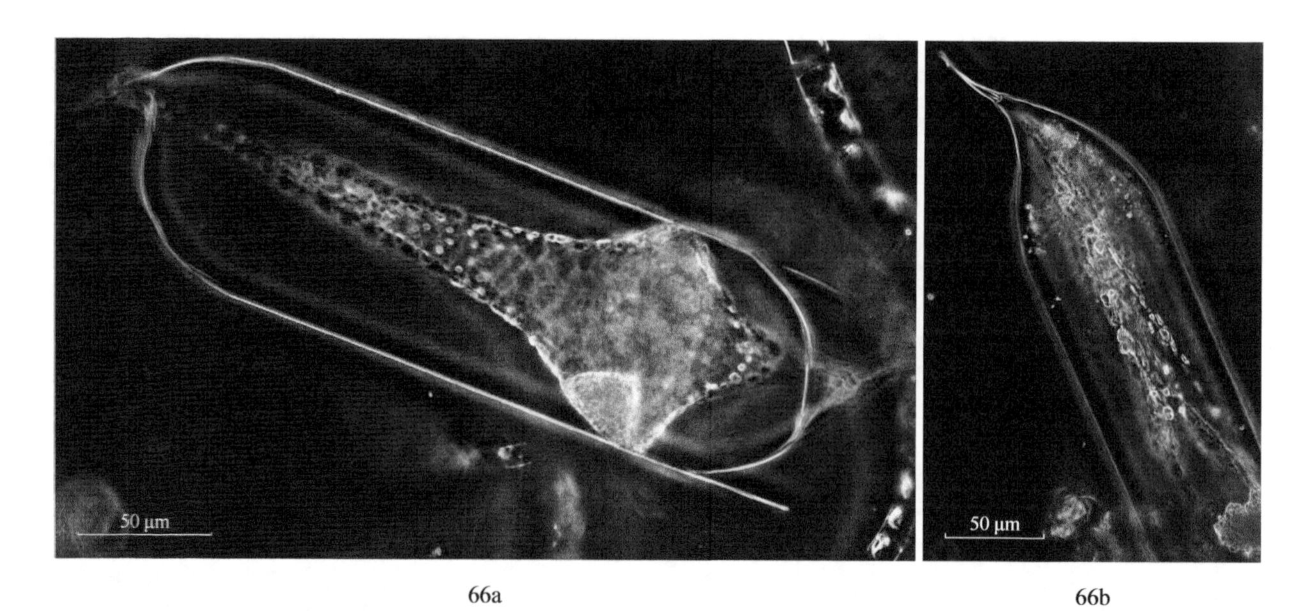

66a 66b

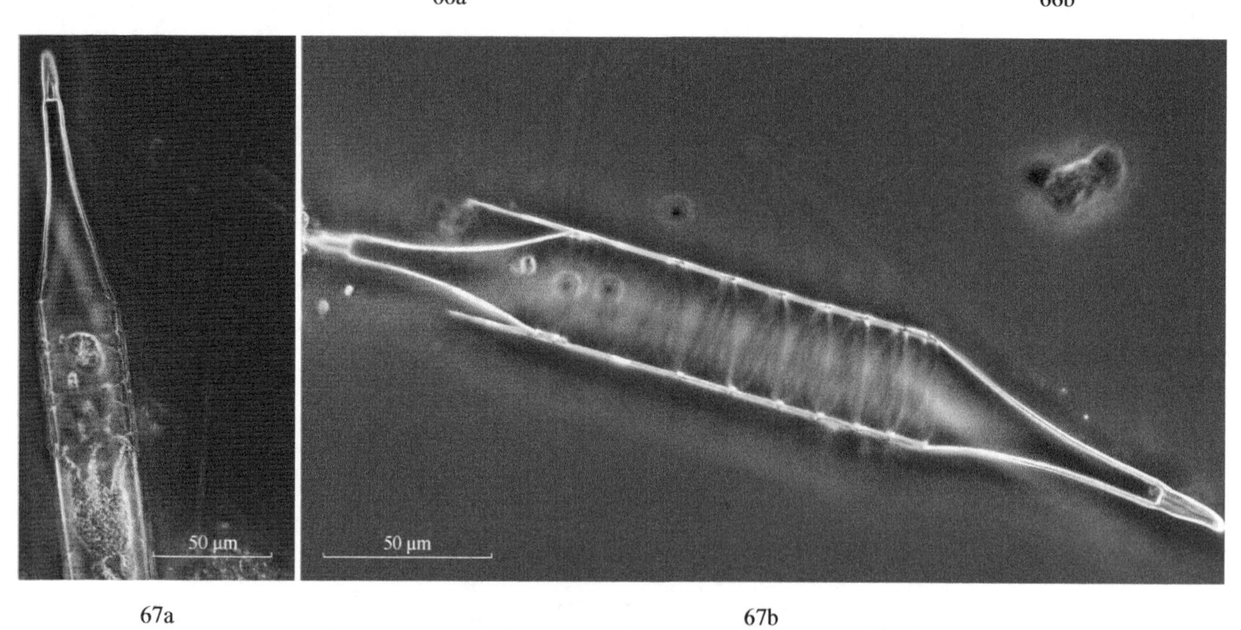

67a 67b

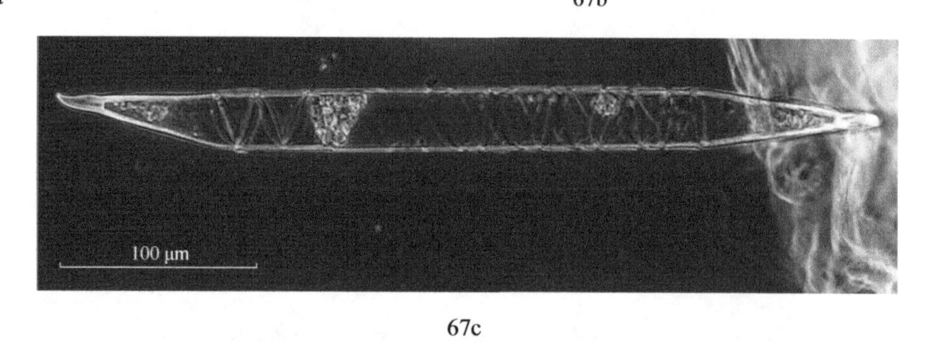

67c

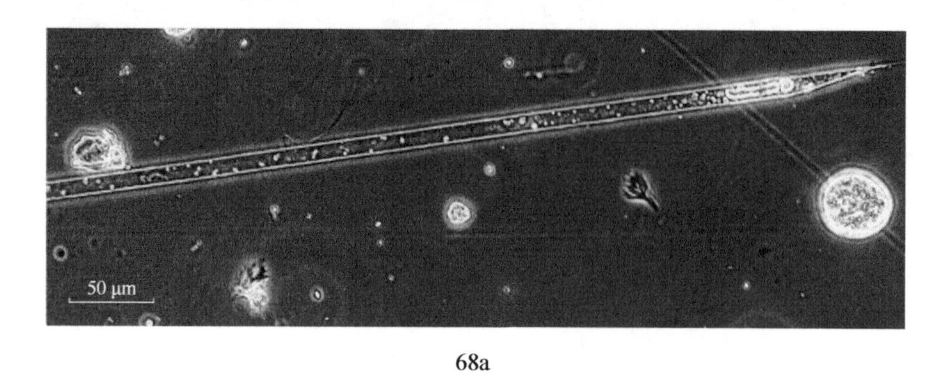

68a

图版 30

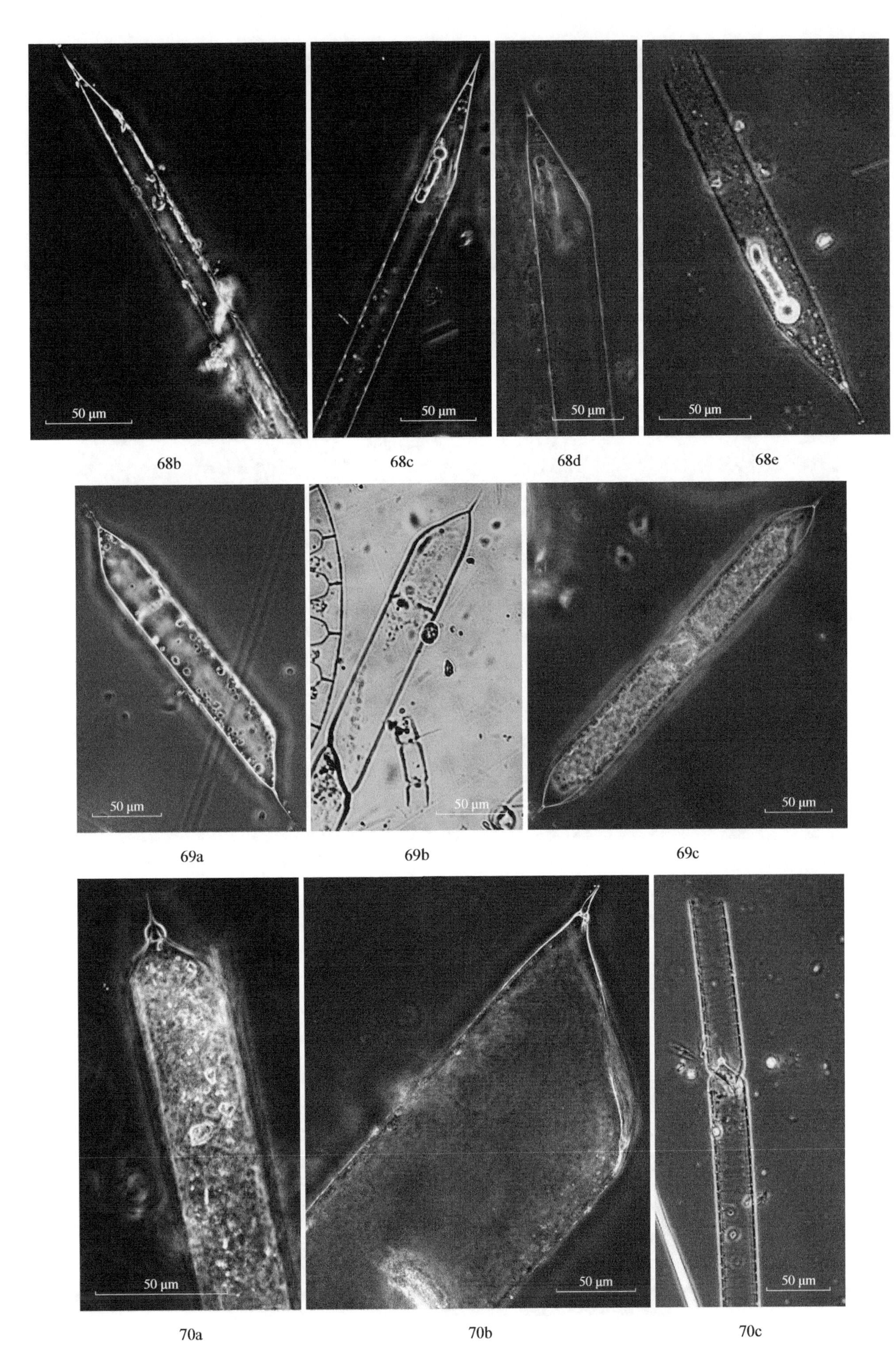

68b 68c 68d 68e

69a 69b 69c

70a 70b 70c

图版 31

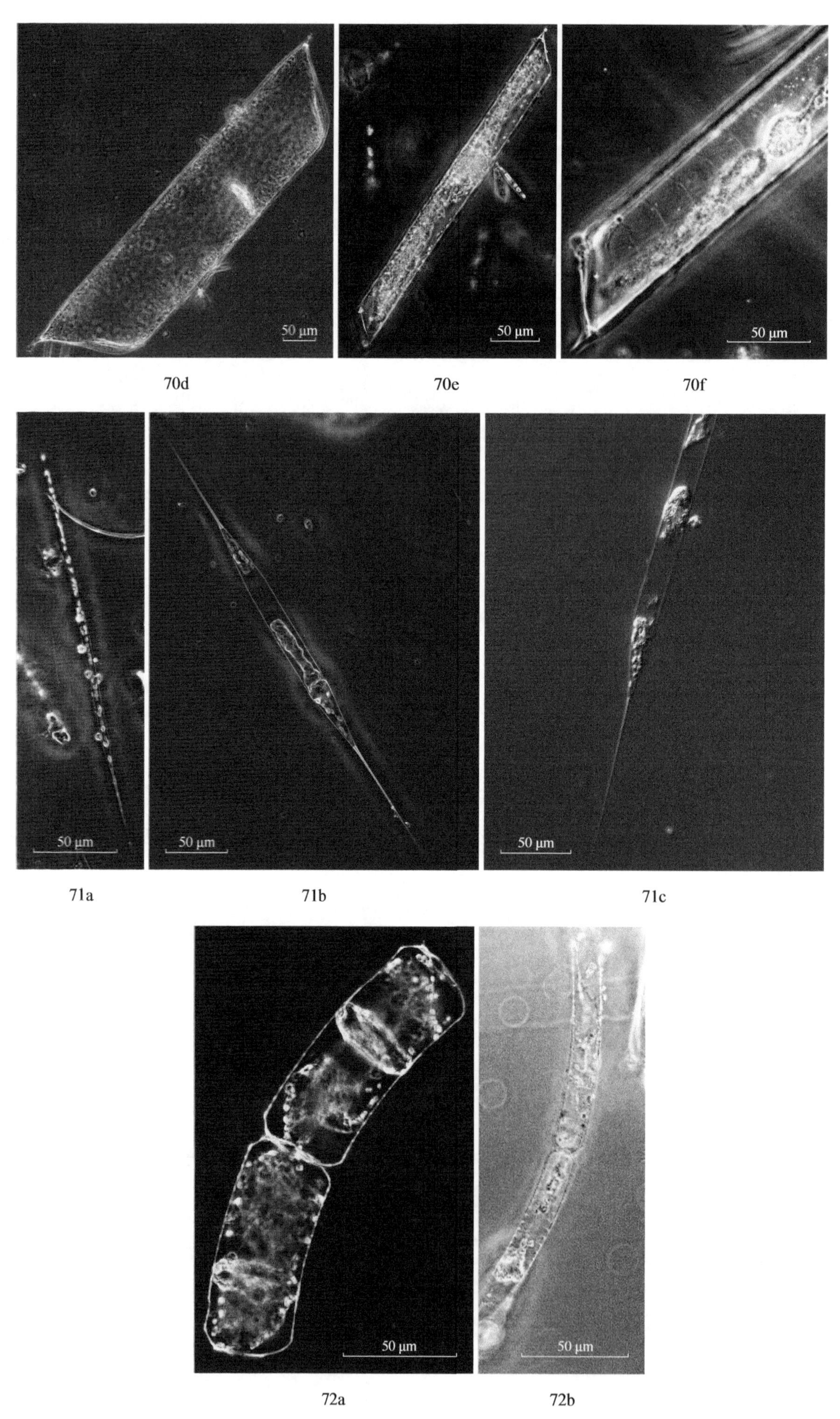
50 μm
50 μm
50 μm
70d
70e
70f
50 μm
50 μm
50 μm
71a
71b
71c
50 μm
50 μm
72a
72b

图版 32

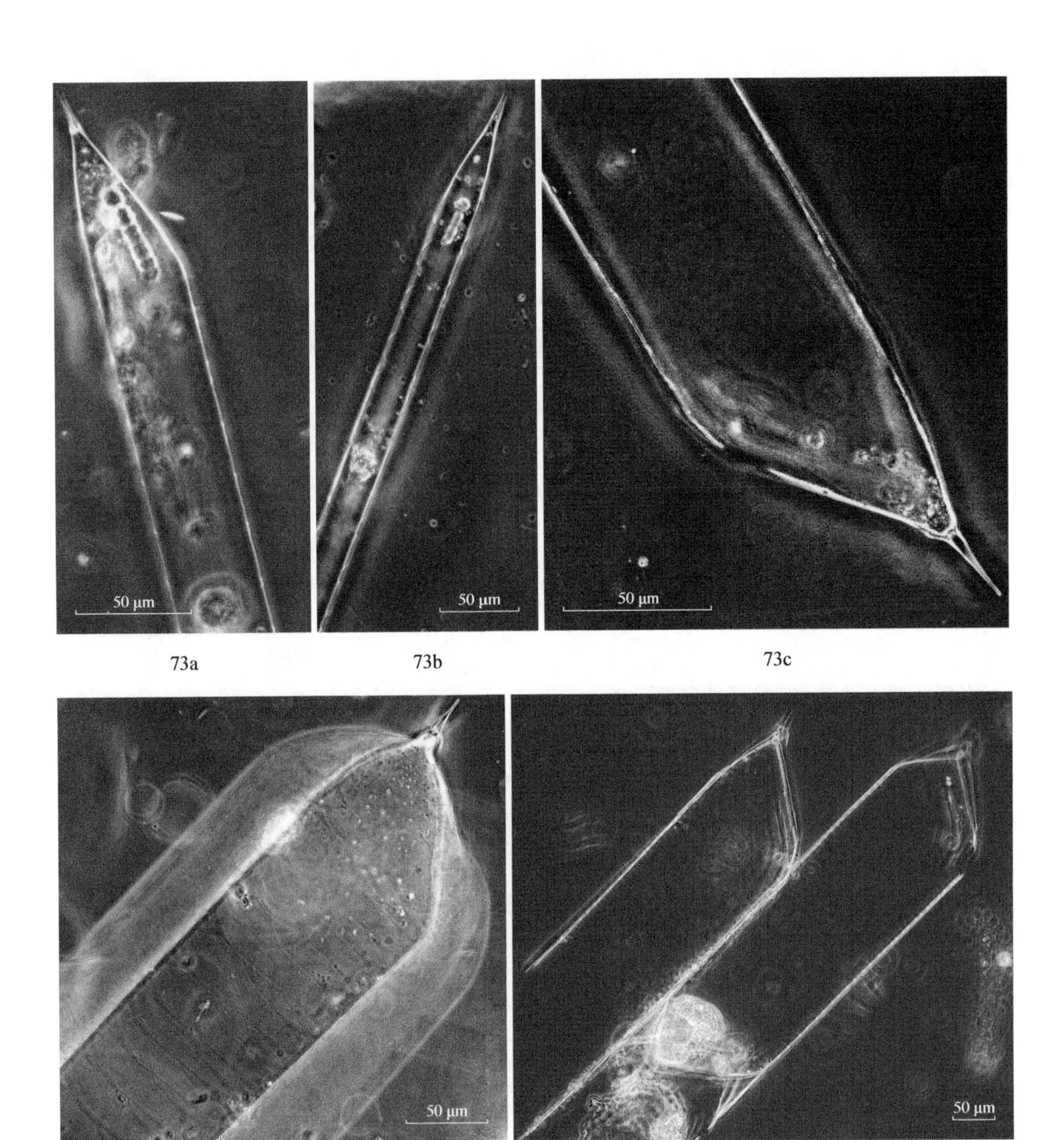

73a　　73b　　73c

74a　　74b

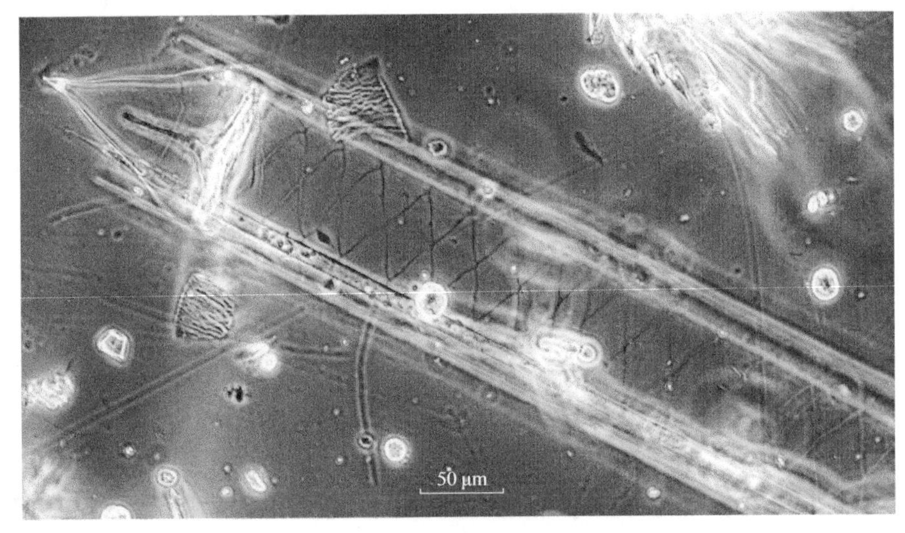

74c

图版 33

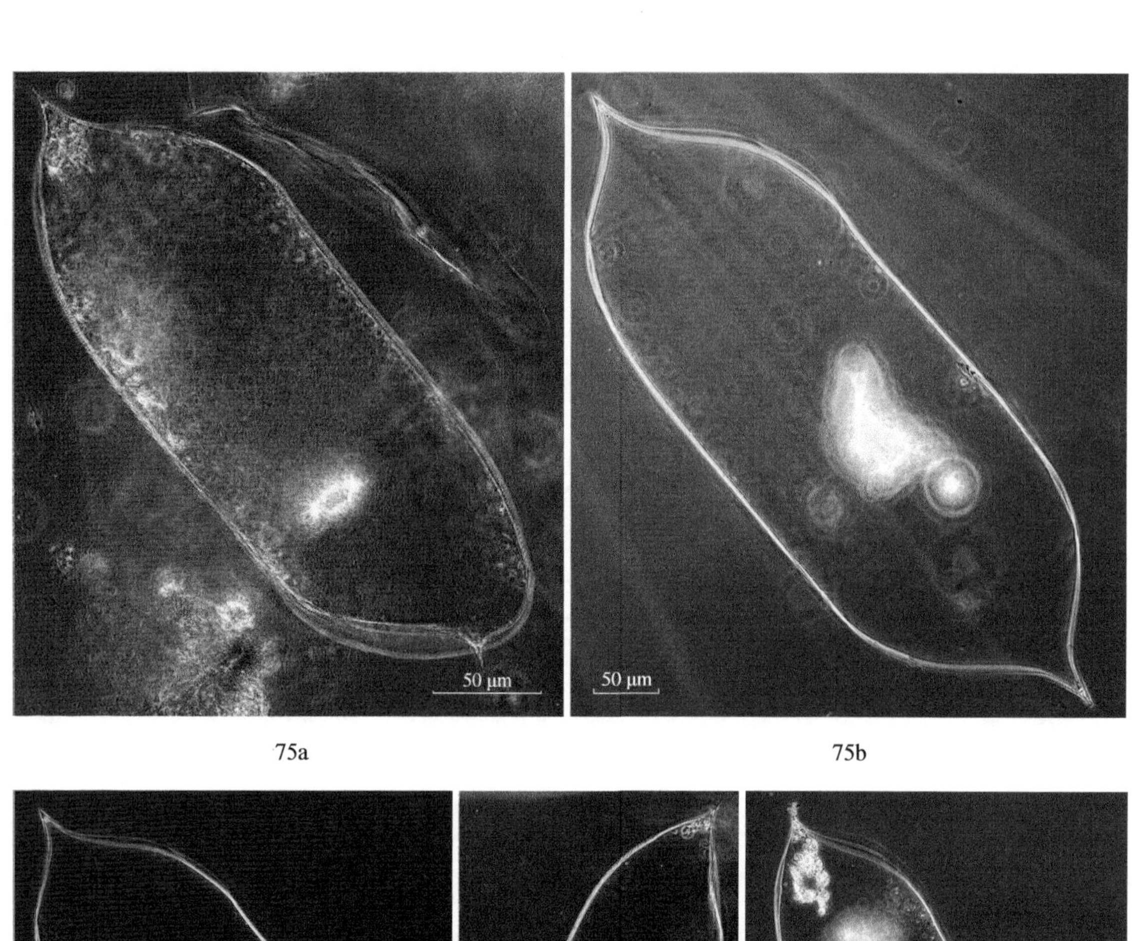

75a 75b

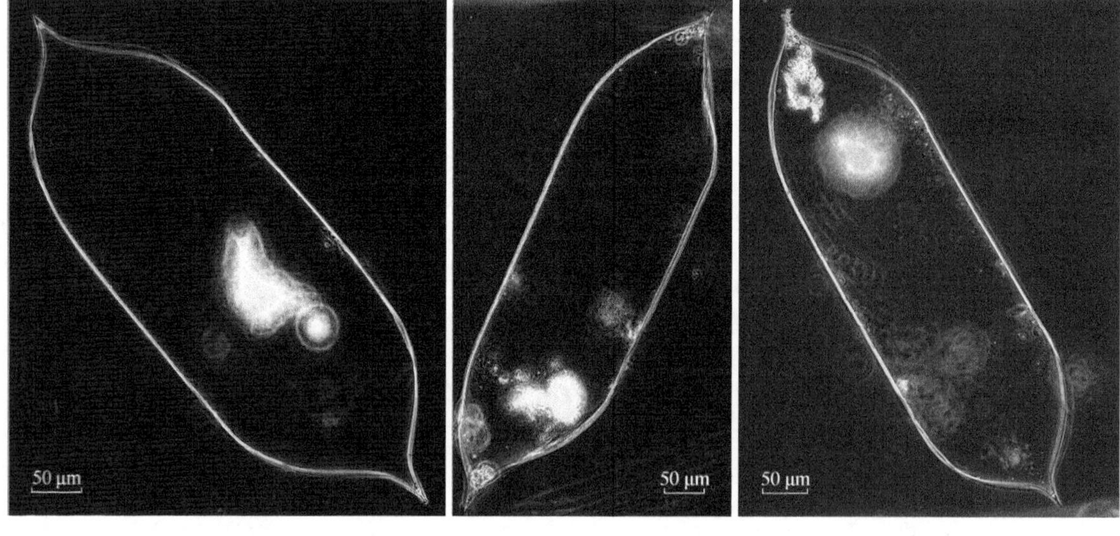

75c 75d 75e

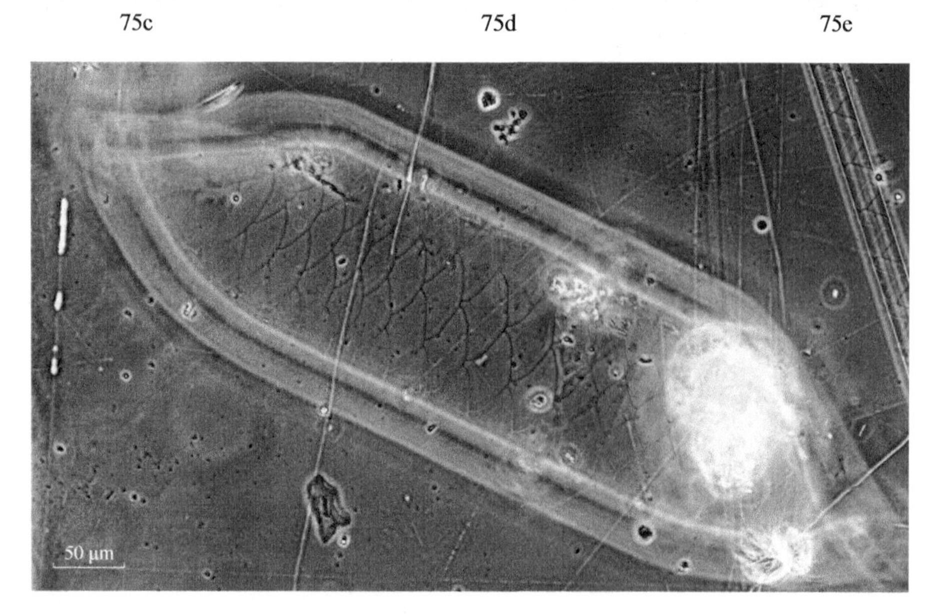

75f

图版 34

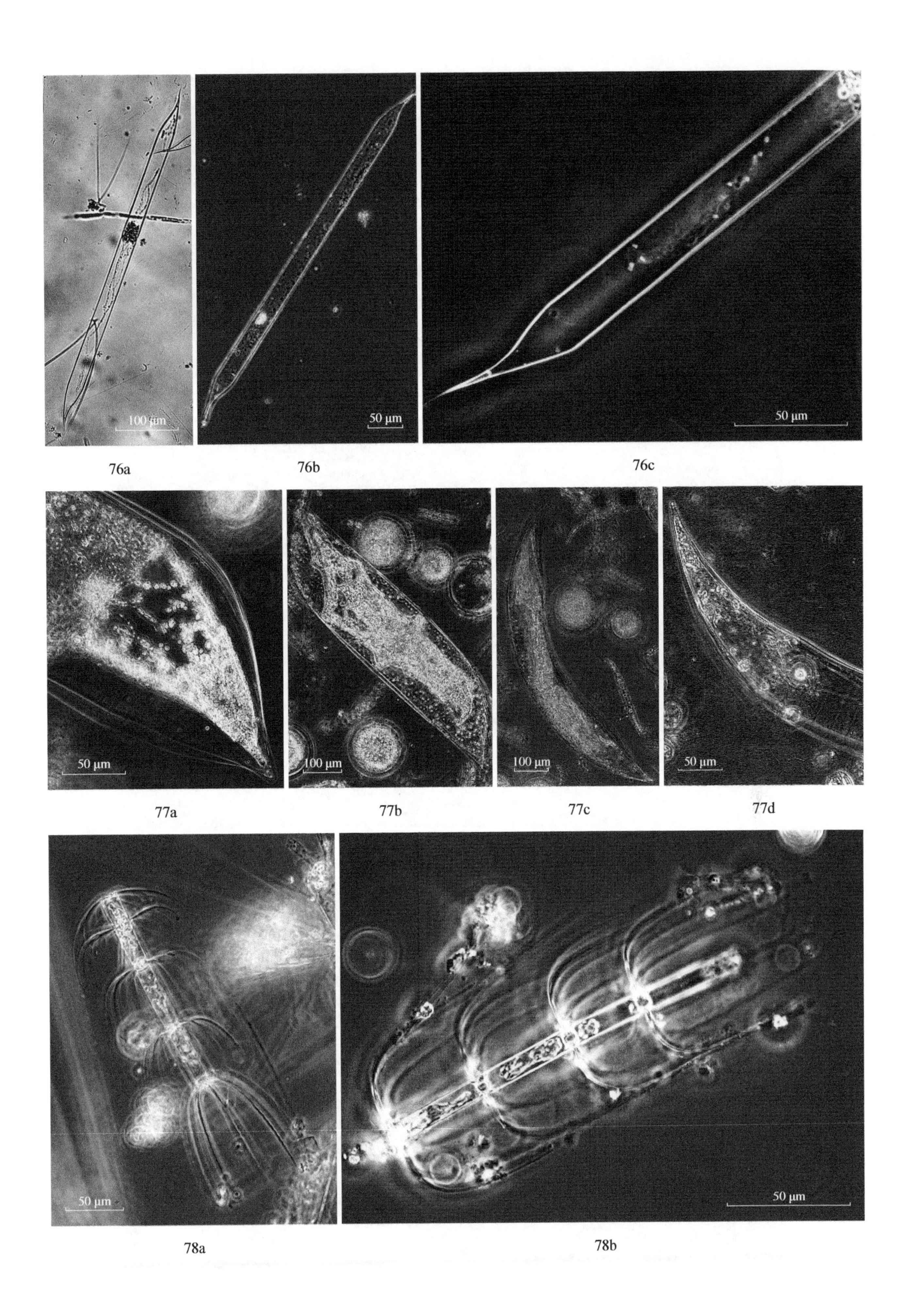
100 μm
50 μm
50 μm
76a
76b
76c
50 μm
100 μm
100 μm
50 μm
77a
77b
77c
77d
50 μm
50 μm
78a
78b

图版 35

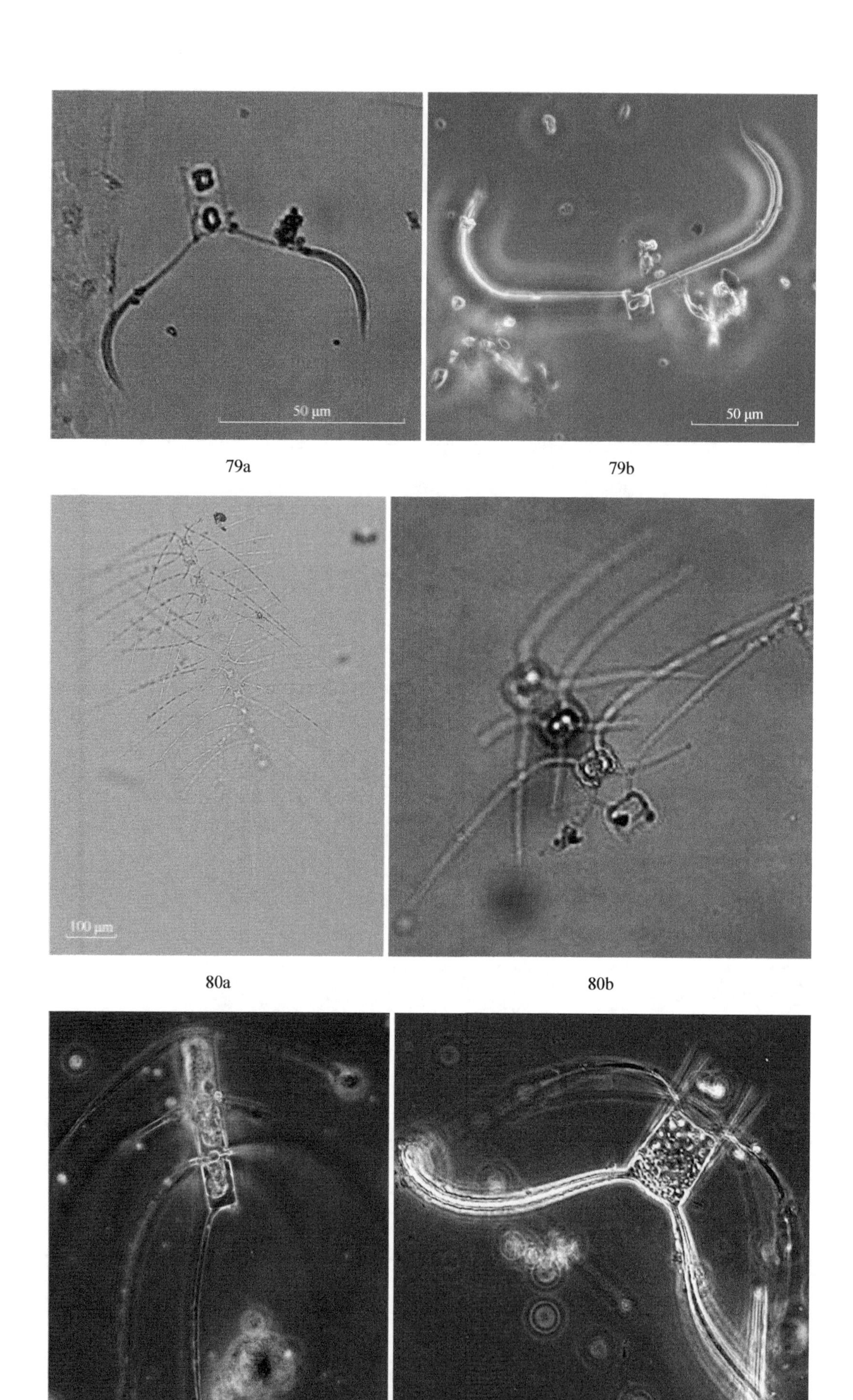

79a 79b

80a 80b

81 82

图版 36

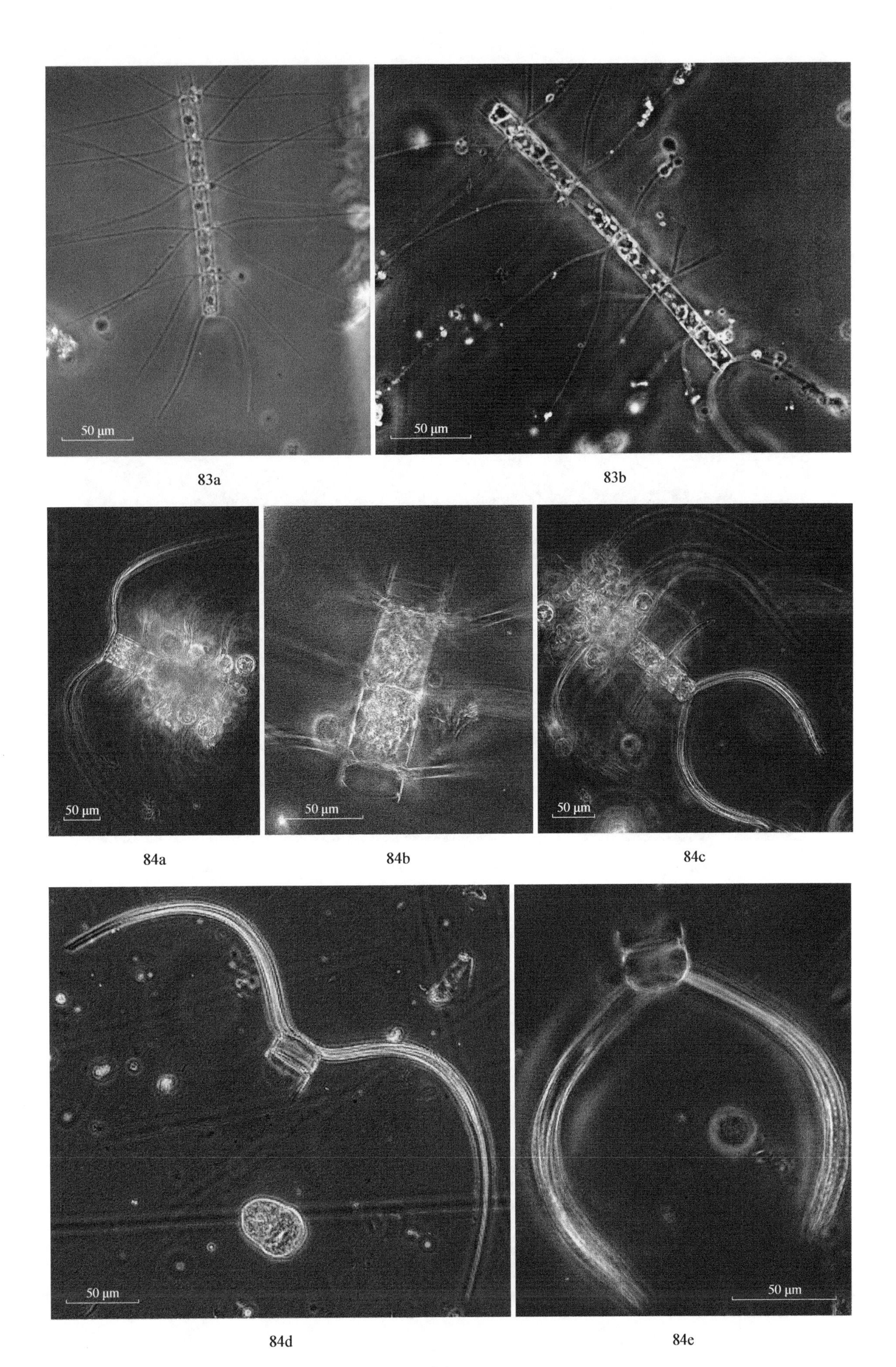

图版 37

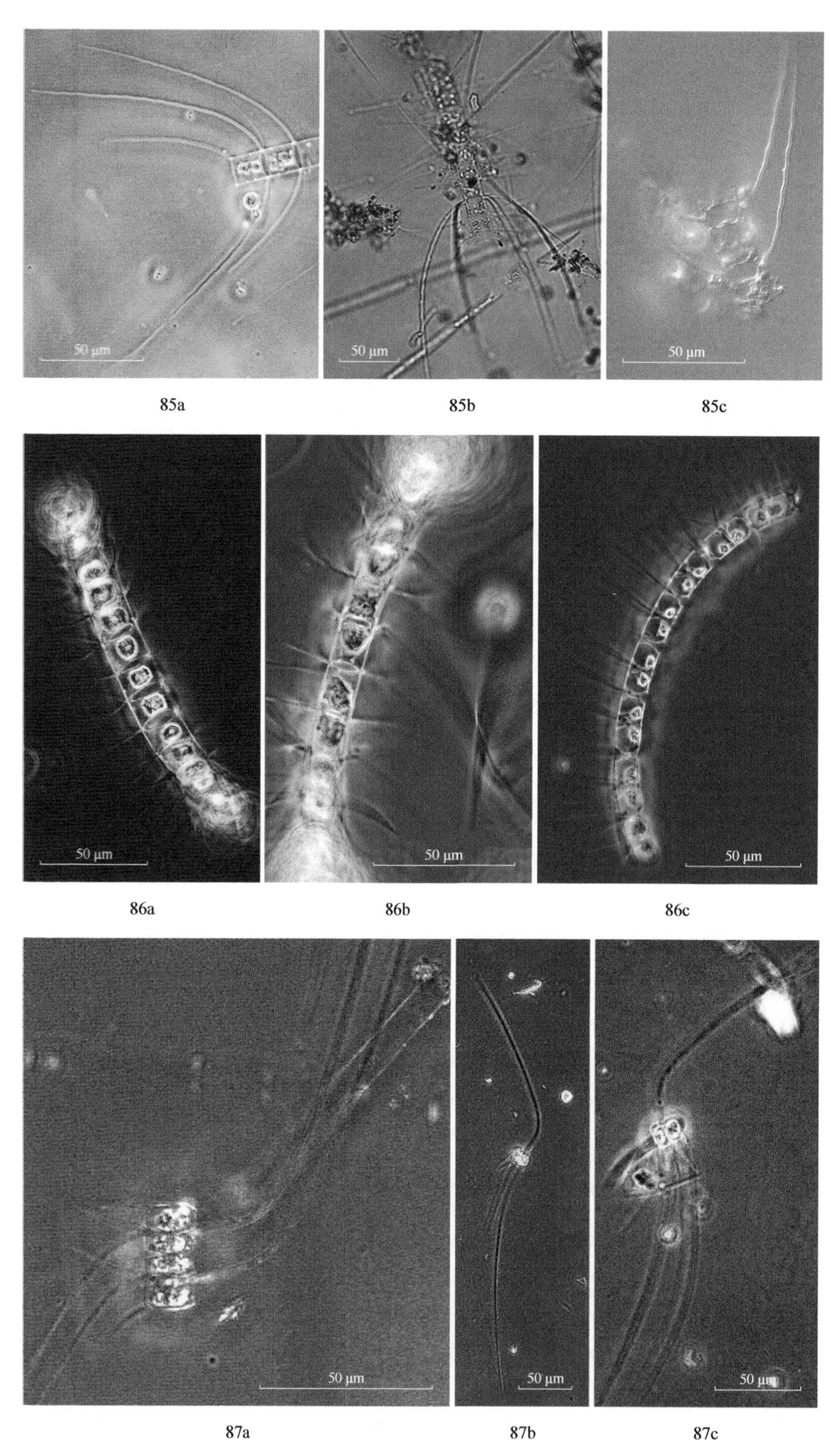
50 μm
50 μm
50 μm
85a
85b
85c
50 μm
50 μm
50 μm
86a
86b
86c
50 μm
50 μm
50 μm
87a
87b
87c

图版 38

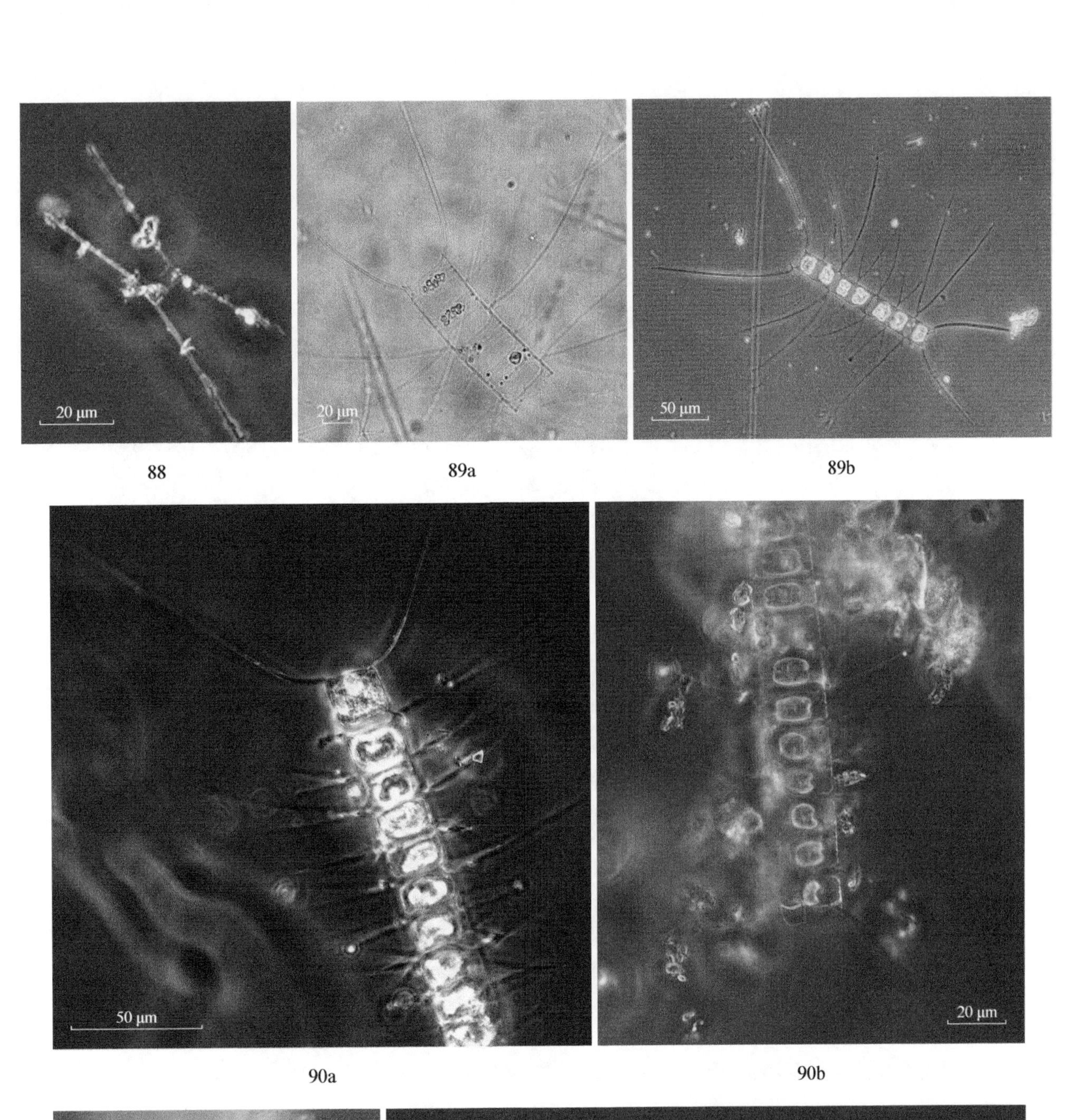

88 89a 89b

90a 90b

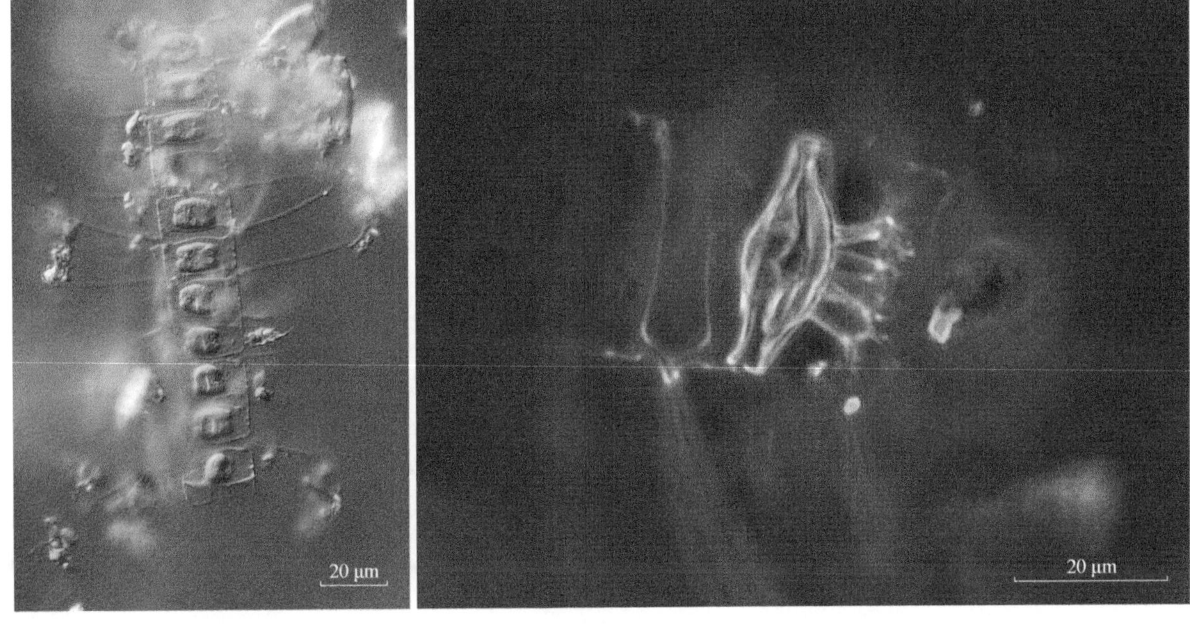

90c 90d

图版 39

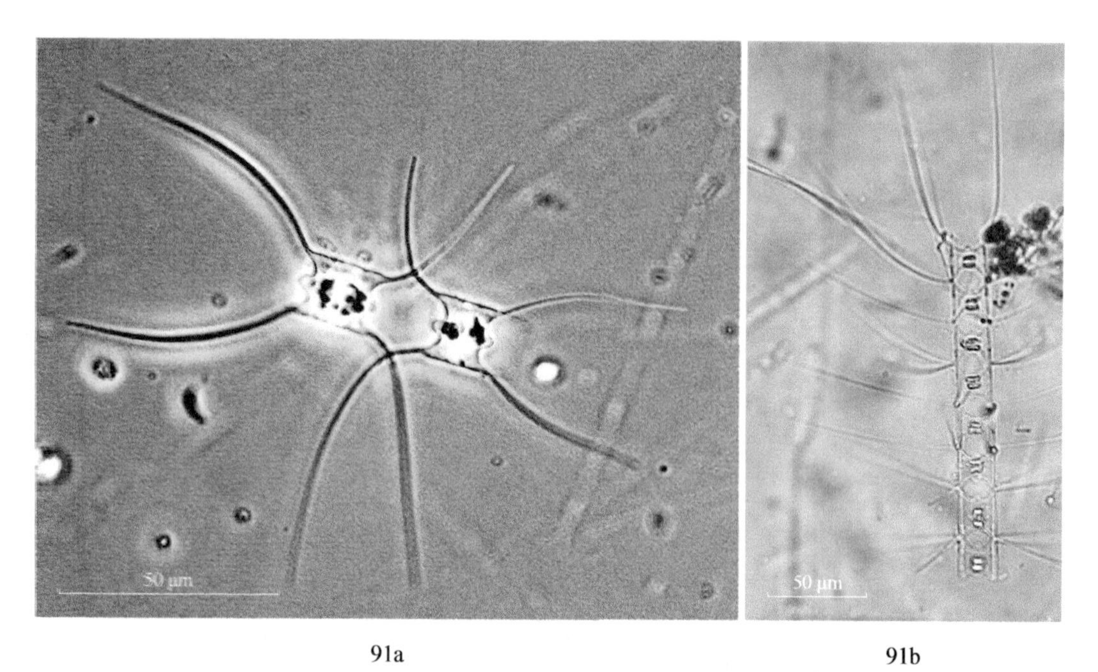

91a 91b

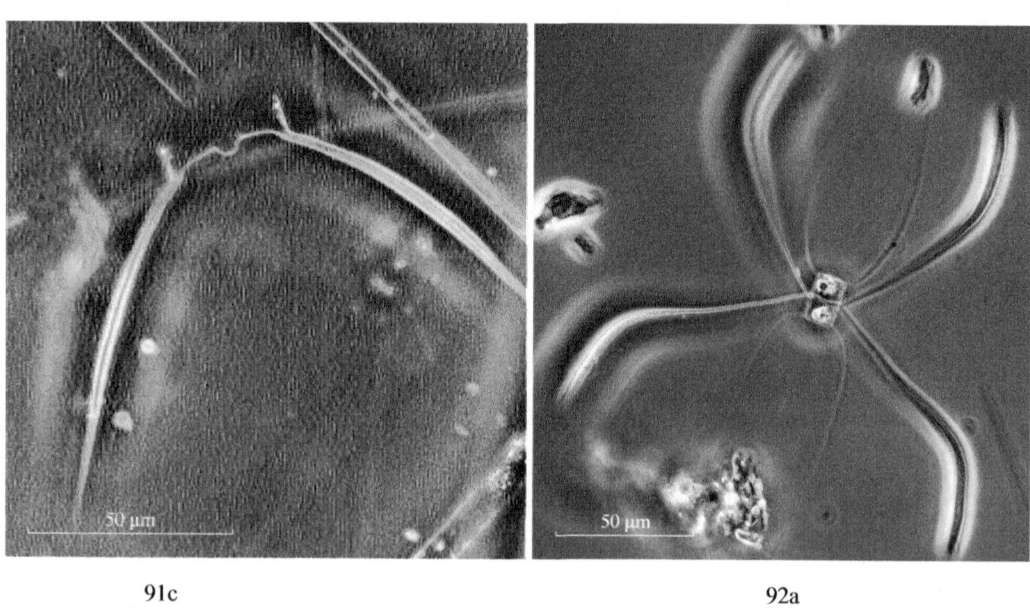

91c 92a

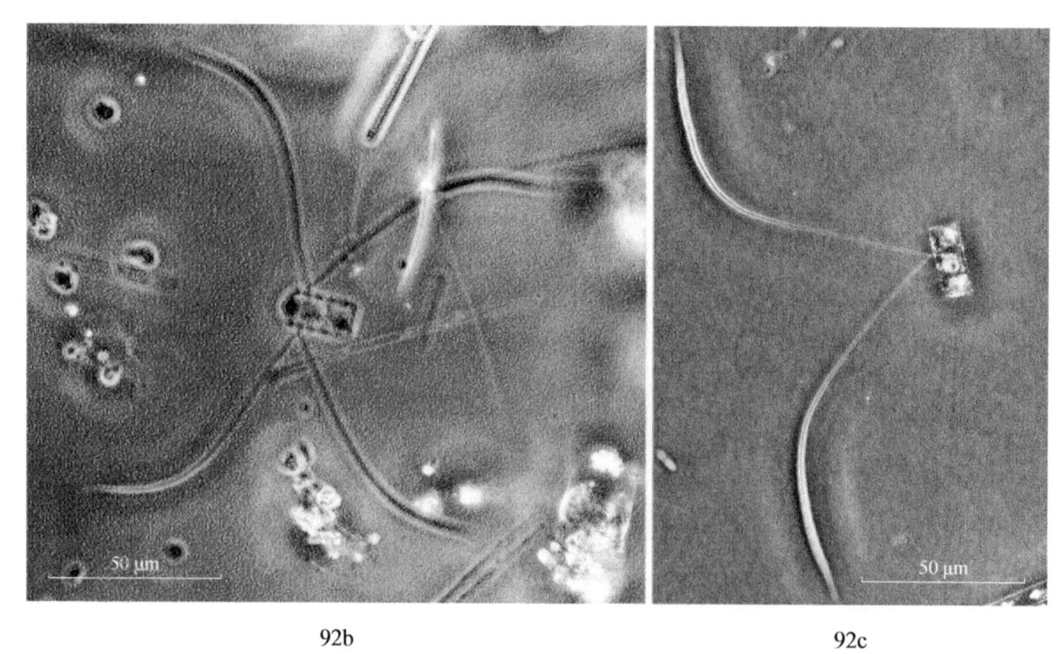

92b 92c

图版 40

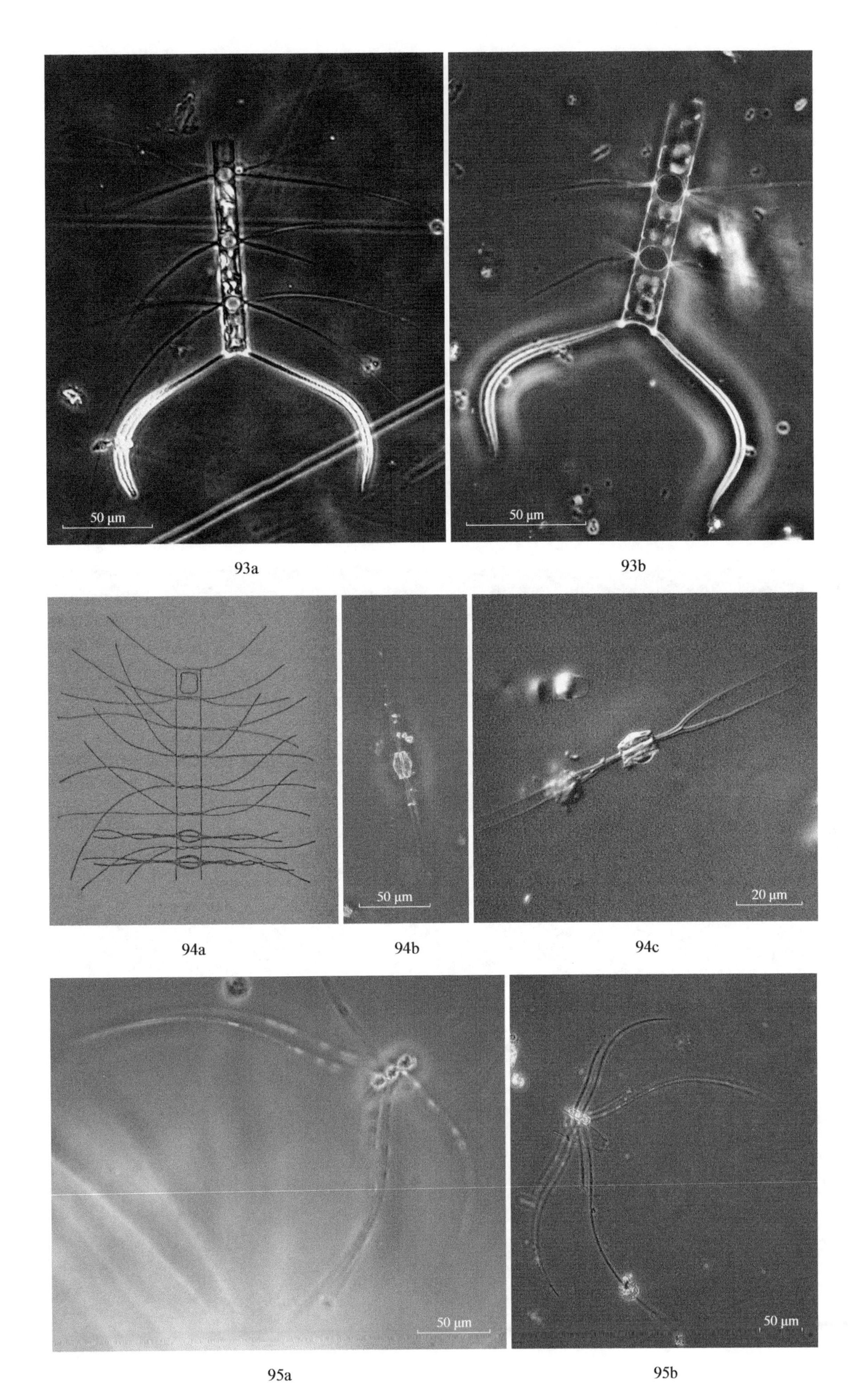

93a 93b

94a 94b 94c

95a 95b

图版 41

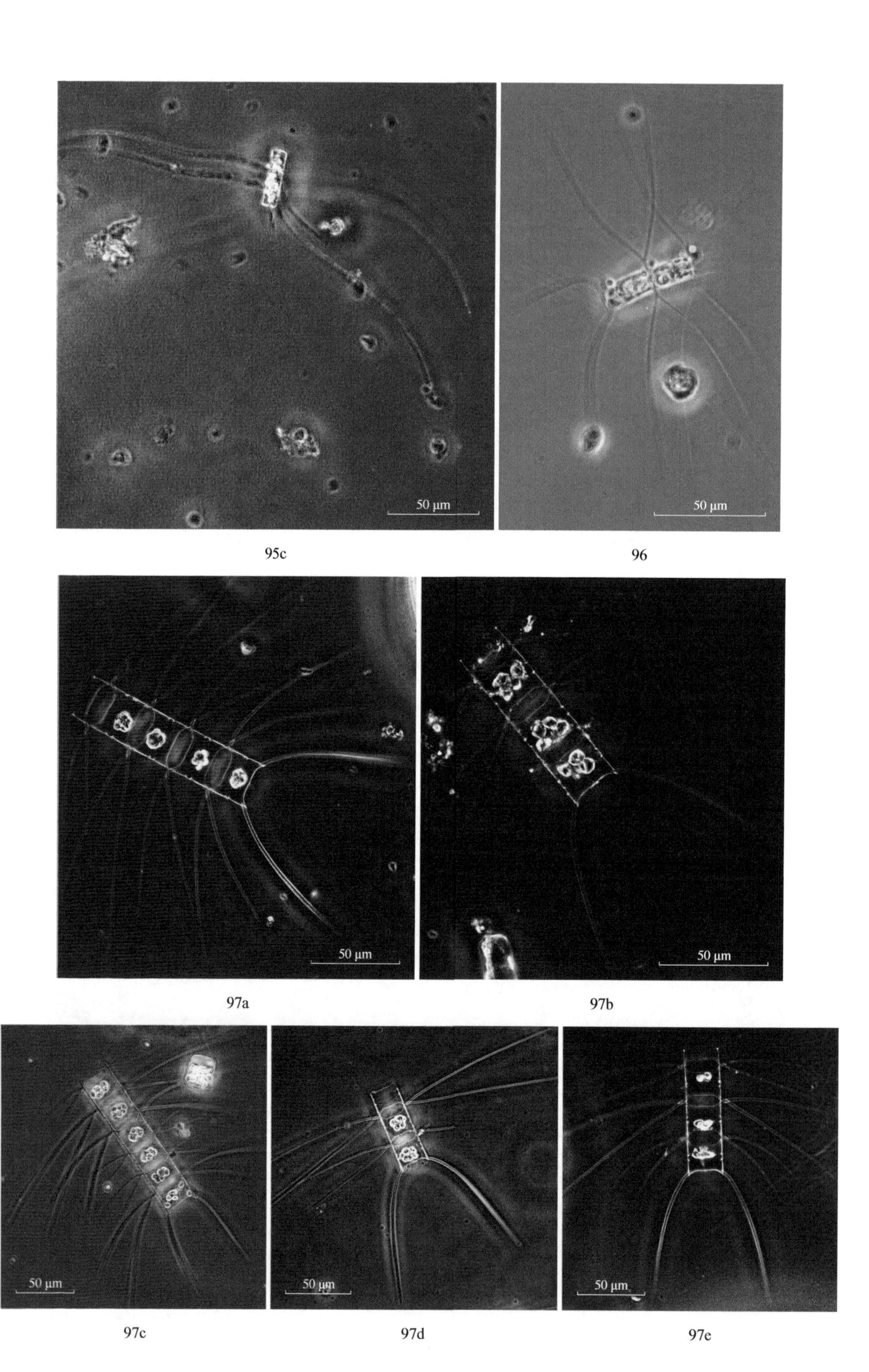

95c 96
97a 97b
97c 97d 97e

图版 42

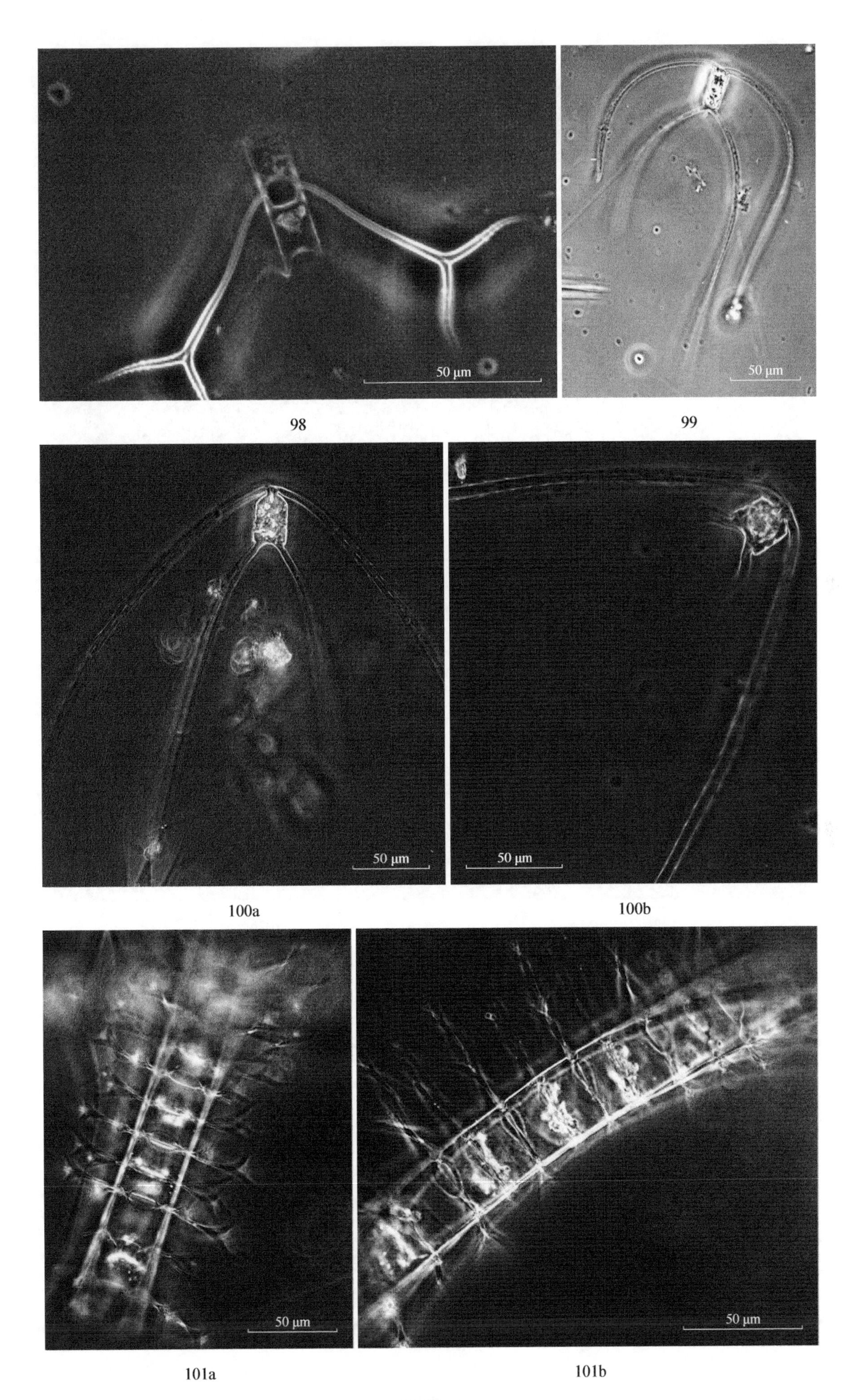

98 99 100a 100b 101a 101b

图版 43

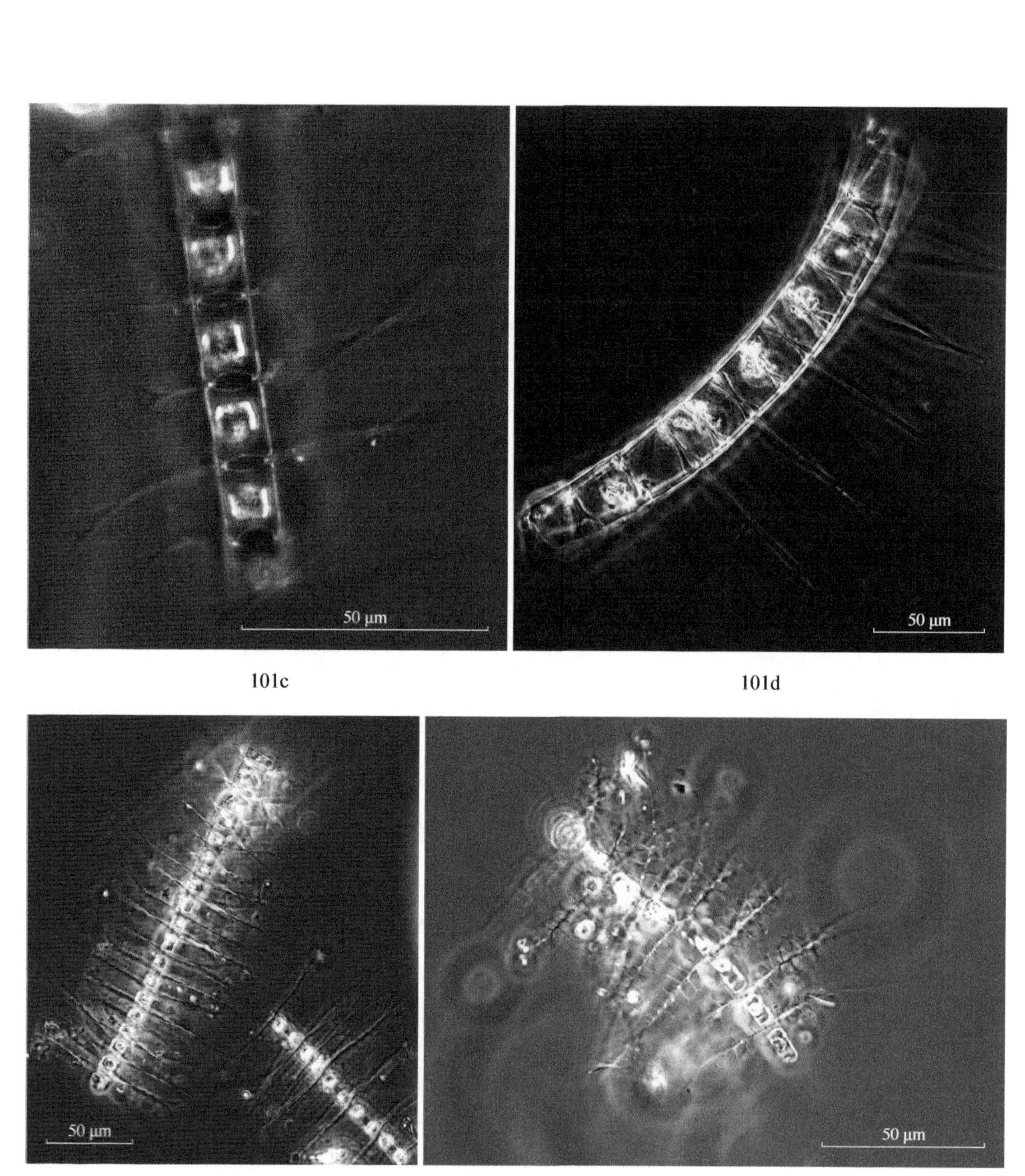

101c

101d

102a

102b

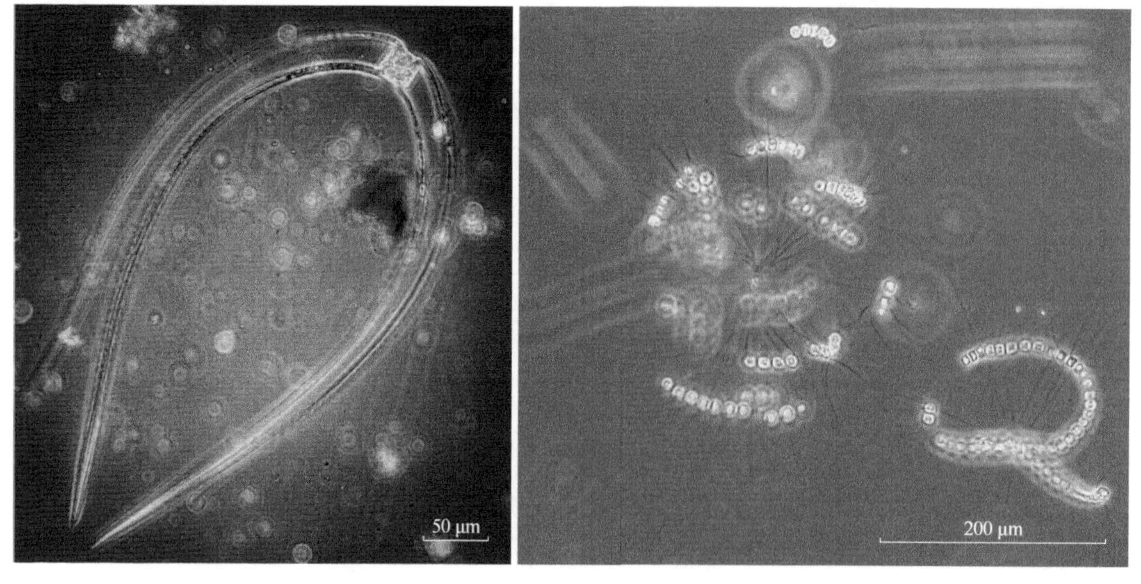

103

104

图版 44

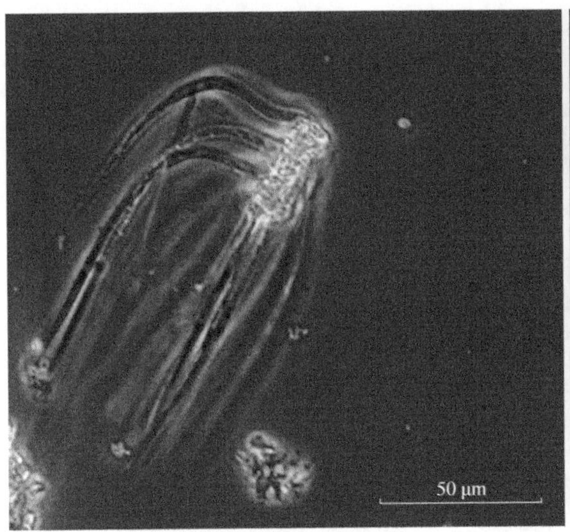

105a

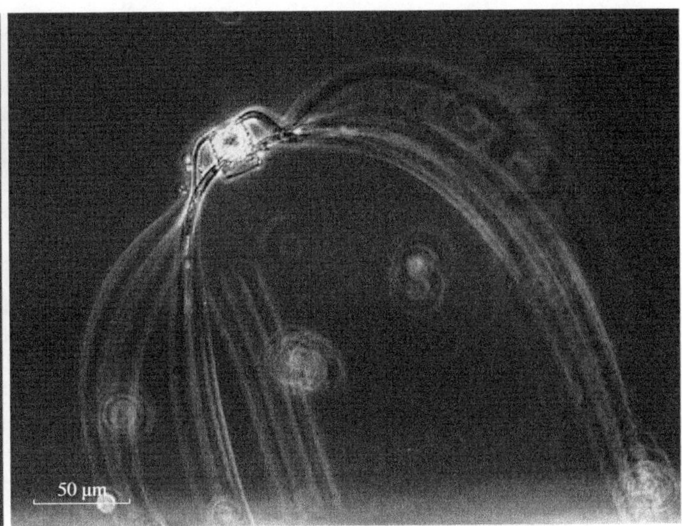

105b

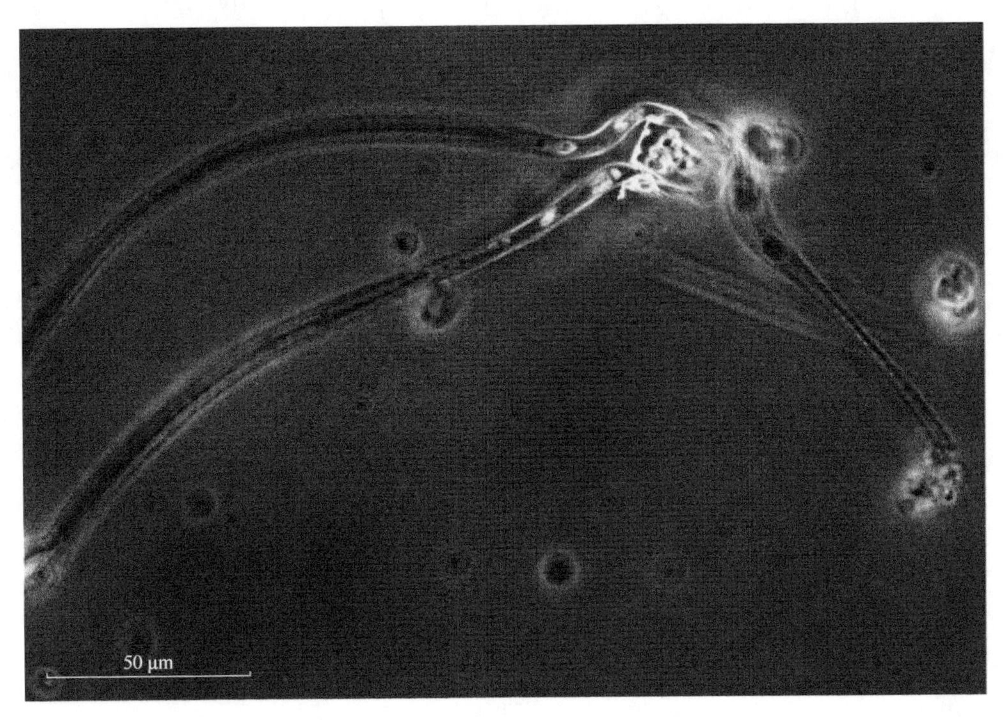

105c

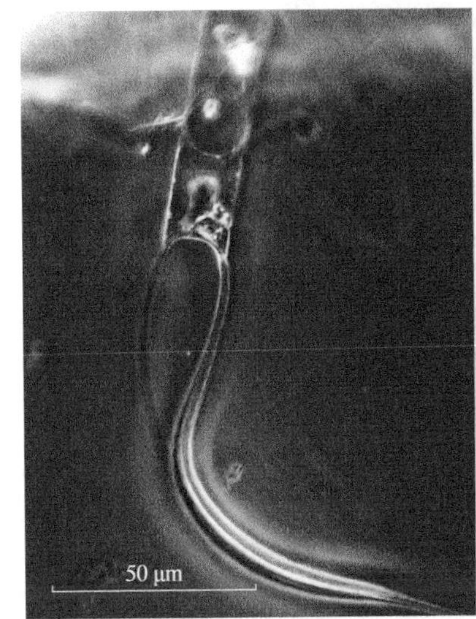

106a

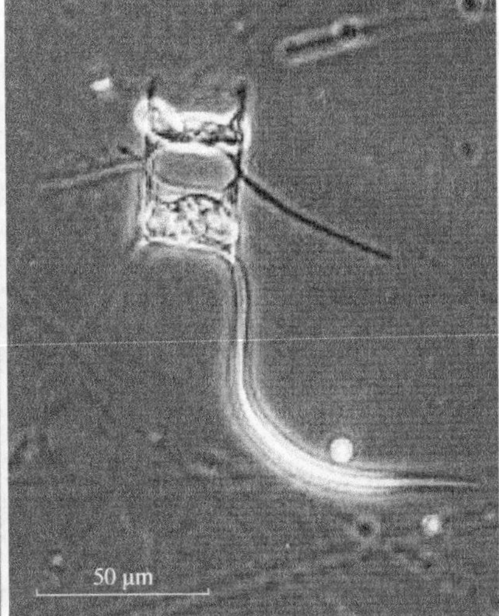

106b

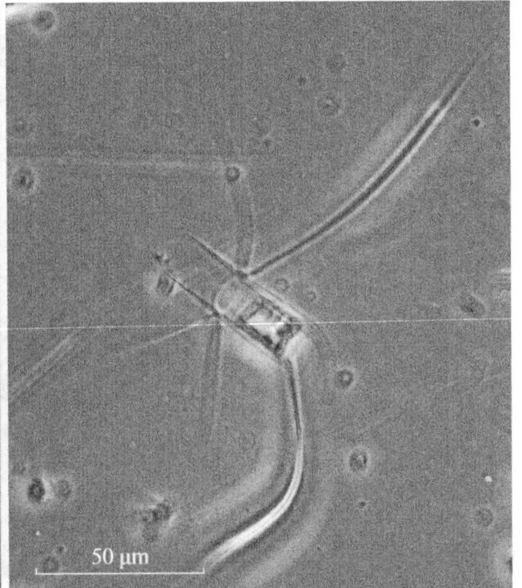

106c

图版 45

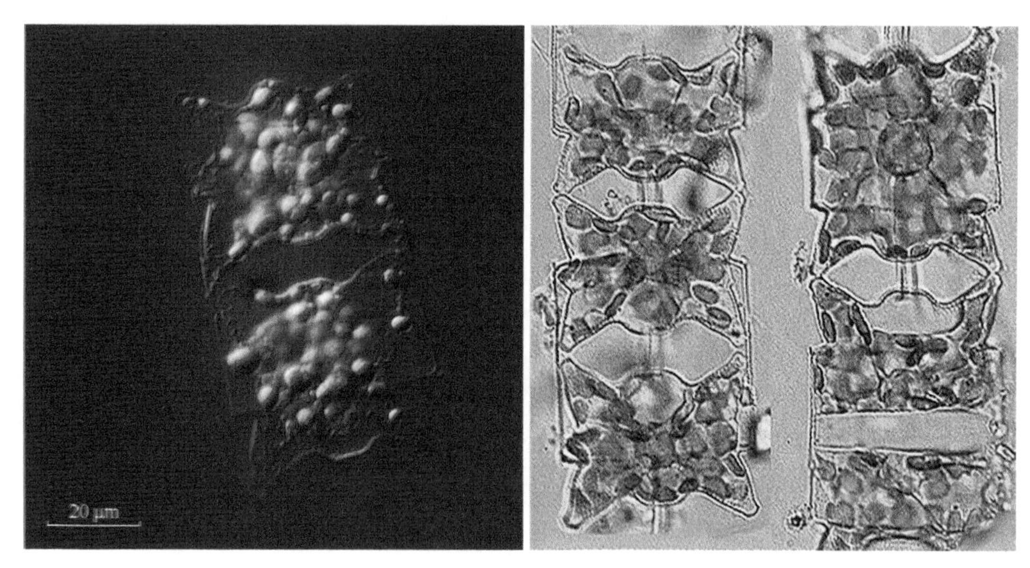

107a　　107b

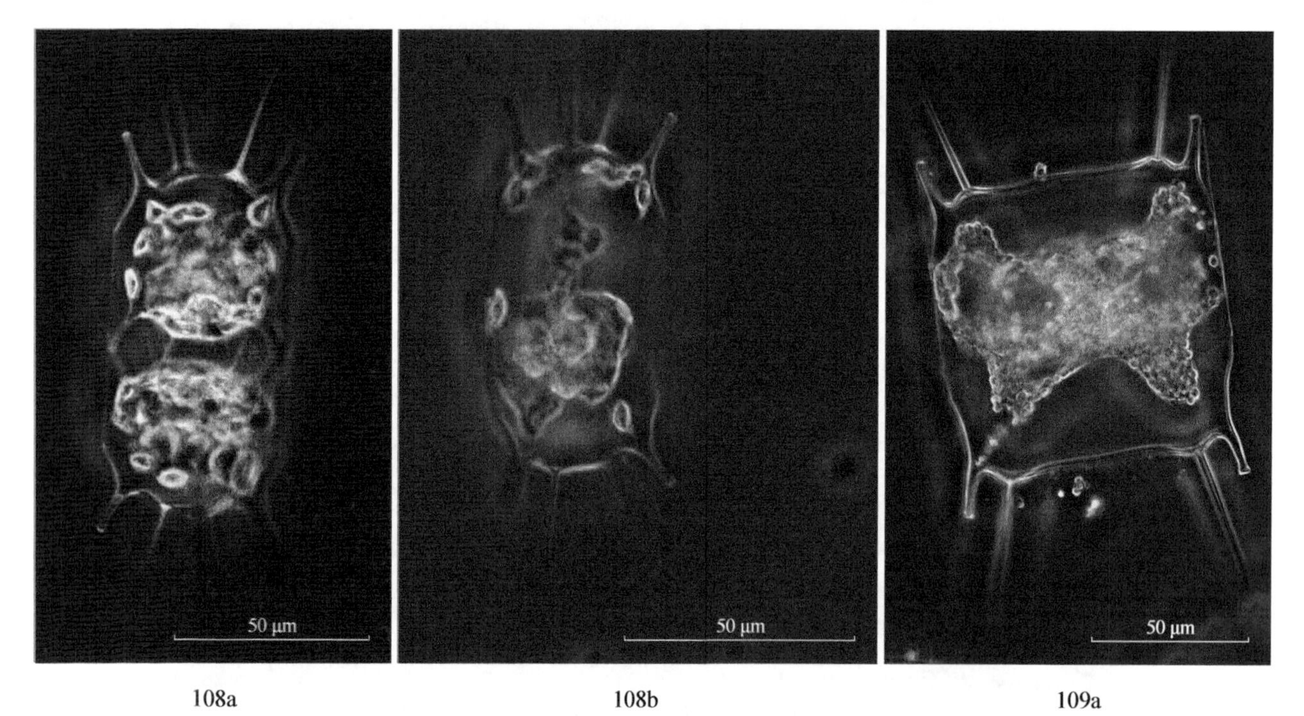

108a　　108b　　109a

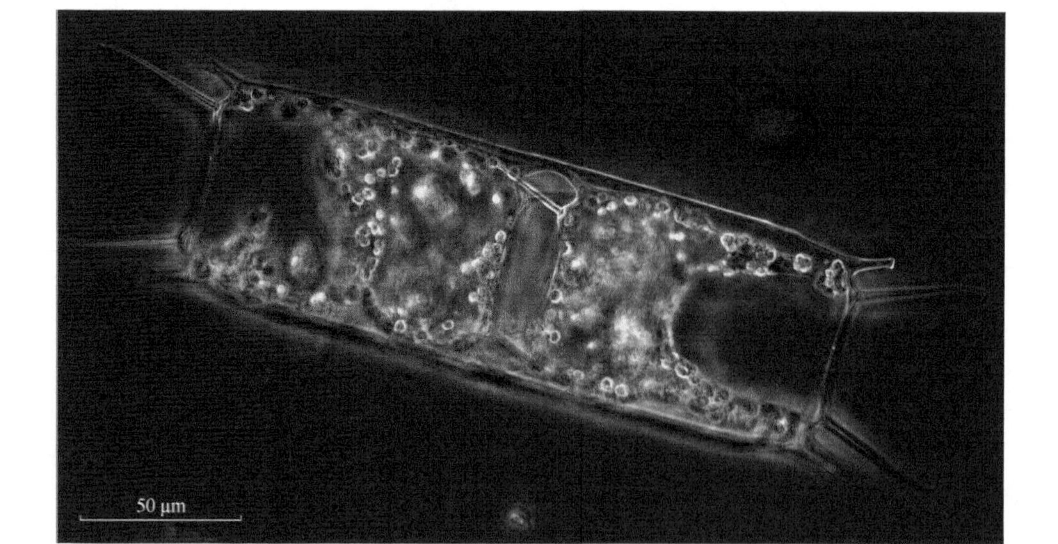

109b

图版 46

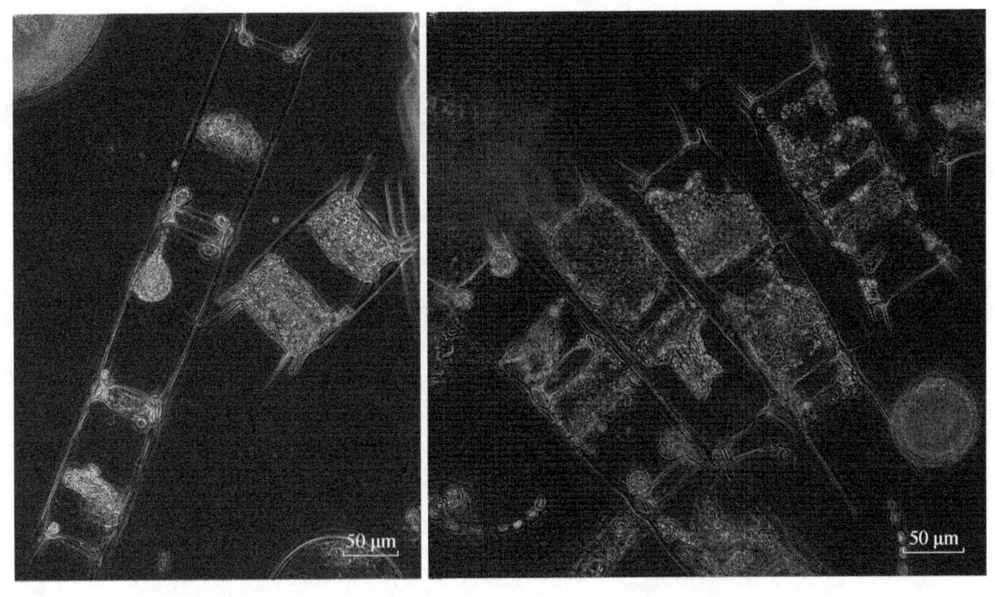

109c　　109d

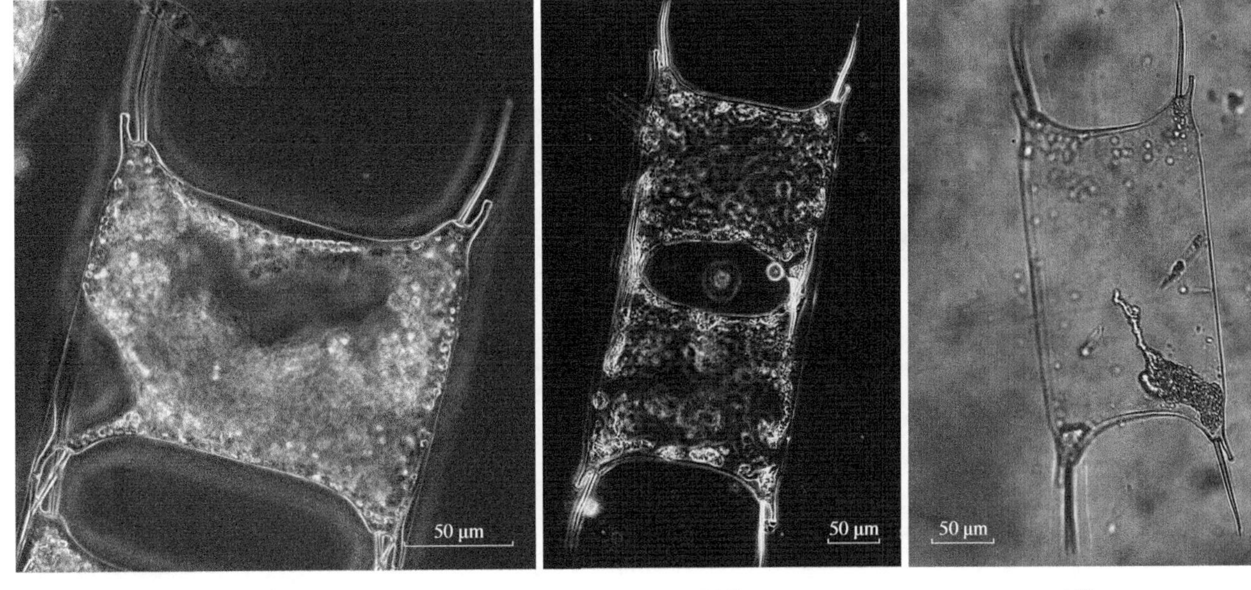

110a　　110b　　110c

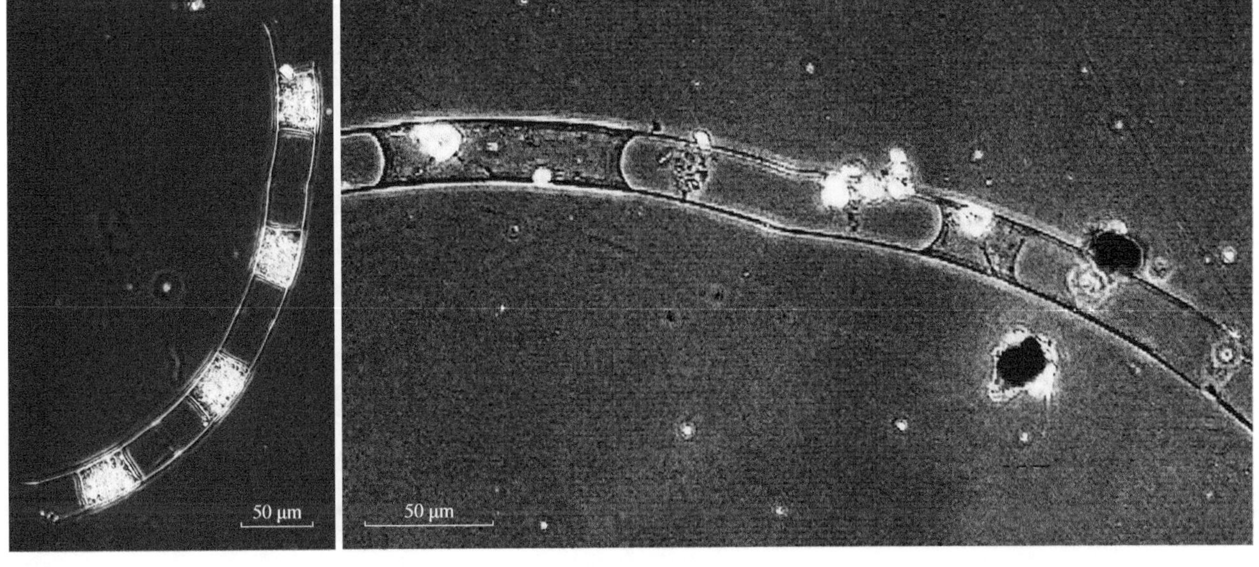

111a　　111b

图版 47

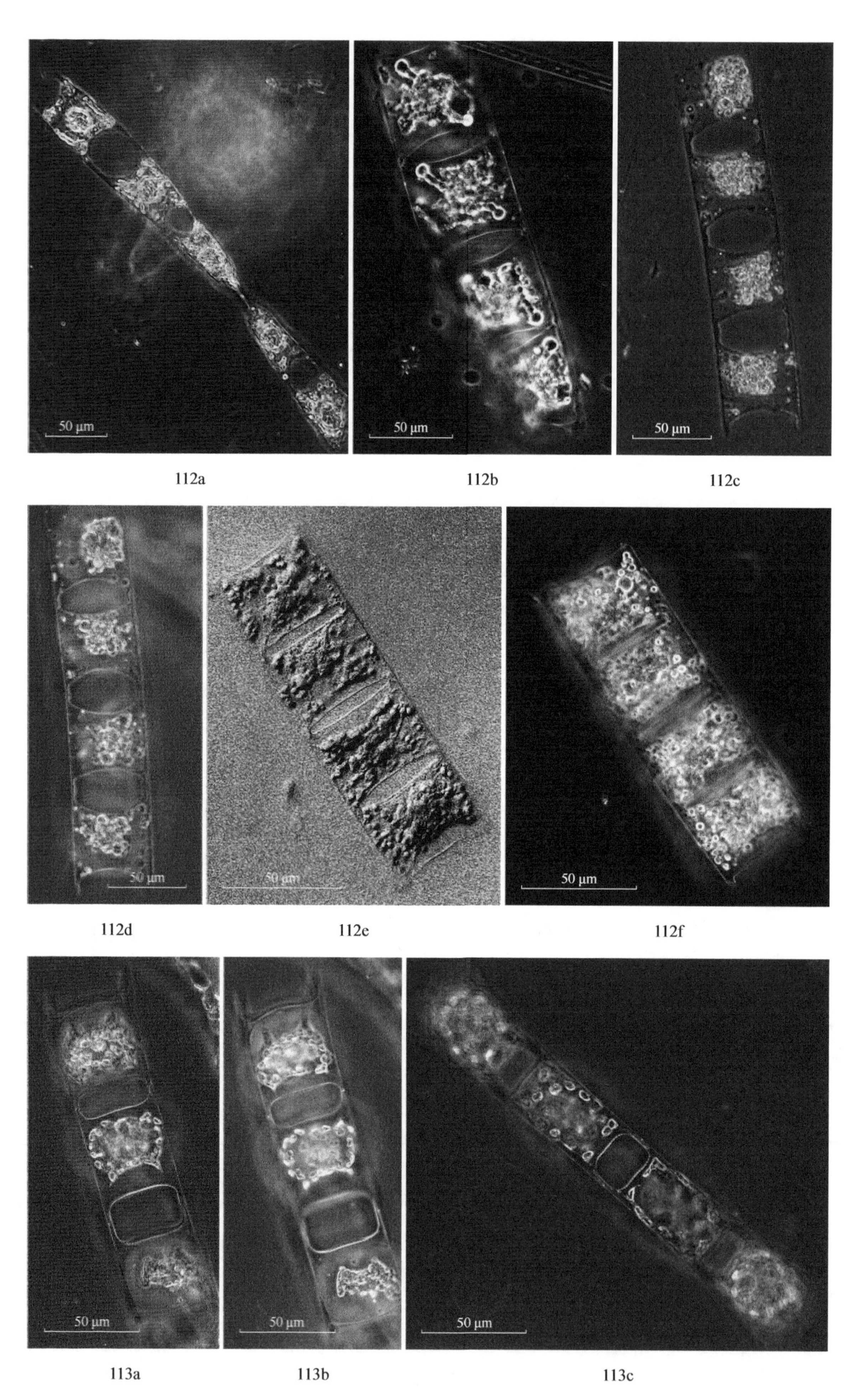

112a 112b 112c

112d 112e 112f

113a 113b 113c

图版 48

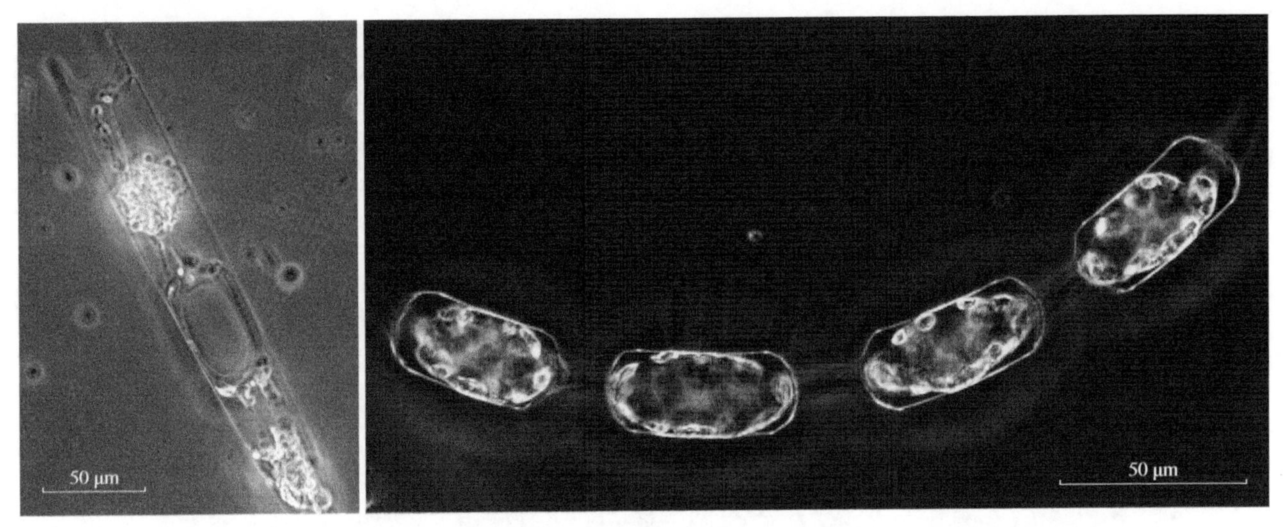

113d 113e

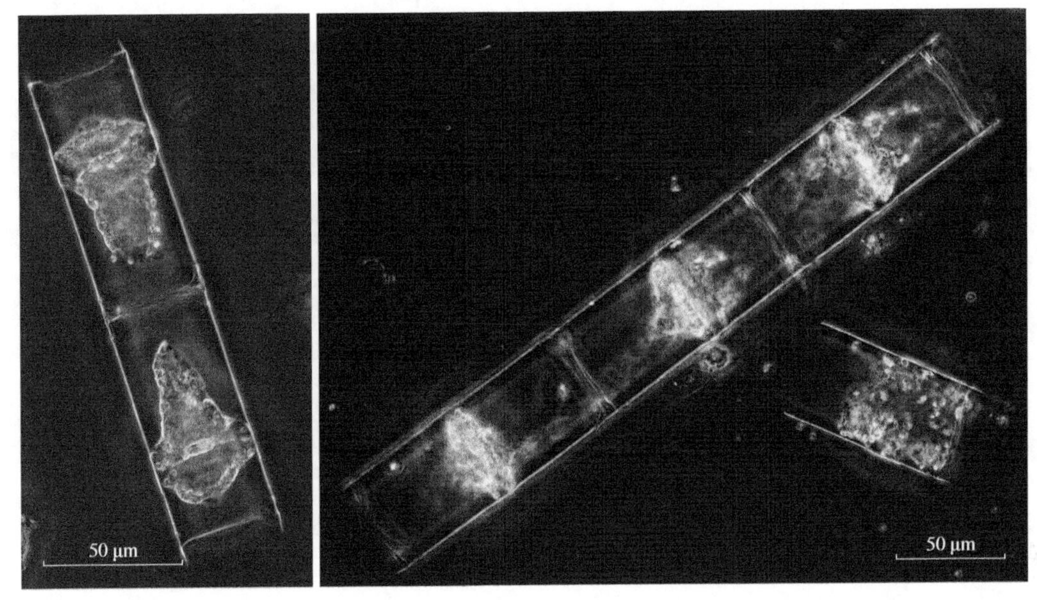

114a 114b

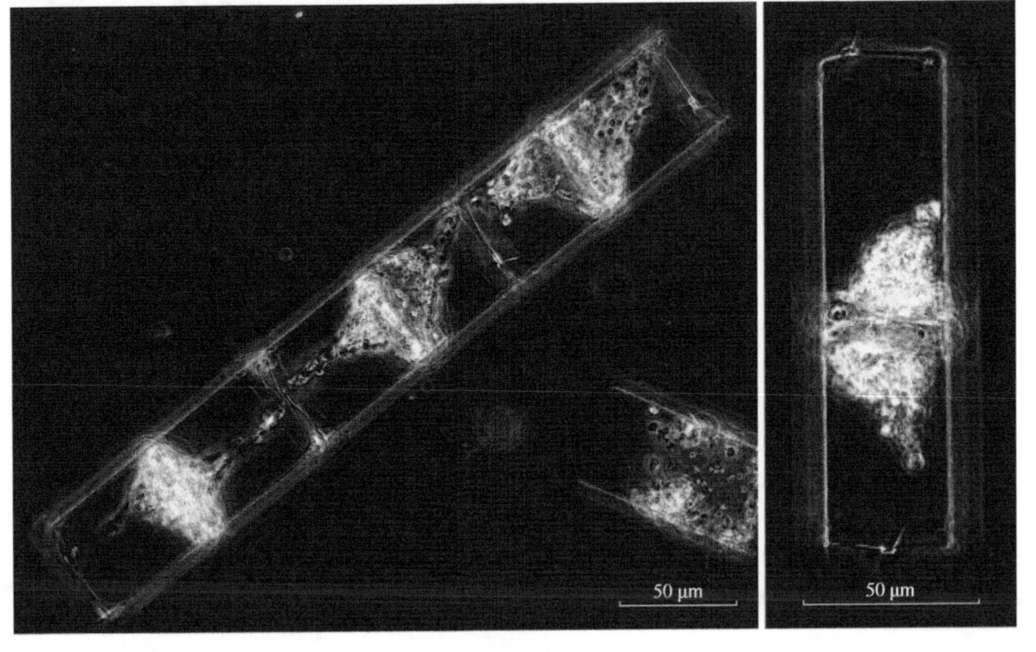

114c 114d

图版 49

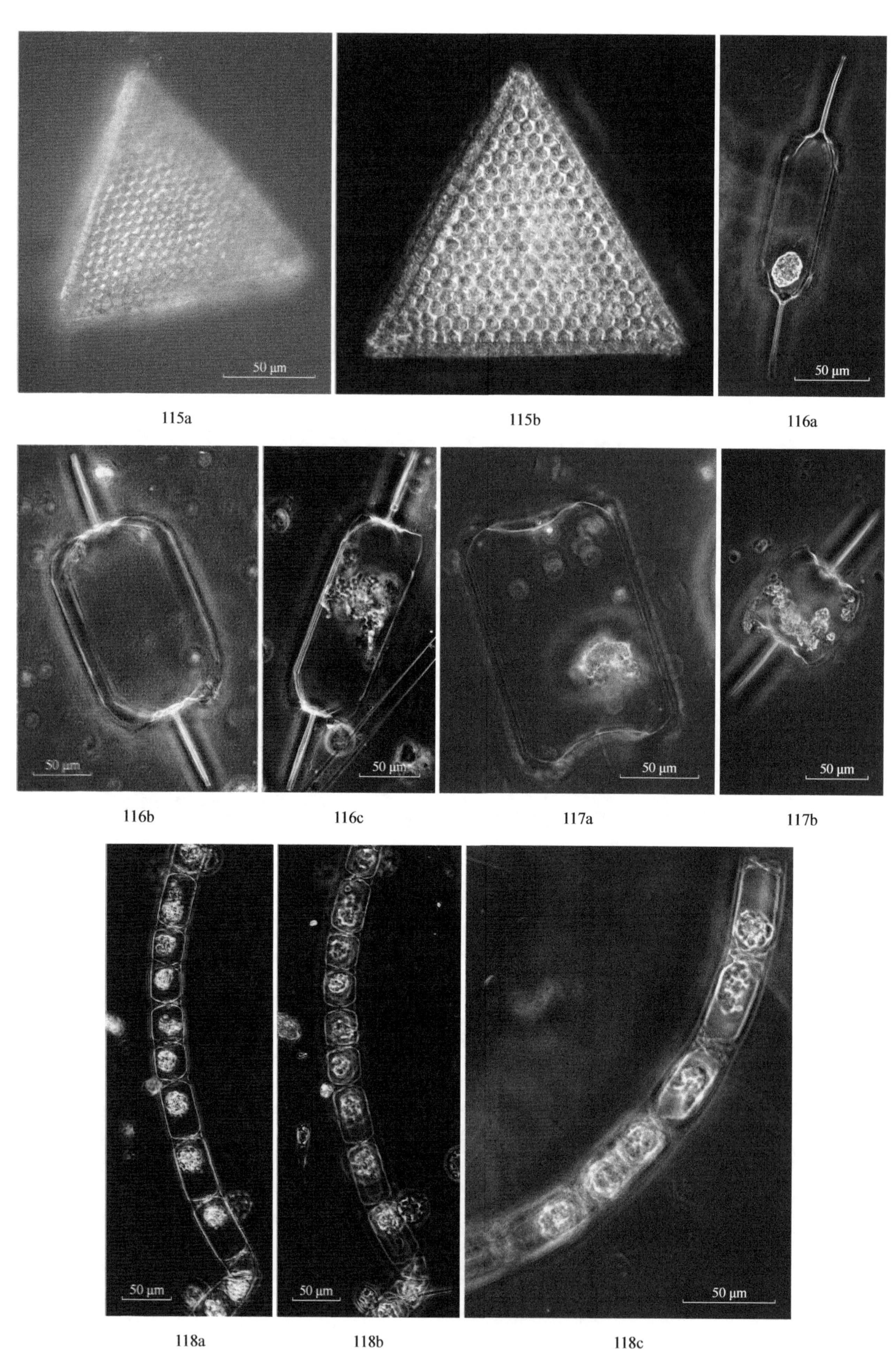

50 μm
50 μm
50 μm
115a
115b
116a
50 μm
50 μm
50 μm
50 μm
116b
116c
117a
117b
50 μm
50 μm
50 μm
118a
118b
118c

图版 50

119a 119b

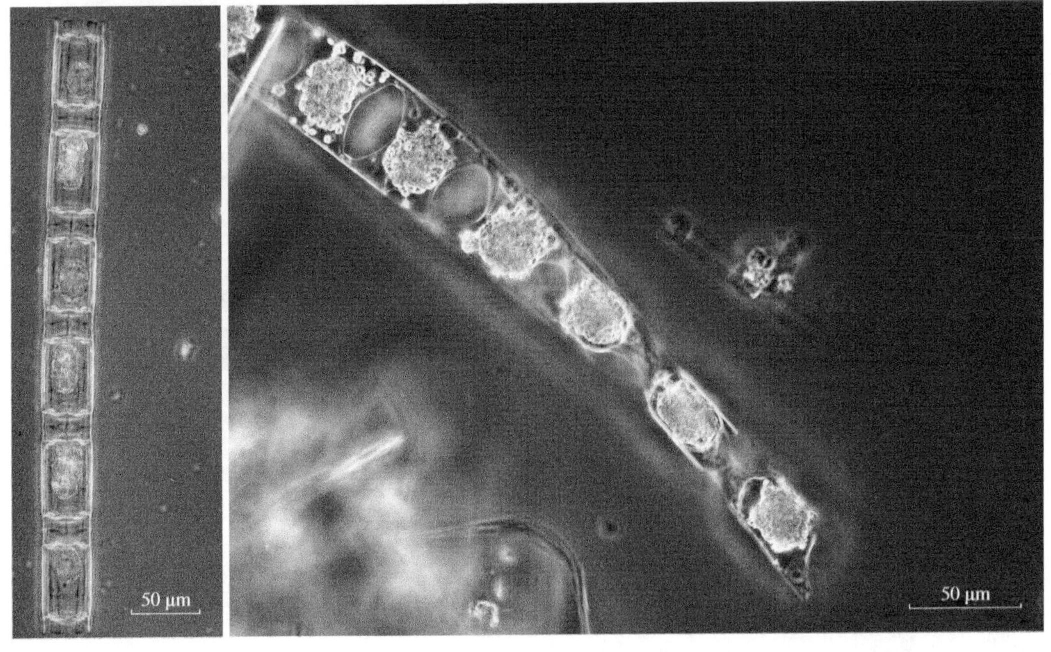

120 121

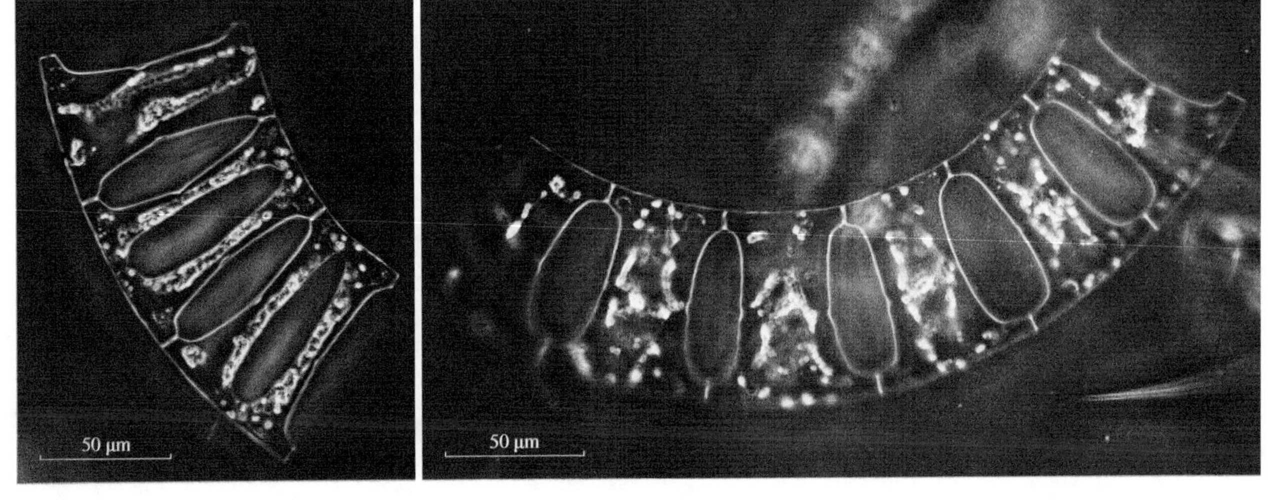

122a 122b

图版 51

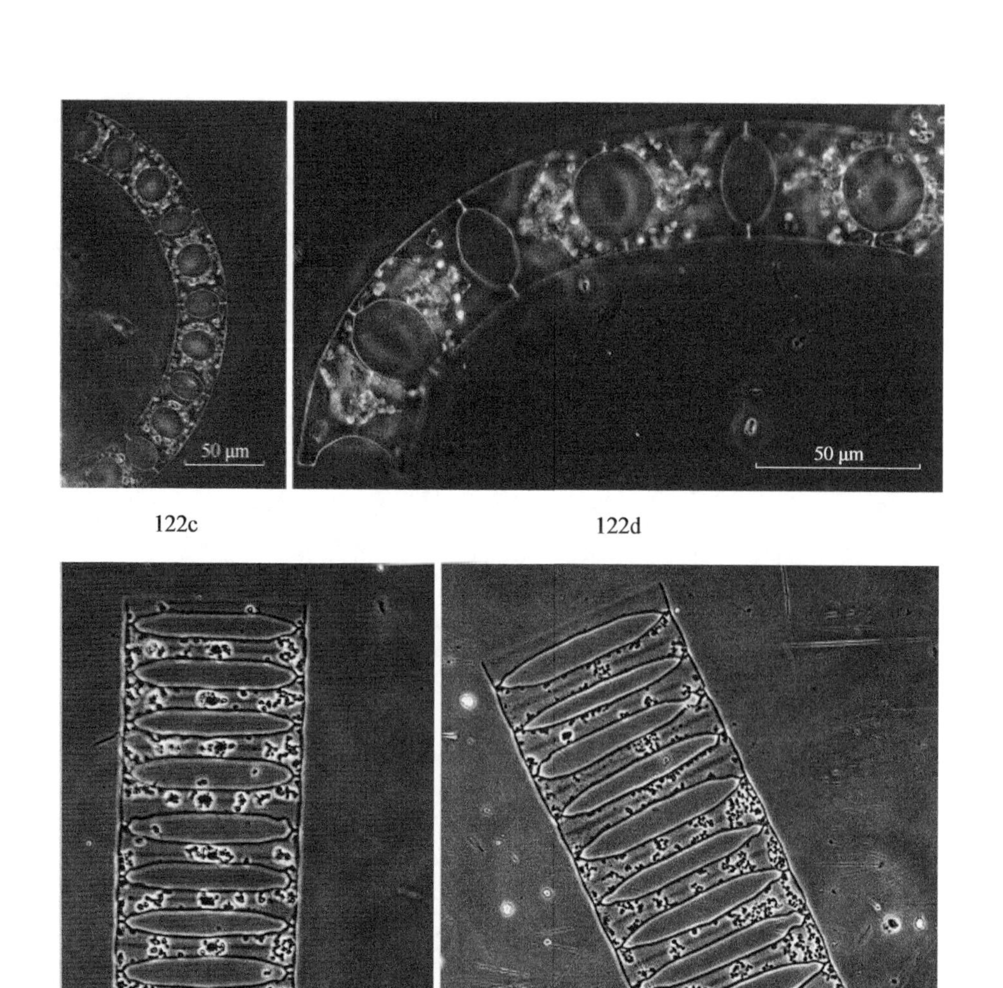

122c　　122d

123a　　123b

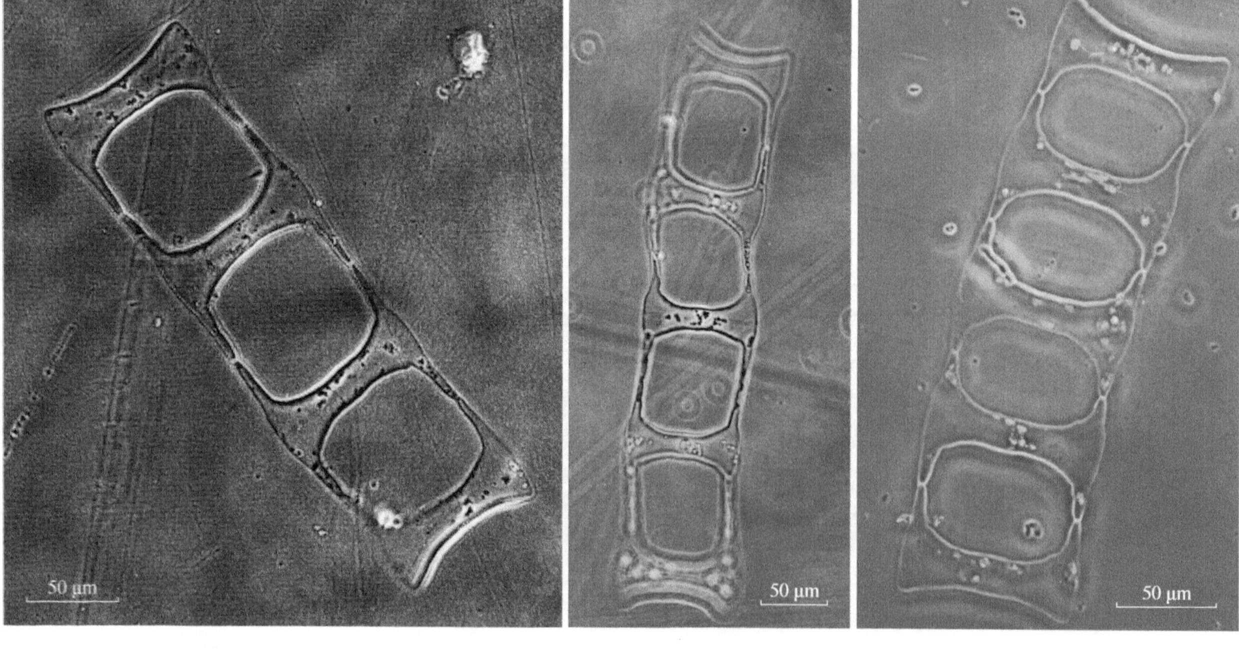

123c　　123d　　123e

图版 52

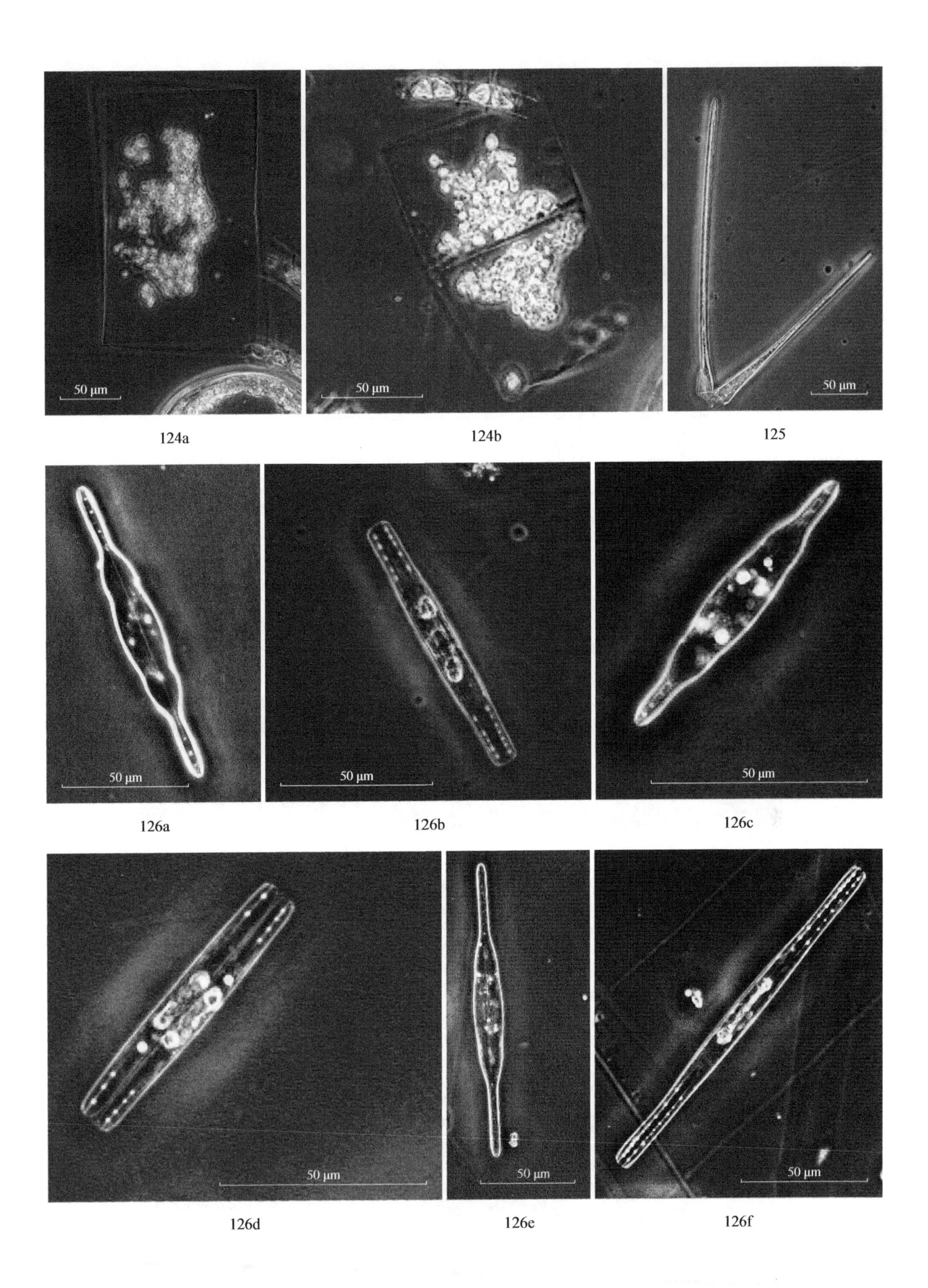

50 μm
124a
50 μm
124b
50 μm
125
50 μm
126a
50 μm
126b
50 μm
126c
50 μm
126d
50 μm
126e
50 μm
126f

图版 53

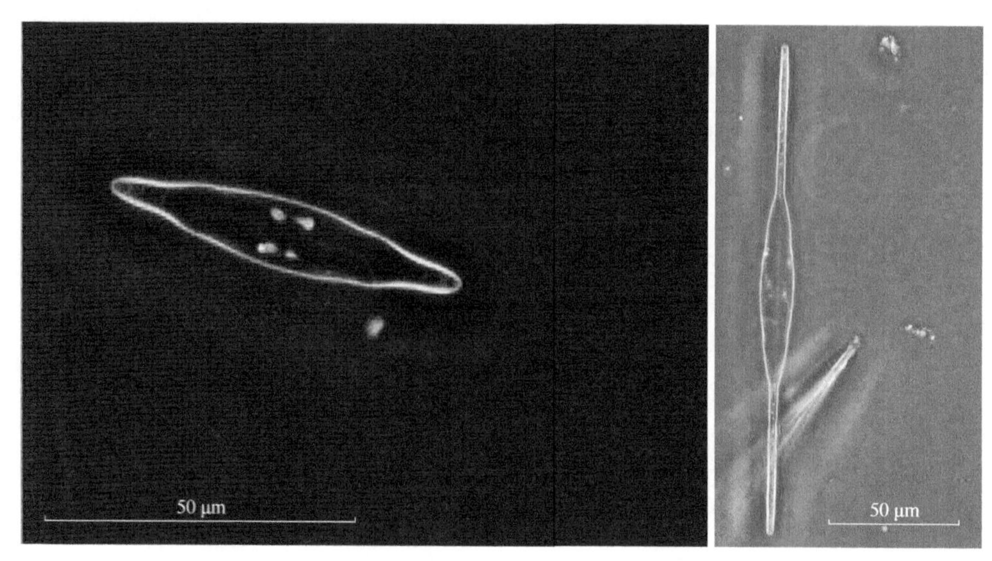

126g 126h

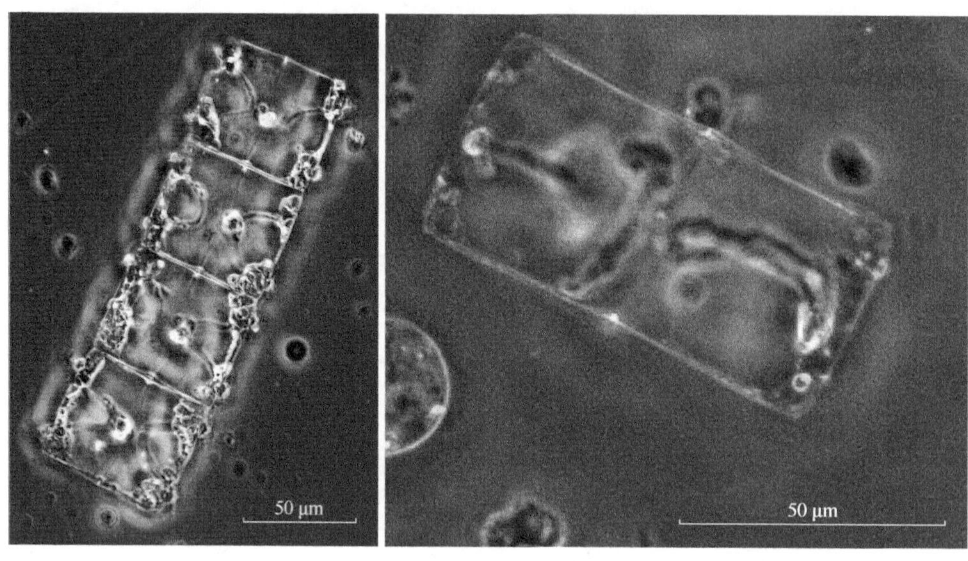

127a 127b

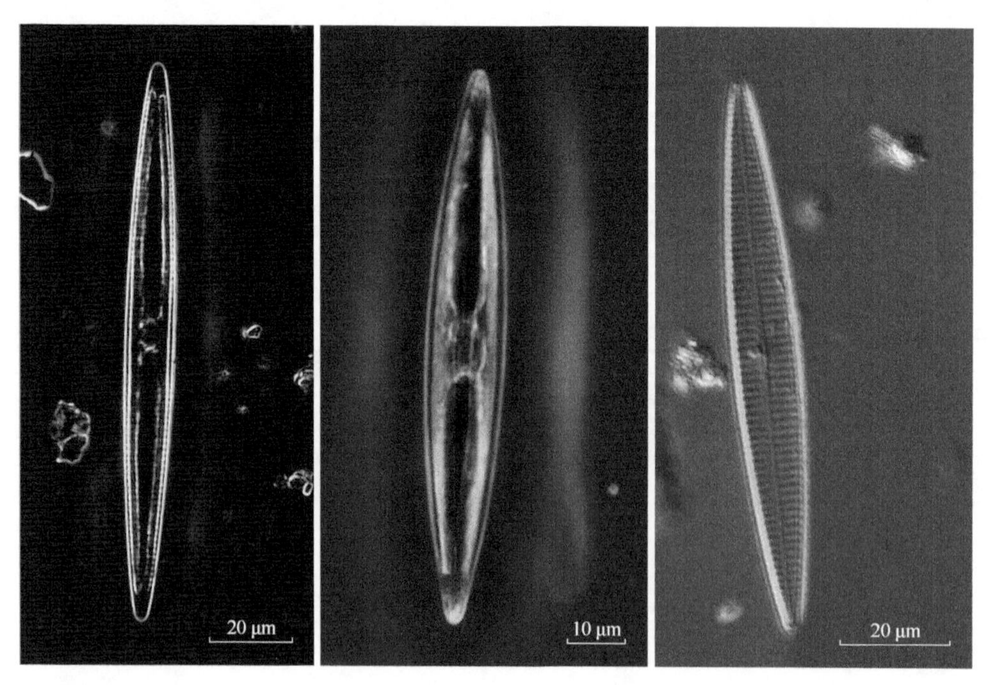

128a 128b 128c

图版 54

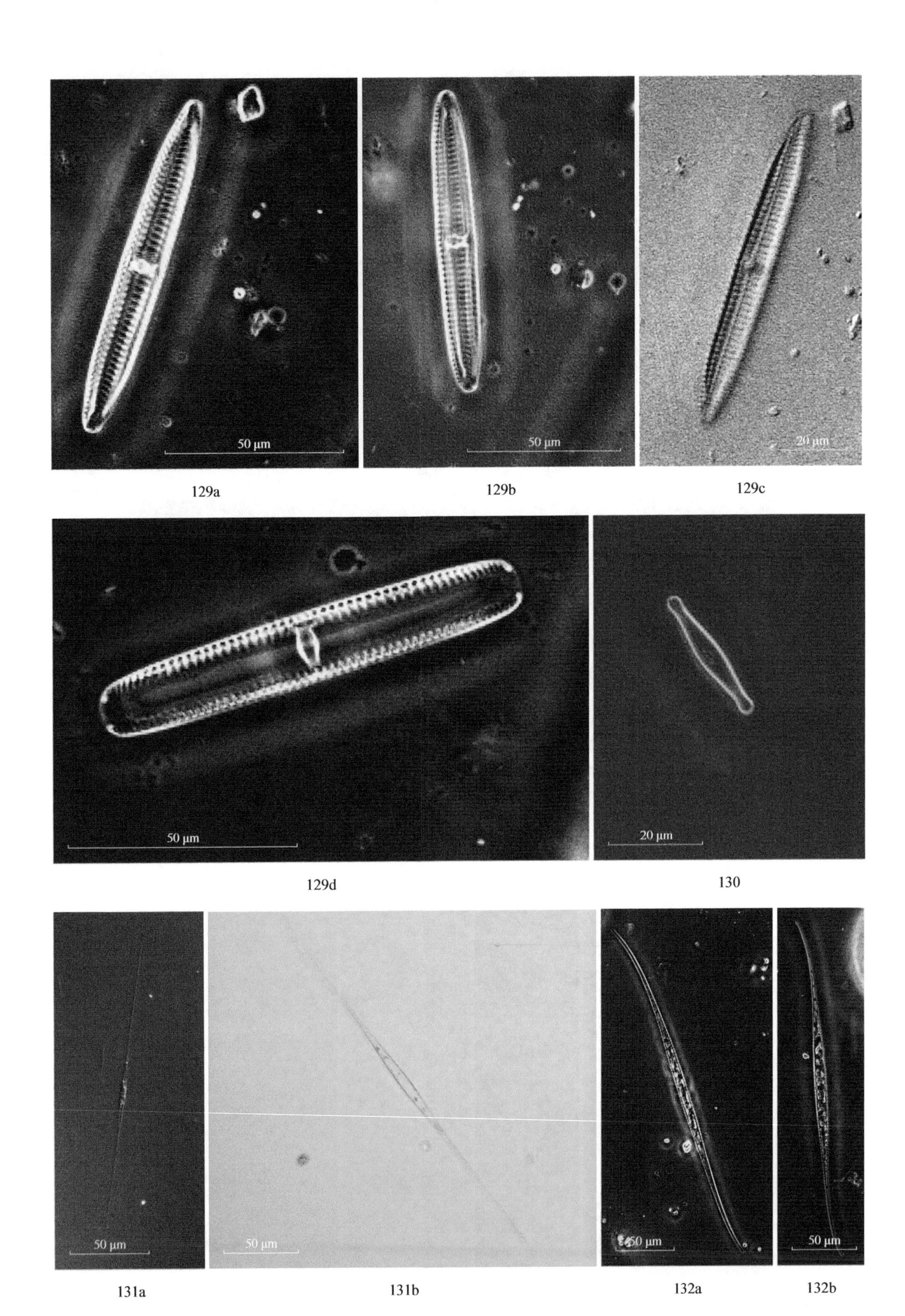
50 μm
50 μm
20 μm
129a
129b
129c
50 μm
20 μm
129d
130
50 μm
50 μm
50 μm
50 μm
131a
131b
132a
132b

图版 55

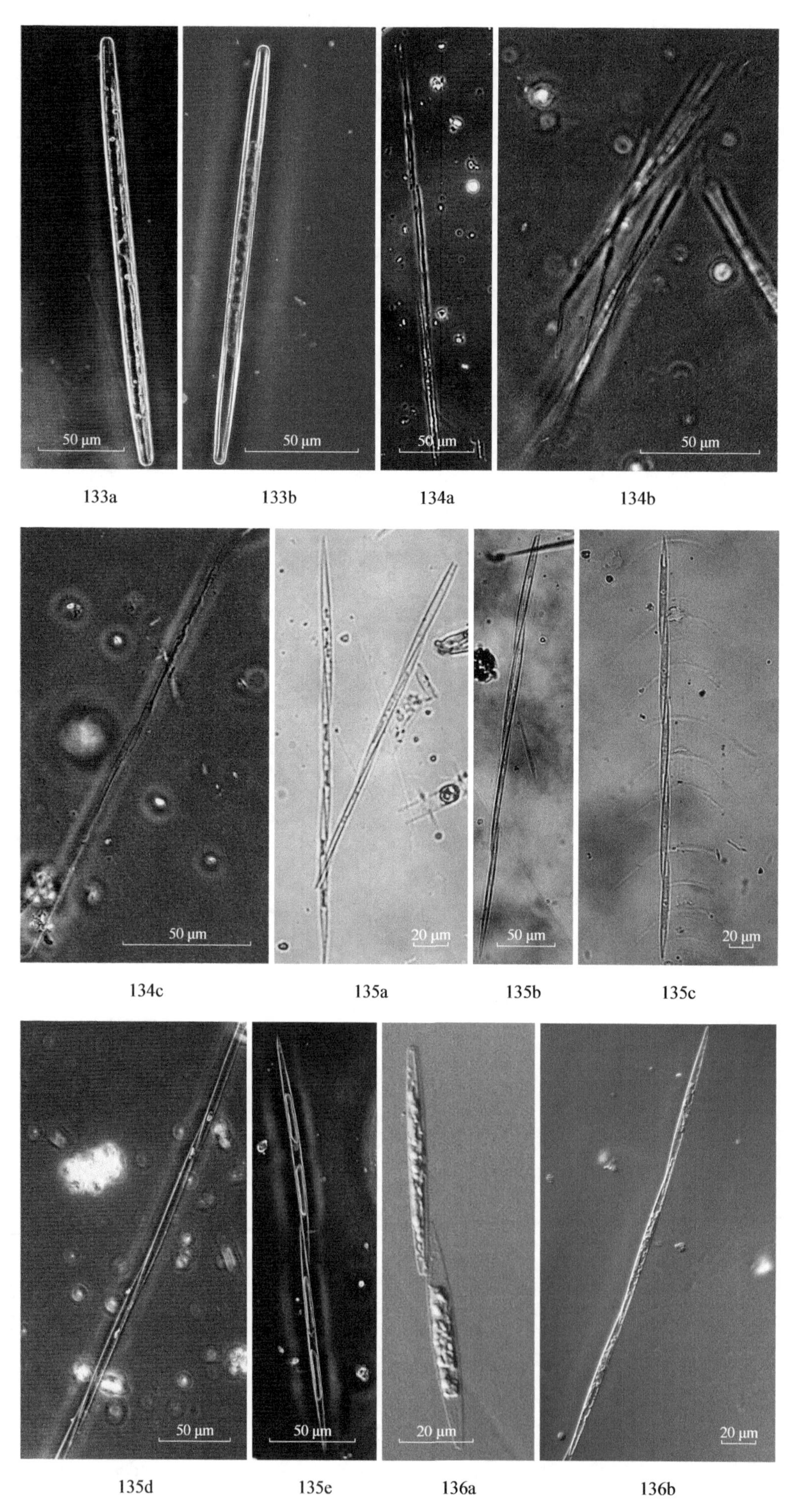
50 μm
50 μm
50 μm
50 μm
133a
133b
134a
134b
50 μm
20 μm
50 μm
20 μm
134c
135a
135b
135c
50 μm
50 μm
20 μm
20 μm
135d
135e
136a
136b

图版 56

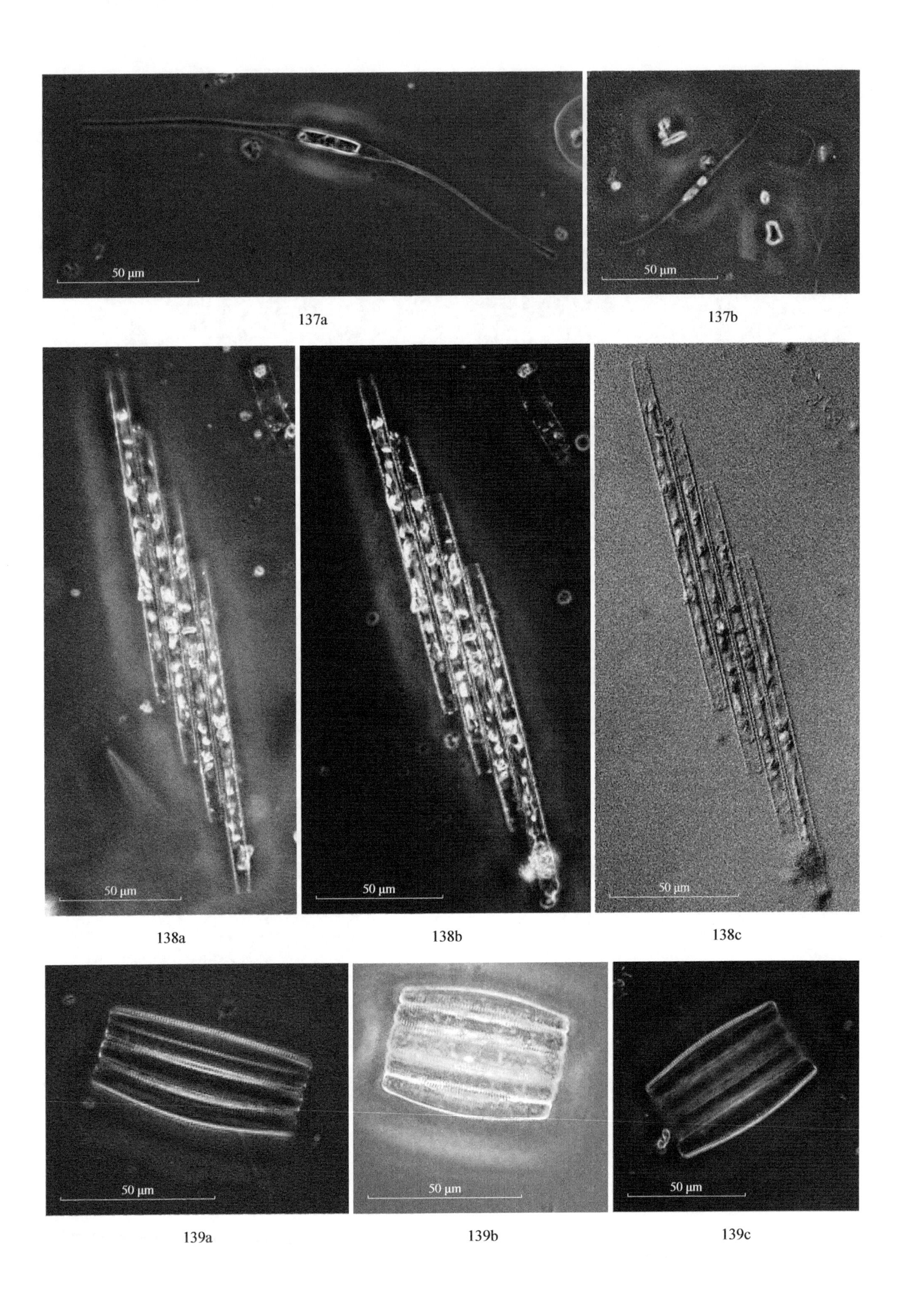
50 μm
50 μm
137a
137b
50 μm
50 μm
50 μm
138a
138b
138c
50 μm
50 μm
50 μm
139a
139b
139c

图版 57

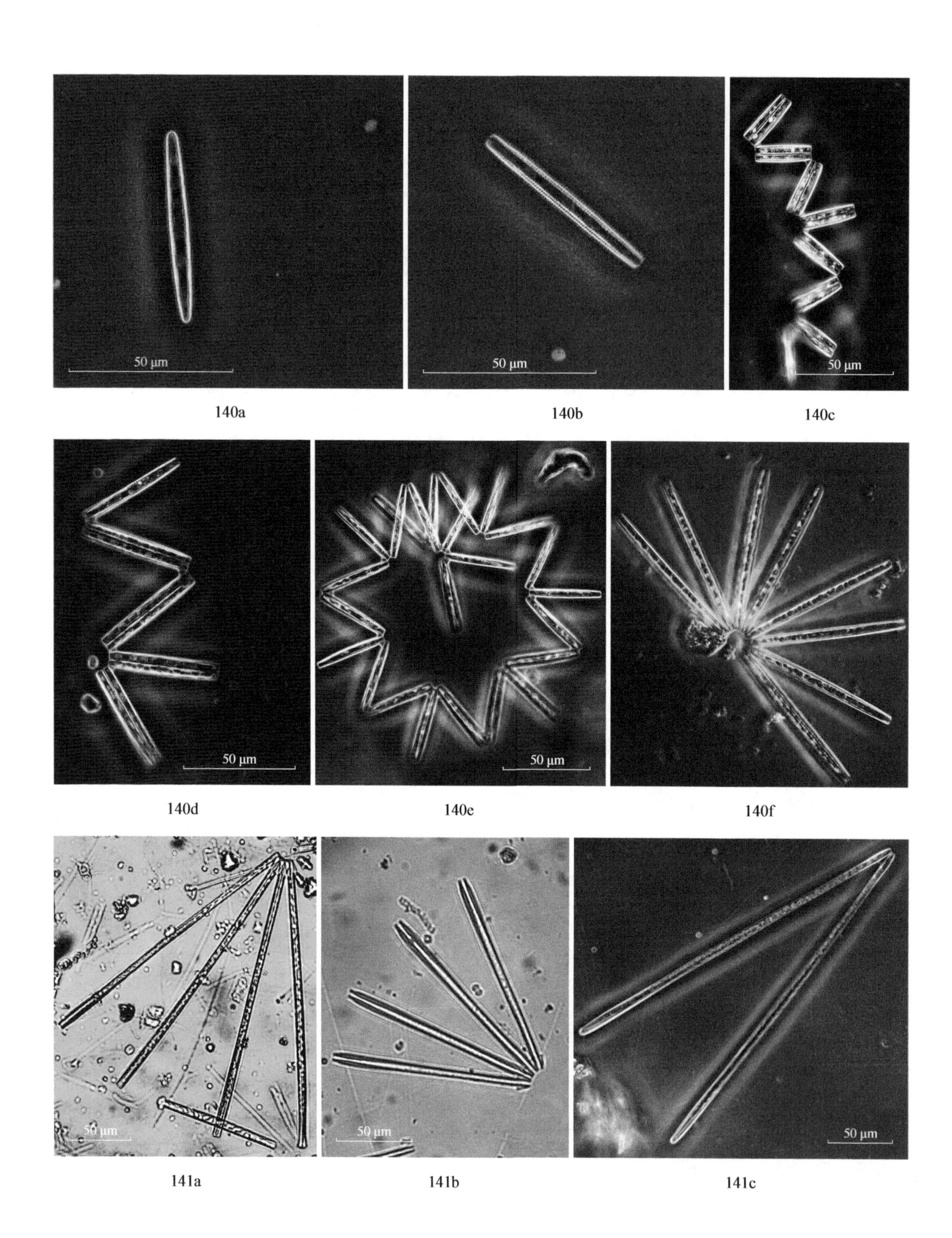

50 μm
50 μm
50 μm
140a
140b
140c
50 μm
50 μm
140d
140e
140f
50 μm
50 μm
50 μm
141a
141b
141c

图版 58

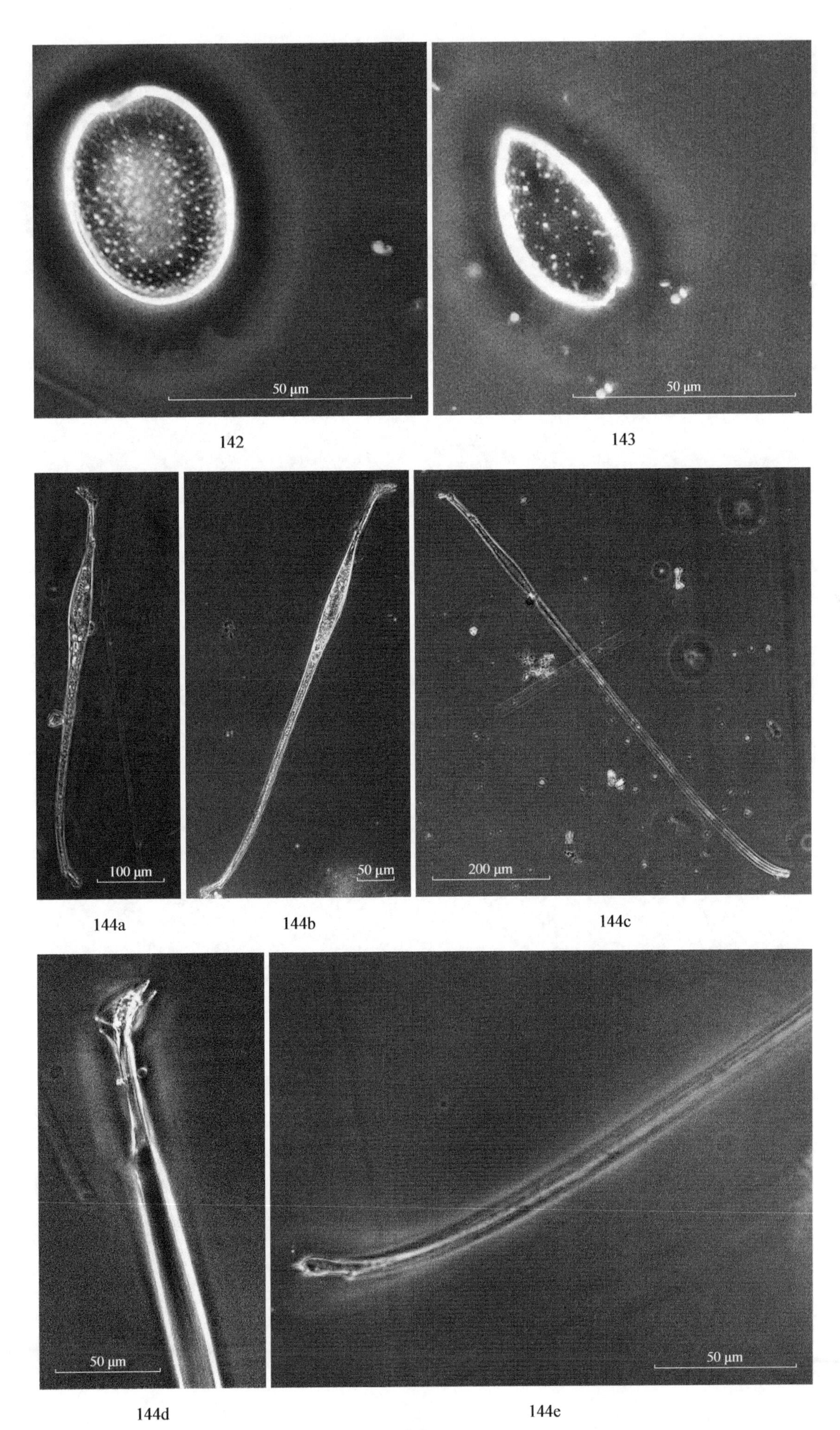
50 μm
50 μm
142
143
100 μm
50 μm
200 μm
144a
144b
144c
50 μm
50 μm
144d
144e

图版 59

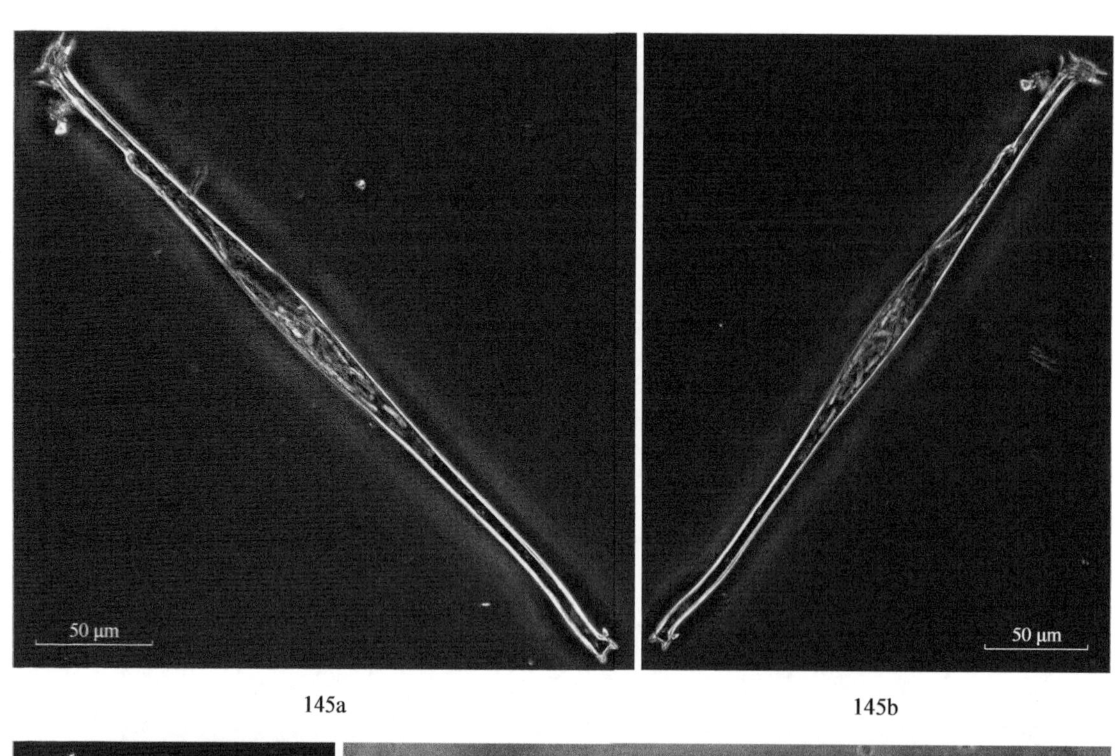

145a　　145b

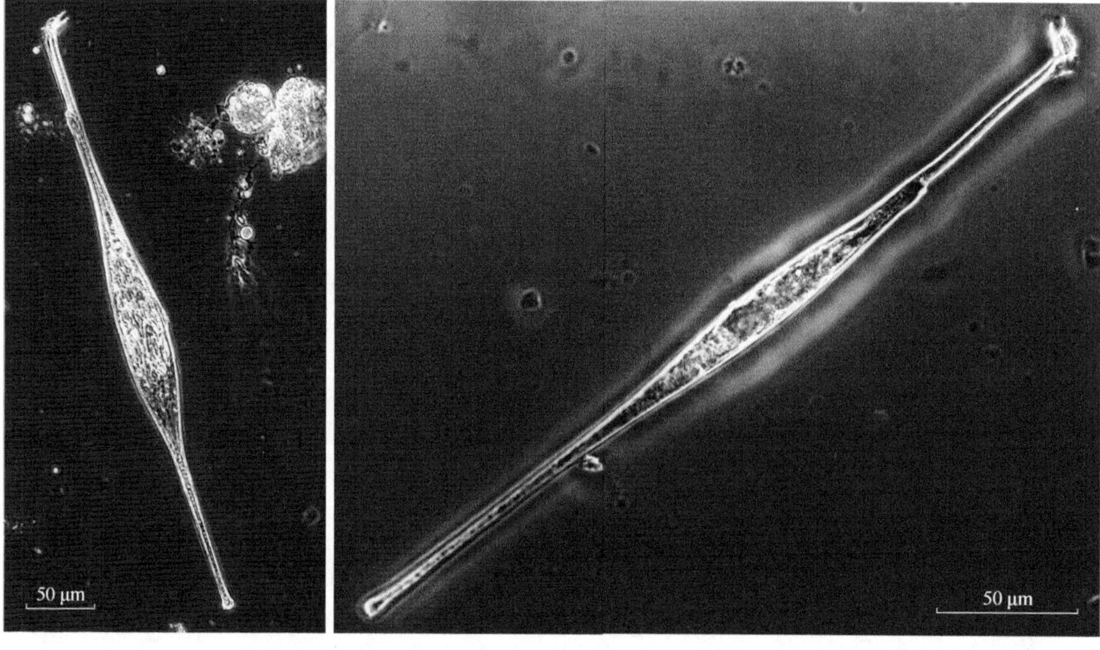

146　　147

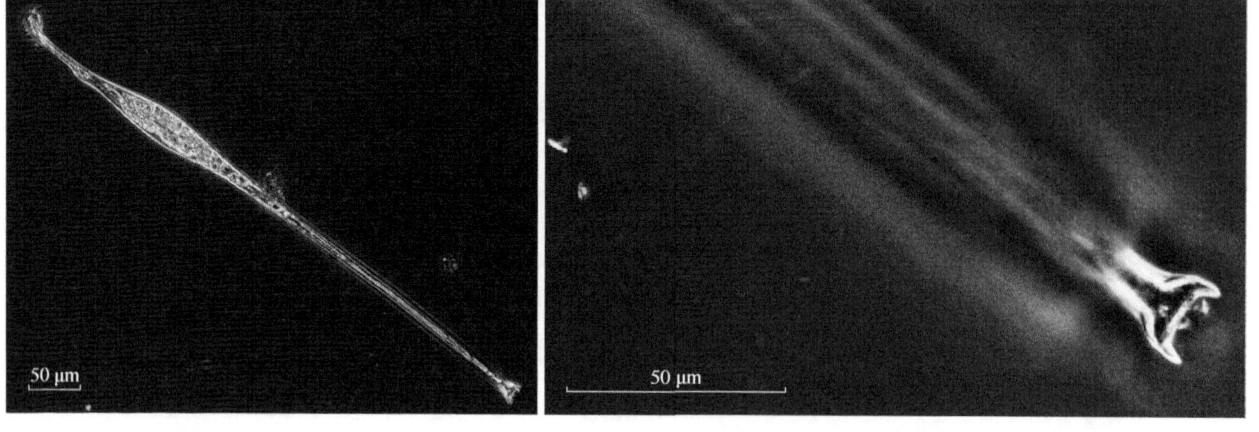

148a　　148b

图版 60

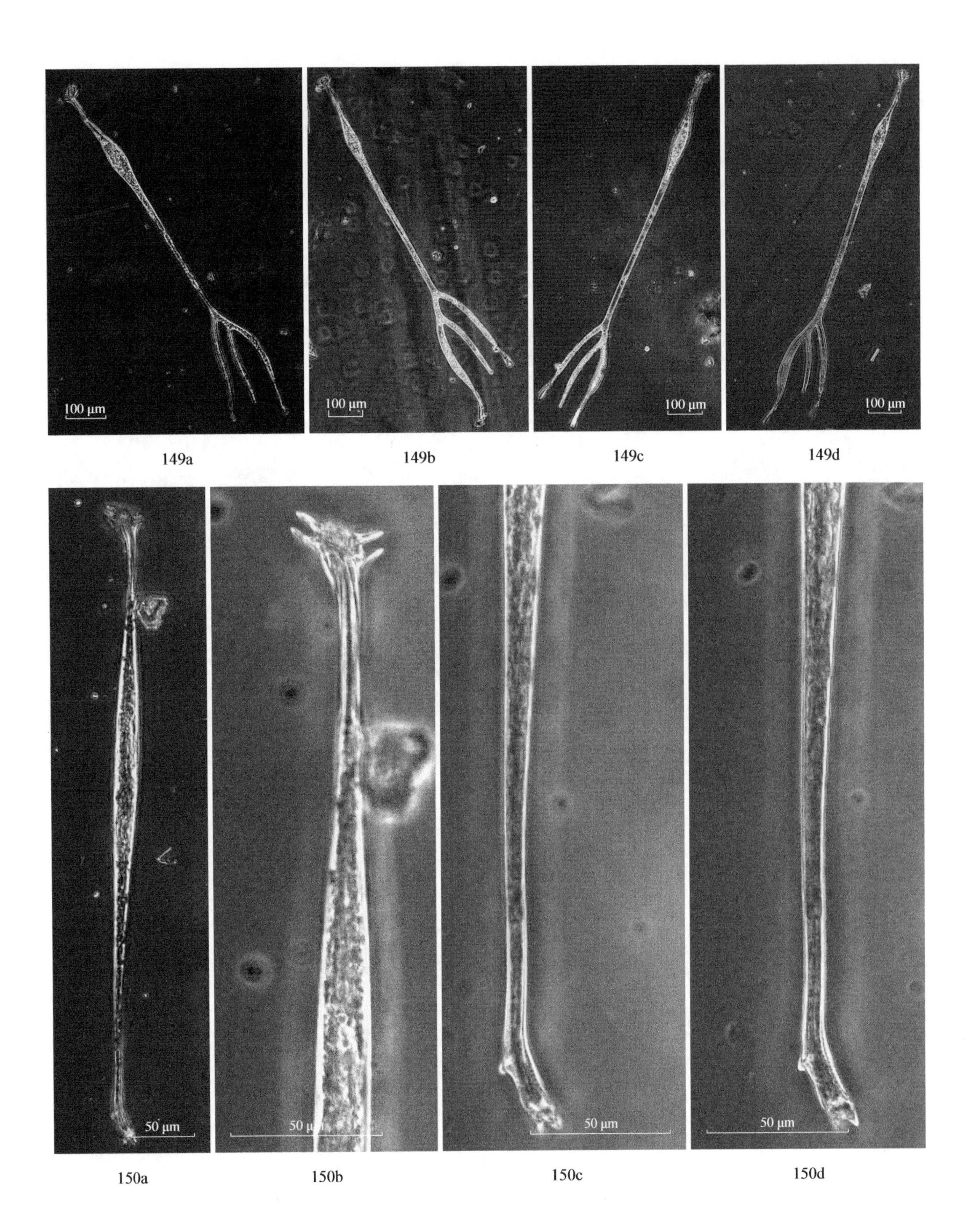
100 μm
100 μm
100 μm
100 μm
149a
149b
149c
149d
50 μm
50 μm
50 μm
50 μm
150a
150b
150c
150d

图版 61

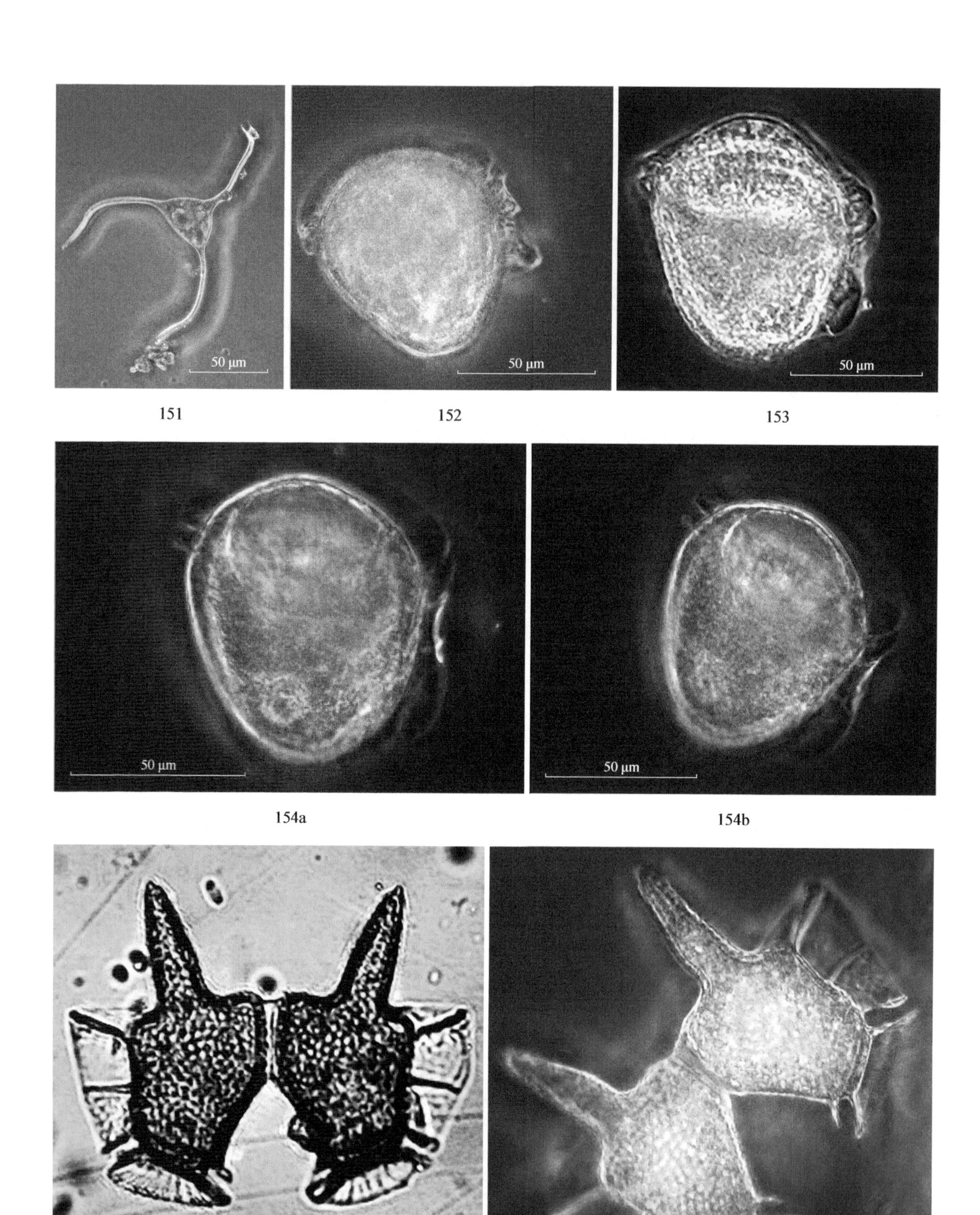
50 μm
50 μm
50 μm
151
152
153
50 μm
50 μm
154a
154b
50 μm
20 μm
155a
155b

图版 62

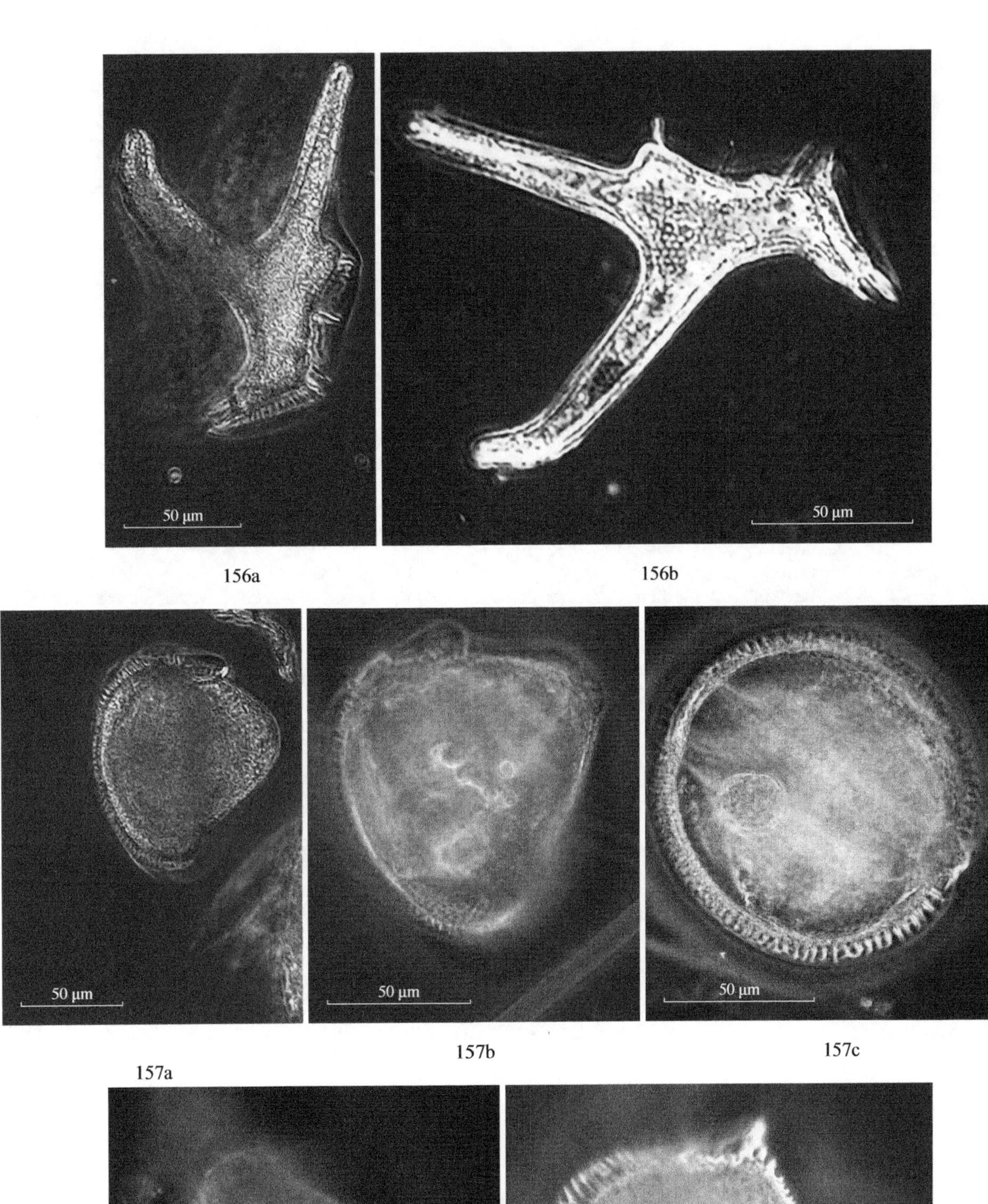

156a 156b

157a 157b 157c

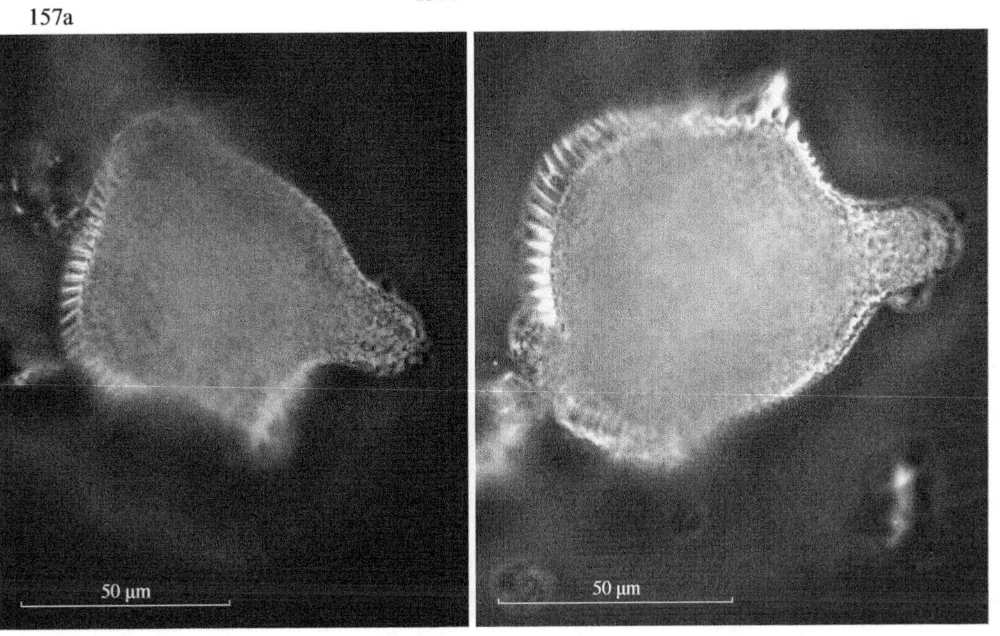

158a 158b

图版 63

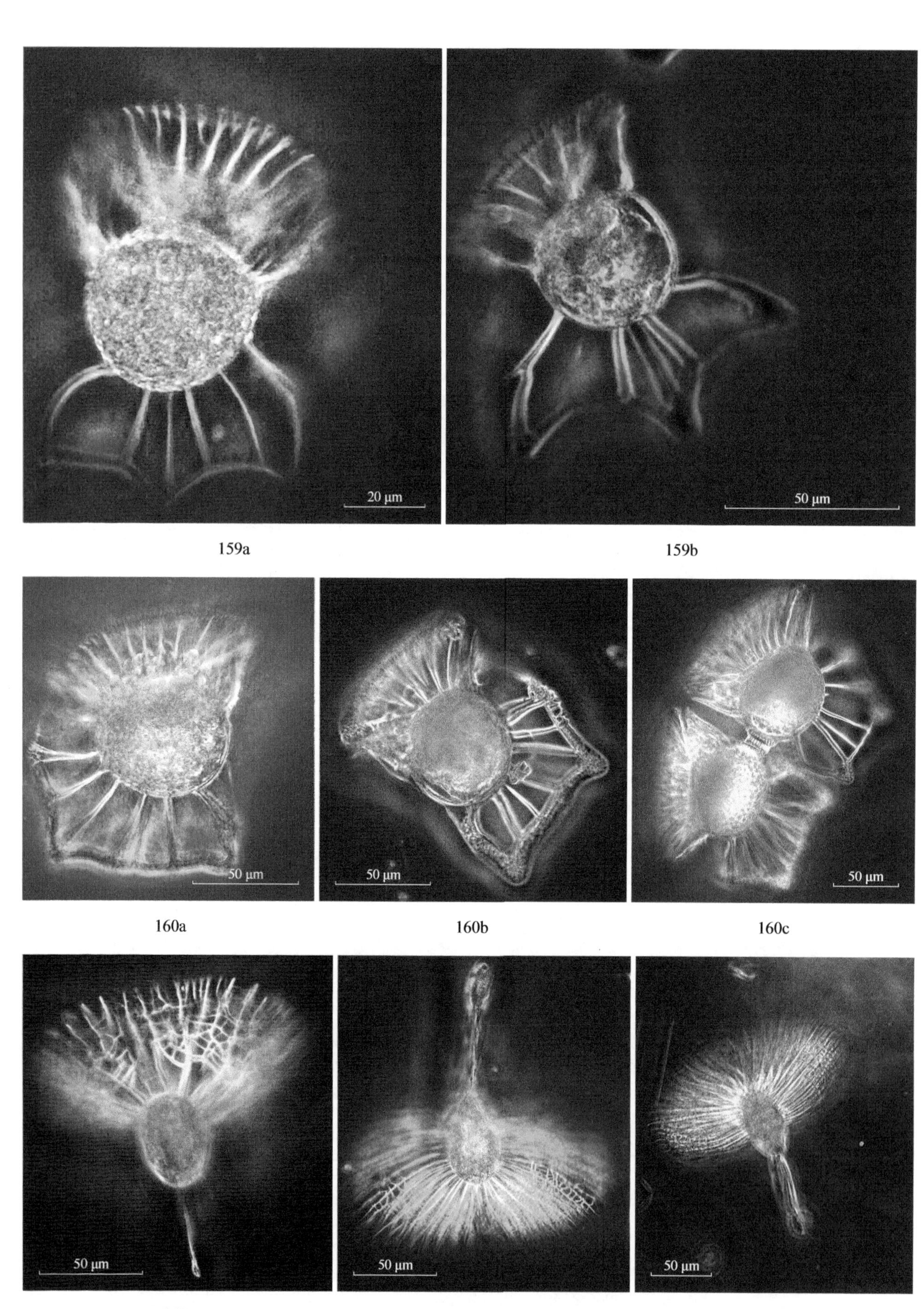

20 μm
50 μm
159a
159b
50 μm
50 μm
50 μm
160a
160b
160c
50 μm
50 μm
50 μm
161a
161b
161c

图版 64

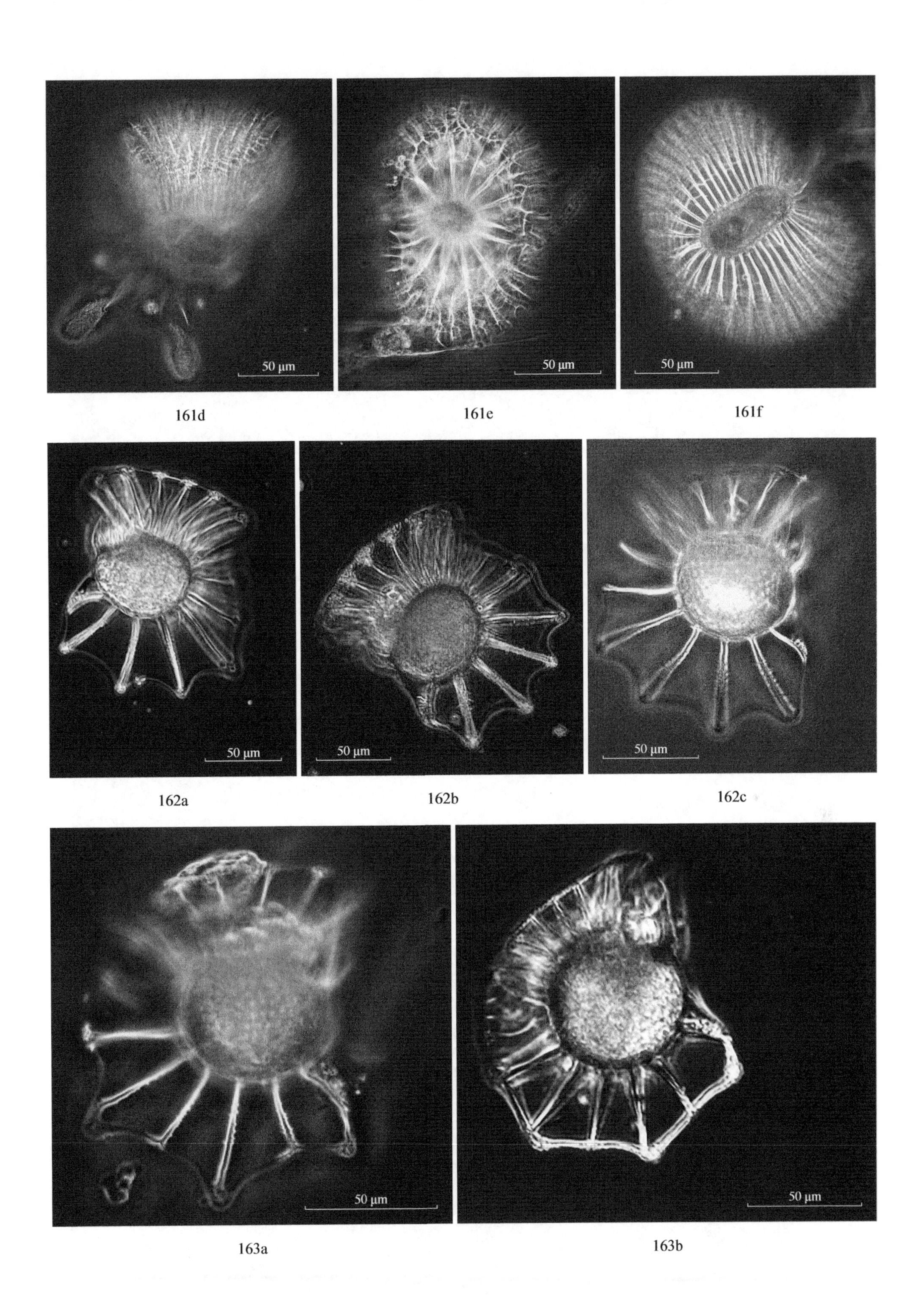
50 μm
50 μm
50 μm
161d
161e
161f
50 μm
50 μm
50 μm
162a
162b
162c
50 μm
50 μm
163a
163b

图版 65

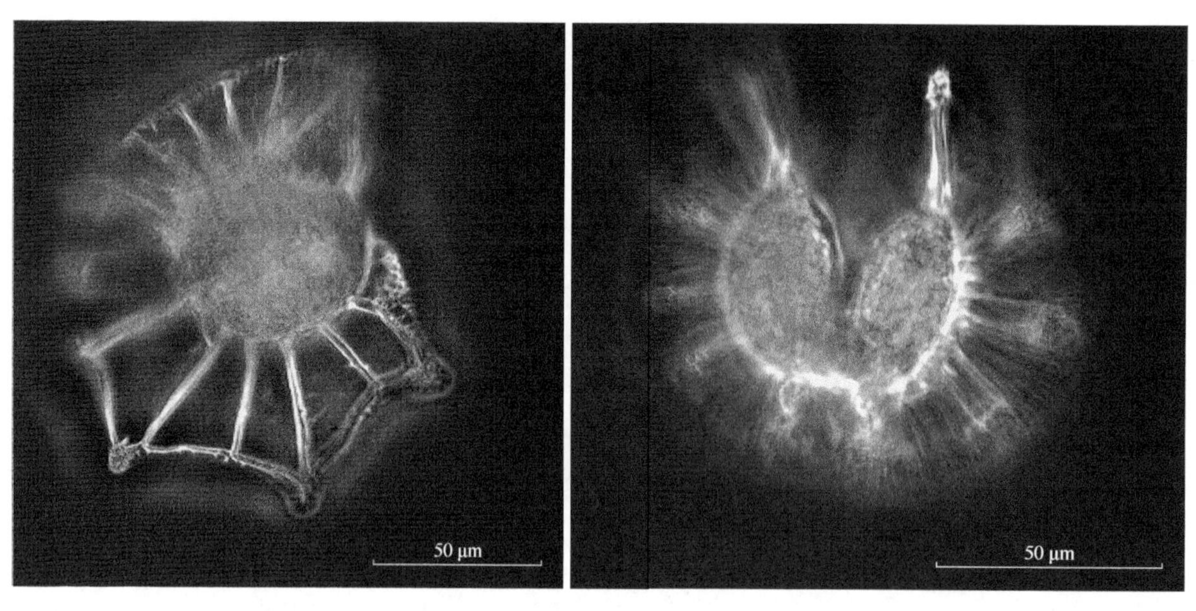

163c 163d

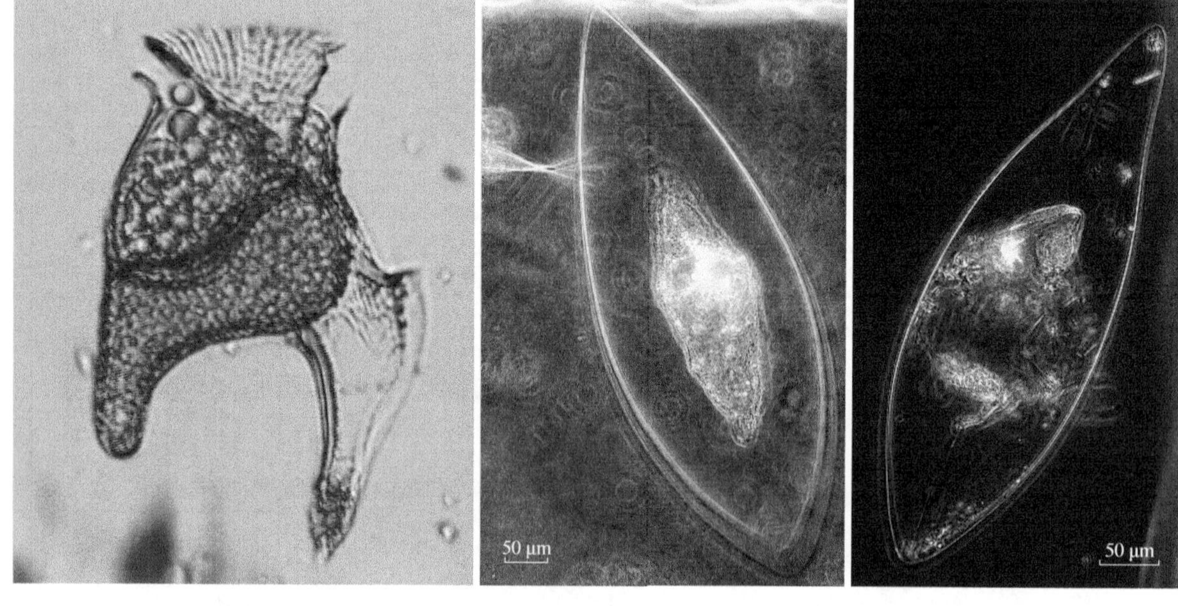

164 165a 165b

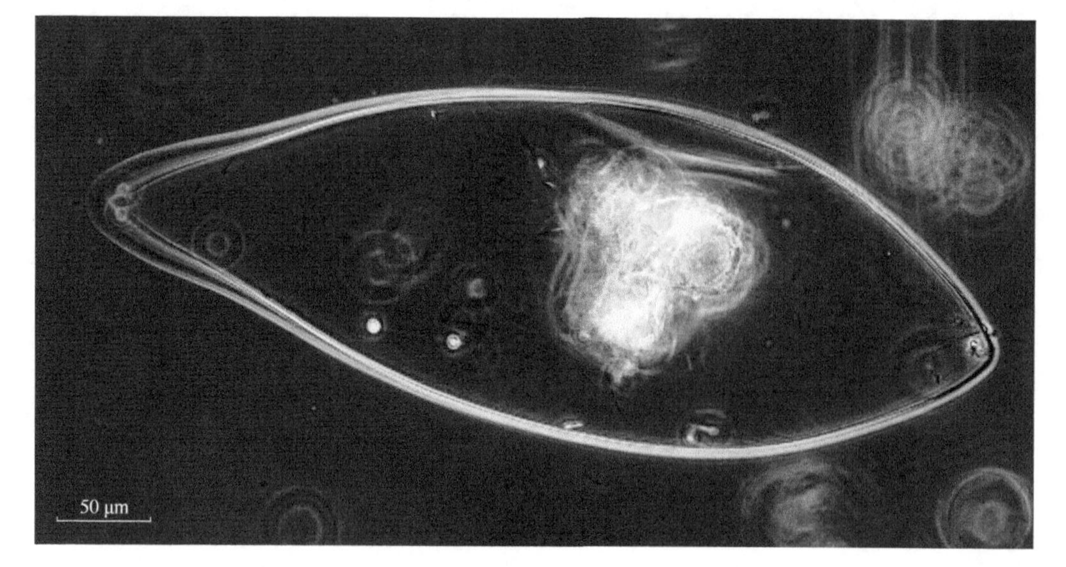

165c

图版 66

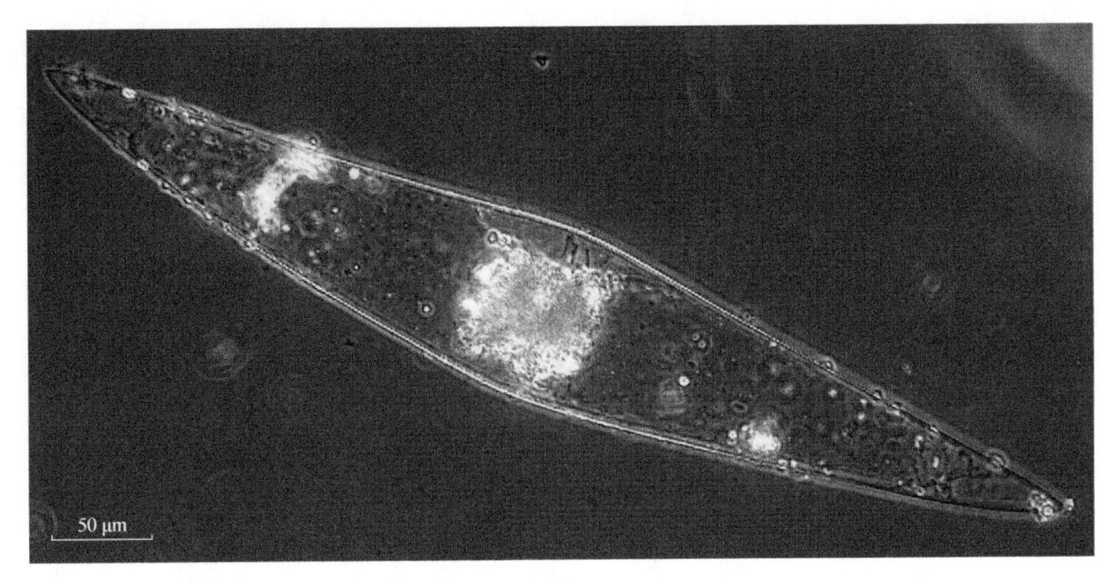

166a

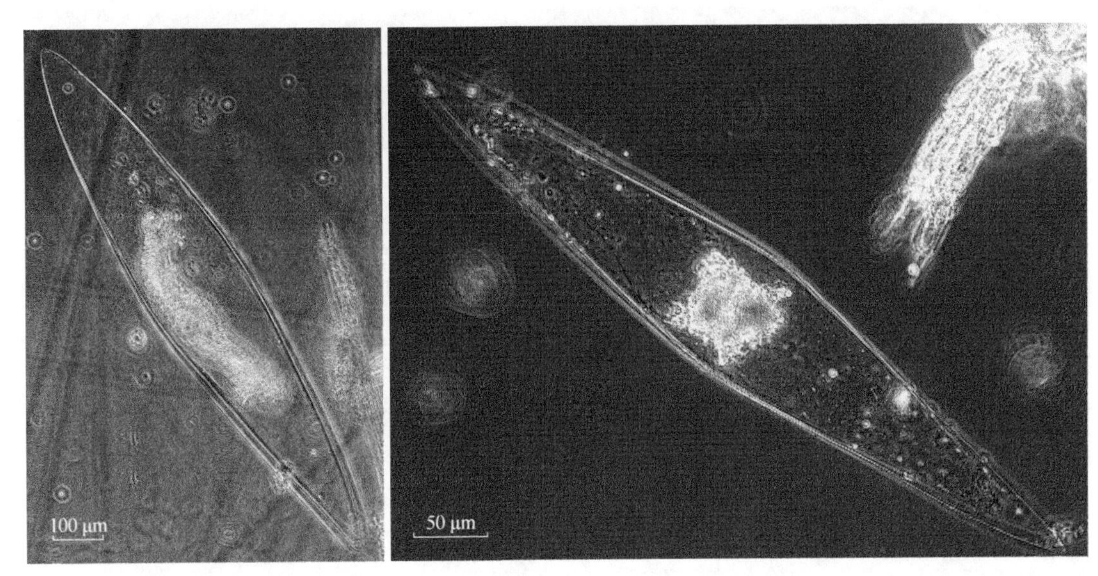

166b　　166c

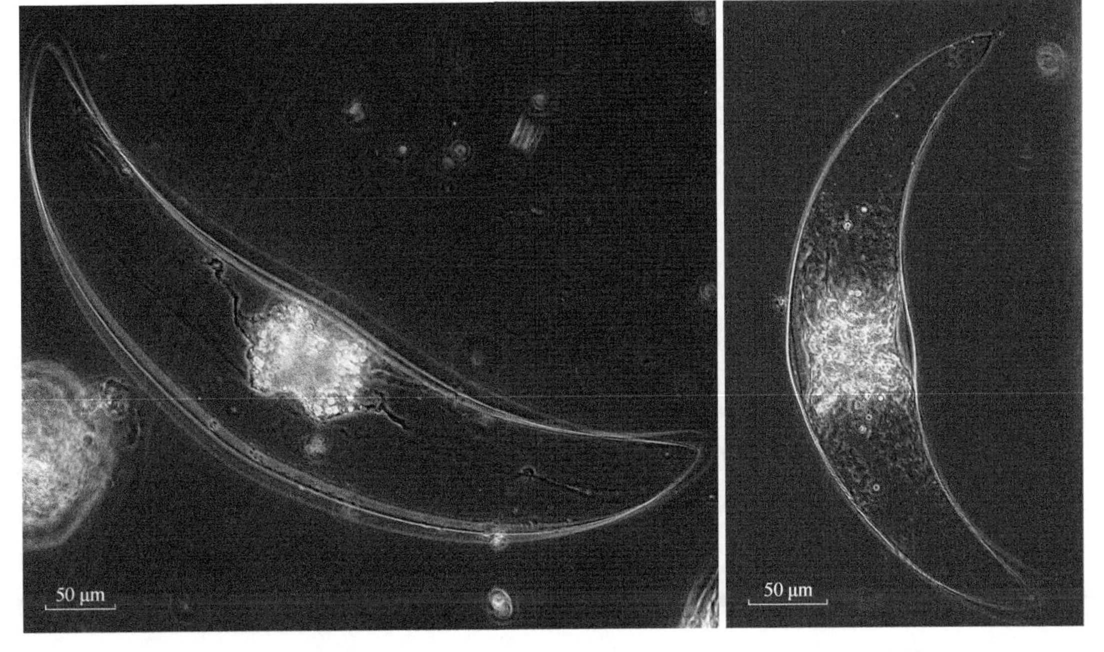

167a　　167b

图版 67

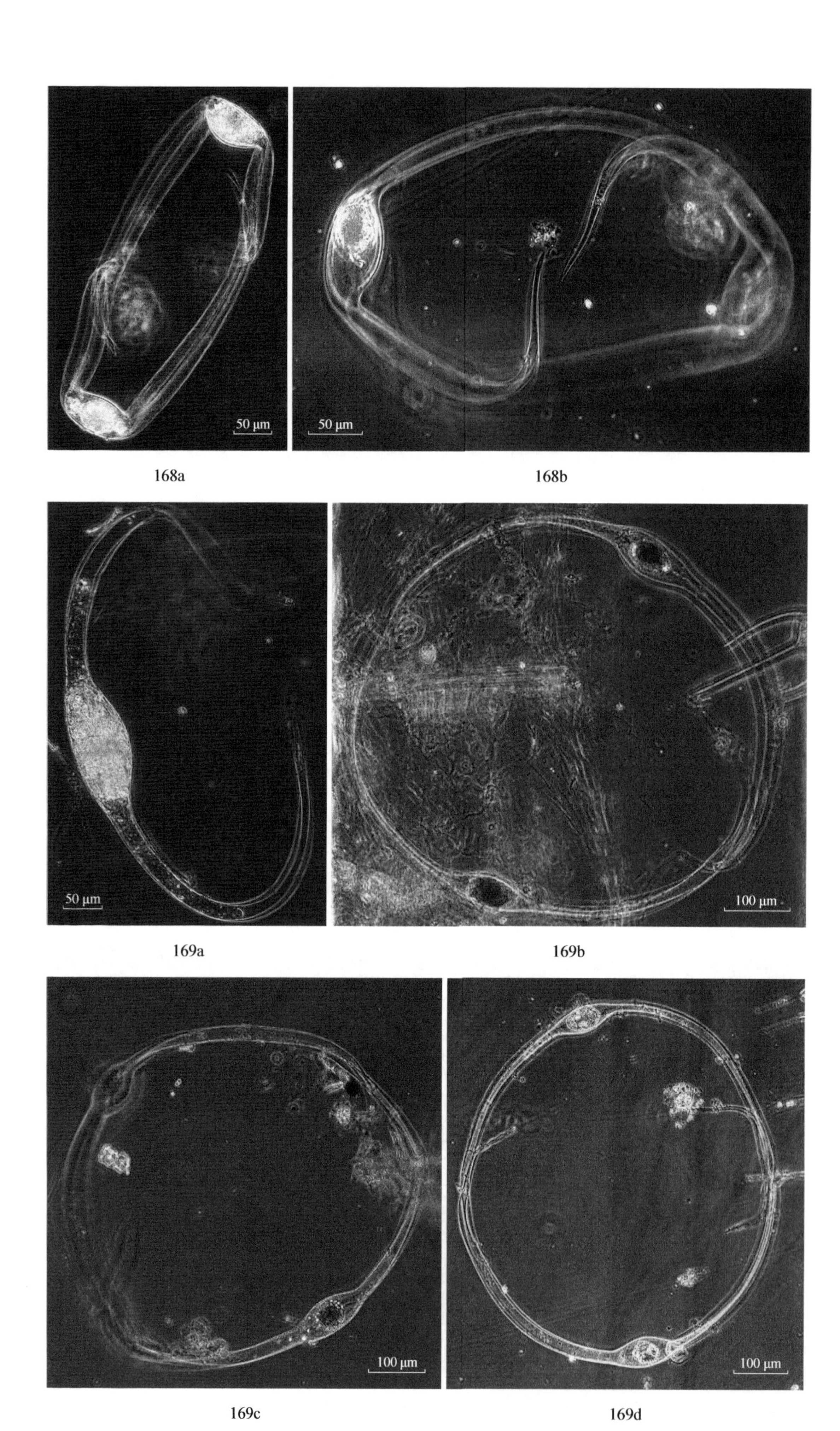
50 μm
50 μm
168a
168b
50 μm
100 μm
169a
169b
100 μm
100 μm
169c
169d

图版 68

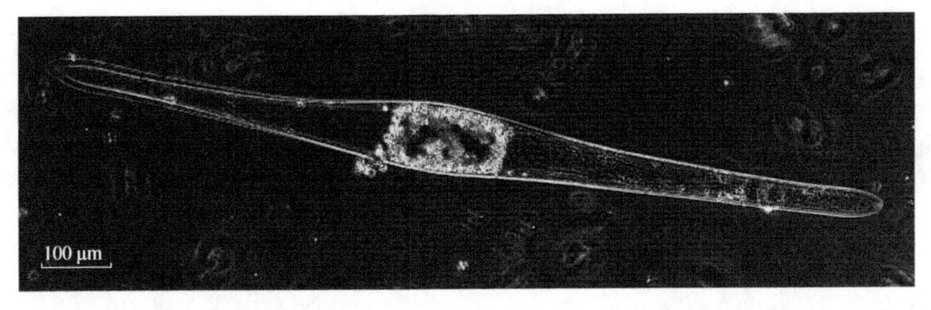

170

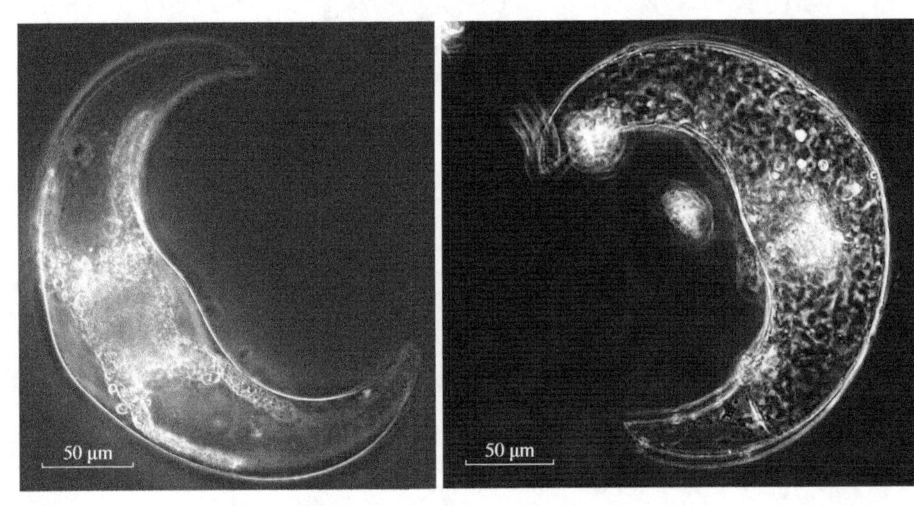

171a 171b

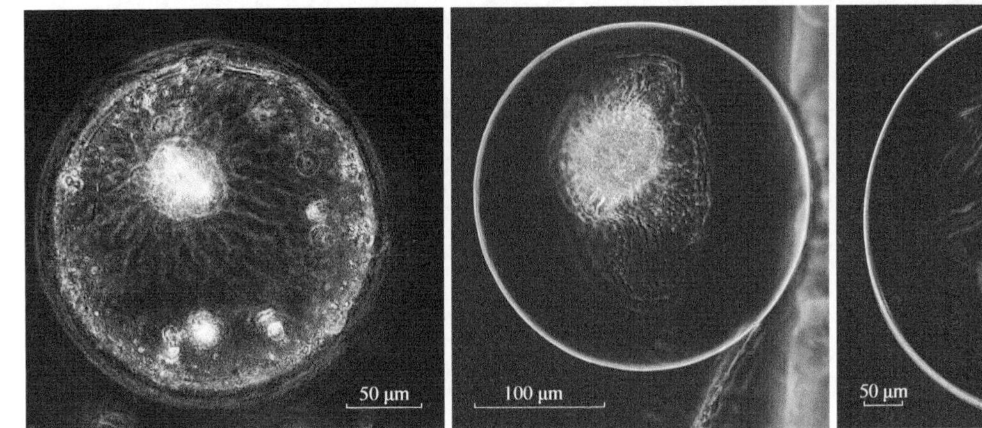

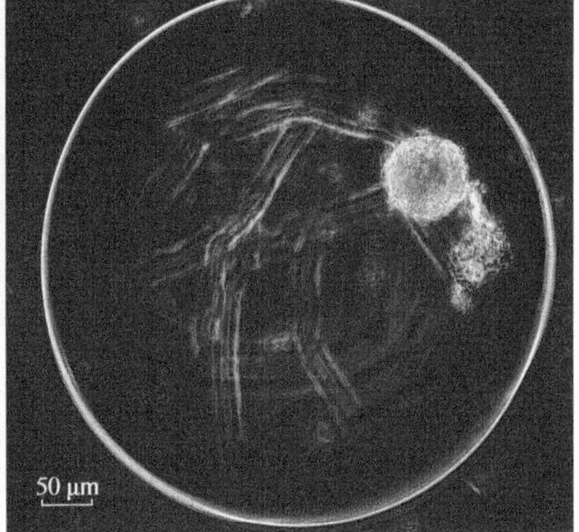

172a 172b 172c

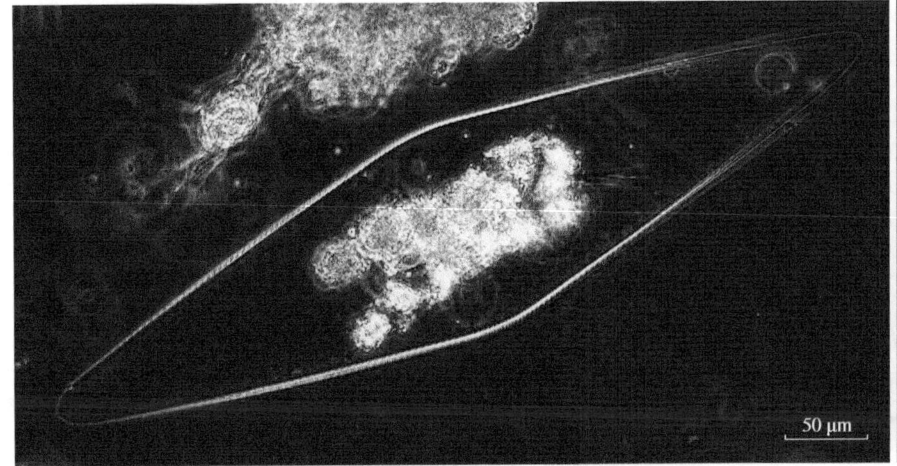

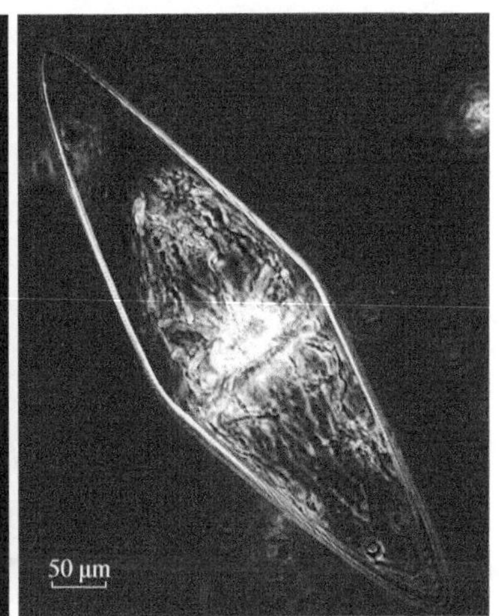

173a 173b

图版 69

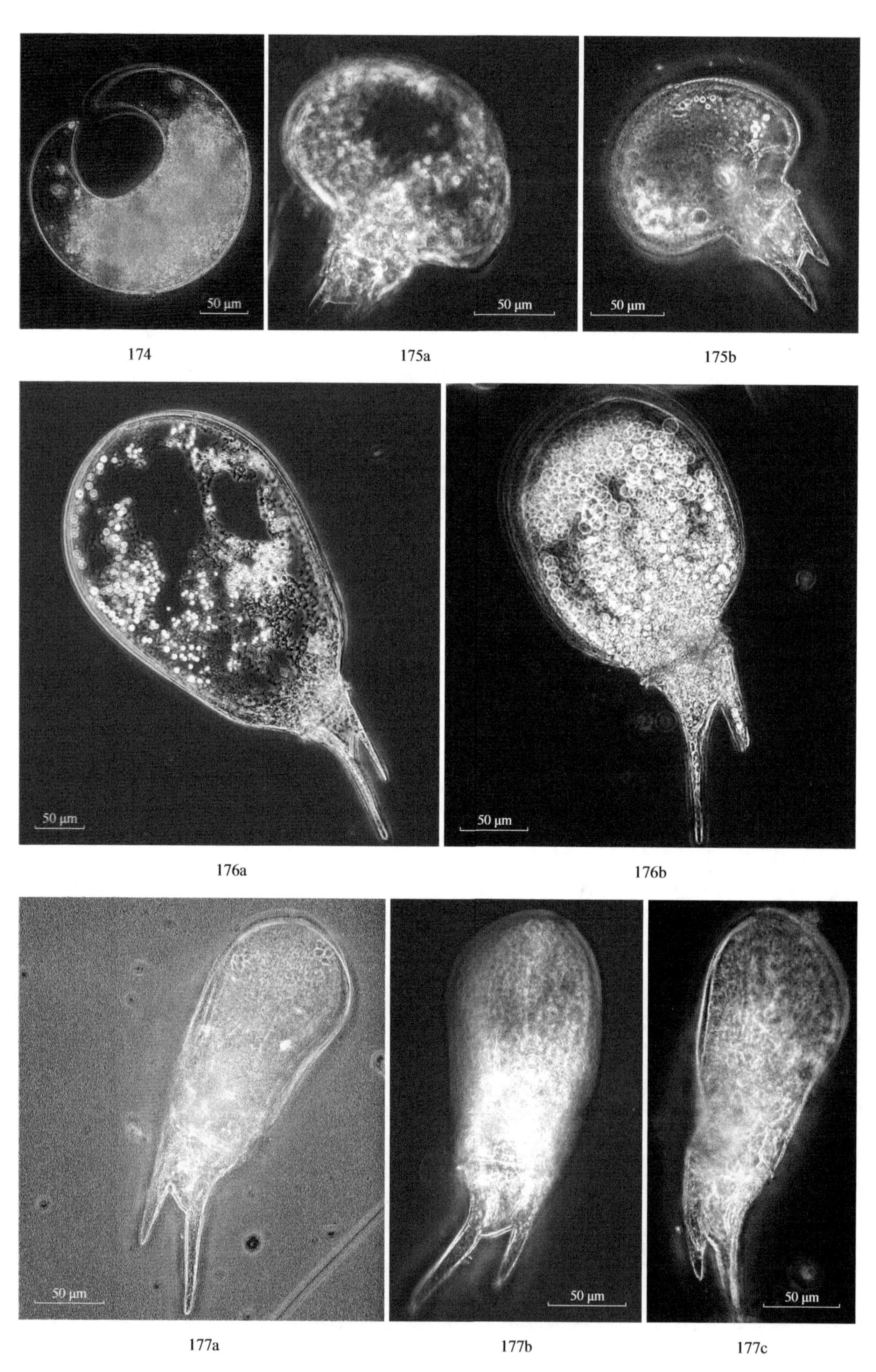
50 μm
50 μm
50 μm
174
175a
175b
50 μm
50 μm
176a
176b
50 μm
50 μm
50 μm
177a
177b
177c

图版 70

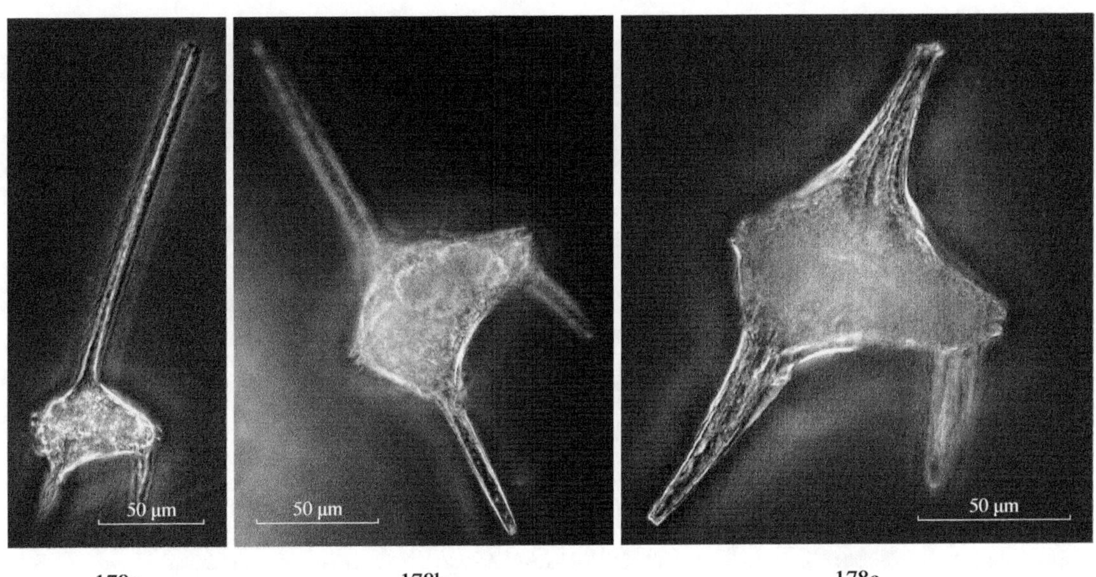

178a 178b 178c

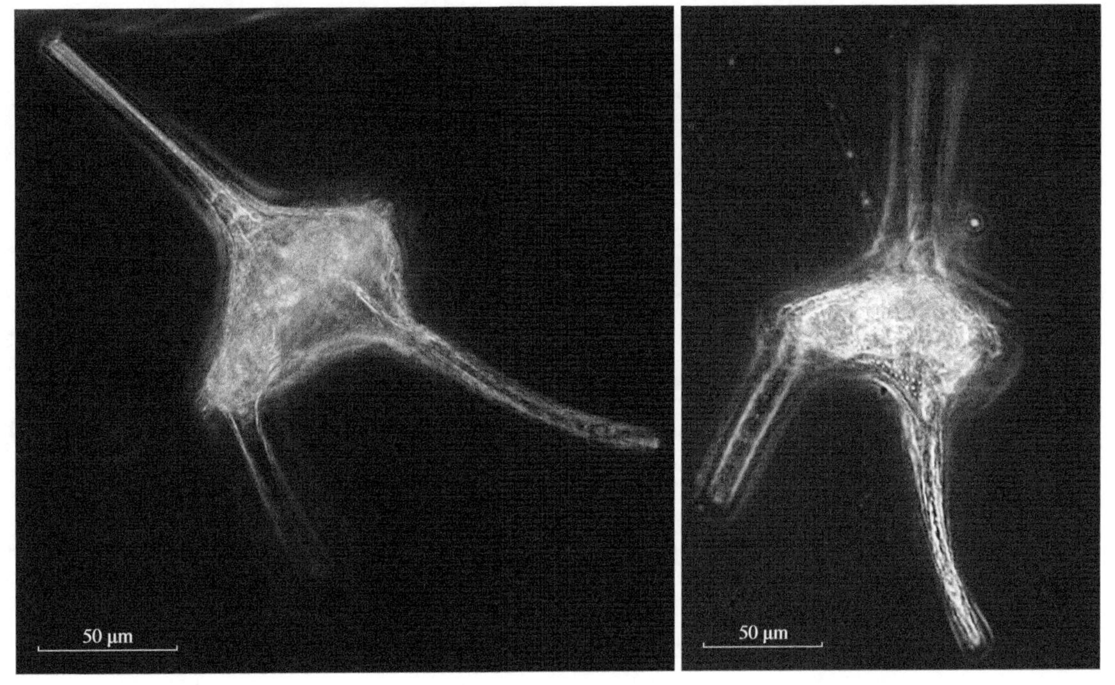

179a 179b

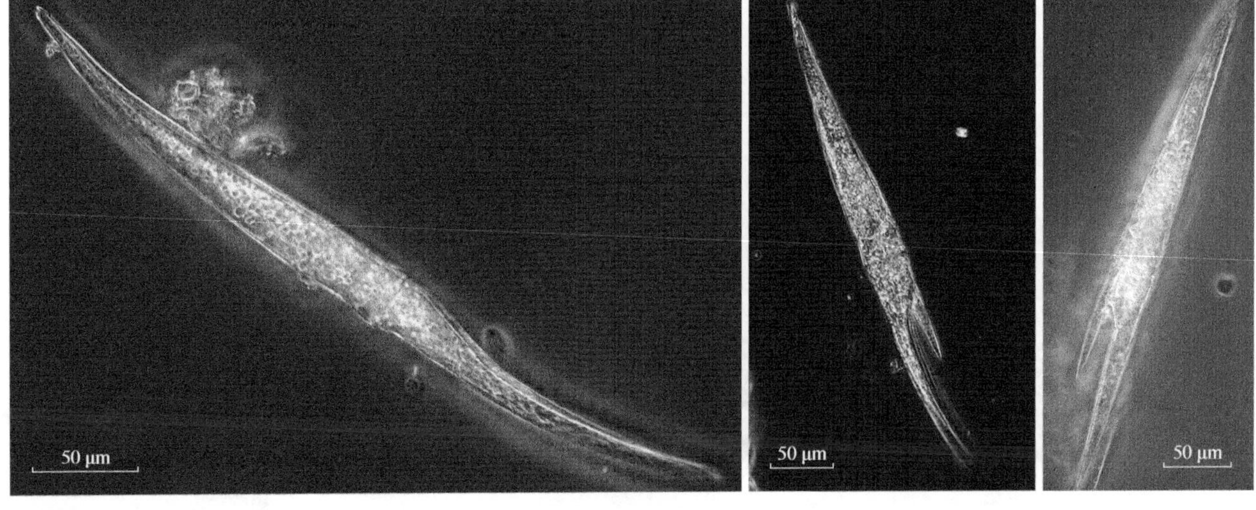

180a 180b 180c

图版 71

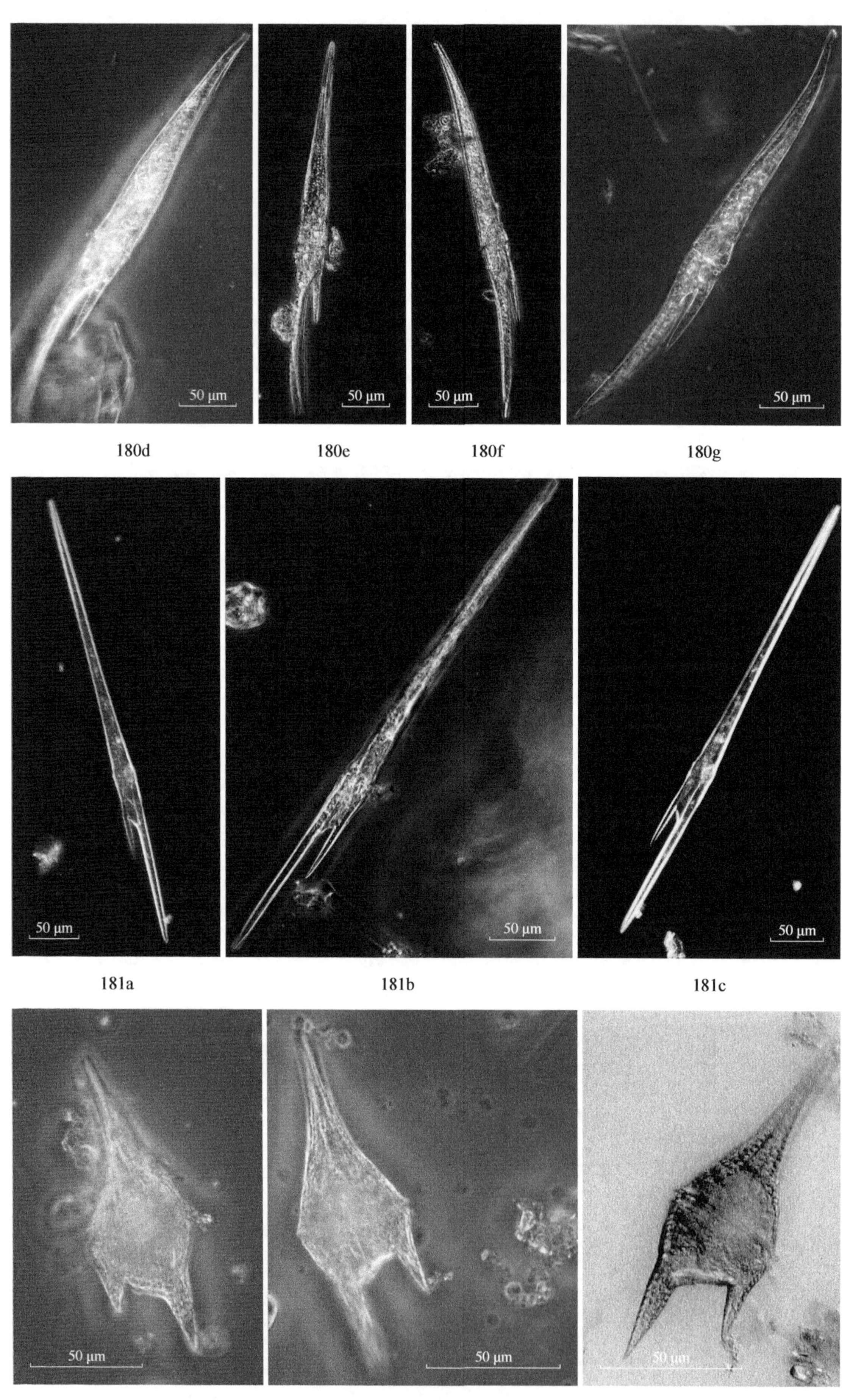
50 μm
50 μm
50 μm
50 μm
180d
180e
180f
180g
50 μm
50 μm
50 μm
181a
181b
181c
50 μm
50 μm
50 μm
182a
182b
182c

图版 72

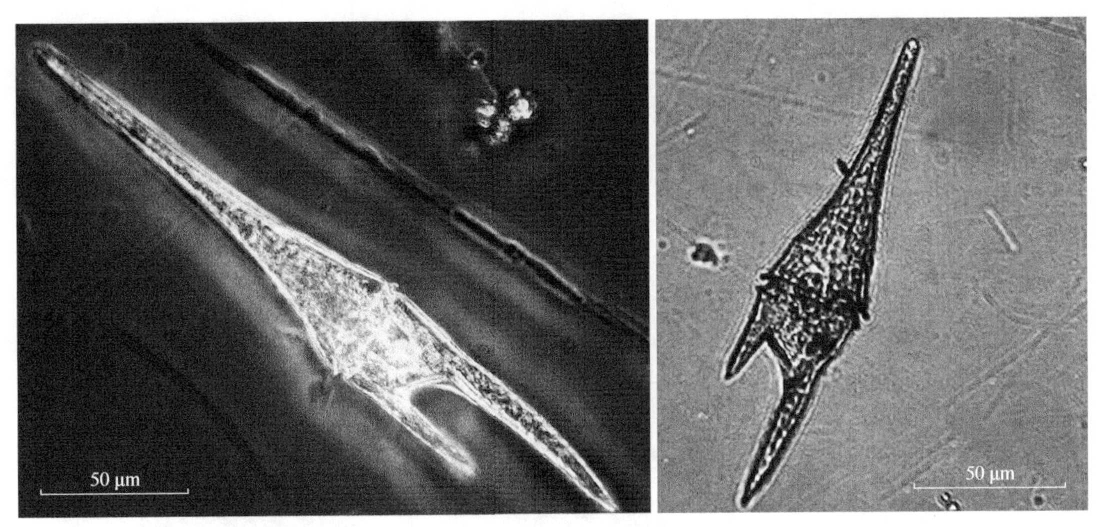

183a 183b

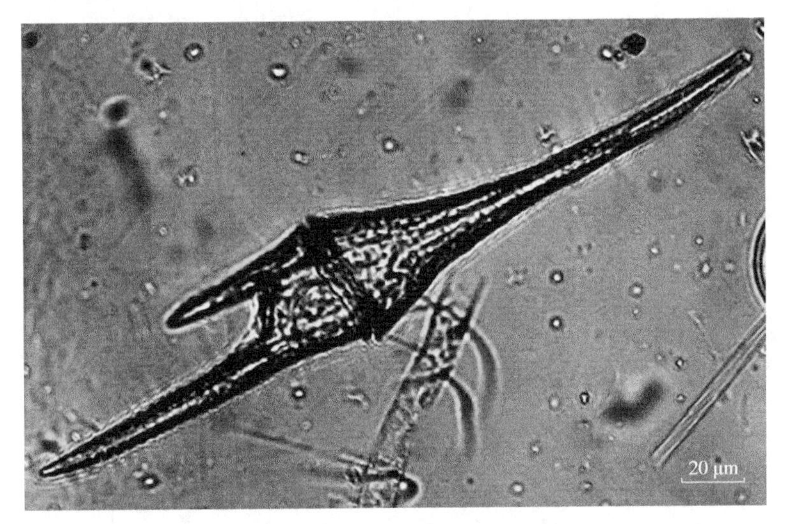

183c

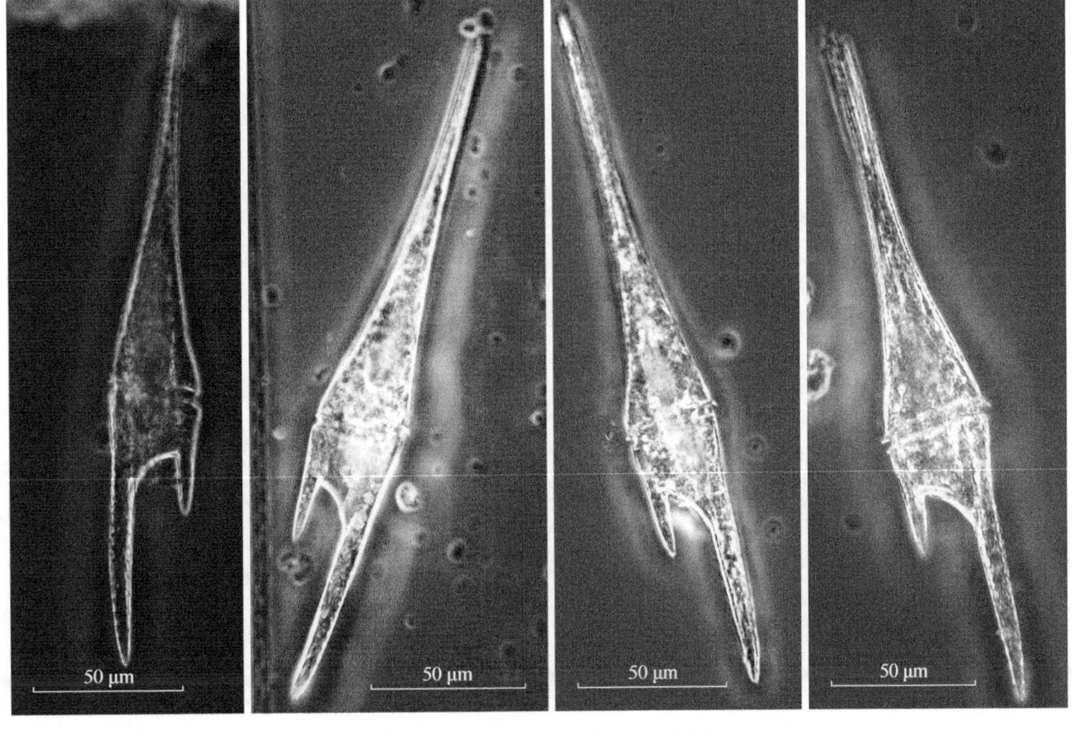

183d 183e 183f 183g

图版 73

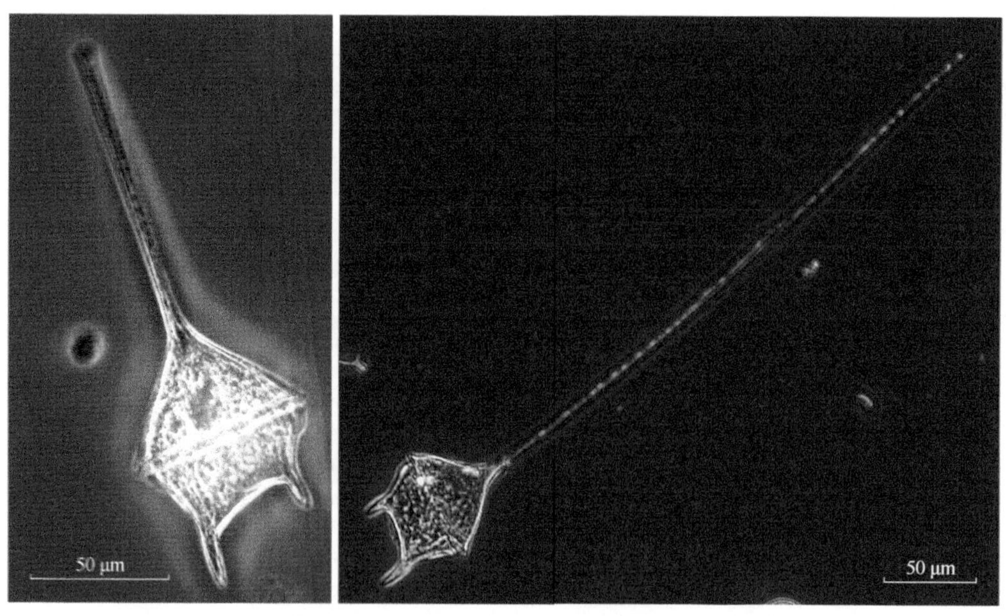

184a 184b

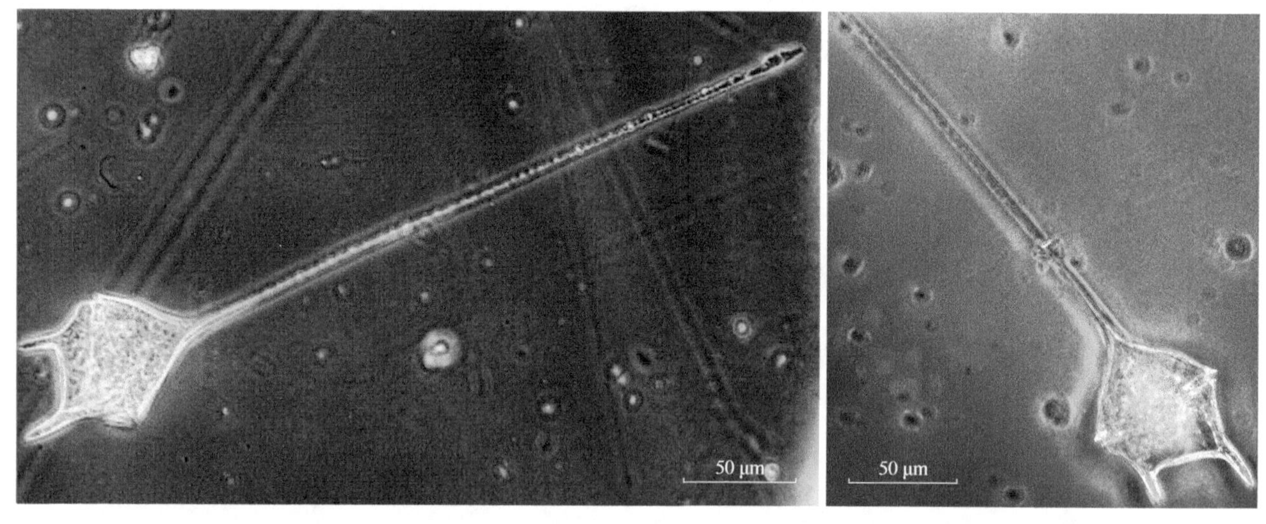

184c 184d

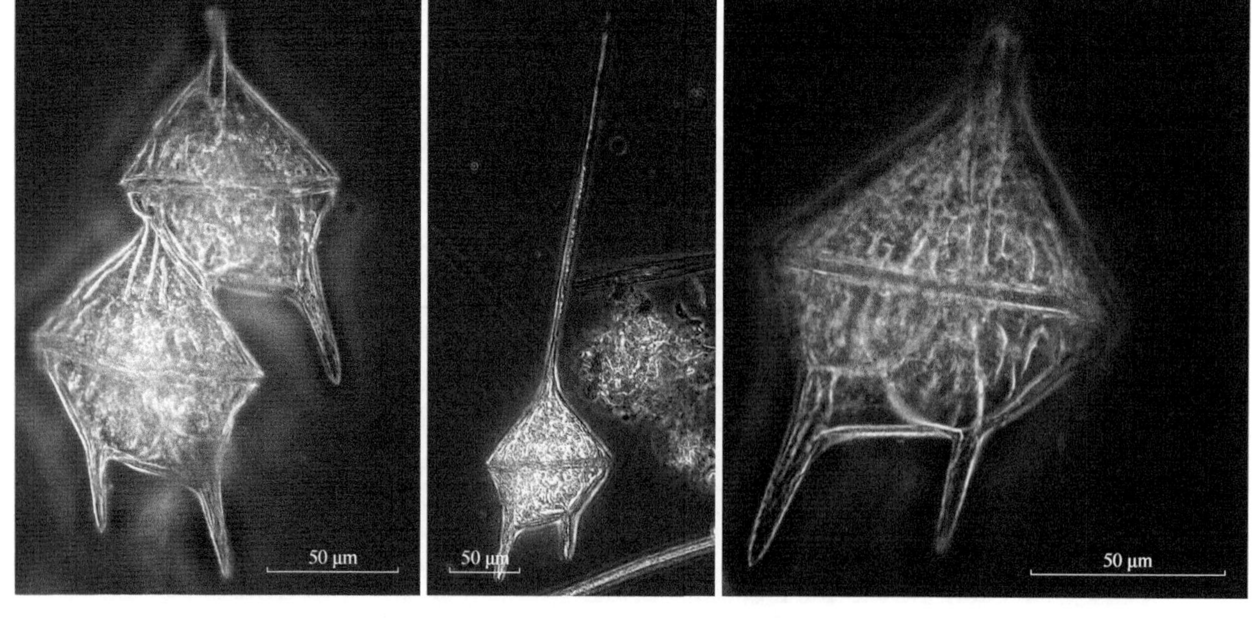

185a 185b 185c

图版 74

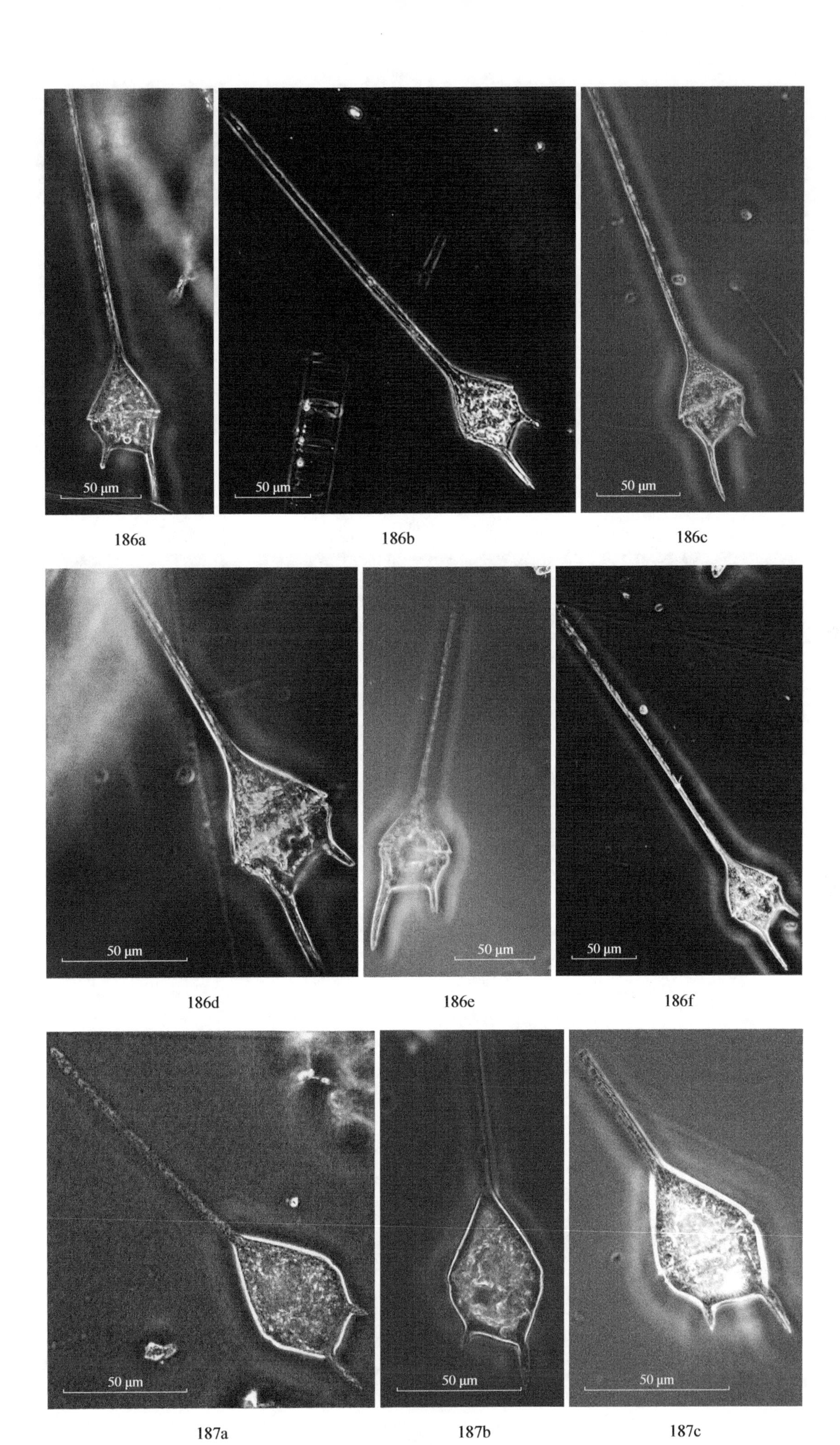

图版 75

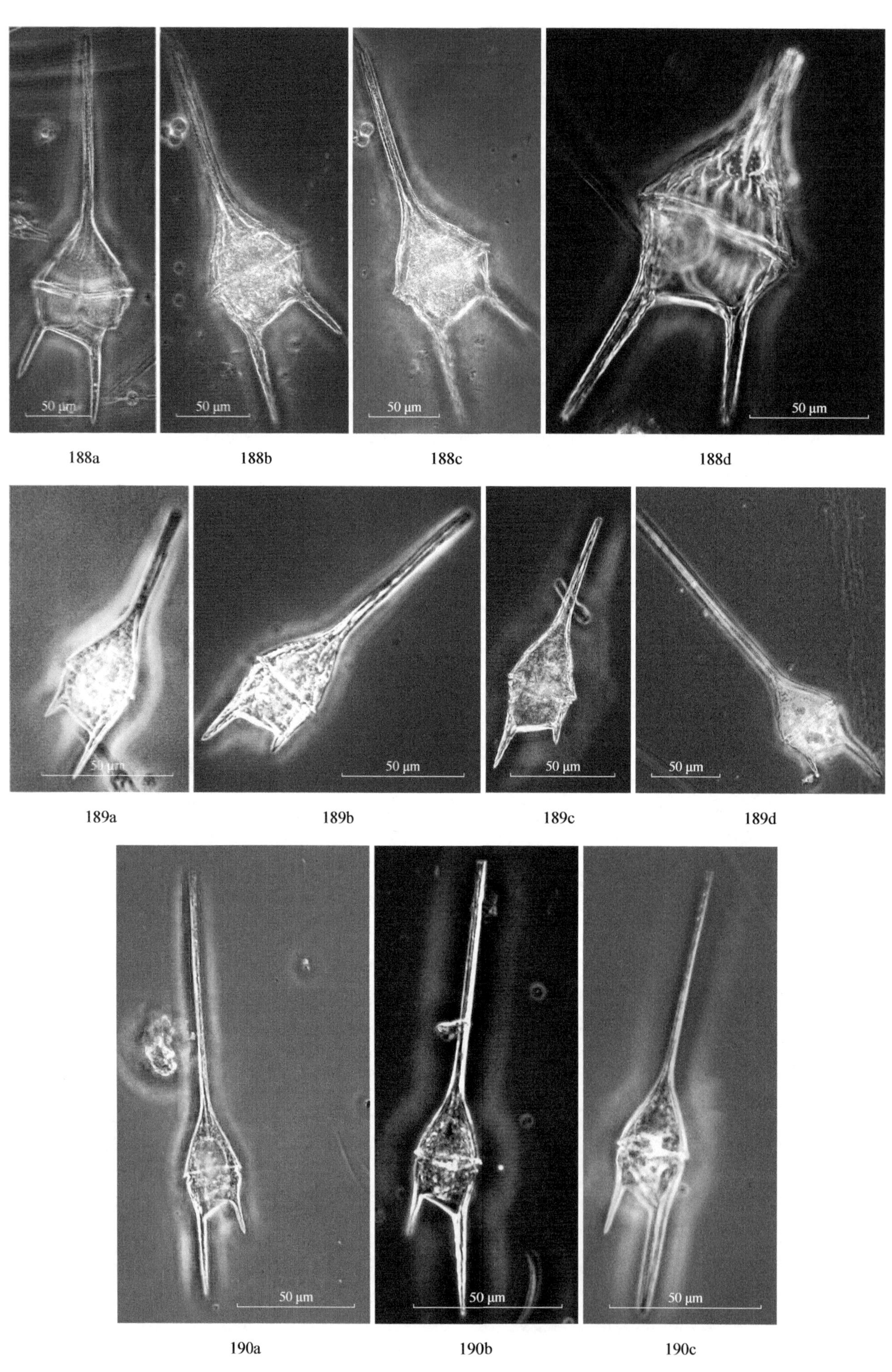
50 μm
50 μm
50 μm
50 μm
188a
188b
188c
188d
50 μm
50 μm
50 μm
50 μm
189a
189b
189c
189d
50 μm
50 μm
50 μm
190a
190b
190c

图版 76

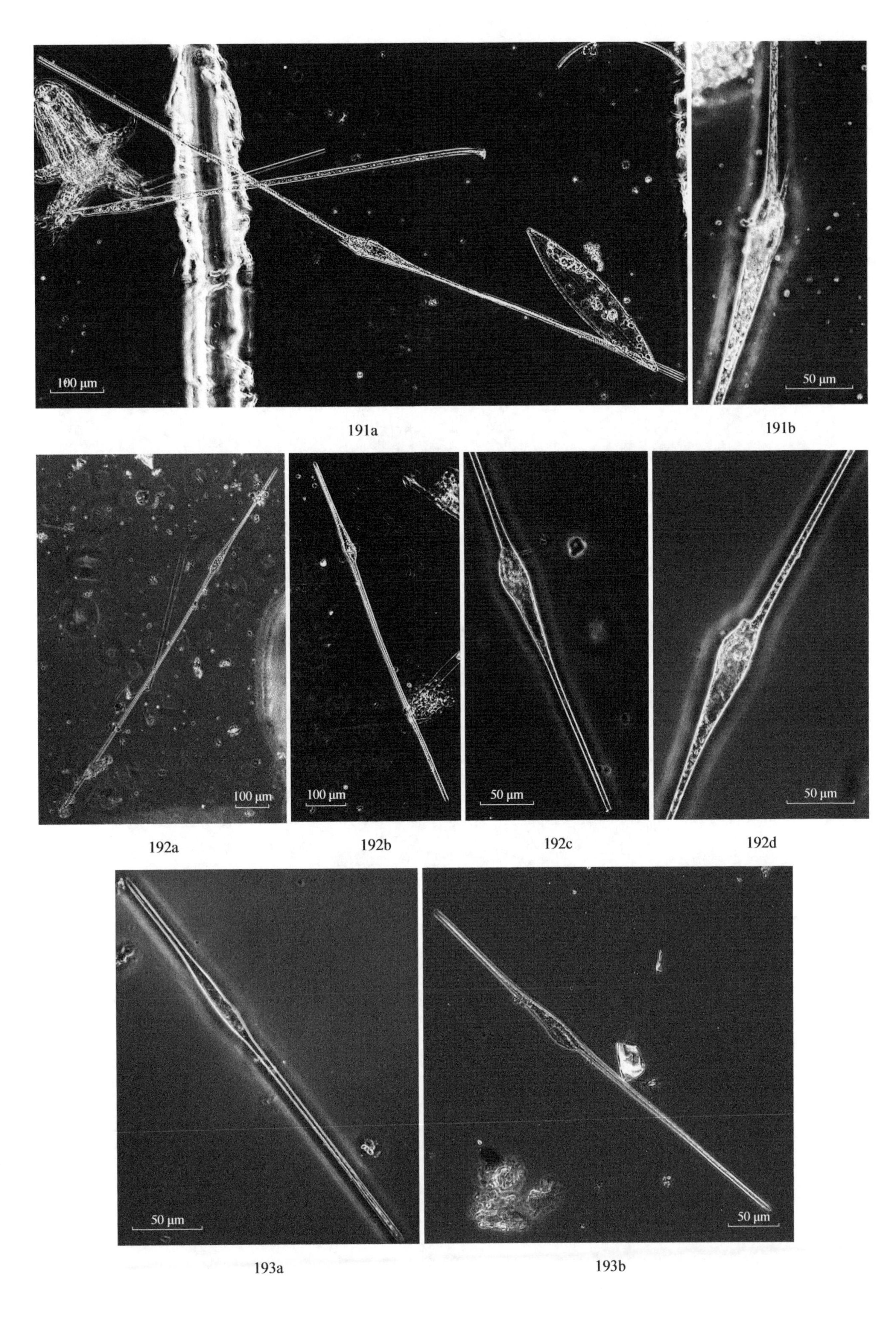
100 μm
50 μm
191a
191b
100 μm
100 μm
50 μm
50 μm
192a
192b
192c
192d
50 μm
50 μm
193a
193b

图版 77

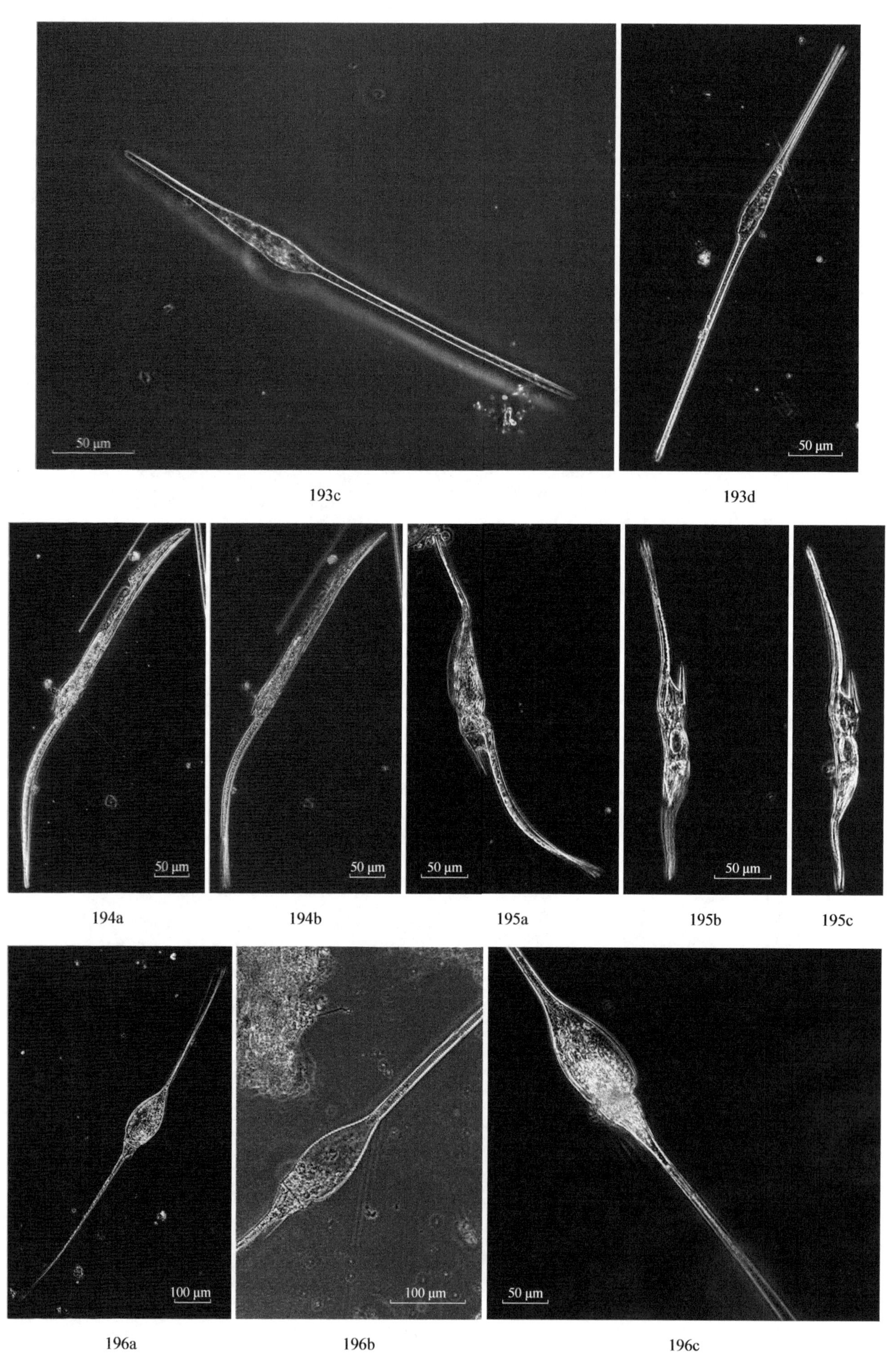
50 μm
50 μm
193c
193d
50 μm
50 μm
50 μm
50 μm
194a
194b
195a
195b
195c
100 μm
100 μm
50 μm
196a
196b
196c

图版 78

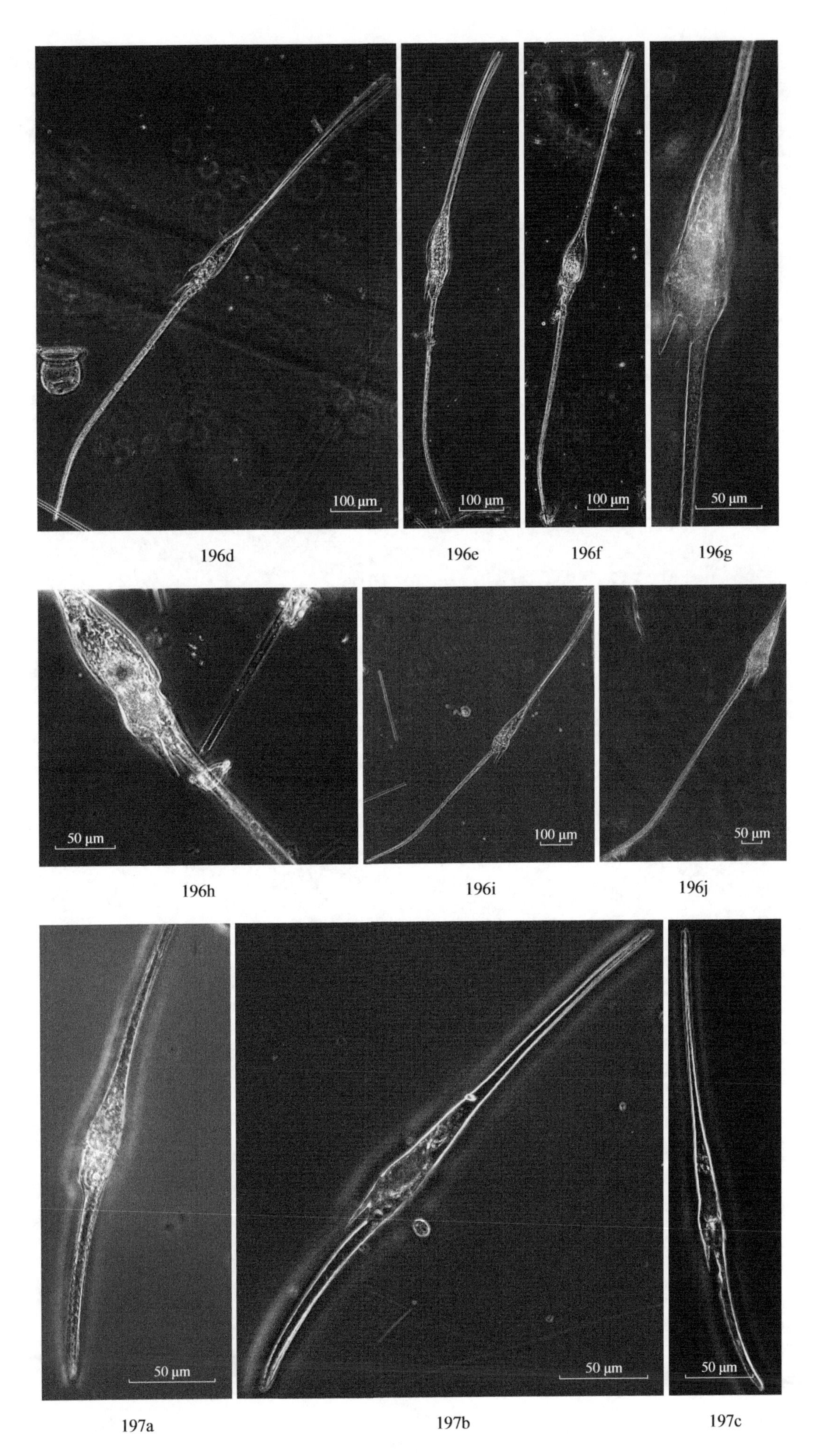

196d 196e 196f 196g

196h 196i 196j

197a 197b 197c

图版 79

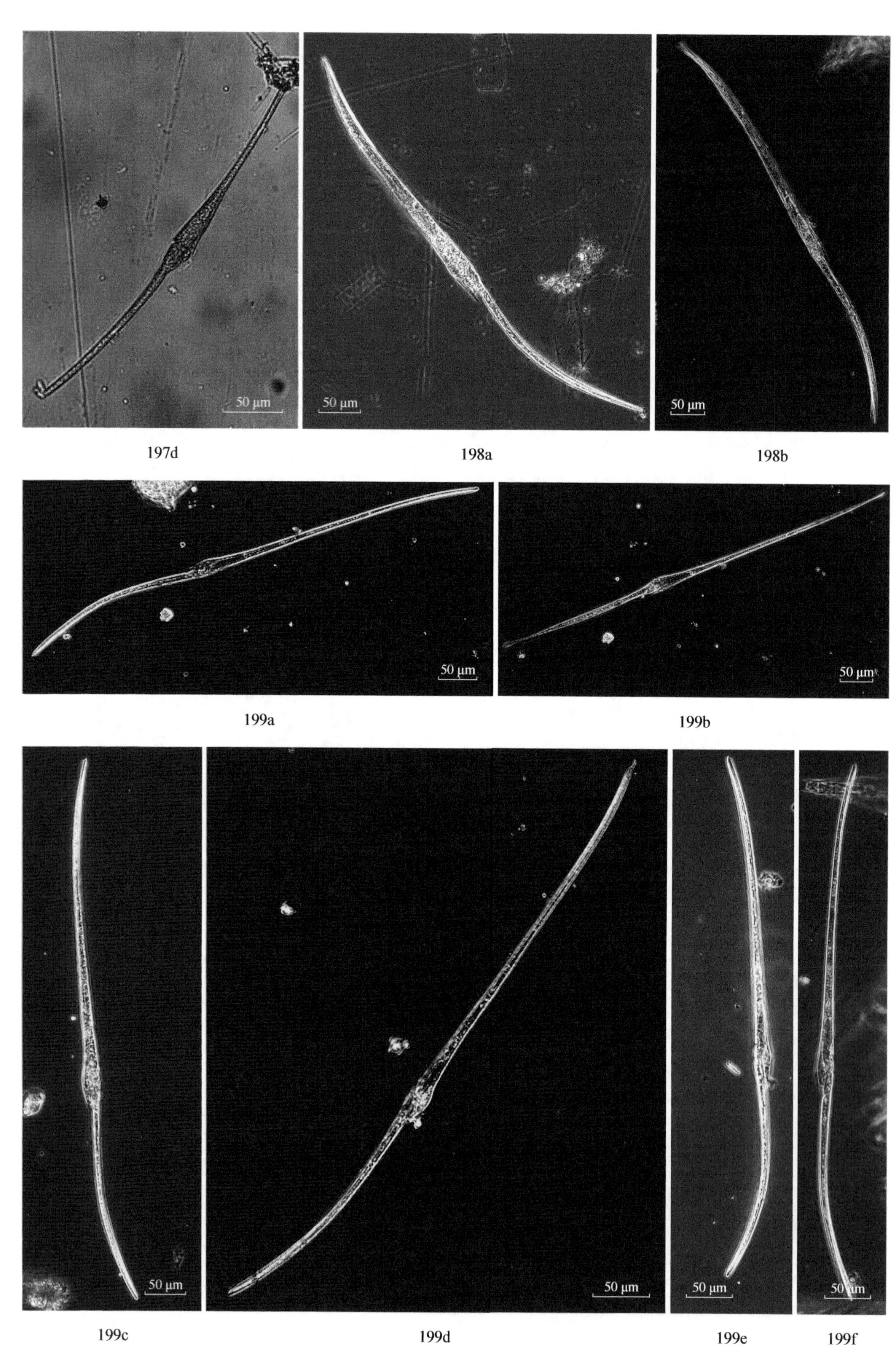

图版 80

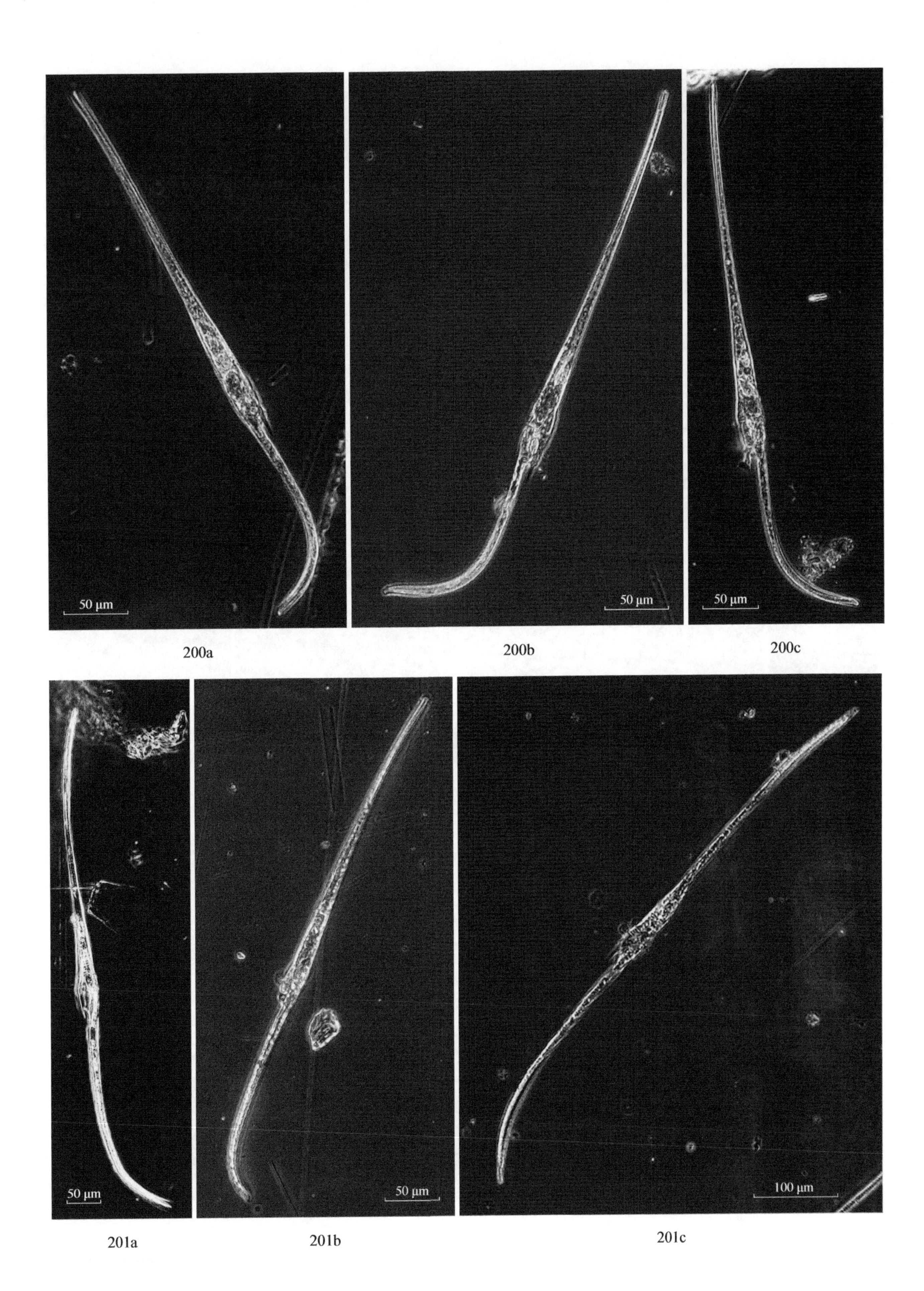

图版 81

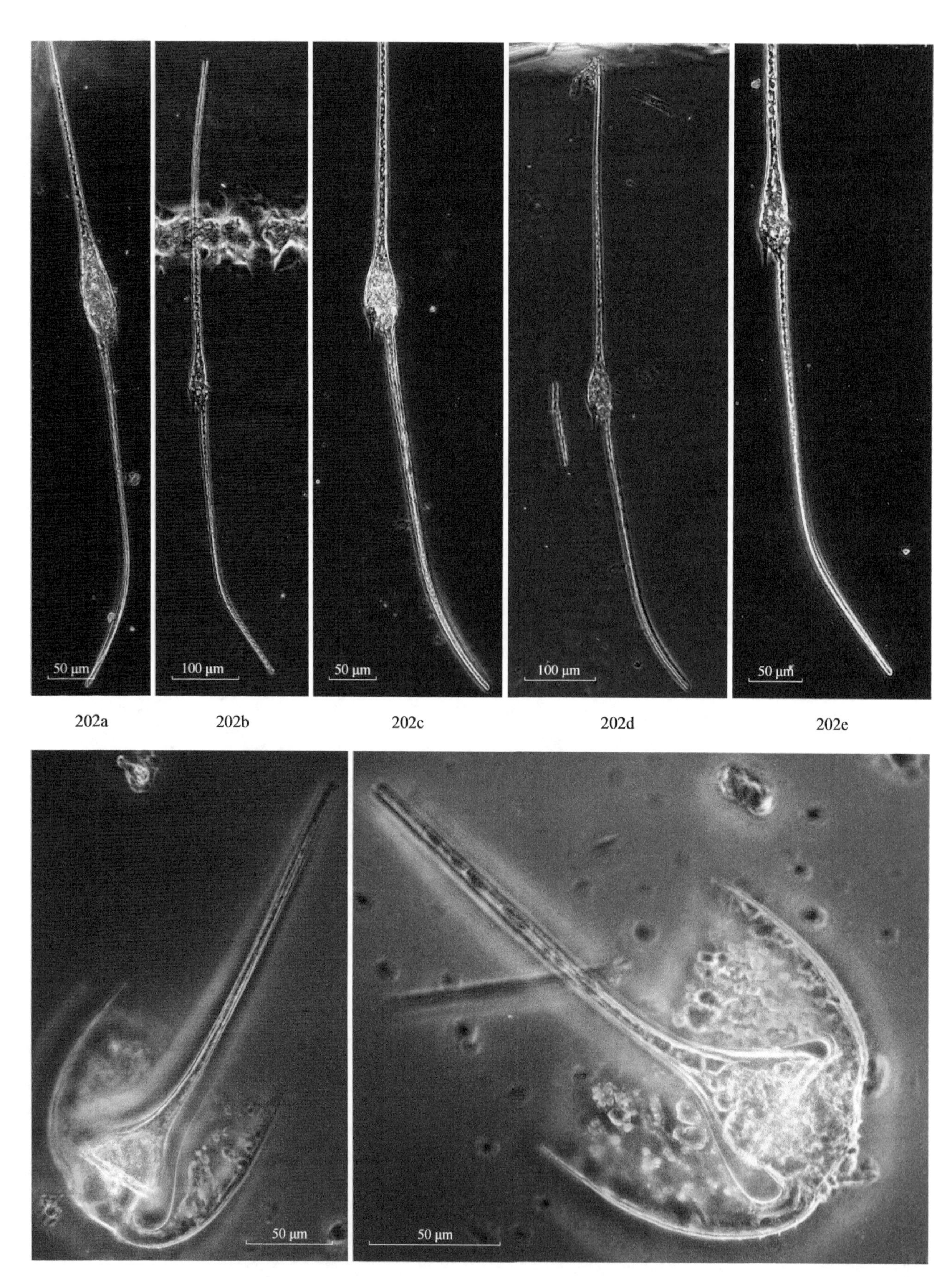

202a 202b 202c 202d 202e

203a 203b

图版 82

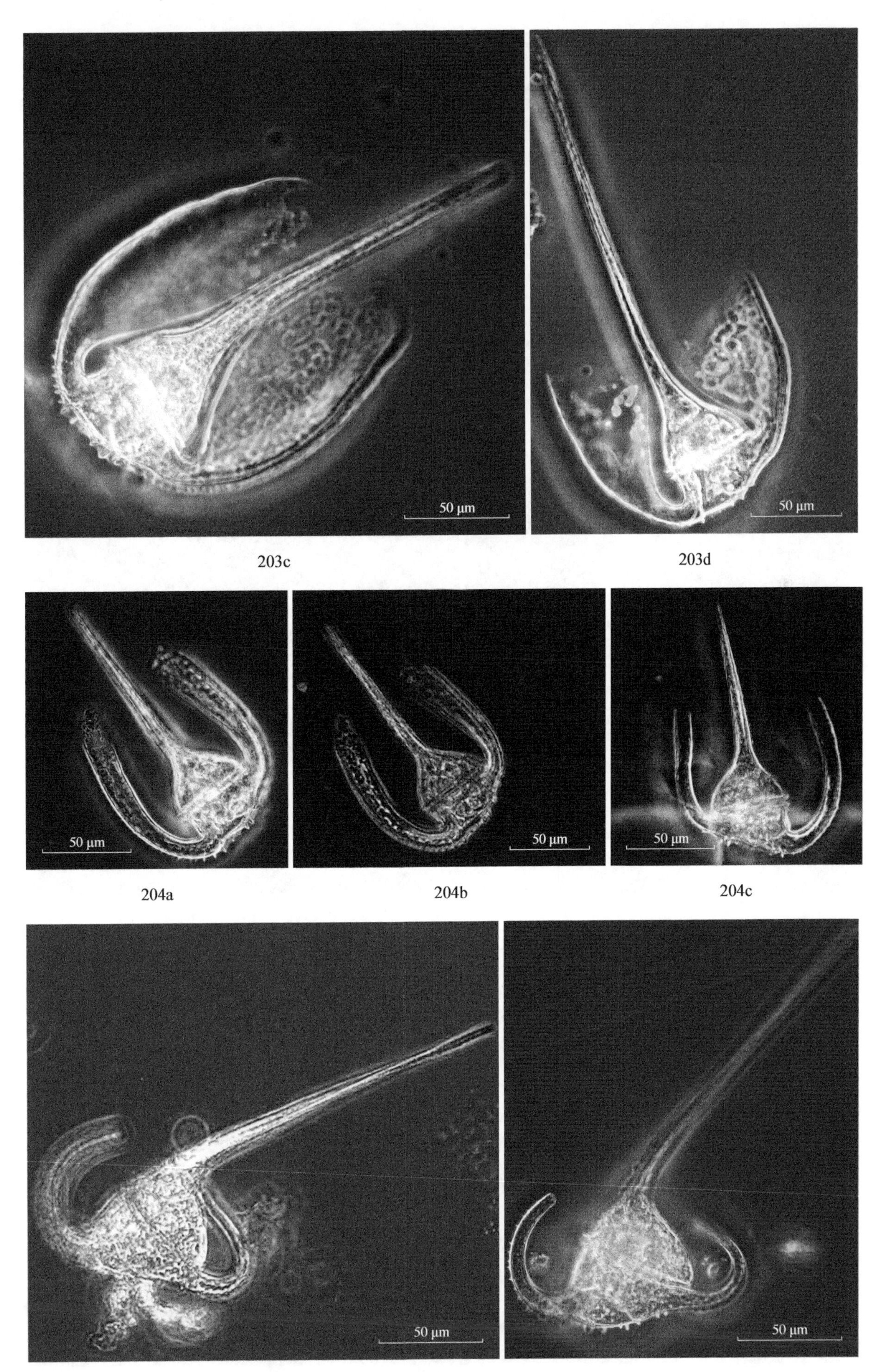

203c 203d

204a 204b 204c

205a 205b

图版 83

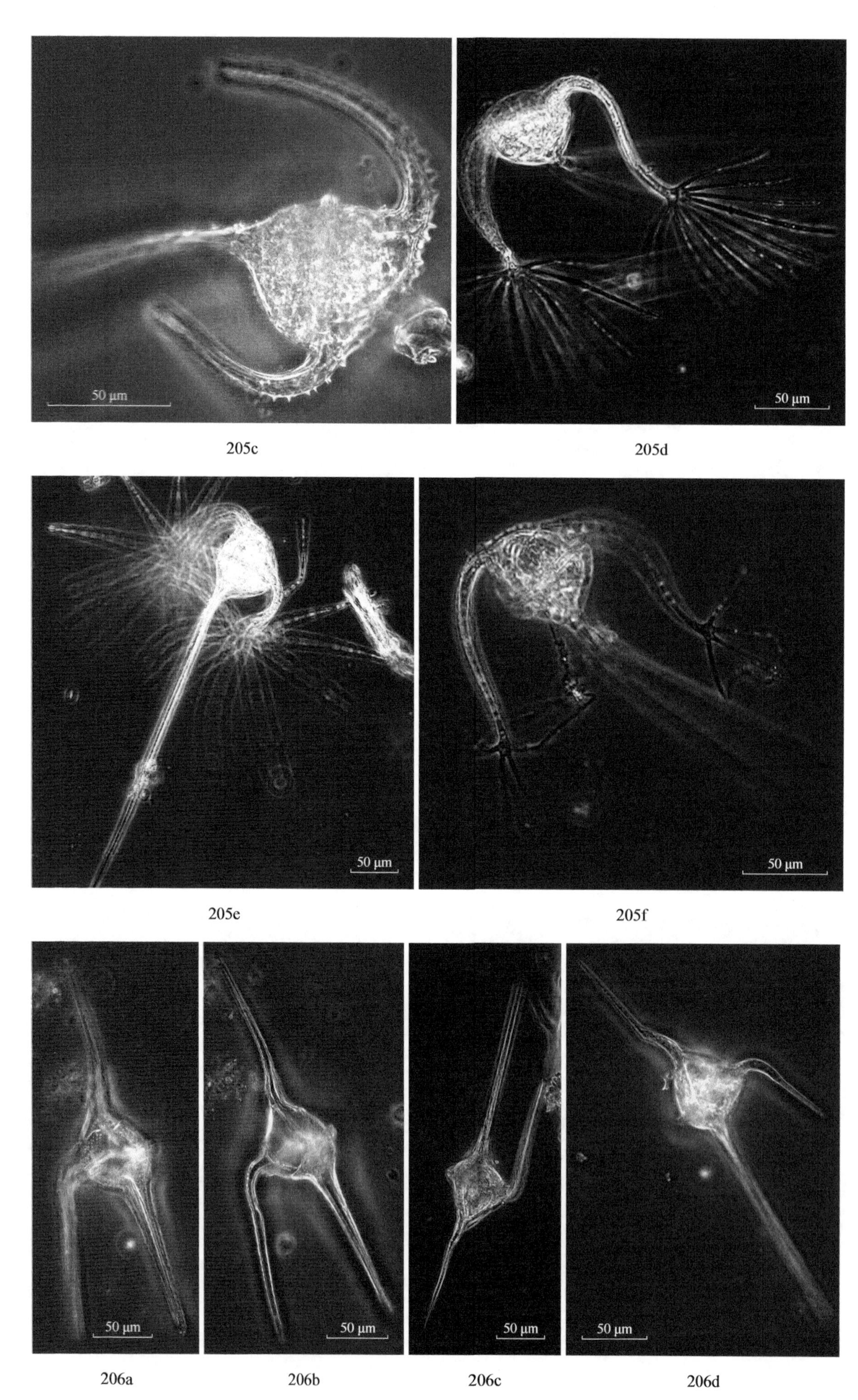

205c 205d

205e 205f

206a 206b 206c 206d

图版 84

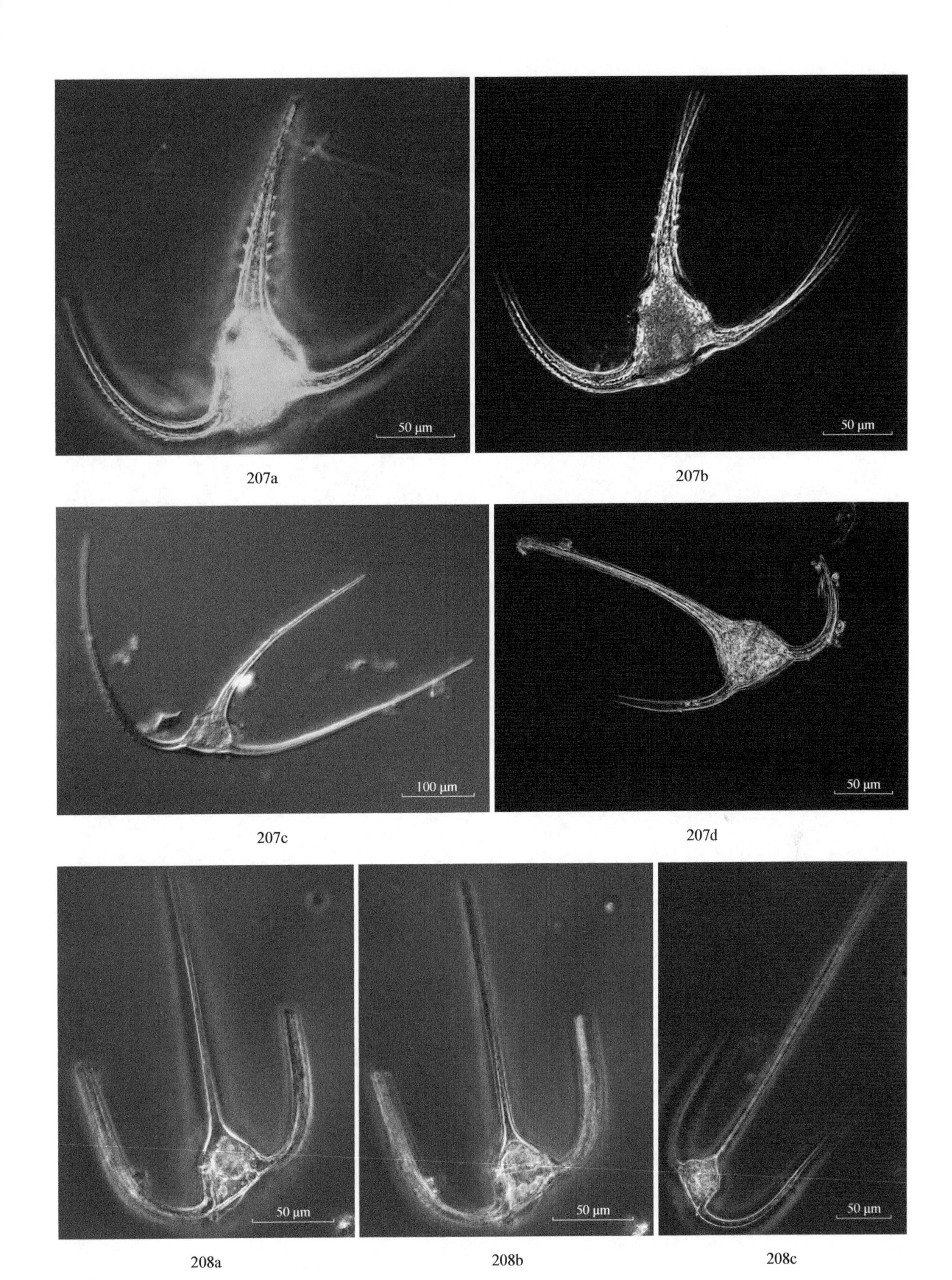

207a 207b

207c 207d

208a 208b 208c

图版 85

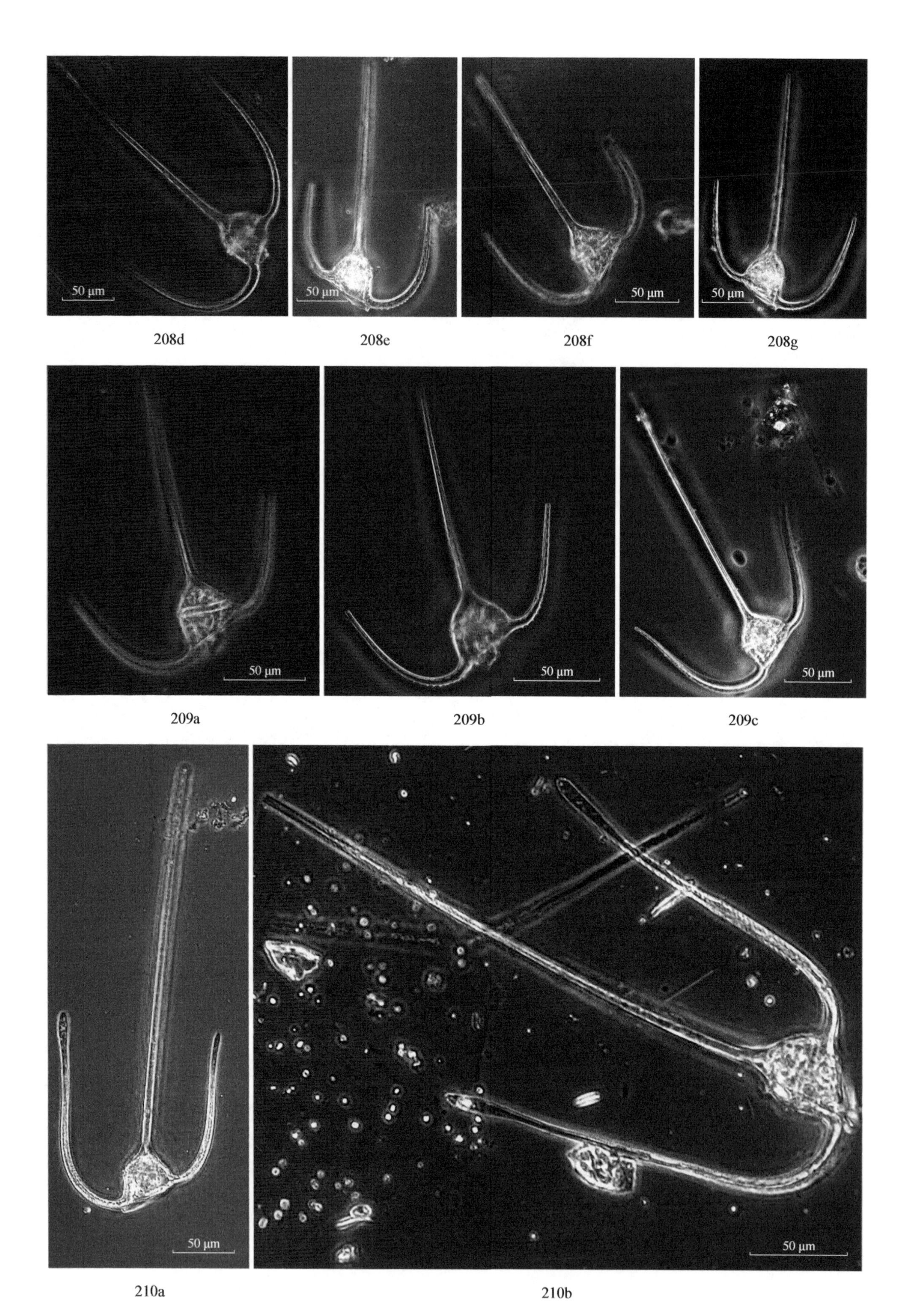

图版 86

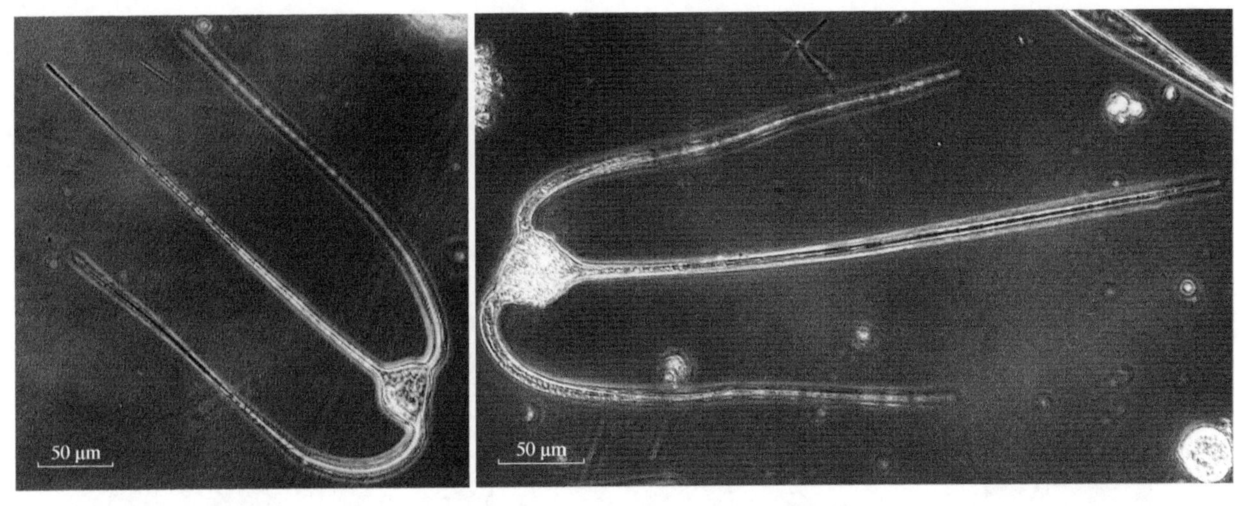

210c 201d

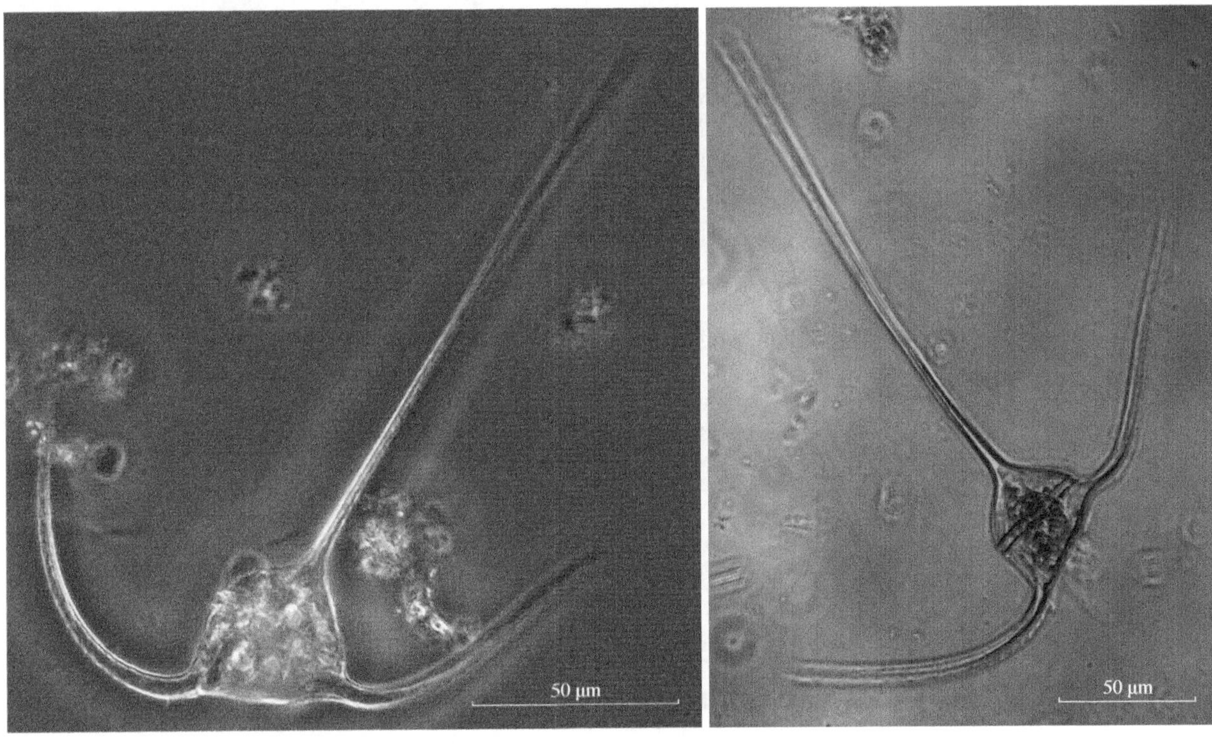

211a 211b

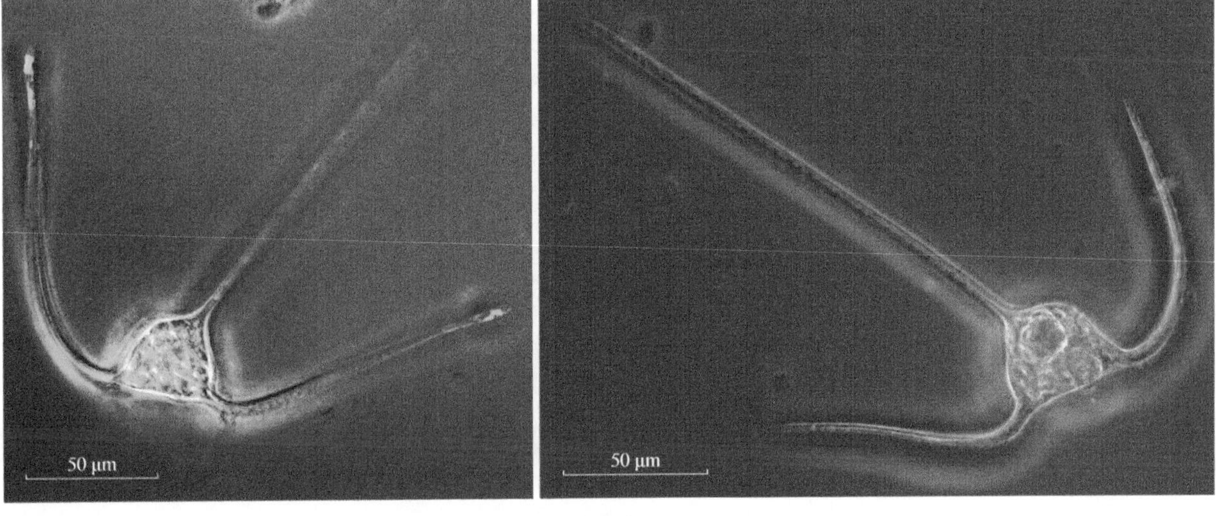

211c 211d

图版 87

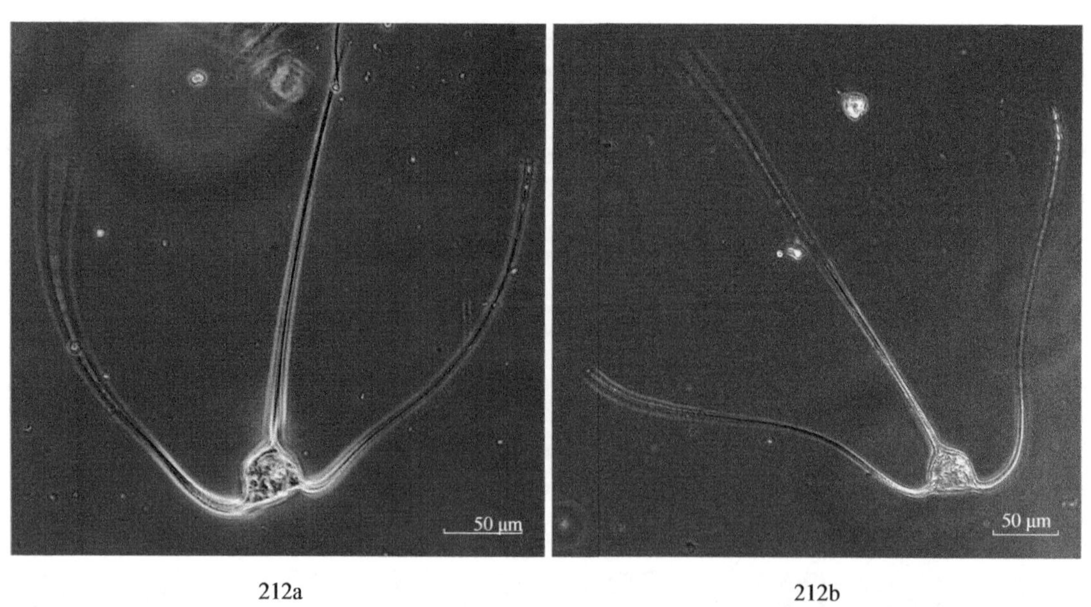

212a 212b

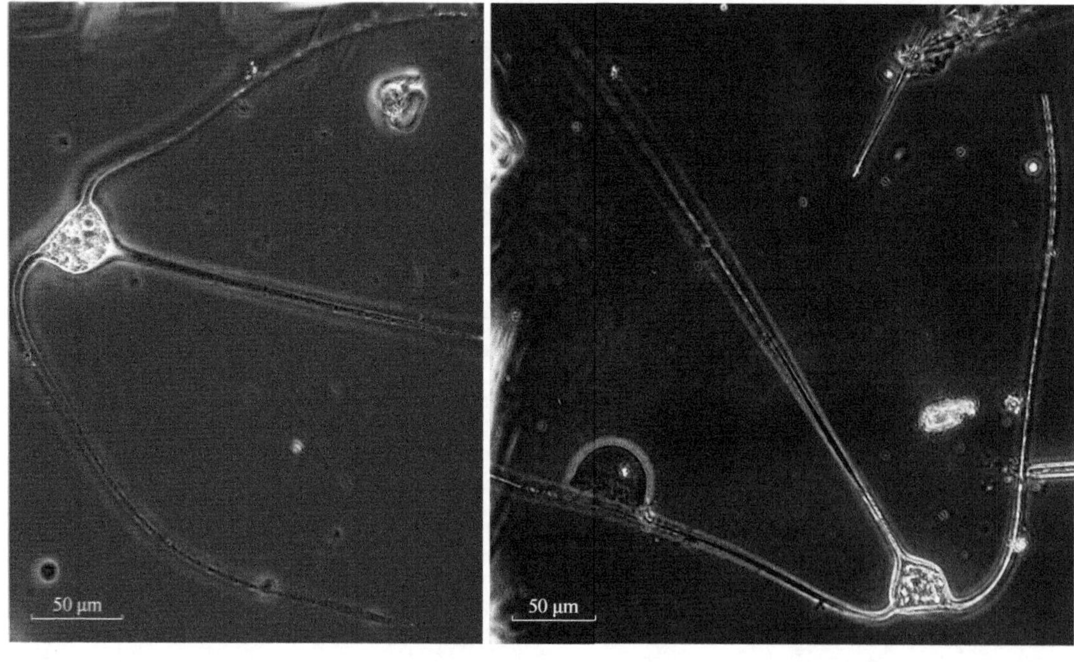

212c 212d

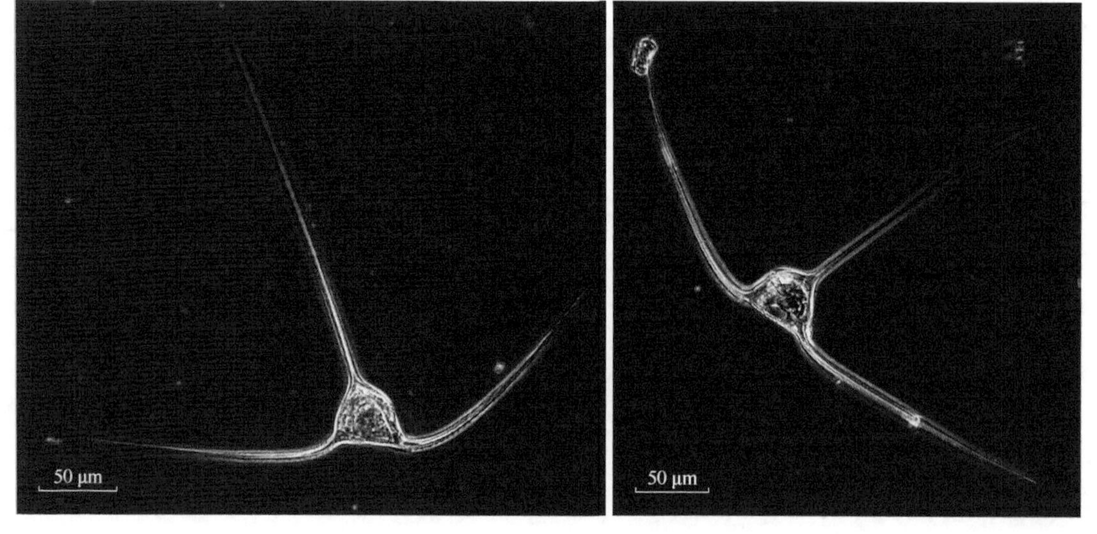

213a 213b

图版 88

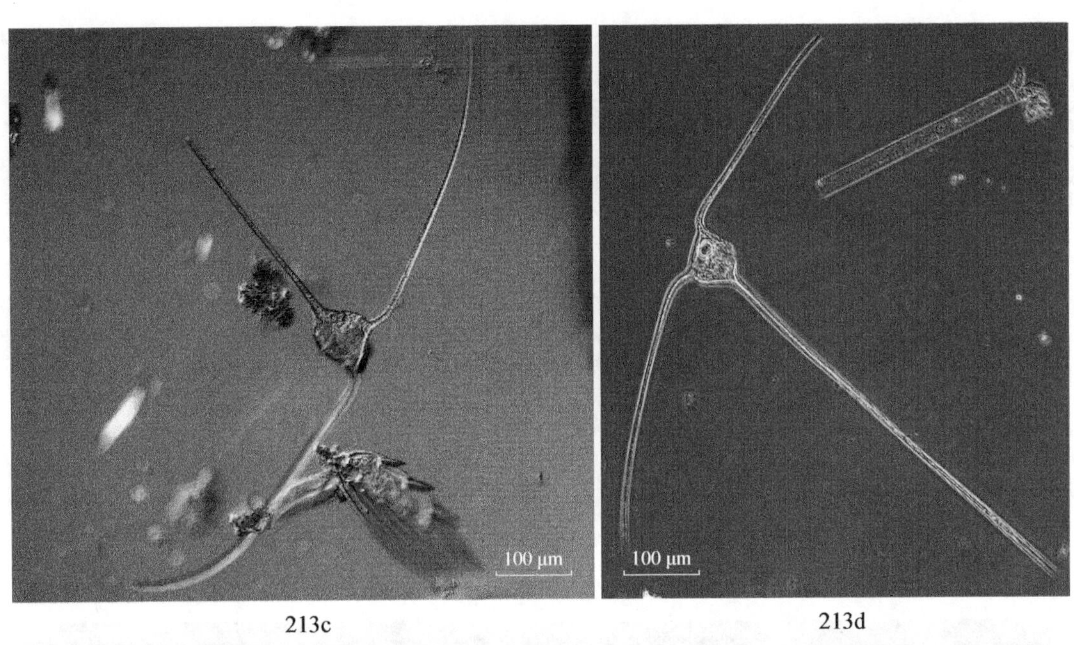

213c　213d

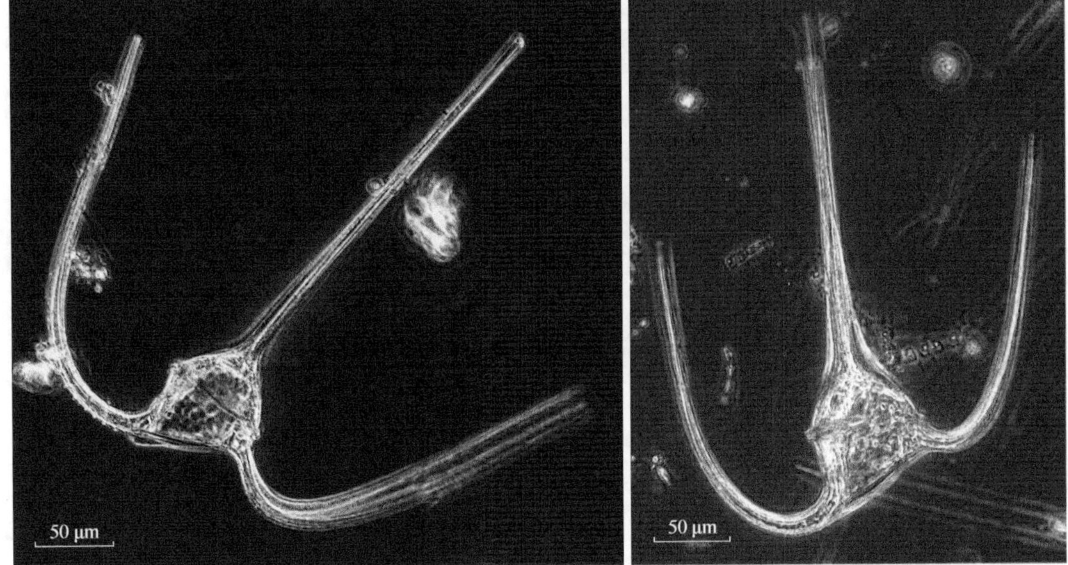

214a　214b

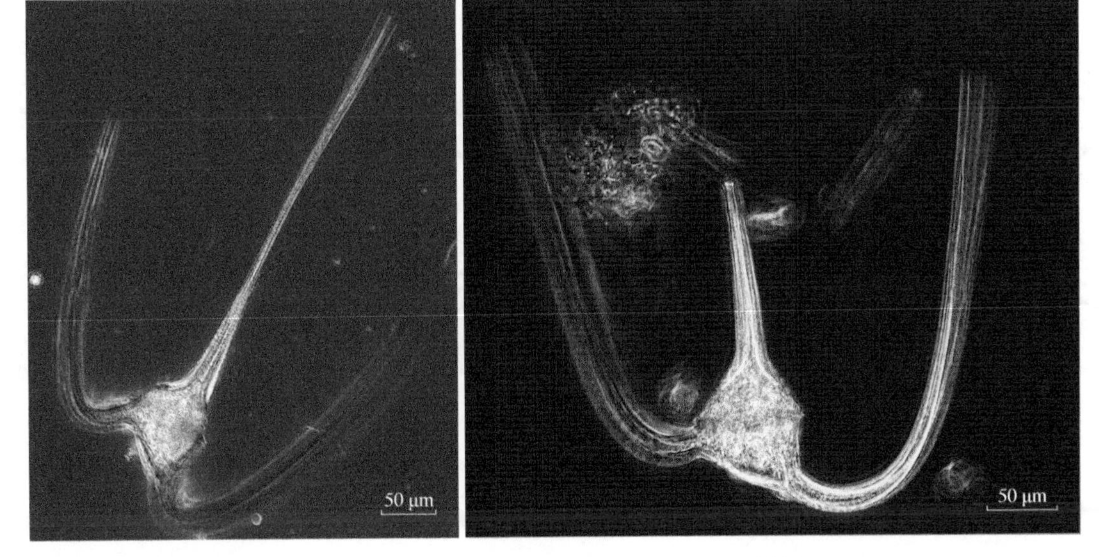

214c　214d

图版 89

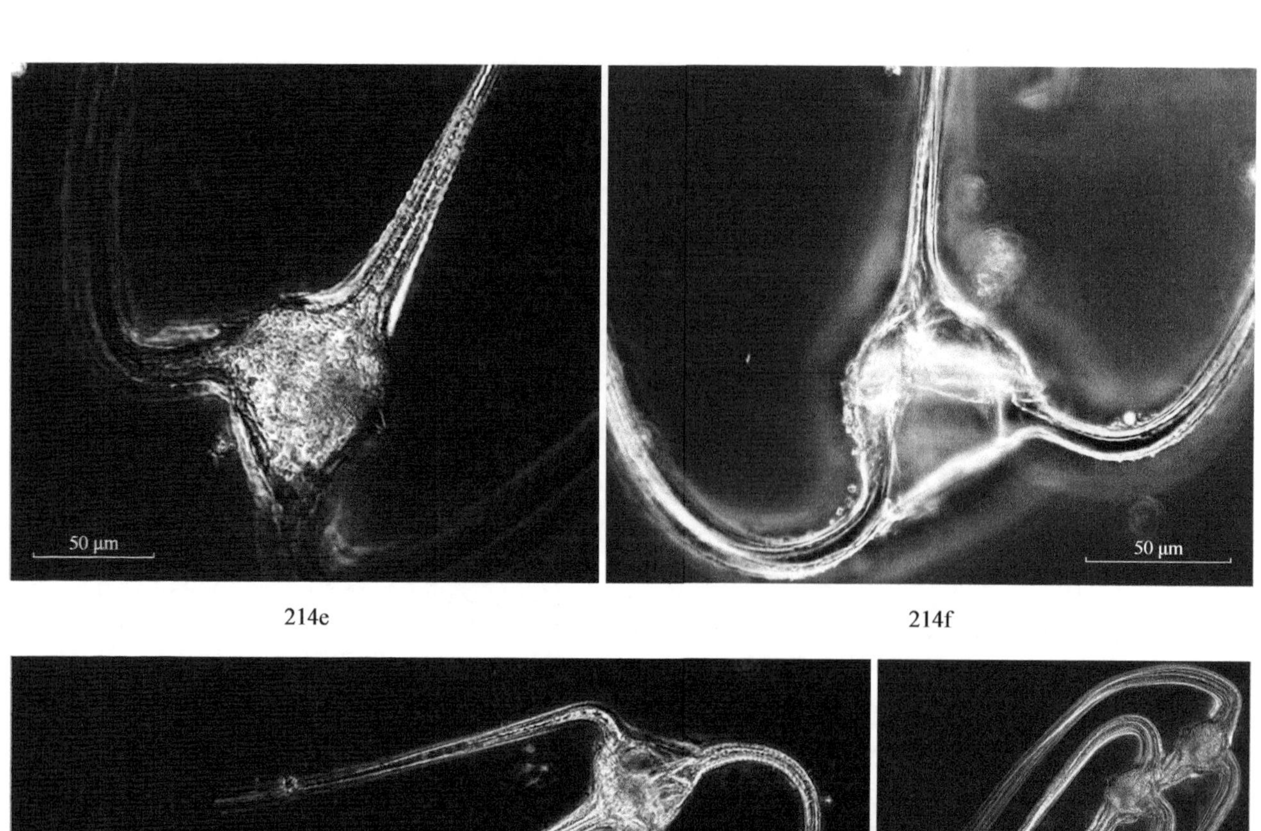

214e　　214f

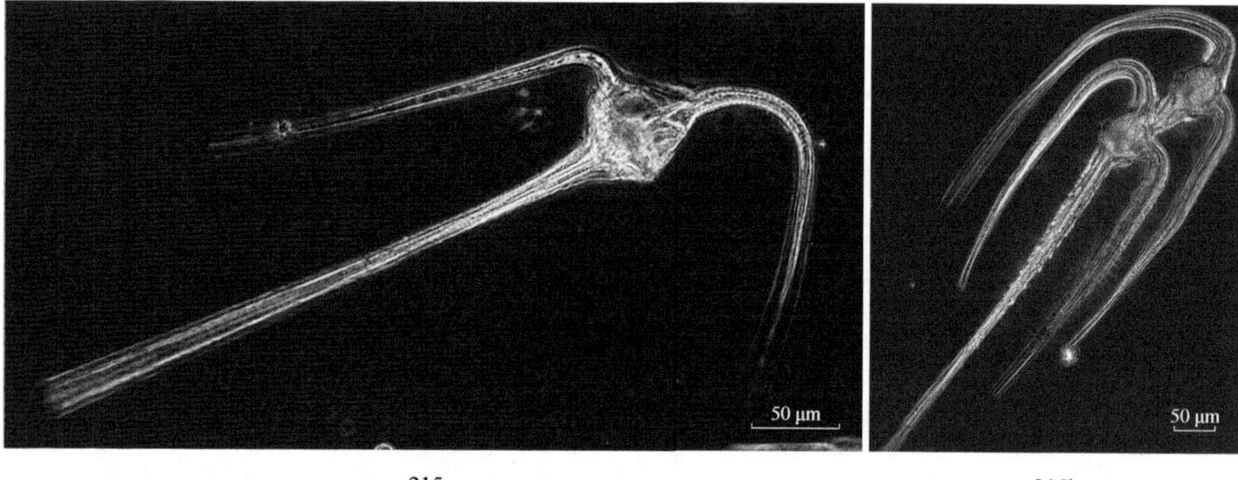

215a　　215b

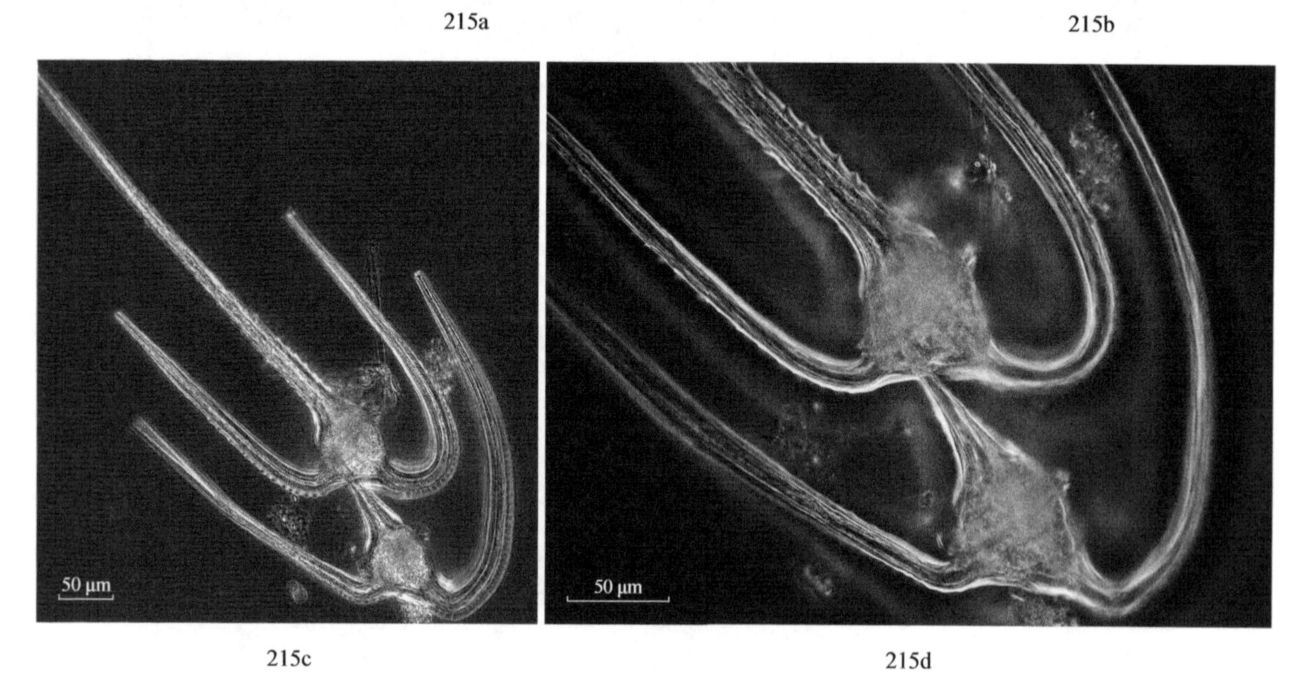

215c　　215d

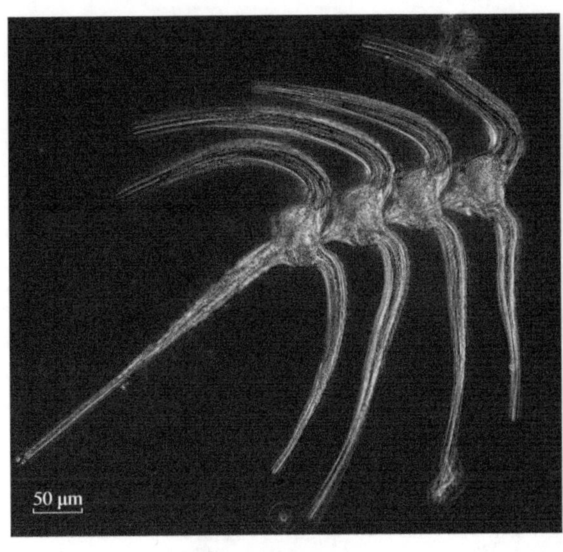

215e

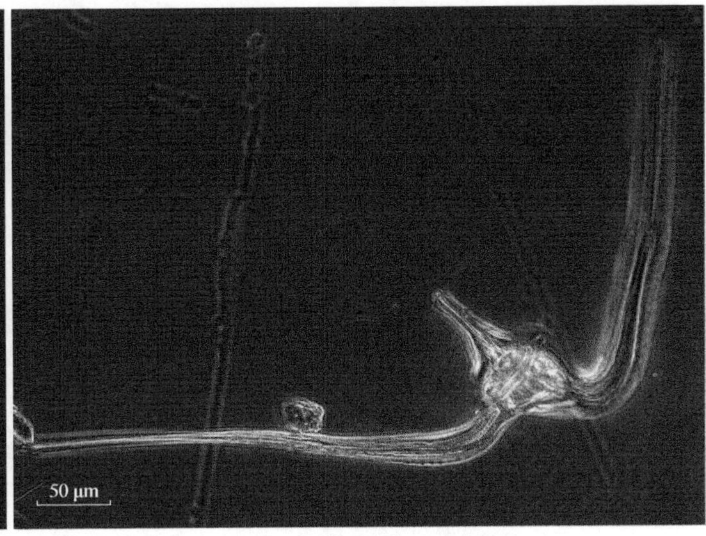

216a

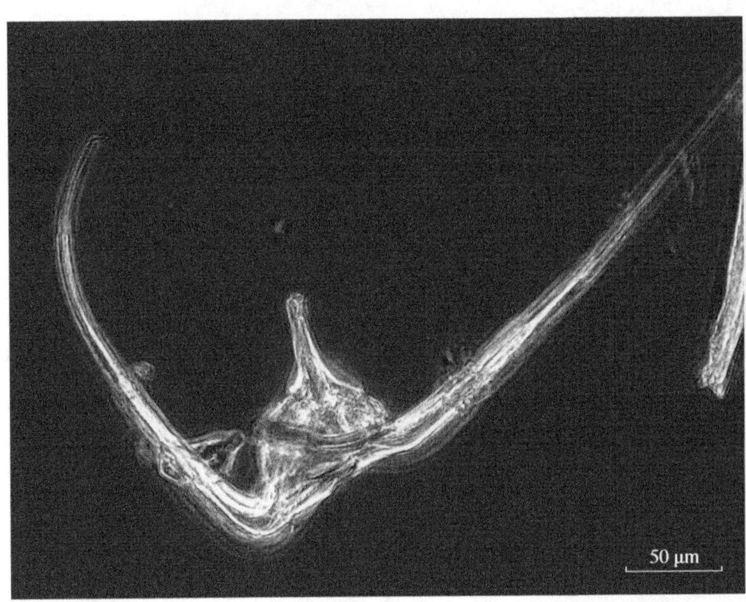

216b

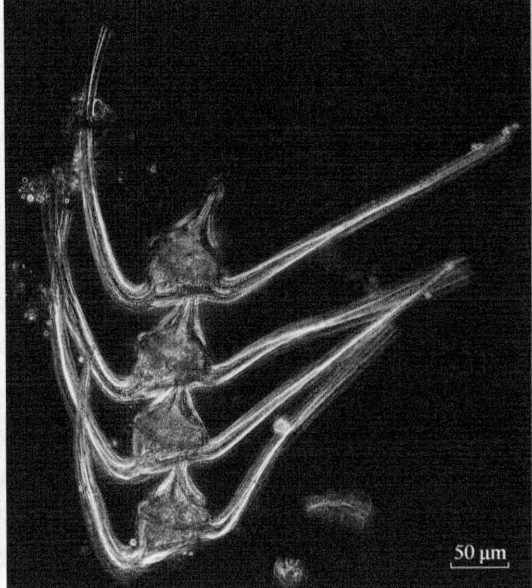

216c

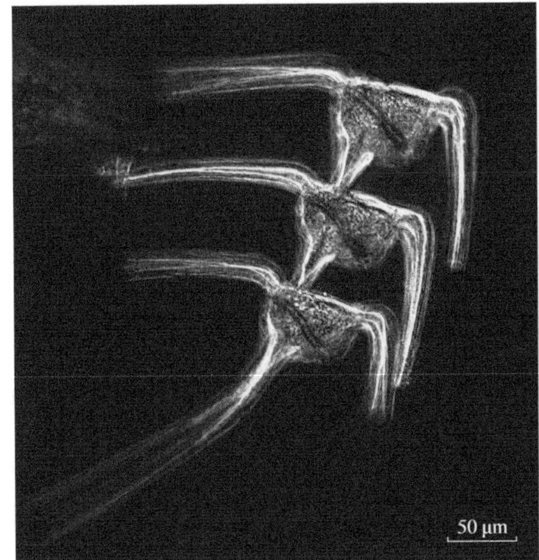

216d

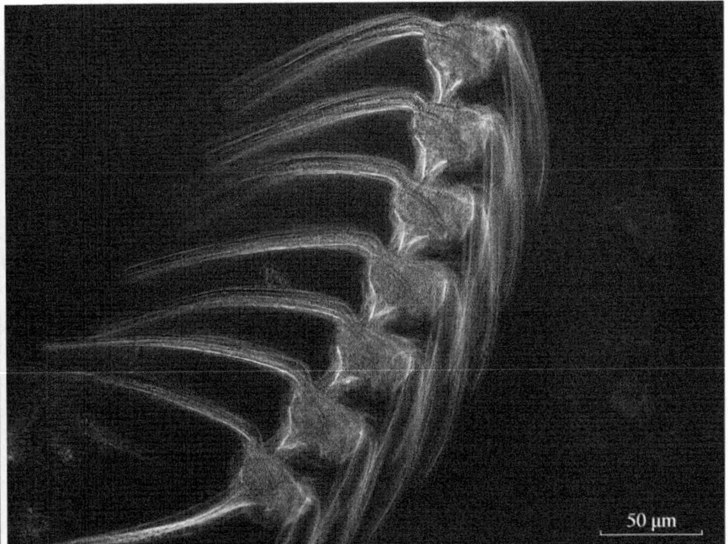

216e

图版 91

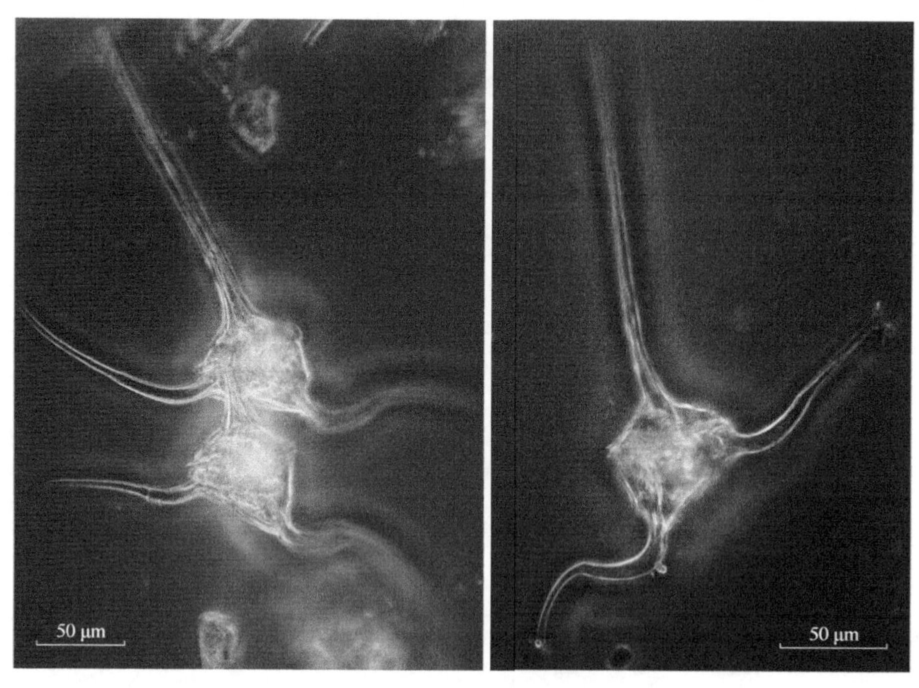

217a　　217b

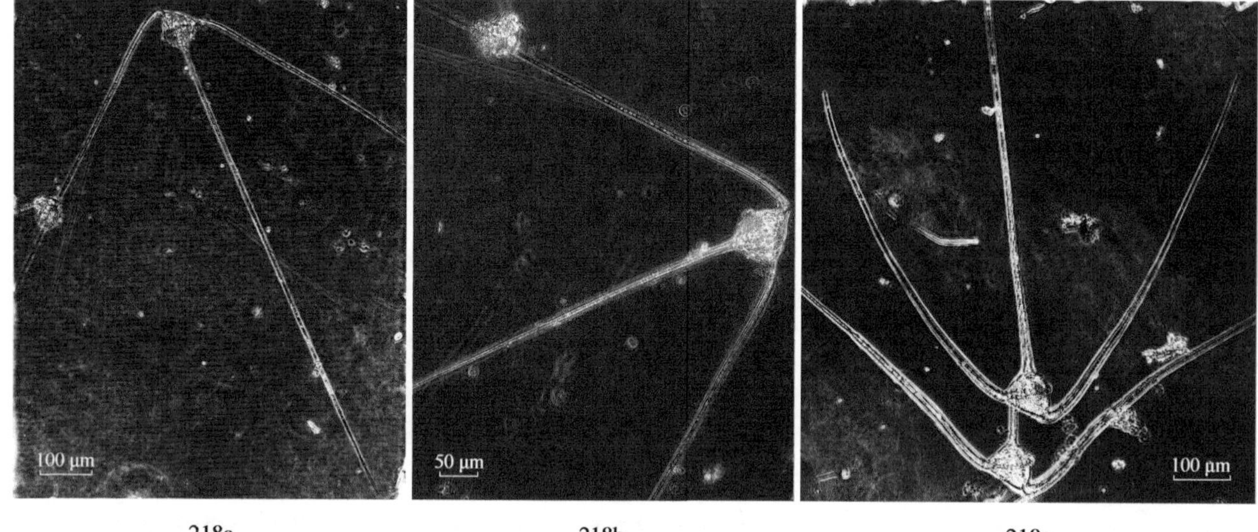

218a　　218b　　218c

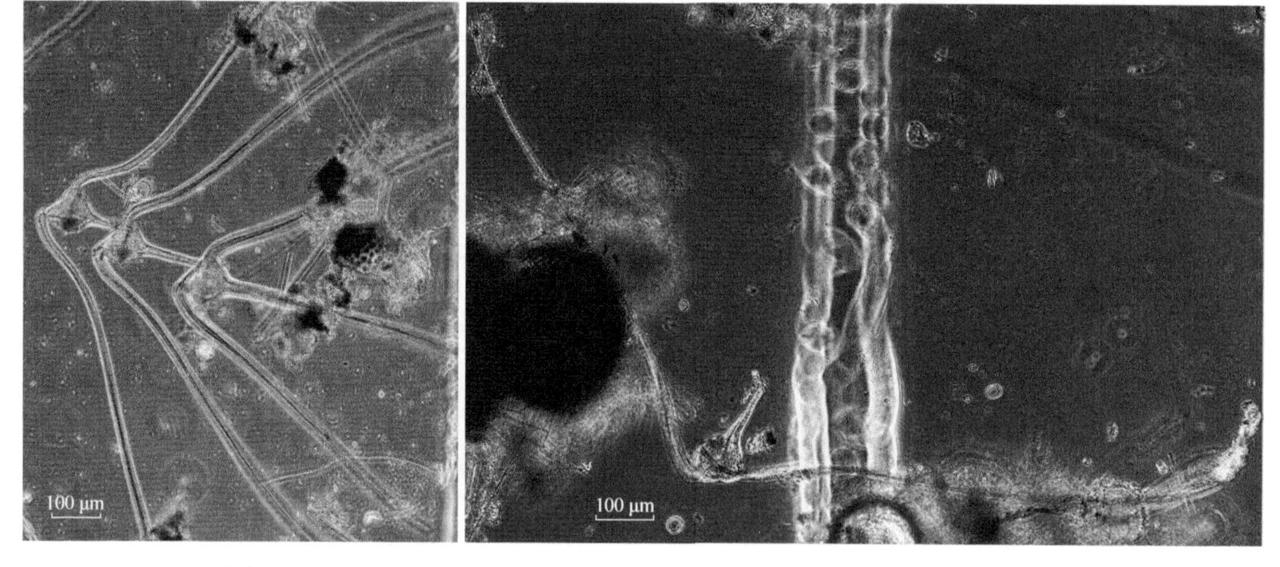

219a　　219b

图版 92

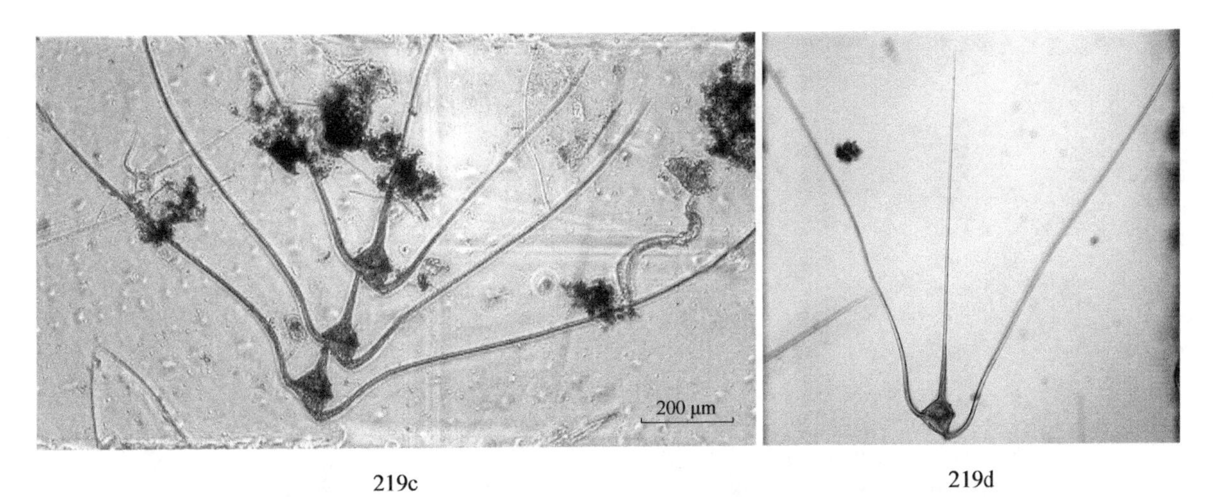

219c 219d

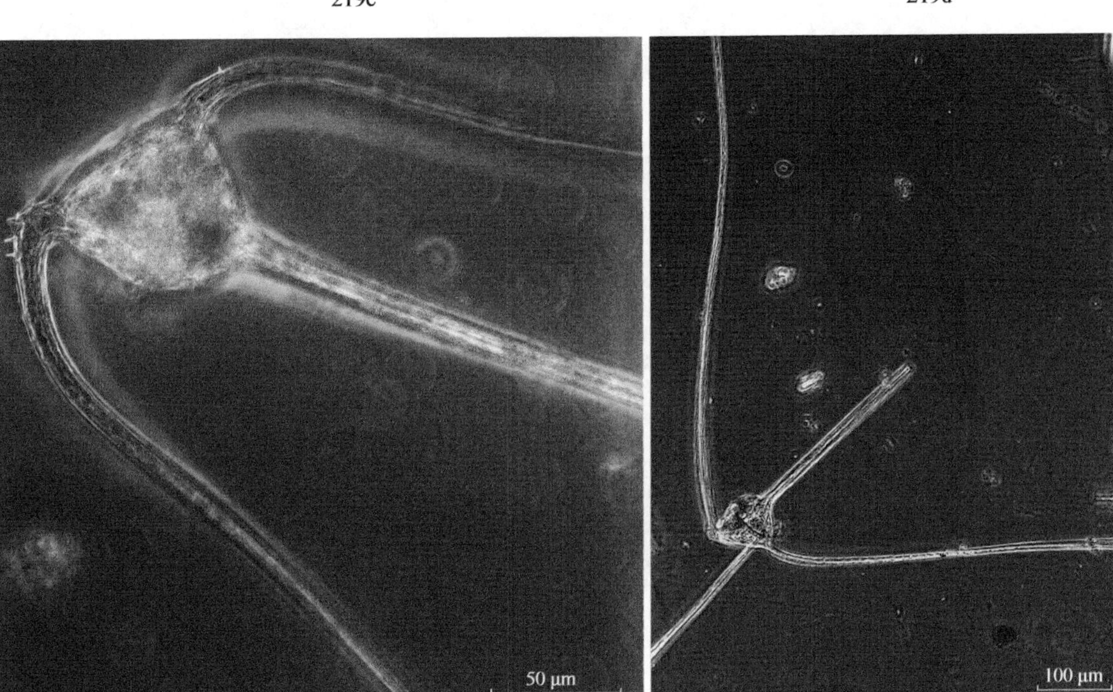

219e 219f

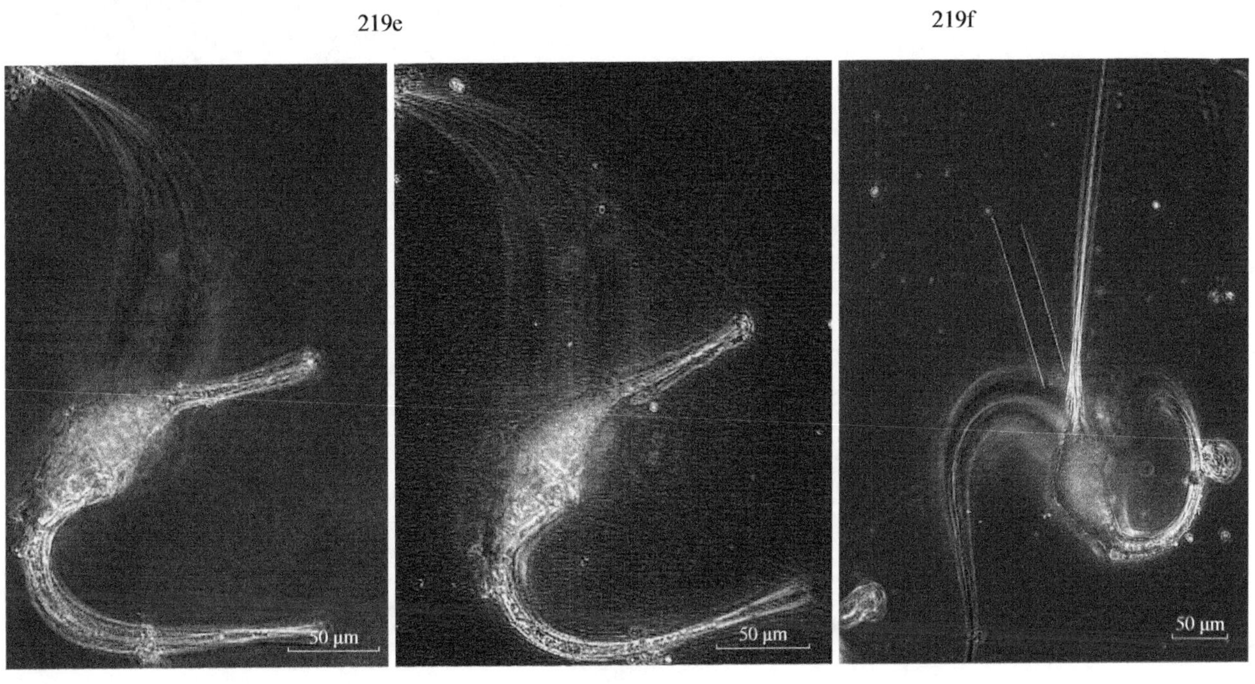

220a 220b 220c

图版 93

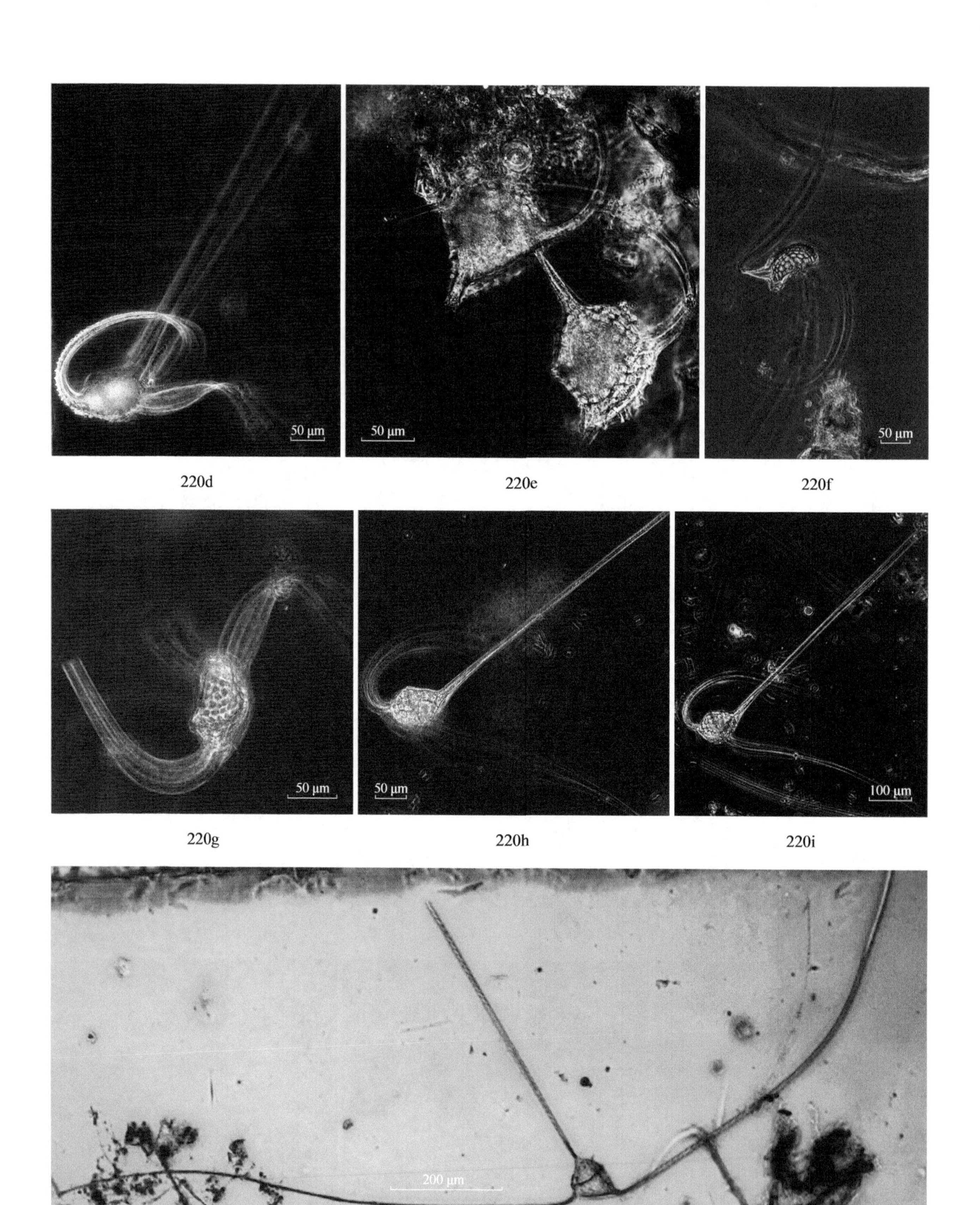

220d 220e 220f

220g 220h 220i

221a

图版 94

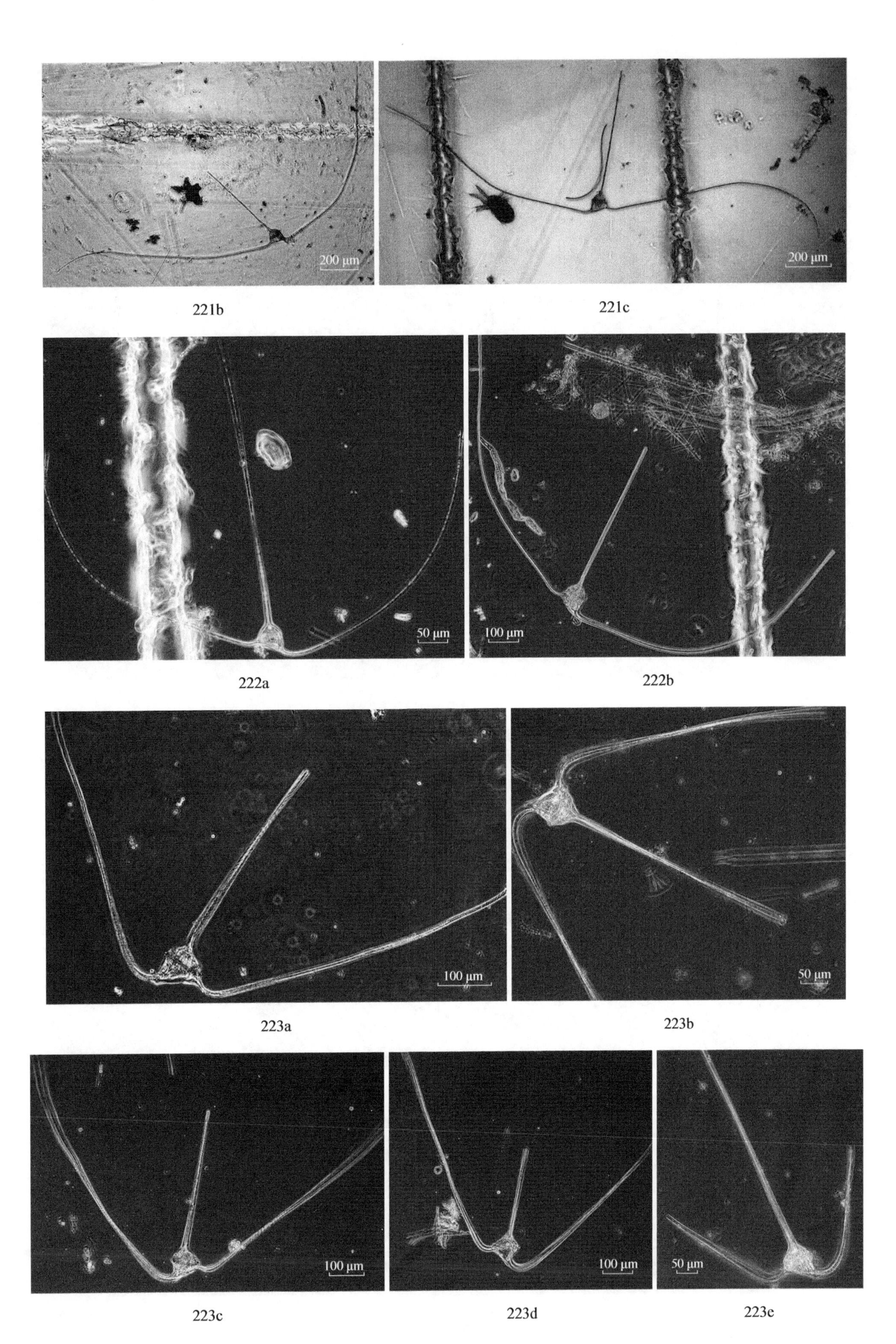

221b 221c
222a 222b
223a 223b
223c 223d 223e

图版 95

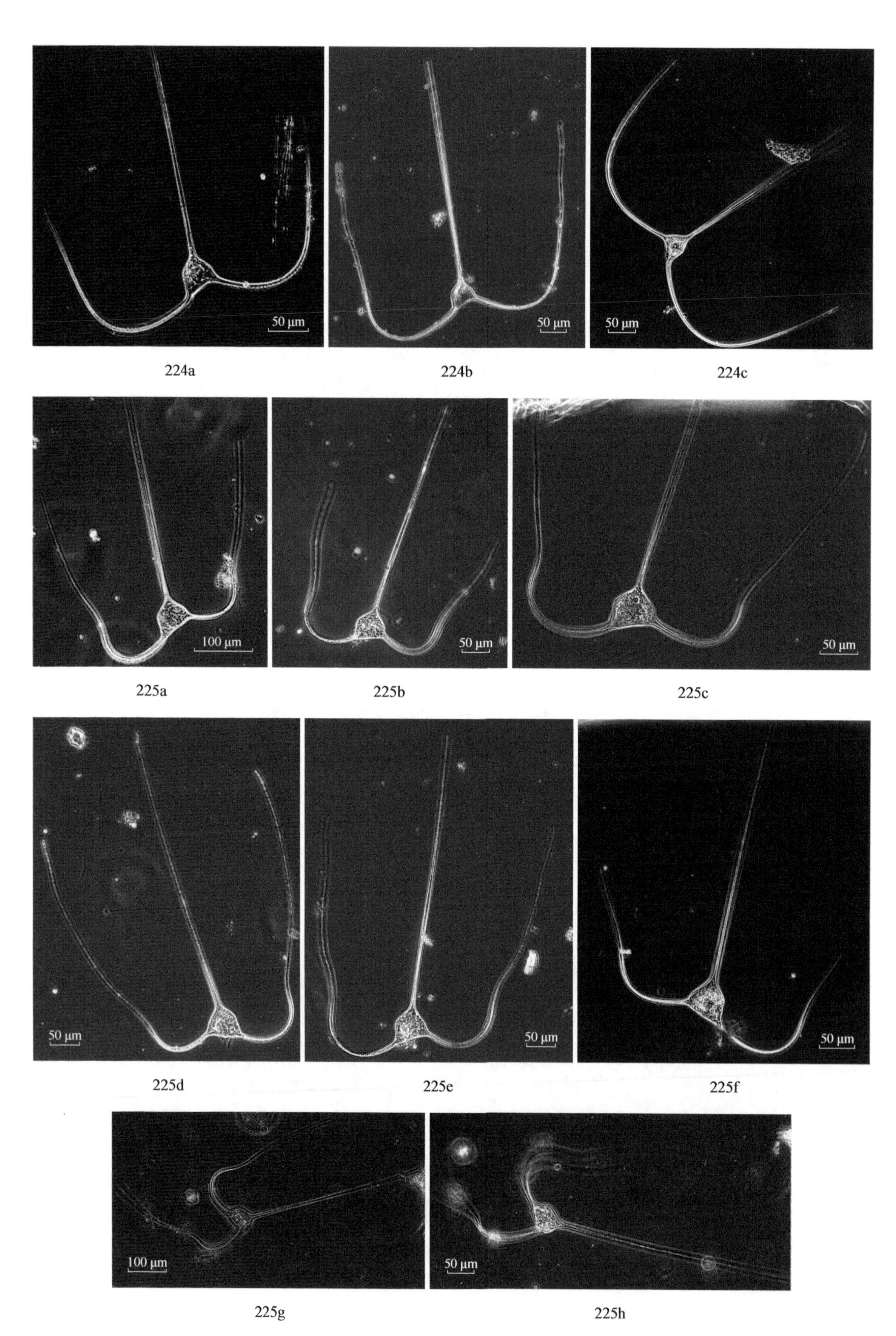
50 μm
50 μm
50 μm
224a
224b
224c
100 μm
50 μm
50 μm
225a
225b
225c
50 μm
50 μm
50 μm
225d
225e
225f
100 μm
50 μm
225g
225h

图版 96

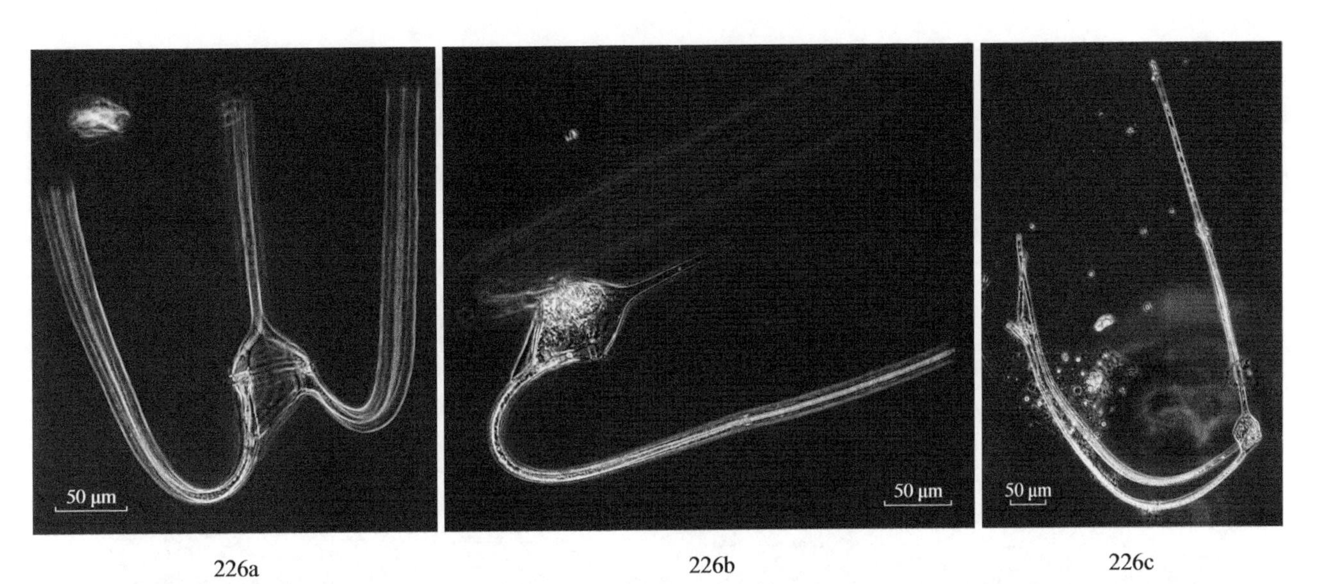

226a　226b　226c

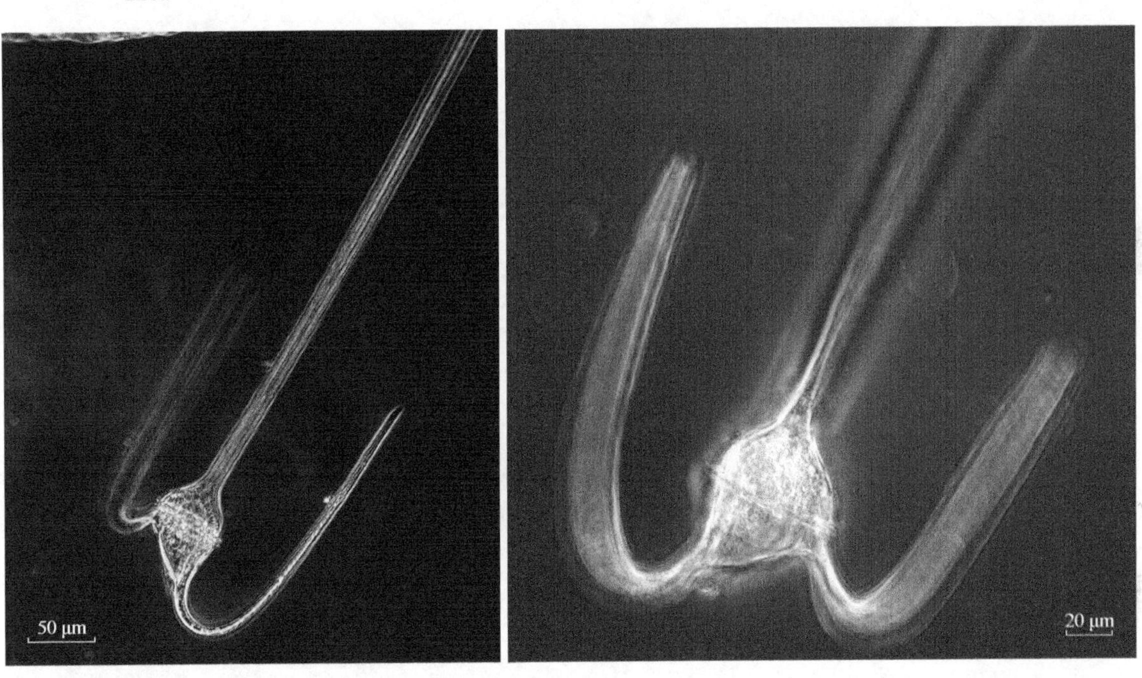

226d　226e

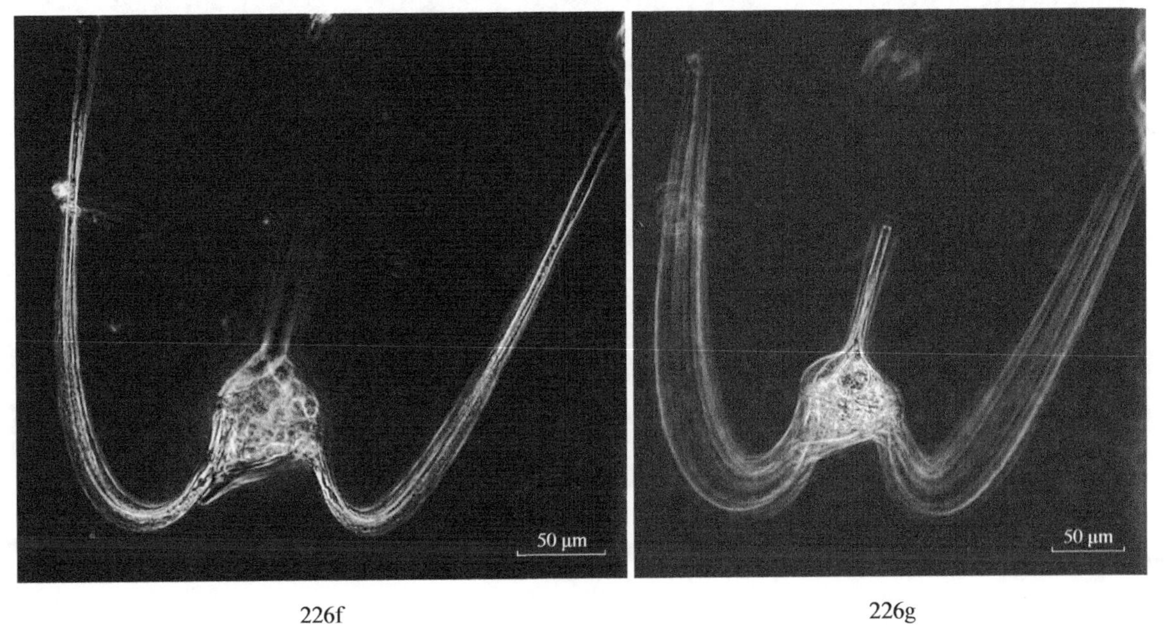

226f　226g

图版 97

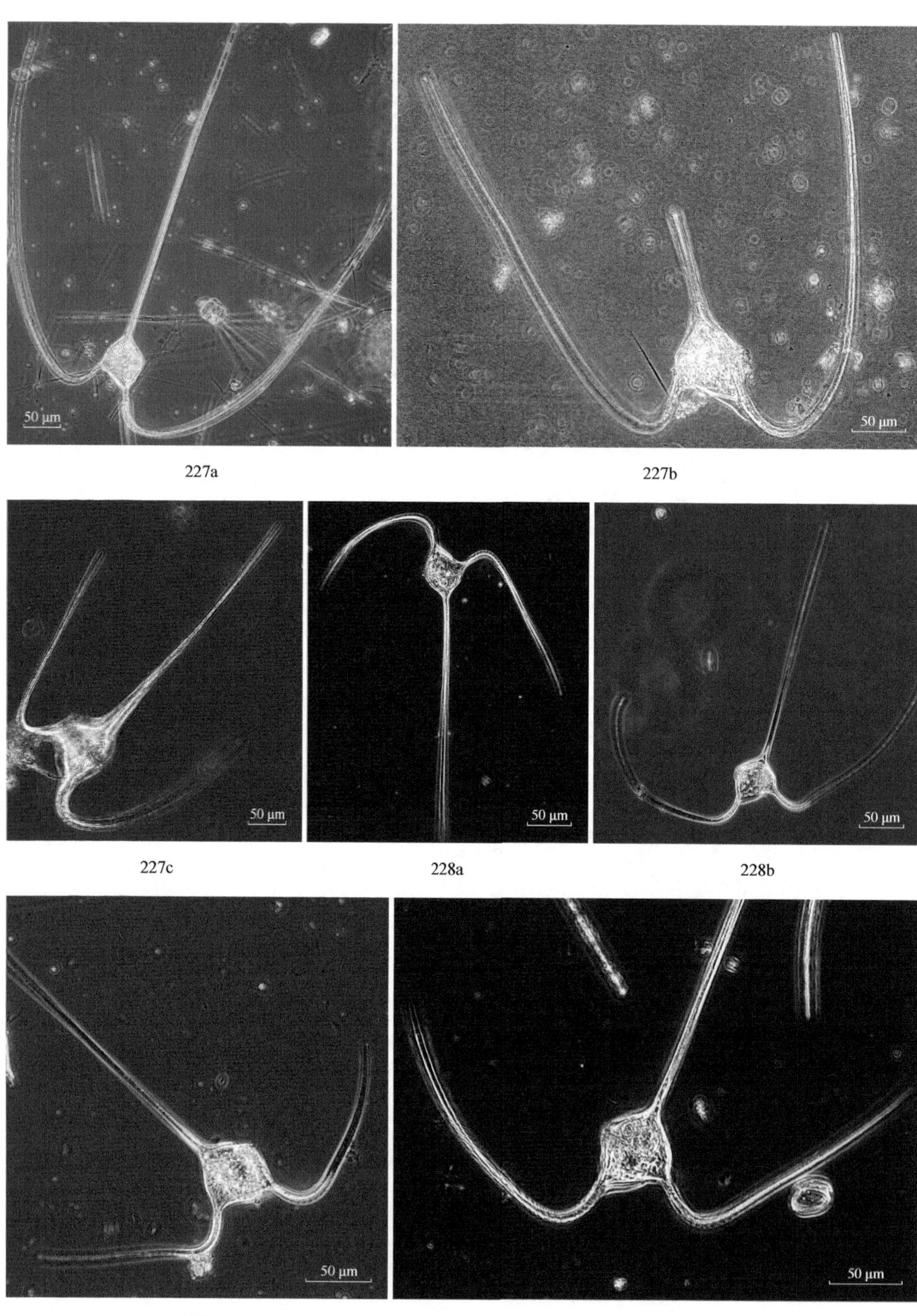
50 μm
50 μm
227a
227b
50 μm
50 μm
50 μm
227c
228a
228b
50 μm
50 μm
228c
228d

图版 98

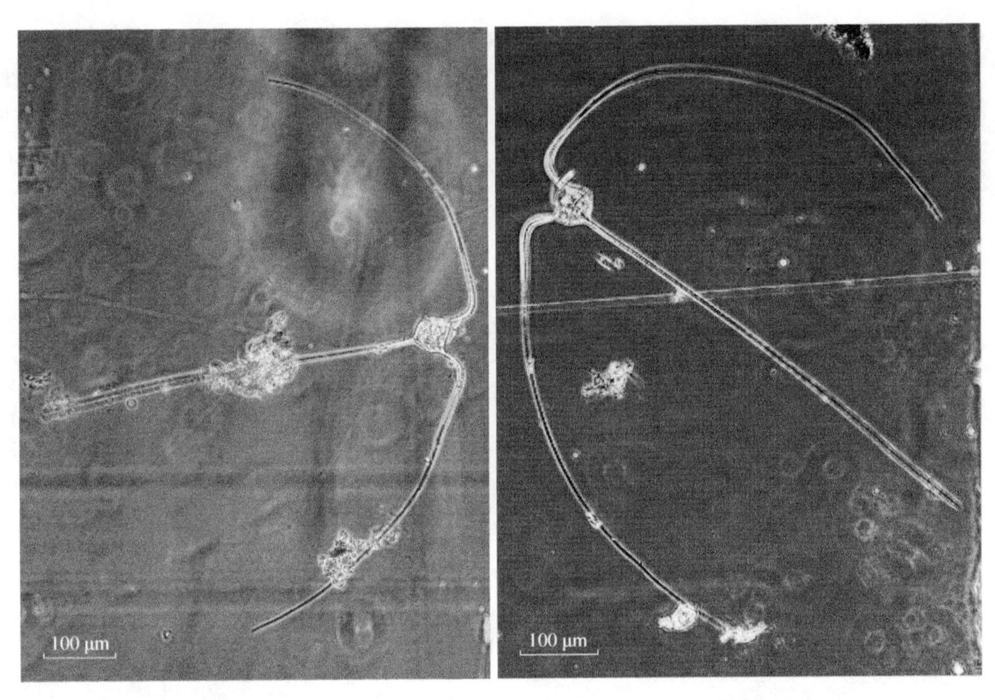

229a 229b

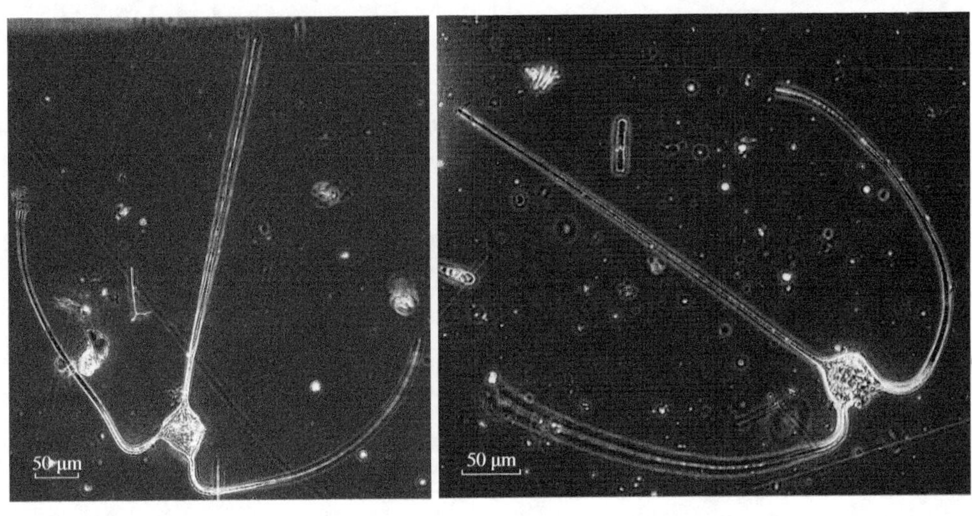

229c 229d

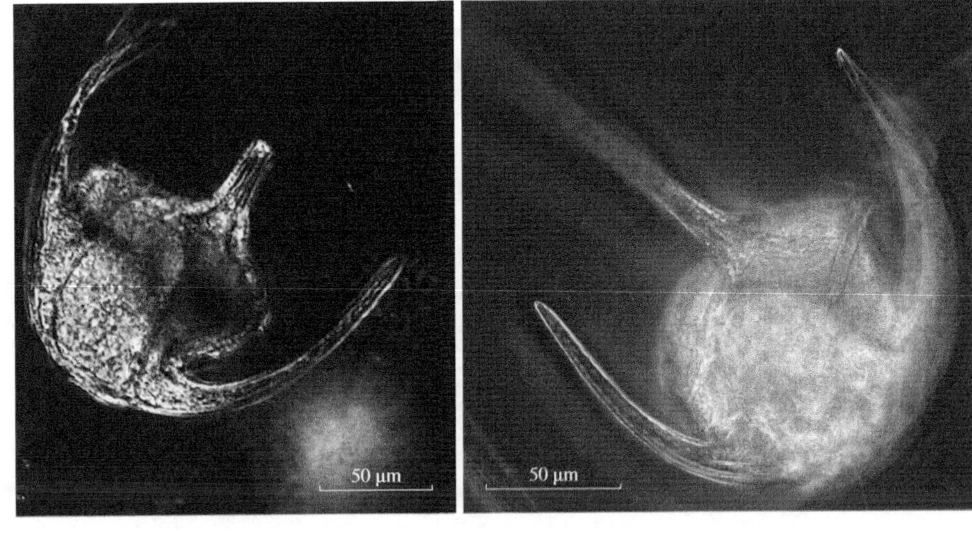

230a 230b

图版 99

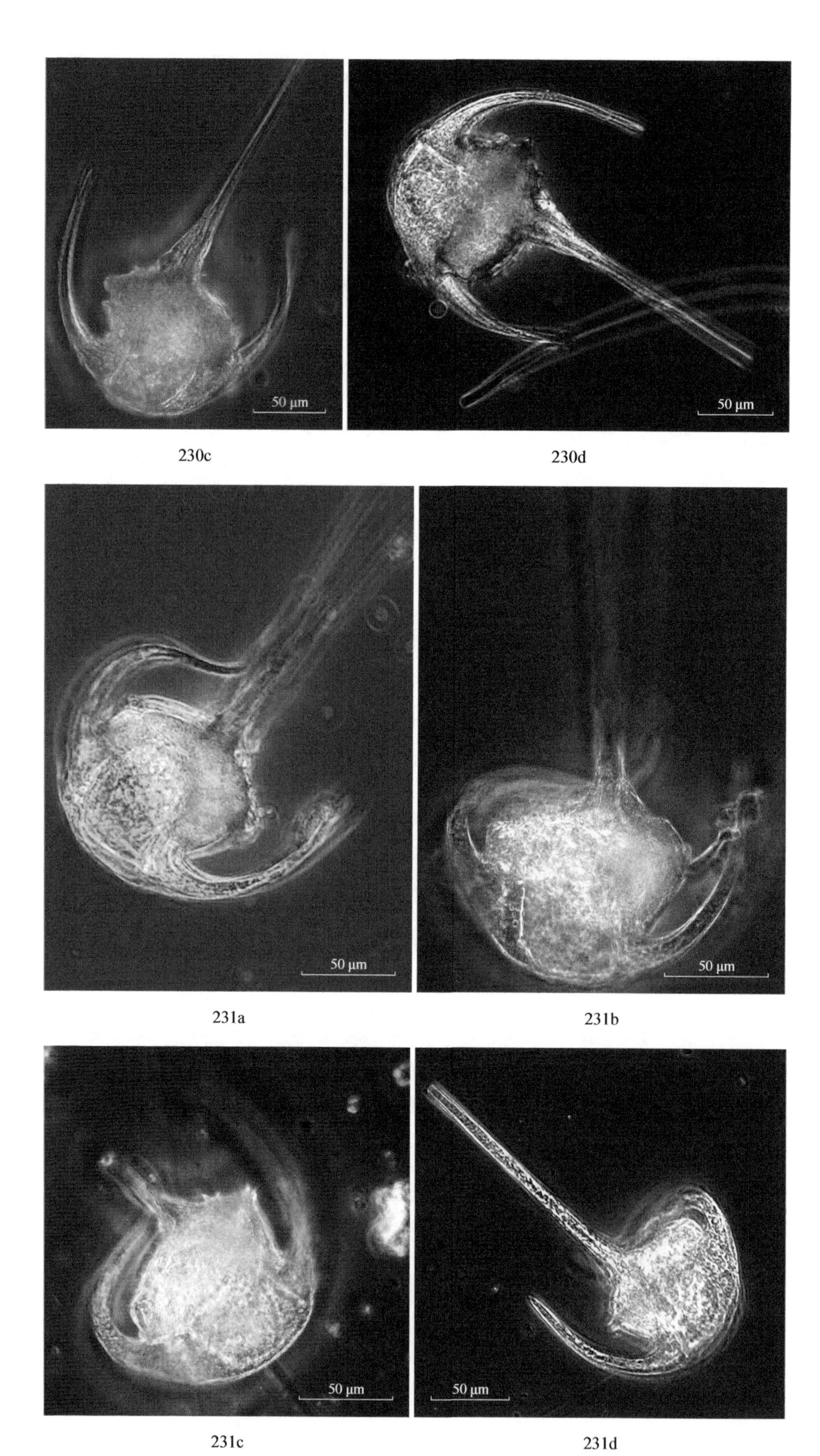

图版 100

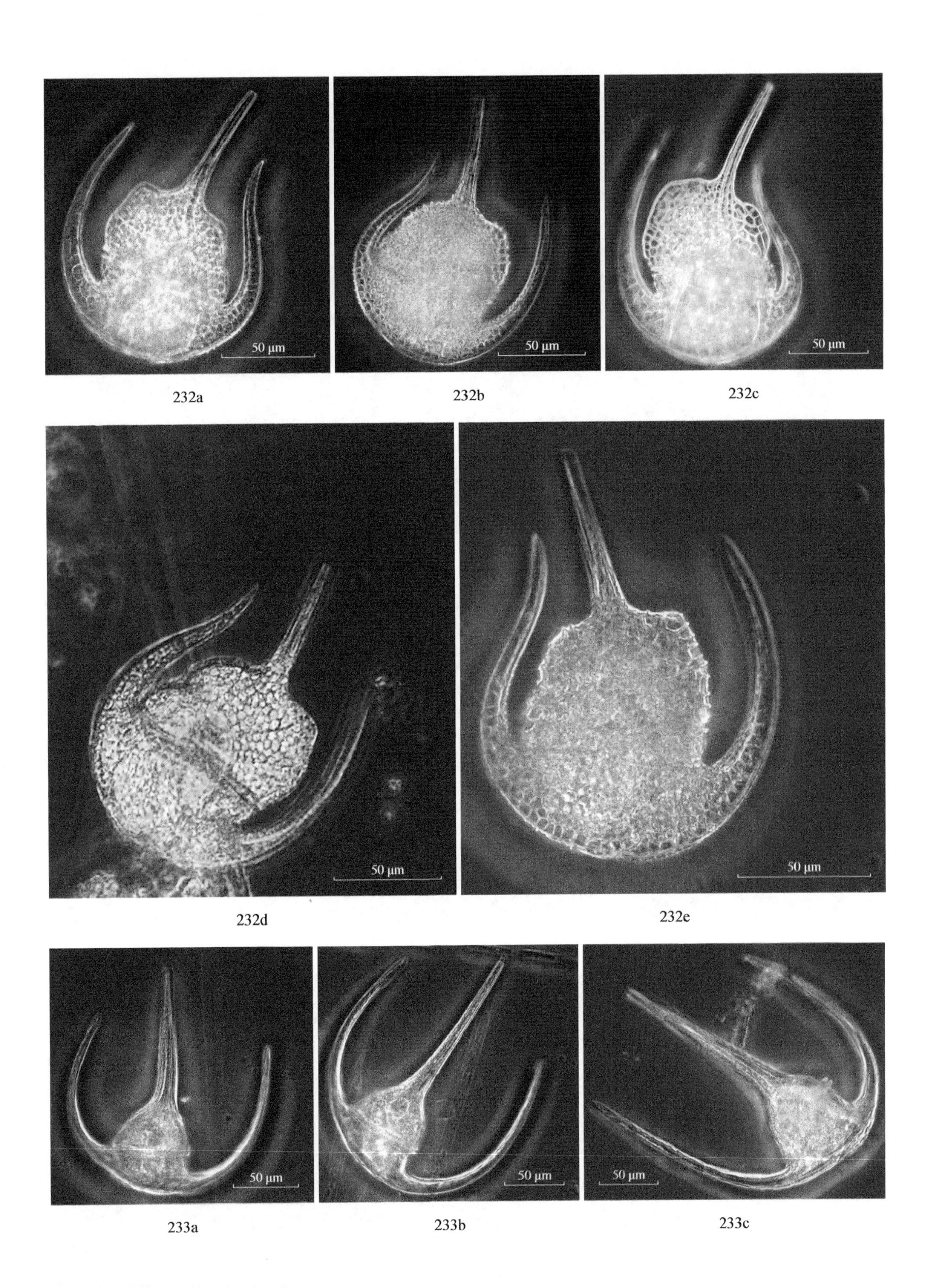

232a
232b
232c
232d
232e
233a
233b
233c

图版 101

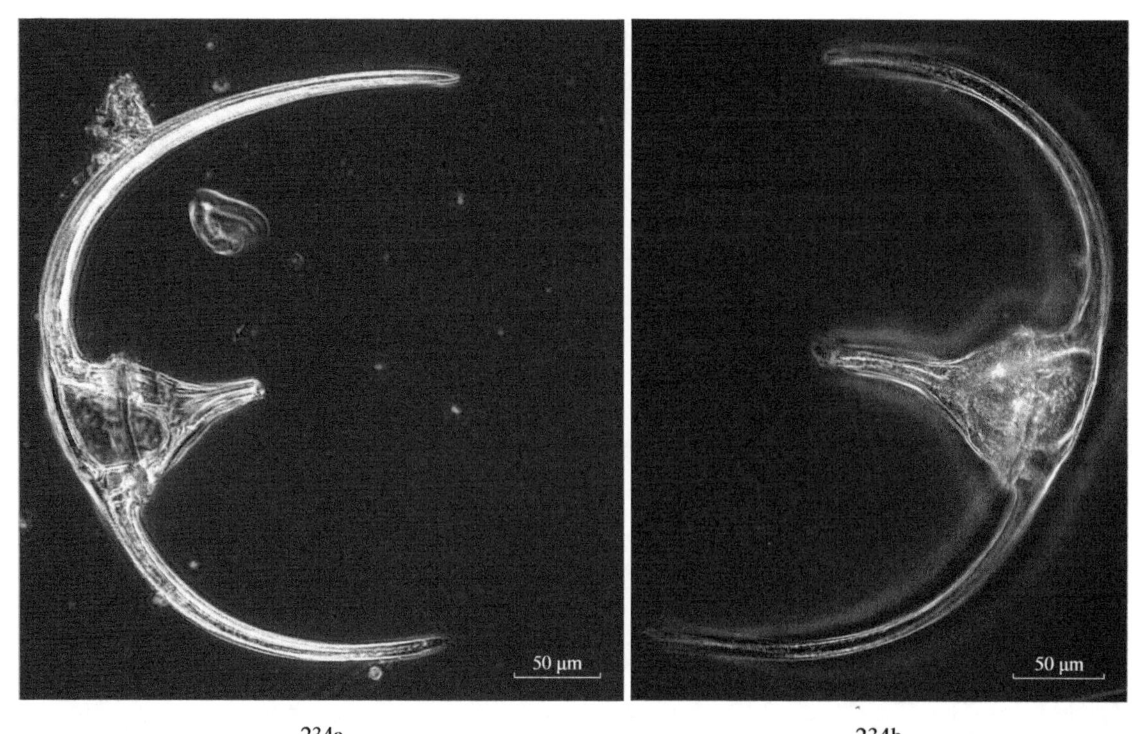

234a 234b

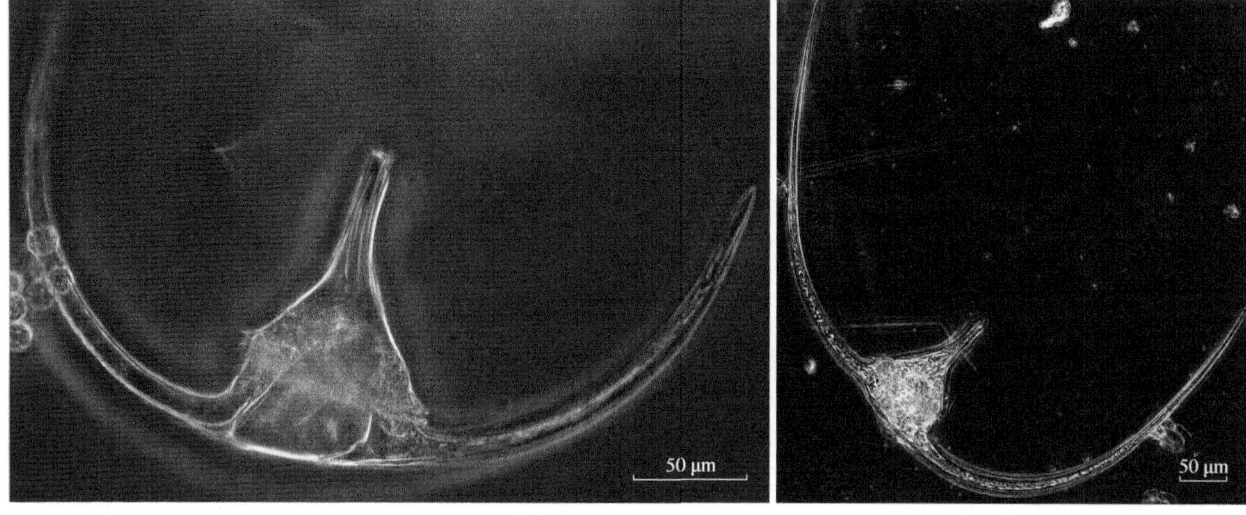

234c 234d

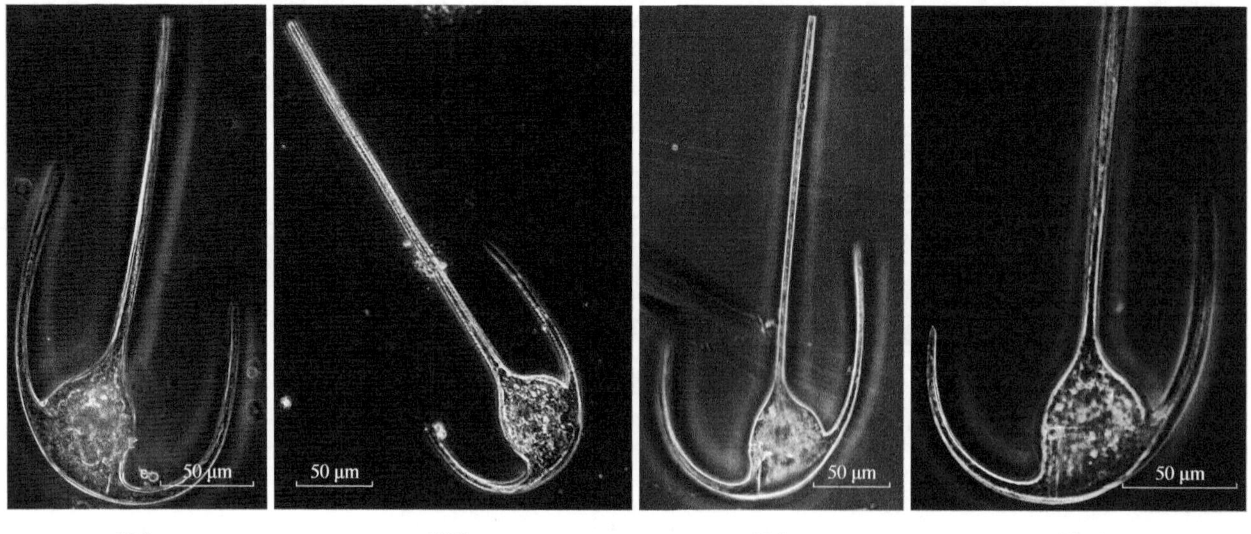

235a 235b 235c 235d

图版 102

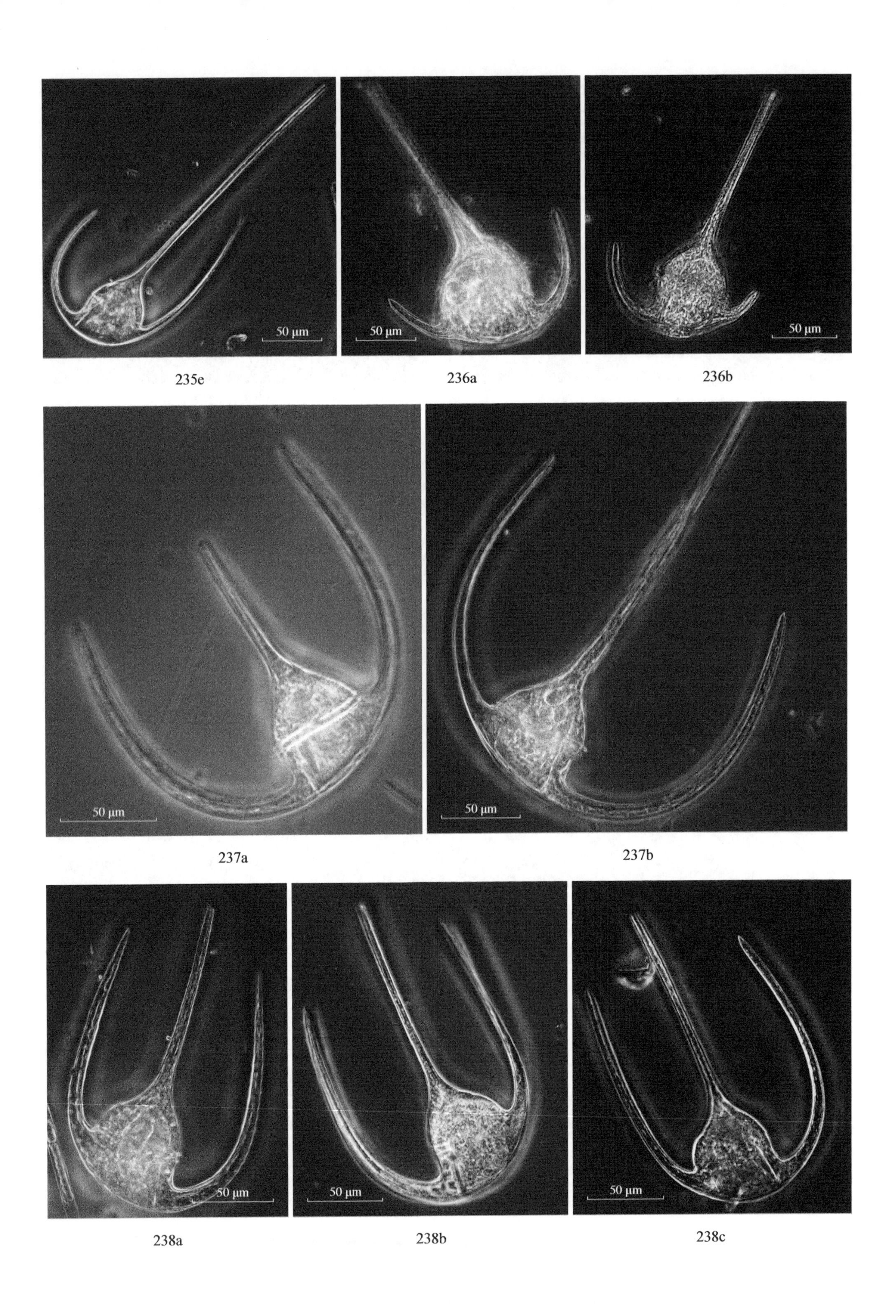

235e 236a 236b

237a 237b

238a 238b 238c

图版 103

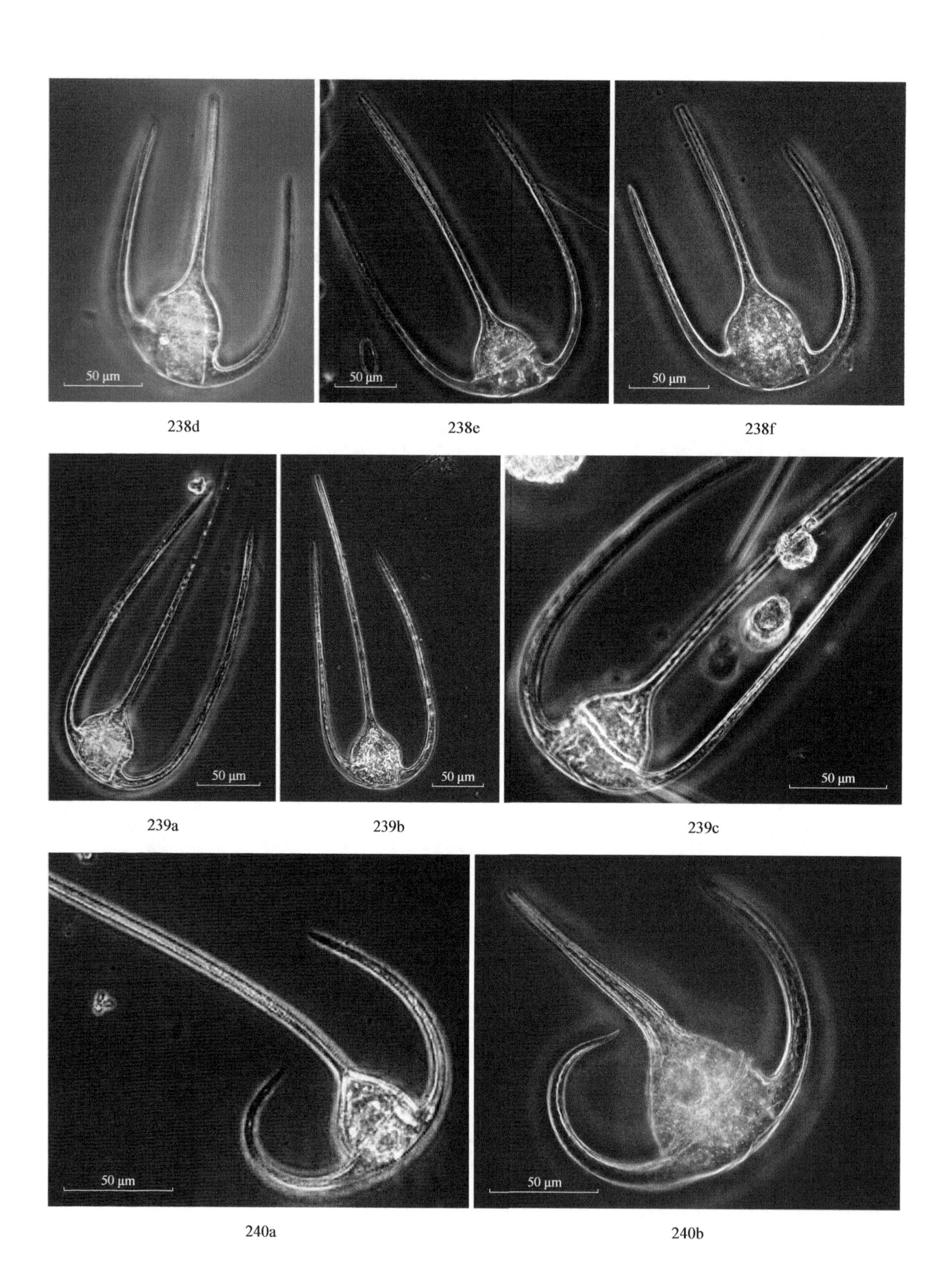
50 μm
50 μm
50 μm
238d
238e
238f
50 μm
50 μm
50 μm
239a
239b
239c
50 μm
50 μm
240a
240b

图版 104

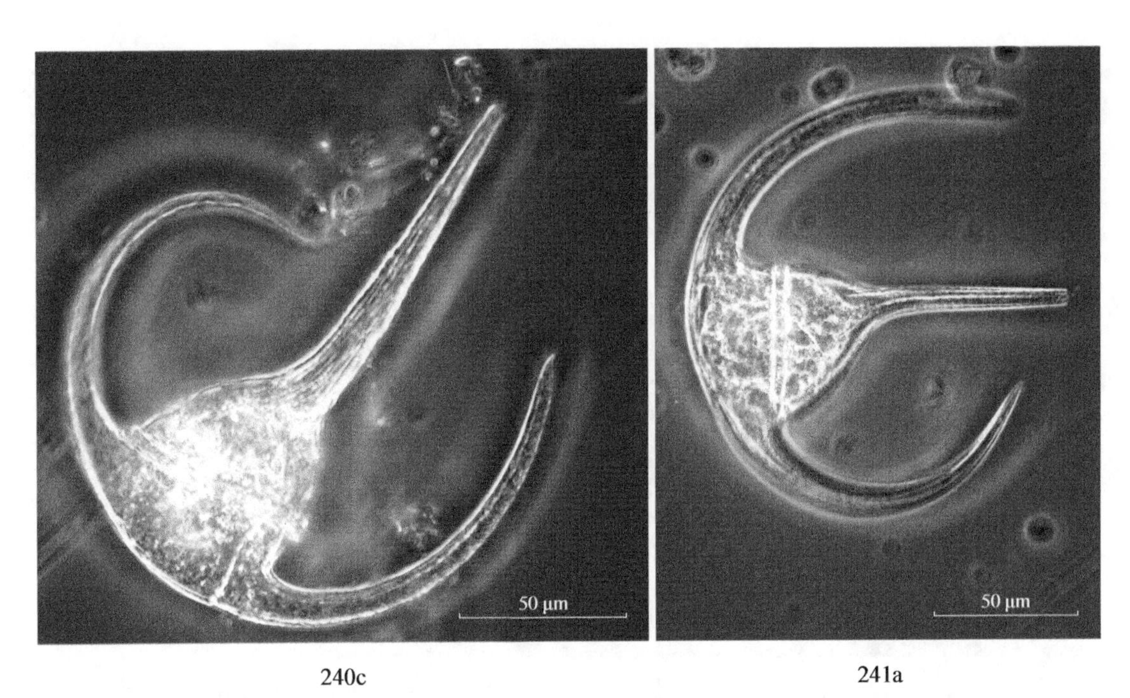

240c　　241a

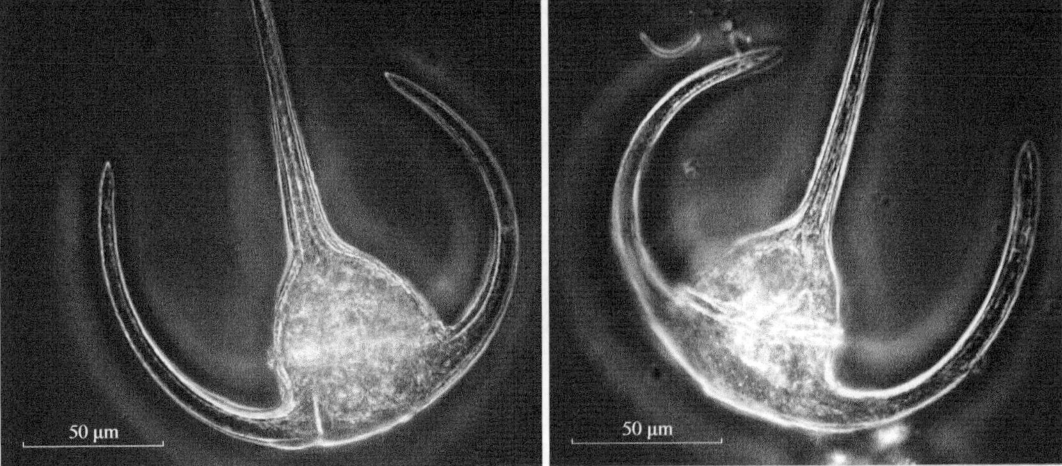

241b　　241c

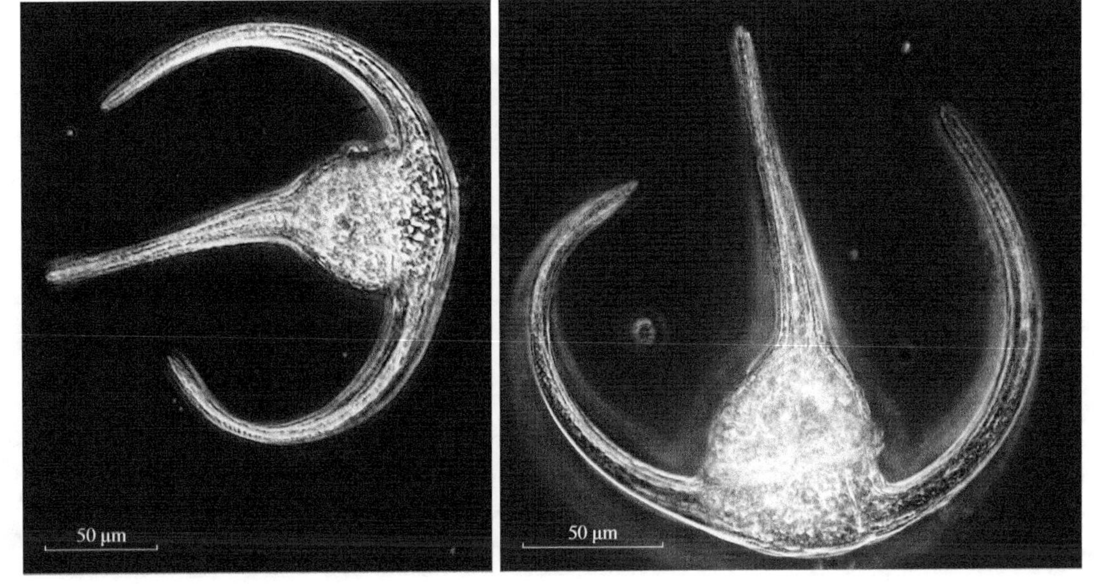

242a　　242b

图版 105

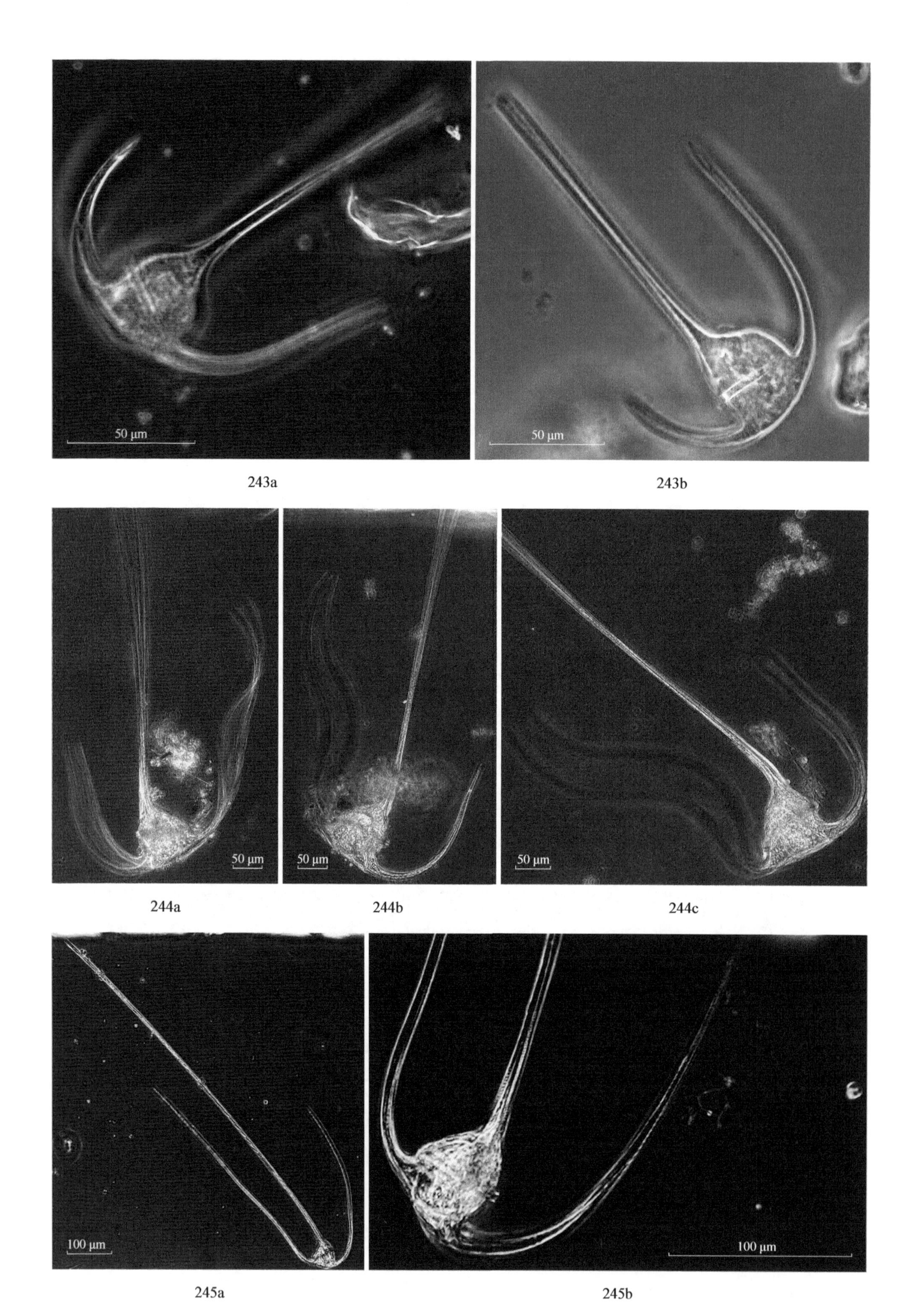
50 μm
50 μm
243a
243b
50 μm
50 μm
50 μm
244a
244b
244c
100 μm
100 μm
245a
245b

图版 106

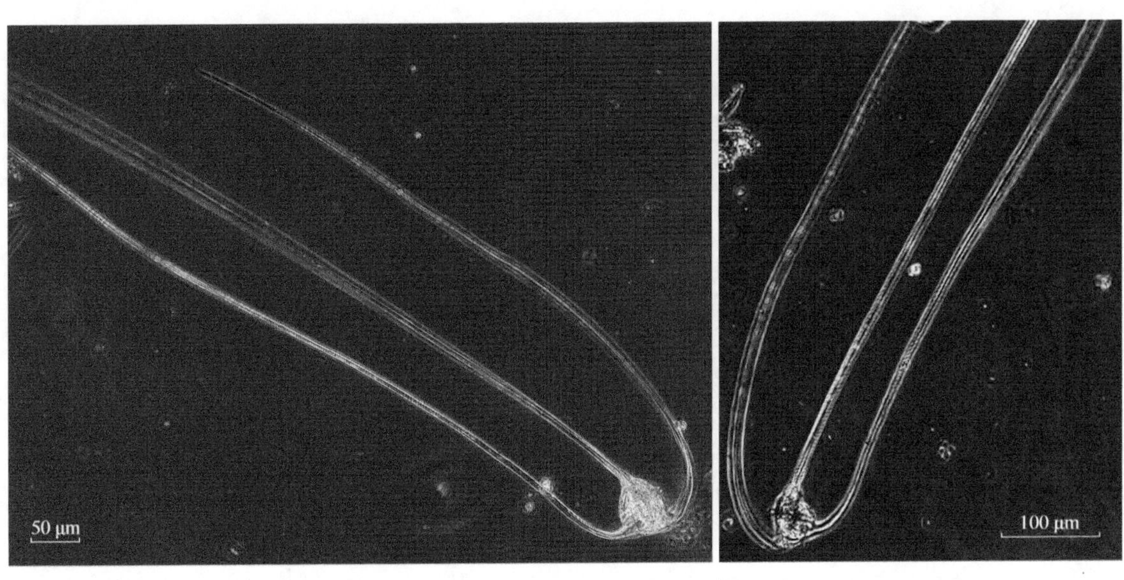

245c 245d

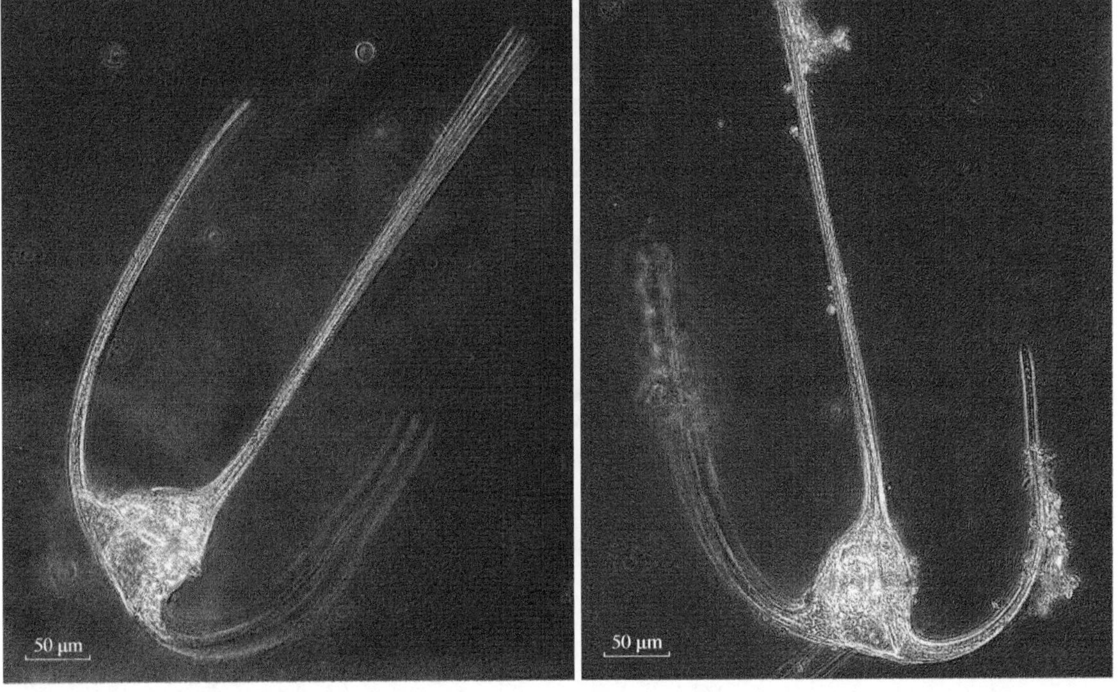

246a 246b

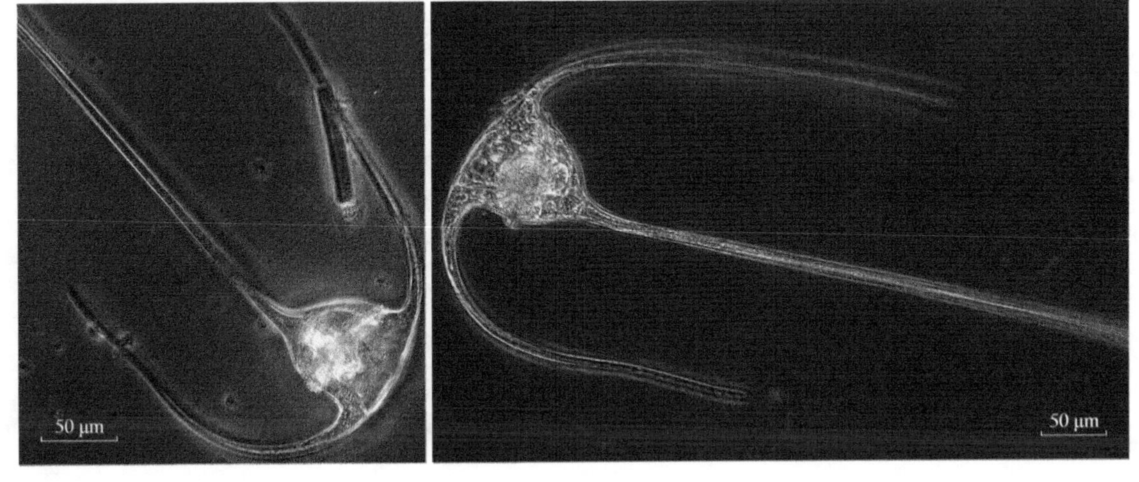

246c 246d

图版 107

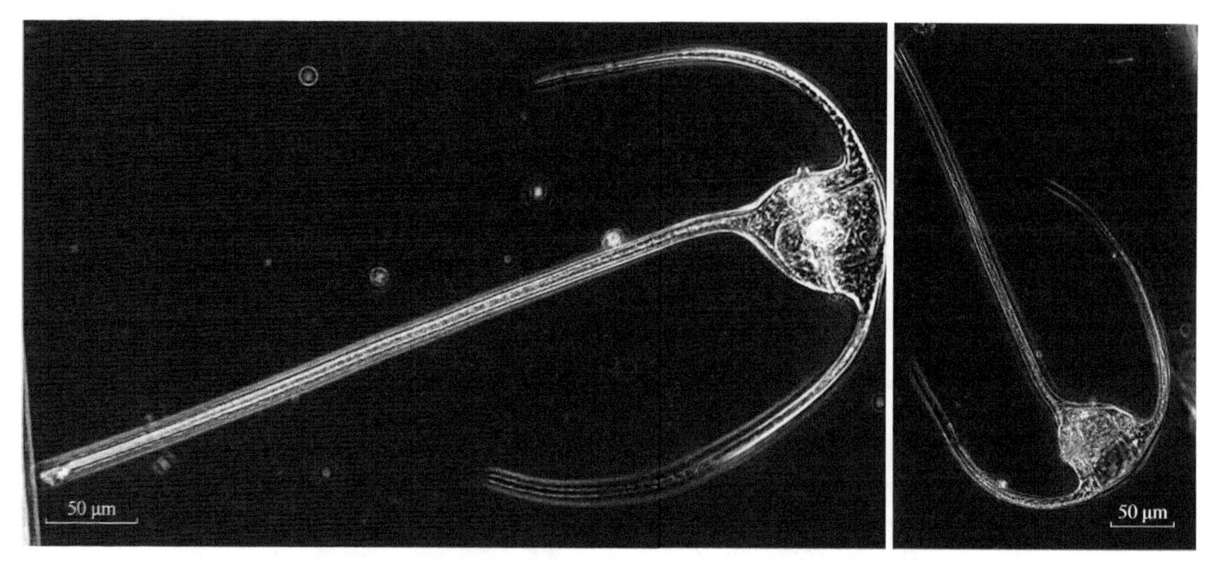

247a　　247b

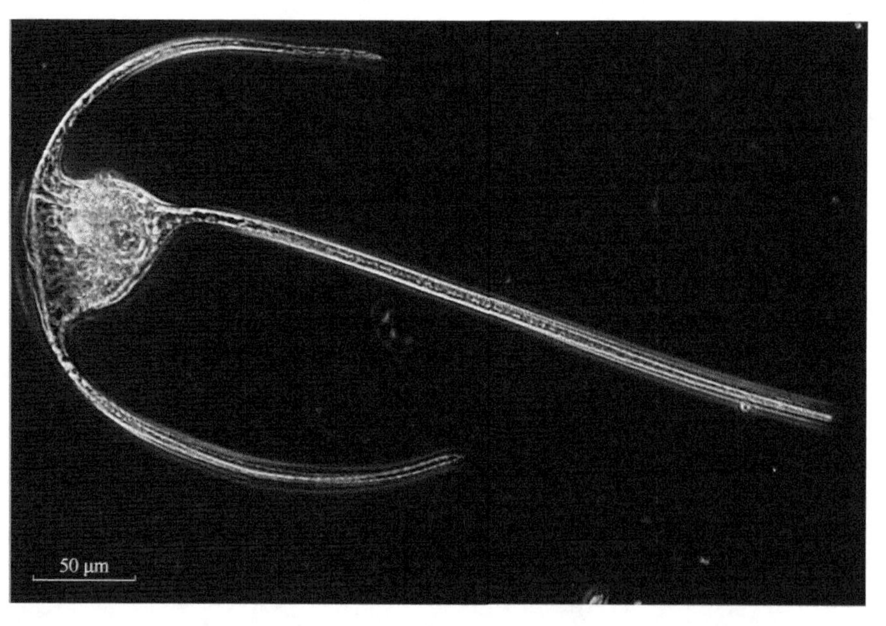

247c

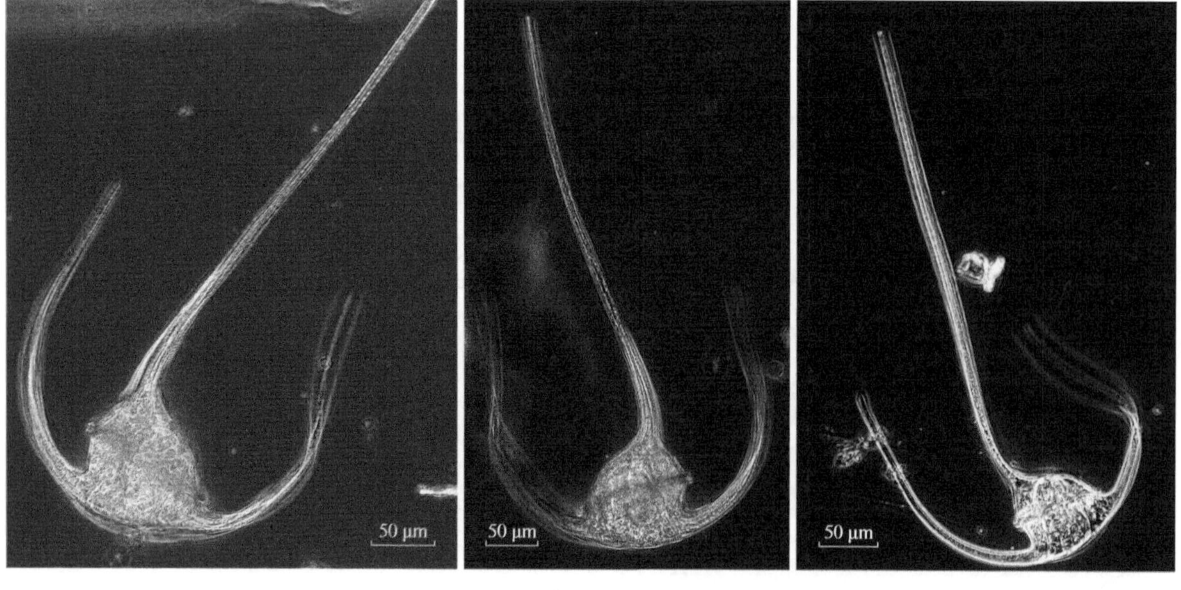

248a　　248b　　248c

图版 108

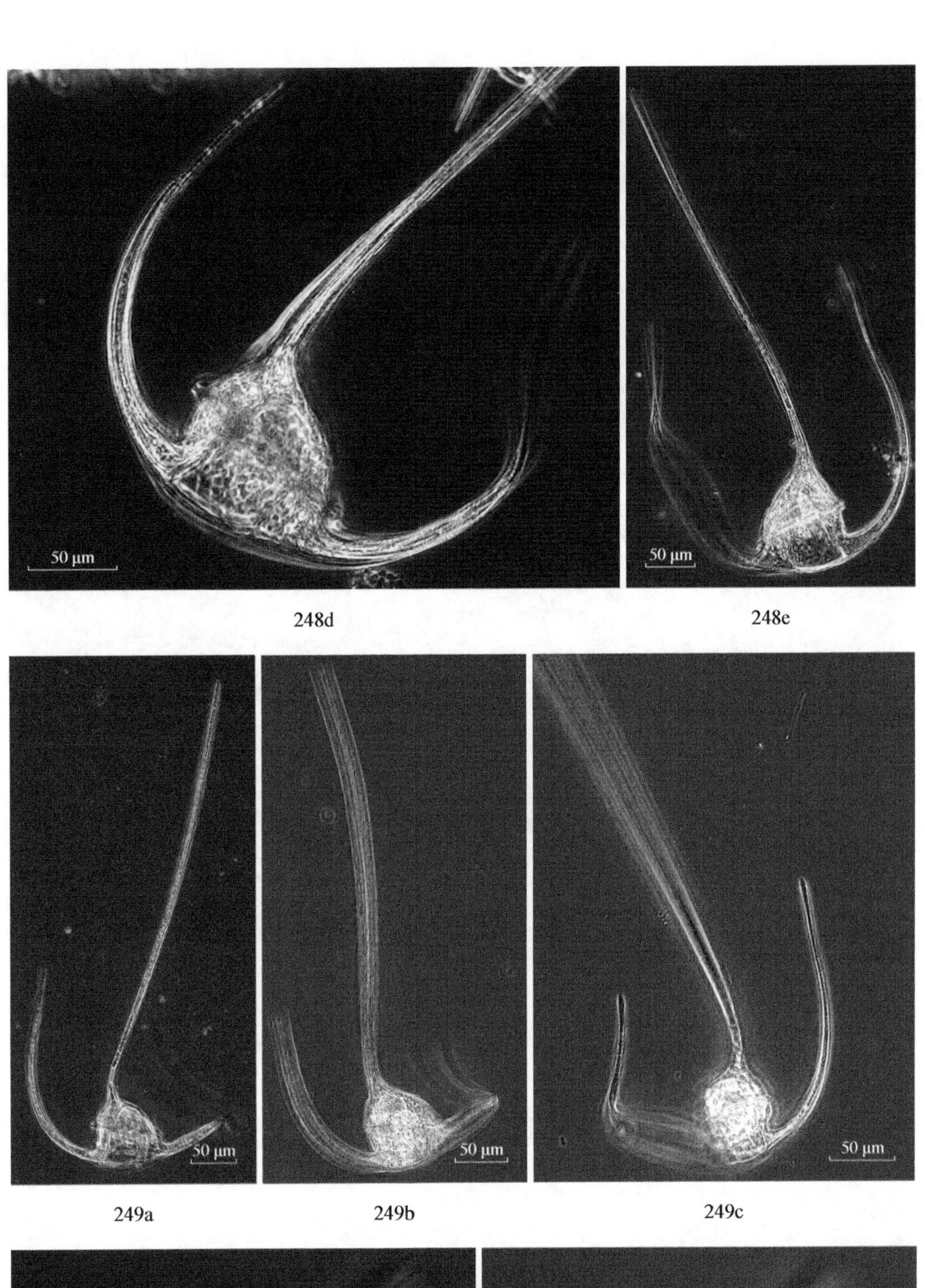

248d

248e

249a

249b

249c

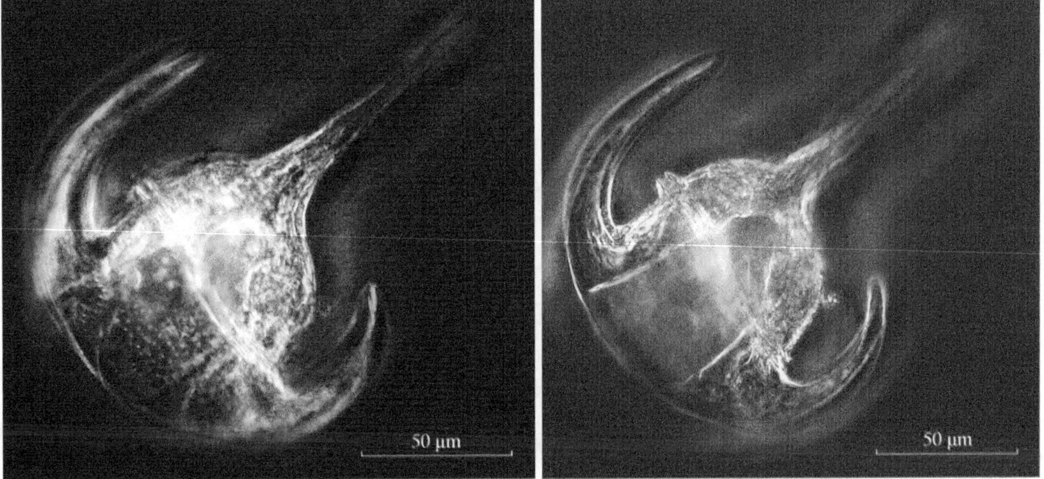

250a

250b

图版 109

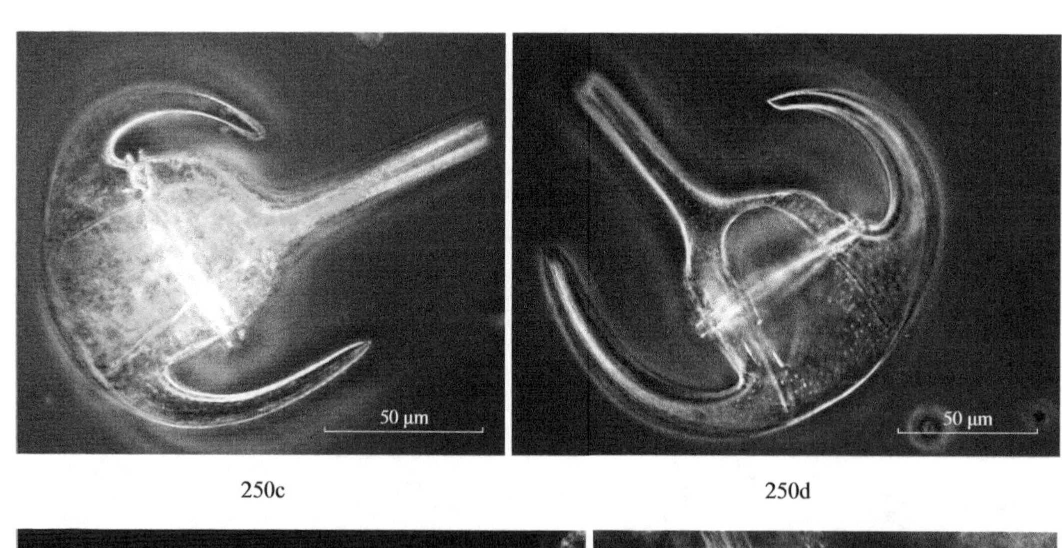

250c 250d

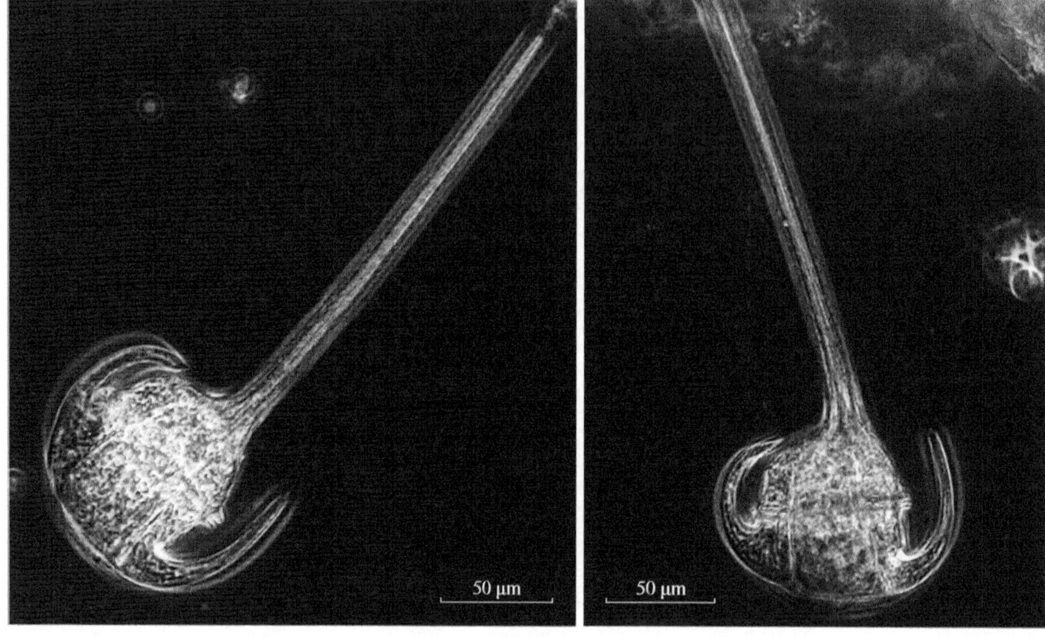

250e 250f

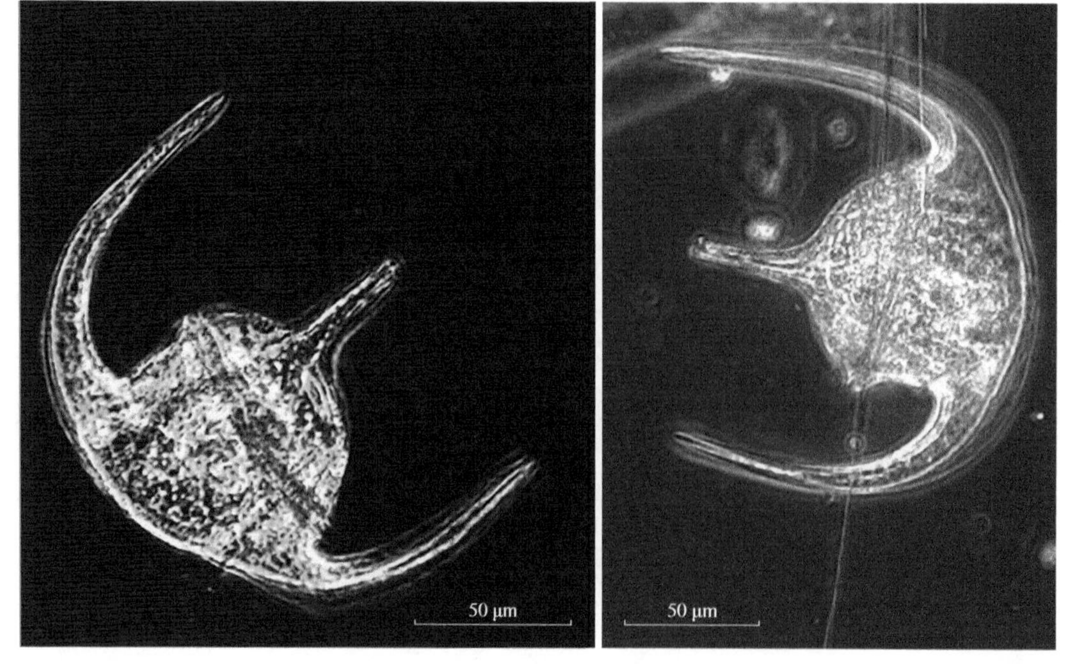

251a 251b

图版 110

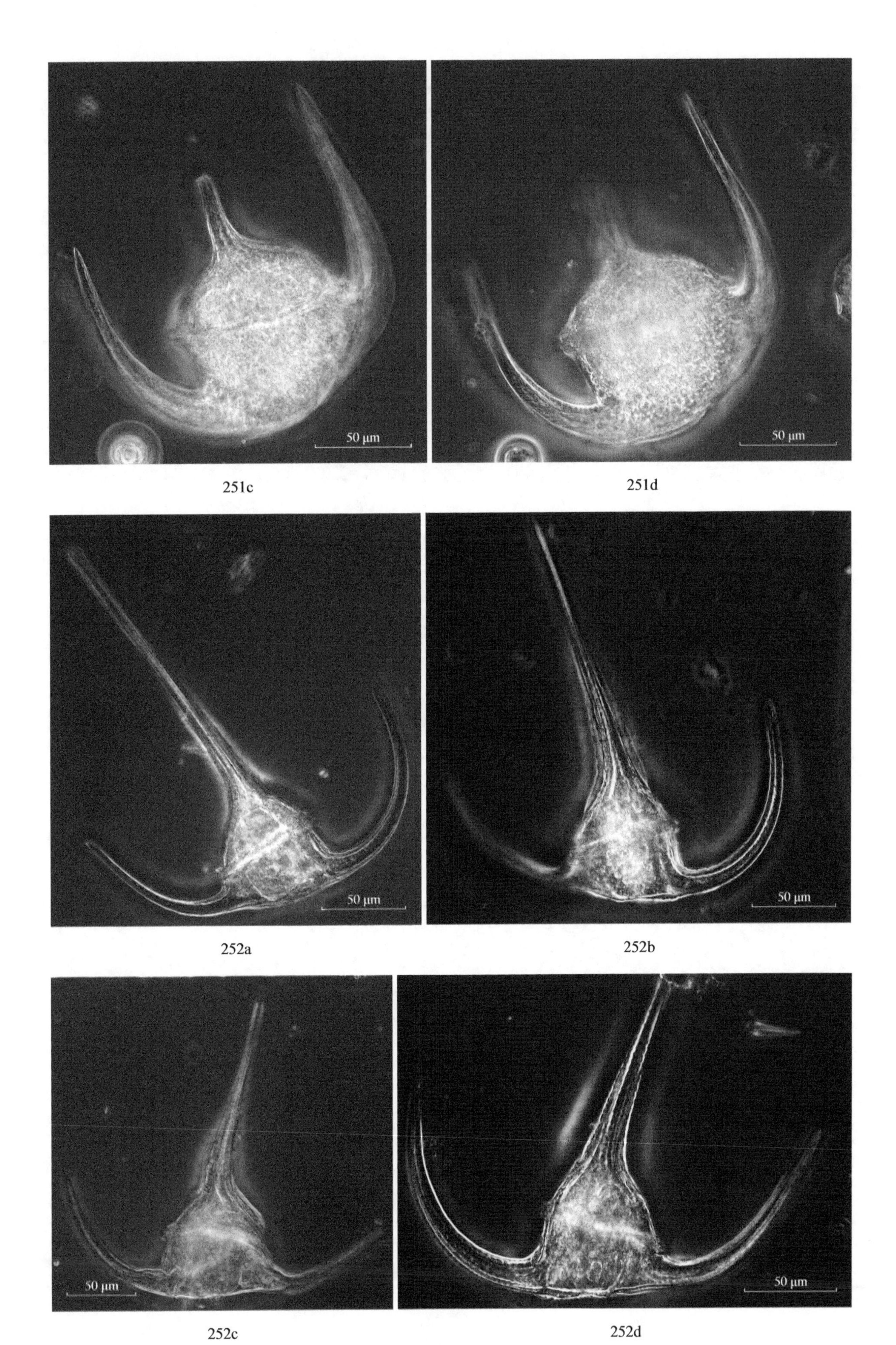

251c

251d

252a

252b

252c

252d

图版 111

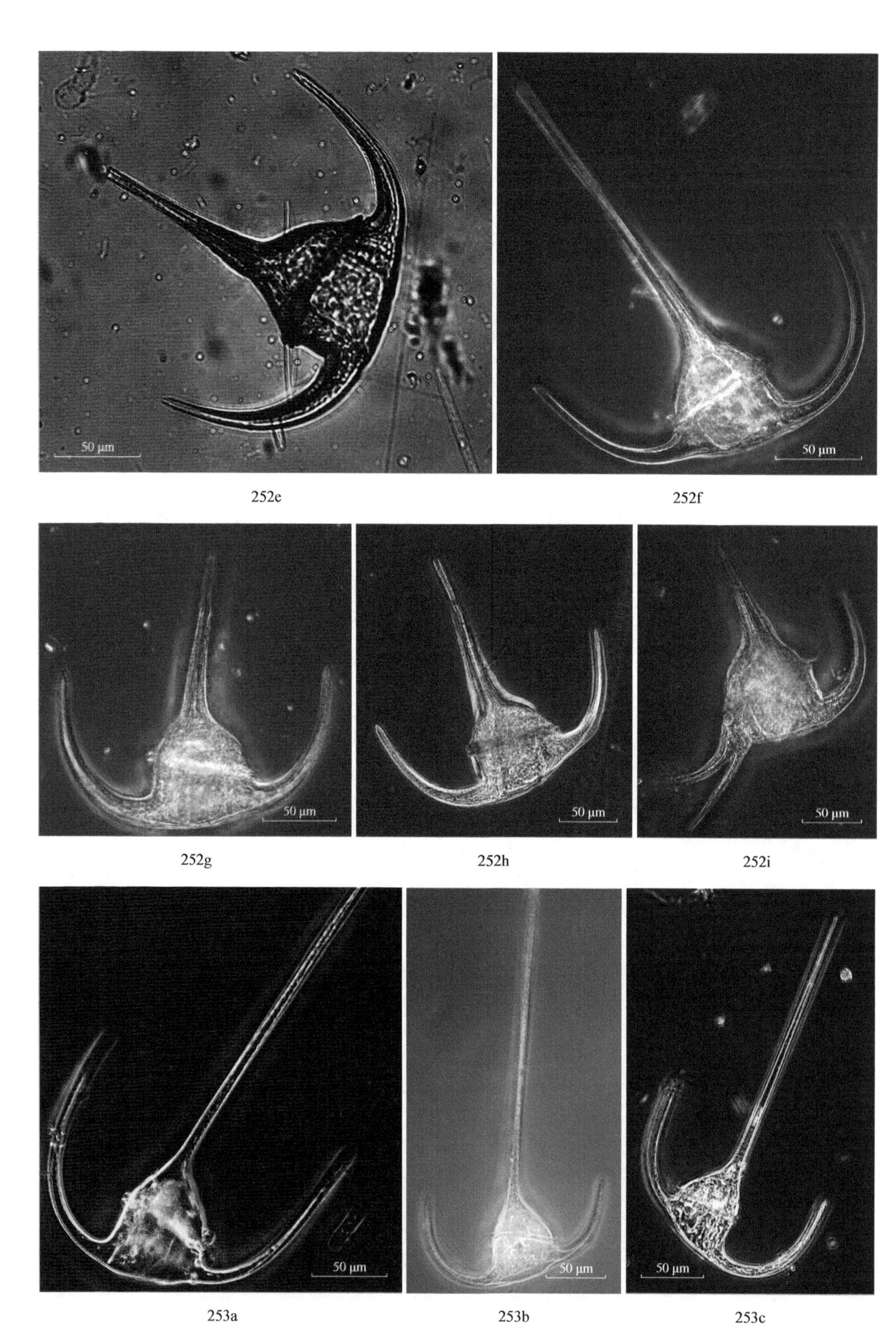

252e 252f

252g 252h 252i

253a 253b 253c

图版 112

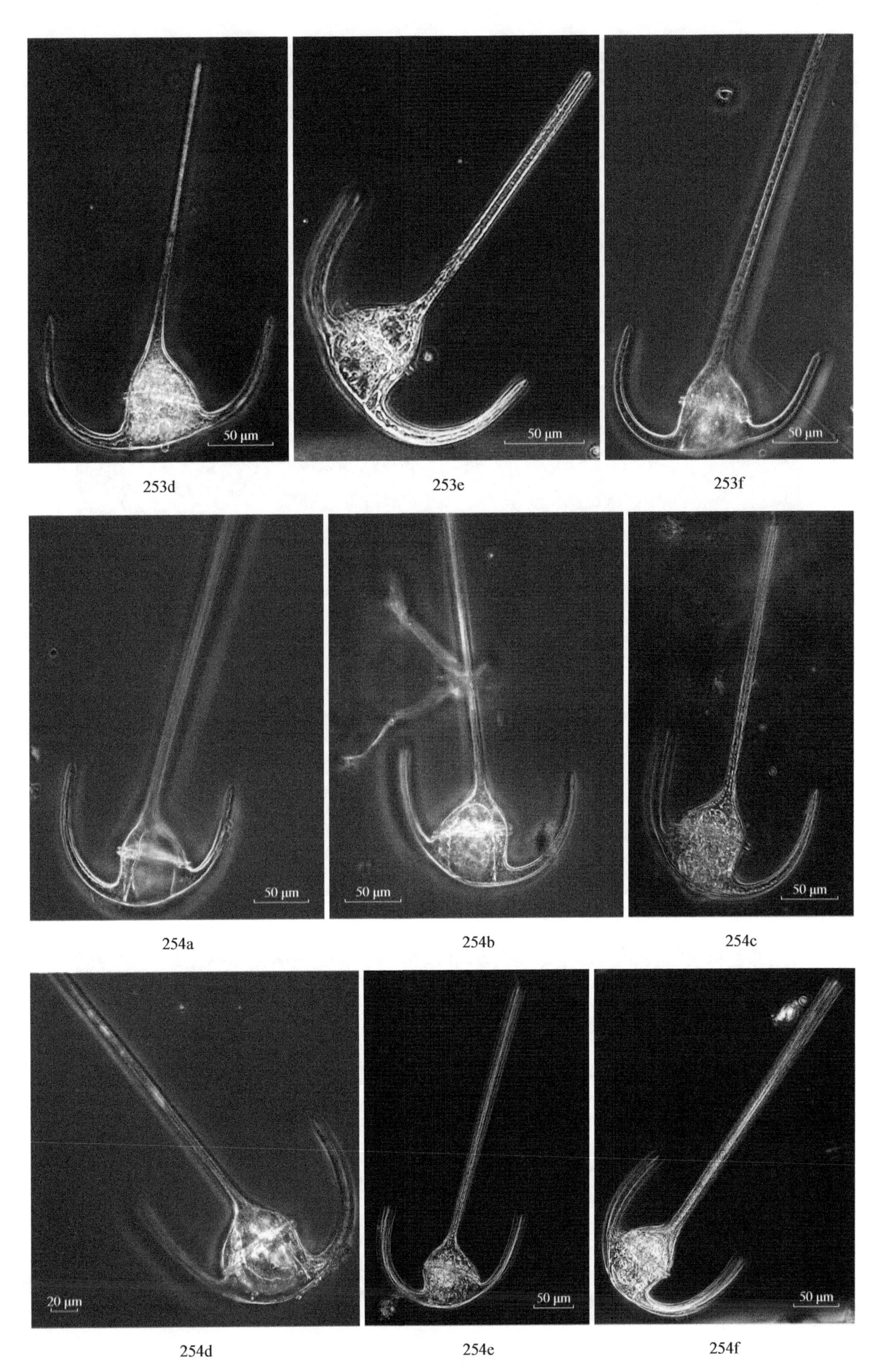
50 μm
50 μm
50 μm
253d
253e
253f
50 μm
50 μm
50 μm
254a
254b
254c
20 μm
50 μm
50 μm
254d
254e
254f

图版 113

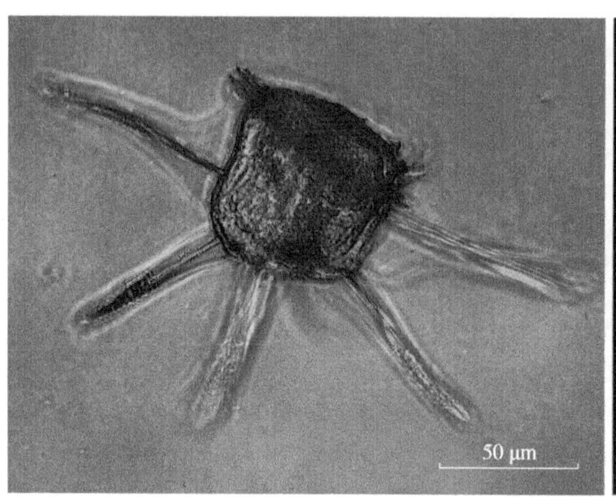

255a

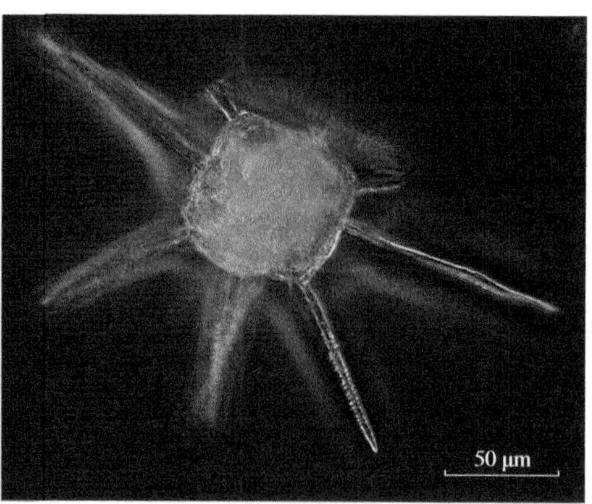

255b

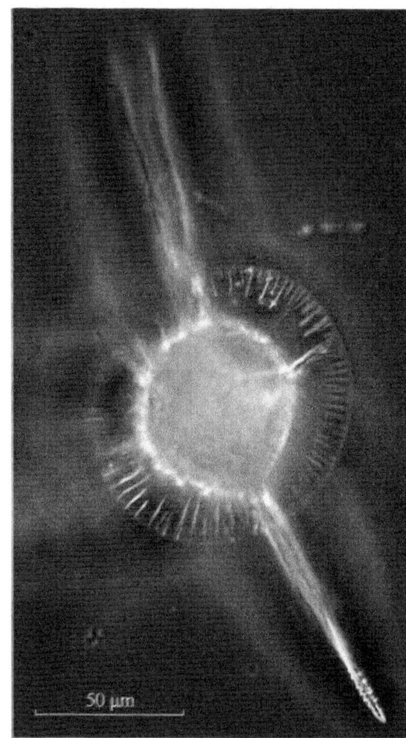

255c

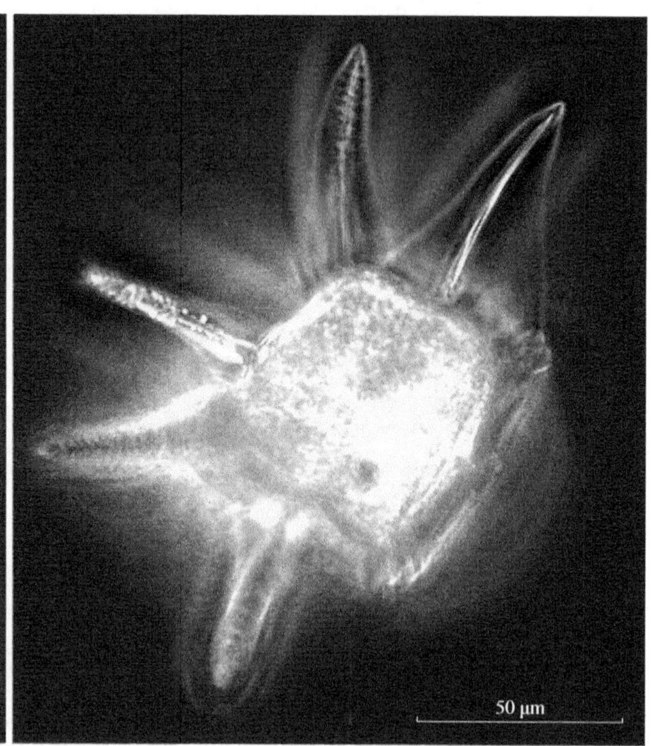

255d

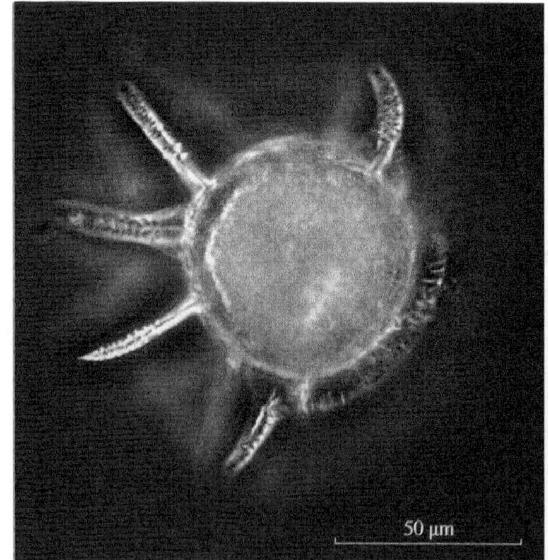

256a

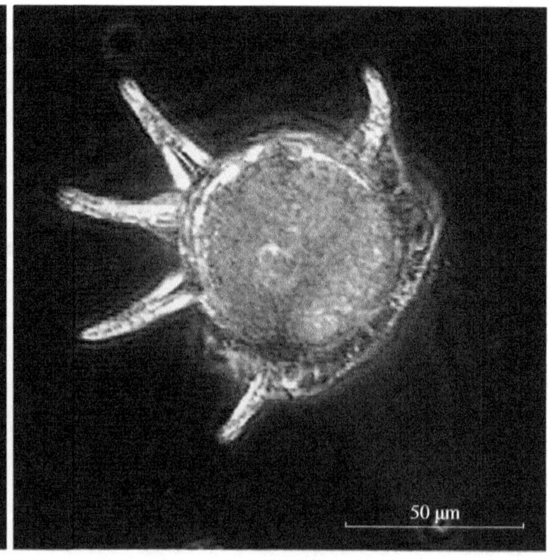

256b

图版 114

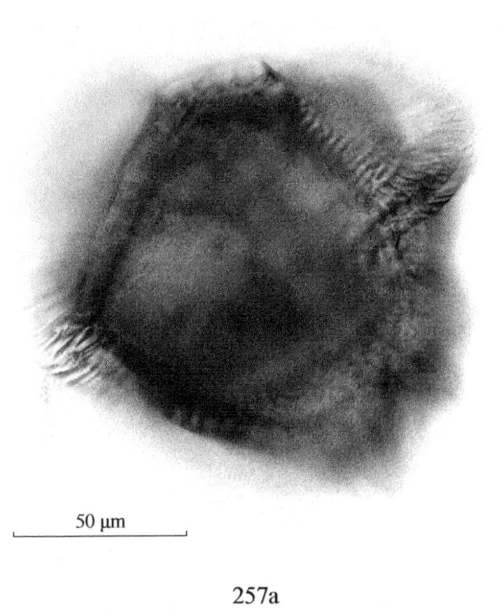

257a

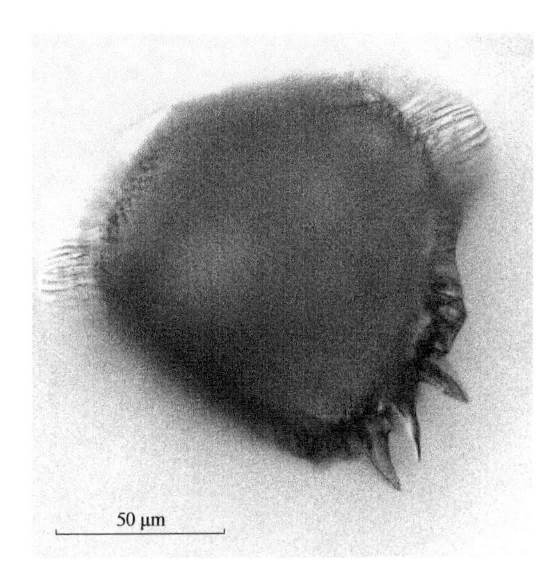

257b

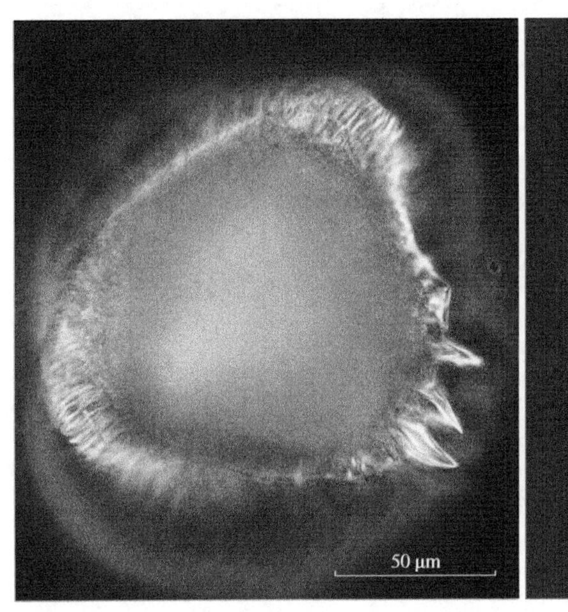

257c

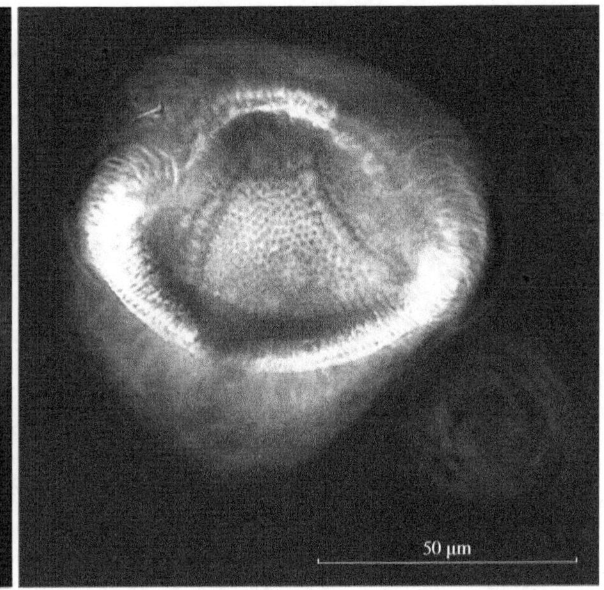

257d

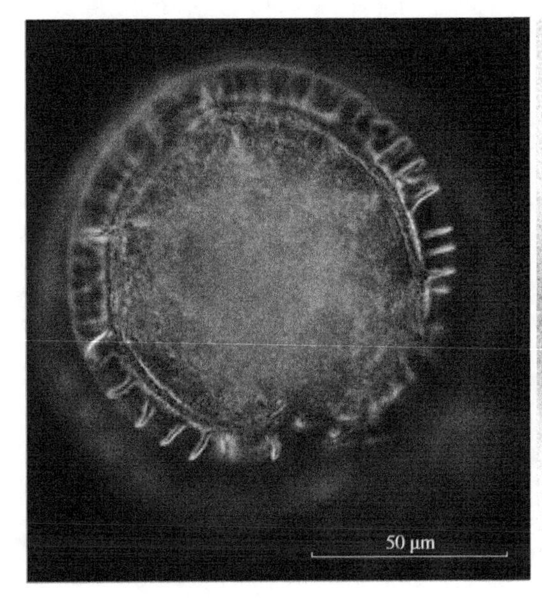

258a

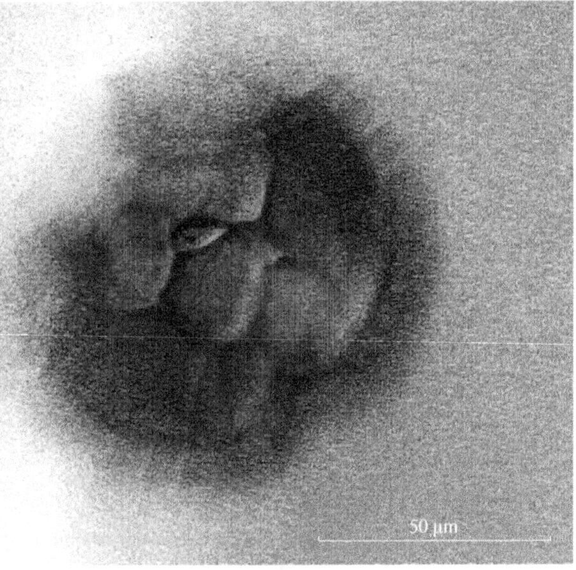

258b

图版 115

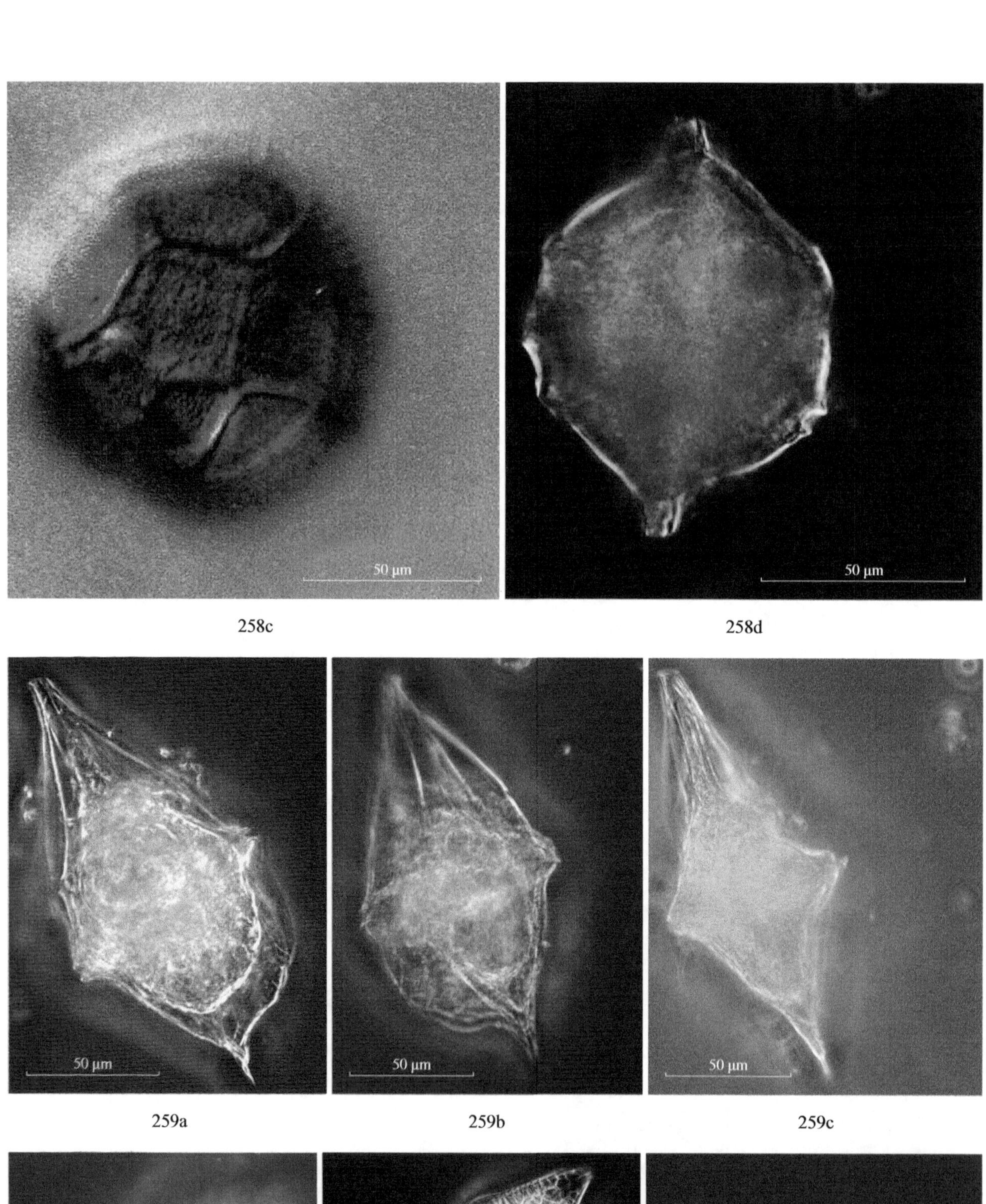

258c　258d

259a　259b　259c

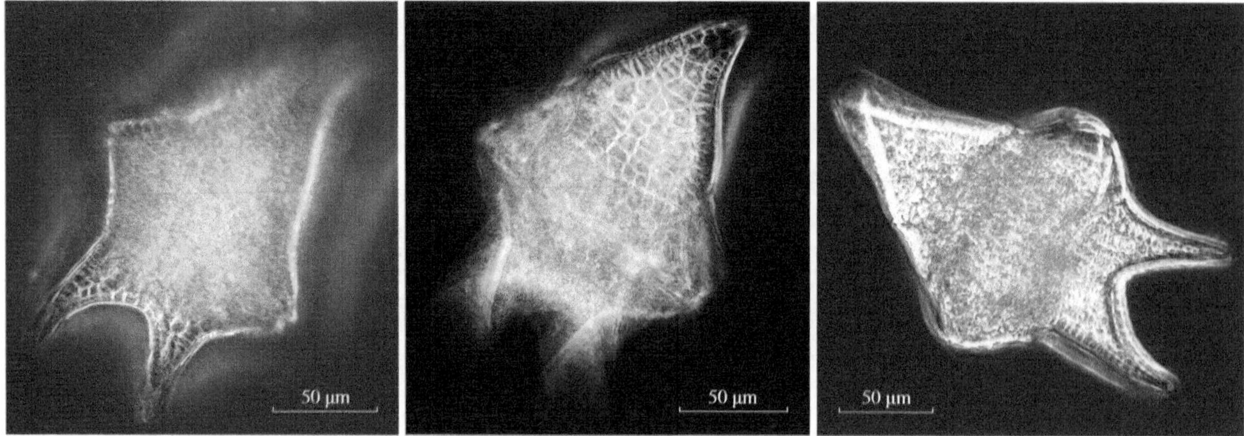

260a　260b　260c

图版 116

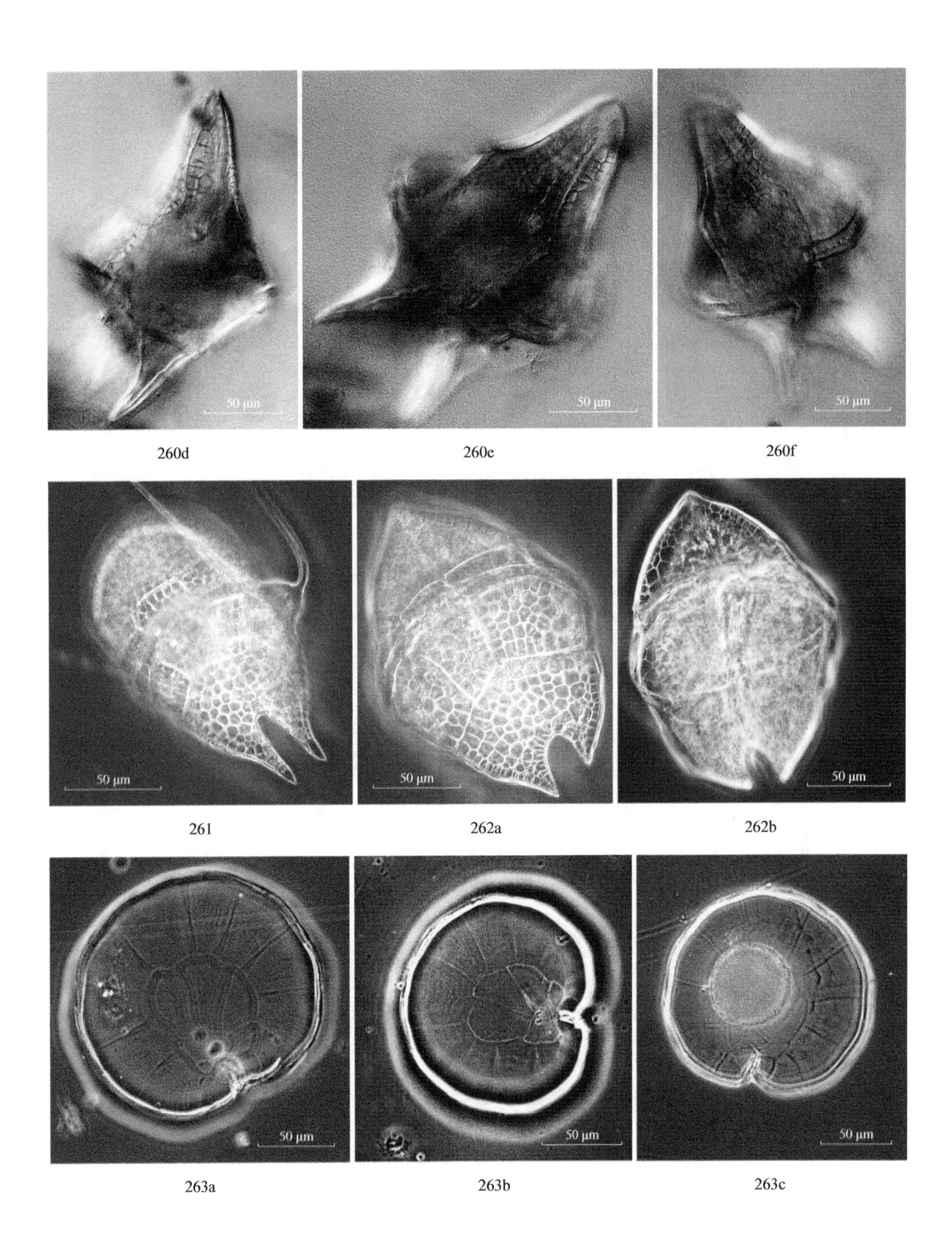
50 μm
50 μm
50 μm
260d
260e
260f
50 μm
50 μm
50 μm
261
262a
262b
50 μm
50 μm
50 μm
263a
263b
263c

图版 117

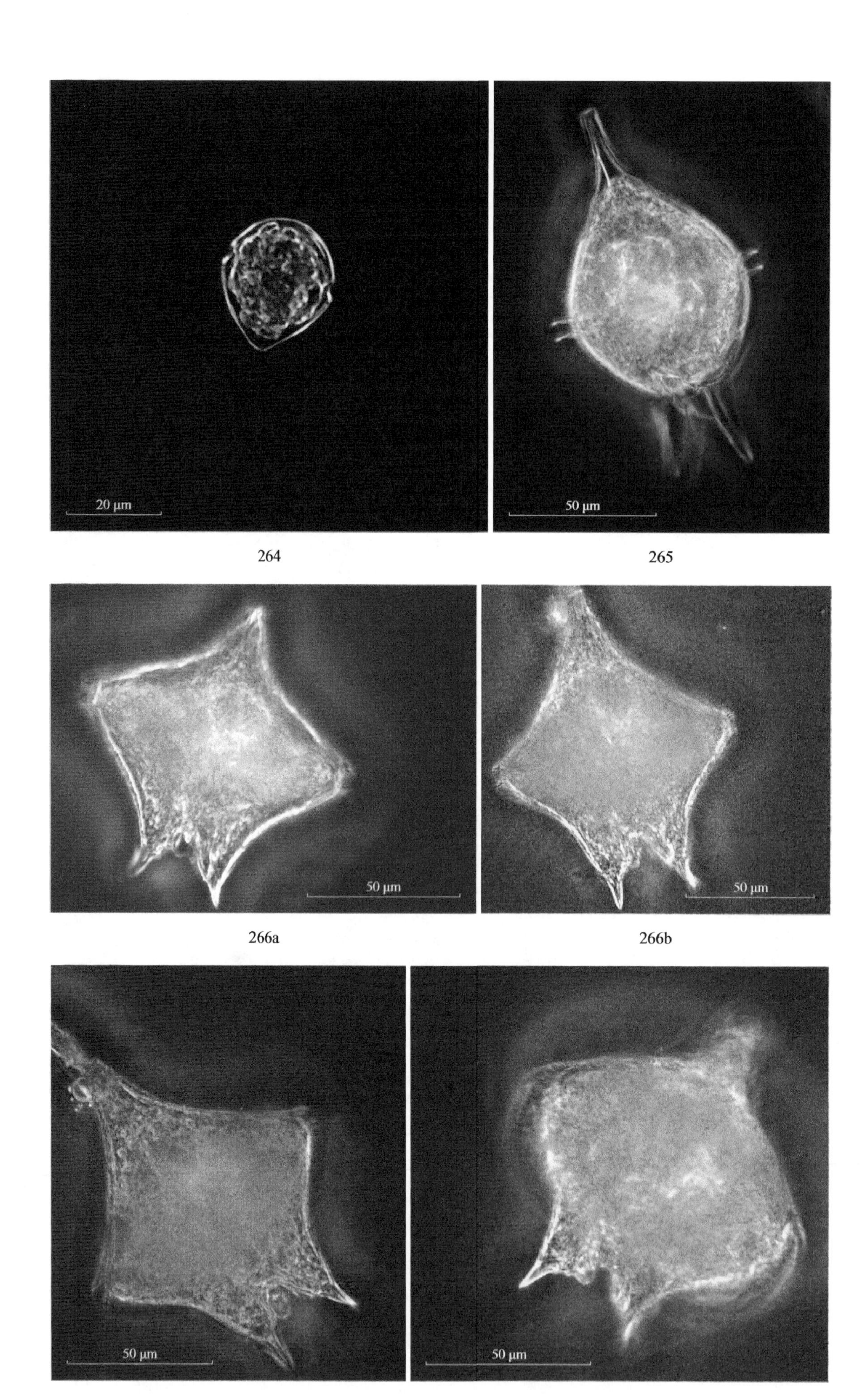

264

265

266a

266b

266c

266d

图版 118

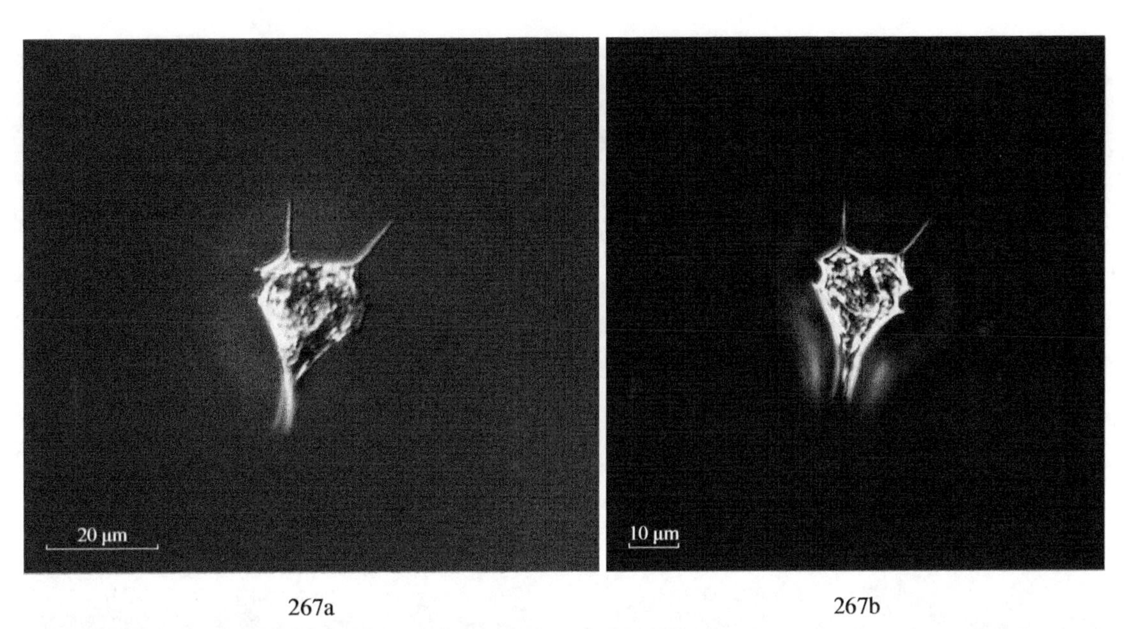

267a　　267b

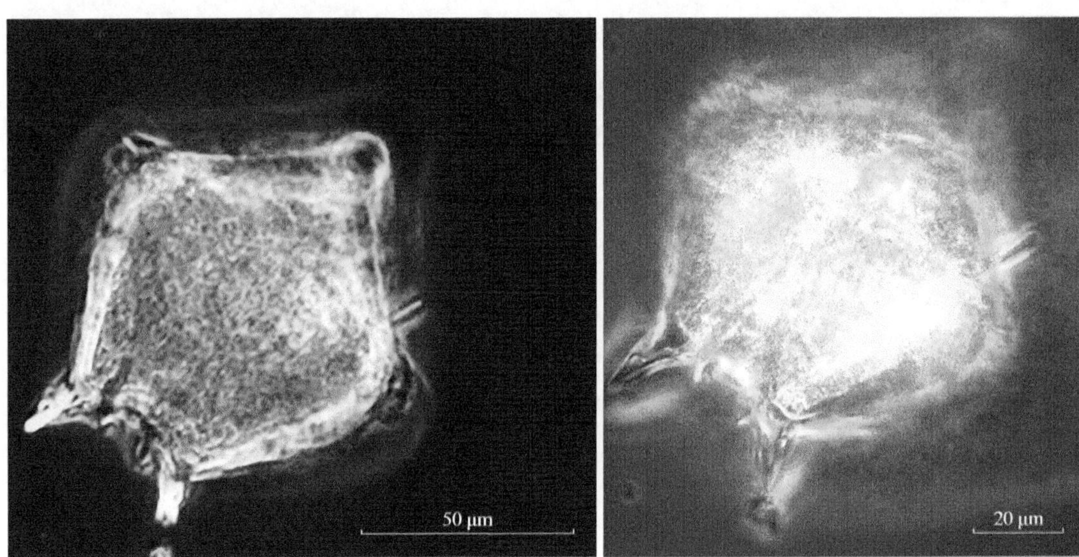

268a　　268b

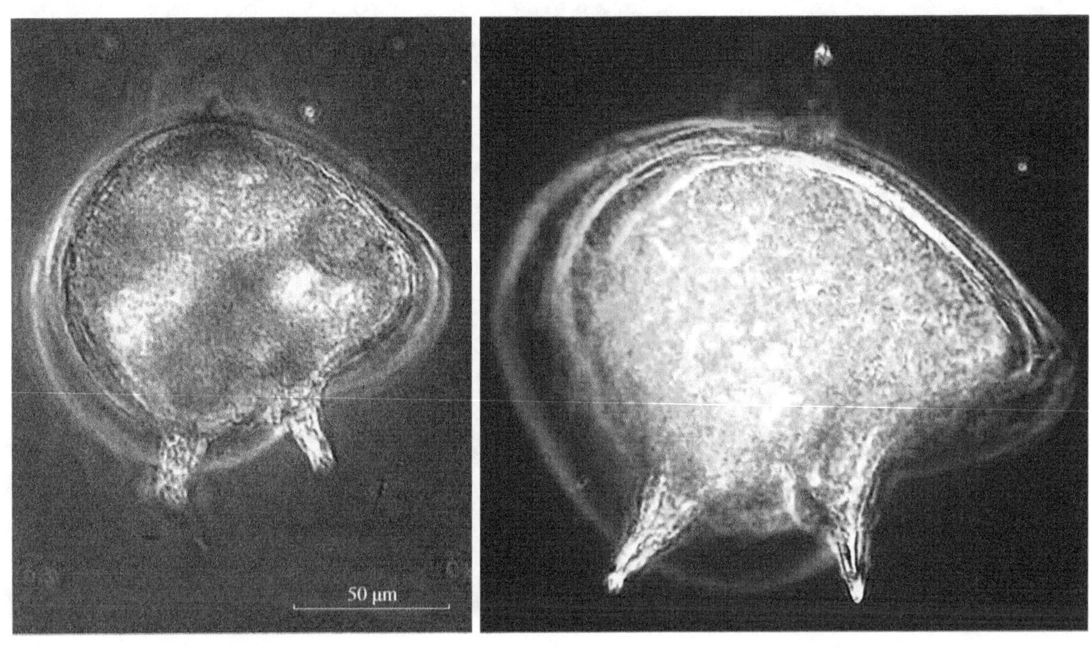

269a　　269b

图版 119

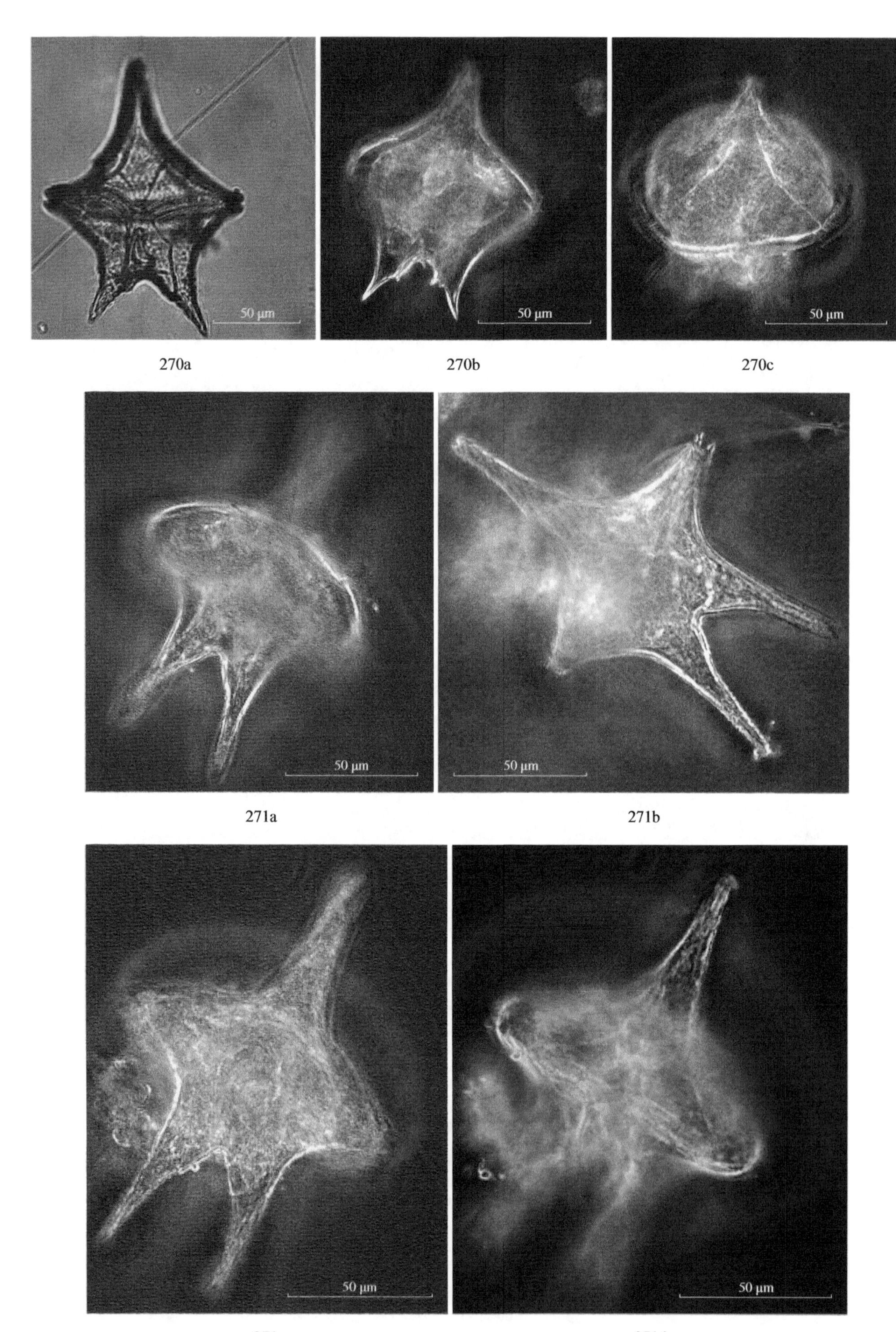

50 μm
50 μm
50 μm
270a
270b
270c
50 μm
50 μm
271a
271b
50 μm
50 μm
271c
271d

图版 120

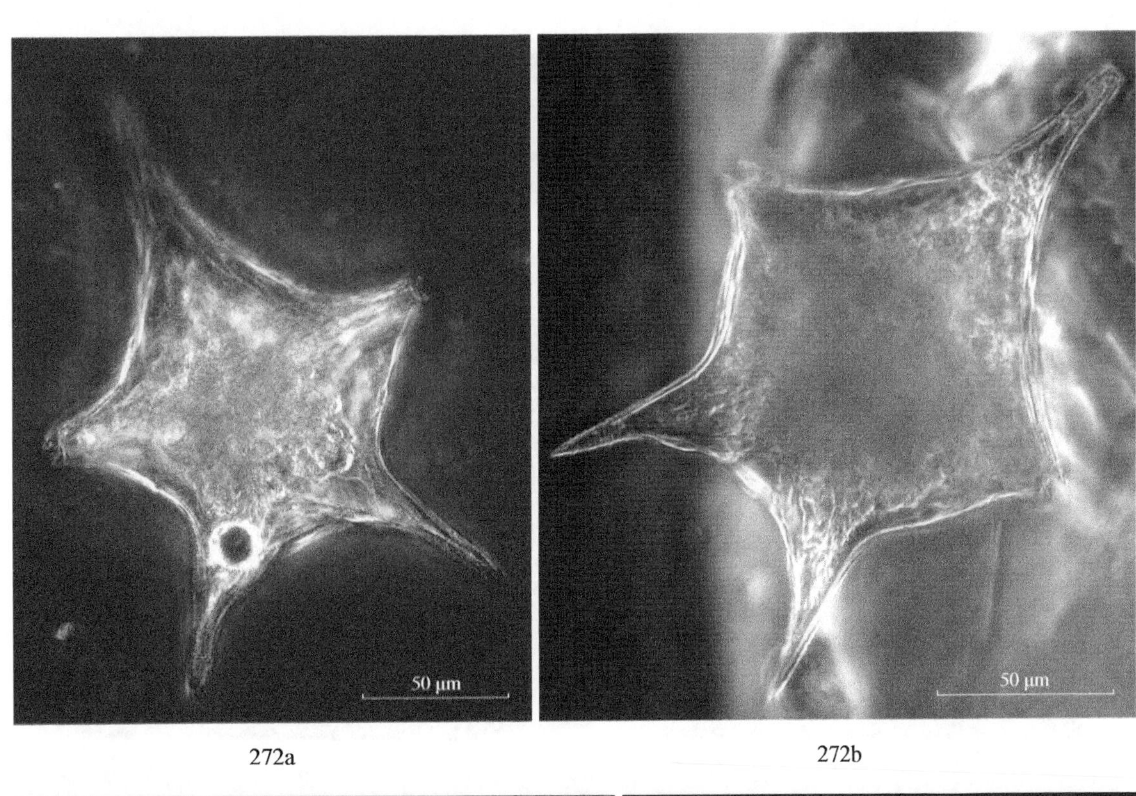

272a　　272b

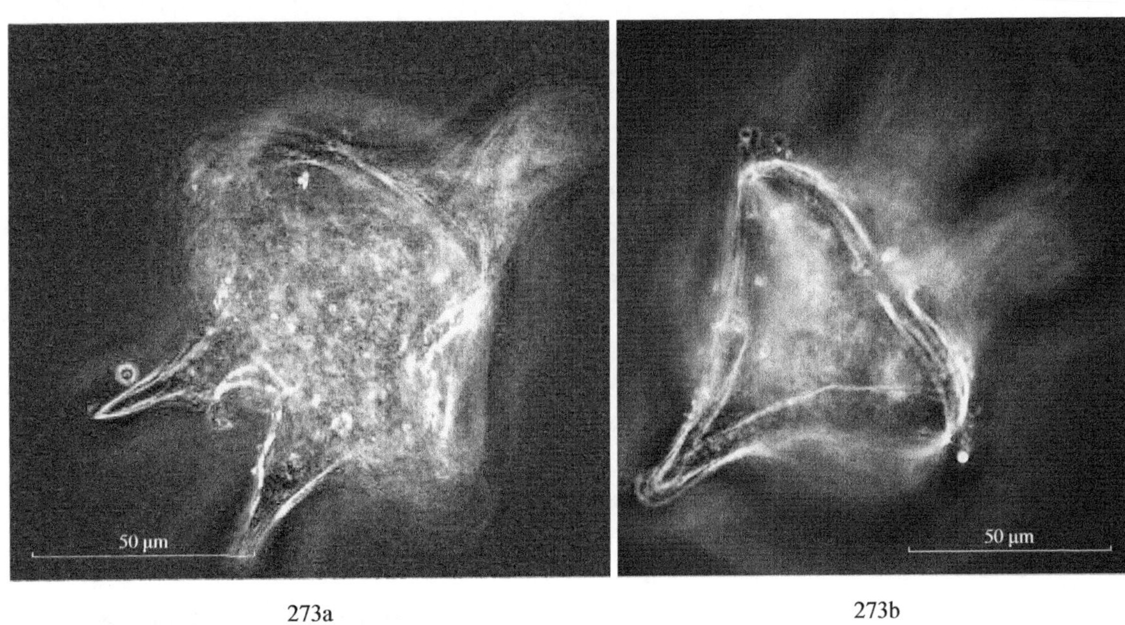

273a　　273b

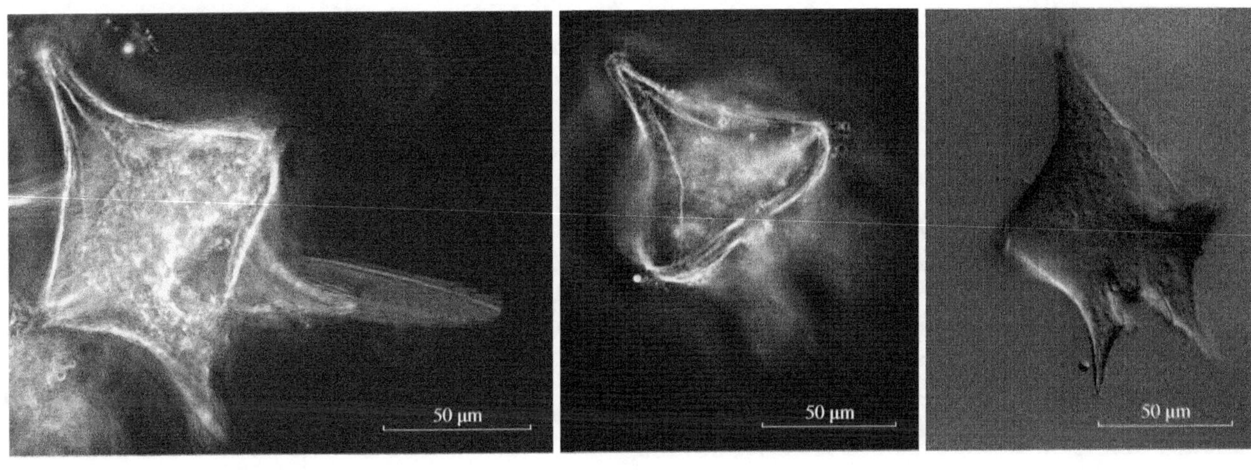

273c　　273d　　273e

图版 121

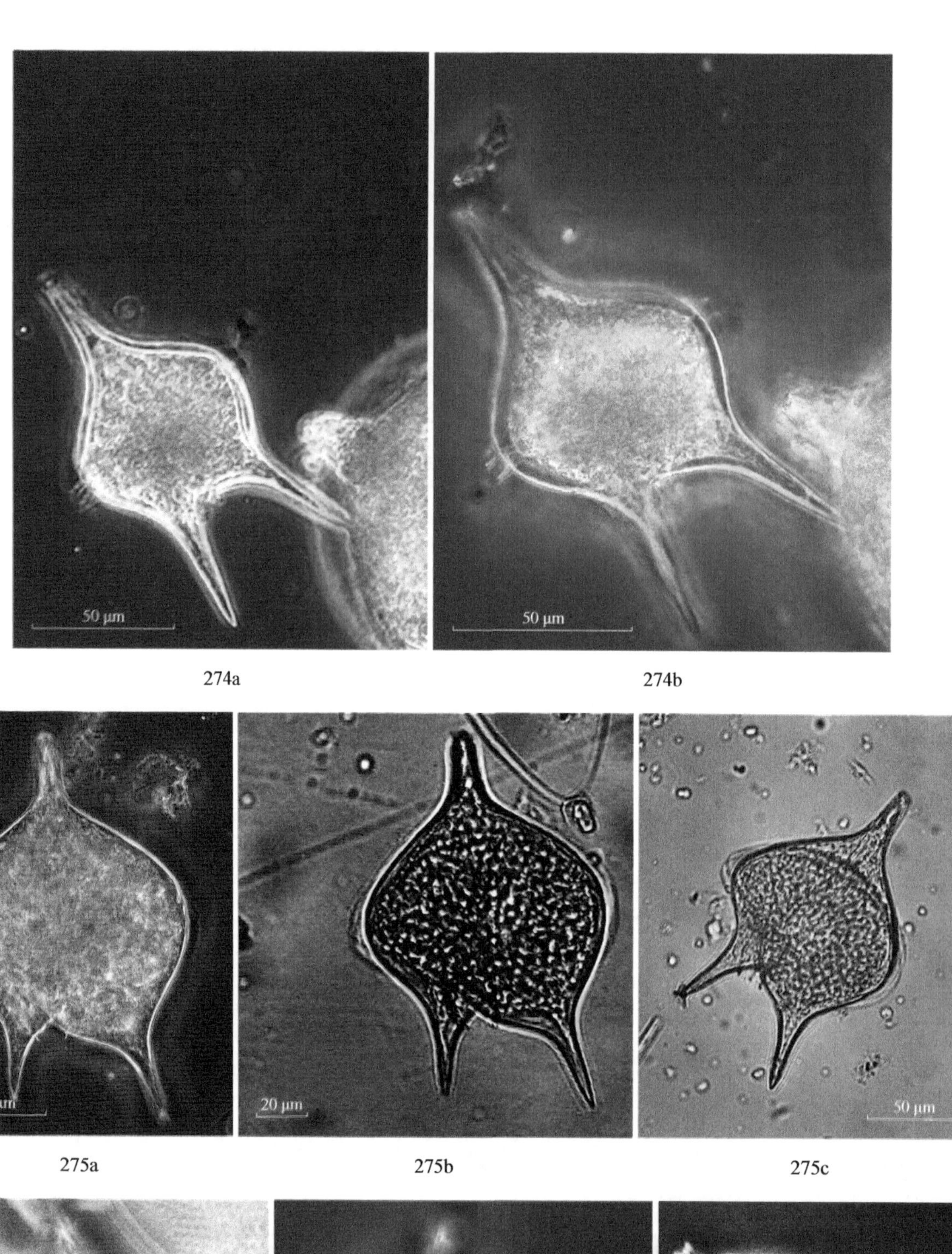
50 μm
50 μm
274a
274b
50 μm
20 μm
50 μm
275a
275b
275c

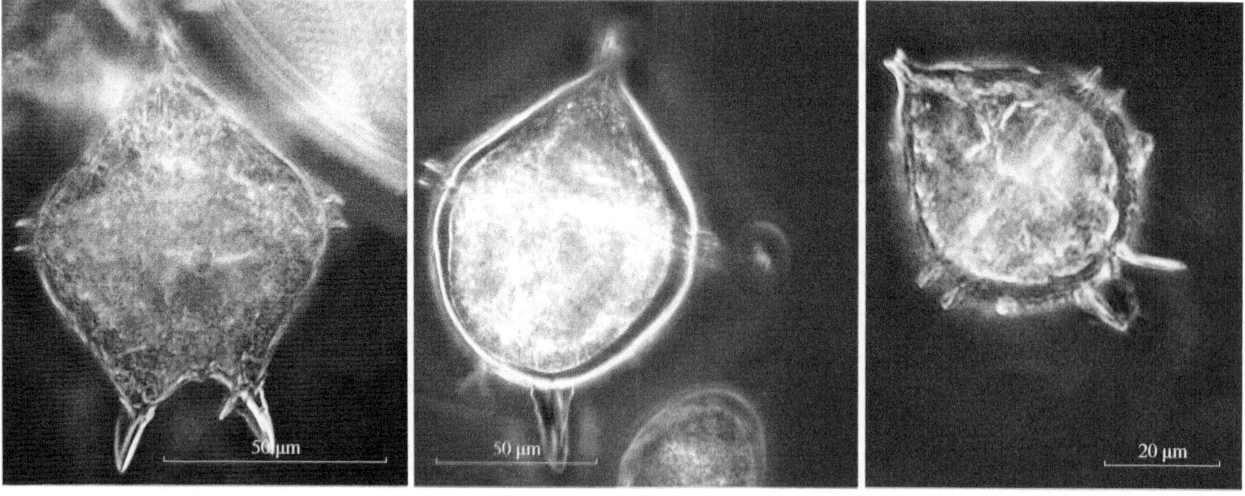
50 μm
50 μm
20 μm
276
277a
277b

图版 122

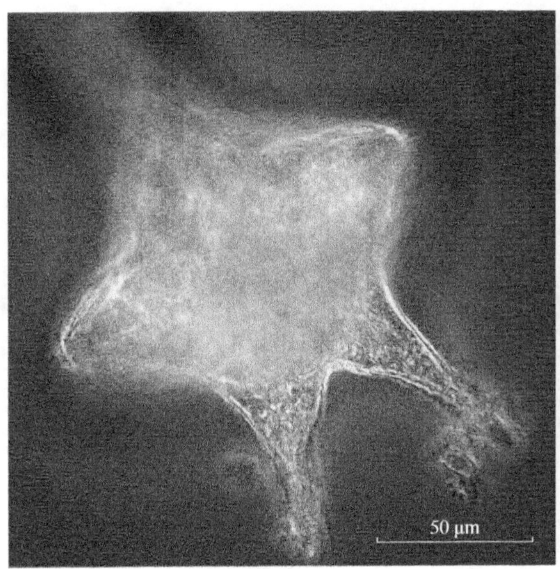

278a

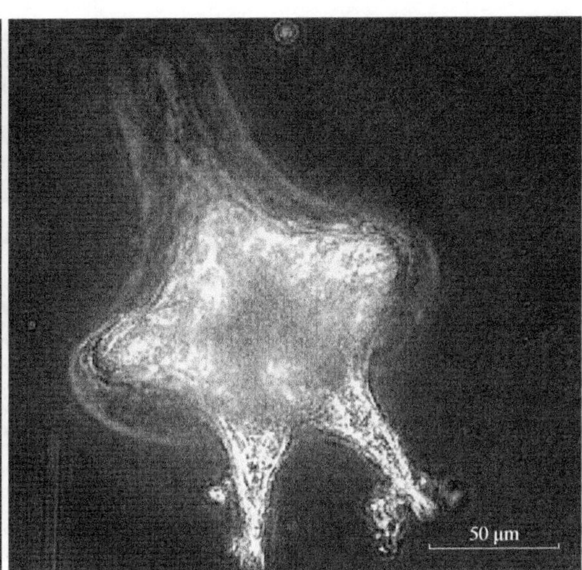

278b

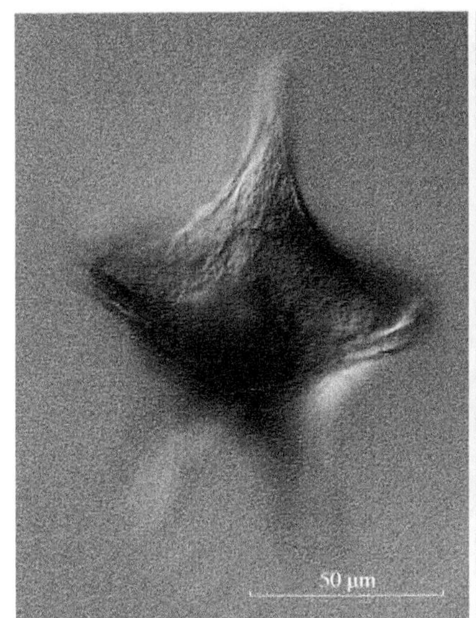

278c

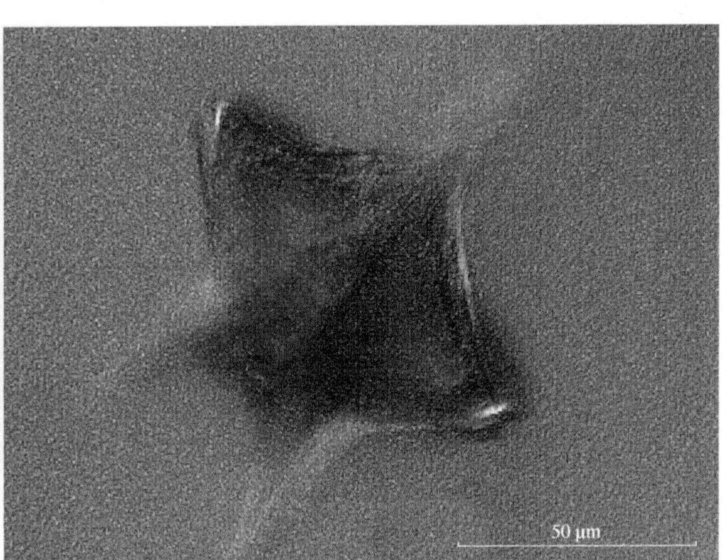

278d

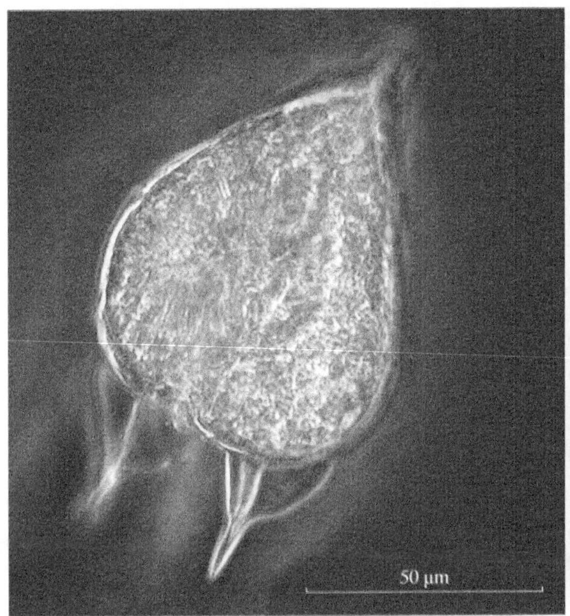

279

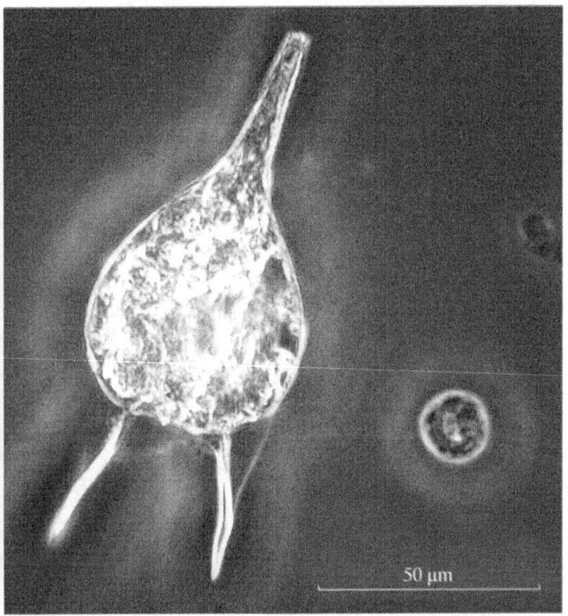

280

图版 123

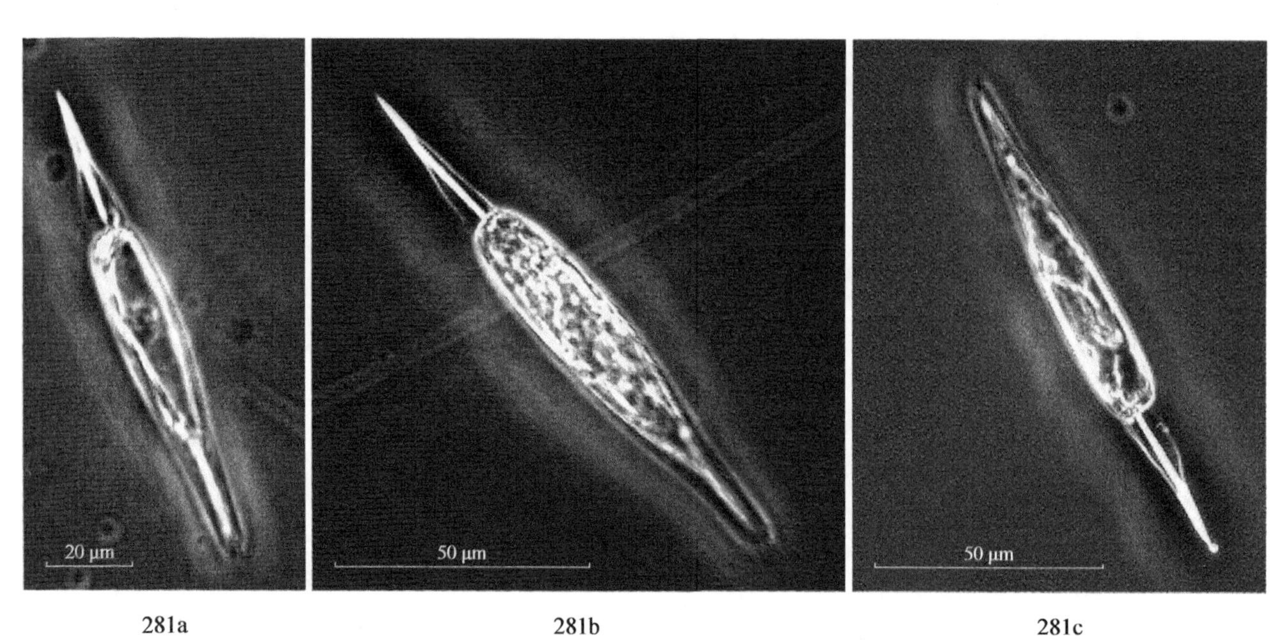

281a 281b 281c

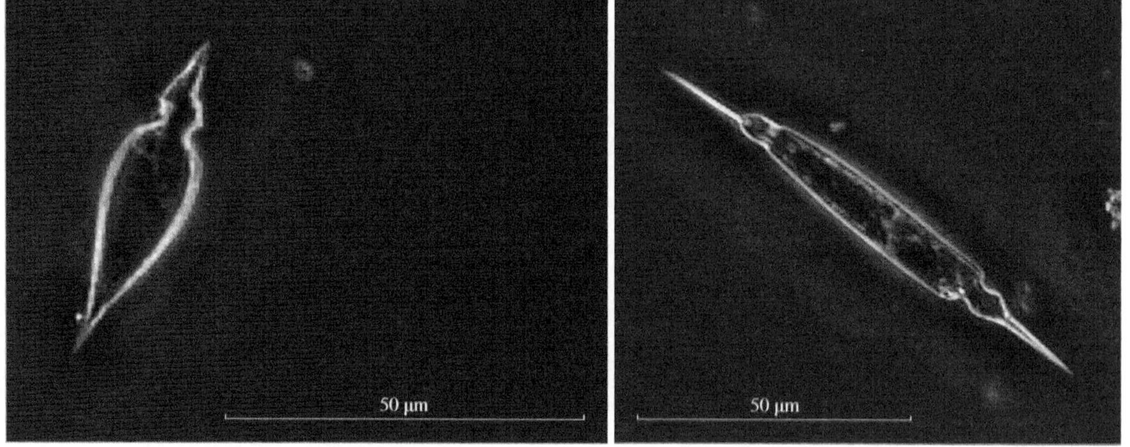

282 283a

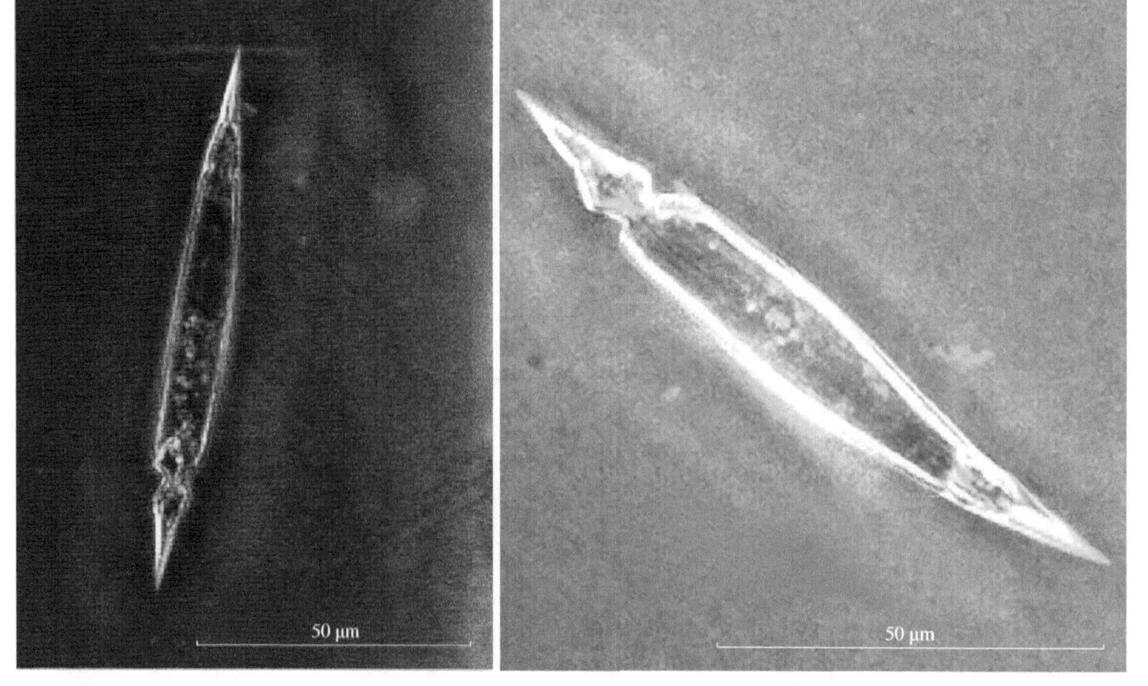

283b 283c

图版 124

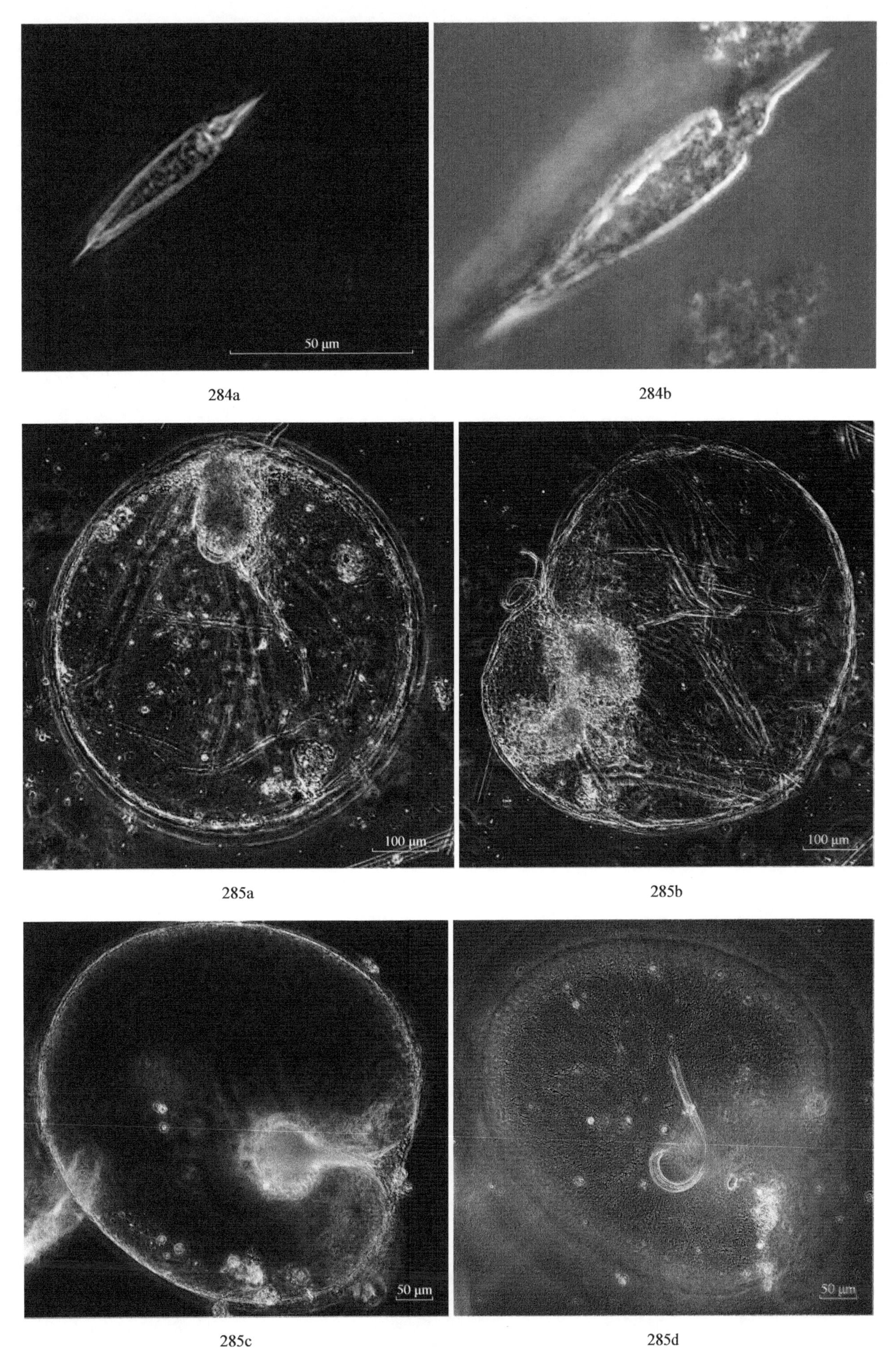

284a

284b

285a

285b

285c

285d

图版 125

图版说明

Explanation of plantes

图版 1

图 1a ~ g　红海束毛藻 *Trichodesmium erythraeum* Ehrenberg ex Gomont, 1892

图版 2

图 2a ~ d　汉氏束毛藻 *Trichodesmium hildebrandtii* Gomont, 1892
图 3a ~ d　铁氏束毛藻 *Trichodesmium thiebautii* Gomont ex Gomont, 1890

图版 3

图 3e ~ f　铁氏束毛藻 *Trichodesmium thiebautii* Gomont ex Gomont, 1890
图 4a ~ b　六等八骨针藻 *Octactis speculum* (Ehrenberg) Chang, Grieve & Sutherland, 2017
图 5a ~ b　绿海球藻 *Halosphaera viridis* Schmitz, 1878

图版 4

图 6a ~ c　具槽帕拉藻 *Paralia sulcata* (Ehrenberg) Cleve, 1873
图 7a ~ b　热带戈斯藻 *Gossleriella tropica* Schütt, 1893
图 8a ~ b　具翼漂流藻 *Planktoniella blanda* (Schmidt) Syvertsen & Hasle, 1993

图版 5

图 9a ~ b　美丽漂流藻 *Planktoniella formosa* (Karsten) Karsten, 1928
图 10a ~ b　太阳漂流藻 *Planktoniella sol* (Wallich) Schütt, 1892
图 11a ~ b　非洲圆筛藻 *Coscinodiscus africanus* Janisch ex Schmidt 1878

图版 6

图 12a ~ b　畸形圆筛藻 *Coscinodiscus deformatus* Mann, 1907
图 13a ~ e　星脐圆筛藻 *Coscinodiscus asteromphalus* Ehrenberg, 1844

图版 7

图 14a ~ b　中心圆筛藻 *Coscinodiscus centralis* Ehrenberg, 1839
图 15a ~ c　弓束圆筛藻 *Coscinodiscus curvatulus* Grunow, 1878
图 16　弓束圆筛藻小型变种 *Coscinodiscus curvatulus* var. *minor* (Ehrenberg) Grunow, 1884

图版 8

图 17a ~ b　多束圆筛藻 *Coscinodiscus divisus* Grunow, 1884
图 18　具尖圆筛藻平顶变种 *Coscinodiscus apiculatus* var. *ambiguus* Grunow, 1884
图 19a ~ c　具边圆筛藻 *Coscinodiscus marginatus* Ehrenberg, 1843

图版 9

图 20a ～ d　巨圆筛藻 *Coscinodiscus gigas* Ehrenberg, 1841
图 21a ～ b　格氏圆筛藻 *Coscinodiscus granii* Gough, 1905

图版 10

图 21c ～ d　格氏圆筛藻 *Coscinodiscus granii* Gough, 1905
图 22a ～ b　强氏圆筛藻 *Coscinodiscus janischii* Schmidt, 1878
图 23a ～ b　虹彩圆筛藻 *Coscinodiscus oculus-iridis* (Ehrenberg) Ehrenberg, 1840

图版 11

图 23c ～ f　虹彩圆筛藻 *Coscinodiscus oculus-iridis* (Ehrenberg) Ehrenberg, 1840
图 24a ～ b　肾形圆筛藻 *Coscinodiscus reniformis* Castracane, 1886

图版 12

图 25　有棘圆筛藻 *Coscinodiscus spinosus* Chin, 1965
图 26　细弱圆筛藻 *Coscinodiscus subtilis* Ehrenberg, 1843
图 27a ～ d　琼氏拟圆筛藻 *Coscinodiscopsis jonesiana* (Greville) Sar & Sunesen, 2008

图版 13

图 27e ～ g　琼氏拟圆筛藻 *Coscinodiscopsis jonesiana* (Greville) Sar & Sunesen, 2008
图 28　伽氏筛盘藻 *Ethmodiscus gazellae* (Janisch ex Grunow) Hustedt, 1928
图 29　金色金盘藻 *Chrysanthemodiscus floriatus* Mann, 1925
图 30　库氏辐环藻 *Actinocyclus kuetzingii* (Schmidt) Simonsen, 1975

图版 14

图 31a ～ e　八刺辐环藻 *Actinocyclus octonarius* Ehrenberg, 1837
图 32a　方格罗氏藻 *Roperia tesselata* (Roper) Grunow ex Pelletan 1889

图版 15

图 32b ～ d　方格罗氏藻 *Roperia tesselata* (Roper) Grunow ex Pelletan 1889
图 33　楔形半盘藻 *Hemidiscus cuneiformis* Wallich, 1858
图 34a ～ b　哈德掌状藻 *Palmerina hardmaniana* (Greville) Hasle, 1996

图版 16

图 35a ～ b　六数辐裥藻 *Actinoptychus senarius* (Ehrenberg) Ehrenberg, 1843
图 36a ～ d　华美辐裥藻 *Actinoptychus splendens* (Shadbolt) Ralfs, 1861

图版 17

图 37a ～ b　南方星纹藻 *Asterolampra marylandica* Ehrenberg, 1844
图 38a ～ b　范氏星纹藻 *Asterolampra vanheurckii* Brun, 1891
图 39　蛛网星脐藻 *Asteromphalus arachne* (Brébisson) Ralfs, 1861
图 40　美丽星脐藻 *Asteromphalus elegans* Greville, 1859

图版 18

图 41a ～ f　椭圆星脐藻 *Asteromphalus heptactis* (Brébisson) Ralfs, 1861

图版 19

图 42　石棺星脐藻 *Asteromphalus sarcophagus* Wallich, 1860

图 43a ～ c　鼓胀海链藻 *Thalassiosira gravida* Cleve, 1896

图 44a ～ b　诺登海链藻 *Thalassiosira nordenskieoldii* Cleve, 1873

图版 20

图 45a ～ d　细弱海链藻 *Thalassiosira subtilis* (Ostenfeld) Gran, 1900

图 46a ～ c　矮小短棘藻 *Detonula pumila* (Castracane) Gran, 1900

图版 21

图 46d ～ f　矮小短棘藻 *Detonula pumila* (Castracane) Gran, 1900

图 47a ～ c　环纹劳德藻 *Lauderia annulata* Cleve, 1873

图版 22

图 48a ～ c　中肋骨条藻 *Skeletonema costatum* (Greville) Cleve, 1873

图 49a ～ c　日本冠盖藻 *Stephanopyxis nipponica* Gran & Yendo, 1914

图版 23

图 50a ～ e　掌状冠盖藻 *Stephanopyxis palmeriana* (Greville) Grunow, 1884

图 51a ～ c　塔形冠盖藻 *Stephanopyxis turris* (Greville) Ralfs, 1861

图 52a　锯齿指管藻 *Dactyliosolen blavyanus* (Peragallo) Hasle, 1975

图版 24

图 52b　锯齿指管藻 *Dactyliosolen blavyanus* (Peragallo) Hasle, 1975

图 53a ～ c　地中海指管藻 *Dactyliosolen mediterraneus* (Peragallo) Peragallo, 1892

图 54a ～ b　丹麦细柱藻 *Leptocylindrus danicus* Cleve, 1889

图 55a ～ b　薄壁几内亚藻 *Guinardia flaccida* (Castracane) Peragallo, 1892

图版 25

图 55c ～ i　薄壁几内亚藻 *Guinardia flaccida* (Castracane) Peragallo, 1892

图 56a ～ b　圆柱几内亚藻 *Guinardia cylindrus* (Cleve) Hasle, 1996

图版 26

图 57a ～ d　条纹几内亚藻 *Guinardia striata* (Stolterfoth) Hasle, 1996

图 58a ～ b　羽状棘冠藻 *Corethron pennatum* (Grunow) Ostenfeld, 1909

图版 27

图 59a ～ e　翼鼻状藻 *Proboscia alata* (Brightwell) Sundström, 1986

图 60a ～ c　平截鼻状藻 *Proboscia truncata* (Karsten) Nöthig & Ligowski, 1991

图版 28

图 61a ～ c　印度鼻状藻 *Proboscia indica* (Peragallo) Hernández-Becerril, 1995
图 62a ～ c　尖根管藻 *Rhizosolenia acuminata* (Peragallo) Peragallo,1907
图 63a ～ c　伯氏根管藻 *Rhizosolenia bergonii* Peragallo, 1892

图版 29

图 64a ～ c　卡氏根管藻 *Rhizosolenia castracanei* Peragallo, 1888
图 65a ～ d　克氏根管藻 *Rhizosolenia clevei* Ostenfeld, 1902

图版 30

图 66a ～ b　螺端根管藻 *Rhizosolenia cochlea* Brun, 1891
图 67a ～ c　钝棘根管藻 *Rhizosolenia hebetata* Bailey, 1856
图 68a　钝棘根管藻半刺变型 *Rhizosolenia hebetata* f. *semispina* (Hensen) Gran, 1908

图版 31

图 68b ～ e　钝棘根管藻半刺变型 *Rhizosolenia hebetata* f. *semispina* (Hensen) Gran, 1908
图 69a ～ c　透明根管藻 *Rhizosolenia hyalina* Ostenfeld, 1901
图 70a ～ c　覆瓦根管藻 *Rhizosolenia imbricata* Brightwell, 1858

图版 32

图 70d ～ f　覆瓦根管藻 *Rhizosolenia imbricata* Brightwell, 1858
图 71a ～ c　刚毛根管藻 *Rhizosolenia setigera* Brightwell, 1858
图 72a ～ b　中华根管藻 *Rhizosolenia sinensis* Qian, 1981

图版 33

图 73a ～ c　笔尖根管藻 *Rhizosolenia styliformis* Brightwell, 1858
图 74a ～ c　美丽根管藻 *Rhizosolenia formosa* Peragallo, 1888

图版 34

图 75a ～ f　谭氏根管藻 *Rhizosolenia temperei* Peragallo, 1888

图版 35

图 76a ～ c　距端假管藻 *Pseudosolenia calcar-avis* (Schultze) Sundström, 1986
图 77a ～ d　粗壮新根冠藻 *Neocalyptrella robusta* (Norman ex Ralfs) Hernández-Becerril & Castillo, 1997
图 78a ～ b　丛毛辐杆藻 *Bacteriastrum comosum* Pavillard, 1916

图版 36

图 79a ～ b　窄隙角毛藻 *Chaetoceros affinis* Lauder, 1864
图 80a ～ b　大西洋角毛藻 *Chaetoceros atlanticus* Cleve, 1873
图 81　奥氏角毛藻 *Chaetoceros aurivillii* Cleve, 1901
图 82　牛角状角毛藻 *Chaetoceros buceros* Karsten, 1907

图版 37

图 83a ～ b　瘤面角毛藻 *Chaetoceros bacteriastroides* Karsten, 1907

图 84a ～ e　密聚角毛藻 *Chaetoceros coarctatus* Lauder, 1864

图版 38

图 85a ～ c　扁面角毛藻 *Chaetoceros compressus* Lauder, 1864
图 86a ～ c　旋链角毛藻 *Chaetoceros curvisetus* Cleve, 1889
图 87a ～ c　达氏角毛藻 *Chaetoceros dadayi* Pavillard, 1913

图版 39

图 88　丹麦角毛藻 *Chaetoceros danicus* Cleve, 1889
图 89a ～ b　并基角毛藻 *Chaetoceros decipiens* Cleve, 1873
图 90a ～ d　冕孢角毛藻 *Chaetoceros subsecundus* Grunow ex Van Hustedt, 1930

图版 40

图 91a ～ c　双突角毛藻 *Chaetoceros didymus* Ehrenberg, 1845
图 92a ～ c　异角角毛藻 *Chaetoceros diversus* Cleve, 1873

图版 41

图 93a ～ b　粗股角毛藻 *Chaetoceros femur* Schütt, 1895
图 94a ～ c　叉尖角毛藻 *Chaetoceros furcellatus* Yendo, 1911
图 95a ～ b　飞燕角毛藻 *Chaetoceros hirundinellus* Qian, 1979

图版 42

图 95c　飞燕角毛藻 *Chaetoceros hirundinellus* Qian, 1979
图 96　棘角毛藻 *Chaetoceros imbricatus* Mangin, 1912
图 97a ～ e　洛氏角毛藻 *Chaetoceros lorenzianus* Grunow, 1863

图版 43

图 98　短刺角毛藻 *Chaetoceros messanensis* Castracane, 1875
图 99　悬垂角毛藻 *Chaetoceros pendulus* Karsten, 1905
图 100a ～ b　秘鲁角毛藻 *Chaetoceros peruvianus* Brightwell, 1856
图 101a ～ b　拟弯角毛藻 *Chaetoceros pseudocurvisetus* Mangin, 1910

图版 44

图 101c ～ d　拟弯角毛藻 *Chaetoceros pseudocurvisetus* Mangin, 1910
图 102a ～ b　根状角毛藻 *Chaetoceros radicans* Schütt, 1895
图 103　舞姿角毛藻 *Chaetoceros saltans* Cleve, 1897
图 104　聚生角毛藻 *Chaetoceros socialis* Lauder, 1864

图版 45

图 105a ～ c　四楞角毛藻 *Chaetoceros tetrastichon* Cleve, 1897
图 106a ～ c　西沙角毛藻 *Chaetoceros xishaensis* Kuo, Ye & Zhou, 1982

图版 46

图 107a ～ b　长耳齿状藻 *Odontella aurita* (Lyngbye) Agardh, 1832

图 108a ～ b　活动三桨舰藻 *Trieres mobiliensis* (Bailey) Ashworth & Theriot, 2013
图 109a ～ b　高三桨舰藻 *Trieres regia* (Schultze) Ashworth & Theriot, 2013

图版 47

图 109c ～ d　高三桨舰藻 *Trieres regia* (Schultze) Ashworth & Theriot, 2013
图 110a ～ c　中国三桨舰藻 *Trieres chinensis* (Greville) Ashworth & Theriot, 2013
图 111a ～ b　霍氏半管藻 *Hemiaulus hauckii* Grunow ex Van Heurck, 1882

图版 48

图 112a ～ f　薄壁半管藻 *Hemiaulus membranaceus* Cleve, 1873
图 113a ～ c　中国半管藻 *Hemiaulus chinensis* Greville, 1865

图版 49

图 113d ～ e　中国半管藻 *Hemiaulus chinensis* Greville, 1865
图 114a ～ d　海洋角管藻 *Cerataulina pelagica* (Cleve) Hendey, 1937

图版 50

图 115a ～ b　蜂窝三角藻 *Triceratium favus* Ehrenberg, 1839
图 116a ～ c　布氏双尾藻 *Ditylum brightwellii* (West) Grunow, 1885
图 117a ～ b　太阳双尾藻 *Ditylum sol* Grunow, 1883
图 118a ～ c　钟形中鼓藻 *Bellerochea horologicalis* Stosch, 1977

图版 51

图 119a ～ b　锤状中鼓藻 *Bellerochea malleus* (Brightwell) Van Heurck, 1885
图 120　波状石丝藻 *Lithodesmium undulatum* Ehrenberg, 1839
图 121　双凹弯角藻 *Eucampia biconcava* (Cleve) Ostenfeld, 1903
图 122a ～ b　短角弯角藻 *Eucampia zodiacus* Ehrenberg, 1839

图版 52

图 122c ～ d　短角弯角藻 *Eucampia zodiacus* Ehrenberg, 1839
图 123a ～ e　佛朗梯形藻 *Climacodium frauenfeldianum* Grunow, 1868

图版 53

图 124a ～ b　泰晤士旋鞘藻 *Helicotheca tamesis* (Shrubsole) Ricard, 1987
图 125　标志星杆藻 *Asterionella notata* Grunow ex Van Grunow, 1880
图 126a ～ f　长喙胸隔藻 *Mastogloia rostrata* (Wallich) Hustedt, 1933

图版 54

图 126g ～ h　长喙胸隔藻 *Mastogloia rostrata* (Wallich) Hustedt, 1933
图 127a ～ b　膜状缪氏藻 *Meuniera membranacea* (Cleve) Silva, 1996
图 128a ～ c　直舟形藻 *Navicula directa* (Smith) Ralfs, 1859

图版 55

图 129a ～ d　直舟形藻爪哇变种 *Navicula directa* var. *javanica* Cleve, 1895

图 130　　双头状菱形藻 *Nitzschia bicapitata* Cleve, 1900
图 131a～b　长菱形藻 *Nitzschia longissima* (Brébisson) Ralfs, 1861
图 132a～b　洛伦菱形藻 *Nitzschia lorenziana* Grunow, 1880

图版 56

图 133a～b　海洋菱形藻 *Nitzschia marina* Grunow, 1880
图 134a～c　优美拟菱形藻 *Pseudo-nitzschia delicatissima* (Cleve) Heiden, 1928
图 135a～e　尖刺拟菱形藻 *Pseudo-nitzschia pungens* (Grunow ex Cleve) Hasle, 1993
图 136a～b　成列拟菱形藻 *Pseudo-nitzschia seriata* (Cleve) Peragallo, 1897

图版 57

图 137a～b　新月筒柱藻 *Cylindrotheca closterium* (Ehrenberg) Reimann & Lewin, 1964
图 138a～c　派格棍形藻 *Bacillaria parillifera* (Müller) Marsson, 1901
图 139a～c　鼓形拟脆杆藻 *Fragilariopsis doliolus* (Wallich) Medlin & Sims, 1993

图版 58

图 140a～f　菱形海线藻 *Thalassionema nitzschioides* (Grunow) Mereschkowsky, 1902
图 141a～c　伏氏海线藻 *Thalassionema frauenfeldii* (Grunow) Tempère & Peragallo, 1910

图版 59

图 142　　扁形原甲藻 *Prorocentrum compressum* (Bailey) Abé ex Dodge, 1975
图 143　　具齿原甲藻 *Prorocentrum dentatum* Stein, 1883
图 144a～e　二齿双管藻 *Amphisolenia bidentata* Schröder, 1900

图版 60

图 145a～b　花梗双管藻 *Amphisolenia clavipes* Kofoid, 1907
图 146　　球形双管藻 *Amphisolenia globifera* Stein, 1883
图 147　　锥形双管藻 *Amphisolenia schroederi* Kofoid, 1907
图 148a～b　矩形双管藻 *Amphisolenia rectangulata* Kofoid, 1907

图版 61

图 149a～d　三叉双管藻 *Amphisolenia thrinax* Schütt, 1893
图 150a～d　双管藻 *Amphisolenia* sp.

图版 62

图 151　　双角三管藻 *Triposolenia bicornis* Kofoid, 1906
图 152　　锋利鳍藻 *Dinophysis acutoides* Balech, 1967
图 153　　顶生鳍藻 *Dinophysis apicata* (Kofoid & Skogsberg) Abé, 1967
图 154a～b　光亮鳍藻 *Dinophysis argus* (Stein) Abé, 1967
图 155a～b　具尾鳍藻 *Dinophysis caudata* Kent, 1881

图版 63

图 156a～b　勇士鳍藻 *Dinophysis miles* Cleve, 1900
图 157a～c　楔形秃顶藻 *Phalacroma cuneus* Schütt, 1895

图 158a ～ b　蜂巢秃顶藻 *Phalacroma favus* Kofoid & Michener, 1911

图版 64

图 159a ～ b　大鸟尾藻 *Ornithocercus magnificus* Stein, 1883
图 160a ～ c　方鸟尾藻 *Ornithocercus quadratus* Schütt, 1900
图 161a ～ c　美丽鸟尾藻 *Ornithocercus splendidus* Schütt, 1893

图版 65

图 161d ～ f　美丽鸟尾藻 *Ornithocercus splendidus* Schütt, 1893
图 162a ～ c　斯氏鸟尾藻 *Ornithocercus steinii* Schütt, 1900
图 163a ～ b　中距鸟尾藻 *Ornithocercus thumii* (Schmidt) Kofoid & Skogsberg, 1928

图版 66

图 163c ～ d　中距鸟尾藻 *Ornithocercus thumii* (Schmidt) Kofoid & Skogsberg, 1928
图 164　双叶帆鳍藻 *Histioneis biremis* Stein, 1883
图 165a ～ c　纺锤梨甲藻 *Pyrocystis fusiformis* Thomson, 1876

图版 67

图 166a ～ c　纺锤梨甲藻双凸变型 *Pyrocystis fusiformis* f. *biconica* Kofoid, 1907
图 167a ～ b　浅弧梨甲藻 *Pyrocystis gerbaultii* Pavillard, 1935

图版 68

图 168a ～ b　钩梨甲藻异肢变种 *Pyrocystis hamulus* var. *inaequalis* Schröder, 1906
图 169a ～ d　钩梨甲藻半圆变种 *Pyrocystis hamulus* var. *semicircularis* Schröder, 1906

图版 69

图 170　矛形梨甲藻 *Pyrocystis lanceolata* Schröder, 1900
图 171a ～ b　新月梨甲藻 *Pyrocystis lunula* (Schütt) Schütt, 1896
图 172a ～ c　拟夜光梨甲藻 *Pyrocystis pseudonoctiluca* Wyville-Thompson, 1876
图 173a ～ b　菱形梨甲藻 *Pyrocystis rhomboides* (Matzenauer) Schiller, 1937

图版 70

图 174　粗梨甲藻 *Pyrocystis robusta* Kofoid, 1907
图 175a ～ b　脑形三脚藻 *Tripos cephalotus* (Lemmermann) Gómez, 2021
图 176a ～ b　圆头三脚藻 *Tripos gravidus* (Gourret) Gómez, 2013
图 177a ～ c　长头三脚藻 *Tripos praelongus* (Lemmermann) Gómez, 2013

图版 71

图 178a ～ c　蜡台三脚藻 *Tripos candelabrum* (Ehrenberg) Gómez, 2013
图 179a ～ b　蜡台三脚藻宽扁变种 *Tripos candelabrum* var. *depressus* (Pouchet) Gómez, 2013
图 180a ～ c　剑锋三脚藻 *Tripos incisus* (Karsten) Gómez, 2013

图版 72

图 180d ～ g　剑锋三脚藻 *Tripos incisus* (Karsten) Gómez, 2013

图 181a ～ c　披针三脚藻 *Tripos belone* (Cleve) Gómez, 2021
图 182a ～ c　矮胖三脚藻 *Tripos humilis* (Jørgensen) Gómez, 2013

图版 73

图 183a ～ g　叉状三脚藻 *Tripos furca* (Ehrenberg) Gómez, 2013

图版 74

图 184a ～ d　五角三脚藻 *Tripos pentagonus* (Gourret) Gómez, 2021
图 185a ～ c　亚粗三脚藻 *Tripos subrobustus* (Jørgensen) Gómez, 2013

图版 75

图 186a ～ f　刚毛三脚藻 *Tripos setaceus* (Jørgensen) Gómez, 2013
图 187a ～ c　圆柱三脚藻 *Tripos teres* (Kofoid) Gómez, 2013

图版 76

图 188a ～ d　线纹三脚藻 *Tripos lineatus* (Ehrenberg) Gómez, 2013
图 189a ～ d　科氏三脚藻 *Tripos kofoidii* (Jørgensen) Gómez, 2013
图 190a ～ c　波氏三脚藻 *Tripos boehmii* (Graham & Bronikovsky) Gómez, 2013

图版 77

图 191a ～ b　二裂三脚藻 *Tripos biceps* (Claparède & Lachmann) Gómez, 2013
图 192a ～ d　奇长三脚藻 *Tripos extensus* (Gourret) Gómez, 2013
图 193a ～ b　针状三脚藻 *Tripos seta* (Ehrenberg) Gómez, 2013

图版 78

图 193c ～ d　针状三脚藻 *Tripos seta* (Ehrenberg) Gómez, 2013
图 194a ～ b　花葶三脚藻 *Tripos scapiformis* (Kofoid) Gómez, 2013
图 195a ～ c　曲肘三脚藻 *Tripos geniculatus* (Lemmermann) Gómez, 2013
图 196a ～ c　毕氏三脚藻 *Tripos bigelowii* (Kofoid) Gómez, 2013

图版 79

图 196d ～ j　毕氏三脚藻 *Tripos bigelowii* (Kofoid) Gómez, 2013
图 197a ～ c　梭状三脚藻 *Tripos fusus* (Ehrenberg) Gómez, 2013

图版 80

图 197d　梭状三脚藻 *Tripos fusus* (Ehrenberg) Gómez, 2013
图 198a ～ b　拟镰三脚藻 *Tripos falcatiformis* (Jørgensen) Gómez, 2013
图 199a ～ f　长咀三脚藻 *Tripos longirostrus* (Gourret) Gómez, 2013

图版 81

图 200a ～ c　镰状三脚藻 *Tripos falcatus* (Kofoid) Gómez, 2013
图 201a ～ c　膨胀三脚藻 *Tripos inflatus* (Kofoid) Gómez, 2013

图版 82

图 202a ～ e　羽状三脚藻 *Tripos pennatus* (Kofoid) Gómez, 2013

图 203a ～ b　板状三脚藻 *Tripos platycornis* (Daday) Gómez, 2013

图版 83

图 203c ～ d　板状三脚藻 *Tripos platycornis* (Daday) Gómez, 2013

图 204a ～ c　膨角三脚藻 *Tripos dilatatus* (Gourret) Gómez, 2013

图 205a ～ b　蛙趾三脚藻 *Tripos ranipes* (Cleve) Gómez, 2013

图版 84

图 205c ～ f　蛙趾三脚藻 *Tripos ranipes* (Cleve) Gómez, 2013

图 206a ～ d　反射三脚藻 *Tripos reflexus* (Cleve) Gómez, 2013

图版 85

图 207a ～ d　弯顶三脚藻 *Tripos longipes* (Bailey) Gómez, 2021

图 208a ～ c　粗刺三脚藻 *Tripos horridus* (Cleve) Gran, 1902

图版 86

图 208d ～ g　粗刺三脚藻 *Tripos horridus* (Cleve) Gran, 1902

图 209a ～ c　柔软三脚藻 *Tripos mollis* (Kofoid) Gómez, 2013

图 210a ～ b　棒槌三脚藻 *Tripos claviger* (Kofoid) Gómez, 2013

图版 87

图 210c ～ d　棒槌三脚藻 *Tripos claviger* (Kofoid) Gómez, 2013

图 211a ～ d　细齿三脚藻 *Tripos denticulatus* (Jørgensen) Gómez, 2013

图版 88

图 212a ～ d　纤细三脚藻 *Tripos gracilis* (Pavillard) Gómez, 2013

图 213a ～ b　伸展三脚藻 *Tripos patentissimus* (Ostenfeld & Schmidt) Hallegraeff & Huisman, 2020

图版 89

图 213c ～ d　伸展三脚藻 *Tripos patentissimus* (Ostenfeld & Schmidt) Hallegraeff & Huisman, 2020

图 214a ～ d　马西里亚三脚藻具刺变种 *Tripos massiliensis* var. *armatum* (Karsten) Gómez, 2013

图版 90

图 214e ～ f　马西里亚三脚藻具刺变种 *Tripos massiliensis* var. *armatum* (Karsten) Gómez, 2013

图 215a ～ d　兀鹰三脚藻 *Tripos vulture* (Cleve) Hallegraeff & Huisman, 2020

图版 91

图 215e　兀鹰三脚藻 *Tripos vulture* (Cleve) Hallegraeff & Huisman, 2020

图 216a ～ e　苏门答腊三脚藻 *Tripos sumatranus* (Karsten) Gómez, 2013

图版 92

图 217a ～ b　双弯三脚藻 *Tripos recurvus* (Jørgensen) Gómez, 2013

图 218a ～ c　巴氏三脚藻 *Tripos pavillardii* (Jørgensen) Gómez, 2021
图 219a～ b　亨德三脚藻 *Tripos hundhausenii* (Schröder) Hallegraeff & Huisman, 2020

图版 93

图 219c ～ f　亨德三脚藻 *Tripos hundhausenii* (Schröder) Hallegraeff & Huisman, 2020
图 220a ～ c　网纹三脚藻 *Tripos hexacanthus* (Gourret) Gómez, 2013

图版 94

图 220d ～ i　网纹三脚藻 *Tripos hexacanthus* (Gourret) Gómez, 2013
图 221a　飞姿三脚藻 *Tripos volans* (Cleve) Gómez, 2021

图版 95

图 221b ～ c　飞姿三脚藻 *Tripos volans* (Cleve) Gómez, 2021
图 222a ～ b　歧分三脚藻 *Tripos carriense* (Gourret) Gómez, 2013
图 223a ～ e　马西里亚三脚藻 *Tripos massiliensis* (Gourret) Gómez, 2021

图版 96

图 224a ～ c　波状三脚藻 *Tripos trichoceros* (Ehrenberg) Gómez, 2013
图 225a ～ h　反转三脚藻 *Tripos contrarius* (Gourret) Gómez, 2013

图版 97

图 226a ～ g　偏转三脚藻 *Tripos deflexus* (Kofoid) Hallegraeff & Huisman, 2020

图版 98

图 227a ～ c　大角三脚藻 *Tripos macroceros* (Ehrenberg) Hallegraeff & Huisman, 2020
图 228a ～ d　橡实三脚藻 *Tripos gallicus* (Kofoid) Gómez, 2013

图版 99

图 229a ～ d　大角三脚藻细弱变种 *Tripos macroceros* var. *tenuissimus* (Karsten) Gómez, 2013
图 230a ～ b　瘤状三脚藻 *Tripos gibberus* (Gourret) Gómez, 2013

图版 100

图 230c ～ d　瘤状三脚藻 *Tripos gibberus* (Gourret) Gómez, 2013
图 231a ～ d　瘤状三脚藻异角变种 *Tripos gibberus* var. *dispar* (Pouchet) Sournia, 1967

图版 101

图 232a ～ e　圆胖三脚藻 *Tripos paradoxides* (Cleve) Gómez, 2013
图 233a ～ c　彼得斯三脚藻 *Tripos petersii* (Steemann Nielsen) Gómez, 2013

图版 102

图 234a ～ d　新月三脚藻 *Tripos lunula* (Schimper ex Karsten) Gómez, 2013
图 235a ～ d　真弓三脚藻 *Tripos euarcuatus* (Jørgensen) Gómez, 2013

图版 103

图 235e 真弓三脚藻 *Tripos euarcuatus* (Jørgensen) Gómez, 2013
图 236a ~ b 美丽三脚藻 *Tripos pulchellus* (Schröder) Gómez, 2013
图 237a ~ b 对称三脚藻 *Tripos symmetricus* (Pavillard) Gómez, 2021
图 238a ~ c 直三脚藻 *Tripos orthoceras* (Jørgensen) Gómez, 2013

图版 104

图 238d ~ f 直三脚藻 *Tripos orthoceras* (Jørgensen) Gómez, 2013
图 239a ~ c 拢角三脚藻 *Tripos coarctatus* (Pavillard) Gómez, 2013
图 240a ~ b 羊头三脚藻 *Tripos arietinus* (Cleve) Gómez, 2013

图版 105

图 240c 羊头三脚藻 *Tripos arietinus* (Cleve) Gómez, 2013
图 241a ~ c 牛头三脚藻 *Tripos bucephalus* (Cleve) Gómez, 2013
图 242a ~ b 异弓三脚藻 *Tripos heterocamptus* (Jørgensen) Gómez, 2013

图版 106

图 243a ~ b 偏斜三脚藻 *Tripos declinatus* (Karsten) Gómez, 2013
图 244a ~ c 长角三脚藻 *Tripos longinus* (Karsten) Gómez, 2013
图 245a ~ b 细长三脚藻 *Tripos longissimus* (Schröder) Gómez, 2013

图版 107

图 245c ~ d 细长三脚藻 *Tripos longissimus* (Schröder) Gómez, 2013
图 246a ~ d 施氏三脚藻 *Tripos schrankii* (Kofoid) Gómez, 2013

图版 108

图 247a ~ c 卡氏三脚藻 *Tripos karstenii* (Pavillard) Gómez, 2013
图 248a ~ c 扭状三脚藻 *Tripos contortus* (Gourret) Gómez, 2013

图版 109

图 248d ~ e 扭状三脚藻 *Tripos contortus* (Gourret) Gómez, 2013
图 249a ~ c 舞姿三脚藻 *Tripos saltans* (Schröder) Gómez, 2013
图 250a ~ b 短角三脚藻 *Tripos brevis* (Ostenfeld & Schmidt) Gómez, 2013

图版 110

图 250c ~ f 短角三脚藻 *Tripos brevis* (Ostenfeld & Schmidt) Gómez, 2013
图 251a ~ b 牟氏三脚藻平行变型 *Tripos muelleri* f. *parallelus* (Schmidt) Gómez, 2013

图版 111

图 251c ~ d 牟氏三脚藻平行变型 *Tripos muelleri* f. *parallelus* (Schmidt) Gómez, 2013
图 252a ~ d 牟氏三脚藻 *Tripos muelleri* Bory, 1826

图版 112

图 252e ~ i 牟氏三脚藻 *Tripos muelleri* Bory, 1826

图 253a～c　亚美三脚藻 *Tripos semipulchellus* (Jørgensen) Gómez, 2013

图版 113

图 253d～f　亚美三脚藻 *Tripos semipulchellus* (Jørgensen) Gómez, 2013
图 254a～f　仿锚三脚藻 *Tripos tripodioides* (Jørgensen) Gómez, 2013

图版 114

图 255a～d　多刺角甲藻 *Ceratocorys horrida* Stein, 1883
图 256a～b　戈氏角甲藻 *Ceratocorys gourretii* Paulsen, 1937

图版 115

图 257a～d　大角甲藻 *Ceratocorys magna* Kofoid, 1910
图 258a～b　多边三转藻 *Triadinium polyedricum* (Pouchet) Dodge, 1981

图版 116

图 258c～d　多边三转藻 *Triadinium polyedricum* (Pouchet) Dodge, 1981
图 259a～c　太平洋膝沟藻 *Gonyaulax pacifica* Kofoid, 1907
图 260a～c　勃氏异甲藻 *Heterodinium blackmanii* (Murray & Whitting) Kofoid, 1906

图版 117

图 260d～f　勃氏异甲藻 *Heterodinium blackmanii* (Murray & Whitting) Kofoid, 1906
图 261　阿格异甲藻 *Heterodinium agassizii* Kofoid, 1907
图 262a～b　灰白异甲藻 *Heterodinium whittingae* Kofoid, 1906
图 263a～c　钟扁甲藻 *Pyrophacus horologium* Schiller, 1883

图版 118

图 264　锥状施克里普藻 *Scrippsiella trochoidea* (Stein) Loeblich III, 1976
图 265　刺柄原多甲藻 *Protoperidinium acanthophorum* (Balech) Balech, 1974
图 266a～d　不对称原多甲藻 *Protoperidinium asymmetricum* (Abé) Balech, 1974

图版 119

图 267a～b　双脚原多甲藻 *Protoperidinium bipes* (Paulsen) Balech, 1974
图 268a～b　网刺原多甲藻 *Protoperidinium brochii* (Kofoid & Swezy) Balech, 1974
图 269a～b　扁形原多甲藻 *Protoperidinium depressum* (Bailey) Balech, 1974

图版 120

图 270a～c　叉分原多甲藻 *Protoperidinium divergens* (Ehrenberg) Balech, 1974
图 271a～d　优美原多甲藻 *Protoperidinium elegans* (Cleve) Balech, 1974

图版 121

图 272a～b　脚膜原多甲藻 *Protoperidinium fatulipes* (Kofoid) Balech, 1974
图 273a～e　大原多甲藻 *Protoperidinium grande* (Kofoid) Balech, 1974

图版 122

图 274a ～ b　墨氏原多甲藻 *Protoperidinium murrayi* (Kofoid) Hernández-Becerril, 1991
图 275a ～ c　海洋原多甲藻 *Protoperidinium oceanicum* (Vanhöffen) Balech, 1974
图 276　光甲原多甲藻 *Protoperidinium pallidum* (Ostenfeld) Balech, 1973
图 277a ～ b　梨状原多甲藻 *Protoperidinium pyrum* (Balech) Balech, 1974

图版 123

图 278a ～ d　迷人原多甲藻灵巧变种 *Protoperidinium venustum* var. *facetum* Balech, 1974
图 279　双刺足甲藻 *Podolampas bipes* Stein, 1883
图 280　瘦长足甲藻 *Podolampas elegans* Schütt, 1895

图版 124

图 281a ～ c　单刺足甲藻 *Podolampas spinifera* Okamura, 1912
图 282　小型尖甲藻 *Oxytoxum parvum* Schiller, 1937
图 283a ～ c　延长尖甲藻 *Oxytoxum elongatum* Wood, 1963

图版 125

图 284a ～ b　刺尖甲藻 *Oxytoxum scolopax* Stein, 1883
图 285a ～ d　夜光藻 *Noctiluca scintillans* (Macartney) Kofoid & Swezy, 1921

说　　明

图版 41 中的图 94a　叉尖角毛藻 *Chaetoceros furcellatus* Yendo, 1911
简图源于 Hasle G R, Syvertsen E E. 1997. Marine diatoms// Tomas C R. Identifying Marine Phytoplankton. San Diego: Academic Press: 5-386.

图版 44 中的图 104　聚生角毛藻 *Chaetoceros socialis* Lauder, 1864
源于 Hansen R (Photographer/artist). 2013
http://nordicmicroalgae.org/taxon/Chaetoceros%20socialis?media_id=Chaetoceros%20socialis_4.jpg&page=4

图版 46 中的图 107b　长耳齿状藻 *Odontella aurita* (Lyngbye) Agardh, 1832
源于 Kuylenstierna M (Photographer/artist). 2007
http://nordicmicroalgae.org/taxon/Odontella%20aurita?media_id=Odontella%20aurita_1.gif&page=2